Plasmaphysik

Ulrich Stroth

Plasmaphysik

Phänomene, Grundlagen und Anwendungen

2. Auflage

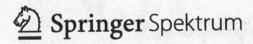 Springer Spektrum

Ulrich Stroth
Max Planck Institute of Plasma Physics
Garching
Deutschland

Die Darstellung von manchen Formeln und Strukturelementen war in einigen elektronischen Ausgaben nicht korrekt, dies ist nun korrigiert. Wir bitten damit verbundene Unannehmlichkeiten zu entschuldigen und danken den Lesern für Hinweise.

ISBN 978-3-662-55235-3   ISBN 978-3-662-55236-0 (eBook)
https://doi.org/10.1007/978-3-662-55236-0

Die Deutsche Nationalbibliothek verzeichnet diese Publikation in der Deutschen Nationalbibliografie; detaillierte bibliografische Daten sind im Internet über http://dnb.d-nb.de abrufbar.

Springer Spektrum
© Springer-Verlag GmbH Deutschland 2011, 2018

Planung: Margit Maly

Gedruckt auf säurefreiem und chlorfrei gebleichtem Papier

Springer Spektrum ist Teil von Springer Nature
Die eingetragene Gesellschaft ist Springer-Verlag GmbH Deutschland
Die Anschrift der Gesellschaft ist: Heidelberger Platz 3, 14197 Berlin, Germany

Dort standen auch Grenzsteine,
etwas Überflüssiges, wie ihm erschien.
Hermann·Lenz

Inhaltsverzeichnis

Einleitung

1

Sieht man von der mikroskopischen Struktur der Materie ab und betrachtet sie als aus neutralen Atomen und Molekülen bestehend, dann kann man unter den bekannten drei Aggregatzuständen unterscheiden. Abhängig vom Druck kann Materie mit ansteigender Temperatur vom festen über den flüssigen in den gasförmigen Zustand übergehen. Erhöht man die Temperatur weiter, so werden verbliebene Moleküle dissoziieren bis dann, wenn die Temperatur in die Nähe der atomaren Ionisationsenergie kommt, die mikroskopischen Eigenschaften der Teilchen wichtig werden. Atome werden ionisiert und es entsteht ein insgesamt neutrales Gas mit einer mehr oder weniger großen Beimischung von ungebundenen Ionen und Elektronen. Die Natur des Gases ändert sich dadurch ganz wesentlich. Denn die freien Ladungsträger erzeugen langreichweitige elektromagnetische Felder, die wiederum auf die Ladungsträger Kräfte ausüben. Im Gegensatz zu den lokalen Kräften, die beim direkten Stoß zwischen neutralen Atomen eine Rolle spielen, können jetzt kollektive Phänomene auftreten. Den veränderten physikalischen Eigenschaften des Gases trägt man Rechnung, indem man diesem Materienzustand einen neuen Namen gibt und ihn als *Plasma* bezeichnet. Man spricht beim Plasma auch vom *vierten Aggregatzustand der Materie*.

1.1 Die Saha-Gleichung

Das Plasma besteht demnach aus drei Komponenten, nämlich aus Ionen, Elektronen und einem Hintergrund aus neutralen Atomen, oft *Neutralteilchen* genannt. Natürlich ist in jedem Gas eine, wenn auch geringe, Beimischung geladener Teilchen nachzuweisen. Sie wird erzeugt durch einfallende hochenergetische Strahlung oder durch Stöße mit den

© Springer-Verlag GmbH Deutschland 2018
U. Stroth, *Plasmaphysik*,
https://doi.org/10.1007/978-3-662-55236-0_1

1

schnellen Teilchen aus der Maxwell-Verteilung. Der *Ionisationsgrad* eines Gases lässt sich
aus der *Saha-Gleichung* berechnen. Sie lautet

$$\frac{n_i}{n_n} \approx 3 \times 10^{27} \frac{T^{3/2}}{n_i} e^{-W_{\text{ion}}/T} \tag{1.1}$$

und leitet sich aus einem Reaktionsgleichgewicht zwischen Ionisations- und Rekombinationsprozessen her, wobei die Ionen einfach positiv geladen sind. Die Konstante ist so
bestimmt, dass Temperatur T und *Ionisationsenergie* der Neutralteilchen W_{ion} in eV und
Dichten n in $1/m^3$ einzusetzen sind. Wenn die thermische Energie der Teilchen vergleichbar wird mit der Ionisationsenergie ($T \approx W_{\text{ion}}$), dann steigt der Ionisationsgrad, also das
Verhältnis von Ionendichte n_i zu Neutralgasdichte n_n, schnell an.

Bei geringem Ionisationsgrad kann man die Saha-Gleichung leicht auswerten. Man
nimmt dazu an, dass die Neutralgasdichte ungefähr gleich der Dichte n_{tot} des Gases ist,
bevor Ionisationsprozesse stattgefunden haben. Dann ist $n_n = n_{tot} - n_i \approx n_{tot}$. Für ein Gas
aus Wasserstoff ($W_{\text{ion}} = 13{,}56\,\text{eV}$) bei Raumtemperatur ($0{,}026\,\text{eV}$) und einem Druck von
1 bar ($n_{tot} \approx 2{,}6 \times 10^{25}\,\text{m}^{-3}$) errechnen wir damit einen Ionisationsgrad von nur 10^{-120}.
Der Anteil an ionisierten Atomen in unserer Umgebung ist also vernachlässigbar gering,
und tatsächlich würden wir die uns umgebende Luft auch nicht als Plasma bezeichnen.
Es macht erst Sinn von einem Plasma zu sprechen, wenn der Anteil der ionisierten Teilchen ausreichend hoch ist, um die Eigenschaften des Gases zu dominieren. *Plasma* nennen
wir also Materie mit einem ausreichend hohen Anteil an freien Ionen und Elektronen.
Dabei beschränkt sich diese qualitative Definition nicht auf Gase mit geringer Dichte,
sondern schließt auch komprimierte Materie mit den Eigenschaften einer Flüssigkeit ein,
wie man sie im Inneren von Sternen findet. Aber auch das Elektronengas in Metallen kann
als Plasma beschrieben werden.

Nach dieser Definition besteht unser Universum fast ausschließlich aus Plasma. In
Abb. 1.1 ist eine Einteilung einiger der vorkommenden Plasmen in Dichte- und Tempe-
raturbereiche vorgenommen. Die Grafik zeigt, dass die Plasmaphysik herausgefordert ist,
Phänomene auf vielen Dekaden in Dichte und Temperatur sowie in Raum und Zeit zu
beschreiben. Die Plasmaphysik behandelt kollektive Effekte, die durch langreichweitige
Wechselwirkungen unter den Teilchen auftreten. Darin unterscheidet sie sich von der
klassischen Elektrodynamik, in der die Wechselwirkung einzelner Teilchen mit externen
Feldern im Vordergrund steht.

Wir wollen im Folgenden einige Plasmen näher betrachten und uns dabei überlegen,
welche Phänomene wir später einer physikalischen Beschreibung unterziehen werden.

1.2   Plasmen in der Natur und im Labor

In der Natur beobachtet man Plasmen als Blitze oder Funken. In beiden Fällen beschleunigen elektrische Felder freie Elektronen zu ausreichend hohen Energien, sodass sie über
Ionisationsstöße mit Atomen lawinenartig neue Ladungsträger erzeugen können. Blitze

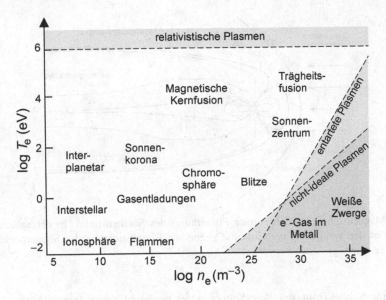

Abb. 1.1 Zustandsgrenzen und Einteilung vorkommender Plasmen in Dichte- und Temperaturbereiche

und Funken sind Entladungsvorgänge in elektrisch sehr gut leitenden Plasmakanälen. Die Leuchtphänomene entstehen durch Elektronstoßanregung und Rekombination der Ladungsträger. Die Zündbedingung für eine Plasmaentladung wird in Kap. 9 hergeleitet. Das in Blitzen erzeugte Plasma hat typischerweise eine Dichte von $10^{25}\,\text{m}^{-3}$ und eine Temperatur von 1 eV. Der hohe Druck in Wechselwirkung mit einem starken elektrischen Strom führt zu Instabilitäten, wie wir sie in Kap. 3 untersuchen werden.

An den Erdpolen treten Plasmen als *Nordlichter* in Erscheinung. Dort wechselwirken energetische Teilchen des *Sonnenwindes* mit der Erdatmosphäre. Die geladenen Teilchen werden wiederum durch Plasmaprozesse von der Sonnenoberfläche in den Weltraum hinein beschleunigt und bewegen sich mit Geschwindigkeiten von 300 bis 600 km/s auf die Erde zu, wo sie im Bereich des *Van-Allen-Strahlungsgürtels* vom Magnetfeld der Erde eingefangen werden. Sie gyrieren um die Magnetfeldlinien und werden so zu den Polen geführt. Dort wechselwirken sie mit der Erdatmosphäre und sorgen so für Leuchterscheinungen. Ein Teil der Teilchen wird durch die dort ansteigende Magnetfeldstärke reflektiert. Teilchenbahnen und Spiegeleffekte im Magnetfeld werden in den Kap. 2 und 13 abgehandelt. Aus der Wechselwirkung des Sonnenwindes und der UV-Strahlung der Sonne mit der Erdatmosphäre entsteht die *Ionosphäre*, für die einige Beispiele in Kap. 3 behandelt werden.

Wie in Abb. 1.2 dargestellt, deformiert der einfallende Sonnenwind die *Magnetosphäre* der Erde. In Kap. 3 wird die Frage behandelt, unter welchen Bedingungen das Plasma den Feldlinien folgt und wann es das Magnetfeld deformiert. In der Wechselwirkungszone des mit Überschallgeschwindigkeit einfallenden Windes mit der Magnetosphäre der Erde

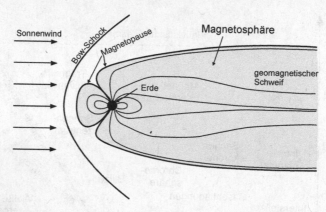

Sonnenwind Bow-Schock Magnetopause Magnetosphäre Erde geomagnetischer Schweif

Abb. 1.2 Magnetosphäre der Erde unter Einwirkung des Sonnenwindes. In der schematischen Zeichnung ist der Verkippung der Erdachse gegen die Einfallsrichtung des Sonnenwindes nicht Rechnung getragen

entsteht eine Schockfront, der *Bow-Schock*. Dort beobachtet man Instabilitäten, Schocks und Wellenphänomene, wie sie in den Kap. 5 und 6 beschrieben werden.

Die *Sonne* selbst besteht aus Plasma sehr unterschiedlicher Dichte und Temperatur. In ihrem Kern laufen die energieliefernden Fusionsprozesse bei Temperaturen von ca. 1,5 keV und Dichten von 10^{32} m^{-3}, also etwa 1000-facher Festkörperdichte ab. In *Weißen Zwergsternen* ist die Dichte um weitere fünf Zehnerpotenzen höher. Zum Rand der Sonne hin fällt die Dichte kontinuierlich ab. Nahe der Sonnenoberfläche findet man die *Photosphäre*. In dieser einige 100 km dicken Schicht entsteht die für uns sichtbare Strahlung. Die *Strahlungstemperatur* ist etwa 5800 K, also unter einem eV. Es folgt die *Chromosphäre*, in der die Temperatur wieder ansteigt, und dann die *Sonnenkorona*, die sich in größerem Abstand zur Sonnenoberfläche ansiedelt und überraschend hohe Temperaturen von mehreren Millionen Grad aufweist. Die Korona ist bei Sonnenfinsternis von der Erde im sichtbaren Licht zu beobachten. Die meiste Energie strahlt sie aber im ultravioletten und im Röntgen-Bereich ab. In diesem Frequenzbereich, der in der Erdatmosphäre absorbiert wird, werden Beobachtungen durch Satelliten wie *SOHO* angestellt. In der Korona ist die Plasmadichte gering. Da aus der Korona ständig Teilchen in den interplanetaren Raum abströmen, ist eine Teilchenquelle notwendig. Aus der Chromosphäre aufsteigende magnetisierte Plasmaröhren, sog. *Spikulen*, könnten eine Teilchenquelle darstellen. Für die hohe Temperatur der Korona könnten von der Sonne ausgehende Schockwellen verantwortlich sein. Die in diesen Prozessen wichtige Wechselwirkungen zwischen Magnetfeld und Plasma werden Thema in Kap. 3 sein. An der Sonnenoberfläche werden Instabilitäten, Wellen und Turbulenzen beobachtet. Dies sind Themen, die uns in den Kap. 3, 5 und 15 beschäftigen werden.

Auch der Weltraum zwischen den Planeten (interplanetar), den Fixsternen (interstellar) und den Galaxien (intergalaktisch) wird von dünnem ionisiertem Gas ausgefüllt. Die Dichte variiert dort über viele Dekaden von 0,1 bis 10^{15} m^{-3} bei Temperaturen von 1 bis

100 eV. Das Erdmagnetfeld wird durch einen *Plasmadynamo* erzeugt. Im Erdinnern existiert ein Strömungsgleichgewicht, welches das magnetische Dipolfeld der Erde erzeugt, und auch das Sonnenmagnetfeld, das sich alle 11 Jahre umpolt, wird durch einen Plasmadynamo getrieben. In Kap. 3 wird ein einfaches Modell des Plasmadynamos vorgestellt, und in Kap. 2 lernen wir das Erdfeld und Teilchenbahnen darin kennen.

Die experimentelle Plasmaphysik begann Anfang des 20. Jahrhunderts mit der Untersuchung von *Gasentladungen*. Dabei wurden in evakuierten Röhren Gase ionisiert und mit einem elektrischen Strom beschickt. Man beobachtete Leuchtphänomene und Dunkelzonen um die Kathode. Die Gase waren nur schwach ionisiert bei Temperaturen und Dichten in der Größenordnung von 1 eV bzw. 10^{16} m^{-3}. In Kap. 9 werden wir sehen, wie die Leuchterscheinungen zu erklären sind und wie Ionisationsgrad und Stromverlauf in einer Entladungsröhre aussehen.

Seit den 1940er-Jahren werden in Labors *Hochtemperaturplasmen* mit dem Ziel untersucht, im Plasma auftretende Kernfusionsreaktionen für die Energiegewinnung nutzbar zu machen. Die geladenen Plasmateilchen werden durch Magnetfelder eingeschlossen, und das Plasma wird bei Dichten von 10^{20} m^{-3} auf Temperaturen von 10 keV aufgeheizt. In den Kap. 10–15 werden die zuvor entwickelten Grundlagen der Plasmaphysik auf die vielfältigen Problemstellungen der Fusionsforschung angewandt. Man spricht dabei von *magnetischer Kernfusion*, im Gegensatz zur *Inertialfusion*, bei der Wasserstoffkügelchen durch Laser- oder Schwerionenbeschuss für eine sehr kurze Zeit (ns) auf einige keV aufgeheizt werden. Die Dichten steigen dabei auf das 10- bis 100-Fache der Festkörperdichte an.

Plasmen finden auch zahlreiche technologische Anwendungen, die hier nur am Rande erwähnt werden (Kap. 9). Dazu gehören Plasmaleuchten, die Plasma-Aktivierung von Oberflächen, die plasmagestützte Abscheidung dünner Schichten, die Sterilisation von Verpackungsmaterialien und das Aufbringen von Permeationsbarrieren in Solar- und Brennstoffzellen oder das Ätzen von Mikrochips.

1.3 Zustandsgrenzen

Da Plasmen über weite Bereiche in Dichte und Temperatur auftreten können, muss man erwarten, dass unterschiedliche physikalische Beschreibungen angebracht sind. Wir wollen uns hier einige grundlegende Grenzen überlegen, die auch den Geltungsbereich bestimmter physikalischer Modelle darstellen. Wie wir schon gesehen haben, sind dabei der Ionisationsgrad X des Plasmas, die Plasmadichte und die Plasmatemperatur wichtige Parameter.

Voraussetzung für die Existenz eines Plasmas ist, dass der *Ionisationsgrad*

$$X = \frac{n_i}{n_n + n_i} \tag{1.2}$$

ausreichend hoch ist. Dies ist keine strenge Grenze, denn der Übergang in den Plasmazustand ist kein Phasenübergang, sondern verläuft kontinuierlich. Für Wasserstoff ergibt sich aus der Saha-Gleichung, dass bei einer Temperatur von 1 eV und Dichten von

$n_{tot} < 3 \times 10^{23}$ m^{-3} der Ionisationsgrad bereits oberhalb von 0,1 liegt. Quantitative Kriterien für das Vorliegen eines Plasmazustandes werden wir in Abschn. 1.4 herleiten.

1.3.1 Ideale Plasmen

Analog zur Definition des idealen Gases spricht man von einem idealen Plasma, wenn die freien Elektronen und Ionen nur bei direktem Kontakt über elastische Stöße miteinander wechselwirken. Anders ausgedrückt bedeutet das, dass bei einem mittleren Abstand der Teilchen, der durch $1/n^{1/3}$ gegeben ist, die potentielle Energie im gegenseitigen Feld vernachlässigbar gegen die mittlere kinetische Energie der Teilchen ist. Bei einfach geladenen Ionen ist das ideale Plasma also durch die Bedingung[1]

$$\frac{3}{2}T \gg \frac{e^2}{4\pi\epsilon_0}n^{1/3} \tag{1.3}$$

definiert, wobei e die Elementarladung ist. Das Verhältnis zwischen potentieller und kinetischer Energie entspricht, bis auf den Faktor 3/2, dem *Kopplungsparameter*, für den im idealen Plasma gelten muss:

$$\Gamma_c = \frac{e^2}{4\pi\epsilon_0}\frac{n^{1/3}}{T} \ll 1. \tag{1.4}$$

Die aus dieser Bedingung berechnete Grenze für ideale Plasmen ist in Abb. 1.1 eingezeichnet. Die meisten Plasmen sind also ideal.

1.3.2 Relativistische Plasmen

Natürlich muss sich die Beschreibung der Plasmen ändern, sobald relativistische Effekte zum Tragen kommen. Da Elektronen die leichteste Spezies eines Plasmas darstellen, legen sie die Grenze für das Auftreten relativistischer Effekte fest. Wir definieren also die *relativistische Grenze* dadurch, dass die Energie der Plasmateilchen, oder ihre Temperatur, die Ruhemasse des Elektrons übersteigt:

$$T_e \geq m_e c^2 = 511 \, \text{keV}. \tag{1.5}$$

1.3.3 Entartete Plasmen

Eine weitere Grenze wird erreicht, wenn bei sehr hoher Dichte das *Pauli-Prinzip* zum Tragen kommt. Nach dem Pauli-Prinzip darf jede Phasenraumzelle $(2\pi\hbar)^3$ maximal mit

---

[1]Temperaturen werden in eV angegeben, damit ist die Boltzmann-Konstante $k_B = 1$.

zwei Fermionen (mit antiparallelen Spins) besetzt sein. Wir wollen abschätzen, bei welchen Plasmaparametern dieser quantenmechanische Effekt berücksichtigt werden muss.

Der gesamte Phasenraum, der Teilchen mit Impulsen $p \leq \sqrt{2m\epsilon_F}$ zur Verfügung steht, ist durch eine Kugel im Impulsraum gegeben, multipliziert mit dem Raumvolumen V, in dem die Teilchen eingeschlossen sind. Dabei ist ϵ_F die *Fermi-Energie*. Die Anzahl der vorhandenen Phasenraumzellen ist also

$$\mathcal{N} = \frac{2}{(2\pi\hbar)^3}\frac{4}{3}\pi(2m\epsilon_F)^{3/2}V. \qquad (1.6)$$

Der Faktor 2 steht für die Spinentartung der Fermionen. Der Phasenraum ist vollständig besetzt, wenn bei $N = nV$ Teilchen gilt, dass

$$\frac{N}{\mathcal{N}} = \frac{3\pi^2\hbar^3 n}{(2m\epsilon_F)^{3/2}} = 1 \qquad (1.7)$$

ist. Daraus lässt sich die Fermi-Energie berechnen. Als Abschätzung dafür, wann quantenmechanische Effekte wichtig werden, fordern wir, dass die Temperatur des Plasmas in der Größenordnung der Fermi-Energie liegt. Ein Plasma ist also entartet, wenn gilt:

$$T \lesssim \epsilon_F = \frac{\hbar^2}{2m_e}(3\pi^2 n)^{2/3}. \qquad (1.8)$$

Entscheidend ist wieder das Elektron, das die kleinste Masse hat. Die so erhaltene Grenze ist ebenfalls in Abb. 1.1 eingetragen.

1.4   Wichtige Parameter und Eigenschaften

In diesem Abschnitt wollen wir einige grundlegende Plasmaeigenschaften einführen sowie quantitative Kriterien angeben, anhand derer beurteilt werden kann, ob Materie im Plasmazustand vorliegt oder nicht.

1.4.1   Debye-Abschirmung

Aufgrund seiner freien Ladungsträger kann ein Plasma auftretende elektrische Felder wirkungsvoll abschirmen. Die Fernwirkung des Coulomb-Potentials wird dadurch auf einen engen Raum beschränkt. Dies wird insbesondere wichtig werden für die Wechselwirkung der Teilchen untereinander und für den Wechselwirkungsbereich zwischen dem Plasma und einer festen Wand.

Wir studieren diesen Effekt, wie in Abb. 1.3 dargestellt, für den Fall einer ruhenden positiven elektrischen Ladung q_0, die von einem Plasma umgeben ist. Es ist unmittelbar klar, dass negative Ladungsträger angezogen werden, dass sie sich in der Umgebung der positiven Ladung verdichten und so durch die erhöhte negative Raumladung die positive Ladung abschirmen werden. Positive Ladungen werden entsprechend abgestoßen. Man darf sich die Abschirmung aber nicht so vorstellen, dass einzelne Elektronen fest an die positive Ladung gebunden sind. Vielmehr entsteht der Ladungsüberschuss durch winzige Änderungen in den Trajektorien vorbeifliegender Teilchen. Elektronen werden tendenziell etwas näher zur Ladung hingelenkt und Ionen etwas weiter entfernt.

Das Ziel ist also, die Verläufe von elektrostatischem Potential ϕ und Raumladungsdichte $\rho = e(n_i - n_e)$ zu berechnen. Dabei legen wir ein Wasserstoffplasma zugrunde, bei dem die Ionen die Ladung $+e$ tragen. Potential und Ladungsdichte sind kugelsymmetrisch und sind über die *Poisson-Gleichung* verknüpft, die für diesen Fall die Form hat

$$\epsilon_0 \Delta \phi = -\rho = -q_0 \delta(r)/2\pi r^2 - e(n_i - n_e). \tag{1.9}$$

Der Zusammenhang zwischen Dichte und Potential steckt weiterhin in der *Maxwell-Boltzmann-Verteilung* im Phasenraum. Für Teilchen der Ladung q und Masse m gilt

$$f(r, v) = n_0 \left(\frac{m}{2\pi T}\right)^{3/2} \exp\left(-\frac{\frac{1}{2}mv^2 + q\phi}{T}\right) = n_0 f_M(v) \exp(-\frac{q\phi}{T}). \tag{1.10}$$

Die Ortsabhängigkeit steckt in der Teilchenzahldichte im potentialfreien Raum, n_0, sowie im Potential ϕ und der Temperatur T. Die Gleichung gilt für Elektronen und Ionen, wobei die jeweiligen Werte für Ladung und Masse einzusetzen sind. Das Geschwindigkeitsintegral über die Maxwell-Verteilung $\int f_M(v) \mathrm{d}^3 v$ ist auf Eins normiert. Die verbleibende Exponentialfunktion nennt man den *Boltzmann-Faktor*.

Für schwache Potentiale, $|q\phi| \ll T$, reicht eine Taylor-Entwicklung des Boltzmann-Faktors bis zur 1. Ordnung aus, um die Dichten der beiden Spezies mit ausreichender Genauigkeit zu berechnen:

$$n(r) = \int f(r, v) \mathrm{d}^3 v = n_0 \exp\left(-\frac{q\phi}{T}\right) \approx n_0 \left(1 - \frac{q\phi}{T}\right). \tag{1.11}$$

Die elektrische Ladung der Elektronen ist negativ, demnach ist die Elektronendichte im Bereich eines positiven Potentials erhöht, die der Ionen abgesenkt.

Nun können wir den Verlauf des Potentials berechnen. In unmittelbarer Umgebung der Ladung ist das Potential zwar nicht klein, aber zur Abschätzung der Ausdehnung des abgeschirmten Potentials ist die Näherung (1.11) ausreichend. Für einfach positiv geladene Ionen mit $T_e = T_i = T$ und für $r \neq 0$ folgt aus (1.9):

$$\frac{1}{r^2} \frac{\partial}{\partial r} \left(r^2 \frac{\partial \phi}{\partial r}\right) \approx \frac{e^2}{\epsilon_0} n_0 \frac{2\phi}{T}. \tag{1.12}$$

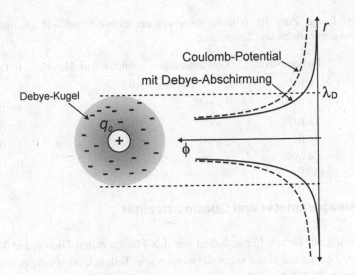

Abb. 1.3 Debye-Abschirmung des Coulomb-Potentials der Ladung q_0 durch ein Plasma

Wobei der Laplace-Operator in Kugelkoordinaten ausgedrückt wurde. Die Differential-gleichung lösen wir mit dem Ansatz $\phi = Ce^{-r/\lambda}/r$. Die Lösung in der Nähe der Ladung q_0 ist das *Debye-Hückel-Potential* [1]

$$\phi(r) = \frac{q_0}{4\pi\epsilon_0}\frac{1}{r}e^{-\sqrt{2}r/\lambda_D}. \tag{1.13}$$

Das Potential fällt nicht wie $1/r$, sondern exponentiell ab. Die Konstante C wurde bestimmt aus der Nebenbedingung, dass die Beziehung im Grenzfall kleiner Radien in das Coulomb-Potential übergehen muss.

Die Ladung wird also wirkungsvoll abgeschirmt. Das Potential fällt innerhalb einer *Debye-Länge* λ_D ab. Diese ist definiert durch[2]

$$\lambda_D = \sqrt{\frac{\epsilon_0 T}{e^2 n_0}} \approx 7.430\sqrt{\frac{T}{n_0}}. \tag{1.14}$$

In Tab. 1.1 sind die Debye-Längen für verschiedene Plasmaparameter aufgelistet. Ein dichteres Plasma schirmt Ladungen wirkungsvoller ab, entsprechend schrumpft die Debye-Länge mit steigender Dichte. Weiterhin schrumpft sie mit sinkender Temperatur, denn die Bahnen langsamerer Teilchen werden durch die Ladung effektiver abgelenkt als die schnellerer Teilchen. *Einen Stoff kann man nur dann als* Plasma *bezeichnen, wenn seine räumliche Abmessung L wesentlich größer als die Debye-Länge ist, also für L* $\gg \lambda_D$. Denn nur dann können die kollektiven Eigenschaften des Plasmas in Erscheinung treten.

---

[2]Bei den Faustformeln sind alle Größen in den in Anhang A angegebenen Einheiten einzusetzen. Die Konstante selbst trägt also auch eine Einheit.

Tab. 1.1 Debye-Länge, Zahl der Teilchen innerhalb der Debye-Kugel und Plasmafrequenz in Plasmen verschiedener Dichte und Temperatur

Plasma	Fusionsplasmen	Gasentladungen	Interstellare Materie	Ionosphäre
Temperatur (eV)	1×10^4	1	0,1	0,1
Dichte (m^{-3})	1×10^{20}	1×10^{16}	1×10^7	1×10^{12}
λ_D (m)	7×10^{-5}	7×10^{-5}	1	2×10^{-3}
N_D	2×10^8	2×10^4	2×10^7	5×10^4
ω_p (1/s)	6×10^{11}	6×10^9	2×10^5	6×10^7

1.4.2 Plasmaparameter und Quasineutralität

Für die Ableitung der Debye-Länge haben wir das Plasma durch Dichte und Temperatur charakterisiert. Das ist nur dann sinnvoll, wenn viele Teilchen am Prozess der Abschirmung teilnehmen. Die Debye-Länge definiert den Radius der *Debye-Kugel*. Diese hat das Volumen V_D und umfasst den Raum, in dem Teilchen zur Abschirmung der eingebrachten Ladung beitragen. Die Anzahl dieser Teilchen definiert den *Plasmaparameter N_D*. Mit (1.14) schätzen wir ab:

$$N_D = n \frac{4}{3} \pi \lambda_D^3 = \left(\frac{4\pi \epsilon_0}{e^2} \right)^{3/2} \frac{1}{6\sqrt{\pi}} \frac{T^{3/2}}{\sqrt{n}} = 1,72 \times 10^{12} \frac{T^{3/2}}{\sqrt{n}}. \tag{1.15}$$

In Tab. 1.1 sind typische Werte für den Plasmaparameter eingetragen. Wir sehen, dass für alle Plasmen die große Teilchenzahl eine statistische Behandlung rechtfertigt. Daraus folgt eine alternative Bedingung: *Von einem* Plasma *kann man nur dann sprechen, wenn die Zahl der Teilchen in der Debye-Kugel sehr groß gegen 1 ist:*

$$N_D \gg 1 \tag{1.16}$$

Die große Teilchenzahl innerhalb der Debye-Kugel führt uns zu einer weiteren wichtigen Plasmaeigenschaft, der *Quasineutralität*. Die eingebrachte Ladung q_0 wird durch das Plasma dann vollständig abgeschirmt, wenn der Ladungsüberschuss des Plasmas innerhalb der Debye-Kugel gerade der Ladung q_0 entspricht. Für das Wasserstoffplasma muss in einer einfachen Abschätzung also gelten, dass

$$e(n_i - n_e)V_D \equiv e\delta n V_D = q_0 \tag{1.17}$$

ist. Für die relative Änderung der Dichte bedeutet das:

$$\frac{\delta n}{n} = \frac{q_0}{eV_D n} = \frac{q_0/e}{N_D}. \tag{1.18}$$

Bei Werten von $N_D \approx 10^6$ erzeugen also relative Dichteschwankungen innerhalb der Debye-Kugel von nur 10^{-6} einen elektrischen Ladungsüberschuss von der Größe einer Elementarladung. Bei einem Plasma mit Ionen der Ladungszahl Z_i muss daher

$$n_e \approx Z_i n_i \qquad (1.19)$$

in sehr guter Näherung erfüllt sein. Man spricht dabei auch von der *Plasmanäherung*. Das Plasma ist also quasi neutral. Eine Konsequenz der *Quasineutralität* ist, dass man in Rechnungen den Unterschied in den Dichten der Elektronen (n_e) und der Ionen ($Z_i n_i$) vernachlässigen kann, es sei denn, es sollen Potentiale berechnet werden. Dann muss man bedenken, dass bereits winzige Unterschiede in den Dichten hohe elektrostatische Potentiale hervorrufen können. Die Differenz zwischen Elektronen- und Ionendichte, die über die Poisson-Gleichung das elektrische Potential bestimmt, muss in diesem Fall konsistent berücksichtigt werden.

1.4.3   Die Plasmafrequenz

Bei der Berechnung der Abschirmung von Ladungen im Plasma haben wir uns auf stationäre Bedingungen beschränkt. Die Frage wird jetzt sein, wie schnell sich eine eingebrachte Ladung höchstens bewegen darf, wenn eine effiziente Abschirmung durch das Plasma gewährleistet bleiben soll. Oder besser: Ab welcher Frequenz wird ein von außen angelegtes, zeitlich veränderliches elektrisches Feld nicht mehr vom Plasma abgeschirmt? Da die Elektronen die leichtesten und damit schnellsten Teilchen im Plasma sind, werden sie die Grenzen der effektiven Abschirmung bestimmen.

Als Modell stellen wir uns vor, dass ein Plasma einem elektrischen Feld $-E_0$ ausgesetzt ist. Durch Verschiebung der Elektronen gegen die Ionen wird das Plasma das Feld in seinem Innern neutralisieren. Dann wird das externe Feld abgeschaltet, sodass wir die in Abb. 1.4 dargestellte Situation vorliegen haben, in der die Elektronen gegen die Ionen um δx verschoben sind und im Plasma das Feld E_0 herrscht. Wir wollen jetzt die Antwort des Plasmas auf die neue Situation berechnen. Dazu berechnen wir das elektrische Feld aus der Poisson-Gleichung in einer Dimension, die lautet:

$$\Delta\phi = -\frac{\partial E}{\partial x} = \frac{e(n_i - n_e)}{\epsilon_0}. \qquad (1.20)$$

Startet man im Unendlichen mit $E = 0$ und nähert sich von links dem Plasma, dann steigt das Feld in der positiven Ladungszone an. Im Bereich des neutralen Plasmas mit $n_i = n_e = n$ findet man ein konstantes elektrisches Feld, das in der negativ geladenen Zone wieder auf null abfällt. Das homogene Feld, das im neutralen Bereich auf Elektronen und Ionen wirkt, erhalten wir aus der Integration von (1.20) über den Bereich positiver Ladung. Die Ladungsdichte beträgt $+en$. Für das elektrische Feld folgt also

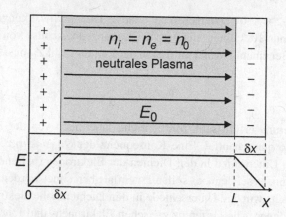

Abb. 1.4 Modell zur Berechnung der Plasmafrequenz. In einem Plasma sind die Verteilungen der Elektronen und Ionen um δx gegeneinander verschoben. Dadurch entsteht ein homogenes elektrisches Feld im Bereich des neutralen Plasmas. Der Feldverlauf ist unten skizziert

$$E_0 = \frac{e}{\epsilon_0} n\delta x. \tag{1.21}$$

Die elektrostatische Kraft beschleunigt die Plasmateilchen, sodass es zum Abbau der Ladung kommt. Dabei reagieren die leichten Elektronen am schnellsten. Für ein Elektron, das sich im Bereich des neutralen Plasmas aufhält, gilt die Newton'sche Bewegungsgleichung

$$m_e \frac{d^2 \delta x}{dt^2} = -eE_0 = -\frac{e^2}{\epsilon_0} n\delta x. \tag{1.22}$$

Die Bewegung der Elektronen folgt also der Differentialgleichung eines harmonischen Oszillators. Die Eigenfrequenz ist die *Plasmafrequenz* gegeben durch

$$\omega_p = \omega_{pe} = \sqrt{\frac{e^2 n}{\epsilon_0 m_e}} = 56{,}5\sqrt{n}. \tag{1.23}$$

Die Ladungsdichte im Plasma kann somit nicht schneller als mit der Plasmafrequenz auf elektrische Felder reagieren. Dies ist von praktischer Bedeutung: Felder, die sich langsamer ändern als die Plasmafrequenz, können nicht in das Plasma eindringen, denn sie werden effektiv abgeschirmt. Einfallende elektromagnetische Wellen mit $\omega < \omega_p$ werden also am Plasma reflektiert. Erst wenn die Frequenz der Felder oberhalb der Plasmafrequenz liegt, dann können sie sich im Plasma ausbreiten.

Ein Beispiel dazu ist die Reflexion von Radiowellen an der Ionosphäre. Die Plasmadichte der Ionosphäre, die durch UV-Strahlung der Sonne erzeugt wird, beträgt bis maximal 10^{12} m^{-3} (vgl. Abb. 3.27). Die entsprechende Plasmafrequenz ist also $f_p = \omega_p/2\pi \approx 10\,\text{MHz}$, sodass Radiowellen im MHz-Bereich, in dem Mittelwellensender ausgestrahlt werden, reflektiert werden, wogegen die Ultrakurzwelle, die im Bereich von 100 MHz sendet, die Ionosphäre durchdringen kann. Dies erklärt die unterschiedliche

Reichweite dieser Sender auf der Erde. Die Frequenzen der Mittelwellensender werden an der Ionosphäre reflektiert und können so im reflektierten Strahl noch in größerer Entfernung vom Sender empfangen werden. Ein anderes Beispiel ist die Reflexion von Licht an Metallen. Das Elektronengas im Metall reagiert mit einer Frequenz von etwa 3×10^{15} Hz auf elektromagnetische Felder. Die Frequenzen elektromagnetischer Wellen im sichtbaren Bereich liegen mit Werten von $5 - 7 \times 10^{14}$ Hz darunter, sodass das Licht an metallischen Flächen reflektiert wird.

Die Elektronen sind für die schnellste Antwort des Plasmas auf elektrische Felder verantwortlich. Daher ist bei der Plasmafrequenz immer die der Elektronen gemeint. Bei Wellenphänomenen spielt aber auch die *Plasmafrequenz der Ionen* eine Rolle, deren Definition wir hier der Vollständigkeit halber angeben:

$$\omega_{pi} = \sqrt{\frac{e^2 Z_i n_e}{\epsilon_0 m_i}} = \sqrt{\frac{e^2 Z_i^2 n_i}{\epsilon_0 m_i}}. \tag{1.24}$$

Sie ist um den Faktor $(Z_i m_e/(m_i))^{1/2}$ geringer als die der Elektronen und steht für die Frequenz, mit der Ionen auf Wechselfelder reagieren können.

Referenzen

1. E. Debye und E. Hückel, Z. Physik **24**, 185 (1923).

Weitere Literaturhinweise

Deutschsprachige Lehrbücher mit der Ausrichtung auf Fusionsforschung gibt es von M. Kaufmann, *Plasmaphysik und Fusionsforschung. Eine Einführung* (Teubner, Stuttgart, 2003) und U. Schumacher, *Fusionsforschung. Eine Einführung* (Wissenschaftliche Buchgesellschaft, Darmstadt, 1993). Die Plasmatheorie wird in dem Buch von K.-H. Spatschek, *Theoretische Plasmaphysik. Eine Einführung* (Teubner, Stuttgart, 1990) behandelt. Englischsprachige Lehrbücher erschienen von F. F. Chen, *Plasma Physics and Controlled Fusion* (Plenum Press, New York, 1983), das Schwerpunkte bei nichtlinearen Prozessen und magnetischem Einschluss setzt, sowie das umfangreiche Buch von J. A. Bittencourt, *Fundamentals of Plasma Physics* (Springer, Heidelberg, 2004). Den Schwerpunkt Fusionsforschung findet man bei R. J. Goldston und P. H. Rutherford, *Introduction to Plasma Physics* (IOP Publishing Ltd, London, 1995). Eine astrophysikalische Ausrichtung ist in R. M. Kulsrud, *Plasma Physics for Astrophysics* (Princeton University Press, Princeton, 2005) zu finden und extraterrestrische Themen in W. Baumjohann und A. Treumann, *Basic Space Plasma Physics* (Imperial College Press, London, 1997). Das Buch von N. A. Krall und A. W. Trivelpiece, *Principles of Plasma Physics* McGraw-Hill, New York, 1973) ist der Plasmatheorie gewidmet.

Geladene Teilchen im Magnetfeld 2

In diesem Kapitel werden wir Trajektorien geladener Teilchen in elektromagnetischen Feldern behandeln. Kollektive Effekte des Plasmas spielen hier keine Rolle. Für die Plasmaphysik ist die Einzelteilchenbewegung jedoch von besonderem Interesse. In der kinetischen Theorie werden daraus die Flüssigkeitsgleichungen des Plasmas hergeleitet. Aus der Bewegung der Teilchen werden dann Flüssigkeitsströmungen und elektrische Ströme. Im nächsten Kapitel werden wir die Flüssigkeitsgleichungen analysieren. Dabei ist es sehr interessant, wie die Einzelteilchenbewegung aus diesem Kapitel in der Flüssigkeitsbewegung, die aus ganz anderen Gleichungen hergeleitet wird, ihr Pendant findet. Die Einzelteilchenbewegung ist außerdem sehr wichtig für die Beschreibung von Verlustmechanismen bei magnetisch eingeschlossenen Plasmen, aber auch in vielen Bereichen der extraterrestrischen Physik.

Wir beginnen mit Trajektorien geladener Teilchen in homogenen Feldern, erlauben dann Inhomogenitäten und betrachten abschließend den Einfluss zeitabhängiger elektromagnetischer Felder. Als Beispiel behandeln wir Teilchenbahnen im Magnetfeld der Erde.

2.1 Homogene Magnetfelder

Ausgangspunkt ist die Bewegungsgleichung für ein geladenes Teilchen im räumlich und zeitlich konstanten Magnetfeld. Neben der Lorentz-Kraft soll eine konstante Kraft $\mathbf{F}$ auf das Teilchen wirken. Für ein Teilchen der Masse m und der Ladung q gilt die Newton'sche Bewegungsgleichung der Form

$$m\dot{\mathbf{v}} = q\mathbf{v} \times \mathbf{B} + \mathbf{F}. \qquad (2.1)$$

© Springer-Verlag GmbH Deutschland 2018
U. Stroth, *Plasmaphysik*,
https://doi.org/10.1007/978-3-662-55236-0_2

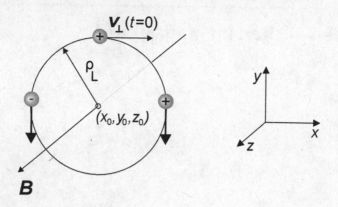

Abb. 2.1 Gyrationsbewegung geladener Teilchen im Magnetfeld

Die z-Achse des in Abb. 2.1 dargestellten Koordinatensystems zeige in Richtung des Magnetfeldes. Aus (2.1) folgt dann das gekoppelte System von Differentialgleichungen

$$\dot{v}_x = +\frac{qB}{m}v_y + \frac{F_x}{m}, \tag{2.2}$$

$$\dot{v}_y = -\frac{qB}{m}v_x + \frac{F_y}{m}, \tag{2.3}$$

$$\dot{v}_z = \frac{F_z}{m}. \tag{2.4}$$

Die Bewegungsgleichung parallel zum Feld ist identisch mit dem Fall ohne Magnetfeld. Man findet eine gleichförmig beschleunigte Bewegung. Durch Integration folgt, mit den entsprechenden Anfangsbedingungen, für die z-Komponente der Trajektorie:

$$z(t) = z_0 + v_{0z}t + \frac{F_z}{2m}t^2. \tag{2.5}$$

Die Gleichungen senkrecht zu **B** entkoppeln wir durch Differenzieren von (2.2) und Einsetzen von (2.3). Das Resultat ist eine Differentialgleichung für den harmonischen Oszillator, modifiziert mit einem zusätzlichen Kraftterm:

$$\ddot{v}_x = \frac{qB}{m}\dot{v}_y = -\left(\frac{qB}{m}\right)^2 v_x + \frac{qB}{m^2}F_y \tag{2.6}$$

und entsprechend für die andere Komponente:

$$\ddot{v}_y = -\left(\frac{qB}{m}\right)^2 v_y - \frac{qB}{m^2}F_x. \tag{2.7}$$

Wir sehen schon hier, dass das Magnetfeld die Wirkung einer Kraft in die Richtung senkrecht zu **B** und **F** umlenkt. Eine Kraft in y-Richtung erscheint nur in der Gleichung für die x-Komponente, wogegen F_x in dieser Gleichung fehlt.

2.1.1 Teilchenbewegung ohne zusätzliche Kraft

Für den Fall ohne externe Kraft liefern (2.6) und (2.7) periodische Lösungen für die beiden Geschwindigkeitskomponenten senkrecht zum Magnetfeld. Die Winkelfrequenz der periodischen Bewegung ist als *Gyrationsfrequenz* gegeben durch

$$\omega_c = \frac{qB}{m}.$$
(2.8)

Wir definieren die Gyrationsfrequenz so, dass sie für Elektronen negative Werte annimmt. Dies ist bei der Behandlung von Plasmawellen von Vorteil.

Für Anwendungen werden meist Werte für die Frequenz $f_c = |\omega_c/2\pi|$ benötigt, zu deren Berechnung die Beziehungen

$$f_c \approx \begin{cases} 28B \ \text{(GHz)} & \text{für Elektronen} \\ 15Z_iB/A_i \ \text{(MHz)} & \text{für Ionen} \end{cases}$$

nützlich sind. Hier stehen A_i für die Massenzahl und Z_i für die Ladungszahl der Ionen.

Zur Berechnung der Teilchenbahn stellen wir die Anfangsbedingung $\mathbf{v}(t{=}0) = v_\perp \mathbf{e}_x$. Aus dem homogenen Anteil der Differentialgleichung (2.6) folgt die Lösung für v_x und daraus, mit (2.2), die Lösung für v_y. Wir finden:

$$v_x = +v_\perp \cos \omega_c t,$$
(2.9)

$$v_y = -v_\perp \sin \omega_c t.$$
(2.10)

Durch Integration der Geschwindigkeiten über die Zeit erhalten wir, mit den Anfangsbedingungen $x(0) = x_0$ und $y(0) = y_0 + \rho_L$, die Bahnkoordinaten

$$x(t) - x_0 = \frac{v_\perp}{\omega_c} \sin \omega_c t,$$
(2.11)

$$y(t) - y_0 - \rho_L = \frac{v_\perp}{\omega_c} \cos \omega_c t - \frac{v_\perp}{\omega_c} \quad \text{oder}$$

$$y(t) - y_0 = \frac{v_\perp}{\omega_c} \cos \omega_c t,$$
(2.12)

wobei aus der y-Komponente bei $t = 0$ eine Bedingung für den Bahnradius, genannt *Larmor-Radius*, folgt:

$$\rho_L = \left| \frac{v_\perp}{\omega_c} \right| = \left| \frac{mv_\perp}{qB} \right|.$$
(2.13)

Das Teilchen bewegt sich also auf einer Kreisbahn mit dem Radius ρ_L um den Punkt (x_0, y_0).

Der Energieinhalt von Plasmen wird in der Regel durch die Temperatur charakterisiert. In einem solchen Fall macht es Sinn, einen charakteristischen Larmor-Radius anzugeben, indem man $v_\perp$ durch die mittlere thermische Geschwindigkeit bei der Temperatur T ersetzt. Aus $\frac{1}{2}mv_\perp^2 = T$ (zwei Freiheitsgrade) folgt

$$\rho_L = \frac{\sqrt{2mT}}{|q|B}. \tag{2.14}$$

Um den Drehsinn der Bahn herauszufinden, verfolgen wir ein Ion, das bei $(x_0,y_0+\rho_L)$ in die positive x-Richtung startet (siehe Abb. 2.1). An (2.10) sehen wir, dass v_y für $t > 0$ negativ wird. Das heißt, positive Ladungen werden nach rechts unten abgelenkt. Eine negative Ladung lassen wir mit $v_\perp < 0$ starten. Wegen $q < 0$ werden der Sinus und damit v_y negativ. Negative Ladungen laufen also nach links unten.

Schaut man also den Feldlinien entgegen, so bewegen sich Ionen im und Elektronen gegen den Uhrzeigersinn. Oder man nimmt die Hände zur Hilfe, wobei der Daumen in Richtung der Feldlinie zeigen muss. Dann zeigen die Finger der rechten Hand die Drehrichtung der Elektronen an und die der linken Hand, die der Ionen.

Wie in Abb. 2.2 zu sehen, kann der *Gyrationsbewegung* eine Geschwindigkeit parallel zum Magnetfeld überlagert sein, sodass die Bewegung der Teilchen spiralförmig um die Feldlinie erfolgt. Der Gyrationsmittelpunkt, genannt *Führungszentrum* der Bewegung, folgt der Feldlinie. Bei Kenntnis des Larmor-Radius und der Gyrationsfrequenz ist die Bewegung des Teilchens mit der Trajektorie des Führungszentrums bestimmt.

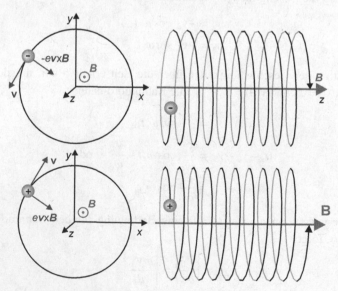

Abb. 2.2 Den Gyrationsbewegungen eines Elektrons (*oben*) und eines Ions (*unten*) ist eine gleichförmige Bewegung parallel zum Magnetfeld überlagert

2.1.2 Einfluss einer Kraft auf die Teilchenbahn

Wir haben gesehen, dass eine Kraft parallel zum Magnetfeld zu einer gleichförmig beschleunigten Bewegung führt. Jetzt werden wir den Einfluss einer Kraft senkrecht zum Magnetfeld untersuchen. Wir drehen das Koordinatensystem so, dass die Kraft in x-Richtung zeigt (vgl. Abb. 2.1). Wegen (2.6) bleibt die Bewegung in x-Richtung unverändert, und v_x wird weiter durch (2.9) beschrieben. Die Lösung für die y-Richtung folgt durch Einsetzen von v_x in (2.2). Wir lösen die Gleichung auf und finden:

$$v_y = -v_\perp \sin \omega_c t - \frac{F_x}{qB}. \tag{2.15}$$

Der Gyrationsbewegung ist eine gleichmäßige Bewegung in Richtung senkrecht zu **B** und zu **F** überlagert. Bei Untersuchungen, in denen die Teilchenbahnen eine Rolle spielen, ist meist der genaue Verlauf der Gyrationsbewegung von untergeordnetem Interesse. Die relevante Größe ist der über eine Gyration gemittelte Aufenthaltsort, das sog. *Führungszentrum*. In dieser *Führungszentrumsnäherung* bewegen sich *Quasiteilchen* im Führungszentrum der richtigen Teilchen. Die Kräfte treten nur noch als Driftbewegung des Führungszentrums zutage.

Die *Driftbewegung*, oder die Bewegung des Führungszentrums senkrecht zum Magnetfeld, folgt aus der Mittelung der senkrechten Geschwindigkeitskomponente über die Gyrationsbewegung

$$\mathbf{v}_D = \langle \mathbf{v}_\perp \rangle_t = \frac{\omega_c}{2\pi} \int_0^{\frac{2\pi}{\omega_c}} \mathbf{v}_\perp \, dt. \tag{2.16}$$

Die x-Komponente der Geschwindigkeit sowie der erste Term von (2.15) verschwinden durch die Mittelung. Der zweite Term resultiert in der Driftbewegung und die Komponente parallel zu **B** bleibt unverändert. Für beliebige Kraftvektoren können wir die *Drift* schreiben als

$$\mathbf{v}_D = \frac{\mathbf{F} \times \mathbf{B}}{qB^2}. \tag{2.17}$$

Das Vektorprodukt trägt der Tatsache Rechnung, dass die Bewegung senkrecht zum Magnetfeld und zur Kraft erfolgt. Das Vorzeichen ist positiv, denn eine Kraft in x-Richtung erzeugt bei einem Magnetfeld parallel zu z eine Ionendrift in die negative y-Richtung.

Das Zustandekommen der Drift können wir durch Abb. 2.3 anschaulich verstehen. Dazu stellen wir uns vor, ein Elektron starte am unteren Scheitel seiner Gyrationsbahn in Richtung der Kraft **F**. Durch die Komponente der Kraft parallel zur Bewegungsrichtung wird das Elektron zunächst beschleunigt, sodass $v_\perp$ zunimmt. Erst im nächsten Quadranten des Gyrationskreises läuft das Elektron der Kraft entgegen. Es wird nun abgebremst, um am oberen Scheitel wieder auf seine Ausgangsgeschwindigkeit zu kommen. Im Mittel läuft das Elektron also mit erhöhter Geschwindigkeit durch die rechte Bahnhälfte, wogegen die gleiche Überlegung für die linke Hälfte zu einer verringerten Geschwindigkeit führt.

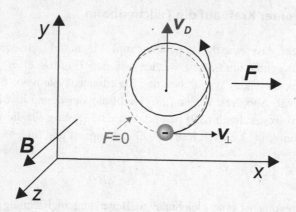

Abb. 2.3 Entstehung einer Teilchendrift durch eine Kraft, gezeigt für die Drehrichtung eines Elektrons

Daraus folgern wir, dass der Larmor-Radius (2.13) bei dieser Bewegung nicht konstant sein kann. In der rechten Hälfte der Bahn wird der Larmor-Radius größer ausfallen als in der linken. Dies hat aber zur Folge, dass sich die Bahn nicht mehr schließt und das Elektron nach Ablauf eines Zyklus' nach oben versetzt ist. Für ein Ion führt die analoge Überlegung zu einer Drift nach unten.

Wichtige Beispiele für die Drift resultieren aus der Coulomb-Kraft und der Gravitationskraft. Das Vorzeichen der Coulomb-Kraft hängt von der Ladung des Teilchens ab,

$$\mathbf{F} = q\mathbf{E}.$$

Daraus resultiert die $E \times B$-*Drift*

$$\mathbf{v}_D^{E \times B} = \frac{\mathbf{E} \times \mathbf{B}}{B^2}. \tag{2.18}$$

Wie auch in Abb. 2.4 zu sehen, ist die $E \times B$-Drift für positiv und negativ geladene Teilchen gleichgerichtet, und Elektronen und Ionen driften mit derselben Geschwindigkeit. In einem Plasma führt die $E \times B$-Drift daher in der Regel nicht zu einem elektrischen Strom.

Die Gravitationskraft

$$\mathbf{F} = m\mathbf{g} = \gamma_g \frac{mM}{r^3}\mathbf{r}, \tag{2.19}$$

die ein Teilchen durch einen Körper der Masse M im Abstand r erfährt,[1] führt zur *Gravitationsdrift*

$$\mathbf{v}_D^g = \frac{m\mathbf{g} \times \mathbf{B}}{qB^2}. \tag{2.20}$$

Wir haben $\mathbf{g}$ so definiert, dass an der Erdoberfläche dafür die Gravitationskonstante eingesetzt werden kann. Im allgemeinen Fall muss $\mathbf{g}$ aber aus (2.19) berechnet werden.

---

[1] $\gamma_g = 3{,}57627 \times 10^{-38}$ m^{3}c^2/kgs^2 = $1{,}07 \times 10^{-29}$ m^5/eVs^4

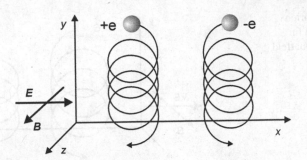

Abb. 2.4 Qualitative Trajektorien geladener Teilchen im Magnetfeld unter Einwirkung eines elektrischen Feldes

Die Gravitationsdrift hängt vom Vorzeichen der Ladung ab und führt für Elektronen und Ionen in entgegengesetzte Richtungen. Bei Anwesenheit vieler Teilchen entsteht aus den Driften der Ionen und Elektronen eine elektrische Stromdichte $\mathbf{j} = en(\mathbf{v}_{Di} - \mathbf{v}_{De})$ der Form

$$\mathbf{j}^g = n(m_e + m_i)\frac{\mathbf{g} \times \mathbf{B}}{B^2}. \tag{2.21}$$

Diese Ströme spielen in astrophysikalischen Plasmen eine wichtige Rolle. So kann man die Entstehung von Rayleigh-Taylor-artigen Instabilitäten über die Gravitationsdrift erklären. Es sei aber eindringlich davor gewarnt, die Einzelteilchendriften direkt in Plasmaströmungen zu übertragen. Zur Berechnung von Teilchenströmungen und elektrischen Strömen muss sorgfältig über die Verteilungsfunktionen der Teilchen gemittelt werden. Das Resultat ist nicht unbedingt gleich der Summe der Einzelteilchendriften. $E \times B$- und Gravitationsdrift überleben den Mittelungsprozess, und wir werden die gleichen Driften in den Flüssigkeitsgleichungen wiederfinden. Die Driften im nächsten Abschnitt tauchen in den Flüssigkeitsgleichungen aber nur versteckt wieder auf.

2.2 Inhomogene Magnetfelder

In einem nächsten Schritt lassen wir eine räumliche Variation der Magnetfelder zu. Drei Fälle wollen wir unterscheiden: Feldstärkenänderungen senkrecht und parallel zur Magnetfeldlinie sowie gekrümmte Feldlinien. Natürlich lassen die Maxwell-Gleichungen nicht jede beliebige Feldkonfiguration zu. Ein gekrümmtes Magnetfeld wird immer auch eine räumlich variierende Feldstärke aufweisen. Doch die betrachteten Effekte verhalten sich additiv und können somit einzeln untersucht werden. Wir vernachlässigen hier die externe Kraft und legen den Ursprung des Koordinatensystems in das Zentrum der Gyrationsbewegung zum Zeitpunkt $t = 0$.

Abb. 2.5 Trajektorien geladener Teilchen im inhomogenen Magnetfeld

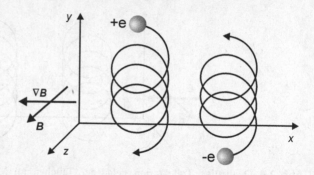

2.2.1 Inhomogenität senkrecht zum Magnetfeld

Wir beginnen mit einem Magnetfeld in die z-Richtung mit veränderlicher Feldstärke nur in y-Richtung (siehe Abb. 2.5). Weiterhin sei die Änderung der Feldstärke auf einer Strecke der Länge ρ_L klein gegen B selbst, also $|\nabla B|\rho_L \ll B$. Damit können wir uns bei der Entwicklung des Magnetfeldes um das Führungszentrum bei $(0, 0)$ auf Terme erster Ordnung in y beschränken. Es ist also

$$\mathbf{B} = B(y)\mathbf{e}_z \approx B_0\mathbf{e}_z + \left.\frac{\partial B}{\partial y}\right|_0 y\mathbf{e}_z. \tag{2.22}$$

Unter diesen Voraussetzungen können wir davon ausgehen, dass sich die Gyrationsbahn der Teilchen von der Bahn im homogenen Magnetfeld nur wenig unterscheidet.

Wir wollen zunächst berechnen, wie sich die Inhomogenität auf die Lorentz-Kraft auswirkt. Wir setzen die Entwicklung bis zur ersten Ordnung in die Formel für die Lorentz-Kraft ein und finden für die Kraftkomponenten senkrecht zum Magnetfeld:

$$F_x \approx +qv_y\left(B_0 + \frac{\partial B}{\partial y}y\right), \tag{2.23}$$

$$F_y \approx -qv_x\left(B_0 + \frac{\partial B}{\partial y}y\right). \tag{2.24}$$

Da die Variation des Feldes über die Bahn gering sein soll, können wir zur Berechnung von **F** die Parameter der ungestörten Bahn (2.9)–(2.12) einsetzen. Aus diesem störungstheoretischen Ansatz folgt:

$$F_x = -qv_\perp B_0 \sin \omega_c t - \frac{qv_\perp^2}{\omega_c}\frac{\partial B}{\partial y}\sin(\omega_c t)\cos(\omega_c t), \tag{2.25}$$

$$F_y = -qv_\perp B_0 \cos \omega_c t - \frac{qv_\perp^2}{\omega_c}\frac{\partial B}{\partial y}\cos^2(\omega_c t). \tag{2.26}$$

Uns interessiert nicht, wie der Korrekturterm die schnelle Gyrationsbewegung im Detail modifiziert. Wichtig ist nur der mittlere Einfluss des Gradienten auf die Bahn. Daher führen wir wieder eine Zeitmittelung über eine Gyration nach (2.16) durch. Dadurch verschwinden F_x sowie der erste Terme von F_y, und der Einfluss des Gradienten im Magnetfeld resultiert in einer effektiven Kraft, die nach Einsetzen der Gyrationsfrequenz die Form hat[2]:

$$\langle F_x \rangle_t = 0 \tag{2.27}$$

$$\langle F_y \rangle_t = -\frac{1}{2} m v_\perp^2 \frac{1}{B_0} \frac{\partial B}{\partial y}. \tag{2.28}$$

Bei einer beliebigen Richtung des Feldgradienten senkrecht zum Magnetfeld kann man die Beziehung verallgemeinert schreiben als

$$\langle \mathbf{F} \rangle_t = -\frac{1}{2} m v_\perp^2 \frac{\nabla_\perp B}{B}. \tag{2.29}$$

Die Kraft auf die Teilchen wirkt in Richtung geringerer Magnetfeldstärke. Es handelt sich dabei um den gleichen Mechanismus, der diamagnetische Stoffe aus einem Magnetfeld herausdrückt. Durch ihre Gyrationsbahnen und den damit verbundenen Strömen senken Elektronen und Ionen das Magnetfeld ab, d. h. beide Teilchensorten verhalten sich diamagnetisch.

Die mittlere Kraft führt nach (2.17) zu einer Drift. Mit der Energie $W_\perp$ in der Senkrechtbewegung der Teilchen erhalten wir einen allgemeinen Ausdruck für die *Gradientendrift* (auch ∇B-*Drift* genannt):

$$\mathbf{v}_D^{\nabla B} = -\frac{W_\perp}{q} \frac{\nabla_\perp B \times \mathbf{B}}{B^3}. \tag{2.30}$$

Die Driftrichtung ist wieder leicht nachzuvollziehen: In Abb. 2.5 drehen sich die Elektronen gegen den Uhrzeigersinn. Da das Magnetfeld rechts erhöht ist, ist dort der Larmor-Radius kleiner als auf der linken Seite, was für die Elektronen zu einer Drift nach unten führt. Für Ionen, die sich im Uhrzeigersinn drehen, führt diese Überlegung zu einer Drift nach oben.

2.2.2 Gekrümmte Magnetfeldlinien

Als Nächstes betrachten wir gekrümmte Feldlinien. Wie in Abb. 2.6 zu sehen, liege der Krümmungsradius R_k, der die Krümmung der Feldlinie definiert, in der θ-r-Ebene eines Koordinatensystems. Eine schnelle Lösung des Problems resultiert daraus, dass wir ein

---

[2] $(\omega_c/2\pi) \int_0^{2\pi/\omega_c} \cos^2 \mathrm{d}t = \frac{1}{2}$

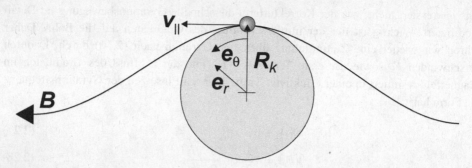

Abb. 2.6 Geometrie zur Berechnung der Krümmungsdrift

mitbewegtes Koordinatensystem verwenden, in dem das Teilchen eine Zentrifugalkraft erfährt, der Form

$$\mathbf{F}_r = \frac{mv_\parallel^2}{R_k}\mathbf{e}_r = \frac{mv_\parallel^2}{R_k^2}\mathbf{R_k}. \tag{2.31}$$

Mit (2.17) folgt daraus die *Krümmungsdrift*. Sie hängt von der kinetischen Energie $W_\parallel$ der Teilchen in der Parallelbewegung ab und ist geben durch

$$\mathbf{v}_D^k = \frac{2W_\parallel}{qR_k^2}\frac{\mathbf{R_k} \times \mathbf{B}}{B^2}. \tag{2.32}$$

Für eine formale Ableitung transformieren wir die Bewegungsgleichung in ein beschleunigtes Koordinatensystem, das dem auf einer Kreisbahn bewegten Teilchen folgt. Der Ursprung des Systems bewege sich mit $r\dot\theta = v_\parallel$ entlang der Feldlinie. Dann gilt für die Koordinaten r und z im mitbewegten System

$$\ddot r - r\dot\theta^2 = -\omega_c\dot z, \tag{2.33}$$

$$r\ddot\theta + 2\dot r\dot\theta = 0, \tag{2.34}$$

$$\ddot z = \omega_c\dot r. \tag{2.35}$$

Die Gyrationsbewegung um die Feldlinie führt dazu, dass im zeitlichen Mittel $r = R_k$ sein wird, sodass $\ddot r = 0$ ist. Durch Einsetzen von $\dot\theta = v_\parallel/R_k$ folgt aus (2.33) direkt die Krümmungsdrift $v_D = \dot z$.

Wie schon erwähnt, wird die Form des Magnetfeldes durch die Maxwell-Gleichungen eingeschränkt. So muss im stromfreien Raum

$$\nabla \times \mathbf{B} = 0 \tag{2.36}$$

erfüllt sein. Wir wollen jetzt untersuchen, welche Konsequenzen das für ein gekrümmtes Magnetfeld hat. Dazu beschreiben wir das Feld in Zylinderkoordinaten und nähern die

Feldlinie am Ort des Teilchens durch ein Kreissegment an. Das Feld hat dann nur eine θ-Komponente ($B = B_\theta$), und es folgen aus r- und z-Komponente von (2.36):

$$(\nabla \times \mathbf{B})_r = -\frac{\partial B}{\partial z} = 0, \tag{2.37}$$

$$(\nabla \times \mathbf{B})_z = \frac{1}{r}\frac{\partial}{\partial r} rB = 0. \tag{2.38}$$

Die erste Gleichung besagt, dass das Magnetfeld nicht von z abhängen kann und also in Richtung senkrecht zum Krümmungskreis konstant sein muss. Nach der zweiten Gleichung muss die Feldstärke eines gekrümmtes Magnetfeldes umgekehrt proportional zu r sein. Mit der Nebenbedingung, dass die Feldstärke für $r = R_k$ gleich B_0 ist, muss gelten:

$$B = B_0 \frac{R_k}{r}. \tag{2.39}$$

Eine Krümmung von Feldlinien geht daher immer mir einem Gradienten in der Feldstärke in Richtung Kreismittelpunkt einher. Bei gekrümmten Feldlinien treten daher immer Krümmungs und Gradientendrift auf. Beide Driften kann man in die gleiche Form überführen. Denn es gilt:

$$\left.\frac{\nabla_\perp B}{B}\right|_{r=R_k} = -\frac{\mathbf{R}_k}{R_k^2}. \tag{2.40}$$

Die Gesamtdrift in einem gekrümmten Magnetfeld ist mit (2.30) also gegeben durch

$$\mathbf{v}_D = \mathbf{v}_D^{\nabla B} + \mathbf{v}_D^k = (W_\perp + 2W_\parallel)\frac{\mathbf{R}_k \times \mathbf{B}}{qR_k^2 B^2} \tag{2.41}$$

$$= -(W_\perp + 2W_\parallel)\frac{\nabla B \times \mathbf{B}}{qB^3}. \tag{2.42}$$

Diese Zusammenfassung gilt nur in stromfreien Gebieten. Wenn Ströme am Ort der Drift das Magnetfeld stark verändern, gilt (2.36) nicht mehr, und die beiden Driften müssen getrennt aus dem tatsächlichen Feld berechnet werden.

2.2.3   Inhomogenität parallel zum Magnetfeld

In den bisherigen Überlegungen war die Bewegung parallel zum Magnetfeld identisch mit einer Bewegung im feldfreien Raum. Das ändert sich, wenn wir eine Variation der Feldstärke entlang der Feldlinie zulassen. Eine Anordnung, die diese Voraussetzung erfüllt, ist der in Abb. 2.7 zu sehende *magnetische Spiegel*. Die Feldstärke entspricht der Feldliniendichte, und nimmt mit der z-Koordinate zu. Wir nehmen an, dass das Magnetfeld rotationssymmetrisch um die z-Achse ist. In Zylinderkoordinaten (r,θ,z) hat das Feld dann die Form ($B_r,0,B_z$). Weiterhin fordern wir, dass $|B_r| \ll |B_z|$ sein soll.

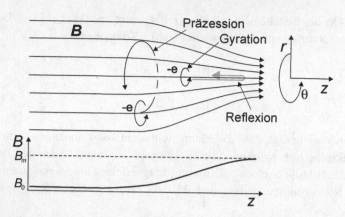

Abb. 2.7 Magnetfeldgradient parallel zu den Feldlinien. Gyrations- und Präzessionsbahn sowie die Reflexion eines Elektrons im magnetischen Spiegel sind eingezeichnet

Welche Driften können wir aus unseren Kenntnissen heraus erwarten? Wie gezeigt, nimmt bei gekrümmten Feldlinien die Feldstärke in Richtung des Krümmungsradius ab. Dieser Gradient zusammen mit der Krümmung der Feldlinien führt zu einer azimutalen (θ) Drift, die für Elektronen in die positive θ-Richtung geht (siehe Abb. 2.7). Die Teilchen präzedieren also um die Symmetrieachse der Konfiguration. Da das Feld keine θ-Komponente hat, sind dagegen keine Driften in radialer Richtung zu erwarten.

Der neue Aspekt liegt in der Bewegung parallel zum Magnetfeld. Zur Berechnung benötigen wir die Komponenten des Magnetfeldes, die aus seiner Divergenzfreiheit folgen:

$$\nabla \cdot \mathbf{B} = \frac{1}{r}\frac{\partial}{\partial r}(rB_r) + \frac{\partial B_z}{\partial z} = 0. \tag{2.43}$$

Wie zu erwarten, hängt die radiale Komponente des Feldes mit der Änderung der Feldstärke in axialer (z) Richtung zusammen. Wir lösen die Gleichung durch Integration über r und finden:

$$B_r(r, z) = -\frac{1}{r}\int_0^r \mathrm{d}r'\, r' \frac{\partial B_z(r')}{\partial z} \approx -\frac{r}{2}\frac{\partial B_z}{\partial z}. \tag{2.44}$$

Bei der Integration wurde verwendet, dass im Integranden der Gradient eine langsam veränderliche Funktion von r ist, verglichen mit r selbst. Das Resultat kann dann angenähert werden durch den Gradienten an einer charakteristischen Stelle, multipliziert mit dem Integral über r'. Im Folgenden ist diese Forderung sehr gut erfüllt, denn wir werden unsere Analyse auf die Nähe der Achse beschränken.

Das Führungszentrum des Teilchens befinde sich bei $r = 0$. Das Teilchen ist also um einen Larmor-Radius von der Achse entfernt. Wegen $B_r \neq 0$ hat die Lorentz-Kraft eine Komponente in z-Richtung und die Parallelbewegung folgt der Bewegungsgleichung

$$m\dot{v}_z = -qv_\theta B_r. \tag{2.45}$$

Mit (2.44) folgt:

$$m\dot{v}_z = qv_\theta \frac{r}{2}\frac{\partial B_z}{\partial z} = -|qv_\theta|\frac{r}{2}\frac{\partial B_z}{\partial z}, \tag{2.46}$$

wobei das Vorzeichen für positive und negative Ladungen gleich ist, denn bei Elektronen ist die Ladung und bei Ionen v_θ negativ. Die Größen r und v_θ sind durch die schnelle Gyrationsbewegung um die Feldlinie bestimmt. Wir setzen dafür den Larmor-Radius (2.13) und die Senkrechtgeschwindigkeit ein. Dies führt uns zum Ergebnis

$$m\dot{v}_z = -\frac{\frac{1}{2}mv_\perp^2}{B}\frac{\partial B_z}{\partial z}, \tag{2.47}$$

Die Inhomogenität der Feldstärke resultiert also in einer Kraft, die dem Gradienten der Feldstärke entgegengerichtet ist. Die Teilchen werden auf ihrem Weg nach rechts abgebremst und können, wenn $v_\parallel$ nicht zu groß ist, im ansteigenden Magnetfeld reflektiert werden. Man spricht dann von einem *magnetischen Spiegel*.

Verallgemeinert auf eine nicht axiale Feldlinie lautet die Bewegungsgleichung

$$m\dot{\mathbf{v}}_\parallel = -\mu\boldsymbol{\nabla}_\parallel B. \tag{2.48}$$

Dabei haben wir das *magnetische Moment* des Teilchens eingeführt, das Thema des nächsten Abschnitts. Es ist definiert als

$$\mu = \frac{\frac{1}{2}mv_\perp^2}{B}. \tag{2.49}$$

Zunächst wollen wir die Frage beantworten, wie es um die Erhaltung der kinetischen Energie des Teilchens steht. Die Energieerhaltung kann nur erfüllt sein, wenn sich die Senkrechtkomponente der Geschwindigkeit entgegengesetzt zur parallelen Komponente ändert. Dass das auch tatsächlich geschieht, folgt aus dem *Faraday-Gesetz*, welches für einen geschlossenen Stromleiter das Integral des elektrischen Feldes im Leiter c mit der Änderung des magnetischen Flusses durch die eingeschlossene Fläche S verbindet:

$$\oint_c \mathbf{E} \cdot d\mathbf{l} = -\frac{d}{dt}\int_S \mathbf{B} \cdot d\mathbf{S}. \tag{2.50}$$

Wir wenden diese Gleichung entsprechend Abb. 2.8 auf ein gyrierendes Elektron an, begeben uns dazu in das mit $v_\parallel$ bewegte Bezugssystem und ersetzen die Gyrationsbahn durch einen Ringleiter. Dann definiert der Larmor-Radius die Fläche und den Umfang des Leiters. Die aufgespannte Fläche liegt senkrecht zum Magnetfeld am Ort des Führungszentrums. Für ein nicht explizit zeitabhängiges Magnetfeld gilt damit:

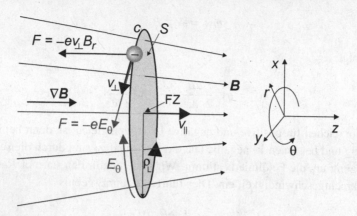

Abb. 2.8 Umwandlung von Parallelenergie in Senkrechtenergie eines Elektrons durch einen Gradienten im Magnetfeld parallel zu **B**. FZ deutet das Führungszentrum der Teilchenbahn an

$$2\pi \rho_L E_\theta = -\pi \rho_L^2 \frac{\mathrm{d}B}{\mathrm{d}t} = -\pi \rho_L^2 (\nabla_\| B) v_\|.\tag{2.51}$$

Für ein Elektron, das ja in die positive θ-Richtung gyriert, resultiert aus dem induzierten elektrischen Feld eine Kraft der Form

$$m\dot{v}_\theta = m\dot{v}_\perp = -eE_\theta = \frac{1}{2} m v_\perp v_\| \frac{\nabla_\| B}{B}.\tag{2.52}$$

Die Richtungen der Vektoren sind Abb. 2.8 zu entnehmen. Während die Parallelbewegung verlangsamt wird, beschleunigt das elektrische Feld die Senkrechtbewegung.

Bei der Anwendung des Faraday-Gesetzes auf die Gyrationsbahn in (2.51) haben wir den Larmor-Radius als konstant angenommen. Indem sich $v_\perp$ und B ändern, ändert sich natürlich auch $\rho_L = m v_\perp / eB$. Wenn wir diese zeitlichen Abhängigkeiten in (2.51) berücksichtigten, so würde sich, wie in Abschn. 2.2.4 nachzulesen, der Fluss durch die Bahn nicht ändern und daraus $E_\theta = 0$ resultieren. Die hier durchgeführte Rechnung liefert den physikalischen Grund für die Beschleunigung der Senkrechtbewegung der Teilchen, die letztlich dazu führt, dass der magnetische Fluss durch die Teilchenbahn erhalten bleibt. Für die Abhängigkeit des Larmor-Radius von einem zeitlich variablen Magnetfeld können wir aus (2.52) mit E_θ aus (2.51), wobei die totale Zeitableitung durch eine partielle zu ersetzen ist, auch folgende Beziehung ableiten:

$$\frac{\dot{v}_\perp}{v_\perp} = \frac{1}{2} \frac{\dot{B}}{B} \quad \rightarrow \quad \frac{\dot{\rho}_L}{\rho_L} = -\frac{1}{2} \frac{\dot{B}}{B}\tag{2.53}$$

Um die Energieerhaltung im Spiegel zu überprüfen, müssen wir die zeitlichen Änderungen in der parallelen und der senkrechten Geschwindigkeit vergleichen. Dazu berechnen wir die zeitliche Änderung der kinetischen Teilchenenergie

$$\dot{W} = m(v_\perp \dot{v}_\perp + v_\parallel \dot{v}_\parallel) = mv_\perp v_\parallel \left(\frac{\dot{v}_\perp}{v_\parallel} + \frac{\dot{v}_\parallel}{v_\perp} \right). \tag{2.54}$$

Wir setzen (2.52) und (2.47) ein und finden

$$\dot{W} = \frac{1}{2}mv_\perp v_\parallel \left(v_\perp - v_\perp \right) \frac{\nabla_\parallel B}{B} = 0.$$

Durch das Magnetfeld wird somit kinetische Energie aus der Parallelbewegung in die Senkrechtbewegung gekoppelt und umgekehrt. Das Teilchen wird im Magnetfeld reflektiert, wenn die gesamte Energie in der Senkrechtbewegung steckt.

Dass die kinetische Energie im zeitunabhängigen Magnetfeld eine Erhaltungsgröße ist, liegt natürlich daran, dass die Lorentz-Kraft senkrecht zum Geschwindigkeitsvektor wirkt und somit keine Arbeit leisten kann. Formell zeigt man die Energieerhaltung durch

$$\dot{W} = m\mathbf{v} \cdot \dot{\mathbf{v}} = q\mathbf{v} \cdot (\mathbf{v} \times \mathbf{B}) = 0. \tag{2.55}$$

Ein explizit zeitabhängiges Magnetfeld kann hingegen die Senkrechtenergie der Teilchen über Induktion verändern ohne die Parallelbewegung zu beeinflussen.

2.2.4 Magnetisches Moment und magnetischer Spiegel

Die durch (2.49) vorgenommene Definition des magnetischen Momentes ist konform mit der Definition aus der Elektrodynamik. Ein gyrierendes Teilchen kann man nämlich als Ringstrom auffassen, dessen Stärke sich aus der Ladungsdichte des auf seiner Gyrobahn verschmierten Teilchens und dessen Geschwindigkeit berechnet. Der Betrag der Stromes ist damit gegeben durch

$$I = \left| \frac{q}{2\pi \rho_L} v_\perp \right|. \tag{2.56}$$

In der Elektrodynamik ist das magnetische Moment eines Ringstroms definiert als Produkt aus der Stromstärke und der vom Strom umschlossenen Fläche. Entsprechend finden wir für ein geladenes Teilchen im Magnetfeld die Definition (2.49) wieder:

$$\mu = I\pi \rho_L^2 = \frac{\frac{1}{2}mv_\perp^2}{B}. \tag{2.57}$$

Das magnetische Moment ist weiterhin proportional zum von der Bahn des Teilchens eingeschlossenen *magnetischen Fluss* ψ. Es ist nämlich

$$\mu = \frac{q^2}{2\pi m} \pi \rho_L^2 B = \frac{q^2}{2\pi m} \psi \sim \psi. \tag{2.58}$$

Wir wollen nun zeigen, dass das magnetische Moment und damit auch der magnetische Fluss Erhaltungsgrößen sind, wenn das Magnetfeld nur schwach vom Ort abhängt. Dazu berechnen wir die Zeitableitung von (2.57) und finden:

$$\dot{\mu} = \frac{\mathrm{d}}{\mathrm{d}t}\left(\frac{\frac{1}{2}mv_\perp^2}{B}\right) = \frac{mv_\perp\dot{v}_\perp}{B} - \frac{\frac{1}{2}mv_\perp^2}{B^2}\frac{\mathrm{d}B}{\mathrm{d}t} = \mu\left(2\frac{\dot{v}_\perp}{v_\perp} - \frac{\nabla_\parallel B}{B}v_\parallel\right) = 0.$$

Der Ausdruck verschwindet wegen (2.52), sodass das magnetische Moment bei langsam veränderlichen Magnetfeldstärken eine Erhaltungsgröße ist. Wir haben hier eine explizite Zeitabhängigkeit des Magnetfeldes vernachlässigt. In Abschn. 2.3.3 werden wir aber die Gültigkeit dieser Aussage auf explizit zeitabhängige Felder erweitern. Wie in Abschn. 2.2.3 diskutiert, kommt das Teilchen der Forderung nach Erhaltung des magnetischen Flusses dadurch nach, dass sich sein Larmor-Radius verringert, wenn das Magnetfeld ansteigt und umgekehrt. Das durch den Ringstrom selbst induzierte Magnetfeld ist schwach und spielt für die Erhaltung des magnetischen Flusses keine Rolle.

Erhaltungsgrößen vereinfachen oft die Behandlung von sonst komplizierten Fragestellungen. Ein Beispiel dafür sind Teilchenbahnen in einem *magnetischen Spiegel*. Wir haben gesehen, dass geladene Teilchen im ansteigenden Magnetfeld reflektiert werden können. Stellen wir uns also eine Anordnung vor, die wie Abb. 2.7 skizziert aussieht, nur dass sie zusätzlich einen an der Ebene $z = 0$ gespiegelten Teil hat. Dann können Teilchen an beiden Enden reflektiert und so im Magnetfeld eingeschlossen werden. Solche Anordnungen wurden tatsächlich verwendet, um Hochtemperaturplasmen magnetisch einzuschließen. Wir werden in Kap. 11 darauf zurückkommen. Um zu einer Einschlussbedingung für die Plasmateilchen zu gelangen, definieren wir in Abb. 2.9 den *Neigungswinkel* oder, aus dem Englischen, *Pitch-Winkel* α eines Teilchens über das Verhältnis aus senkrechter und paralleler Geschwindigkeitskomponente

$$\tan\alpha = \frac{v_\perp}{v_\parallel}. \tag{2.59}$$

Das magnetische Moment können wir nun als Funktion des Neigungswinkels ausdrücken:

$$\mu = \frac{mv^2}{2}\frac{\sin^2\alpha}{B} = \text{konst.}$$

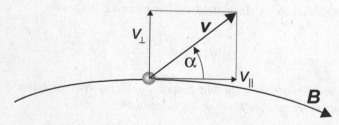

Abb. 2.9 Neigungswinkel (Pitch-Winkel) α des Geschwindigkeitsvektors eines Teilchens bezogen auf eine Magnetfeldlinie

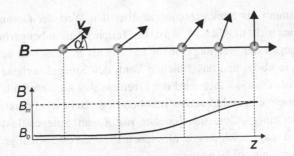

Abb. 2.10 Aufsteilen des Neigungswinkels eines Teilchens, das im Magnetfeld bei B_m reflektiert wird

Da sowohl μ als auch die kinetische Energie Erhaltungsgrößen sind, muss weiter gelten:

$$\frac{\sin^2 \alpha}{B} = \text{konst.} \tag{2.60}$$

Wenn die Magnetfeldstärke wie in einem Spiegel zunimmt, dann muss demnach auch der Neigungswinkel anwachsen. Das kann so weit gehen, bis die parallele Bewegung des Teilchens zur Ruhe kommt. Dieser Sachverhalt ist in Abb. 2.10 dargestellt. Zur Berechnung der Reflexionsbedingung verwenden wir, dass im Reflexionspunkt die Parallelgeschwindigkeit verschwindet und daher $\alpha = \pi/2$ gelten muss. Insbesondere gilt, wenn der Reflexionspunkt an der Stelle maximalen Feldes B_M (siehe Abb. 2.7) liegt:

$$\frac{\sin^2 \alpha}{\sin^2 \frac{\pi}{2}} = \sin^2 \alpha = \frac{B}{B_M}. \tag{2.61}$$

Damit können wir die *Einfangsbedingung für den magnetischen Spiegel* aufstellen. Teilchen am Minimum des Feldes B_0 sind eingeschlossen, wenn für den Neigungswinkel gilt:

$$\sin \alpha > \sin \alpha_0 = \sqrt{\frac{B_0}{B_M}} = \frac{1}{\sqrt{R_{Sp}}}. \tag{2.62}$$

Da für den Quotienten von an zwei Orten im Spiegel genommenen magnetischen Feldstärken B_0/B_M der kleinste realisierbare Wert ist, kann die Bedingung für $\alpha < \alpha_0$ nicht eingehalten werden, was bedeutet, dass solche Teilchen nicht eingeschlossen sind. Die Größe R_{Sp} nennt man das *Spiegelverhältnis*, definiert als

$$R_{Sp} = \frac{B_M}{B_0}. \tag{2.63}$$

Die Einschlussbedingung gilt also unabhängig von der kinetischen Energie des Teilchens. Ist die Senkrechtenergie des Teilchens höher als durch α_0 vorgeschrieben, dann würde

bis zum Feldmaximum die Senkrechtenergie über den Wert der Gesamtenergie ansteigen müssen. Da dies nicht möglich ist, wird das Teilchen schon bei geringerer Feldstärke
reflektiert. Ist dagegen der Neigungswinkel kleiner als α_0, dann ist am Feldmaximum
noch Parallelenergie übrig, und das Teilchen kann den Spiegel verlassen. Je größer das
Spiegelverhältnis ist, umso kleiner wird der Grenzwinkel α_0, unterhalb dessen der Neigungswinkel von nicht eingeschlossenen Teilchen liegt. Bei einem maxwellschen Plasma
steigt der Anteil der eingeschlossenen Teilchen mit R_{Sp} an. Spiegeleffekte spielen für geladene Teilchen von magnetisch eingeschlossenen Plasmen eine wichtige Rolle, wie sie in
der Fusionsforschung untersucht werden.

2.3   Teilchen in periodischen Feldern

Wir gehen jetzt dazu über, den Einfluss von in Raum und Zeit periodischen Feldern auf die
Trajektorien einzelner Teilchen zu untersuchen. Für Plasmen sind solche Aspekte aus verschiedenen Gründen wichtig. Die Beeinflussung von elektromagnetischen Wellen durch
das Plasma ist über die Driften zu verstehen. Die Driften und damit die dielektrischen
Eigenschaften des Plasmas werden modifiziert, wenn die Wellenlänge der Störung von
der Größenordnung der Larmor-Radien ist. Zum anderen können Plasmen instabil auf periodische Störungen des Dichtegradienten reagieren. Auch die Dynamik der Instabilitäten
erklärt sich über die Plasmadriften. Diese erfahren wieder eine Korrektur, wenn die räumliche Skala der Störung von der Ordnung des Larmor-Radius ist. Zusätzlich werden wir hier
eine neue Drift aufgrund eines zeitabhängigen elektrischen Feldes einführen und zeigen,
wie zeitabhängige Magnetfelder Energie auf geladene Teilchen übertragen können.
    Wir beginnen mit einem räumlich variablen elektrischen Feld und betrachten danach
zeitabhängige elektrische und magnetische Felder.

2.3.1   Räumlich-periodisches elektrisches Feld

Wir betrachten das in Abb. 2.11 dargestellte elektrische Feld mit der Wellenlänge λ. Der
Feldvektor ist senkrecht zum Magnetfeld und hat nur eine x-Komponente. Die Feldstärke
ist eine Funktion von x und zunächst nicht explizit zeitabhängig:

$$\mathbf{E} = E_0 \cos kx \, \mathbf{e}_x, \tag{2.64}$$

wobei $k = 2\pi/\lambda$ der Wellenvektor ist. Es gelten die Bewegungsgleichungen (2.2–2.4) für
den Fall einer externen Kraft $\mathbf{F} = q\mathbf{E}$:

$$\dot{v}_x = \omega_c v_y + \omega_c E_x/B,$$
$$\dot{v}_y = -\omega_c v_x.$$

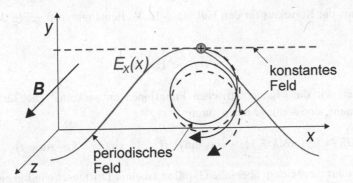

Abb. 2.11 $E \times B$-Drift eines Ions in einem konstanten und einem periodischen elektrischen Feld. Larmor-Radius-Effekte reduzieren die Driftgeschwindigkeit

Wir entkoppeln die Gleichungen wieder durch Differenzieren und gegenseitiges Einsetzen:

$$\ddot{v}_x + \omega_c^2 v_x = \omega_c \dot{E}_x / B, \tag{2.65}$$

$$\ddot{v}_y + \omega_c^2 v_y = -\omega_c^2 E_x / B. \tag{2.66}$$

Das Näherungsverfahren zur Lösung der Differentialgleichungen ist uns schon geläufig. Die linken Seiten ergeben die uns bekannte Gyrationsbewegung (2.9–2.12) um das Führungszentrum x_{Fz}. Diese Bewegung wird durch die Terme auf der rechten Seite gestört. Wie bei der Herleitung der Krümmungsdrift nutzen wir einen Störungsansatz und setzen voraus, dass das elektrische Feld nicht zu einer wesentlichen Abweichung von einer Gyrationsbewegung führt. Dann können wir die Lösung für den Fall ohne elektrisches Feld nehmen, um den Einfluss des elektrischen Feldes zu berechnen. Die mittlere Coulomb-Kraft bestimmt dann die zeitgemittelte Bewegung der Teilchen und damit die gesuchte Driftgeschwindigkeit. Durch die Gyrationsbewegung ändert sich das elektrische Feld am Ort des Teilchens wie

$$E_x = E_0 \cos \left(k(x_{Fz} + \rho_L \sin \omega_c t) \right). \tag{2.67}$$

Untersuchen wir zuerst, wie die $E \times B$-Drift durch die räumliche Variation des elektrischen Feldes modifiziert wird. Dazu berechnen wir mit (2.16) das Zeitmittel von (2.66). Die Mittelung über v_y ergibt die Driftgeschwindigkeit. Nach (2.16) ist die Driftgeschwindigkeit zeitunabhängig, also verschwindet der Term mit der zweifachen Zeitableitung, und wir finden:

$$v_{Dy} = - \langle E_x \rangle_t / B. \tag{2.68}$$

Aus (2.67) folgt mithilfe eines Additionstheorems der Ausdruck

$$E_x = E_0 \left(\cos(k x_{Fz}) \cos(k \rho_L \sin \omega_c t) - \sin(k x_{Fz}) \sin(k \rho_L \sin \omega_c t) \right).$$

Wir berechnen die Korrektur für den Fall, dass die Wellenlänge groß gegen den Larmor-Radius ist:

$$k\rho_L < 1. \tag{2.69}$$

Damit können wir die trigonometrischen Funktionen entwickeln.[3] Die Terme bis zur zweiten Ordnung sind somit gegeben durch

$$E_x \approx E_0 \left(\cos(kx_{Fz}) \left(1 - (k\rho_L \sin \omega_c t)^2/2 \right) - \sin(kx_{Fz}) k\rho_L \sin \omega_c t \right).$$

Nach (2.68) führt das Mitteln über eine Gyration zu einer Driftgeschwindigkeit der Form

$$v_{Dy} = -\frac{E_0}{B} \cos kx_{Fz} \left(1 - \left(\frac{k\rho_L}{2} \right)^2 \right) = \frac{E(x_{Fz})}{B} \left(1 - \left(\frac{k\rho_L}{2} \right)^2 \right). \tag{2.70}$$

In vektorieller Schreibweise und für eine beliebige Richtung des elektrischen Feldes können wir schreiben:

$$\mathbf{v}_D = \frac{\mathbf{E} \times \mathbf{B}}{B^2} \left(1 - \left(\frac{k\rho_L}{2} \right)^2 \right). \tag{2.71}$$

Das Resultat ist also die bekannte $E \times B$-Drift, die allerdings durch die sogenannte *Bahnkorrektur* reduziert wird. Die anschauliche Erklärung ist in Abb. 2.11 dargestellt, wo eine ungestörte und eine gestörte Bahn gezeigt sind. Das mittlere elektrische Feld, das während einer Gyration auf die Teilchen wirkt, ist kleiner als das Feld am Ort des Führungszentrums. Am offensichtlichsten ist das, wenn das Führungszentrum an einem Feldmaximum liegt. Auf seiner Bahn spürt das Teilchen dann immer, außer an zwei Punkte seiner Bahn, ein kleineres Feld. Man spricht bei Korrekturen dieser Art, die hauptsächlich für Ionen wichtig werden können, auch von *Larmor-Radius-Effekten*.

In x-Richtung, also parallel zum elektrischen Feld, tritt keine Modifikation auf. Wie bei einem konstanten Feld gibt es die Drift nur in die y-Richtung. Dies ist leicht nachzuvollziehen, indem man eine entsprechende Mittelung für v_x durchführt, die nach (2.65) in eine Mittelung über $\dot{E}$ mündet. Man findet, dass alle Terme verschwinden. Das ändert sich für explizit zeitabhängige Felder.

2.3.2 Zeitabhängige elektrische Felder

Nun wollen wir uns der Bewegungsgleichung (2.65) parallel zum elektrischen Feld zuwenden, um den Einfluss eines explizit zeitabhängigen elektrischen Feldes zu untersuchen. Es soll die Form haben

$$\mathbf{E} = E_0 \cos \omega t \, \mathbf{e}_x. \tag{2.72}$$

---

[3] $\sin \epsilon \approx \epsilon$; $\cos \epsilon \approx 1 - \epsilon^2/2$

Zeitlich veränderliche elektrische Felder spielen für die Plasmadynamik eine wesentliche Rolle. Oft entwickeln sich die Plasmaparameter langsam im Vergleich mit der Gyrationsfrequenz. Daher beschränken wir uns zuerst auf den Fall

$$\omega/\omega_c \ll 1. \tag{2.73}$$

Weiterhin sind (2.65–2.66) die gültigen Bewegungsgleichungen. Die langsame Zeitabhängigkeit des elektrischen Feldes führt zu einer zeitabhängigen $E \times B$-Drift in y-Richtung. In den Ausdruck für die Driftgeschwindigkeit ist dann einfach das zeitabhängige Feld einzusetzen.

Neu ist, dass der inhomogene Anteil von (2.65) nicht verschwindet. Daraus entsteht eine x-Komponente in der Driftgeschwindigkeit, die durch den Ansatz $v_x = v_\perp \sin \omega_c t + v_D^{pol}$ berechnet werden kann. Dies ist die *Polarisationsdrift*, die in vektorieller Schreibweise die allgemeine Form hat:

$$\mathbf{v}_D^{pol} = \frac{1}{\omega_c B} \dot{\mathbf{E}}_\perp = \frac{m}{qB^2} \dot{\mathbf{E}}_\perp, \tag{2.74}$$

wobei $\mathbf{E}_\perp$ der Anteil des Vektors senkrecht zu $\mathbf{B}$ ist. Die Polarisationsdrift ist wegen ihrer Massenabhängigkeit besonders für die Ionen wichtig. In Abb. 2.12 wurde eine anschauliche Deutung dieser Drift anhand der Bahn eines Elektrons vorgenommen: Dazu wurde der Gyrationszyklus in 4 Quadranten unterteilt und angenommen, die Zunahme des elektrischen Feldes sei linear, d. h., das Feld steige um δE, während das Elektron einen Quadranten durchläuft. Dadurch ergibt sich eine Energieänderung um $\delta W = m v_\perp \delta v_\perp$ für jedes δE, die im Vorzeichen, entsprechend der beigefügten Tabelle, von der Richtung der Bewegung bezogen auf das elektrische Feld abhängt. Mit der

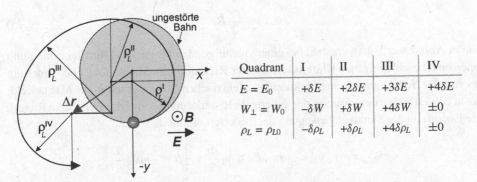

Quadrant	I	II	III	IV
$E = E_0$	$+\delta E$	$+2\delta E$	$+3\delta E$	$+4\delta E$
$W_\perp = W_0$	$-\delta W$	$+\delta W$	$+4\delta W$	± 0
$\rho_L = \rho_{L0}$	$-\delta\rho_L$	$+\delta\rho_L$	$+4\delta\rho_L$	± 0

Abb. 2.12 Anschauliche Darstellung der Polarisationsdrift eines Elektrons. Dazu ist die Gyrationsbewegung in 4 Quadranten unterteilt, für die jeweils der Larmor-Radius aus einer mittleren Geschwindigkeit abgeschätzt ist, die sich entsprechend der Senkrechtenergie $W_\perp$ durch ein linear mit der Zeit wachsendes elektrisches Feld ändert (siehe Tabelle). Nach dem 4. Quadranten ist die Ausgangsgeschwindigkeit wieder erreicht, das Führungszentrum aber um $\Delta\mathbf{r}$ versetzt

Geschwindigkeit ändert sich der Larmor-Radius. Nach Ablauf eines Zyklus' ist die aus-
gängliche Senkrechtgeschwindigkeit wiederhergestellt, das Führungszentrum ist aber um
Δr versetzt. Die Versetzung in x-Richtung repräsentiert die Polarisationsdrift, die in die
y-Richtung die $E \times B$-Drift. Die Polarisationsdrift tritt auch im Flüssigkeitsbild auf. Da die
Richtung der Polarisationsdrift vom Vorzeichen der Ladung abhängt, resultiert daraus ein
Polarisationsstrom.

Für höhere Frequenzen, wenn (2.73) nicht mehr erfüllt ist, tritt analog zu den Larmor-
Radius-Effekten eine Reduktion der Driften ein. Aus dem Zeitmittel der Terme mit dem
elektrischen Feld und anschließender Entwicklung bis zur dritten Ordnung in $2\pi \omega/\omega_c$
folgen die Korrekturen

$$\langle E_x \rangle_t = E_0 \frac{\omega_c}{2\pi} \int_0^{2\pi/\omega_c} dt \cos(\omega t) \approx E_0 \left\{ 1 - \frac{1}{6} \left(\frac{2\pi \omega}{\omega_c} \right)^2 \right\},$$

$$\langle \dot{E}_x \rangle_t = -\omega E_0 \frac{\omega_c}{2\pi} \int_0^{2\pi/\omega_c} dt \sin \omega t \approx \dot{E}_0 \left\{ 1 - \frac{1}{6} \left(\frac{2\pi \omega}{\omega_c} \right)^2 \right\},$$

die direkt in die Driften eingesetzt werden können.

2.3.3 Zeitabhängige Magnetfelder

Zum Abschluss wollen wir noch den Einfluss von zeitabhängigen Magnetfeldern auf Teilchenbahnen untersuchen. Der Einfachheit halber sei $v_\parallel = 0$. Wie schon in Abschn. 2.2.3,
so nutzen wir auch hier das Faraday-Gesetz (2.50), das eine magnetische Flussänderung
innerhalb der Gyrationsbahn mit einem elektrischen Feld auf der Bahn verbindet. Wenn
die Feldvariation während einer Gyrationsperiode linear ist, erhalten wir analog zu (2.51)
das induzierte elektrisches Feld

$$E_\theta = -\frac{\rho_L}{2} \dot{B}. \tag{2.75}$$

Wie in Abb. 2.8 erläutert, entsteht bei einem ansteigenden Magnetfeld für Elektronen und
Ionen eine beschleunigende Kraft in senkrechter Richtung zum Magnetfeld. Die Änderung
des mit der Teilchenbewegung verknüpften elektrischen Stroms erzeugt ein Magnetfeld,
das in beiden Fällen dem Anstieg der äußeren Feldstärke entgegenwirkt (Lenz'sche Regel).
Die Energie in der Senkrechtbewegung der Teilchen nimmt dabei zu:

$$\dot{W}_\perp = m v_\perp \dot{v}_\perp = -|q v_\perp| E_\theta = \left| q \frac{\rho_L}{2} v_\perp \right| \dot{B} = \frac{1}{2} m v_\perp^2 \frac{\dot{B}}{B},$$

oder

$$\dot{W}_\perp = \mu \dot{B}. \tag{2.76}$$

Da die Parallelenergie, anders als im Fall eines parallelen Magnetfeldgradienten, unbeein-
flusst bleibt, wird die Gesamtenergie durch das Magnetfeld verändert.

Auch in diesem Prozess ist das magnetische Moment erhalten. Aus

$$\frac{d}{dt}(\mu B) = \frac{d\mu}{dt}B + \mu \dot{B}$$

folgt wegen $W_\perp = \mu B$ das bekannte Ergebnis

$$\frac{d\mu}{dt} = \frac{1}{B}\left(\frac{d}{dt}(\mu B) - \mu \dot{B}\right) = \frac{1}{B}\left(\dot{W}_\perp - \mu \dot{B}\right) = 0. \tag{2.77}$$

Das heißt, in langsam veränderlichen Feldern ist das magnetische Moment eine Erhaltungsgröße. Wegen (2.58) ist dies äquivalent mit der Aussage, dass der magnetische Fluss durch die Gyrationsbahn konstant bleibt. Daraus folgt wiederum, dass sich der Larmor-Radius verkleinert, wenn das Magnetfeld ansteigt. Wenn viele Teilchen im Spiel sind, spricht man bei dieser Kontraktion auch von *adiabatischer Kompression*. Wenn die Geschwindigkeit durch Stöße thermalisiert, so kann man die adiabatische Kompression benutzen, um das Plasma aufzuheizen.

2.4   Adiabatische Invarianten

Wir haben gezeigt, dass das magnetische Moment eines geladenen Teilchens eine Erhaltungsgröße ist, vorausgesetzt die Ortsabhängigkeit des Feldes ist schwach auf der Skala des Larmor-Radius, sodass sie sich während eines Gyrationszyklus wenig ändern. Das magnetische Moment ist somit ein Beispiel für eine Größe, die auf einer periodischen Bahn in guter Näherung erhalten ist. Man nennt solche Größen *adiabatische Invarianten*.

Es lässt sich ganz allgemein zeigen, dass in einem System, das sich in einer Koordinate **q** periodisch verhält, das Integral des Produkts dieser Koordinate mit dem dazu gehörigen Impuls **p** (den Separationsvariablen), genommen über eine geschlossene Bahn

$$\mathcal{J} = \oint \mathbf{p} d^3 q, \tag{2.78}$$

eine adiabatische Invariante ist. Sie ist also definiert als die von der Bahn im Phasenraum umschlossenen Fläche.

Diese Größen sind von Bedeutung in der Mechanik, bei der Berechnung von Planetenbahnen, in der Quantenmechanik, beim Auffinden von Erhaltungsgrößen und eben für die Berechnung von Teilchenbahnen in Magnetfeldern. In der klassischen Mechanik nennt man sie auch *Wirkungsvariablen*, denn die Definition (2.78) ist ähnlich zum Wirkungsintegral, das die Form

$$A = \int_{t_1}^{t_2} p\dot{q} dt \tag{2.79}$$

hat und nach dem Hamilton-Prinzip für eine Teilchenbahn zwischen den Zeiten t_1 und t_2 ein Extremum annehmen muss.

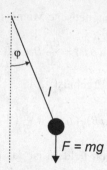

Abb. 2.13 Das Pendel mit veränderlicher Pendellänge l zur Erläuterung von adiabatischen Invarianten

2.4.1 Adiabatische Invariante am Beispiel eines Pendels

Am mathematischen Pendel lassen sich die Vorteile von adiabatischen Variablen demonstrieren. Für kleine Auslenkwinkel φ (siehe Abb. 2.13) lautet die Bewegungsgleichung

$$ml\ddot{\varphi} = -mg\sin\varphi \approx -mg\varphi. \tag{2.80}$$

Das Ergebnis ist bekannt: Wir definieren die Winkelfrequenz $\omega = \sqrt{g/l}$ mit der Gravitationskonstanten g und erhalten aus der Anfangsbedingung $\dot{\varphi}(0) = \dot{\varphi}_0$, $\varphi(0) = 0$ die Lösung

$$\begin{aligned}
\dot{\varphi}(t) &= \dot{\varphi}_0\cos\omega t, \\
\varphi(t) &= (\dot{\varphi}_0/\omega)\sin\omega t.
\end{aligned} \tag{2.81}$$

Die periodische Variable ist hier $l\varphi$ und der dazugehörige Impuls $ml\dot{\varphi}$. Die adiabatische Invariante berechnet sich nun nach (2.78) aus

$$\mathcal{J} = ml^2 \oint d\varphi\,\dot{\varphi}(\varphi). \tag{2.82}$$

Die Trajektorie im Phasenraum $\dot{\varphi}(\varphi)$ folgt aus (2.81), indem wir die beiden Gleichungen quadrieren und aufsummieren:

$$\left(\frac{\dot{\varphi}}{\dot{\varphi}_0}\right)^2 + \left(\frac{\varphi\omega}{\dot{\varphi}_0}\right)^2 = 1. \tag{2.83}$$

Es gilt also das elliptisches Integral in den Grenzen der Umkehrpunkte φ_1 und φ_2 zu lösen

$$\mathcal{J} = ml^2 \int_{\varphi_1}^{\varphi_2} d\varphi\sqrt{\dot{\varphi}_0^2 - (\varphi\omega)^2}. \tag{2.84}$$

Das Ergebnis ist[4]

$$\mathcal{J} = \frac{ml^2}{2\omega} \left\{ \varphi\omega\sqrt{\dot{\varphi}_0^2 - (\varphi\omega)^2} + \dot{\varphi}_0^2 \arcsin \frac{\varphi\omega}{\dot{\varphi}_0} \right\}_{\varphi_1}^{\varphi_2}.$$

An den Umkehrpunkten verschwindet die Geschwindigkeit und aus (2.83) folgt $\varphi_{1,2} = \pm\dot{\varphi}_0/\omega$. Also ist

$$\mathcal{J} = \frac{\pi}{2}m\frac{(l\dot{\varphi}_0)^2}{\omega} = \pi\frac{W_0}{\omega} = \pi W_0\sqrt{\frac{l}{g}}. \tag{2.85}$$

Im Fall einer konstanten Seillänge l ist die adiabatische Invariante proportional zur kinetischen Energie W_0 im Scheitel der Bewegung, und sowohl W_0 als auch $\mathcal{J}$ sind natürlich erhalten. Wenn sich aber die Seillänge ändert, ändert sich auch die kinetische Energie des Pendels. Die kinetische Energie im Scheitel der Bewegung W_0 ist dann keine Erhaltungsgröße mehr. Wird der Faden länger, so muss W_0 kleiner werden. Die genaue Berechnung des Energieübertrages ist nicht trivial. Man kann aber zeigen, dass $\mathcal{J}$ Erhaltungsgröße bleibt, wenn sich die Seillänge adiabatisch, d. h. langsam verglichen mit der Periodendauer des Pendels ändert.

2.4.2 Die transversale adiabatische Invariante

Wir wollen nun mit dem eingeführten Formalismus zeigen, dass das *magnetische Moment* eine adiabatische Invariante ist. Man nennt es auch die *transversale adiabatische Invariante*.

Die Gyrationsbewegung weist zwei periodische Variablen auf, nämlich die Koordinaten senkrecht zum Magnetfeld. Aus beiden Variablen resultiert die gleiche adiabatische Invariante. Wir nehmen $q = x$ und $p = mv_x$ als Wirkungsvariablen. Um das Wirkungsintegral (2.78) zu berechnen, müssen wir die Funktion $v_x(x)$ kennen. Nach (2.9) und (2.11) gilt für die Bahn eines gyrierenden Teilchens im Phasenraum:

$$\left(\frac{v_x}{v_\perp}\right)^2 + \left(\frac{x\omega_c}{v_\perp}\right)^2 = 1. \tag{2.86}$$

Die adiabatische Invariante folgt also aus dem Integral

$$\mathcal{J} = 2m\int_{-\rho_L}^{\rho_L} dx\sqrt{v_\perp^2 - (x\omega_c)^2}. \tag{2.87}$$

---

[4] $\int \sqrt{a^2 - x^2}\,dx = \frac{1}{2}\left(x\sqrt{a^2 - x^2} + a^2\arcsin\frac{x}{a}\right)$

Dieses Integral haben wir schon für das Pendel gelöst. Entsprechend finden wir nach elementaren Umformungen:

$$\mathcal{J} = \frac{2\pi m}{q}\mu. \tag{2.88}$$

Der Formalismus liefert eine Größe proportional zum magnetischen Moment, womit gezeigt ist, dass es sich bei μ um eine adiabatische Invariante handelt.

2.4.3 Die longitudinale adiabatische Invariante

Eine weitere adiabatische Invariante tritt im geschlossenen magnetischen Spiegel auf, bei dem Teilchen entsprechend Abb. 2.7 an beiden Enden eingeschlossen sind. Die Parallelbewegung verläuft periodisch zwischen den Reflexionspunkten an beiden Enden. Entsprechend muss die Größe

$$\mathcal{J} = \oint v_\parallel \, ds \tag{2.89}$$

eine adiabatische Invariante sein. Dabei ist s der Weg, den das Führungszentrum des Teilchens in einem Zyklus im Spiegel zurücklegt. Diese Größe ist auch dann noch erhalten, wenn sich der Abstand der beiden Enden langsam ändert und das Magnetfeld eine schwache explizite Zeitabhängigkeit aufweist. Wir werden die longitudinale Invariante für einen einfachen Fall explizit berechnen. Zunächst wollen wir aber zeigen, dass sie tatsächlich eine Erhaltungsgröße ist.

Dazu ersetzen wir die Parallelgeschwindigkeit durch das magnetische Moment, von dem wir wissen, dass es ebenfalls eine Invariante ist:

$$W = \frac{1}{2}mv_\parallel^2 + \mu B. \tag{2.90}$$

Damit ist

$$\mathcal{J} = \oint ds \sqrt{\frac{2}{m}(W - \mu B)}. \tag{2.91}$$

Nun können wir zeigen, dass es sich dabei in guter Näherung um eine Konstante handelt. Es gilt dazu zu berechnen:

$$\frac{d}{dt}\left(\mathcal{J}(W,s,t)\right) = \left(\frac{\partial \mathcal{J}}{\partial t}\right)_{W,s} + \left(\frac{\partial \mathcal{J}}{\partial W}\right)_{s,t}\frac{dW}{dt} + \left(\frac{\partial \mathcal{J}}{\partial s}\right)_{W,t}\frac{ds}{dt}. \tag{2.92}$$

Der Index an den Klammern gibt die bei den Ableitungen konstant zu haltenden Größen an. Mit der Kenntnis, dass μ konstant ist, ergeben die einzelnen Terme:

$$\left(\frac{\partial \mathcal{J}}{\partial t}\right)_{W,s} = -\oint ds \left(\frac{2}{m}(W - \mu B)\right)^{-1/2}\frac{\mu}{m}\frac{\partial B}{\partial t}.$$

Für den zweiten Term verwenden wir $dB/dt = \partial B/\partial t + (\nabla_\parallel B)v_\parallel$ und (2.90). Daraus folgt:

$$\frac{dW}{dt}\left(\frac{\partial \mathcal{J}}{\partial W}\right)_{s,t} = \left\{ mv_\parallel \dot{v}_\parallel + \mu\frac{\partial B}{\partial t} + \mu(\nabla_\parallel B)v_\parallel \right\} \frac{1}{m} \oint ds \left(\frac{2}{m}(W - \mu B)\right)^{-1/2}.$$

Und schließlich:

$$\frac{ds}{dt}\left(\frac{\partial \mathcal{J}}{\partial s}\right)_{W,t} = v_\parallel \left(\frac{\partial \mathcal{J}}{\partial s}\right)_{W,t}.$$

Alle Größen sind an den Reflexionspunkten zu nehmen, für die $v_\parallel = 0$ ist. Insgesamt folgt daraus:

$$\frac{d\mathcal{J}}{dt} = -\int_{s_1}^{s_2} ds\, \frac{\mu}{m}\frac{\partial B}{\partial t}\left(\frac{2}{m}(W - \mu B)\right)^{-1/2} + \frac{\mu}{m}\frac{\partial B}{\partial t}\int_{s_1}^{s_2} ds \left(\frac{2}{m}(W - \mu B)\right)^{-1/2}.$$

Der Ausdruck verschwindet, denn μ ist eine Erhaltungsgröße und die explizite Zeit-abhängigkeit von B soll schwach sein. Also können beide Größen aus dem Integral herausgezogen werden.

Abschließend berechnen wir die longitudinale adiabatische Invariante für einen speziellen Fall, der für die Entstehung der hochenergetischen Höhenstrahlung von Bedeutung ist. Nehmen wir an, zwei magnetische Spiegel, die sehr weit voneinander entfernt sind, bewegen sich langsam aufeinander zu. Das Magnetfeld entlang der Verbindungslinie s sei im Wesentlichen konstant, nur an den Enden, wo die Teilchen reflektiert werden, steigt es auf relativ kurzer Strecke an. Für diesen Fall verhalten sich die Phasenraumvariablen s und $v_\parallel$ wie in Abb. 2.14 dargestellt. Das Wirkungsintegral können wir also annähern durch $\mathcal{J} \approx 2s_1 v_{\parallel 1}$, wobei $v_{\parallel 1}$ der Betrag der nahezu konstanten Parallelgeschwindigkeit in einiger Entfernung von den Endpunkten ist. Ändert sich nun der Abstand der Spiegel auf s_2, so folgt daraus eine Änderung der Parallelgeschwindigkeit nach

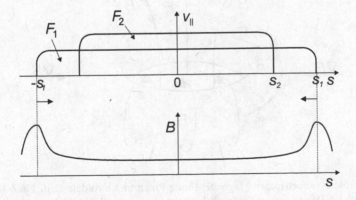

Abb. 2.14 Magnetischer Spiegel (*unten*) und Phasenraumtrajektorie eines Teilchens im magnetischen Spiegel bei veränderlicher Spiegellänge

$$v_{\parallel 2} = \frac{s_1}{s_2} v_{\parallel 1}.$$ (2.93)

Das heißt, die Parallelgeschwindigkeit wächst, wenn der Abstand der Spiegel kleiner wird.
Geht man weiter von einem konstanten Magnetfeld bei $s = 0$ aus, so muss an dieser
Stelle, wegen der Invarianz des magnetischen Momentes, die Senkrechtenergie konstant
sein. Insgesamt wächst also die kinetische Energie des Teilchens. Dieser Prozess geht
solange weiter, bis die Einschlussbedingung (2.62) verletzt wird und das Teilchen aus
dem Spiegel entkommen kann. E. Fermi hat erstmals vorgeschlagen, dass dieser Prozess
für die Entstehung von hochenergetischer Höhenstrahlung bis zu Energien von 10^{18} eV
verantwortlich sein kann, daher bezeichnet man ihn als *Fermi-Beschleunigung*.

2.4.4 Die dritte adiabatische Invariante

Eine weitere adiabatische Invariante tritt in toroidalsymmetrischen Magnetfeldern auf, wie
z. B. im idealisierten Dipolfeld der Erde (s. Abb. 2.16) oder im Feld eines Tokamaks oder
eines toroidalen Pinches (s. Abb. 10.1). Das Feld des z-Pinches und die für die Invariante
wichtige Teilchenbewegung sind in Abb. 2.15 dargestellt. Für die Betrachtung der dritten adiabatischen Invarianten spielt nur die azimutale Komponente des Magnetfeldes B_θ
eine Rolle, um die das eingezeichnete Ion gyriert. Da die Feldlinien gekrümmt sind, erfährt das Ion die eingezeichnete Krümmungsdrift. Die Bedeutung der dritten adiabatischen
Invariante wird klar, wenn wir, wie in Abb. 2.15 zu sehen, dem Torus noch ein schwaches homogenes in z-Richtung zeigendes Magnetfeld überlagern, dessen Stärke mit der
Zeit zunehmen soll. Ein solches Magnetfeld symbolisiert das Transformatorfeld in einem
Tokamak, durch das ein toroidaler elektrischer Strom I_φ getrieben werden kann.

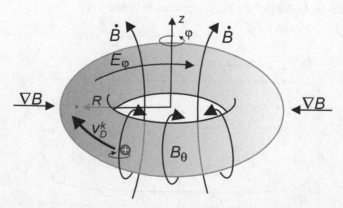

Abb. 2.15 Toroidalsymmetrisches Magnetfeld im z-Pinch und toroidale Drift eines Ions, dessen
Bahn periodisch ist. Daraus entsteht eine adiabatische Invariante, die durch den magnetischen Fluss
durch die Driftbahn gegeben ist

Wir gehen hier nicht von der formalen Definition (2.78) für eine adiabatische Invariante aus, sondern untersuchen, wie sich die geschlossene Driftbahn des Ions, die aus Krümmungs- und Gradientendrift entsteht, unter dem Einfluss des zeitabhängigen Magnetfeldes ändert. Da dessen Feldstärke ansteigt, ändert sich der magnetische Fluss durch die Bahn. Es wird ein toroidales elektrisches Feld in die negative φ-Richtung induziert der Größe

$$E_\varphi = -\frac{R}{2}\dot{B}. \qquad (2.94)$$

Durch das elektrische Feld entsteht eine $E \times B$-Drift des Teilchens zum Toruszentrum hin:

$$v_D^{E \times B} = \frac{E_\varphi}{B} = -\frac{R}{2}\frac{\dot{B}}{B}. \qquad (2.95)$$

Mit $v_D^{E \times B} = \mathrm{d}R/\mathrm{d}t$ und $\mathrm{d}B/\mathrm{d}t$ können wir daraus folgende Gleichung formen:

$$2\frac{\mathrm{d}R}{R} = -\frac{\mathrm{d}B}{B}, \qquad (2.96)$$

die sich direkt integrieren lässt. Mit der Integrationskonstanten C finden wir

$$\ln R^2 = -\ln B + C, \qquad (2.97)$$

woraus die *dritte adiabatische Invariante* folgt:

$$R^2 B \sim \psi = \text{const.} \qquad (2.98)$$

Der magnetische Fluss durch die geschlossene Driftbahn ist also konstant. Hält sich das Ion auf der Außenseite des Torus auf, so erhöht es den magnetischen Fluss durch seine Bahn, indem es nach innen driftet. Dadurch werden wegen B_θ nach oben zeigende Feldlinien aus der Bahn herausgedrängt. Hält es sich dagegen auf der Innenseite des Torus auf, so driftet es zu größeren R, um mehr nach unten zeigende Feldlinien in die Bahn einzuschließen. Die Elektronen verhalten sich wie die Ionen. Bei ansteigendem Feld führen die Driften also dazu, dass sich der Plasmatorus einschnürt, d. h. schlanker wird.

2.5   Teilchenbahnen im Erdmagnetfeld

Das Magnetfeld der Erde ist ein Tummelplatz für geladene Teilchen. Zumeist handelt es sich dabei um Elektronen und Protonen. Ihre Bahnen unterliegen den verschiedenen Driften und führen zu zahlreichen Phänomenen, von denen die Nordlichter am bekanntesten sind. Wir wollen hier die Teilchenbahnen im Erdmagnetfeld als Anwendungsbeispiel der Teilchendriften behandeln.

Der erste Hinweis darauf, dass in der Magnetosphäre der Erde erhöhte Populationen energetischer Teilchen vorkommen, stammt aus auf Satelliten durchgeführten Messungen. Im Jahr 1958 gingen Strahlungsdetektoren auf dem Satelliten *Explorer I* ab einer Höhe von 700 km über der Erdoberfläche in Sättigung. Das deutete auf ein verglichen mit der bekannten Höhenstrahlung um den Faktor 10^4 erhöhtes Strahlungsniveau hin. Zunächst unterschied man zwischen einem inneren Strahlungsgürtel bei einigen Tausenden Kilometern Höhe und einem äußeren Gürtel bei etwa 20.000 km. Doch diese Einteilung ist etwas willkürlich, denn es gibt in den Höhen dazwischen ebenfalls wesentliche Populationen an energetischen Teilchen. Im inneren Strahlungsgürtel, zwischen 1000 und 2000 km über der Erdoberfläche, findet man Protonen mit sehr hohen Energien. Man spricht daher auch vom *harten Strahlungsgürtel*.

Bald fand der amerikanische Wissenschaftler James Van Allen die Erklärung für die erhöhten Teilchendichten. Das Erdmagnetfeld bildet für geladenen Teilchen eine magnetische Falle. Die Teilchen werden auf den Feldlinien eingefangen und folgen ihnen zu den Polen, an denen die Feldstärke ansteigt. Dort werden die Teilchen reflektiert und gelangen so zum gegenüberliegenden Pol. Die Teilchen reflektieren zwischen den Polen hin und her.

Es klingt heutzutage unglaublich, aber man hat diese Vermutung experimentell in der geheimen Mission *Operation Argus* untersucht, indem man 1958 eine Reihe von Atombomben in einer Höhe von knapp 1 km zur Explosion gebracht hat. Die dabei entstandenen geladenen Teilchen und ihre lange Verweildauer auf den Feldlinien wurden dann mit *Explorer IV* nachgewiesen. Im Folgenden beschreiben wir zunächst das Erdfeld, um dann charakteristische Teilchenbahnen zu berechnen.

2.5.1 Die Magnetosphäre der Erde

Das Erdmagnetfeld wird durch einen Plasmadynamo im Erdinnern erzeugt (siehe Abschn. 3.2.2). Der Feldverlauf in Erdnähe kann durch ein Dipolfeld angenähert werden und wird in Kugelkoordinaten beschrieben durch

$$\mathbf{B} = -2c_B \frac{R_E^3}{r^3} \sin\theta \; \mathbf{e_r} + c_B \frac{R_E^3}{r^3} \cos\theta \; \mathbf{e_\theta}. \tag{2.99}$$

Der Erdradius ist $R_E = 6371$ km und die Konstante $c_B = 3 \times 10^{-5}$ T. Die Feldlinien sind in Abb. 2.16 dargestellt. Der magnetische Äquator liegt bei $\theta = 0$. Allerdings ist die magnetische Achse um $11{,}4\,°$ gegen die Rotationsachse der Erde verkippt. Der magnetische Südpol S_M ist in Richtung Kanada vom geografischen Nordpol N_G verschoben, der magnetische Nordpol liegt im südlichen Australien. Die Position der magnetischen Pole wandert langsam mit der Zeit. Momentan nimmt die Feldstärke mit bis zu 0,5 % pro Jahr ab, ja das Magnetfeld polt sich sogar von Zeit zu Zeit um. Natürlich ist das geomagnetische Feld nicht genau ein Dipolfeld. Die stärkste Abweichung wird als *südatlantische Anomalie* bezeichnet. Dort ist die Feldstärke 60 % geringer als durch das Dipolfeld beschrieben.

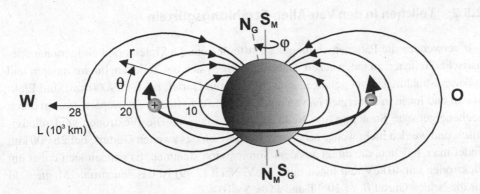

Abb. 2.16 Das Magnetfeld der Erde in Dipolnäherung. Die Zahlen geben den Abstand der Feldlinie am Äquator vom Erdzentrum in 1000 km an. Die dicken Pfeile zeigen in die Driftrichtung der Elektronen bzw. Ionen

Es folgen einige weitere nützliche Beziehungen. Die magnetische Feldstärke ist gegeben durch:

$$B(r,\theta) = c_B \frac{R_E^3}{r^3} \sqrt{1 + 3\sin^2 \theta}.$$ (2.100)

Wie zu erwarten, nimmt die Feldstärke zu, wenn man sich den Polen nähert. Auf der Erdoberfläche ist das Erdfeld am Äquator von der Größenordnung 30 μT oder 0,3 Gauß. An den Polen steigt die Feldstärke auf 0,6 Gauß an.

Eine Feldlinie folgt der Parameterdarstellung

$$r = L\cos^2 \theta,$$ (2.101)

wobei L der Radius r der Feldlinie am Äquator ist. Aus dieser Gleichung folgen die Feldlinien aus Abb. 2.16. Durch die Verkippung der Rotationsachse gegen die magnetische Achse schneidet z. B. eine Feldlinie mit $L = 10$ km die Erdoberfläche auf der Nordhalbkugel in Nordamerika bei einer geografischen Breite von $60 - 11°$ und in Eurasien bei $60 + 11°$.

Mit (2.101) folgt aus (2.100) für die Feldstärke auf einer Feldlinie die Beziehung

$$B = \frac{B_L}{\cos^6 \theta} \sqrt{1 + 3\sin^2 \theta},$$ (2.102)

mit B_L, der Feldstärke der Feldlinie bei $r = L$ und $\theta = 0$.

Wenn man als einfaches Modell für den irdischen Plasmadynamo einen ringförmigen Stromleiter bei 75 % des Erdradius annimmt, kann man aus (11.49) die Stromstärke abschätzen, die zur Erzeugung des Feldes notwendig wäre. Man findet eine Stromstärke von etwa 1 GA.

2.5.2 Teilchen in den Van-Allen-Strahlungsgürteln

Wir verwenden die Parametrisierung des Erdfeldes um die Trajektorien einiger charakteristischer Teilchen zu untersuchen. Dabei handelt es sich um Teilchen, die im inneren und äußeren Strahlungsgürtel gefangen sind. Im inneren Gürtel, bei $L \approx 9000\,\mathrm{km}$, sind Elektronen und Ionen mit Energien E_0 von typisch 40 MeV zu finden. Sie werden erzeugt durch hochenergetische Strahlung, die Neutralteilchen ionisiert. Die Elektronen sind relativistisch und werden nicht weiter behandelt. Im Bereich des zweiten Gürtels, bei 26.000 km, findet man Teilchen, die direkt aus dem Sonnenwind stammen. Es handelt sich dabei um Elektronen mit 40 keV und Ionen mit 1 MeV. Nach (2.99) ist das äquatoriale Magnetfeld für die beiden Gürtel $B_L^i \approx 10^{-5}\,\mathrm{T}$ und $B_L^o \approx 5 \times 10^{-7}\,\mathrm{T}$.

Wir wollen nun die Driftgeschwindigkeiten sowie Umlauf- und Reflexionsfrequenzen für diese Teilchen abschätzen. Die Ergebnisse zusammen mit den Larmor-Radien und Gyrationsfrequenzen der Teilchen am Äquator sind in Tabelle 2.1 zusammengestellt.

Zunächst berechnen wir die äquatorialen Driften, die wegen der gekrümmten Magnetfeldlinien und der Gravitationskraft zu erwarten sind. Für den Feldgradienten bei $\theta = 0$ folgt aus (2.99)

$$\frac{\nabla B}{B} = -\frac{3}{r}\mathbf{e}_r. \tag{2.103}$$

Die Driftgeschwindigkeit durch das inhomogene Erdfeld berechnen wir aus (2.42), wobei wir den Vorfaktor durch die Gesamtenergie approximieren:

$$\mathbf{v}_D^{\nabla B} \approx -E_0 \left.\frac{\nabla_r B}{qB^2}\right|_{r=L} \mathbf{e}_\varphi = \frac{3}{c_B}\frac{E_0 L^2}{qR_E^3}\mathbf{e}_\varphi. \tag{2.104}$$

Teilchendriften bewirken also eine mittlere Bewegung der Ionen in Richtung Westen und der Elektronen in Richtung Osten. Daraus resultiert ein elektrischer Strom in Richtung Westen, der sog. *Ringstrom*. Dieser erniedrigt das Erdfeld innerhalb der Teilchenbahnen und erhöht es außerhalb. Teilchen des Sonnenwindes weiter von der Erde entfernt, dort wo die Larmor-Radien noch vergleichbar mit dem Abstand zur Erde sind, werden durch die Lorentz-Kraft in Richtungen abgelenkt, die den Driften weiter innen entgegengesetzt sind. Der von diesen Teilchen getragene elektrische Strom erniedrigt das Erdfeld außerhalb der Teilchenbahnen. Die Wirkung des Erdfeldes wird dadurch räumlich beschränkt. So entsteht die *Magnetopause*, eine Trennfläche, die alle geschlossenen von der Erde ausgehenden Feldlinien umschließt und damit das Ende der Magnetosphäre beschreibt. Die aus Krümmungs- und Gradientendrift resultierenden Umlauffrequenzen sind in Tab. 2.1 eingetragen.

Vergleicht man die Gravitationsdrift mit der Gradientendrift, so findet man mit (2.20) und der Gravitationsbeschleunigung $g_L = gR_E^2/L^2$:

$$\frac{v_D^{\nabla B}}{v_D^g} \approx -3\frac{E_0 L}{mgR_E^2} \approx -4 \times 10^9 \frac{E_0}{m}\frac{L}{R_E}. \tag{2.105}$$

Tab. 2.1 Trajektorienparameter von charakteristischen Teilchen im inneren und äußeren Van-Allen-Strahlungsgürtel

Teilchen	L (m)	E_0 (eV)	ω_c (Hz)	ρ_L (m)	v_D (m/s)	T_φ (s)	T_θ (s)
Proton	9×10^6	40×10^6	2×10^6	87×10^3	$1{,}1 \times 10^6$	$5{,}3 \times 10^1$	$0{,}5$
Elektron	26×10^6	40×10^3	78×10^3	15×10^2	$8{,}9 \times 10^3$	$1{,}8 \times 10^4$	$1{,}5$
Proton	26×10^6	1×10^6	42×10^0	33×10^4	$2{,}2 \times 10^5$	$7{,}4 \times 10^2$	$12{,}4$

Die Gravitationsdrift wirkt zwar der Gradientendrift entgegen, ist aber für die betrachteten Teilchen gänzlich vernachlässigbar.

Letztlich kann man noch fragen, wie groß der Neigungswinkel des Geschwindigkeitsvektors sein muss, damit die Teilchen entlang der Feldlinie gerade bis zur Erdoberfläche kommen, bevor sie reflektiert werden. Die Reflexionsbedingung ist durch (2.62) gegeben und die Feldstärke der Feldlinie auf der Erdoberfläche durch (2.102), wobei der Winkel aus (2.101) berechnet wird. Es folgt

$$\sin \alpha_0 = \left(\frac{R_E}{L} \right)^{3/2} \left(4 - 3 \frac{R_E}{L} \right)^{-1/4}. \tag{2.106}$$

Die Neigungswinkel sind also 34° für den inneren Strahlungsgürtel und 6° für den äußeren Gürtel. Die Flugzeit zwischen den Reflexionen berechnet sich aus

$$T_\theta = 4 \int_0^{S_r} \frac{\mathrm{d}s}{v_\parallel}, \tag{2.107}$$

wobei vom Äquator bis zum Reflexionspunkt S_r integriert wird. Die Parallelgeschwindigkeit folgt aus der Erhaltung der Gesamtenergie und des magnetischen Momentes, welches aus α_0 am Äquator berechnet wird, wie folgt:

$$v_\parallel = \sqrt{\frac{2E_0}{m} \left(1 - \frac{B}{B_L} \cos^2 \alpha_0 \right)}. \tag{2.108}$$

Wegen (2.102) hängt dieser Ausdruck nur von θ ab. Also wandeln wir das Kurvenintegral in ein Integral über den Winkel um. Dazu verwenden wir die Feldliniengleichung $\mathrm{d}r/B_r = r\mathrm{d}\theta/B_\theta$ und formen diese mit (2.99) und (2.101) weiter um zu:

$$\mathrm{d}s = \sqrt{\mathrm{d}^2 r + r^2 \mathrm{d}^2 \theta} = \sqrt{4 \sin^2 \theta + \cos^2 \theta} \, L \cos \theta \, \mathrm{d}\theta. \tag{2.109}$$

Die Zeit bis zur Reflexion ist also zu berechnen aus

$$T_\theta = \frac{4L}{\sqrt{2E_0/m}} \int_0^{\theta_{max}} \sqrt{1 + 3\sin^2 \theta} \left(1 - \frac{\sqrt{1 + 3\sin^2 \theta}}{\cos^6 \theta} \cos^2 \alpha_0 \right)^{-1/2} \cos \theta \, \mathrm{d}\theta. \tag{2.110}$$

Das Integral muss numerisch gelöst werden. Es wird oft angenähert durch die Beziehung

$$T_\theta = \frac{L}{\sqrt{E_0/m}} \, (3.7 - 1.6 \sin \alpha_0) \, . \tag{2.111}$$

Werte daraus sind ebenfalls in Tab. 2.1 zu finden.

Weitere Literaturhinweise

Das Konzept der adiabatischen Invarianten wird beschrieben in H. Goldstein, *Klassische Mechanik* (Akad. Verlagsgesellschaft, Frankfurt am Main, 1972), die Magnetosphäre der Erde und Teilchenbahnen darin findet man in W. Baumjohann und A. Treumann, *Basic Space Plasma Physics* (Imperial College Press, London, 1997) und J. Büchner und L. M. Zelenyi, *Regular and Chaotic Charged Particle Motion in Magnetotaillike Field Reversals, 1. Basic Theory of Trapped Motion* (J. Geophys. Res. **94**, 11821 (1989)).

Flüssigkeitsbild des Plasmas 3

Im letzten Kapitel haben wir die Trajektorien einzelner Teilchen in elektrischen und magnetischen Feldern betrachtet. Die Wechselwirkung der Teilchen untereinander spielte bei der Betrachtung keine Rolle. Jetzt wollen wir einen Standpunkt einnehmen, der als das andere Extrem angesehen werden kann. Dabei wird das Plasma als Flüssigkeit behandelt. Voraussetzung dafür ist, dass das Plasma im lokalen thermischen Gleichgewicht ist. Auf welchem Weg das Plasma durch Stöße in diesen Zustand gekommen ist, spielt keine Rolle. Wichtig ist nur, dass Stöße häufig genug vorkommen, um Abweichungen von einer Maxwell-Verteilung in kürzester Zeit auszugleichen. Geringe Abweichungen von dieser Verteilung führen zu komplizierteren Gleichungen, die dann aber Größen höherer Ordnung, wie verschiedene Transportkoeffizienten oder die Viskosität, berücksichtigen. Die Flüssigkeitsgleichungen gelten für eine ideale Flüssigkeit und entsprechen der *Euler-Gleichung* der Hydrodynamik. Stöße zwischen den Teilchen sind also elastisch und die Teilchen haben keine inneren Freiheitsgrade. Teilchen werden auch nicht erzeugt (Ionisation) noch vernichtet (Rekombination).

Es werden zunächst die Zweiflüssigkeitsgleichungen getrennt für Elektronen und Ionen aufgestellt und dann, unter Näherungen, in die Einflüssigkeitsgleichungen überführt, die für das gesamte Plasma gelten. Anstelle der Einzelteilchengrößen Masse, Ladung, Impuls und Energie treten die Flüssigkeitsgrößen Massendichte, Ladungsdichte, Impulsdichte und Temperatur oder Druck.

Die *Massendichte*,

$$\rho_m = mn, \tag{3.1}$$

ist definiert als Produkt aus Teilchenmasse m und Teilchendichte n. Entsprechend folgt die *Ladungsdichte* aus der elektrischen Ladung q gemäß

$$\rho = qn. \tag{3.2}$$

© Springer-Verlag GmbH Deutschland 2018
U. Stroth, *Plasmaphysik*,
https://doi.org/10.1007/978-3-662-55236-0_3

49

Die *Impulsdichte* $\rho_m \mathbf{u}$ ist das Produkt aus Massendichte und *Strömungsgeschwindigkeit* der Flüssigkeit,

$$\mathbf{u} = \langle \mathbf{v} \rangle, \tag{3.3}$$

die aus einer Mittelung über alle Teilchengeschwindigkeiten an einem Ort berechnet wird.

Die innere Energie der Flüssigkeit wird durch die *Temperatur* ausgedrückt, die sich aus der mittleren quadratischen Geschwindigkeit der Teilchen berechnet:

$$\frac{3}{2}T = \frac{1}{2}m\langle v^2 \rangle. \tag{3.4}$$

Eine verwandte Größen ist der *kinetische Druck*

$$p = nT. \tag{3.5}$$

Alle Größen sind entweder getrennt für Elektronen und Ionen oder, bei den Einflüssig-keitsgleichungen, für die Summe aus beiden Spezies definiert. Wenn die Gleichungen nicht eindeutig zuzuweisen sind, kennzeichnen wir die Größen für Elektronen und Ionen durch die Indizes „e" und „i".

Die Verwendung des Flüssigkeitsbildes ist nur dann gerechtfertigt, wenn die einzelnen Teilchen, über deren Mittelwerte die makroskopischen Größen definiert sind, sich aus-reichend lang in einem in der Flüssigkeit mitbewegten Volumenelement aufhalten. Dabei kann die Zeit als ausreichend lang angesehen werden, die ein Teilchen braucht, um die Erinnerung an seinen Impuls zu verlieren, die sogenannte Impulsrelaxationszeit. In einem magnetisierten Plasma ist diese Bedingung in der Regel für Bewegungen senkrecht zum Magnetfeld erfüllt. Im magnetfeldfreien Plasma oder in Richtung parallel zum Magnet-feld gilt diese Bedingung nur bei ausreichend hohen Dichten bzw. Stoßfrequenzen und ihre Erfüllung muss überprüft werden.

Die mathematische Verknüpfung des Einzelteilchenbildes mit dem Flüssigkeitsbild wird in Kap. 7 im Rahmen der kinetischen Theorie nachgeliefert. Da die Grundglei-chungen des Flüssigkeitsmodells aber auch anschaulich verständlich sind, werden wir sie hier ohne Ableitung als Ausgangspunkt nehmen. Sie stellen die einfachste Näherung dar, die wir zur Beschreibung des Gesamtplasmas haben, und repräsentieren die Erhaltungs-sätze für Teilchenzahl, Impuls und Energie. Die Flüssigkeitsgleichungen sind trotz ihrer relativen Einfachheit ein mächtiges Werkzeug zur Beschreibung der Plasmadynamik, denn mit ihnen können viele Phänomene quantitativ beschrieben werden.

3.1 Flüssigkeitsgleichungen

Die Formulierung der Flüssigkeitsgleichungen der Plasmaphysik entstand aus den Glei-chungen der Hydrodynamik. Die elektromagnetischen Eigenschaften des Plasmas führen allerdings neue wesentliche Elemente ein. Durch elektrische und magnetische Felder ent-stehen Kräfte auf die Flüssigkeit, die wegen derLorentz-Kraft eine komplizierte Struktur haben. Zum anderen kann die Flüssigkeit über Ladungsüberschüsse und Ströme elektromagnetische Felder erzeugen. Man spricht von *Magnetohydrokinematik*, wenn die Kraftwirkung der Felder auf die Plasmaströmung vernachlässigt wird. Das Strömungsfeld wird dann vorgegeben, um seinen Einfluss auf das Magnetfeld zu berechnen. In der *Magnetohydrodynamik* oder kurz *MHD* wird der Einfluss der Kräfte auf das Strömungsfeld untersucht.

Es gibt verschiedene Wege, die Flüssigkeitsgleichungen aufzustellen. Wir beginnen hier mit getrennten Gleichungen für Elektronen und Ionen und kombinieren sie dann zu den Einflüssigkeitsgleichungen.

3.1.1 Die Zweiflüssigkeitsgleichungen

Die Kontinuitätsgleichung folgt aus einer anschaulichen Herleitung der Gleichung für Massen- bzw. Teilchenzahlerhaltung. Wie in Abb. 3.1 dargestellt, entsteht sie aus der Teilchenbilanz für ein Volumen $dV = dxdydz$. Der Teilchenzufluss an der Stelle $x_1 = x_0 - dx/2$ ist $(nu_x)_{x_1} dydz$. Der Ausfluss bei $x_2 = x_0 + dx/2$ ist $(nu_x)_{x_2} dydz$. Wir entwickeln die Flüsse um den Punkt x_0, und finden für die Änderungsrate der Teilchenzahl im Volumen aufgrund von Strömung in die x-Richtung die Beziehung

$$\frac{\partial N}{\partial t} = \left((nu_x)_{x_1} - (nu_x)_{x_2}\right) dydz = -\frac{\partial}{\partial x}(nu_x)\bigg|_{x_0} dxdydz, \qquad (3.6)$$

wobei die Teilchenzahl im Volumen durch $N = ndxdydz$ gegeben ist. Strömungen in die anderen beiden Raumrichtungen liefern analoge Beiträge. Indem wir alle Beiträge aufsummieren und die Gleichung durch das Volumen dV teilen, erhalten wir auf der rechten Seite den Term $\nabla \cdot (n\mathbf{u})$, der für den Netto-Teilchenfluss in das Volumenelement steht und die Einheit $1/m^3s$ hat.

Wir multiplizieren die Gleichung noch mit der Teilchenmasse und erhalten für Elektronen und Ionen jeweils eine *Kontinuitätsgleichung* der Form:

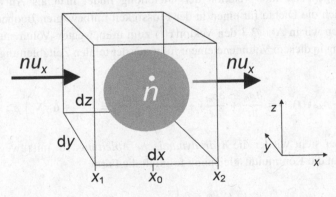

Abb. 3.1 Volumen mit Teilchenfluss zur anschaulichen Herleitung der Kontinuitätsgleichung aus einer Teilchenbilanz

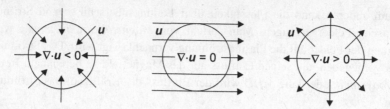

Abb. 3.2 Illustration der Divergenz eines Vektorfeldes **u**

$$\frac{\partial \rho_m}{\partial t} + \nabla \cdot (\rho_m \mathbf{u}) = 0. \tag{3.7}$$

Diese Gleichung gilt in gleicher Form in der Hydrodynamik. Sie gilt unabhängig von der Viskosität des Mediums. Da Quellfreiheit vorausgesetzt ist, ändert sich die Dichte in einem Volumenelement mit der Zeit nur dann, wenn es einen Netto-Teilchenstrom in das oder aus dem Volumenelement gibt. Die partielle Zeitableitung bezieht sich dabei auf ein raumfestes Volumenelement und es ist $\nabla \cdot (n\mathbf{u}) \neq 0$ nur dann, wenn sich zwischen den Begrenzungen entweder die Dichte oder die Geschwindigkeit der Flüssigkeit ändert. Das bedeutet, wenn die entsprechenden Gradienten nicht verschwinden. Die Bedeutung der Divergenz eines Vektorfeldes ist in Abb. 3.2 veranschaulicht.

Wegen

$$\nabla \cdot (\rho_m \mathbf{u}) = \rho_m \nabla \cdot \mathbf{u} + (\mathbf{u} \cdot \mathbf{u}) \, \rho_m$$

können wir (3.7) auch schreiben als

$$\left(\frac{\partial}{\partial t} + \mathbf{u} \cdot \nabla \right) \rho_m + \rho_m \nabla \cdot \mathbf{u} = 0, \tag{3.8}$$

wobei der Ausdruck in der Klammer auch *hydrodynamische Ableitung* genannt wird.

Eine weitergehende Interpretation der Gleichung findet man als Antwort auf die Fragen, wie sich die Dichte für einen in der Flüssigkeit mitbewegten Beobachter ändert. Dazu definieren wir in Abb. 3.3 den Vektor **r**(t) zum mitbewegten Volumenelement. Die Dichteänderung in diesem Volumenelement folgt aus der totalen Zeitableitung in der Form

$$\frac{\mathrm{d}}{\mathrm{d}t} \rho_m(\mathbf{r}(t), t) = \frac{\partial \rho_m}{\partial t} + \frac{\partial \rho_m}{\partial x} \dot{x} + \frac{\partial \rho_m}{\partial y} \dot{y} + \frac{\partial \rho_m}{\partial z} \dot{z} = \left(\frac{\partial}{\partial t} + \mathbf{u} \cdot \nabla \right) \rho_m. \tag{3.9}$$

In der Klammer steht wieder die *hydrodynamische Ableitung*. Im mitbewegten Koordinatensystem hat die Kontinuitätsgleichung folglich die Form

$$\frac{\mathrm{d}\rho_m}{\mathrm{d}t} + \rho_m \nabla \cdot \mathbf{u} = 0. \tag{3.10}$$

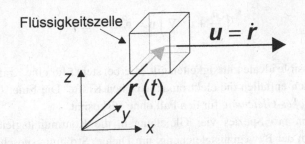

Abb. 3.3 Zusammenhang zwischen Laborsystem und mit der Flüssigkeit mitbewegtem Bezugssystem

In diesem System ändert sich die Dichte nur dann, wenn die Flüssigkeit abgebremst oder beschleunigt wird und sich dadurch aufstaut oder verdünnt.

Die *Bewegungsgleichung* trägt der Impulserhaltung der Flüssigkeit Rechnung. Sie kann durch analoge Überlegungen hergeleitet werden und hat die Form:

$$\rho_m \frac{d\mathbf{u}}{dt} = \rho\,(\mathbf{E} + \mathbf{u} \times \mathbf{B}) - \nabla p \pm \mathbf{R}_{ei}. \tag{3.11}$$

Die genaue Herleitung wird im Rahmen der kinetischen Theorie in Abschn. 7.4.3 nachgeliefert. Eine Änderung der Impulsdichte der Flüssigkeit im mitbewegten Bezugssystem wird bewirkt durch Kraftdichten auf der rechten Seite der Gleichung. Es handelt sich dabei um die Coulomb-Kraft, die Lorentz-Kraft, die Druckkraft und eine Reibungskraft. Weitere externe Kräfte, wie die Gravitationskraft oder eine Reibungskraft, hervorgerufen durch Stöße mit einem neutralen Hintergrundgas, können noch hinzugefügt werden. Die hydrodynamische Zeitableitung ist durch (3.9) zu ersetzen, woraus wir die alternative Schreibweise erhalten:

$$\rho_m \left(\frac{\partial}{\partial t} + \mathbf{u} \cdot \nabla \right) \mathbf{u} = \rho\,(\mathbf{E} + \mathbf{u} \times \mathbf{B}) - \nabla p \pm \mathbf{R}_{ei}. \tag{3.12}$$

Die *Reibungskraftdichte* $\mathbf{R}_{ei}$ tritt auf, wenn Elektronen und Ionen mit unterschiedlichen Geschwindigkeiten strömen. Sie hat für beide Spezies entgegengesetzte Vorzeichen, aber den gleichen Betrag (*actio et reactio*). Für die Ionen gilt das Pluszeichen. Wir setzen an:

$$\mathbf{R}_{ei} = (en)^2 (\mathbf{u}_e - \mathbf{u}_i)/\sigma, \tag{3.13}$$

wobei σ die *elektrische Leitfähigkeit* ist. Diese Größe wird in Abschn. 8.3.2 abgeleitet und rührt von Stößen zwischen Elektronen und Ionen her. Eine alternative Schreibweise, bei der die Stoßfrequenz ν_{ei} der Elektronen mit den Ionen verwendet wird, ist

$$\mathbf{R}_{ei} = n m_e \nu_{ei} (\mathbf{u}_e - \mathbf{u}_i). \tag{3.14}$$

Zum Vergleich geben wir die in der Hydrodynamik gültige *Euler-Gleichung* an,

$$\left(\frac{\partial}{\partial t} + \mathbf{u} \cdot \nabla \right) \mathbf{u} = \rho_m \mathbf{f} - \nabla p, \tag{3.15}$$

die für inkompressible ideale Flüssigkeiten gilt. Hierbei steht **f** für eine Kraftdichte. In neutralen Flüssigkeiten entfallen die elektromagnetischen Kräfte. Die Euler-Gleichung folgt aus der *Navier-Stokes-Gleichung* für den Fall ohne Viskosität.

Wir haben nun pro Spezies vier Gleichungen, die Kontinuitätsgleichung und die drei Komponenten der Bewegungsgleichung, um Dichte, Strömungsgeschwindigkeit und Druck bzw. Temperatur zu berechnen. Dies sind fünf Größen. Das Gleichungssystem ist also nicht abgeschlossen. Es ist im allgemeinen Fall auch nicht möglich es abzuschließen, denn in jeder neuen Gleichung treten wieder Terme nächst höherer Ordnung in der Geschwindigkeit auf. Unter den hier gegebenen Voraussetzungen, insbesondere die der Maxwell-Verteilungen, ist jedoch ein Abschluss möglich. Der Abschluss gelingt entweder über eine Energiegleichung zur Bestimmung der Temperatur (s. Abschn. 7.4.4) oder über eine Zustandsgleichung, bei der Annahmen über den Temperaturausgleich gemacht werden müssen.

Die *adiabatischen Zustandsgleichung* hat die Form ist

$$p/\rho_m^\gamma = \text{konst.}, \tag{3.16}$$

mit γ, dem *Adiabatenkoeffizienten*, der von der Anzahl der Freiheitsgrade f abhängt:

$$\gamma = (f + 2)/f. \tag{3.17}$$

Die Zustandsgleichung (3.16) ist für verglichen mit der Thermalisierungszeit schnell ablaufende Prozesse gültig. Die Anzahl der Freiheitsgrade hängt von der Dimensionalität des zu behandelnden Problems ab. Für 1-dimensionale Prozesse, wie sie bei der Plasmadynamik parallel zum Magnetfeld auftreten können, gelten die Werte $f = 1$ und $\gamma = 3$. Bei dreidimensionalen Problemen sind hingegen die Werte $f = 3$ und $\gamma = 5/3$ zu verwenden. Für die Dynamik auf langsamen Zeitskalen, bei denen ein Temperaturausgleich stattfinden kann, gilt die aus der Thermodynamik bekannte *isotherme Zustandsgleichung*

$$p/\rho_m = T/m = \text{konst.} \tag{3.18}$$

Sie folgt aus (3.16) für den Wert $\gamma = 1$. Die für γ einzusetzenden Werte sind in Tab. 3.1 zusammengestellt.

Meist ist die Verwendung einer Zustandsgleichung gerechtfertigt. So ergibt sich eine einfache Beziehung für die Temperatur, sodass sich die Theorie im Wesentlichen auf die Lösung von vier Gleichungen für jede Spezies, die Kontinuitätsgleichung und drei Gleichungen für die Komponenten des Impulses, beschränken kann.

Tab. 3.1 Werte für den Adiabatenkoeffizienten für verschiedene Prozesse

Prozess	Dimension	γ
adiabatisch	1D	3
adiabatisch	3D	5/3
isotherm	beliebig	1

3.1.2 Die Einflüssigkeitsgleichungen

Oft ist es günstiger, das Plasma nicht getrennt durch seine Komponenten, sondern als eine einzige Flüssigkeit zu beschreiben. Aus den je vier Gleichungen für die Dichte und die Geschwindigkeitskomponenten der Elektronen und Ionen werden vier Gleichungen für die Gesamtmassendichte und die Gesamtgeschwindigkeit und vier Gleichungen für die Ladungsdichte ρ und die Stromdichte **j**. Wir definieren in dieser Reihenfolge die *Einflüssigkeitsgrößen*

$$
\begin{aligned}
\rho_m &= \rho_{me} + \rho_{mi} \approx \rho_{mi}, \\
\mathbf{u} &= (\rho_{me}\mathbf{u}_e + \rho_{mi}\mathbf{u}_i)/\rho_m, \\
\rho &= \rho_e + \rho_i, \\
\mathbf{j} &= \rho_e\mathbf{u}_e + \rho_i\mathbf{u}_i \approx \rho_i(\mathbf{u}_i - \mathbf{u}_e) \approx \rho_e(\mathbf{u}_e - \mathbf{u}_i).
\end{aligned}
\tag{3.19}
$$

Näherungen, die wir im Folgenden verwenden werden, ergeben sich aus $m_e \ll m_i$ und der Quasineutralitätsbedingung. Damit wollen wir jetzt die Einflüssigkeitsgleichungen aus den Zweiflüssigkeitsgleichungen herleiten.

Indem wir (3.7) für Elektronen und Ionen aufsummieren, erhalten wir, unter Verwendung der Näherungen in (3.19), die *Kontinuitätsgleichung* für die gesamte Massendichte

$$
\frac{\partial \rho_m}{\partial t} + \nabla \cdot (\rho_m \mathbf{u}) = \frac{d\rho_m}{dt} + \rho_m \nabla \cdot \mathbf{u} = 0.
\tag{3.20}
$$

Wir multiplizieren jetzt (3.7) mit q/m für Elektronen bzw. Ionen und addieren die so entstandenen Gleichungen. Daraus folgt die *Kontinuitätsgleichung* für die Ladungsdichte

$$
\frac{\partial \rho}{\partial t} + \nabla \cdot \mathbf{j} = 0.
\tag{3.21}
$$

Da wegen der Quasineutralität die elektrische Ladung des Plasmas klein sein muss, folgt daraus die wichtige und in sehr guter Näherung gültige Gleichung

$$
\nabla \cdot \mathbf{j} = 0.
\tag{3.22}
$$

Die *Bewegungsgleichung* erhalten wir durch Addieren der Gl. (3.11) für Elektronen und Ionen. Sie hat zunächst die Form

$$\rho_{me}\frac{d\mathbf{u}_e}{dt} + \rho_{mi}\frac{d\mathbf{u}_i}{dt} = \rho\mathbf{E} + \mathbf{j}\times\mathbf{B} - \nabla p, \tag{3.23}$$

wobei p die Summe aus Elektronen- und Ionendruck ist. Die Reibungsterme aus den beiden Gleichungen heben sich auf. Wir werden diese Gleichung weiter unten vereinfachen.

Nun fehlt noch die Bestimmungsgleichung für den elektrischen Strom. Sie ist gegeben durch das *verallgemeinerte Ohm'sche Gesetz*, welches aus der Differenz der Bewegungsgleichungen (3.11) für Elektronen und Ionen folgt, die zuerst mit der Massendichte der jeweils anderen Spezies multipliziert werden. Mit $\rho_{me} \ll \rho_{mi}$ und $\rho_e \approx -\rho_i$ folgt daraus:

$$\rho_{me}\rho_{mi}\left(\frac{d\mathbf{u}_e}{dt} - \frac{d\mathbf{u}_i}{dt}\right) = \rho_{mi}\rho_e\mathbf{E} + (\rho_{me}\rho_e\mathbf{u}_i + \rho_{mi}\rho_e\mathbf{u}_e)\times\mathbf{B} - \rho_{mi}\nabla p_e - \rho_{mi}R_{ei}. \tag{3.24}$$

Um den zweiten Term der rechten Seite dieser Gleichung weiter zu vereinfachen, drücken wir mithilfe von (3.19) die individuellen Geschwindigkeiten durch $\mathbf{u}$ und $\mathbf{j}$ aus. Aus Kombinationen der zweiten und vierten Gleichung folgen die Beziehungen

$$\begin{aligned}
\mathbf{u}_e &\approx \mathbf{u} + \frac{1}{\rho_e}\mathbf{j}, \\
\mathbf{u}_i &\approx \mathbf{u} - \frac{\rho_{me}}{\rho_e\rho_{mi}}\mathbf{j}.
\end{aligned} \tag{3.25}$$

Indem wir diese Beziehungen in den zweiten Term von (3.24) einsetzen, die Terme mit ρ_{me} vernachlässigen und das Ganze durch $\rho_{mi}\rho_e$ teilen, erhalten wir die Gleichung

$$\frac{\rho_{me}}{\rho_e}\left(\frac{d\mathbf{u}_e}{dt} - \frac{d\mathbf{u}_i}{dt}\right) = \mathbf{E} + \left(\mathbf{u} + \frac{\mathbf{j}}{\rho_e}\right)\times\mathbf{B} - \frac{1}{\rho_e}\nabla p_e - \frac{\mathbf{j}}{\sigma}. \tag{3.26}$$

Den Reibungsterm haben wir mittels (3.13) durch die elektrische Leitfähigkeit σ ausgedrückt.

Die Gl. (3.23) und (3.26) haben noch nicht die gewünschte Form. In der Bewegungsgleichung hätte man auf der linken Seite gerne die Zeitänderung des Gesamtimpulses stehen und im Ohm'schen Gesetz die des Stromes. Solche Formen erhalten wir allerdings nur in der *Näherung der kleinen Geschwindigkeiten*. In dieser Näherung können quadratische Terme in u gegen lineare Terme vernachlässigt werden:

$$\frac{d\mathbf{u}}{dt} = \frac{\partial\mathbf{u}}{\partial t} + (\mathbf{u}\cdot\nabla)\mathbf{u} \approx \frac{\partial\mathbf{u}}{\partial t}.$$

Unter Verwendung der Kontinuitätsgleichung (3.20) und erneutem Vernachlässigen des quadratischen Terms in u folgt weiterhin:

$$\rho_m\frac{\partial\mathbf{u}}{\partial t} = \frac{\partial(\rho_m\mathbf{u})}{\partial t} - \mathbf{u}\frac{\partial\rho_m}{\partial t} = \frac{\partial(\rho_m\mathbf{u})}{\partial t} + \mathbf{u}(\nabla\cdot(\rho_m\mathbf{u})) \approx \frac{\partial(\rho_m\mathbf{u})}{\partial t}. \tag{3.27}$$

Mit einer analogen Operation für die Ladungsdichte gilt also für Elektronen und Ionen

$$\rho_m \frac{d\mathbf{u}}{dt} \approx \frac{\partial(\rho_m \mathbf{u})}{\partial t}, \tag{3.28}$$

$$\rho \frac{d\mathbf{u}}{dt} \approx \frac{\partial(\rho \mathbf{u})}{\partial t}. \tag{3.29}$$

Diese Näherungen, durch die man die Nichtlinearität in der hydrodynamischen Ableitung eliminiert, erlauben uns nun, die Bewegungsgleichung im Einflüssigkeitsbild (3.23) in einer intuitiven Form zu schreiben:

$$\frac{\partial(\rho_m \mathbf{u})}{\partial t} = \rho_m \frac{\partial \mathbf{u}}{\partial t} = \rho \mathbf{E} + \mathbf{j} \times \mathbf{B} - \nabla p. \tag{3.30}$$

Die drei Kraftdichten auf der rechten Seite bewirken die auf der linken Seite stehende Beschleunigung des Flüssigkeitselementes. Es handelt sich dabei um die Coulomb-Kraft, die Lorentz-Kraft und die Druckkraft. Die Gleichung wird z. B. in der Stabilitätsanalyse verwendet. Dort geht man von einem Gleichgewichtszustand aus, um zu untersuchen, welche Beschleunigungen bei kleinen Störungen des Gleichgewichts auftreten. In diesem Fall ist die Näherung kleiner Geschwindigkeiten gerechtfertigt. Bei der Analyse dynamischer Vorgänge muss diese Gleichung mit Vorsicht verwendet werden. Die Bedingung kleiner Geschwindigkeiten ist zu prüfen, denn sie ist keinesfalls immer erfüllt.

Wegen der Quasineutralität des Plasmas kann man die Coulomb-Kraft in der Regel vernachlässigen. Die daraus entstehende *Bewegungsgleichung* ist auch eine der vier magnetohydrodynamischen oder MHD-Gleichungen. Sie hat die Form

$$\rho_m \frac{\partial \mathbf{u}}{\partial t} = \mathbf{j} \times \mathbf{B} - \nabla p. \tag{3.31}$$

Unter stationären Bedingungen folgt daraus die wichtige *Gleichgewichtsbedingung*

$$\nabla p = \mathbf{j} \times \mathbf{B}. \tag{3.32}$$

Der Strom, der zur Stabilisierung eines Druckgradienten notwendig ist, wird vom Plasma selbst generiert und nennt sich *diamagnetischer Strom*. Senkrecht zum Magnetfeld gibt es demnach immer ein Gleichgewicht zwischen Druck- und Lorentz-Kraft. Auf der linken Seite von Abb. 3.4 ist die Gleichung illustriert. Wie im Einzelteilchenbild auch, bewirkt eine Kraft (hier die Druckkraft $-\nabla p$) eine Drift des Plasmas senkrecht zu Kraft und Magnetfeld. Da diese Drift ladungsabhängig ist, entsteht aus den Driften ein elektrischer Strom.

Nun wenden wir uns wieder dem *verallgemeinerten Ohm'schen Gesetz* zu. Wir vereinfachen (3.26) wieder mit (3.28) und (3.29) zu

$$\frac{\rho_{me}}{\rho_e^2} \frac{\partial \mathbf{j}}{\partial t} = \mathbf{E} + \left(\mathbf{u} + \frac{\mathbf{j}}{\rho_e} \right) \times \mathbf{B} - \frac{1}{\rho_e} \nabla p_e - \frac{\mathbf{j}}{\sigma}. \tag{3.33}$$

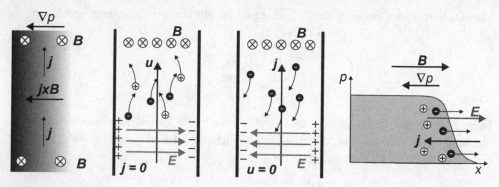

Abb. 3.4 Darstellung der Gleichgewichtsbedingung (*links*) sowie der Terme im verallgemeinerten Ohm'schen Gesetz: (2.v. l.) Galilei-Transformation des elektrischen Feldes $\mathbf{u} \times \mathbf{B}$, (3.v. l.) der Hall-Term und (*rechts*) der Druckdiffusionsterm mit den jeweils aus der Ladungstrennung entstehenden elektrischen Feldern

Im Vergleich zum Ohm'schen Gesetz der Elektrodynamik treten hier vier neue Terme auf. Der Term auf der linken Seite berücksichtigt die *Trägheit der Elektronen*. Auf der rechten Seite erkennen wir den *Hall-Term* mit $\mathbf{j} \times \mathbf{B}$. Danach führt ein elektrischer Strom senkrecht zum Magnetfeld, genannt *Hall-Strom*, zu einer Stromkomponente senkrecht zu beiden. Er basiert, wie in Abb. 3.4 (3.v. l.) zu sehen ist, auf einer Ablenkung der Elektronen durch die Lorentz-Kraft. In dem Beispiel ist $\mathbf{u} = 0$ gesetzt, sodass die Ionen keine mittlere Geschwindigkeit haben. In einem berandeten Plasma würden sich in diesem Fall die Wände elektrisch aufladen, bis das entstehende elektrische Feld den Hall-Strom über den ersten Term auf der rechten Seite von (3.33) zum Erliegen bringt.

Wie in der Elektrodynamik auch, transformiert der Term $\mathbf{u} \times \mathbf{B}$ das elektrische Feld aus dem Laborsystem in ein mit $\mathbf{u}$ bewegtes Bezugssystem. Wegen der Galilei-Invarianz der Kräfte sieht ein mit der Flüssigkeit mitbewegter Beobachter also ein elektrisches Feld der Stärke $\mathbf{E}' = \mathbf{E} + \mathbf{u} \times \mathbf{B}$. Wenn keine anderen Kräfte auftreten, fordert das Ohm'sche Gesetz, dass im stationären Fall das elektrische Feld im mitbewegten Bezugssystem verschwinden muss ($\mathbf{E}' = 0$). Entsprechend ist im Laborsystem Stationarität nur dann möglich, wenn mit $\mathbf{u}$ gleichermaßen auch ein elektrisches Feld auftritt. Dieses wird auch durch die Lorentz-Kraft generiert: Bei $\mathbf{j} = 0$ und $\mathbf{u} \neq 0$ bewegen sich Elektronen und Ionen mit der gleichen Geschwindigkeit und werden durch die Lorentz-Kraft entgegengesetzt abgelenkt (s. Abb. 3.4 (2. v. l)). In einem berandeten Plasma entstehen wieder Ladungen und daraus das eingezeichnete elektrische Feld, das der Lorentz-Kraft entgegenwirkt und die Teilchen wieder auf eine gerade Bahn bringt.

Der *Druckdiffusionsterm* wird dann wichtig, wenn ein Druckgradient parallel zum Magnetfeld vorliegt. Elektronen besitzen wegen ihrer kleineren Masse eine höhere Beweglichkeit, sie reagieren also am schnellsten auf einen Druckgradienten und verlassen, wie in Abb. 3.4 (rechts) angedeutet, den Bereich höherer Dichte bzw. höheren Druckes. Es fließt ein elektrischer Strom parallel zum Druckgradienten. Der Vorgang erliegt, sobald das durch die Aufladung entstandene elektrische Feld den Druckdiffusionsterm bilanziert.

Die Ionen reagieren wesentlich langsamer und sind folglich in (3.33) vernachlässigt. Senkrecht zum Magnetfeld wird der Druckdiffusionsterm durch $\rho_e \mathbf{u}_e \times \mathbf{B} = \mathbf{j}_e \times \mathbf{B}$ ausgeglichen; in diese Größe lässt sich die Klammer nämlich umwandeln. Die Gleichgewichtsbedingung (3.32) gilt demnach auch getrennt für Elektronen und Ionen.

Im stationären Fall, in dem es weder ein Magnetfeld noch einen Druckgradienten gibt, finden wir das Ohm'sche Gesetz in der bekannten Form $\mathbf{j} = \sigma \mathbf{E}$ wieder. Der letzte Term im verallgemeinerten Ohm'schen Gesetz steht also für die *Ohm'sche Reibung*.

3.1.3 Die MHD-Gleichungen

Das verallgemeinerte Ohm'sche Gesetz (3.33) ist noch recht kompliziert. Wir wollen hier einige Bedingungen abschätzen, unter denen man weitere Terme vernachlässigen kann, was uns zur endgültigen Form der MHD-Gleichungen führen wird. Dies geschieht mit folgender Technik: Um Gradienten und Zeitableitungen abzuschätzen, nähern wir Orts- und Zeitabhängigkeit der Größen durch eine ebene Welle an. Für alle Größen soll gelten:

$$\mathbf{A} = \mathbf{A}_0 e^{i(\mathbf{k}\cdot\mathbf{r} - \omega t)}.$$

Damit gilt für die Zeitableitung $\dot{\mathbf{A}} = -i\omega\mathbf{A}$ und für die Ortsableitung $\nabla \cdot \mathbf{A} = i\mathbf{k} \cdot \mathbf{A}$. Die Phasengeschwindigkeit dieser Störung soll klein gegen die Lichtgeschwindigkeit sein:

$$v_{ph} = u = \omega/k \ll c. \tag{3.34}$$

Im nächsten Abschnitt wird gezeigt, dass unter dieser Bedingung der Verschiebungsstrom im Ampère'schen Gesetz vernachlässigt werden kann. Für die Abschätzung der Terme ersetzen wir daher den Strom durch

$$\mathbf{j} = \nabla \times \mathbf{B}/\mu_0. \tag{3.35}$$

Als Vergleichsgröße dient uns der Term

$$\mathbf{u} \times \mathbf{B} \approx uB.$$

Für den Hall-Term folgt nach (3.35)

$$\left| \frac{1}{\rho_e} \mathbf{j} \times \mathbf{B} \right| \approx \frac{1}{en} \frac{kB^2}{\mu_0} = \frac{ekB^2}{m_e \epsilon_0 \mu_0 \omega_p^2},$$

wobei wir die Dichte durch die Plasmafrequenz (1.23) ersetzt haben. Mit $\epsilon_0 \mu_0 = 1/c^2$ und der Gyrationsfrequenz (2.8) folgt für das Verhältnis

$$\left| \frac{\mathbf{j} \times \mathbf{B}}{\rho_e uB} \right| = \frac{c^2}{\omega_p^2} \frac{k\omega_{ce}}{u} = \frac{c^2}{u^2} \frac{\omega_{ce}\omega}{\omega_p^2}.$$

Den *Hall-Term* können wir also vernachlässigen, wenn erfüllt ist, dass

$$\frac{\omega_{ce}\omega}{\omega_p^2} \ll \left(\frac{u}{c}\right)^2. \tag{3.36}$$

Es ist durchaus nicht offensichtlich, dass diese Bedingung erfüllt ist. Zur Ableitung von (3.33) haben wir sogar kleine Werte für u gefordert. Den Hall-Term können wir nur dann vernachlässigen, wenn ω klein ist bei gleichzeitig endlichen Werten für u. Nach (3.34) ist das nur für kleine Werte von k möglich, also für sehr langsame räumliche Variationen besonders des Magnetfeldes. Der Hall-Term spielt z. B. bei der Ausbreitung elektromagnetischer Wellen im Plasma eine wichtige Rolle.

Für die Abschätzung des Druckterms verwenden wir die Schallgeschwindigkeit $c_s = \sqrt{p/m_i n_e}$ und finden:

$$\left|\frac{\nabla p}{\rho_e}\right| = \frac{kp}{en_e} = \frac{kc_s^2 m_i}{e},$$

sodass für das Verhältnis folgt:

$$\left|\frac{\nabla p}{\rho_e u B}\right| = \frac{\omega c_s^2 m_i}{u^2 eB} = \frac{\omega c_s^2}{\omega_{ci} u^2}.$$

Den *Druckdiffusionsterm* können wir also vernachlässigen, wenn

$$\frac{\omega}{\omega_{ci}} \ll \left(\frac{u}{c_s}\right)^2 \tag{3.37}$$

erfüllt ist, also wenn die charakteristische Frequenz der Dynamik klein gegen die Gyrationsfrequenz der Ionen ist.

Schließlich betrachten wir noch den Trägheitsterm auf der linken Seite. Für ihn gilt, wenn wir (3.35) verwenden,

$$\left|\frac{m_e}{e^2 n_e}\frac{\partial j}{\partial t}\right| = \frac{m_e}{e^2 n_e}\frac{k\omega B}{\mu_0} = \frac{1}{\mu_0 \epsilon_0 \omega_p^2}\frac{\omega^2 B}{u} = \frac{c^2 \omega^2 B}{\omega_p^2 u},$$

und für das Verhältnis wiederum:

$$\left|\frac{m_e}{e^2 n_e}\frac{1}{uB}\frac{\partial j}{\partial t}\right| = \frac{c^2 \omega^2}{\omega_p^2 u^2}.$$

Den Trägheitsterm vernachlässigen wir also unter der Bedingung, dass

$$\left(\frac{\omega}{\omega_p}\right)^2 \ll \left(\frac{u}{c}\right)^2 \tag{3.38}$$

gilt.

Wenn alle diese Näherungen erfüllt sind, und das ist durchaus oft der Fall, dann reduziert sich das *verallgemeinerte Ohm'sche Gesetz* auf

$$\mathbf{j} = \sigma \left(\mathbf{E} + \mathbf{u} \times \mathbf{B} \right). \tag{3.39}$$

Zusammen mit den Kontinuitätsgleichungen (3.20) und (3.22), sowie der Bewegungsgleichung (3.31) gehört auch diese Gleichung zu den MHD-Gleichungen. Allerdings findet man in der Literatur unter der Bezeichnung *MHD-Gleichungen* auch solche Modelle, bei denen einzelne hier vernachlässigte Terme mitgenommen werden. Insbesondere beim Ohm'schen Gesetz muss man genau prüfen, welche Terme in den verschiedenen Arbeiten mitgenommen werden und welche nicht. Das MHD-Gleichungssystem ist noch durch die im nächsten Abschnitt aufgeführten Maxwell-Gleichungen zu ergänzen.

Für ein unendlich gut leitendes Plasma folgt aus dem Ohm'schen Gesetz

$$\mathbf{E} + \mathbf{u} \times \mathbf{B} = 0. \tag{3.40}$$

Die Gleichung besagt, dass im Grenzfall $\sigma \to \infty$ elektrische Felder im mit der Flüssigkeit mitbewegten Koordinatensystem verschwinden. Auftretende Felder werden aufgrund der hohen Leitfähigkeit sofort durch Ladungstrennung abgeschirmt. Im Laborsystem treten aber sehr wohl elektrische Felder auf, wenn die Plasmageschwindigkeit ungleich null ist.

3.1.4 Die Maxwell-Gleichungen

Für eine vollständige Beschreibung des Plasmas müssen die Flüssigkeitsgleichungen noch um die Maxwell-Gleichungen ergänzt werden. Die aus den Flüssigkeitsgleichungen berechneten Strom- und Ladungsdichten sind die Quellen für elektromagnetische Felder, die wiederum auf das Plasma rückwirken. Die *Maxwell-Gleichungen* in der hier verwendeten Notation haben die Form:

$$\nabla \cdot \mathbf{B} = 0, \tag{3.41}$$

$$\nabla \cdot \mathbf{E} = -\triangle \phi = \rho / \epsilon_0, \tag{3.42}$$

$$\nabla \times \mathbf{E} = -\frac{\partial \mathbf{B}}{\partial t}, \tag{3.43}$$

$$\nabla \times \mathbf{B} = \mu_0 \mathbf{j} \quad \left(+\frac{1}{c^2} \frac{\partial \mathbf{E}}{\partial t} \right). \tag{3.44}$$

Den *Verschiebungsstrom* haben wir nur in Klammern geschrieben, denn er kann unter den im letzten Abschnitt diskutierten Voraussetzungen, also im Rahmen der MHD, vernachlässigt werden. Es gilt nämlich, dass

$$\left| \frac{\partial \mathbf{E}}{c^2 \partial t} \middle/ \nabla \times \mathbf{B} \right| \approx \frac{\omega}{c^2 k} \frac{E}{B} = \frac{u}{c^2} \frac{E}{B} = \frac{u^2}{c^2} \ll 1 \tag{3.45}$$

ist, wobei im letzten Schritt (3.43) verwendet wurde. Ebenso vereinfacht sich die *Galilei-Transformation* des Magnetfeldes bei der Umrechnung von einem ruhenden in ein mit **u** bewegtes Koordinatensystem:

$$\mathbf{E}' = \mathbf{E} + \mathbf{u} \times \mathbf{B},$$
$$\mathbf{B}' = \mathbf{B} \quad (+\epsilon_0 \mu_0 \mathbf{u} \times \mathbf{E}). \tag{3.46}$$

3.2 Folgerungen aus dem Ohm'schen Gesetz

In diesem Abschnitt behandeln wir einige Konsequenzen, die sich aus dem Ohm'schen Gesetzes zusammen mit den Maxwell-Gleichungen im Rahmen der MHD ergeben. Das Ohm'sche Gesetz beschreibt die Entstehung von elektrischen Strömen, wenn ein Plasma sich senkrecht zu einem externen Magnetfeld bewegt. Die induzierten Ströme modifizieren das Magnetfeld, zerfallen aber selbst aufgrund einer endlichen Leitfähigkeit im Plasma. Dieses Wechselspiel führt zu eine Reihe interessanter Phänomene, die hauptsächlich für extraterrestrische Plasmen von Bedeutung sind. Dazu gehören der magnetische Dynamo, durch den auch das Erdmagnetfeld erzeugt wird, und die Rekonnektion von Magnetfeldlinien. Zunächst wollen wir aber einige grundlegende Eigenschaften des Zusammenspiels zwischen Plasma und Magnetfeld diskutieren.

3.2.1 Magnetfelddiffusion und eingefrorener Fluss

Wir beginnen mir einem typischen Problem der *Plasmakinematik*, bei dem die Strömungsgeschwindigkeit **u** des Plasmas vorgegeben ist. Die Bewegungsgleichung spielt hier also keine Rolle, gesucht ist hingegen eine selbstkonsistente Lösungen des Ohm'schen Gesetzes (3.39). Das Plasma bewege sich in einem von außen vorgegebenen rotationsfreien Magnetfeld $\mathbf{B}_0$. Durch die Wechselwirkung mit dem Magnetfeld werden nach dem Ohm'schen Gesetz im Plasma elektrische Ströme induziert. Das daraus resultierende Magnetfeld modifiziert wiederum das ursprüngliche Feld. Falls das externe Magnetfeld zeitabhängig ist, so werden nach (3.43) elektrische Felder induziert, die wiederum Ströme und damit Magnetfelder erzeugen. Aus dem Zusammenspiel dieser Prozesse folgen einige grundlegende Plasmaeigenschaften.

Um diese herzuleiten, bilden wir die Rotation des Ohm'schen Gesetzes (3.39) und ersetzen die Stromdichte durch das vom Strom selbst erzeugte Magnetfeld und das elektrische Feld durch das Faraday-Gesetz. Da $\mathbf{B}_0$ rotationsfrei ist, brauchen wir nicht zwischen externem und induziertem Feld zu unterscheiden. Es folgt die Bestimmungsgleichung für das Gesamtfeld

$$\frac{\partial \mathbf{B}}{\partial t} = -\nabla \times \left(\frac{\nabla \times \mathbf{B}}{\mu_0 \sigma} - \mathbf{u} \times \mathbf{B} \right). \tag{3.47}$$

Da die Strömungsgeschwindigkeit **u** und das externe Magnetfeld vorgegeben sind, haben wir damit eine Gleichung für das vom Plasma induzierte, zeitabhängige Magnetfeld. Die Gleichung beschreibt also die Entwicklung des Feldes unter dem Einfluss des bewegten Plasmas. Die Rückwirkung auf die Plasmageschwindigkeit selbst würde durch die Bewegungsgleichung beschrieben werden. Hier ist **u** aber vorgegeben.

Wir wollen die Gleichung noch etwas umformen. Unter Verwendung von (B.4) und $\nabla \cdot \mathbf{B} = 0$ folgt

$$\frac{\partial \mathbf{B}}{\partial t} = \nabla \times (\mathbf{u} \times \mathbf{B}) + \frac{1}{\mu_0 \sigma} \triangle \mathbf{B}. \tag{3.48}$$

Die elektrische Leitfähigkeit wurde dabei als konstant angenommen. Ein Vergleich mit der Navier-Stokes-Gleichung zeigt, dass der erste Term einer Konvektion des Magnetfeldes durch das Plasma und der zweite der Diffusion des Magnetfeldes Rechnung trägt. Gl. (3.48) hat nämlich die gleiche Struktur wie die *Navier-Stokes-Gleichung* für viskose inkompressible Flüssigkeiten, die man mithilfe des Wirbelvektors $\mathbf{\Omega} = \nabla \times \mathbf{u}$ (vgl. (15.9)) schreiben kann als

$$\frac{\partial \mathbf{\Omega}}{\partial t} = \nabla \times (\mathbf{u} \times \mathbf{\Omega}) + \eta \triangle \mathbf{\Omega}. \tag{3.49}$$

In turbulenten Flüssigkeiten trägt der erste Term auf der rechten Seite zur Erzeugung von Wirbeln (Vortizität) bei (vgl. Abschn. 15.1.2). Wir werden sehen, dass der entsprechende Term in der Gleichung für das Magnetfeld auch zur Erzeugung von Magnetfeldern führen kann (Plasmadynamo). Der letzte Term beschreibt die Dissipation von kinetischer Energie aus der Wirbelbewegung durch atomare Stöße. Aus Analogie zur *kinematischen Viskosität* η definieren wir die *magnetische Viskosität*

$$\eta_m = \frac{1}{\mu_0 \sigma}. \tag{3.50}$$

Im Folgenden betrachten wir zwei Grenzfälle.

Für ein ruhendes Plasma ($\mathbf{u} = 0$) wird (3.48) zu einer *Diffusionsgleichung für das Magnetfeld*:

$$\frac{\partial \mathbf{B}}{\partial t} = \eta_m \triangle \mathbf{B}. \tag{3.51}$$

Die Gleichung beschreibt z. B. das Eindringen eines Magnetfeldes in ein Plasma. Der Vorgang ist in Abb. 3.5 dargestellt. Ein ruhendes Plasma wird zu einem Zeitpunkt einem homogenen Magnetfeld ausgesetzt. Physikalisch können wir uns folgendes Bild von dem dadurch ausgelösten Vorgang machen: Durch das plötzliche Einschalten des Feldes entsteht eine zeitliche Feldänderung $\dot{B}$, die zur Induktion eines elektrischen Feldes und damit zu einem Strom j^{ind} auf der Plasmaoberfläche führt. Der Strom erzeugt ein magnetisches Gegenfeld B^{ind}, welches innerhalb des Plasmas das externe Feld ausgleicht, wogegen dieses außerhalb des Plasmas verstärkt wird. Die Folge ist, dass das Magnetfeld um das

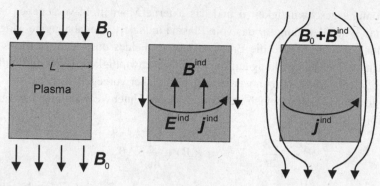

Abb. 3.5 Ein zugeschaltetes Magnetfeld wird durch ein sehr gut leitendes Plasma abgeschirmt und diffundiert dann aufgrund der Resistivität in das Plasma hinein. *Links*: Das Magnetfeld wird zugeschaltet. *Mitte*: Durch die Flussänderung werden ein Strom und ein Gegenfeld induziert. Die Überlagerung mit dem externen Feld ergibt ein Feld, welches das Plasma umströmt (*rechts*). Diffusion nach (3.51) führt dann zur Relaxation des Magnetfeldes

Plasmas herumgeleitet wird. Dieser Vorgang würde auch von (3.48) beschrieben werden, wenn wir ein zeitabhängiges externes Magnetfeld zulassen würden. Gl. (3.51), für die wir ein konstantes Feld $\mathbf{B}_0$ vorausgesetzt haben, beschreibt den nun folgenden Prozess, bei dem der induzierte Strom aufgrund der Resistivität zerfällt und daher das Magnetfeld allmählich in das Plasma eindringt. Da die Leitfähigkeit bei Plasmen in der Regel sehr hoch ist, handelt es sich dabei um einen entsprechend langsamen Vorgang.

Um die charakteristische Zeit τ_B zu berechnen, in der das deformierte Magnetfeld wie $\exp(-t/\tau_B)$ relaxiert, schätzen wir die räumliche Variation des Magnetfeldes durch die Ausdehnung des Plasmas L mit $\sin(2\pi x/L)$ ab. Da das gestörte Magnetfeld durch Ströme im Plasma generiert wird, ist eine harmonische Approximation angemessen. Damit können wir die doppelten Ortsableitungen durch $1/L^2$ ersetzen, um aus (3.51) folgende *magnetische Diffusionszeit* ableiten:

$$\tau_B = \mu_0 \sigma L^2 \approx 5 \times 10^{-4} T_e^{3/2} L^2, \tag{3.52}$$

wobei wir im zweiten Schritt den Ausdruck (8.108) für die elektrische Leitfähigkeit verwendet haben. Die Eindringzeit verlängert sich also mit der Plasmaausdehnung und der Leitfähigkeit. Typische Werte für die Diffusionszeiten einiger Plasmen sind in Tab. 3.2 angegeben.

Tab. 3.2 Charakteristische Werte für die magnetische Reynolds-Zahl und die magnetische Diffusionszeit in verschiedene Medien

	Quecksilber	Laborplasma	Ionosphäre	Erdinnere	Sonne
L (m)	10^{-1}	10^{-1}	10^5	10^6	10^{11}
τ_B (s)	10^{-2}	10^{-3}	10^6	10^{12}	10^{18}
R_M	10^{-1}	1.0	10^2	10^7	10^{12}

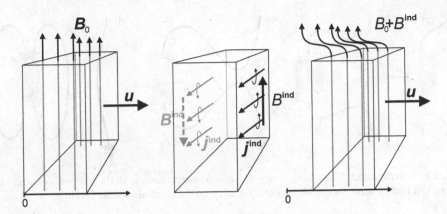

Abb. 3.6 Bewegung eines sehr gut leitenden Plasmas im Magnetfeld (eingefrorener Fluss). Ein von einem Magnetfeld durchdrungenes Plasma setzt sich in Bewegung (*links*). Über den Hall-Term entstehen induzierte Ströme und Magnetfelder (*Mitte*), die sich mit dem externen Feld so überlagern, dass das Magnetfeld mit dem Plasma mitbewegt wird

Im Grenzfall sehr hoher Leitfähigkeit ($\sigma \rightarrow \infty$) können wir den zweiten Term in (3.48) vernachlässigen. Dann ist die Entwicklung des Magnetfeldes bestimmt durch

$$\frac{\partial \mathbf{B}}{\partial t} = \nabla \times (\mathbf{u} \times \mathbf{B}). \tag{3.53}$$

Wieder wollen wir die Gleichung anhand eines physikalischen Vorgangs erläutern. Die Situation ist in Abb. 3.6 dargestellt. Ein ruhendes Plasmavolumen befindet sich in einem externen Magnetfeld. Das Feld sei relaxiert. Dann setzt sich das Plasma mit einer Geschwindigkeit **u** senkrecht zum externen Feld in Bewegung. Auf der rechen Seite der Gleichung steht im Wesentlichen die Rotation des Hall-Stromes (vgl. (3.39)), der durch die Bewegung quer zum Magnetfeld induziert wird. Der Hall-Strom erzeugt das Magnetfeld B^{ind}, welches so gerichtet ist, dass es in dem Bereich, den das Plasma gerade verlässt, das externe Feld auslöscht. Dagegen entsteht dort, wohin sich das Plasma bewegt, ein Magnetfeld von der Stärke des externen Feldes. Das Plasma induziert also ein Feld gerade so, dass die Magnetfeldstärke im Plasma erhalten bleibt. Das Plasma schleppt das Magnetfeld mit sich fort. Erst wenn die Ströme aufgrund des elektrischen Widerstandes zerfallen, diffundiert das Magnetfeld langsam aus dem Plasma heraus.

Was geschieht aber, wenn das Plasma sich sehr weit von seinem ursprünglichen Ort entfernt hat? Man kann sich schwer vorstellen, dass das Magnetfeld beliebig stark deformiert werden kann. Die Natur antwortet darauf mit einem Prozess, der als *magnetische Rekonnektion* bekannt und in Abb. 3.7 illustriert ist. Wenn die Ströme im Plasma nicht zerfallen, werden sich die Feldlinien wieder verbinden und das externe Feld wird in seine Ausgangsform zurückschnappen, wobei das Plasma nun als magnetischer Dipol seiner Bahn folgt. Rekonnektion wird z. B. im Schweif des Erdfeldes beobachtet.

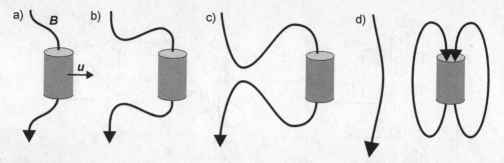

Abb. 3.7 Schematische Darstellung eines Rekonnektionsprozesses, der zwischen (**c**) und (**d**) erfolgt. Ein Plasma schleppt das Magnetfeld mit, bis sich die Feldlinie wieder verbindet

Gl. (3.53) ist gleichbedeutend mit der Aussage, dass der magnetische Fluss ψ durch eine Fläche S, die sich mit der Geschwindigkeit $\mathbf{u}$, also mit der Strömungsgeschwindigkeit der Flüssigkeit bewegt, konstant sein muss. Dies wollen wir nun beweisen. Mit (3.9) gilt für die Zeitableitung des Magnetfeldes im mit dem Plasma mitbewegten Bezugssystem:

$$\frac{\mathrm{d}\mathbf{B}}{\mathrm{d}t} = \frac{\partial \mathbf{B}}{\partial t} + (\mathbf{u} \cdot \nabla)\mathbf{B}. \tag{3.54}$$

Damit folgt für den magnetischen Fluss durch das Plasma:

$$\frac{\mathrm{d}\psi}{\mathrm{d}t} = \frac{\mathrm{d}}{\mathrm{d}t} \int_S \mathbf{B} \cdot \mathrm{d}\mathbf{S} = \int_S \left(\frac{\partial \mathbf{B}}{\partial t} - \nabla \times (\mathbf{u} \times \mathbf{B}) \right) \cdot \mathrm{d}\mathbf{S} = 0. \tag{3.55}$$

Dabei verwendeten wir die Vektoridentität (B.9) und $\mathbf{u}$ = konst. Der Ausdruck verschwindet wegen $\nabla \cdot \mathbf{B} = 0$ und (3.53). Der magnetische Fluss durch eine mit dem Plasma bewegte Fläche bleibt also konstant, wenn die Leitfähigkeit des Plasmas sehr hoch ist. Das Plasma schleppt also den magnetischen Fluss mit sich fort. Deshalb spricht man auch vom in das Plasma *eingefrorenen magnetischen Fluss*. Der Beweis lässt sich auch für eine nicht konstante Fläche S führen, wird dann aber mathematisch aufwendiger.

Die magnetische Reynolds-Zahl R_M charakterisiert, welchem Regime das Plasma zuzuordnen ist. Mehr dem Regime, in dem das Magnetfeld schneller diffundiert als sich das Plasma bewegt, also die Leitfähigkeit gering ist, oder dem Regime, in dem wir die Leitfähigkeit vernachlässigen können und das Feld ins Plasma eingefroren ist. Wenn U die charakteristische Geschwindigkeit und L die charakteristische Ausdehnung der Flüssigkeit sind, dann ist die *magnetische Reynolds-Zahl*, die dimensionslos ist, definiert als der Quotient aus der Diffusionszeit (3.52) und Aufenthaltsdauer L/U des Plasmas an einem Ort:

$$R_M = \frac{\tau_B}{L/U} = \mu_0 \sigma UL. \tag{3.56}$$

Bei großen Werten von R_M können wir die Diffusion des Magnetfeldes vernachlässigen und immer von einem Zustand ausgehen, in dem das Magnetfeld im Plasma eingefroren ist. In Tab. 3.2 sind charakteristische Werte für einige Plasmen zu finden. Bei Prozessen, wo der Antrieb von Plasmaströmung durch elektrische Ströme senkrecht zum Magnetfeld eine Rolle spielt, tritt die dimensionslose *Prandl-Zahl* auf, die aus dem Quotienten aus kinematischer und magnetischer Viskosität gebildet wird, der Form

$$P_M = \frac{\eta}{\rho_m \eta_m}. \tag{3.57}$$

Sie vergleicht die Diffusionszeiten vom Magnetfeld und von Strukturen in der Strömung.

Eine verwandte Größe, die bei *Rekonnektionsprozessen* eine Rolle spielt, ist die Lundquist-Zahl, die aus der Reynolds-Zahl hervorgeht, wenn die Strömungsgeschwindigkeit gleich der *Alfvén-Geschwindigkeit* v_A ist. Die *Lundquist-Zahl* ist also definiert durch

$$S = \frac{\tau_B}{L/v_A} = \mu_0 \sigma L v_A. \tag{3.58}$$

Die dimensionslose Lundquist-Zahl gibt das Verhältnis zwischen der Diffusionszeit des Magnetfeldes und der *Alfvén-Zeit*

$$\tau_A = \frac{L}{v_A} \tag{3.59}$$

an, die wiederum der Zeit entspricht, die eine Alfvén-Welle braucht, um durch die typische Abmessung des Systems zu propagieren. Die Werte der Lundquist-Zahl in Fusionsplasmen oder astrophysikalischen Plasmen liegen bei 10^8–10^{14}.

3.2.2 Der Plasmadynamo

Ein spannender MHD-Prozess ist die Selbsterregung von Magnetfeldern in Plasmen. Man spricht dabei von einem Plasmadynamo. Im Kosmos gibt es zahlreiche Objekte, in denen Magnetfelder generiert werden. Die Sonne ist das prominenteste Beispiel, aber auch die Erde oder ganze Galaxien sind in der Lage, ihr eigenes Magnetfeld zu erzeugen.

Ein einfaches Beispiel für einen selbsterregten Dynamo ist eine *Faraday-Scheibe*, wie sie in Abb. 3.8 skizziert ist. Dabei ist eine leitfähige Scheibe über einen Schleifkontakt und Leitern mit zwei Spulen verbunden. Die anderen Enden der Spulen sind über die Achse, auf der die Scheibe gelagert ist, mit der Scheibe kurzgeschlossen. Durchdringt nun ein nur schwaches Magnetfeld die Scheibe, so wird nach dem Ohm'schen Gesetz (3.39) wegen des Terms $\sigma \mathbf{u} \times \mathbf{B}$ ein *Hall-Strom* erzeugt, welcher, bei geeigneter Schaltung, das äußere Magnetfeld verstärkt. Durch das erhöhte Magnetfeld steigt dann der Strom, u. s. w. Durch den Strom in der Scheibe entsteht nach (3.31) wegen $\mathbf{j} \times \mathbf{B}$ eine bremsende Kraft, die von außen ausgeglichen werden muss, wenn die Winkelgeschwindigkeit der Scheibe konstant gehalten werden soll. Die dazu aufzubringende mechanische Energie wird letztlich in magnetische Energie umgewandelt.

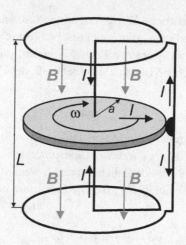

Abb. 3.8 Die Faraday-Scheibe: Der in einer sich drehenden Scheibe durch den Hall-Term erzeugte Strom wird außen abgegriffen und aufgeteilt über zwei Spulen und die Drehachse wieder zurück zur Scheibe geleitet. Durch den Strom in den Spulen wird das ursprünglich angelegte Magnetfeld verstärkt

In einem leitfähigen Plasma hat man nicht ohne Weiteres eine sich drehende Scheibe und feststehende Leiter. Dennoch generiert ein strömendes Plasma fast zwangsläufig Magnetfelder. Dies können wir uns einfach an der Eigenschaft des eingefrorenen Flusses klarmachen. Wir betrachten dazu, wie in Abb. 3.9 (oben) zu sehen, ein ideal leitendes Plasmavolumen der Länge L mit einer Stirnfläche S. Das Volumen wird dann in die Länge gezogen. Da der magnetische Fluss durch S konstant bleiben muss, gilt:

$$SB = S'B'.$$

Gleichzeitig folgt aus der Teilchenzahlerhaltung

$$SL\rho_m = S'L'\rho_m'.$$

Für die Magnetfeldstärke im gestreckten Volumen gilt also

$$B' = B\frac{\rho_m'}{\rho_m}\frac{L'}{L}. \tag{3.60}$$

Ist das Plasma inkompressibel, so wächst die Feldstärke wie $B' = BL'/L$ an. Da das Volumen dann gleich bleiben muss, steigt auch die gesamte magnetische Energie an. Wieder ist also mechanische Energie, die für die Kompression des Magnetfeldes aufgewandt werden muss, in magnetische Energie umgewandelt worden. In einem kollabierenden Stern, der z. B. zu einem Neutronenstern wird, ist die Dichte nicht konstant, sondern steigt wie $\rho_m \sim 1/L^3$ an, wobei L jetzt für den Radius des Sterns steht. Für das Magnetfeld folgt

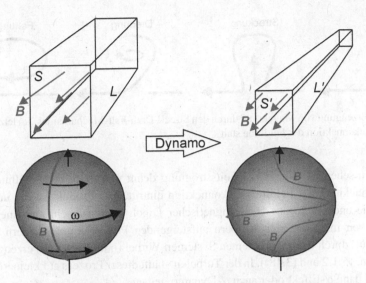

Abb. 3.9 Entstehung von Magnetfeld durch Dehnen eines Plasmavolumens (*oben*) oder durch inkrementelle Rotation wie in der Sonne (*unten*), bei der die inkrementelle Rotation sowie eine Feldlinie angedeutet sind, die durch die Rotation um die Sonne gewickelt wird

daraus ein dramatischer Anstieg wie $B' = BL^2/L'^2$, was zu Magnetfeldstärken bis zu 10^8 T führen kann.

Der gleiche Prozess läuft auch in komplizierteren Geometrien ab und führt z. B. in der *Sonne* zur Erzeugung von Magnetfeldern. Der Vorgang ist ebenfalls in Abb. 3.9 (unten) dargestellt. Er basiert auf der inkrementellen Rotation der Sonne, mit einer höheren Winkelgeschwindigkeit am Äquator als an den Polen. Die Magnetfeldlinien werden durch das Plasma mitgenommen und um die Rotationsachse gedreht. An der höheren Dichte an Feldlinien auf der rechten Seite der Abbildung ist die Erhöhung der Feldstärke abzulesen. In diesem Prozess, der auch als *ω-Dynamo* bezeichnet wird, kann die Rotation unabhängig von der Erzeugung des Magnetfeldes betrachtet werden, denn die rückwirkende Kraft auf die Plasmaströmung ist schwach gegen den Antrieb. Getrieben wird das Strömungsprofil in der Sonne durch Auftriebs- und Coriolis-Kräfte. Das Plasma wird im Innern durch nukleare Fusionsprozesse geheizt. Die heißere Materie dringt nach oben und erfährt dabei eine azimutale Ablenkung durch die Coriolis-Kraft. Der gleiche Prozess treibt auch die Luftströmungen in der Erdatmosphäre an.

Zwei Voraussetzungen müssen also erfüllt sein, damit der Plasmadynamo anlaufen kann: (i) Die Magnetfelder müssen schneller mit der Flüssigkeit transportiert werden, als sie diffundieren können. Diese Eigenschaft wird durch die magnetische Reynolds-Zahl (3.56) beschrieben, die bei einem Plasmadynamo einen Wert von $R_M \approx 80$ übersteigen muss. (ii) Die Plasmaströmung muss die geeignete Topologie haben.

Die Grundform einer Plasmaströmung, die bei Plasmadynamos eine wichtige Rolle spielt, ist eine Drehstreckbewegung. Zusammen mit der Rekonnektion der Feldlinie führt dies zu dem *Streck-Dreh-Falt-Mechanismus* (*Stretch-twist-and-fold mechanism*), wie er in

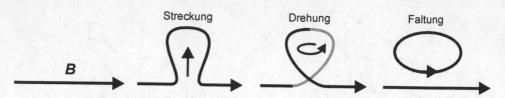

Abb. 3.10 Erzeugung von Magnetfeld durch den Streck-Dreh-Falt-Mechanismus. Im letzten Schritt findet eine Rekonnektion der Feldlinie statt

Abb. 3.10 zu sehen ist. Die Flüssigkeitsströmung dehnt und dreht die Feldlinie, bis bei der Überschneidung der Feldlinie Rekonnektion eintritt. Das Produkt ist die ursprüngliche Feldlinie und ein zusätzlicher magnetischer Dipol. Dies ist nicht nur eine typische Bewegung von in rotierenden Körpern aufsteigenden Flüssigkeiten, sondern auch der Mechanismus, durch den in turbulenten Systemen Wirbel (oder Vortizität) erzeugt werden (vgl. Abschn. 15.1.2 und (3.48)). In der Turbulenz läuft dieser Prozess auf kleineren Skalen ab und wird dann α-Effekt oder auch α-Dynamo genannt.

Abschließend sollen noch einige Informationen zum irdischen Dynamo gegeben werden, der für das Dipolfeld der Erde verantwortlich ist. Eine quantitative Lösung des Problems wurde erst in neuerer Zeit mithilfe aufwendiger Computersimulationen gefunden. Wie in Abb. 3.11 dargestellt, muss als wichtige Voraussetzung für das Funktionieren des Dynamos ein geeignetes Strömungsmuster vorliegen. Der äußere Erdkern besteht aus flüssigem Magma (Abb. 3.11, links). Man vermutet, dass die Energieverluste, die durch Konvektion und Wärmeleitung entstehen, durch die beim Ausfrieren des Magmas am Übergang zum festen inneren Erdkern frei werdende Schmelzenergie ausgeglichen werden. Aufstrebendes heißes Magma wird durch die Coriolis-Kraft abgelenkt, und es entstehen parallel zur Drehachse der Erde ausgerichtete, säulenförmige Wirbel, in denen das Magnetfeld dann gestreckt und damit verstärkt wird (rechte Abbildung). Das Magnetfeld entsteht aus dem oben erläuterten Vorgang über Verdrehung und Rekonnektion.

3.2.3 Sweet-Parker-Rekonnektion

Es ist bekannt, dass sich Magnetfeldlinien nicht überschneiden dürfen, da an einem Schnittpunkt sonst zwei unterschiedliche Lösungen der Maxwell-Gleichungen möglich sein müssten. Werden nun aber Magnetfeldlinien durch die entsprechenden Plasmaströmungen so aufeinander zubewegt, dass ein Überschneiden unausweichlich scheint, so reagiert das System aus Plasma und Magnetfeld durch eine Umorganisation der Feldlinien. Dieser Prozess ist in Abb. 3.12 anhand zweier Feldlinien dargestellt und wird *Rekonnektion* genannt. Durch eine geeignete Plasmaströmung werden die Feldlinien mit u_{in} komprimiert, bis die Rekonnektion zwischen Abb. 3.12b,c stattfindet. Es entsteht eine neue Konfiguration mit stark gekrümmten Feldlinien, und durch die Feldlinienspannung (vgl. die Diskussion zum letzten Term in (3.74)) wird das Plasma stark in die seitliche Richtung auf u_{out} beschleunigt. Die Rekonnektion als ein Element des Plasmadynamos haben wir im

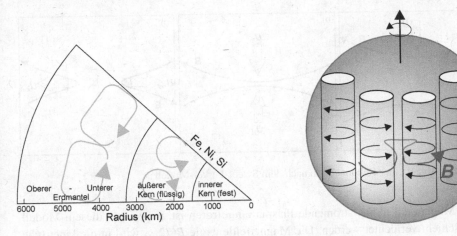

Abb. 3.11 *Links*: Aufbau der Erde, mit festem aber elastischem innerem Kern, flüssigem äußerem Kern und dem Erdmantel, der bis zu einer Tiefe von 2900 km reicht. Das Magnetfeld wird im äußeren Kern erzeugt. Dort strömt das Magma, wie durch Pfeile angedeutet, in zylindrischen Säulen, zwischen denen das eingefrorene Magnetfeld gestreckt wird (*rechts*)

letzten Abschnitt schon kennengelernt, die Beschleunigung des Plasmas in diesem Prozess ist darüber hinaus aber auch für die Entstehung von hochenergetischen kosmischen Teilchen von Bedeutung. Im Verlauf einer Rekonnektion entstehen starke elektrische Felder und *Stromfilamente*, durch die das Plasma aufgeheizt wird. Magnetische Energie kann also sowohl in kinetische als auch in thermische Energie des Plasmas umgewandelt werden.

Magnetische Rekonnektion wird beobachtet in den Magnetosphären von Sternen und Planeten, in der MHD-Turbulenz, in Sonneneruptionen sowie im Zusammenhang mit magnetischen Inseln in Fusionsplasmen. Besonders wichtig ist die magnetische Rekonnektion im solaren Plasma. In der Sonnenkorona wird vermutet, dass *solare Flares* aus einem Rekonnektionsprozess entstehen, indem Energie aus dem koronalen Magnetfeld in kinetische Energie des Plasmas umgewandelt wird. Rekonnektionsprozesse werden auch als mögliche Quelle für die Heizung der Korona gehandelt und für den Auswurf von Materie verantwortlich gemacht, der den *Sonnenwind* erzeugt.

Von *Sweet und Parker* stammt das einfachste Modell für den Rekonnektionsprozess, aus dem charakteristische Zeitskalen für den Ablauf des Vorgangs abgeschätzt werden können. Wie in Abb. 3.13 dargestellt, geht man bei der Herleitung dieses zweidimensionalen Modells davon aus, dass über eine Breite L ein ideal leitendes Plasma aus entgegengesetzten Richtungen mit der Geschwindigkeit u_{in} in eine resistive Schicht der Dicke 2δ hineinströmt, aus der sie in axialer Richtung mit u_{out} wieder abfließen kann. Das Magnetfeld auf beiden Seiten der Schicht ist entgegengesetzt gerichtet und sonst konstant.

Das Plasma soll inkompressibel sein, sodass aus der Kontinuitätsgleichung ein Zusammenhang zwischen der Dicke der Schicht und der Ausdehnung der Strömung hergestellt werden kann:

$$\delta = \frac{u_{in}}{u_{out}} L. \tag{3.61}$$

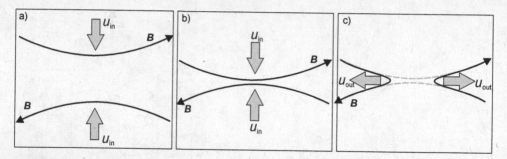

Abb. 3.12 Ablauf einer Rekonnektion nach dem Sweet-Parker-Modell

Da das Magnetfeld in das strömende Plasma eingefroren ist, muss es in diesem Modell in der Schicht vernichtet werden. Die Magnetfeldenergie $B^2/2\mu_0$ wird in die kinetische Energie $\rho_m u_{\text{out}}^2/2$ des ausströmenden Plasmas umgewandelt. Wegen der Energieerhaltung muss die einströmende Energie gleich der ausströmenden sein:

$$2 \times 2L \frac{B^2}{2\mu_0} \times u_{\text{in}} = 2 \times 2\delta \frac{1}{2} \rho_m u_{\text{out}}^2 \times u_{\text{out}}.$$

Indem wir u_{in} mittels (3.61) ersetzen, erhalten wir für die axiale Geschwindigkeit der Strömung einen Ausdruck

$$u_{\text{out}} = \frac{B}{\sqrt{\mu_0 \rho_m}} = v_A, \tag{3.62}$$

der gerade der *Alfvén-Geschwindigkeit* entspricht.

Indem wir die Einwärtsbewegung u_{in} des ideal leitenden Plasmas, wie aus dem *Ohm'schen Gesetz* (3.40) folgt, als $E \times B$-Drift auffassen, können wir das elektrische Feld abschätzen als $E_z = u_{\text{in}}B$. Es ist oberhalb und unterhalb der Schicht gleichgerichtet. Da sich die elektrische Feldstärke über die geringe Schichtdicke nicht ändern kann, treibt es dort in dem resistiven Plasma einen Strom in z-Richtung der Stärke

$$j_z = \sigma E_z = \sigma u_{\text{in}}B. \tag{3.63}$$

Diese Stromschicht und das benachbarte Magnetfeld, das über den Abstand 2δ sein Vorzeichen wechselt, müssen konsistent mit dem Ampère'schen Gesetz sein. Daher muss $j_z = B/\mu_0\delta$ gelten, und aus (3.63) folgt damit für die Einwärtsgeschwindigkeit der Zusammenhang

$$u_{\text{in}} = \frac{1}{\mu_0 \sigma \delta}. \tag{3.64}$$

Indem wir die Schichtdicke d mittels (3.58) und u_{out} nach (3.62) durch die Alfvén-Geschwindigkeit ersetzen, finden wir

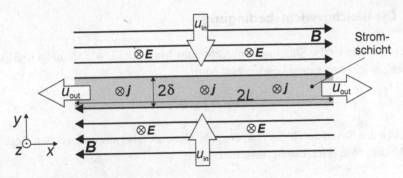

Abb. 3.13 Geometrie für das Parker-Sweet-Modell für die Rekonnektion

$$u_{in}^2 = \frac{v_A}{\mu_0 \sigma L}.$$

Wir erweitern diesen Ausdruck mit v_A, sodass der Nenner dann gerade der Definition der *Lundquist-Zahl S* (3.58) entspricht. Für die Geschwindigkeit, mit der Magnetfeldlinien nach dem Sweet-Parker-Modell rekonnektieren, erhalten wir somit die Beziehung

$$u_{in} = \frac{v_A}{\sqrt{\mu_0 \sigma L v_A}} = \frac{v_A}{\sqrt{S}} \qquad (3.65)$$

oder in dimensionslosen Größen geschrieben:

$$\mathcal{M}_A = \frac{u_{in}}{v_A} = \frac{1}{\sqrt{S}}, \qquad (3.66)$$

wobei $\mathcal{M}_A$ für die *Alfvén-Mach-Zahl* steht.

Wegen der großen Skala L von Prozessen, die in der Sonnenkorona ablaufen, ist die Lundquist-Zahl dort sehr groß; die Werte liegen zwischen 10^6 und 10^{12}. Dadurch liegt die Rekonnektionsgeschwindigkeit weit unter dem Promillebereich der Alfvén-Geschwindigkeit, was um Zehnerpotenzen zu langsam ist, im Vergleich mit gemachten Beobachtungen. Daher spricht man beim Sweet-Parker-Modell auch von *langsamer Rekonnektion*. Eine Beschleunigung des Vorgangs bewirkt die Mitnahme von nichtlinearen Prozessen, die zur Turbulenz führen.

3.3 MHD-Gleichgewichte

Wir wollen jetzt einige einfache Gleichgewichte untersuchen, die bei magnetisierten Plasmen eine Rolle spielen. Die Stabilität der Gleichgewichte soll hier nicht weiter interessieren, sie wird in Kap. 4 behandelt. Wir unternehmen damit die ersten Schritte zur Entwicklung von Einschlusskonzepten für Laborplasmen. Zunächst stellen wir eine allgemeine Bedingung für das Gleichgewicht auf, um dann zylinderförmige Plasmen zu untersuchen.

3.3.1 Die Gleichgewichtsbedingung

Besonders wichtig ist die Situation senkrecht zum Magnetfeld, wie sie nach (3.32) durch die *Gleichgewichtsbedingung* beschrieben wird:

$$\nabla p = \mathbf{j} \times \mathbf{B}. \tag{3.67}$$

Wir drücken den Strom durch das Ampère'sche Gesetz (3.44) aus und wenden Regel (B.5) auf das Vektorprodukt an. Daraus resultiert:

$$\nabla p = \frac{1}{\mu_0}(\nabla \times \mathbf{B}) \times \mathbf{B} = \frac{1}{\mu_0}(\mathbf{B} \cdot \nabla)\mathbf{B} - \nabla\left(\frac{B^2}{2\mu_0}\right). \tag{3.68}$$

Die Wechselwirkung zwischen Strom und Magnetfeld führt zu zwei Kraftbeiträgen: Der zweite Term entspricht einer Kraft aufgrund eines Gradienten im *magnetischen Druck*,

$$p_m = \frac{B^2}{2\mu_0}. \tag{3.69}$$

Den ersten Term kann man mit der Rückstellkraft einer seitlich ausgelenkten, unter Spannung stehenden Saite vergleichen, wobei die Feldlinie die Saite repräsentiert. Denn dieser Term hängt mit der Krümmung der Magnetfeldlinie zusammen. Um dies zu zeigen, drücken wir den Term in Koordinaten parallel, $\mathbf{e}_s$, und senkrecht, $\mathbf{e}_n$ und $\mathbf{e}_b$, zum Magnetfeld aus (siehe Abb. 3.14). Der Normalenvektor $\mathbf{e}_n$ sei zum Zentrum des sich an die Feldlinie anschmiegenden Kreises gerichtet. Der Radius dieses Kreises, der sogenannte *Krümmungsradius*, sei R_k. In diesen Koordinaten gilt $\mathbf{B} = B\mathbf{e}_s$ und die *magnetische Spannkraft* können wir wie folgt umformen:

$$(\mathbf{B} \cdot \nabla)\mathbf{B} = B\frac{\partial}{\partial s}(B\mathbf{e}_s) = \mathbf{e}_s\frac{\partial}{\partial s}\frac{B^2}{2} + B^2\frac{\partial}{\partial s}\mathbf{e}_s. \tag{3.70}$$

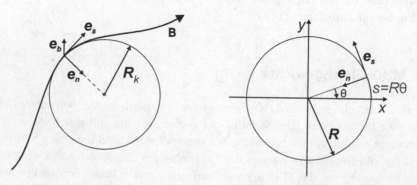

Abb. 3.14 Koordinatensystem zur Berechnung des Krümmungsradius' einer Magnetfeldlinie (links) und zur Erläuterung des Krümmungsradius' (rechts)

Der erste Term zeigt in Richtung des Magnetfeldes und entspricht einer Kraft, die von der Änderung des magnetischen Druckes entlang der Feldlinie herrührt. In der Kräftebilanz fällt er gegen die parallele Komponente des zweiten Terms von (3.68) heraus. In unserem konkreten Fall des Kräftegleichgewichts senkrecht zu **B** spielt er keine Rolle. Der zweite Term stellt eine Ableitung des Einheitsvektors in Richtung der Feldlinie dar; er sollte also in einem Vektor senkrecht zu **B** resultieren.

Um uns das klarzumachen, bilden wir die Ableitung für einen einfachen Fall, nämlich für eine kreisförmige Magnetfeldlinie, wie in Abb. 3.14 rechts dargestellt. Für die Koordinate entlang der Feldlinie gilt $s = R\theta$. Die Einheitsvektoren tangential und senkrecht zum Kreis lassen sich im raumfesten System ausdrücken durch

$$\mathbf{e}_s = -\sin\left(\frac{s}{R}\right)\mathbf{e}_x + \cos\left(\frac{s}{R}\right)\mathbf{e}_y, \tag{3.71}$$

$$\mathbf{e}_n = -\cos\left(\frac{s}{R}\right)\mathbf{e}_x - \sin\left(\frac{s}{R}\right)\mathbf{e}_y. \tag{3.72}$$

Also folgt für die fragliche Ableitung:

$$\frac{\partial}{\partial s}\mathbf{e}_s = -\frac{1}{R}\left(\cos\left(\frac{s}{R}\right)\mathbf{e}_x + \sin\left(\frac{s}{R}\right)\mathbf{e}_y\right) = \frac{1}{R}\mathbf{e}_n. \tag{3.73}$$

Die Ableitung entspricht somit einem Vektor, der zum Zentrum des Krümmungskreises zeigt. Mit (3.70) folgt aus der Komponente von (3.68) senkrecht zum Magnetfeld die *Gleichgewichtsbedingung*

$$\nabla_\perp\left(p + \frac{B^2}{2\mu_0}\right) + \frac{B^2}{\mu_0 R_k}\mathbf{e}_{R_k} = 0. \tag{3.74}$$

Der Vorzeichenwechsel des letzten Terms rührt daher, dass der Krümmungsradius entgegengesetzt zum Normalenvektor zeigt.

Gl. (3.74) entspricht der Forderung, dass im Gleichgewicht die Summe der am Plasma angreifenden Kräfte verschwinden muss. Dies ist in Abb. 3.15 dargestellt. Ein kinetischer Druckgradient kann demnach durch einen magnetischen Druckgradienten oder durch Feldlinienkrümmung stabilisiert werden. In Analogie zu einer Gitarrensaite entspricht der Druckgradient dem Finger, der eine Auslenkung der Saite bewirkt, und der Term $B^2/\mu_0 R_k$ der Saitenspannung, die eine Rückstellkraft erzeugt. Die Beiträge des Vakuumfeldes im zweiten und dritten Term heben sich dabei allerdings auf, denn für das Vakuumfeld haben wir aus $\nabla \times \mathbf{B} = 0$ die Beziehung (2.40) hergeleitet. Damit trägt nur der vom Plasma erzeugte Anteil am Magnetfeld zum Gleichgewicht (3.74) bei. Da das Plasma meist diamagnetisch ist, zeigt der Gradient des vom Plasma generierten Magnetfelds nach außen.

3.3.2 Der lineare Pinch

Nach diesen allgemeinen Betrachtungen wollen wir uns einem konkreten Beispiel zuwenden, dem *linearen Pinch* oder *z-Pinch*. In Abschn. 10.1.1 wird die Bedeutung des

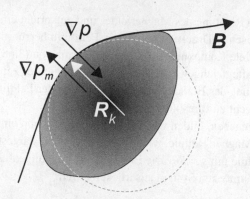

Abb. 3.15 Größen, die zum Gleichgewicht eines Plasmas in einem gekrümmten Magnetfeld beitragen. Der magnetische Druckgradient bezieht sich hier nur auf das vom Plasma generierte Feld. Die mit den Termen zusammenhängenden Kräfte sind den Pfeilen entgegengerichtet

Pinches für die Fusionsforschung behandelt. Die Konfiguration des linearen Pinches ist in Abb. 3.16 dargestellt. An den Enden eines zylinderförmigen Plasmas ist eine Spannungsquelle angeschlossen, die einen axialen elektrischen Strom j_z zieht. Dadurch entsteht ein rein poloidales Magnetfeld B_θ, das in Wechselwirkung mit dem Plasmastrom eine Kraft nach innen erzeugt. Das Plasma wird dadurch soweit zusammengedrückt (daher das englische Wort *pinch*), bis diese Kraft durch den Druckgradienten, der nur von r abhängt, ausgeglichen wird.

Zur quantitativen Auswertung des Problems könnten wir direkt von (3.74) ausgehen, wo für das Feld das vom Strom induzierte Feld B_θ einzusetzen wäre. Wegen der Zylindergeometrie wäre dann $R_k = r$. Wir wollen hier aber den direkten Weg nehmen, indem wir die radiale Komponente der Gleichgewichtsbedingung (3.67) auswerten. Dazu berechnen wir das zum axialen Strom gehörige Magnetfeld aus dem Ampère'schen Gesetz:

$$j_z = \frac{1}{\mu_0 r}\frac{\partial}{\partial r}(rB_\theta) = \frac{1}{\mu_0}\frac{\partial B_\theta}{\partial r} + \frac{B_\theta}{\mu_0 r}. \tag{3.75}$$

Damit können wir die radiale Komponente der Gleichgewichtsbedingung schreiben als:

$$\frac{\partial p}{\partial r} = -j_z B_\theta = -\frac{\partial}{\partial r}\left(\frac{B_\theta^2}{2\mu_0}\right) - \frac{B_\theta^2}{\mu_0 r}. \tag{3.76}$$

Im Gleichgewicht wird der kinetische Druckgradient gerade durch die Kräfte, die mit dem durch den Strom erzeugten Feld in Verbindung stehen, kompensiert. Im Vergleich mit (3.74) können wir die beiden Terme als *magnetische Druckkraft* und *magnetische Spannkraft* identifizieren. Wird der Strom und damit das Magnetfeld über den Gleichgewichtswert erhöht, so wird der Pinch weiter zusammengedrückt, bis der ansteigende Druck wieder ein Gleichgewicht herstellt.

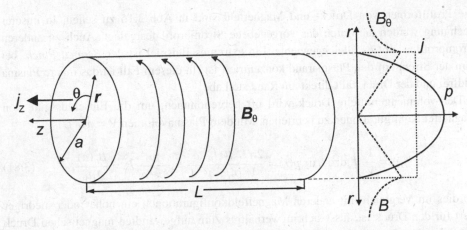

Abb. 3.16 Zylindergeometrie zur Behandlung des MHD-Gleichgewichts des linearen Pinches. Die Koordinaten sind r in radialer, θ in poloidaler und z in axialer Richtung. Die Magnetfeldlinien verlaufen in den Zylinderflächen. Rechts sind Strom-, Magnetfeld- und Druckprofil für einen Gleichgewichtsfall aufgetragen

Solche Anordnungen wurden in den 1950er-Jahren mit dem Ziel untersucht, die Kompression des Plasmas bis zu dem Punkt zu treiben, bei dem Fusionsprozesse einsetzen. Allerdings sah man schnell, dass der lineare Pinch zwar ein Gleichgewicht haben kann, dass dieses Gleichgewicht aber ein instabiles ist. Heute werden Pinche als Quellen für Neutronen oder harte Röntgenstrahlung weiterentwickelt. Auch ein Blitz kann als Pinch aufgefasst werden. An der Verformung der Blitze sind sehr schön die Instabilitäten zu beobachten, die typisch sind für diese Art von Entladung.

Für den Fall einer homogenen Stromverteilung,

$$j_z = \frac{I_p}{\pi a^2}, \tag{3.77}$$

mit dem Gesamtstrom I_p, können wir nun das Druckprofil im Gleichgewicht berechnen. Das poloidale Magnetfeld folgt aus einem Flächenintegral über die undifferenzierte Form von (3.75) von $r' = 0$ bis r. Wir finden, nachdem wir das homogene Stromprofil für j_z eingesetzt haben:

$$B_\theta(r) = \frac{\mu_0}{r} \int_0^r \mathrm{d}r'\, r' j_z = \begin{cases} \frac{\mu_0 I_p r}{2\pi a^2} & r \leq a \\ \frac{\mu_0 I_p}{2\pi} \frac{1}{r} & r \geq a \end{cases}. \tag{3.78}$$

Aus (3.76) folgt nach einfacher Integration für den kinetischen Druck die Beziehung

$$p(r) = -\int \mathrm{d}r'\, j_z B_\theta = -\frac{\mu_0 I_p^2}{2\pi^2 a^4} \int \mathrm{d}r'\, r'. \tag{3.79}$$

Die Randbedingung $p(a) = 0$ bestimmt die Integrationskonstante, sodass schließlich folgt:

$$p(r) = \frac{\mu_0 I_p^2}{4\pi^2 a^2}\left(1 - \frac{r^2}{a^2}\right). \tag{3.80}$$

Die Profilformen von Druck- und Magnetfeld sind in Abb. 3.16 zu sehen. In unserer Rechnung werden sie durch das vorgegebene Stromprofil festgelegt. Auch zu anderen Stromprofilen gibt es Gleichgewichte. Ein extremes Beispiel ist der *Bennett-Pinch*, bei dem der Strom auf den Plasmarand konzentriert ist. In diesem Fall ist das innere Plasma feldfrei und der Druck fällt direkt am Rand steil ab.

Der volumengemittelte Druck wird oft hergenommen, um die Einschlussgüte von Magnetfeldkonfigurationen zu beurteilen. Mit dem Plasmavolumen $V = \pi a^2 L$ ist

$$\langle p \rangle = \frac{1}{V} \int \mathrm{d}z \mathrm{d}\theta r \mathrm{d}r \, p(r) = \frac{2\pi L}{V} \frac{\mu_0 I_p^2}{4\pi^2 a^2} \frac{a^2}{4} = \frac{\mu_0}{8\pi^2 a^2} I_p^2 = \frac{B_\theta^2(a)}{2\mu_0}. \tag{3.81}$$

Ob dies im Vergleich mit anderen Magnetfeldkonfigurationen ein hoher oder niedriger Wert für den Druck ist, lässt sich im Verhältnis zum aufgewandten magnetischen Druck beurteilen. Das Verhältnis beider Größen bestimmt das *poloidale Plasma-β*, definiert als

$$\beta_p = \frac{\langle p \rangle}{B_\theta^2(a)/2\mu_0}. \tag{3.82}$$

Im linearen Pinch ist also $\beta_p = 1$, ein Wert, den man in anderen Konfigurationen nicht erreicht. Für ein Fusionsexperiment ist $\beta_p = 0{,}1$ bereits ein sehr hoher Wert. Wir werden aber später sehen, dass der Pinch instabil gegen poloidale Einschnürungen ist. Tritt eine kleine Störung dieser Art auf, so steigt durch den reduzierten Krümmungsradius die nach innen treibende magnetische Kraft stärker an als der entgegenhaltende kinetische Druck. Die Folge: Das Plasma schnürt sich weiter ein, was einer *Instabilität* entspricht.

Der Wert des erreichbaren Plasma-β hat Bedeutung für die Ökonomie eines Einschluss-konzeptes, denn er gibt an, wie viel Plasmadruck man bei einem vorgegebenen Magnetfeld aufbauen kann. Da die Kosten für die Erzeugung des Magnetfeldes $\sim V B^2$ steigen und Vp der Energieinhalt des Plasmas ist (V ist das Plasmavolumen), bedeutet ein hohes β einen ökonomischen Plasmaeinschluss. Bei Fusionsexperimenten ist β eine Schlüsselgröße.

Der kritische Leser könnte jetzt fragen, wie im linearen Pinch überhaupt ein axia-ler Strom fließen kann. Denn dazu müssen sich ja Teilchen senkrecht zum poloidalen Magnetfeld bewegen. Dass das dennoch möglich ist, liegt, wie wir in Abschn. 3.4.1 zeigen werden, an den Driften. Der Strom ist gerade gleich dem *diamagnetischen Strom*, der von der diamagnetischen Drift herrührt.

3.3.3 Der Screw-Pinch

Ein zusätzliches axiales Magnetfeld B_z erhöht die Stabilität des Pinches. Denn diese Feldkomponente wird durch eine Einschnürung so deformiert, dass die magnetische Spannkraft nach außen gerichtet ist und somit der kontrahierenden Kraft aus dem po-loidalen Feld entgegenwirkt. Wie in Abb. 3.17 zu sehen ist, wird auch hier ein homogener axialer Strom j_z durch eine äußere Spannungsquelle vorgegeben. Dadurch wird, wie im

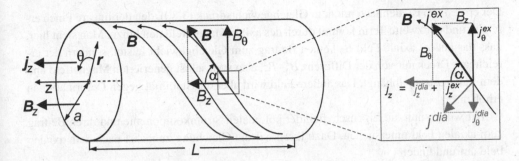

Abb. 3.17 Geometrie des Screw-Pinches mit einer Zerlegung des Plasmastroms in seine Komponenten

linearen Pinch, ein poloidales Feld induziert, das sich mit dem axialen Feld zu einer Helix überlagert. Der Name kommt aus dem Englischen und lässt sich mit *verschraubter Pinch* übersetzen. Da der Strom entsprechend der Teilchenbewegung im Wesentlichen entlang der Feldlinien fließt, bedeutet das, dass es auch eine poloidale Stromkomponente j_θ geben wird, die wiederum das axiale Magnetfeld verändert. Wir werden weiterhin sehen, dass zu dieser extern getriebenen poloidalen Komponente ein durch das Plasma selbst generierter poloidaler Strom hinzukommt.

Die Frage ist nun, wie das externe Magnetfeld die Plasmaparameter im Gleichgewicht verändert. Wir gehen jetzt direkt von der Gleichgewichtsbedingung (3.74) aus und erhalten so

$$\frac{\partial p}{\partial r} = -\frac{\partial}{\partial r}\left(\frac{B_\theta^2 + B_z^2}{2\mu_0}\right) - \frac{B_\theta^2}{\mu_0 r}, \qquad (3.83)$$

mit der radialen Koordinate als Krümmungsradius des poloidalen Feldes. Im Vergleich zum Ausdruck für den linearen Pinch (3.76) tritt nun zusätzlich das axiale Feld auf, das über die Wechselwirkung mit der poloidalen Stromkomponente in die Kräftebilanz eingreift. B_z erhöht die Stabilität des Pinches, denn bei einer Einschnürung wirkt die Spannkraft $B_z^2/\mu_0 R_k$ einer Deformation umso stärker entgegen, je kleiner der Krümmungsradius R_k ist. Dieser Term tritt in der Gleichung nicht auf, weil wir von einem Gleichgewicht im geraden Zylinder ausgegangen sind.

Die Berechnung des Gleichgewichtsdrucks verläuft ähnlich wie beim linearen Pinch. Zur Integration über das poloidale Feld kommt ein Term mit dem axialen Feld hinzu. Wegen der Randbedingung $p(a) = 0$ und $B_z(a) = B_0$ hängt die Integrationskonstante nun auch vom Vakuumfeld B_0 ab. Wir übernehmen also die Lösung für den linearen Pinch (3.80) und erhalten

$$p(r) = \frac{\mu_0 I_p^2}{4\pi^2 a^2}\left(1 - \frac{r^2}{a^2}\right) + \frac{1}{2\mu_0}(B_0^2 - B_z^2(r)). \qquad (3.84)$$

Der erste Term ist identisch mit dem Gleichgewichtsdruck (3.80), den der lineare Pinch erreicht, und der zweite Term kommt durch des axiale Magnetfeld neu hinzu. Man sieht hier, dass das äußere axiale Feld B_0 keinen Beitrag zum Gleichgewicht leistet, sondern der erreichbare Druck nur von der Differenz $B_0^2 - B_z^2$, also vom selbst generierten Magnetfeld und dem Plasmastrom abhängt. Das äußere Feld wird aber die Stabilität gegen Deformationen erhöhen.

Wir wollen nun die Eigenschaften der poloidalen Stromkomponente und ihren Beitrag zum axialen Feld untersuchen. Dazu lösen wir die Gleichung zunächst nach dem axialen Feld auf und finden

$$B_z(r) = \sqrt{B_0^2 + \frac{\mu_0^2 I_p^2}{2\pi^2 a^2}\left(1 - \frac{r^2}{a^2}\right) - 2\mu_0 p(r)}. \qquad (3.85)$$

Da B_0 und das axiale Stromprofil von außen vorgegeben werden können, hängt die axiale Magnetfeldstärke allein vom kinetischen Druck ab. Also muss der Druck auch einen poloidalen Strom treiben, der die axiale Feldstärke verändert. Man unterscheidet die beiden Fälle, in denen das Magnetfeld durch den Plasmadruck abgesenkt bzw. erhöht wird.

Wird das axiale Magnetfeld abgesenkt, so spricht man von einer *magnetischen Mulde*, denn der magnetische Druck steigt dann zum Rand hin an und das Plasma ist diamagnetisch. Für die Bedingung für *diamagnetisches Verhalten* folgt aus (3.85)

$$p(r) > \frac{\mu_0 I_p^2}{4\pi^2 a^2}\left(1 - \frac{r^2}{a^2}\right).$$

Der Gleichgewichtsdruck muss für ein diamagnetisches Verhalten höher als beim linearen Pinch sein. Die dann vorhandene magnetische Mulde wirkt stabilisierend auf das Plasma. Es ist zweckmäßig, diese Ungleichheit durch volumengemittelte Größen auszudrücken. Aus einem Vergleich mit (3.81) folgt für ein diamagnetisches Plasma die Beziehung

$$\langle p \rangle > B_\theta^2(a)/2\mu_0, \qquad (3.86)$$

oder $\beta_p > 1$.

Im *paramagnetischen* Fall wird das axiale Magnetfeld durch den poloidalen Plasmastrom angehoben. Man spricht dann von einem *magnetischen Hügel*. Dieser wirkt destabilisierend und der Plasmadruck

$$p(r) < \frac{\mu_0 I_p^2}{4\pi^2 a^2}\left(1 - \frac{r^2}{a^2}\right)$$

ist geringer als beim linearen Pinch. Die Bedingung für paramagnetisches Verhalten ist also $\beta_p < 1$. Bei einer Betrachtung der Ökonomie des Einschlusskonzeptes muss jetzt allerdings B_z mit in Rechnung gestellt werden. Das relevante *Plasma-β* bezieht sich jetzt auf das Gesamtfeld B und ist definiert als

$$\beta = \frac{\langle p \rangle}{B^2/2\mu_0}. \tag{3.87}$$

Dieser β-Wert fällt geringer aus als beim linearen Pinch. Höhere Stabilität wird also durch einen erhöhten Aufwand erkauft, was die ökonomische Randbedingung verschlechtert.

Das magnetische Verhalten des Plasmas wird durch die poloidale Komponente des Stromes bestimmt. Um diese zu berechnen, erweitern wir die linke Seite der Gleichgewichtsbedingung

$$\frac{\partial p}{\partial r} = j_\theta B_z - j_z B_\theta$$

mit $1 = (B_\theta^2 + B_z^2)/B^2$ und lösen die Gleichung dann nach j_θ auf. Durch geeignete Gruppierung der Terme und die Einführung des sog. *diamagnetischen Stromes* $j^{dia} = p'/B < 0$ (da $p' < 0$) erhalten wir

$$j_\theta = \left\{ \left(j_z + j^{dia} \frac{B_\theta}{B} \right) \frac{B}{B_z} \right\} \frac{B_\theta}{B} + j^{dia} \frac{B_z}{B} = j^{ex} \sin\alpha + j^{dia} \cos\alpha.$$

Mithilfe von Abb. 3.17 können wir diese Gleichung wie folgt interpretieren: Zwei Terme tragen zur poloidalen Stromkomponente bei. Der zweite Term steht für die poloidale Komponente des diamagnetischer Stromes, der vom Druckgradienten p' getrieben wird und senkrecht zum Magnetfeld fließt. Da der Druckgradient radial nach innen zeigt, also negativ ist, fließt die poloidale Komponente des Stromes in die negative θ-Richtung; sie erniedrigt also das externe Feld und sorgt so für den Plasmadiamagnetismus. In Abschn. 3.4.1 werden wir zeigen, dass dieser Strom aus der Gyrationsbewegung der Teilchen resultiert und somit den Diamagnetismus der einzelnen Teilchen im Flüssigkeitsbild widerspiegelt. Der Term $B_z/B = \cos\alpha$ projiziert den diamagnetischen Strom auf die θ-Koordinate.

Der Ausdruck in der geschweiften Klammer im ersten Term entspricht dem extern getriebenen Strom j^{ex}, der parallel zur Feldlinie fließt. Er wird berechnet aus seiner axialen Komponente, die in der runden Klammer steht und sich aus dem gesamten axialen Strom j_z, korrigiert um den axialen Beitrag des diamagnetischen Stromes, ergibt. Durch B/B_z wird die axiale Komponente auf den parallelen Strom j^{ex} zurückgerechnet und dieser dann durch $\sin\alpha = B_\theta/B$ auf die poloidale Koordinate projiziert. Durch den parallel zur Feldlinie fließenden Strom wird das angelegte Feld verstärkt. Der extern getriebene Strom sorgt also für die paramagnetische Eigenschaft das Plasmas, die bei geringem Plasmadruck überwiegt. Der diamagnetische Strom bewirkt letztlich die Abweichung der Stromlinien von den Magnetfeldlinien. Wenn $\beta_p = 1$ ist, bleibt B_z unverändert; j_θ muss demnach verschwinden und der Strom genau axial fließen.

In der Fusionsforschung ist eine magnetische Konfiguration wichtig, die mit dem Screw-Pinch nah verwandt ist und *Tokamak* genannt wird. Sie entsteht, wenn ein Screw-Pinch zu einem Torus geformt wird. Das externe Feld wird durch Magnetfeldspulen erzeugt und der Strom extern über Induktion wie in einem Transformator getrieben. Die Funktionsweise des Tokamaks wird in Abschn. 10.1.4 erklärt.

3.4   Strömungen in MHD-Gleichgewichten

In den vorangegangenen Abschnitten haben wir Plasmagleichgewichte untersucht, ohne die Strömungen, die dabei in Elektronen- und Ionenflüssigkeit auftreten, weiter zu berücksichtigen. Oder wir haben, wie beim Screw-Pinch, aus der Gleichgewichtsbedingung Stromverteilungen berechnet, ohne uns zu überlegen, wie diese Ströme erzeugt werden.

Jetzt soll untersucht werden, welche Strömungen aus den stationären Flüssigkeits-gleichungen des Plasmas folgen. Dabei unterscheiden wir Prozesse, die parallel und die senkrecht zum Magnetfeld ablaufen. Das feldfreie Plasma ist in der Regel durch den Fall parallel zum Magnetfeld abgedeckt.

3.4.1   Strömungen senkrecht zum Magnetfeld

Zunächst betrachten wir einen Gleichgewichtszustand mit einem stationären Strömungs-feld. Die Geometrie ist in Abb. 3.18 dargestellt. Auf den Feldlinien und in vertikaler Richtung sei der Druck konstant. In x-Richtung existieren ein Druckgradient und ein elektrisches Feld. Da wir die Strömungsverhältnisse von Elektronen und Ionen getrennt studieren wollen, gehen wir von den Bewegungsgleichungen im Zweiflüssigkeitsbild (3.11) aus. Im stationären Fall sind an einem festen Ort Massendichte und Geschwindigkeit konstant und wir können die Zeitableitung vernachlässigen. Es gilt somit

$$\rho \left(\mathbf{E} + \mathbf{u} \times \mathbf{B} \right) - \nabla p + \mathbf{f}^{ext} = 0. \tag{3.88}$$

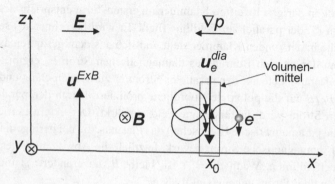

Abb. 3.18 Geometrie zur Berechnung der Flüssigkeitsdriften

Der Reibungsterm kann Teil der beliebigen externen Kraftdichte f^{ext} sein. Andere Beiträge können von der Gravitation herrühren oder von der Reibung des Plasmas mit dem
neutralen Hintergrundgas, was z. B. für die Wechselwirkung des Ionosphärenplasmas mit
der Atmosphäre wichtig ist.

Wir betrachten zunächst Strömungen senkrecht zum Magnetfeld. Nach Vektormultiplikation mit **B** von rechts und unter Verwendung von

$$(\mathbf{u} \times \mathbf{B}) \times \mathbf{B} = -B^2\mathbf{u} + (\mathbf{B} \cdot \mathbf{u})\mathbf{B} = -B^2\mathbf{u}_\perp \tag{3.89}$$

können wir (3.88) leicht nach der Geschwindigkeit senkrecht zum Magnetfeld auflösen:

$$\mathbf{u}_\perp = \frac{\mathbf{E} \times \mathbf{B}}{B^2} - \frac{\nabla p \times \mathbf{B}}{\rho B^2} + \frac{\mathbf{f}^{ext} \times \mathbf{B}}{\rho B^2}. \tag{3.90}$$

Ein Plasma im Magnetfeld ist also immer in Bewegung, *alles fließt*. Strömungen senkrecht
zum Magnetfeld werden erzeugt durch elektrische Felder, durch einen Druckgradienten
oder durch eine beliebige andere Kraft. So finden wir in der Flüssigkeitsbewegung die uns
aus der Betrachtung einzelner Teilchen bekannte *E×B-Drift* (2.18) wieder:

$$\mathbf{u}^{E \times B} = \frac{\mathbf{E} \times \mathbf{B}}{B^2}. \tag{3.91}$$

Sie ist für Elektronen und Ionen gleichgerichtet. Da die Driftgeschwindigkeit unabhängig
von der Masse und das Plasma praktisch neutral ist, resultiert daraus kein elektrischer
Strom. Für die Situation in Abb. 3.18 geht die Drift in *z*-Richtung. Ströme treten allerdings
dann auf, wenn z. B. die Ionen durch Stöße am Gyrieren gehindert werden und somit
nicht driften. Der Strom ist dann gegeben durch die Elektronendrift allein. Ein anderes
Beispiel findet man bei elektromagnetischen Wellen, wenn die Frequenz der Welle höher
als die Gyrationsfrequenz der Ionen ist. Bei Frequenzen $\omega_{ce} \gg \omega \gg \omega_{ci}$ tritt die Drift nur
bei den Elektronen auf und somit entsteht allein durch die *E×B*-Drift der Elektronen ein
elektrischer Strom.

Die *E×B*-Drift ist ein Spezialfall für die Reaktion des Plasmas auf eine Kraft. Eine
beliebige Kraftdichte f^{ext} erzeugt eine Flüssigkeitsdrift der Form

$$\mathbf{u} = \frac{\mathbf{f}^{ext} \times \mathbf{B}}{\rho B^2}. \tag{3.92}$$

Analog zu (2.20) existiert im Flüssigkeitsbild auch die Gravitationsdrift, die wegen der
Abhängigkeit von der Ladungsdichte auch einen elektrischen Strom erzeugt.

Im Vergleich zum Teilchenbild tritt im Flüssigkeitsbild ein neuer Term auf, der mit
dem Plasmadruck, also mit einer Flüssigkeitsgröße zusammenhängt. Dieser Term wird
diamagnetische Drift genannt. Sie ist gegeben durch

$$\mathbf{u}^{dia} = -\frac{\nabla p \times \mathbf{B}}{\rho B^2} \tag{3.93}$$

und wird in Abb. 3.18 erläutert. Am Ort x_0 kreuzen sich die Bahnen gyrierender Teilchen, deren Bahnschwerpunkte um einen Larmor-Radius nach innen bzw. außen versetzt sind. Wegen des Druckgradienten gibt es mehr Teilchen (höhere Dichte) und/oder schnellere Teilchen (höhere Temperatur) bei kleineren Werten von x. Elektronen, die sich bei x_0 nach unten bewegen, sind also häufiger und/oder schneller als solche, die sich nach oben bewegen. Dies führt für Elektronen zu einer Nettogeschwindigkeit nach unten. Ionen gyrieren in der Abbildung gegen den Uhrzeigersinn, sodass eine Drift nach oben entsteht. Obwohl sich lokal eine Strömung ergibt, ist die diamagnetische Drift nicht mit einer Bewegung der Führungszentren von Teilchen verbunden. Es handelt sich um eine Strömung, die aus der Mittelung über die Gyrationsbewegungen aller Teilchen im betrachteten Volumen folgt. Der Zusammenhang zwischen Einzelteilchenbewegung und Flüssigkeitsdrift ergibt sich also durch eine Mittelung der Verteilungsfunktion in einem Volumenelement.

Die diamagnetische Drift zeigt für Elektronen und Ionen in entgegengesetzte Richtungen. Die daraus resultierende *diamagnetische Stromdichte* ist gegeben durch

$$\mathbf{j}^{dia} = en(\mathbf{u}_i^{dia} - \mathbf{u}_e^{dia}) = -\frac{\nabla p \times \mathbf{B}}{B^2}, \tag{3.94}$$

mit dem Gesamtdruck $p = p_e + p_i$.

Wir haben nun also den physikalischen Mechanismus identifiziert, der den druckgetriebenen Strom im *Screw-Pinch* treibt. Die diamagnetische Drift erklärt aber auch, wie im linearen Pinch ein axialer Strom senkrecht zum rein poloidalen Magnetfeld fließen kann. Um dies zu sehen, berechnen wir den diamagnetischen Strom im *linearen Pinch* mit einem Druckprofil der Form (3.80) und einem Magnetfeldprofil nach (3.78). So finden wir für die diamagnetische Stromdichte

$$j_{pinch}^{dia} = \frac{I_p}{\pi a^2}, \tag{3.95}$$

also gerade den Wert, den wir mit (3.77) bei der Berechnung des linearen Pinches zum Ausgang genommen hatten.

Es überrascht, dass wir zwar die Einzelteilchendrift aufgrund eines elektrischen Feldes oder einer beliebigen Kraft als Flüssigkeitsbewegung wiederfinden, nicht aber die Driften, die von einem inhomogenen Magnetfeld herrühren, die Krümmungsdrift und die Gradientendrift. Denn der Form des Magnetfeldes wurde keine Beschränkung auferlegt. Dagegen tritt die diamagnetische Drift nur im Flüssigkeitsbild auf, ohne ein Pendant im Teilchenbild zu haben. Den Zusammenhang der beiden Bilder werden wir im nächsten Abschnitt herstellen. Man sollte aber daraus lernen, wie vorsichtig man sein muss, wenn man Argumente aus dem Einzelteilchenbild benutzt, um das Verhalten der Plasmaflüssigkeit zu erklären.

3.4.2 Zur Gradientendrift im Flüssigkeitsbild

Wir wollen uns in diesem Abschnitt klar machen, warum es im Flüssigkeitsbild weder Krümmungs- noch Gradientendrift gibt, wogegen die diamagnetische Drift nur im Flüssigkeitsbild auftritt. Dies ist sehr instruktiv, um den Unterschied zwischen Einzelteilchen-

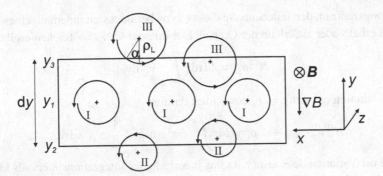

Abb. 3.19 Anschauliche Erklärung, warum in der Plasmaflüssigkeit keine Gradientendrift auftritt. Die Bahnen gelten für Ionen

und Flüssigkeitsbild zu verstehen. Der Übergang geschieht durch eine Mittelung über alle Teilchen innerhalb eines Volumenelementes $dV = dx dy dz$. Der mathematisch korrekte Weg führt über Integrale über die Verteilungsfunktion. Dieses Konzept wird aber erst in Kap. 7 eingeführt. Daher wollen wir uns hier auf eine anschauliche Erklärung beschränken.

Wir betrachten das in Abb. 3.19 dargestellte Volumen. Es sei in x- und z-Richtung homogen, in y-Richtung liege ein Magnetfeldgradient. Die Ausdehnung in y-Richtung soll viel größer als der Larmor-Radius der betrachteten Teilchensorte sein, es soll $dy \gg \rho_L$ gelten. Für die Mittelung über alle Teilchen in dem Volumenelement unterscheiden wir zwischen 3 Arten von Teilchenbahnen: (I) solche, die vollständig im Volumen liegen, (II) solche, die auf der Hochfeldseite aus dem Volumen herausreichen und (III) solche, die auf der Niederfeldseite herausreichen.

Von Teilchensorte I gibt es $N_I = n dV$ Teilchen. Ihre Führungszentren bewegen sich mit der Gradientendrift (2.30). Es entsteht daraus ein Gesamtteilchenfluss der Größe

$$N^I u_x^I = n dV v_{Dx}^{\nabla B} = n \frac{m v_\perp^2}{2q} \frac{|B'|}{B^2} dV. \tag{3.96}$$

Hier sind auch die Beiträge der Driften der Teilchensorten II und III enthalten, bei denen das Führungszentrum innerhalb von dV liegt. Es wird also der Führungszentrumsdriften aller Ionen Rechnung getragen. Für Ionen ergibt sich daraus eine Strömung in die positive x-Richtung. Das positive Vorzeichen kommt vom negativen Feldgradienten B'.

Teilchen vom Typ III tragen, da ihre Bahn teilweise außerhalb des Volumens verläuft, zusätzlich zur Drift über die abgeschnittene Gyrationsbahn eine Geschwindigkeit in die negative x-Richtung bei. Jedes dieser Teilchen legt bei jeder Gyration den Weg $-2\rho_L \sin\alpha$ in x-Richtung zurück. Der Geschwindigkeitsbeitrag des Teilchens ist also

$$v_x^{III} = -\frac{\omega_c}{2\pi} 2\rho_L \sin\alpha. \tag{3.97}$$

Das Führungszentrum der Teilchenbahn dieses Typs befindet sich innerhalb eines Larmor-Radius innerhalb oder außerhalb der Grenze. Ein Integral über alle Teichen ergibt also

$$N^{III} u_x^{III} = n\mathrm{d}x\mathrm{d}z \int_{-\rho_L}^{\rho_L} v_x^{III}\mathrm{d}y. \tag{3.98}$$

Durch Substitution der Art $y = -\rho_L \cos\alpha$ folgt daraus:

$$N^{III} u_x^{III} \approx -\frac{1}{\pi}\omega_c\rho_L^2 n\mathrm{d}x\mathrm{d}z \int_0^\pi \sin^2\alpha\mathrm{d}\alpha = -\frac{1}{2}\omega_c\rho_L^2 n\mathrm{d}x\mathrm{d}z. \tag{3.99}$$

Dabei soll die Variation des Larmor-Radius innerhalb des Integrationsintervalls klein sein gegen die Variation der Winkelfunktion selbst.

Die Rechnung an der gegenüberliegenden Seite für Teilchen der Art II ergibt das gleiche Integral mit umgekehrtem Vorzeichen. Der Beitrag des Randes insgesamt entspricht der Summe der beiden Beiträge und ist damit gegeben durch

$$N^{II} u_x^{II} + N^{III} u_x^{III} = \frac{1}{2}n\mathrm{d}x\mathrm{d}z\left((\omega_c\rho_L^2)_{y_2} - (\omega_c\rho_L^2)_{y_3}\right) \approx -n\frac{mv_\perp^2}{2q}\frac{|B'|}{B^2}\mathrm{d}V. \tag{3.100}$$

Im letzten Schritt haben wir die Gyrationsgrößen eingesetzt und B um y_1 entwickelt. Der Effekt der Gyrationsbahnen am Rand des Intervalls bilanziert also gerade die Driften der Führungszentren (3.96). Und dies unabhängig von der Größe des betrachteten Volumens.

Analoge Überlegungen führen wir für die Krümmungsdrift durch. Siehe dazu Abb. 3.20. In der idealisierten Situation ist das Magnetfeld gekrümmt, ohne dass ein Feldgradient vorliegt. Die Summe der Krümmungsdriften innerhalb des Volumens $\mathrm{d}V$ ist nach (2.32) gegeben durch

$$N^I u_x^I = n\mathrm{d}V\, v_{Dx}^K = n\frac{mv_\parallel^2}{qR_kB}\mathrm{d}V. \tag{3.101}$$

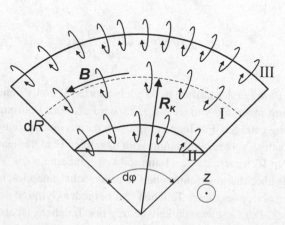

Abb. 3.20 Anschauliche Erklärung, warum in der Plasmaflüssigkeit keine Krümmungsdrift auftritt. Die Bahnen gelten für Ionen

Die Krümmungsdrift bewegt Ionen nach oben, hier also in die z-Richtung. Das Integral über einen Rand ergibt genauso wie im Fall der Gradientendrift den Beitrag

$$N^{\mathrm{III}}u_x^{\mathrm{III}} \approx -\frac{1}{2}\omega_c\rho_L^2 n\,\mathrm{d}z R\,\mathrm{d}\varphi. \tag{3.102}$$

Nur ist hier das Volumen in Zylinderkoordinaten ausgedrückt. Der äußere Rand erzeugt einen Beitrag in die negative, der innere in die positive z-Richtung. Die Summe der Ränder ergibt den Beitrag

$$N^{\mathrm{II}}u_x^{\mathrm{II}} + N^{\mathrm{III}}u_x^{\mathrm{III}} = \frac{1}{2}\omega_c\rho_L^2 n\left(R_k - \frac{\mathrm{d}R}{2} - R_k - \frac{\mathrm{d}R}{2}\right)\mathrm{d}\varphi\,\mathrm{d}z \approx -n\frac{mv_\perp^2}{2qR_kB}\mathrm{d}V.$$

In einem thermalisierten Plasma ist in jeder Geschwindigkeitskomponente v_i die gleiche mittlere Energie. Daher ist $v_\perp^2 = 2v_i^2 = 2v_\parallel^2$. Somit verschwindet wieder die Flüssigkeitsdrift, welche die Summe über Führungszentrumsdriften und Gyrationsbewegung ist. Einzelteilchendriften, die mit der Topologie des Magnetfeldes zu tun haben, verschwinden also im Flüssigkeitsbild.

Wir haben gesehen, dass die Teilchendriften in der Mittelung durch Gyrationseffekte ausgeglichen werden. Wie sieht aber das Mittel der Strömung, genommen über ein gesamtes Plasma, aus? In diesem Fall können die Randeffekte bei der Mittelung keine Rolle spielen. Denn das Volumen kann so groß gewählt werden, dass die Plasmadichte am Rand beliebig klein ist. Betrachtet man das gesamte Plasma, so müsste die Gesamtteilchenströmung gleich der Summe der Einzelteilchendriften sein. Dass dem wirklich so ist, soll mittels Abb. 3.21 erläutert werden.

Wir untersuchen dazu ein Plasmavolumen $V = L_xL_yL_z$ in einem inhomogenen Magnetfeld, das den für toroidale Plasmen üblichen Verlauf B_0x_0/x haben soll. Der Plasmadruck sei im Innern konstant und falle am Rand über die Strecke a ab. Aus der diamagnetischen Drift (3.93) berechnen wir den Nettostrom an Ionen in vertikaler Richtung. Der Druckgradient ist auf den Rand konzentriert. Somit existiert auch die diamagnetische Drift nur in einem schmalen Bereich. Da das Magnetfeld in der Abbildung rechts kleiner ist als links,

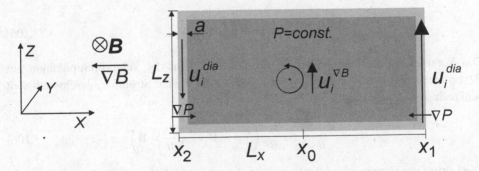

Abb. 3.21 Ein Plasmavolumen im inhomogenen Magnetfeld. Der Plasmadruck ist im Innern konstant und fällt über a am Rand ab. Diamagnetische Ströme fließen nur am Rand, wogegen die Gradientendrift fälschlicherweise eine homogene Stromverteilung ergeben würde

wird rechts ein größerer Fluss nach oben gehen als links nach unten. Die Differenz der beiden Strömungen ist gegeben durch

$$Nu_z = -nL_yL_za\frac{nT}{aqn}\left(\frac{1}{B(x_2)} - \frac{1}{B(x_1)}\right) = nV\frac{T}{qB_0x_0}. \tag{3.103}$$

Wir haben für den Druckgradienten nT/a und im letzten Schritt die explizite Form für das Magnetfeld eingesetzt. Aus der diamagnetischen Drift resultiert also eine Nettoströmung von Ionen nach oben. Diese ist genau gleich der Summe der Einzelteilchendriften, die wir durch Aufsummieren der Gradientendrift für alle Teilchen erhalten:

$$Nu_z = -nL_xL_yL_z\frac{mv_\perp^2}{2q}\frac{\partial B}{B^2\partial x} = \frac{nT}{qB_0x_0}V. \tag{3.104}$$

Wieder ist für ein thermalisiertes Plasmas $mv_\perp^2 = T$.

Der integrale Wert der Teilchendriften ist also gleich, egal ob man die diamagnetische oder die Gradientendrift verwendet. Das Strömungsfeld und damit die Stromverteilung ist aber gänzlich verschieden. Einzelteilchendriften finden im ganzen Volumen statt, wogegen die Flüssigkeitsdrift, die das tatsächliche Strömungsfeld ergibt, nur am Rand, im Bereich des Druckgradienten aktiv ist. Die Überlegung lässt sich leicht auf einen Torus erweitern, bei dem zusätzlich noch die Krümmungsdrift auftritt. Ebenso wie für den integralen Wert der Driften, findet man auch für $\nabla \cdot \mathbf{u}$ den gleichen Wert, egal ob man Einzelteilchen- der Flüssigkeitsdriften einsetzt.

3.4.3   Die Polarisationsdrift

Eine weitere Einzelteilchendrift, die wir im Flüssigkeitsbild noch nicht gefunden haben, ist die Polarisationsdrift. Sie hängt mit der Trägheit der Teilchen zusammen und folgt damit aus der Zeitableitung in der Bewegungsgleichung (3.11). Ausgangspunkt ist also die Gleichung

$$\rho_m\frac{d\mathbf{u}}{dt} = \rho\left(\mathbf{E} + \mathbf{u}\times\mathbf{B}\right) - \nabla p. \tag{3.105}$$

Das Vorgehen ist das Gleiche wie in Abschn. 3.4.1. Aus der Vektormultiplikation mit $\mathbf{B}$ von rechts und unter Verwendung von (3.89) folgt für die Strömungsgeschwindigkeit senkrecht zum Magnetfeld:

$$\mathbf{u}_\perp = \frac{\mathbf{E}\times\mathbf{B}}{B^2} - \frac{1}{\rho B^2}\left(\nabla p\times\mathbf{B} + \rho_m\frac{d\mathbf{u}}{dt}\times\mathbf{B}\right). \tag{3.106}$$

Die Lösung der Gleichung erfolgt iterativ. Dabei geht man davon aus, dass der letzte Term eine kleine Korrektur zu den anderen Termen ist. Man nimmt also die Lösung nullter Ordnung, bestehend aus den bekannten Termen $E\times B$- und diamagnetische Drift,

$$\mathbf{u}_\perp^{(0)} = \frac{\mathbf{E} \times \mathbf{B}}{B^2} - \frac{1}{\rho} \frac{\nabla p \times \mathbf{B}}{B^2}, \tag{3.107}$$

und setzt diese in die Zeitableitung von (3.106) ein. Dadurch entsteht für die Lösung in erster Ordnung der Ausdruck

$$\mathbf{u}_\perp \approx \frac{\mathbf{E} \times \mathbf{B}}{B^2} - \frac{\nabla p \times \mathbf{B}}{\rho B^2} + \frac{\rho_m}{\rho B^2} \mathbf{B} \times \frac{\mathrm{d}^{(0)}}{\mathrm{d}t} \mathbf{u}_\perp^{(0)}. \tag{3.108}$$

Wobei $\mathrm{d}^{(0)}$ anzeigt, dass im nichtlinearen Term auch nur $\mathbf{u}^{(0)}$ einzusetzen ist. Bei einem zeitunabhängigen Magnetfeld und unter Vernachlässigung der diamagnetischen Drift in der Lösung nullter Ordnung findet man, wegen $\mathbf{B} \times (\mathbf{E} \times \mathbf{B}) = \mathbf{E}_\perp B^2$, für die senkrechte Strömungsgeschwindigkeit:

$$\mathbf{u}_\perp \approx \frac{\mathbf{E} \times \mathbf{B}}{B^2} - \frac{\nabla p \times \mathbf{B}}{\rho B^2} + \frac{\rho_m}{\rho B^2} \frac{\mathrm{d}^{E \times B}}{\mathrm{d}t} \mathbf{E}_\perp. \tag{3.109}$$

Im nichtlinearen Term ist in dieser Näherung nur die $E \times B$-Drift zu berücksichtigen, was wir durch das Symbol $\mathrm{d}^{E \times B}$ andeuten. Der bekannte einfache Ausdruck für die Polarisationsdrift folgt, wenn man den nichtlinearen Term in der hydrodynamischen Ableitung ganz vernachlässigt. Der Term $(\mathbf{u} \cdot \nabla)\mathbf{u}$ spielt aber eine wichtige Rolle für die Kaskaden von Wirbeln in der Plasmaturbulenz und würde hier zu Termen der Form $\langle u_i u_j \rangle$ führen. Der daraus entstehende Tensor hat die gleiche Bedeutung wie der Drucktensor (vgl. 7.82) und wird mit *Reynolds-Stress* bezeichnet. Allerdings basiert der Effekt hier auf Impulsüberträgen zwischen benachbarten Volumina durch Flüssigkeitsdriften und nicht durch Einzelteilchenbewegung.

Im einfachsten Fall ist also die senkrechte Strömungsgeschwindigkeit bei zeitabhängigen elektrischen Feldern gegeben durch

$$\mathbf{u}_\perp = \frac{\mathbf{E} \times \mathbf{B}}{B^2} - \frac{\nabla p \times \mathbf{B}}{\rho B^2} + \frac{\rho_m}{\rho B^2} \dot{\mathbf{E}}_\perp, \tag{3.110}$$

wobei der letzte Term die bekannte *Polarisationsdrift* (2.74) ist:

$$\mathbf{u}_D^{pol} = \frac{m}{qB^2} \dot{\mathbf{E}}_\perp. \tag{3.111}$$

Die Polarisationsdrift existiert also im Einzelteilchen- und im Flüssigkeitsbild. Ähnliche Terme treten bei beliebigen zeitabhängigen Kräften auf. Die Drift rührt daher, dass die Teilchen aufgrund ihrer Trägheit nicht beliebig schnell den zeitlich veränderlichen Kräften folgen können. Es handelt sich dabei eigentlich um eine *Trägheitsdrift*, die folglich auch massenabhängig ist.

Elektronen und Ionen driften in entgegengesetzte Richtungen, tragen also beide zu einem Strom in Richtung $\dot{\mathbf{E}}$ bei. Daraus entsteht der *Polarisationsstrom*, der gegeben ist durch

$$\mathbf{j}^{pol} = (m_e + m_i)\frac{n}{B^2}\dot{\mathbf{E}}_\perp. \tag{3.112}$$

Dieser Strom wird im Wesentlichen von den Ionen getragen.

Im allgemeineren Fall, bei dem wir den diamagnetischen Beitrag zu $\mathbf{u}_\perp^{(0)}$ in (3.108) berücksichtigen, die Nichtlinearität aber weiterhin vernachlässigen, führt die Herleitung zu einer *verallgemeinerten Polarisationsdrift* der Form

$$\mathbf{u}_D^{pol*} = \frac{m}{qB^2}\dot{\mathbf{E}}_\perp - \frac{m}{nq^2B^2}\nabla_\perp\dot{p}. \tag{3.113}$$

Der zweite Term rührt von der diamagnetischen Drift her, die bei zeitabhängigen Druckgradienten zu einem Driftbeitrag in Richtung abfallenden Druckes führt. Durch den Vorfaktor sind auch hier die Ionen von größerer Bedeutung als die Elektronen. In Fällen, bei denen von kalten Ionen ausgegangen werden kann, entfällt der diamagnetische Beitrag zur Polarisationsdrift in guter Näherung.

3.4.4 Debye-Abschirmung senkrecht zum Magnetfeld

Diese Stelle ist für die Behandlung einer Frage geeignet, die sich bei der Einführung der Debye-Länge in Abschnitt (1.9) hätte stellen können. Wir wollen uns hier nämlich überlegen, wie die Abschirmung einer in das Plasma eingebrachten Ladung senkrecht zu einem Magnetfeld erfolgt. Wie in Abb. 3.22 dargestellt, betrachten wir das Problem in zwei Dimensionen. Das Plasma befindet sich in einem Kondensator mit unendlich ausgedehnten Platten, sodass das elektrische Feld zwischen den Platten homogen ist. Wir gehen von

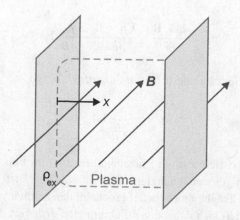

Abb. 3.22 Geometrie zur Behandlung der Debye-Abschirmung senkrecht zum Magnetfeld

einem zunächst entladenen Kondensator aus, bei dem die elektrische Ladung $\rho_{ex}\delta(x)$ langsam (verglichen mit der Plasmafrequenz) von null auf einen endlichen Wert erhöht wird. ρ_{ex} steht hier für eine Flächenladung mit der Einheit e/m^2. Die Abschirmung durch das Plasma berechnen wir aus der Antwort der Plasmakomponenten auf das entstehende elektrische Feld, wobei die Dynamik senkrecht zu den Platten durch das eingezeichnete Magnetfeld **B** behindert wird.

Die Behandlung dieses Problems gelingt im Zweiflüssigkeitsbild mithilfe der Kontinuitätsgleichung (3.7) für die Ladungsdichte einer Spezies. Wir gehen von einem homogenen Anfangszustand mit der Dichte n_0 und Temperatur T_0 aus, bei dem, durch den Anstieg der externen Ladung ρ_{ex}, Störungen in der Dichte n_1 und im elektrischen Feld E_1 bzw. Potential ϕ_1 entstehen. Die Ursache dafür ist in der *verallgemeinerten Polarisationsdrift* zu finden, wie wir sie für diese Situation mit (3.113) hergeleitet haben. Indem wir diesen Ausdruck für die Geschwindigkeit **u** in die Kontinuitätsgleichung einsetzten, finden wir

$$\frac{\partial n_1}{\partial t} + \nabla \cdot \left\{ \frac{n_0 m}{q B^2} \dot{\mathbf{E}}_1 - \frac{m T_0}{q^2 B^2} \nabla \dot{n}_1 \right\} = 0.$$

Wir haben hier angenommen, dass die Temperatur der Spezies T_0 unverändert bleibt. Die Divergenz können wir jetzt bis zu den zeitabhängigen Größen durchziehen. Weiter ersetzen wir die Vorfaktoren durch das Verhältnis aus Plasma- und Zyklotronfrequenz $(\omega_p/\omega_c)^2 = n_0 m/\epsilon_0 B^2$ bzw. den Larmor-Radius $\rho_L = \sqrt{2 m T_0}/qB$. Nach Integration über die Zeit, in der die Ladung eingebracht wird, folgt eine Gleichung zur Berechnung des elektrischen Feldes

$$\epsilon_0 \nabla \cdot \mathbf{E}_1 = -\frac{\omega_c^2}{\omega_p^2} \left(1 - \frac{1}{2} \rho_L^2 \nabla^2 \right) q n_1.$$

Diese Beziehung hat die Form der Poisson-Gleichung und kann so gelesen werden, dass sie den Beitrag der aus der Störung einer Spezies resultierenden Ladungsdichte zum elektrischen Feld berücksichtigt. Wegen des Vorfaktors ist der Beitrag der Ionen um das Massenverhältnis größer als der der Elektronen. Wir vernachlässigen daher den Beitrag der Elektronen und setzen die aus den Ionen resultierende Ladungsdichte gleich der gesamten Ladungsdichte $\rho_1 = \rho_{i1} = e n_1$, für die die Poisson-Gleichung der Form $\epsilon_0 \nabla \cdot \mathbf{E}_1 = \rho_1 + \rho_{ex}\delta(x)$ gilt. Daraus folgt eine Bestimmungsgleichung für die durch eine Störung der Ionen erzeugte Ladungsdichte, die für die vorgegebene Geometrie die Form hat:

$$\frac{1}{2} \rho_{Li}^2 \frac{\partial^2 \rho_1}{\partial x^2} - \left(\frac{\omega_{pi}^2}{\omega_{ci}^2} + 1 \right) \rho_1 = \rho_{ex}. \tag{3.114}$$

Mit dem Ansatz $\rho_1 = \hat{\rho}_1 \exp(-x/\lambda)$ folgt daraus für $x > 0$ die Abfalllänge λ der Dichtestörung

$$\lambda^2 = \frac{\rho_{Li}^2}{2 \left(1 + \omega_{pi}^2/\omega_{ci}^2 \right)}. \tag{3.115}$$

Für den Fall eines schwachen Magnetfeldes ($\omega_{ci} \ll \omega_{pi}$) geht der Ausdruck über in

$$\lambda \approx \frac{\rho_{Li}\omega_{ci}}{\sqrt{2}\omega_{pi}} = \frac{\sqrt{\epsilon_0 T_0}}{q^2 n} = \lambda_D. \tag{3.116}$$

Also funktioniert die Abschirmung von Ladung senkrecht zum Magnetfeld ebenso effektiv wie ohne Magnetfeld. Da aus der Ladungsdichte nach zweimaligem Integrieren das Potential folgt, überträgt sich darauf auch die Abfalllänge, die also gleich der *Debye-Länge* λ_D ist.

Im Grenzfall sehr starker Magnetfelder ($\omega_{ci} \gg \omega_{pi}$) reduziert sich die Abfalllänge (3.115) auf etwa den Ionen-Larmor-Radius:

$$\lambda = \rho_{Li}/\sqrt{2}. \tag{3.117}$$

3.4.5   Strömung parallel zum Magnetfeld

Nun wollen wir einige Überlegungen zur Plasmadynamik parallel zum Magnetfeld anstellen. Parallel zum Magnetfeld können sich die Teilchen frei bewegen. Aufgrund der Massendifferenz zwischen Elektronen und Ionen findet man nahezu getrennte Zeitskalen für die Bewegung der beiden Teilchensorten. Aus Inhomogenitäten in der Dichte führt dies zur Ladungstrennung und, über das elektrische Feld, zu einer Kopplung der beiden Flüssigkeiten. Der Unterschied in der Dynamik kann zu einer als *Driftwelle* bezeichneten Instabilität führen, die bei gleich schweren Teilchen, wie z. B. in einem *Elektron-Positron-Plasma*, nicht auftreten würden.

Wir wollen uns die Dynamik anhand von Abb. 3.23 überlegen. Auf einer Feldlinie existiere eine Dichtestörung und damit ein Druckgradient parallel zur Feldlinie. Die

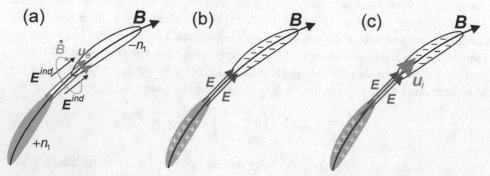

Abb. 3.23 Parallele Dynamik als Reaktion auf eine Dichtestörung auf einer Magnetfeldlinie. Elektronen und Ionen werden durch einen Druckgradienten parallel zum Magnetfeld angetrieben. Zunächst reagieren die Elektronen (**a**), die durch das selbstinduzierte elektrische Feld gebremst werden. Es entstehen Ladungsdichten und die Elektronen kommen ins Kräftegleichgewicht (**b**). Die trägeren Ionen (**c**) werden durch Druckgradienten und das elektrische Feld beschleunigt

Dichtestörung und alle folgenden Störungen haben die Form

$$n = n_0 + n_1 \exp{(i(kz - \omega t))}, \tag{3.118}$$

mit $n_1 \ll n_0$. Wir gehen vom Zweiflüssigkeitsbild aus. Parallel zum Magnetfeld gilt für beide Teilchensorten die Bewegungsgleichung (3.11) in der Form

$$\rho_m \frac{\partial u_z}{\partial t} = \rho E_z - \frac{\partial p}{\partial z}. \tag{3.119}$$

Den Reibungsterm und den quadratischen Term in **u** haben wir vernachlässigt. Wenn wir verwenden, dass alle Größen in einen konstanten Anteil und eine Störung der Form (3.118) zerfallen (wobei $u_{z0} = E_{z0} = 0$ ist), dann finden wir für die linearisierte Bewegungsgleichung in erster Ordnung der Störgrößen

$$\omega m n_0 u_1 = k q n_0 \phi_1 + \gamma k T n_1. \tag{3.120}$$

Um die Wirkung vom Kompression und Dekompression auf die Plasmatemperatur zu berücksichtigen, haben wir den aus der Zustandsgleichung (3.16) herrührenden *Adiabatenkoeffizienten* γ im Druckterm mit aufgenommen (vgl. (5.25)). Für isotherme Vorgänge ist $\gamma = 1$ zu setzen (vgl. Tab. 3.1). Die Hintergrundtemperatur sei konstant bei $T = T_0$. Weiter haben wir das elektrische Feld durch das Potential ausgedrückt, $E_1 = -\partial \phi_1 / \partial z = -ik\phi_1$. Die hier verwendete Technik des Linearisierens werden wir in Abschn. 5.1.2 noch genauer behandeln.

Zusätzlich verwenden wir die Kontinuitätsgleichung (3.7), die linearisiert für dieses Problem die Form hat:

$$-\omega n_1 + n_0 k u_1 = 0. \tag{3.121}$$

Uns interessieren hier die charakteristischen Zeitkonstanten, mit der die Dynamik abläuft. Betrachten wir zunächst die Elektronen, die wegen der kleineren Masse bei gleicher Kraft die größere Beschleunigung erfahren. Zu Beginn des Vorgangs ist noch kein elektrisches Feld ausgebildet ($\phi_1 = 0$), wodurch sich (3.120) vereinfacht. Indem wir nun (3.120) durch (3.121) teilen, erhalten wir eine Dispersionrelation für die anfängliche Entwicklung der Störung in der Elektronenflüssigkeit der Form

$$\omega = k\sqrt{\gamma_e T_e / m_e}. \tag{3.122}$$

Daraus folgt eine Phasengeschwindigkeit, die der *Elektronenschallgeschwindigkeit* entspricht:

$$c_{se} = \omega/k = \sqrt{\gamma_e T_e / m_e} = \sqrt{T_e / m_e}. \tag{3.123}$$

Für die meisten Probleme können wir den isothermen Wert $\gamma_e = 1$ verwenden. Aus einem Vergleich des Ausdrucks mit den Definitionen für die Plasmafrequenz und die Debye-Länge finden wir $c_{se} = \omega_{pe}\lambda_D$.

Wie zu erwarten, reagieren die Elektronen mit der thermischen Geschwindigkeit auf den Druckgradienten. Ihre Bewegung wird im realistischen Fall verlangsamt durch Resistivität, d. h. Stöße mit Ionen, sowie durch Selbstinduktion des von den Elektronen getragenen elektrischen Stromes (siehe Abb. 3.23). Die Selbstinduktion steht in Verbindung mit dem zeitabhängigen Magnetfeld, das den Stromfaden ringförmig umschließt. In Plasmen können Felder dieser Art als *torsionale Alfvén-Welle* parallel zu den Magnetfeldlinien propagieren. Daher koppelt die hier diskutierte Störung an Alfvén-Wellen an. Um die Induktion richtig zu beschreiben, müssen die Maxwell-Gleichungen selbstkonsistent mitgelöst werden.

Infolge der Elektronenbewegung häuft sich, wie in Abb. 3.23b zu sehen ist, elektrische Ladung an. Es entsteht ein elektrisches Feld, das der Bewegung der Elektronen entgegenwirkt. Wollten wir die Zeit berechnen, die es dauert, bis ein Gleichgewicht erreicht ist, so müssten wir die Polarisationsdrift berücksichtigen, die im Wesentlichen Ionen senkrecht zum Magnetfeld aus der Dichtestörung treibt. Diese Fragestellung wird erst in Kap. 15 wichtig werden, wo Themen der Plasmaturbulenz beschrieben werden.

Ist das Gleichgewicht erreicht, also für $u_{e1} = 0$, so heben sich der Druckdiffusionsterm und die elektrostatische Kraft in der Bewegungsgleichung gegenseitig auf. Für das Gleichgewicht der Elektronen folgt dann aus (3.120) mit $\gamma_e = 1$ die *Boltzmann-Relation*

$$\frac{e\phi_1}{T_e} = \frac{n_1}{n_0}. \tag{3.124}$$

Diese Beziehung folgt auch aus dem *Boltzmann-Faktor*, wenn man diesen für kleine Potentiale linearisiert, wie wir es in (1.11) zur Herleitung der Debye-Länge getan haben.

Auf der Zeitskala der Elektronendynamik können die Ionen und damit auch die Dichtestörung als eingefroren angesehen werden. Wenn man bei Rechnungen annimmt, dass die gerade beschriebene Elektronendynamik beliebig schnell abläuft, dann spricht man von der *adiabatischen Näherung* für die Elektronen oder einfach von *adiabatischen Elektronen*. In diesem Fall kann man das elektrische Feld aus der Boltzmann-Relation berechnen. Man muss aber immer wieder betonen, dass, wegen der Quasineutralität des Plasmas, die Elektronendichte nur wenig von der Ionendichte abweichen kann. Es ist also auch dann immer $n_{e1} \approx n_{i1} \equiv n_1$, wenn die Elektronen schon das elektrische Feld ausgebildet haben.

Der Ausgleich des Druckgradienten entlang der Feldlinie setzt erst mit der Dynamik der Ionen ein. Die Ionen werden durch den Druckgradienten und das von den Elektronen erzeugte elektrische Feld beschleunigt. Es ist meist eine gute Näherung, für jeden Entwicklungsschritt der Dichtestörung die Elektronen als im Gleichgewicht befindlich anzusehen. Zur Herleitung der Phasengeschwindigkeit, mit der die Dichtestörung propagiert, nehmen wir die Bewegungsgleichung (3.120) für die Ionenflüssigkeit und ersetzen ϕ_1 durch das Gleichgewichtspotential (3.124), wodurch die Elektronentemperatur in die

Gleichung für die Ionen eingeführt wird. Die resultierende Gleichung teilen wir durch die Kontinuitätsgleichung (3.121) für Ionen, sodass wir u_1 und n_1 kürzen können. Indem wir weiter nach ω/k auflösen, erhalten wir daraus die *Ionenschallgeschwindigkeit*

$$c_{si} = c_s = \frac{\omega}{k} = \sqrt{\frac{T_e + \gamma_i T_i}{m_i}}. \tag{3.125}$$

Für den *Adiabatenkoeffizienten* kann im isothermen Fall der Wert $\gamma_i = 1$ eingesetzt werden (s. Tab. 3.1).

Die Störung pflanzt sich mit der Ionenschallgeschwindigkeit fort. Diese entspricht aber nicht der Geschwindigkeit u_{i1}, mit der sich die Ionenflüssigkeit bewegt. Um dies zu zeigen, ersetzen wir in der Bewegungsgleichung (3.120) für Ionenparameter ω/k durch (3.125) und ϕ_1 durch (3.124) und finden:

$$u_{i1} = \frac{n_1}{n_0} \sqrt{\frac{T_e + \gamma_i T_i}{m_i}}. \tag{3.126}$$

Die Strömungsgeschwindigkeit der gesamten Ionenflüssigkeit erhalten wir demnach aus einer Umrechnung der Ionenschallgeschwindigkeit, die nur für den Teil der Ionen in der Dichtestörung n_1 gilt, auf alle Ionen der Dichte n_0. Die Ionenflussdichte in erster Ordnung ist also gegeben durch $u_{i1}n_0 = n_1 c_{si}$.

3.4.6 Strömung zwischen Begrenzungen

In Abb. 3.24 ist eine der Konfigurationen dargestellt, für die eine analytische Lösung der Plasmadynamik möglich ist. Zwei unendlich ausgedehnte parallele Platten aus Isolatormaterial schließen ein Plasma ein. Im allgemeinen Fall können sich die Platten mit festen

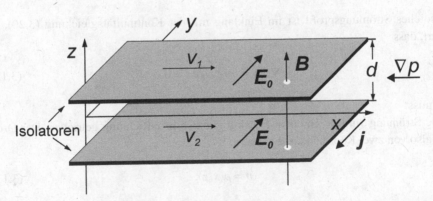

Abb. 3.24 Modell zur Behandlung von Plasmaströmung zwischen zwei sich bewegenden Isolatoren

Geschwindigkeiten v_1 und v_2 in x-Richtung bewegen. Hier seien sie aber in Ruhe. Sie dienen so als Randbedingung für die Bewegungsgleichung. Das Plasma erfährt durch einen Druckgradienten eine Kraft in x-Richtung und wird gleichzeitig durch ein Magnetfeld in z-Richtung an der Bewegung in x-Richtung gehindert. Die Frage ist, welches Strömungsprofil sich im Gleichgewicht einstellen wird.

In der Hydrodynamik würde sich ein parabolisches Strömungsprofil einstellen, bei dem die Randwerte durch die Platten festgelegt sind. Im Plasma hingegen wird die Strömung durch das Magnetfeld behindert. Die Lösung des Problems ist als *Hartmann-Strömung* bekannt. Wir werden sehen, dass ein elektrisches Feld in y-Richtung erforderlich ist, um eine Plasmaströmung in x-Richtung über die $E \times B$-Drift zu treiben. Das elektrische Feld wiederum entsteht durch die Strömung senkrecht zum Magnetfeld und wird also durch das Plasma selbst generiert.

Wir erlauben hier, anders als bisher, dass das Plasma viskos ist. Viskosität führt zu einer Kraft, welche die Strömungsgeschwindigkeiten von sich parallel bewegenden Plasmaschichten angleicht. Genauso überträgt die Viskosität die Geschwindigkeit der Begrenzungen auf das Plasma. Die *kinematische Viskosität* η tritt als zusätzlicher Term in der Bewegungsgleichung auf. Für eine neutrale leitende Flüssigkeit folgt aus (3.30) die *hydromagnetische Navier-Stokes-Gleichung*:

$$\rho_m \frac{d\mathbf{u}}{dt} = \mathbf{j} \times \mathbf{B} - \nabla p + \eta \nabla^2 \mathbf{u}. \tag{3.127}$$

Wir lösen die Gleichung für stationäre Bedingungen. Daraus folgt dann das Stromprofil $\mathbf{u}$.

Das System sei in x- und y-Richtung unendlich ausgedehnt, daher können aus Symmetrieüberlegungen folgende Abhängigkeiten abgeleitet werden: Die Plasmaströmung kann nur eine x-Komponente haben, deren Betrag von z abhängen darf,

$$\mathbf{u} = u_x(z)\mathbf{e}_x. \tag{3.128}$$

Ein solches Strömungsprofil ist im Einklang mit der Kontinuitätsgleichung (3.20), die fordert, dass

$$\nabla \cdot \mathbf{u} = \partial u_x(z)/\partial x = 0 \tag{3.129}$$

sein muss.

Die Strömung wird durch einen Druckgradienten in x-Richtung getrieben. Der Druck kann also von zwei Koordinaten abhängen:

$$p = p(x, z). \tag{3.130}$$

Nach der Diskussion in Abschn. 3.1.2 kann die Plasmaströmung das Magnetfeld in x-Richtung deformieren, wenn die Leitfähigkeit nur endlich ist. Wir müssen daher zwei Magnetfeldkomponenten zulassen, die aber nur von z abhängen können, nämlich

$$\mathbf{B} = B_x(z)\mathbf{e}_x + B_0\mathbf{e}_z. \tag{3.131}$$

Mit B_0, dem externen Magnetfeld, erfüllt das Feld die Bedingung $\nabla \cdot \mathbf{B} = 0$.

Um die Bewegungsgleichung nach $\mathbf{u}$ aufzulösen, fehlen noch Informationen über das Profil des elektrischen Stromes und dessen Beitrag zum Magnetfeld. Wenn tatsächlich eine x-Komponente im Magnetfeld auftritt, so kann sie nur über einen im Plasma fließenden Strom erzeugt werden. Den Zusammenhang zwischen Strom und Magnetfeld gibt das Ampère'sche Gesetz (3.44):

$$\mathbf{j} = \frac{1}{\mu_0} \nabla \times \mathbf{B} = \frac{1}{\mu_0} \frac{\partial B_x}{\partial z} \mathbf{e}_y. \tag{3.132}$$

Der Strom muss also in y-Richtung fließen. Und genau das ist bei einer Bewegung in x-Richtung nach dem Ohm'schen Gesetz (3.39) zu erwarten. Erlauben wir zusätzlich ein elektrisches Feld, dann muss danach gelten:

$$\sigma\mathbf{E} = \mathbf{j} - \sigma\mathbf{u} \times \mathbf{B} = \left(j_y + \sigma u_x B_0\right)\mathbf{e}_y. \tag{3.133}$$

Der Term $\mathbf{u} \times \mathbf{B}$ treibt also einen Strom in y-Richtung. Dieser kann weiterhin beeinflusst werden durch ein elektrisches Feld. Ist das Plasma auch in y-Richtung durch isolierte Platten begrenzt, so muss im Gleichgewicht der Strom zum Erliegen kommen. Es baut sich dann ein elektrisches Feld so auf, dass es den $\mathbf{u} \times \mathbf{B}$-Term ausgleicht. Werden diese zusätzlichen Begrenzungen mit einer Spannungsquelle verbunden, so kann je nach angelegter Spannung der Strom reguliert werden. Werden die Elektroden kurzgeschlossen, so ist der Strom gerade gleich dem Hall-Strom. Nur wenn ein Strom fließt, wird das Magnetfeld nach (3.132) deformiert.

Da das Plasma neutral ist, folgt aus $\nabla \cdot \mathbf{E} = 0$, dass das elektrische Feld innerhalb des Plasmas konstant sein muss:

$$\mathbf{E} = E_0\mathbf{e}_y. \tag{3.134}$$

Also gilt für den Strom:

$$j_y(z) = \sigma\left(E_0 - u_x(z)B_0\right). \tag{3.135}$$

Nun wollen wir diese Beziehungen in die stationäre Form der Bewegungsgleichung (3.127) einsetzen und aus deren Komponenten Bedingungen für den Druck und das Strömungsfeld formulieren. Aus den x- und z-Komponenten der Gleichung folgen:

$$\frac{\partial p}{\partial x} = j_y(z)B_0 + \eta \frac{\partial^2 u_x(z)}{\partial z^2}, \tag{3.136}$$

$$\frac{\partial p}{\partial z} = -j_y(z)B_x(z) = -\frac{1}{\mu_0} \frac{\partial B_x(z)}{\partial z} B_x(z). \tag{3.137}$$

Wir bestimmen den Druck folgendermaßen: Differenzieren von (3.136) nach x ergibt, dass der Gradient in x-Richtung konstant sein muss. Differenzieren von (3.137) nach x ergibt, dass der Gradient in z-Richtung nicht von x abhängt. Damit haben wir

$$p = -p_0 x + p_1(z) \tag{3.138}$$

und gelangen so zu einer Gleichung für die Strömung. Wir lösen (3.136) auf und erhalten:

$$\frac{\partial^2 u}{\partial z^2} + \left(\frac{M}{d}\right)^2 u = -\frac{1}{\eta}(p_0 + \sigma E_0 B_0), \tag{3.139}$$

wobei wir die *Hartmann-Zahl*

$$M = \sqrt{\frac{\sigma B_0^2 d^2}{\eta}} \tag{3.140}$$

definiert haben. Diese dimensionslose Größe ist ein Maß dafür, ob das Magnetfeld oder die Viskosität die sich einstellende Strömung dominiert. Kleine M führen zur Hydrodynamik, große M zur Magnetohydrodynamik.

Die Lösung dieser Differentialgleichung für die Strömungsgeschwindigkeit unter den Randbedingungen $v_1 = v_2 = 0$ lautet[1]:

$$u(z) = \frac{p_0 + \sigma B_0 E_0}{\sigma B_0^2} \left\{ 1 - \frac{\cosh(Mz/d)}{\cosh M} \right\}. \tag{3.141}$$

In Abb. 3.25 sind resultierende Strömungsprofile für zwei Werte von M dargestellt. Im Grenzfall $M = 0$, also kleinem Magnetfeld oder großer Viskosität, finden wir die hydrodynamische Parabel als Lösung wieder. Im Grenzfall großer M stellt sich ein flaches

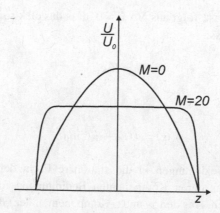

Abb. 3.25 Strömungsprofil einer Flüssigkeit zwischen zwei Begrenzungen für zwei Werte der Hartmann-Zahl

---

[1] $\cosh x = (e^x + e^{-x})/2$, $\sinh x = (e^x - e^{-x})/2$

Strömungsprofil. Die Strömungsgeschwindigkeit ist dann gleich der $E \times B$-Drift, mit dem E_0, das nach (3.135) den Hall-Term kompensiert. Nur in der Nähe der Begrenzungen ist der Einfluss der Viskosität erkennbar, über die eine Verbindung zur Wand hergestellt wird.

Als einziger freier Parameter bestimmt das sich einstellende elektrische Feld den Betrag der Geschwindigkeit. Das elektrische Feld kann von außen eingestellt werden, wenn man das Plasma in y-Richtung durch Elektroden begrenzt und eine Spannungsquelle anschließt. Daraus resultieren Anwendungen, die wir gleich noch diskutieren wollen.

Um zunächst die Kausalität zu verstehen, betrachten wir nochmals (3.127). Wir beginnen mit einem Plasma in Ruhe. Legen wir nun eine Kraft an, welche einen Druckgradienten erzeugt. Dieser wird, weil alle anderen Terme noch null sind, zu einer Beschleunigung, ausgedrückt durch den Trägheitsterm auf der linken Seite, führen. Ohne Magnetfeld wird die Gleichgewichtsgeschwindigkeit durch die Viskosität über die Reibung der Flüssigkeit mit den Wänden bestimmt. Durch zweifache Integration über den Ort findet man eine Parabel als stationäre Lösung.

Nur wenn gleichzeitig ein Magnetfeld existiert, wird über das Ohm'sche Gesetz ein elektrischer Strom in negativer y-Richtung induziert. Dieser Strom führt dann über die Lorentz-Kraft in (3.127) zu einer Reduktion der Beschleunigung und einem Gleichgewicht bei reduzierter Geschwindigkeit. Weiterhin sorgt sie für die x-Komponente im Magnetfeld.

Wir wollen noch kurz einige technische Anwendungen diskutieren. Wenn das System in y-Richtung durch Elektroden begrenzt ist, so ergeben sich verschiedene Anwendungen, je nachdem, ob die angelegte Spannung positiv oder negativ ist. Im Fall eines Kurzschlusses ist bei einem sehr gut leitenden Plasma $E_0 \approx 0$. Nach (3.135) fließt dann ein Strom in negativer y-Richtung. Dieser Strom wirkt über die $j \times B$-Kraft als *elektromagnetische Bremse* auf die strömende Flüssigkeit. Ist das Feld exakt null, was nur bei einem ideal leitfähigen Plasma erreicht wird, dann wird der Strom und damit die Kraft bei der kleinsten Bewegung so groß, dass die Strömung zum Erliegen kommt.

Versehen wir nun diesen Stromkreis mit einem Widerstand. Die Ladungsträger können nicht mehr beliebig schnell abfließen, und es baut sich in Abhängigkeit von der Größe des Widerstandes ein elektrisches Feld in y-Richtung auf, das den Strom reduziert. Nun entsteht im Widerstand Joule'sche Wärme, dem strömenden Plasma wird also Energie entzogen und in elektrische Energie umgewandelt. In dieser Form wirkt die Anordnung als *magnetohydrodynamischer Generator*.

Bei einem unterbrochenen Stromkreis fließt kein Strom mehr. Dafür liegt nach (3.135) an den Elektroden die Hall-Spannung an, die dem Fluss proportional ist. Dieser Effekt kann zum Bau eines *Durchflusssensors* ausgenutzt werden. Die Strömungsgeschwindigkeit ist dann gerade gleich der $E \times B$-Drift.

Wenn hingegen eine Spannungsquelle für ein negatives elektrisches Feld sorgt, dann wird der Strom wegen (3.135) umgepolt. Das Plasma kann dadurch beschleunigt werden, und wir können von einem *Plasmabeschleuniger* oder von einer *elektromagnetischen Pumpe* reden. Pumpen und Durchflusssensoren werden im Natriumkühlkreislauf von schnellen Brütern eingesetzt. Plasmabeschleuniger können als *Plasmaantrieb* für Raumfahrzeuge genutzt werden.

Eine Variante der Hartmann-Strömung, bei der kein Druckgradient vorliegt, sondern bewegte Wände Geschwindigkeit auf das Plasma übertragen, nennt man die *Couette-Strömung*. Die Anordnung ist die gleiche, wie die in Abb. 3.24 dargestellte, nur mit den Randbedingungen $v_1 = 0$ und $v_2 = V_0$. Die Lösung der Differentialgleichung (3.139) hat nun die Form

$$u(z) = \frac{V_0 \sinh(Mz/d)}{\sinh(2M)} + 2E_0 \frac{\sinh(Mz/2d)\sinh(M(1-z/2d))}{B_0 \cosh M}. \tag{3.142}$$

Diese Art von Strömung tritt auch auf bei leitenden Flüssigkeiten, die zwischen zwei mit unterschiedlicher Geschwindigkeit rotierenden Zylindern eingeschlossen ist.

3.5   Plasmadynamik in der Erdionosphäre

Ein Anwendungsbeispiel für die Plasmadynamik, bei dem wir als neues Element die Wechselwirkung des Plasmas mit einem neutralen Hintergrundgas einführen, ist die Ionosphäre der Erde. Durch Sonneneinstrahlung werden in der Erdatmosphäre Atome und Moleküle ionisiert. Dieser Prozess findet nur auf der Tagseite der Erde statt. Die Ionisation steht im Wettbewerb mit der Rekombination, durch die auf der Nachtseite der Erde der Anteil an freien Elektronen und Ionen wieder absinkt. Durch die Erdrotation wandern Zonen unterschiedlicher Plasmadichte in 24 Stunden um den Planeten. Diese Dynamik ruft in der Ionosphäre vielfältige Plasmaphänomene hervor. Wir wollen hier nur einige charakteristische Prozesse beschreiben, durch die wir typische Fragestellungen der Ionosphärenphysik kennenlernen. Einer Beschreibung der Strömungsverhältnisse in der Ionosphäre stellen wir einen Überblick der dort herrschenden Plasmaparameter voran.

3.5.1   Plasmaparameter in der Ionosphäre

Aufgrund der Erdanziehung sind Atmosphäre und Ionosphäre im Wesentlichen horizontal geschichtet. Dies liegt daran, dass, wie in Abb. 3.26 gezeigt, die Neutralgasdichte mit der Höhe exponentiell abnimmt, wogegen die Intensität der ionisierenden UV- und VUV-Strahlung ansteigt. Da die Ionisationsrate vom Produkt der beiden Größen abhängt, entsteht daraus ein lokalisiertes Ionisationsmaximum und somit eine horizontale Plasmaschichtung. Gegen die Ionisation arbeitet die Rekombination an. Sowohl die *barometrische Höhenformel* als auch die Ratenkoeffizienten für die atomaren Prozesse hängen von der Teilchenart ab, sodass für jede Teilchensorte unterschiedliche Schichten entstehen.

Abb. 3.27 zeigt die vertikalen Verläufe der Neutralgastemperatur und der Plasmadichte. Die Neutralgastemperatur nimmt zunächst um etwa 7 Grad pro Kilometer ab. Bei etwa 10 km Höhe ist ein lokales Minimum erreicht. Dort beendet die *Tropopause* die *Troposphäre*, bevor wieder ein Temperaturanstieg beobachtet wird. Der Temperaturanstieg

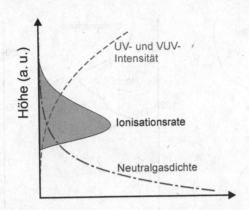

Abb. 3.26 Qualitative Höhenprofile der einfallenden UV- und VUV-Strahlung, der Neutralgasdichte sowie der Ionisationsrate

in der darüber liegenden *Stratosphäre*, die sich bis zu einer Höhe von etwa 50 km ausdehnt, entsteht durch Absorption von UV-Strahlung durch Ozon. Der Effekt erreicht bei 50 km, der *Stratopause*, sein Maximum. Erzeugt durch Strahlungsverluste folgt bei einer Höhe von etwa 80 km ein weiteres Temperaturminimum mit Werten unter 200 K, genannt *Mesopause*. Durch Absorption von UV- und VUV-Strahlung entsteht in der *Mesosphäre* darüber ein steiler Temperaturanstieg bis zu Werten von über 1000 K, die dann in der *Thermosphäre* erreicht werden.

Mit steigender Temperatur steigt in der Mesosphäre auch die Dichte der ionisierten Teilchen schnell an (s. Abb. 3.27, Mitte). Das Höhenprofil der Plasmadichte entsteht aus Ionisationsprozessen bei mit sinkender Höhe sich abschwächender VUV-Strahlung und gleichzeitig ansteigender Neutralgasdichte (s. Abb. 3.27, rechts). Die höchste Plasmadichte wird im *F-Maximum* erreicht und kann am Tage Werte von $10^{12}\,\mathrm{m}^{-3}$ annehmen. Wegen höhenabhängigen Rekombinationsraten unterscheiden sich die Formen der Plasmadichteprofile auf Tag- und Nachtseite.

Die Ionosphäre beginnt in einer Höhe von etwa 50 km mit der *D-Region*, die dann ab 90 km in die E-Region übergeht. Die D-Region ist nur sehr schwach ionisiert, wird vom Neutralgas dominiert und kann nicht als *Plasma* bezeichnet werden. Die *E-Region* erstreckt sich bis zu einer Höhe von ca. 150 km. Sie entsteht aus der Absorption von langwelliger UV-Strahlung bei Energien von 13,7 eV (90 nm). Das Plasma besteht hauptsächlich aus NO^+- und O_2^+-Ionen. In der *F-Region*, ab 150 km Höhe, findet man hauptsächlich O^+-Ionen, die aus der Ionisation durch UV-Strahlung im Bereich 15–60 eV entstehen. Die F-Region wird in einer Höhe von etwa 500 km durch das F-Maximum beendet. In höheren Schichten findet man vorwiegend Protonen. Man spricht daher ab 500 km von der *Protonosphäre*. In dieser Region entsteht Ionisation auch durch Stöße mit hochenergetischen Teilchen aus dem Sonnenwind. Die Bahnen dieser Teilchen wurden in Abschn. 2.5.2 beschrieben.

In der D- und der E-Region schwankt die Plasmadichte zwischen Tag und Nacht stark, denn bei der relativ hohen Neutralgasdichte rekombinieren die Ionen in kurzer Zeit. In

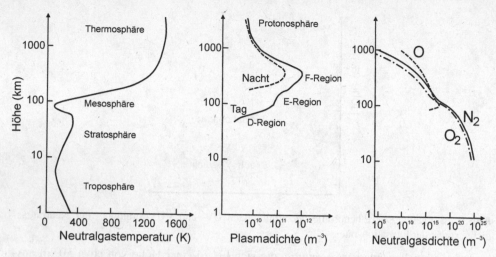

Abb. 3.27 Höhenprofile der Atmosphärentemperatur (*links*), der Plasmadichte (*Mitte*) und der Dichte der wichtigsten Neutralteilchen (*rechts*) in der Ionosphäre

der F-Region rekombinieren die Teilchen innerhalb eines Tages nur unwesentlich, die Plasmadichte unterliegt dort also nur kleineren Schwankungen.

3.5.2 Leitfähigkeit eines stoßbehafteten Plasmas

In einem vollionisierten magnetisierten Plasma ist die Stoßfrequenz meist so gering, dass die elektrische Leitfähigkeit nur parallel zum Magnetfeld betrachtet werden muss. Die elektrische Feldkomponente parallel zum Magnetfeld treibt dann den Strom

$$j_{\parallel} = \sigma E_{\parallel},\tag{3.143}$$

wobei die Leitfähigkeit $\sigma = ne^2/m_e \nu_{ei}$ durch die Elektron-Ion-Stoßfrequenz ν_{ei} bestimmt wird.

In teilweise ionisierten Plasmen, wie sie in der Ionosphäre zu finden sind, können Stöße zwischen Elektronen oder Ionen mit Neutralteilchen zu einer wesentlichen Leitfähigkeit auch senkrecht zum Magnetfeld führen. Das Gleiche gilt auch für stoßbehafte vollständig ionisierte Plasmen, wobei dann Elektron-Ionen-Stöße ursächlich sind. Wir wollen nun den für solche Plasmen gültigen Leitfähigkeitstensor berechnen. Ausgangspunkt sind die Bewegungsgleichungen im Zweiflüssigkeitsbild (3.11). Für die Reibungskraft setzen wir an, dass die betrachtete Spezies, die mit **u** strömt, mit ruhenden Neutralteilchen stößt. Dann ist die *Neutralgasreibung* gegeben durch

$$\mathbf{R} = -nm\nu_n\mathbf{u},\tag{3.144}$$

wobei ν_n die Stoßfrequenz der betrachteten Spezies für diesen Prozess ist. Im stationären Zustand ist die Bewegungsgleichung also gegeben durch

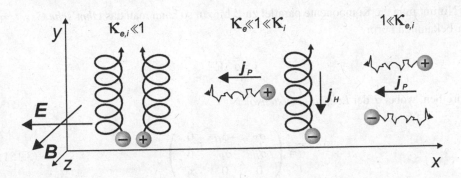

Abb. 3.28 Einfluss von Neutralgasstößen auf die $E \times B$-Drift: Im stoßfreien Plasma (*links*) driften Elektronen und Ionen gleich; es entsteht kein Strom. Bei stoßbehafteten Ionen folgen diese dem elektrischen Feld und nur die Elektronen driften. Daraus entstehen der Hall- und der Pedersen-Strom $\mathbf{j}_H$ und $\mathbf{j}_P$ (*Mitte*). Sind beide Spezies stoßbehaftet (*rechts*), so fließt nur der Pedersen-Strom

$$qn\,(\mathbf{E} + \mathbf{u} \times \mathbf{B}) - mn\nu_n\mathbf{u} = 0. \qquad (3.145)$$

Wir multiplizieren die Gleichung mit der Ladung q und berechnen die Stromdichte $\mathbf{j} = qn\mathbf{u}$, die von einer Spezies getragen wird. Wenn das Magnetfeld, wie in Abb. 3.28 zu sehen, in die z-Richtung zeigt, erhalten wir für die Komponenten des Stromvektors

$$j_x = \frac{q^2 n}{m\nu_n}E_x + \frac{\omega_c}{\nu_n}j_y, \qquad (3.146)$$

$$j_y = \frac{q^2 n}{m\nu_n}E_y - \frac{\omega_c}{\nu_n}j_x, \qquad (3.147)$$

$$j_z = \frac{q^2 n}{m\nu_n}E_z. \qquad (3.148)$$

Durch gegenseitiges Einsetzen folgen für die Komponenten senkrecht zum Magnetfeld die Beziehungen

$$j_x = +\frac{\nu_n}{\nu_n^2 + \omega_c^2}\frac{q^2 n}{m}E_x + \frac{\omega_c}{\nu_n^2 + \omega_c^2}\frac{q^2 n}{m}E_y, \qquad (3.149)$$

$$j_y = -\frac{\omega_c}{\nu_n^2 + \omega_c^2}\frac{q^2 n}{m}E_x + \frac{\nu_n}{\nu_n^2 + \omega_c^2}\frac{q^2 n}{m}E_y. \qquad (3.150)$$

Addiert man die Beiträge von Elektronen und Ionen auf, so sieht man, dass Ströme senkrecht zum Magnetfeld nur dann fließen können, wenn die Stoßfrequenz der Spezies endlich ist. Für $\nu_n \to \infty$ gehen die Stromdichten gegen null. In stoßfreien Plasmen, $\nu_n \to 0$, kürzt sich die Masse heraus, und die beiden Spezies tragen mit unterschiedlichem Vorzeichen bei, sodass der Gesamtstrom und damit die Leitfähigkeit verschwinden.

Nimmt man die Komponente parallel zu **B** hinzu, so kann man das *Ohm'sche Gesetz* in der bekannten Form

$$\mathbf{j} = \bar{\bar{\sigma}} \cdot \mathbf{E}$$

schreiben, wobei $\bar{\bar{\sigma}}$ der *Leitfähigkeitstensor*

$$\bar{\bar{\sigma}} = \begin{pmatrix} \sigma_P & -\sigma_H & 0 \\ \sigma_H & \sigma_P & 0 \\ 0 & 0 & \sigma_\parallel \end{pmatrix} \tag{3.151}$$

ist. Die Elemente des Tensors kann man direkt aus (3.148), (3.149) und (3.150) ablesen, wobei die Beiträge der Elektronen und der Ionen addiert werden müssen. Bei den Vorzeichen der folgenden Ausdrücke ist zu beachten, dass $\omega_{ce} = eB/m_e$ eine positive Größe ist, wogegen wir ω_c durch (2.8) so definiert haben, dass das Vorzeichen von der Ladung abhängt.

Der Strom senkrecht zum Magnetfeld, aber parallel zu einer Komponente des elektrischen Feldes, wird durch die *Pedersen-Leitfähigkeit* bestimmt. Sie ist gegeben durch

$$\sigma_P = \left(\frac{\nu_{en}}{\nu_{en}^2 + \omega_{ce}^2} + \frac{m_e}{m_i} \frac{\nu_{in}}{\nu_{in}^2 + \omega_{ci}^2} \right) \frac{e^2 n}{m_e}. \tag{3.152}$$

Die Außerdiagonalelemente des Leitfähigkeitstensors stehen für die *Hall-Leitfähigkeit*

$$\sigma_H = \left(\frac{\omega_{ce}}{\nu_{en}^2 + \omega_{ce}^2} - \frac{m_e}{m_i} \frac{\omega_{ci}}{\nu_{in}^2 + \omega_{ci}^2} \right) \frac{e^2 n}{m_e}, \tag{3.153}$$

und die *parallele* oder auch *Birkeland-Leitfähigkeit* wird beschrieben aus (3.148) durch

$$\sigma_\parallel = \frac{e^2 n}{m_e \nu_{en}} \left(1 + \frac{m_e}{m_i} \frac{\nu_{en}}{\nu_{in}} \right). \tag{3.154}$$

Mit diesen Größen kann man das *Ohm'sche Gesetz für ein stoßbehaftetes magnetisiertes Plasma* auch schreiben als

$$\mathbf{j} = \sigma_\parallel \mathbf{E}_\parallel + \sigma_P \mathbf{E}_\perp - \sigma_H (\mathbf{E} \times \mathbf{B})/B. \tag{3.155}$$

Die entscheidenden Parameter für den Wert der Leitfähigkeit sind die Verhältnisse der Stoßfrequenzen der Plasmateilchen mit Neutralteilchen zu ihren Gyrationsfrequenzen,

$$\kappa_{e,i} = \frac{\nu_{e,in}}{\omega_{ce,i}}. \tag{3.156}$$

Das Zustandekommen von elektrischen Strömen senkrecht zum Magnetfeld wird in Abb. 3.28 in Abhängigkeit von κ erläutert. Antreibender Mechanismus ist die $E \times B$-Drift, deren Amplitude sich unter dem Einfluss von Stößen verändert. Bei $\kappa_e \ll 1$ und $\kappa_i \ll 1$ durchlaufen Elektronen und Ionen ohne zu stoßen vollständige Gyrationsbahnen. Dann hat die $E \times B$-Drift für beide Teilchensorten den gleichen Wert und der Strom senkrecht zum Magnetfeld geht gegen null. Ist $\kappa \geq 1$, so werden die Gyrationsbahnen nur noch teilweise durchlaufen und der Einfluss des Magnetfeldes auf die Bahn verschwindet zunehmends. Dies gilt hier zunächst für die stoßbehafteteren Ionen, die jetzt direkt dem elektrischen Feld folgen können und so zur Pedersen-Leitfähigkeit beitragen. Gleichzeitig bleibt die Drift der Elektronen unverändert, wodurch ein Hall-Strom in die negative $E \times B$-Richtung entsteht. Der Hall-Strom kommt wieder zum Erliegen, sobald auch $\kappa_e \gg 1$ wird und die Elektronen auch zur Pedersen-Leitfähigkeit beitragen. Bei hohen Stoßraten erreicht die Pedersen-Leitfähigkeit den Wert der Leitfähigkeit parallel zum Magnetfeld; das Magnetfeld spielt keine Rolle mehr und man spricht nicht mehr von einem magnetisierten Plasma.

Die Größen κ_e und κ_i messen also die *Magnetisierung* des Plasmas. Die *Stoßfrequenz* von geladenen Plasmateilchen mit dem Neutralgas hängt linear von der Neutralgasdichte n_n ab und kann abgeschätzt werden durch

$$\nu_{e,in} \approx v_{the,i} n_n \sigma_0, \tag{3.157}$$

mit $\sigma_0 \approx 5 \times 10^{-19}\,\text{m}^2$, dem elastischen *Wirkungsquerschnitt der Neutralteilchen*, und $v_{the,i}$, den thermischen Geschwindigkeiten (7.11) der Elektronen bzw. der Ionen.

Bei hohen Stoßraten oder $\kappa \gg 1$ geht der Einfluss des Magnetfeldes auf das Plasmas verloren und seine Eigenschaften nähern sich denen des unmagnetisierten Plasmas an. Um ein Plasma als magnetisiert ansehen zu können, muss für Elektronen und Ionen $\kappa \ll 1$ gelten. Für das Verhältnis der Magnetisierungen von Ionen und Elektronen gilt

$$\frac{\kappa_i}{\kappa_e} = \sqrt{\frac{T_i m_i}{T_e m_e}}, \tag{3.158}$$

sodass wir davon ausgehen können, dass in der Regel $\kappa_i \gg \kappa_e$ ist.

Den nur durch Elektronen getragenen Anteil an der parallelen Leitfähigkeit

$$\sigma_n = ne^2 / m_e \nu_{en} \tag{3.159}$$

verwenden wir zur Normalisierung der Ausdrücke (3.152–3.154), sodass *Birkeland-, Pedersen-* und *Hall-Leitfähigkeit* die folgenden Formen erhalten:

$$\sigma_{\parallel} = \sigma_n \left(1 + \frac{\kappa_e}{\kappa_i} \right), \tag{3.160}$$

$$\sigma_P = \sigma_n \kappa_e \left(\frac{\kappa_e}{1 + \kappa_e^2} + \frac{\kappa_i}{1 + \kappa_i^2} \right), \tag{3.161}$$

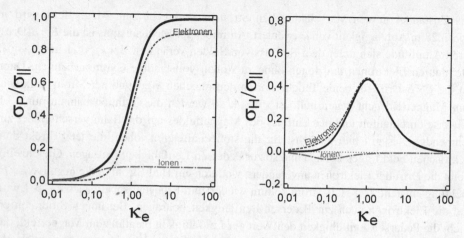

Abb. 3.29 Normierte Pedersen- (*links*) und Hall-Leitfähigkeit (*rechts*) als Funktion der Stoßfrequenz der Elektronen für den Fall $\kappa_i = 10\kappa_e$. Die Beiträge der Elektronen und Ionen sind aufgeschlüsselt

$$\sigma_H = \sigma_n \kappa_e \left(\frac{1}{1 + \kappa_e^2} - \frac{1}{1 + \kappa_i^2} \right). \tag{3.162}$$

In Abb. 3.29 sind die normierten Leitfähigkeiten $\sigma/\sigma_{\parallel}$ als Funktion der normierten Elektronenstoßfrequenz κ_e aufgetragen. Dabei wurde angenommen, dass $\kappa_i = 10\,\kappa_e$ ist. Endliche Hall-Leitfähigkeit findet man im Bereich $\kappa_e \approx 1$, wo sie einen maximalen Wert von 50 % der parallelen Leitfähigkeit erreicht. Der Beitrag der Ionen zur Leitfähigkeit ist wegen $\kappa_i = 10\,\kappa_e$ deutlich kleiner als der der Elektronen. Die Pedersen-Leitfähigkeit wird ebenfalls hauptsächlich durch die Elektronen getragen und nimmt ab $\kappa_e \approx 1$ stark zu, um dann bei dem Wert der parallelen Leitfähigkeit zu sättigen. Für kleine Stoßraten, $\kappa_{e,i} \ll 1$, verschwinden beide Leitfähigkeiten und aus (3.161) und (3.162) folgt $\sigma_P = \sigma_H = 0$.

3.5.3 Der Dynamo in der äquatorialen E-Region

Aufgrund der hohen Leitfähigkeit in der E-Region auf der Tagseite spielen elektrische Ströme dort eine wichtige Rolle. Daher nennt man die E-Region auch *Dynamo-Schicht*. Die Neutralgasdichte ist gerade so hoch, dass die Ionen stoßdominiert sind, wogegen die Elektronen als magnetisiert angesehen werden können. Nach Abschn. 3.5.2 ist demnach mit Pedersen- und Hall-Leitfähigkeit zu rechnen. Den Einfluss dieser Ströme auf das Ionosphärenplasma wollen wir hier an einem Beispiel erläutern.

Zwei Elemente sind für die Beschreibung der elektrischen Ströme in der Ionosphäre wichtig: Die Bewegung der Atmosphäre und die mit der Höhe variierende elektrische Leitfähigkeit. Die *Atmosphärenwinde* (s. Abb. 3.30 links) unterliegen einem Tag-Nacht-Rhythmus, der durch die Sonneneinstrahlung und Auftriebskräfte der warmen Luft

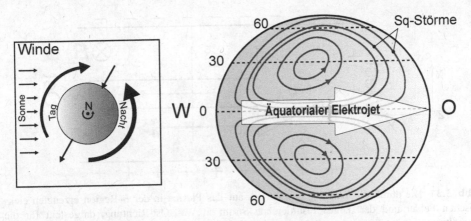

Abb. 3.30 *Rechts*: Qualitativer Verlauf der Solar-quiet- oder Sq-Ströme und des äquatorialen Elektrojets in der E-Region auf der Tagseite der Erde. *Links* ist die Zirkulation der durch den Tag-Nacht-Zyklus angetriebenen Winde in der Sicht auf den Nordpol angedeutet. Die Dicke der Pfeile steht für die Windstärke

angetrieben wird, überlagert von *Gezeiten* im Halbtagsrhythmus, hervorgerufen durch die Anziehungskräfte von Sonne und Mond. Die dominanten Winde rühren daher, dass am Abend der Aufwind wegen maximaler Erwärmung am stärksten ist, wogegen am Morgen der Abwind seinen Maximalwert annimmt. Dies führt auf der Nachtseite zu einem Ost-wind von der Größenordnung $u_{Wind} \approx 150$ m/s. Auf der Tagseite weht ein schwächerer Westwind von typischen 50 m/s. Hinzu kommen vertikale Winde, die von der Erwärmung durch die Sonne getrieben werden. Man findet etwa 10 m/s Aufwind am Tage und in der Nacht die gleiche Windgeschwindigkeit abwärts.

In Abb. 3.30 ist qualitativ die Struktur der elektrischen Ströme in der E-Region auf der Tagseite der Erde zu sehen. Die Stromlinien werden als *Sq-Ströme* (von *Solar-quiet*) bezeichnet. Besonders bemerkenswert bei der Stromverteilung ist die hohe Stromstärke im Bereich des Äquators, die über dem Wert liegt, den man aufgrund der in Ost-West-Richtung gemessenen elektrischen Felder und der parallelen elektrischen Leitfähigkeit erwarten würde. Dieses Phänomen, das als *äquatorialer Elektrojet* bekannt ist, wollen wir mithilfe des Leitfähigkeitstensors erklären.

Dazu betrachten wir den in Abb. 3.31 dargestellten Ausschnitt aus der E-Region mit Blickrichtung nach Norden, also in die *z*-Richtung, in die auch das Magnetfeld zeigt; die *x*-Koordinate repräsentiert die Höhe. Da für den Elektrojet die Tagseite relevant ist, haben wir einen Wind mit der Geschwindigkeit $\mathbf{u}_W = -u_W \mathbf{e}_y$ von ca. 50 km/h. Entscheidend für die Dynamik ist die *Neutralgasreibung* (3.144) zwischen dem nach Westen gerichteten Atmosphärenwind und den Plasmakomponenten. Die Kraftdichte $\mathbf{R} = -R\mathbf{e}_y$, die ebenfalls nach Westen zeigt, bewirkt bei den magnetisierten Elektronen eine vertikale Drift, gegeben durch

$$\mathbf{u}_D = \frac{\mathbf{R} \times \mathbf{B}}{qnB^2} = \frac{m\nu_n u_W}{eB}\mathbf{e}_x, \qquad (3.163)$$

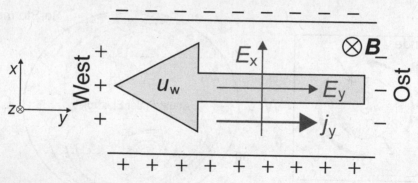

Abb. 3.31 Die durch die Wirkung des Windes auf das Plasma in der E-Region erzeugten elektrischen Felder und der daraus resultierende Strom in West-Ost-Richtung, dargestellt für die Verhältnisse auf der Tagseite der Erde

wodurch horizontal geschichtete Ladungsverteilungen und ein vertikales elektrisches Feld E_x erzeugt werden. Die nicht magnetisierten Ionen sind an die Neutralteilchenbewegung gekoppelt und werden folglich mit dem Wind mitgeschleppt. Auch aus dieser Bewegung entstehen Ladungsdichten sowie ein nach Osten gerichtetes elektrisches Feld E_y. Damit haben wir die in Abb. 3.31 eingezeichneten elektrischen Felder erklärt.

Die durch das elektrische Feld erzeugten Ströme können wir nun mittels (3.151) berechnen, wobei wir uns nur für die Komponenten senkrecht zum Magnetfeld interessieren. Für diese gilt

$$\begin{pmatrix} j_x \\ j_y \end{pmatrix} = \begin{pmatrix} \sigma_P & -\sigma_H \\ \sigma_H & \sigma_P \end{pmatrix} \begin{pmatrix} E_x \\ E_y \end{pmatrix}. \tag{3.164}$$

In vertikaler Richtung kann kein dauerhafter Strom fließen; im Gleichgewicht muss dieser zum Erliegen kommen. Nach (3.151) tragen sowohl die Hall-Leitfähigkeit als auch die Pedersen-Leitfähigkeit zum vertikalen Strom bei. Beide Komponenten müssen sich aufheben, sodass im Gleichgewicht gelten muss:

$$j_x = \sigma_p E_x - \sigma_H E_y = 0. \tag{3.165}$$

Für das Verhältnis der Feldkomponenten erhalten wir also die Beziehung

$$E_x = \frac{\sigma_H}{\sigma_P} E_y. \tag{3.166}$$

In gleicher Weise tragen Elektronen und Ionen auch zum horizontalen Strom bei, für den wir mit (3.166) die Beziehung erhalten:

$$j_y = \sigma_H E_x + \sigma_p E_y = \left(\frac{\sigma_H^2}{\sigma_P} + \sigma_p \right) E_y. \tag{3.167}$$

Da im Bereich der E-Region die Hall-Leitfähigkeit ein Maximum annimmt, ist der elektrische Strom deutlich über dem aus der Pedersen-Leitfähigkeit allein berechneten Wert erhöht. Der Ausdruck in der Klammer wird auch als *Cowling-Leitfähigkeit*

$$\sigma_C = \sigma_p \left(1 + \frac{\sigma_H^2}{\sigma_P^2} \right) \tag{3.168}$$

bezeichnet. Der durch σ_H^2/σ_P^2 generierte Beitrag erklärt den erhöhten Strom in der Äquatorregion.

3.5.4 Elektrische Ströme in der Polregion

In der Polregion enden Feldlinien, die sich am Äquator in große Höhen erheben, und solche Teilchen aus dem Sonnenwind, die nicht im magnetischen Spiegel gefangen sind, bis in die Atmosphäre führen. Dort ionisieren sie Atome und Moleküle, sodass ein Ring aus sehr leitfähigem Plasma entsteht, den man als *Polaroval* bezeichnet. Durch Unterschiede in der Leitfähigkeit werden unterschiedlich starke Birkeland-Ströme parallel zu den Feldlinien in die Polregion geleitet, durch die, wie in Abb. 3.32 zu sehen, Ladungsdichten und elektrische Felder entstehen. Die dazugehörigen elektrostatischen Potentiallinien bilden zwei Kreissysteme aus, entlang derer Hall-Ströme fließen. Diese Ströme sind als *polare Strahlströme* oder engl. *auroral electrojet* bekannt. Zusätzlich fließen parallel zu

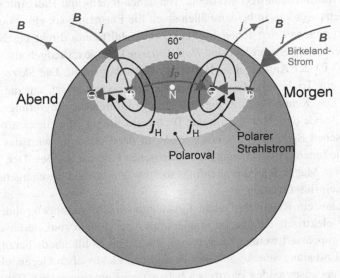

Abb. 3.32 Die in der Polregion auftreffenden Magnetfeldlinien führen energetische Teilchen aus dem Sonnenwind in die Atmosphäre, woraus ein ringförmiges Plasma entsteht (Polaroval). Sie tragen außerdem unterschiedlich starke Birkeland-Ströme. Entlang der Äquipotentiallinien fließen Hall-Ströme j_H, die als polarer Strahlstrom bezeichnet werden, und das Stromsystem wird durch Pedersen-Ströme j_p geschlossen

den elektrischen Feldern, und damit senkrecht zu den Äquipotentiallinien, die in der Abbildung eingezeichneten *Pedersen-Ströme*. Damit ist das Stromsystem in der Polregion geschlossen.

3.5.5 Hall-Antriebe

Ein weiteres und thematisch verwandtes Gebiet, auf dem ein Unterschied in der $E \times B$-Driftgeschwindigkeit von Elektronen und Ionen die zentrale Rolle spielt, ist das der elektrischen Antriebe für die Raumfahrt. In der Raumfahrt werden elektrische Antriebe als Alternative zu chemischen Antrieben entwickelt, um eine Reduktion des mitzuführenden Treibstoffs zu erzielen. Dies gelingt dadurch, dass das Antriebsgas zu höheren Geschwindigkeiten beschleunigt wird. Die Leistungsfähigkeit von klassischen Raketentriebwerken ist durch die maximal akzeptable Temperatur der Triebwerkskomponenten T_{max} begrenzt. Daraus resultiert eine thermische Austrittsgeschwindigkeit von $v_{Gas} = \sqrt{2T_{max}/m}$, wobei m die Masse eines Teilchens ist. Mit dem effizientesten Gasgemisch Sauerstoff-Wasserstoff werden Geschwindigkeiten von $v_{Gas} \approx 4$ km/s erreicht. Mit elektrischen Antrieben können Austrittsgeschwindigkeiten von 10–40 km/s realisiert werden.

Von *elektrischen Antrieben* spricht man, wenn elektrische Energie zur Beschleunigung der Teilchen eingesetzt wird. Dies gelingt nur, wenn geladene Teilchen, also Ionen beschleunigt werden. Als Gas wird Xenon verwendet. Zur Beschleunigung der Ionen gibt es eine Reihe verschiedenartiger Konzepte, von denen Ionen- und Hall-Antriebe am häufigsten eingesetzt werden. In beiden Fällen spielt die Plasmaphysik eine wichtige Rolle. Während beim *Ionenantrieb* Ionen in einer Potentialdifferenz direkt beschleunigt und durch ein Gitter extrahiert werden, sind *Hall-Antriebe* komplexer aufgebaut.

In Abb. 3.33 ist der Aufbau eines Hall-Triebwerks dargestellt. Die Skizze zeigt einen Schnitt durch ein Triebwerk, das weitgehend zylindersymmetrisch um die Mittelachse aufgebaut ist. Das Xenon-Gas tritt durch Bohrungen durch die ringförmige Anode ein. Zwischen der Anode und dem Austritt das Triebwerks brennt eine Gleichstromentladung bei einer typischen Spannung von etwa 300 V. In der Entladung wird das Xenon-Gas ionisiert und die Ionen driften entlang dem elektrischen Feld nach außen. Den Triebwerksausgang quert ein Magnetfeld, das allerdings so schwach ist, dass die energetischen Ionen davon kaum beeinflusst werden.

Natürlich kann ein Raumschiff nicht fortwährend Ionen ausstoßen, ohne sich dabei immer stärker elektrisch aufzuladen. Daher muss der Ionenstrom durch einen Elektronenstrom kompensiert werden. Dieser wird durch eine Hohlkathode bereitgestellt, die außerhalb der Entladungsstrecke montiert ist und den elektrischen Gegenpol zur Anode bildet. Die daraus austretenden Elektronen haben zwei Funktionen. Ein Teil neutralisiert den ausgestoßenen Ionenstrom. Ein anderer Teil wird durch das elektrische Feld in das Triebwerk geleitet und dort durch das Magnetfeld eingefangen.

Das radial gerichtete Magnetfeld ist so dimensioniert, dass die Elektronen magnetisiert sind und durch die $E \times B$-Drift auf eine Kreisbahn um die Mittelachse gezwungen werden, wogegen die Ionen passieren können. Die $E \times B$-Drift erzeugt also, wie in Abb. 3.28

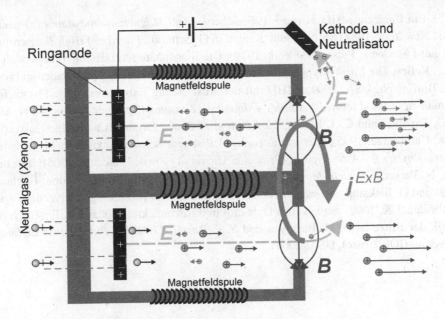

Abb. 3.33 Aufbau eines Hall-Triebwerks

beschrieben, einen ringförmigen *Hall-Strom*. Nur dass hier nicht Stöße mit Neutralteilchen den Unterschied für die $E \times B$-Drift von Elektronen und Ionen ausmachen, sondern der Unterschied in den Larmor-Radien. Durch die gefangenen Elektronen entsteht im Bereich des Magnetfeldes eine negative Raumladung, wodurch sich das Kathodenpotential weitgehend in diesen Bereich verlagert. Die Beschleunigungsspannung fällt zum großen Teil im Bereich des Ringstroms ab, sodass auch Ionen, die erst in größerer Entfernung zur Anode erzeugt wurden, noch eine wesentliche Beschleunigung erfahren.

Nach (3.33) erzeugt der senkrecht zum Magnetfeld fließende Ringstrom eine *Hall-Spannung* und, aufgrund von Stößen der Elektronen mit den Ionen, einen Elektronenstrom in Richtung der Anode. Dadurch kommt es zu einer Kompensation der positiven Raumladung in der Beschleunigungsstrecke und zu einer ausreichend hohen Elektronendichte, die für die Ionisation der Xenon-Atome benötigt wird.

Entscheidend für das Hall-Triebwerk ist, dass die Ionen nicht am Ringstrom teilnehmen können, da ihre Larmor-Radien zu groß sind, dass aber die Elektronen durch das Magnetfeld daran gehindert werden, aufgrund ihrer sonst hohen Beweglichkeit die Beschleunigungsspannung kurzzuschließen. Hall-Triebwerke wurden auf der Europäischen *SMART-1-Raumsonde* erfolgreich getestet.

Weitere Literaturhinweise

Die Grundlagen der Elektrodynamik sowie einige Plasmaanwendungen findet man in dem Klassiker J. D. Jackson, *Classical Electrodynamic* (John Wiley & Sons, New York, USA,

1975). Ein Buch zur MHD ist von J. P. Freidberg, *Ideal Magnetohydrodynamics* (Plenum Press, New York, 1987) oder einzelne Kapitel in G. Schmidt, *Physics of High Temperature Plasmas* (Academic Press, New York, 1979). Die Ionosphäre wird detailliert behandelt in M. C. Kelley, *The Earth's Ionosphere* (International Geophysics Series, Academic Press, Inc., Burlington, USA, 2009). MHD mit der Ausrichtung Extraterrestrische Physik findet man in G. W. Prölss, *Physik des erdnahen Weltraums* (Springer, Berlin, 2004) und M. G. Kivelson und C. T. Russel, *Introduction to Space Physics* (Cambridge University Press, Cambridge, 1995) oder mit astrophysikalischem Schwerpunkt in R. M. Kulsrud, *Plasma Physics for Astrophysics*, (Princeton University Press, Princeton, 2005); dort und in E. N. Parker, *Cosmical Magnetic Fields* (Oxford University Press, London, England, 1979) und D. Biskamp, *Magnetic Reconnection in Plasmas* (Cambridge University Press, Cambridge, UK, 2000) werden auch Dynamos und Rekonnektion behandelt. Ein Buch zur Physik der Blitze ist E. M. Bazelyan und Y. P. Raizer, *Lightning Physics and Lighning Protection* (IOP, Bristol, USA, 2000).

Plasmastabilität

4

Stabile Plasmazustände treten in der Natur nur dann auf, wenn neben der Gleichgewichtsbedingung noch eine Stabilitätsbedingung erfüllt ist. Ist das nicht der Fall, so führen kleinste Störungen des Gleichgewichtszustandes über eine Instabilität zu dessen Zerfall. In der Mechanik einzelner Körper ist das nicht anders. Ein Körper ist im Gleichgewicht, wenn die Summe der an ihm angreifenden Kräfte verschwindet oder der Gradient des konservativen Potentials, in dem er sich befindet, null ist. Der Stabilitätsbegriff in der Mechanik ist in Abb. 4.1 erläutert. Die Gleichgewichtslage einer Kugel in einem Potential, wie es z. B. durch Gravitation hervorgerufen werden kann, ist nur dann stabil, wenn kleinste Auslenkungen der Position zu einer rücktreibenden Kraft führen. Die zweite Ableitung des Potentials muss also positiv sein. Dagegen ist die Lage instabil, wenn eine Auslenkung die potentielle Energie des Körpers absenkt und damit seine kinetische Energie erhöht.

Dieses Konzept lässt sich auf die magnetohydrodynamische Stabilität übertragen und wird *Energieprinzip* genannt. Wir werden folglich einen Ausdruck aufstellen, welcher der potentiellen Energie des Plasmas entspricht. Die Stabilität untersuchen wir dann an der Potentialänderung bei kleinen Modifikationen der Plasmaflächen. Dabei hat das Plasma allerdings wesentlich mehr Freiheitsgrade als der starre Körper, nämlich unendlich viele. Daher werden wir die Stabilität immer nur hinsichtlich einer Klasse von Deformationen untersuchen können. Die Frage wird sein, wie sich die potentielle Energie bei kleinen Auslenkungen verhält.

Im Fall des Nichtgleichgewichtes steht die potentielle Energie als *freie Energie* zur Verfügung, die in kinetische Energie umgewandelt werden kann. Zu dieser Klasse von Instabilitäten gehören *Rayleigh-Taylor-* oder *Austauschinstabilitäten*. Bei *Strömungsinstabilitäten* wird die freie Energie angezapft, die in einer gegengerichteten Strömung zweier Plasmakomponenten steckt, und bei *kinetischen Instabilitäten* liefert eine Abweichung der Verteilungsfunktion von der Maxwell-Verteilung die freie Energie. Letztere Klasse können wir erst im Anschluss an die kinetische Theorie behandeln.

© Springer-Verlag GmbH Deutschland 2018
U. Stroth, *Plasmaphysik*,
https://doi.org/10.1007/978-3-662-55236-0_4

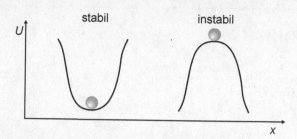

Abb. 4.1 Der Stabilitätsbegriff in der Mechanik am Beispiel der potentiellen Energie eines Körpers im Gravitationsfeld

Das Energieprinzip gibt allerdings nur über die Stabilität des Systems Aufschluss. Wenn wir wissen wollen, wie schnell sich die Kugel nach einer kleinen Störung von ihrer Gleichgewichtslage entfernt, wenn wir also ein Maß für die Stärke der Instabilität suchen, dann müssen wir die Bewegungsgleichung betrachten und daraus die Beschleunigung berechnen. Das ist bei einem Plasma nicht anders, und die entsprechende Technik nennt man *Modenanalyse*. Damit wird untersucht, wie das Plasma auf infinitesimale Abweichungen einer bestimmten Form, der Mode, reagiert. Entsprechend werden wir bei dieser Untersuchung die linearisierten MHD-Gleichungen verwenden. Es folgen daraus die *Anwachsraten* der Instabilitäten.

4.1   Anschauliche Beispiele

Bevor wir die grundlegende Stabilitätstheorie der MHD entwickeln, sollen einige anschauliche Beispiele diskutiert werden. Wir beginnen mit einer Instabilität aus der Hydrodynamik und übertragen diese dann auf ein magnetisiertes Plasma. Schließlich betrachten wir verwandte Instabilitäten, die bei magnetisch eingeschlossenen Plasmen auftreten können.

4.1.1   Die Rayleigh-Taylor-Instabilität

Aus der Hydrodynamik ist die *Rayleigh-Taylor-Instabilität* bekannt. Sie tritt auf bei übereinandergelagerten Flüssigkeiten, von denen die obere schwerer ist als die untere. Wie in Abb. 4.2 illustriert, führt ein Austausch der beiden Flüssigkeiten zu einer Erniedrigung der potentiellen Energie.

Die Grenzschicht zwischen zwei Flüssigkeiten mit den Massendichten ρ_{m1} und ρ_{m2} sei aus der Gleichgewichtslage heraus deformiert. Die Störung sei $h(x,t) = h_0(t) \sin(2\pi x/\lambda)$ mit der Wellenlänge λ. Die Änderung der potentiellen Energie durch die Störung ist dann gegeben durch

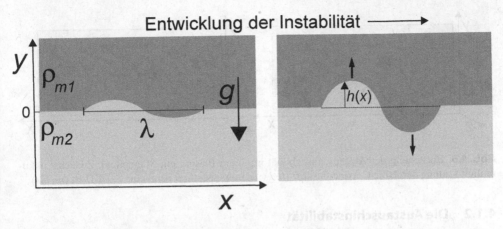

Abb. 4.2 Rayleigh-Taylor-Instabilität in übereinandergelagerten Flüssigkeitsschichten im Gravitationsfeld. Für die Massendichten gilt $\rho_{m1} > \rho_{m2}$

$$\delta U = \frac{1}{2} L_z \int_0^\lambda dx (\rho_{m2} - \rho_{m1}) g h^2(x) = \frac{L_z \lambda}{4} g h_0^2 (\rho_{m2} - \rho_{m1}).$$

Dabei wurde über Volumina der Größe $|h(x)|L_z dx$ integriert, mit L_z, der Ausdehnung der Störung in die dritte Dimension, und $h(x)/2$, die Lage des Schwerpunkts des Flüssigkeitselementes. Für den Fall $\rho_{m1} > \rho_{m2}$ ergibt das Integral über x für beide Halbwellen negative Beiträge. In der ersten Halbwelle wird die Dichte der Flüssigkeit bei positiver Höhe verringert, in der zweiten Halbwelle wird die Dichte bei negativen Werten von h erhöht. Die potentielle Energie wird durch die Störung also erniedrigt, und die Flüssigkeit muss die Differenz als kinetische Energie aufnehmen, was die Störung verstärkt. Für den Fall $\rho_{m1} < \rho_{m2}$ ist hingegen $\delta U > 0$ und das System ist stabil. Die Stabilität wird weiter erhöht, wenn eine in dieser Überlegung nicht berücksichtigte Oberflächenspannung auftritt, denn die Deformation der Grenzfläche vergrößert die Oberfläche. Diese Art der Analyse entspricht dem *Energieprinzip*.

Aus einer *Modenanalyse* erhalten wir die Stärke der Instabilität. Dazu muss die Newton'sche Bewegungsgleichung aufgestellt und mit dem Ansatz

$$h_0(t) = h_0(0) e^{\omega t}$$

gelöst werden. Mit den erforderlichen Randbedingungen resultiert daraus eine Bestimmungsgleichung für ω^2. Für $\rho_{m1} > \rho_{m2}$ ist $\omega^2 > 0$, ω also reell, sodass eine Instabilität mit der *Anwachsrate* $\gamma = |\omega|$ anwächst. Für $\omega^2 < 0$ ist ω imaginär und die Lösungen sind Oszillationen. Das System schwingt dann um den Gleichgewichtszustand und wird durch Dämpfung wieder zur Ruhe kommen.

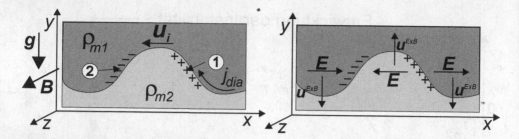

Abb. 4.3 Entstehung der Austauschinstabilität in einem Plasma mit Magnetfeld. Zunächst akku-muliert Ladung durch die Gravitationsdrift (*links*), daraus resultiert dann eine $E \times B$-Drift (*rechts*)

4.1.2   Die Austauschinstabilität

Das Analogon der Rayleigh-Taylor-Instabilität in der Magnetohydrodynamik ist die Austauschinstabilität. Die beiden Flüssigkeiten entsprechen dann Plasmen unterschiedlicher Dichte in einem Gravitationsfeld. Der Dichtegradient steht, wie in Abb. 4.3 zu sehen ist, senkrecht auf dem Magnetfeld. Die Instabilität entwickelt sich wieder aus einer Deformation der Grenzfläche zwischen den Plasmen unterschiedlicher Dichte. Die Energieanalyse führt zum gleichen Ergebnis wie bei der Rayleigh-Taylor-Instabilität. Für $\rho_{m1} > \rho_{m2}$ ist das System instabil. Die Frage ist hier, wie sich die Instabilität entwickeln kann, denn die Gravitationsdrift ist rein horizontal gerichtet und Driften in vertikaler Richtung sind zunächst nicht zu erwarten.

Um das Zustandekommen dieser Instabilität zu verstehen, führen wir eine qualitative Analyse der Driften durch. In Abb. 4.3 ist zu verfolgen, wie eine anfängliche Störung über Driften eine Verstärkung erfährt. Im ungestörten Zustand treten zwei Driften auf, die diamagnetische und die Gravitationsdrift. Die diamagnetische Drift führt im Bereich des Dichtegradienten zu einem elektrischen Strom (3.94) entlang der Isobaren, ohne dabei den Plasmazustand zu verändern. In die Stabilitätsbetrachtung geht die diamagnetische Drift nicht weiter ein.

Mit der Kraftdichte $\mathbf{f} = mn\mathbf{g}$ folgt aus (3.92) zusätzlich eine *Gravitationsdrift* in horizontaler Richtung der Form:

$$\mathbf{u}_D^g = \frac{m\mathbf{g} \times \mathbf{B}}{qB^2}. \tag{4.1}$$

Dadurch bewegen sich die Ionen in Abb. 4.3 nach links und die Elektronen nach rechts. Es fließt also ein elektrischer Strom in die negative x-Richtung. Wir betrachten die Ionen, deren Driftgeschwindigkeit wegen der großen Masse deutlich höher ist als die der Elektronen.

Wegen der Homogenität des Plasmas entsteht im ungestörten Zustand aus dem Strom in x-Richtung keine Ladungstrennung. Erst durch eine Störung wie in Abb. 4.3 wird das System inhomogen in x-Richtung. Nun wandern Ionen durch die Drift aus dem Bereich hoher Dichte in den Bereich niedriger Dichte (Position 1). Es entsteht daraus eine Zone mit hoher Ionen- und niedriger Elektronendichte, was einen positiven Ladungsüberschuss erzeugt. In einem Gebiet, wo in positiver x-Richtung ein Übergang zu niedriger Dichte stattfindet (Position 2), wird das Plasma entsprechend von Ionen entvölkert, denn es wandern Ionen mit geringer Dichte in ein Gebiet, wo eine hohe Elektronendichte vorliegt. Es entsteht also eine Schicht mit negativer Ladungsdichte. Insgesamt baut sich ein elektrisches Feld auf, das dann über die $E \times B$-Drift (3.91) zu einer vertikalen Plasmaströmung führt. Die Drift ist so gerichtet, dass sie Plasma hoher Dichte weiter nach unten und Plasma geringerer Dichte weiter nach oben verschiebt. Es entwickelt sich also eine Instabilität, bei der Volumina hoher Dichte mit solchen geringer Dichte ausgetauscht werden. Daher auch der Name *Austauschinstabilität*.

In Laborplasmen spielt Gravitation keine Rolle. Doch in gekrümmten Magnetfeldern erzeugt die diamagnetische Drift vergleichbare Instabilitäten. Obwohl in der Plasmaflüssigkeit die Krümmungsdrift nicht explizit auftritt, können wir diese Drift verwenden, um die Instabilität qualitativ zu verstehen. Für die Diskussion verwenden wir also zunächst nur die Krümmungsdrift (2.41):

$$\mathbf{u}_D \sim \frac{\mathbf{R}_k \times \mathbf{B}}{q R_k^2 B^2}$$

In Abb. 4.4 ist der Mechanismus der in gekrümmten Feldlinien auftretenden Instabilität für zwei Fälle erläutert. Der einzige, aber wichtige Unterschied dabei ist, dass rechts

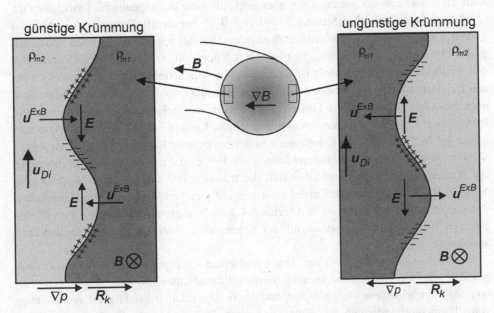

Abb. 4.4 Der Einfluss der Krümmungsdrift auf die Stabilität von Austauschmoden in zwei Konfigurationen: Druckgradient parallel (*links*, stabil) und antiparallel (*rechts*, instabil) zum Krümmungsradius. Die Situationen findet man auf der Innen- und der Außenseite eines toroidalen Plasmas mit $\rho_{m1} > \rho_{m2}$

der Druckgradient parallel und links antiparallel zum Krümmungsradius verläuft. Wir nehmen an, dass ein sich im Gleichgewicht befindendes Plasma sinusförmig gestört wird. Die Feldlinien sollen sich in die Ebene hinein krümmen. Wie in der Abbildung angedeutet, entsprechen die beiden Situationen den Verhältnissen auf der Innenseite (links) und Außenseite (rechts) eines toroidalen Plasmas mit einem Druckgradienten der radial nach innen zeigt. Plasmen dieser Art findet man in *Tokamak*-Experimenten, wo die Austauschinstabilität eine wichtige Rolle spielt.

In beiden Fällen zeigt die Krümmungsdrift der Ionen nach oben und die der Elektronen nach unten. An den eingezeichneten Grenzflächen entstehen nun Raumladungsdichten. Wenn z. B. die Ionen vom dichteren Bereich in den weniger dichten strömen, entsteht darin ein Ionenüberschuss. Da die Elektronen entgegengesetzt strömen, also vom dünnen in den dichten Bereich, entsteht auf der dichteren Seite der Grenzfläche eine reduzierte Elektronendichte, also ebenfalls ein positiver Ladungsüberschuss. An der um π versetzen Grenzschicht führen die gleichen Vorgänge zu negativen Ladungsdichten.

Die Folge ist wieder ein elektrisches Feld, das zu den eingezeichneten $E \times B$-Driften führt, welche im einen Fall die Störung verstärken und im anderen stabilisieren: Ist der Druckgradient parallel zum Krümmungsradius, so wirkt das Feld stabilisierend und man spricht von *günstiger Krümmung*. Ist der Druckgradient antiparallel zum Krümmungsradius, dann sind Austauschmoden instabil und es liegt eine *ungünstige Krümmung* vor.

Der Einfachheit halber haben wir die Diskussion anhand der Krümmungsdrift geführt. Zum gleichen Ergebnis kommen wir aber auch über die diamagnetische Drift, die nach (3.94) den diamagnetischen Strom $\mathbf{j}^{dia} = -\nabla p \times \mathbf{B}/B^2$ hervorruft. Dieser zeigt in Abb. 4.4 im Bereich ungünstiger Krümmung nach oben und auf der gegenüberliegenden Seite nach unten. Die entsprechende Situation ist in Abb. 4.5 nochmals verdeutlicht. Der Strom folgt den gestörten Isobaren. Wichtig ist jetzt, dass die Magnetfeldstärke im Torus nach innen hin zunimmt, also auf beiden Seiten des Torusquerschnitts ein Magnetfeldgradient nach links hin auftritt. Da die Driftgeschwindigkeit mit steigender Feldstärke abnimmt, komprimiert sich die durch den Strom transportierte Ladung, sobald der Stromvektor aufgrund der Deformation eine Komponente in die horizontale Richtung hat. Das hat wegen $\nabla \cdot \mathbf{j} = -\dot{\rho}$ eine positive Ladungsanhäufung zur Folge. Hat der Strom eine Komponente zur Niederfeldseite hin, so verdünnt sich die transportierte Ladung, und es bleibt eine negative Raumladung zurück. Daraus entstehen die gleichen Strukturen von Raumladungen wie in Abb. 4.4. Dies ist nach Abschn. 3.4.2 auch zu erwarten, denn $\nabla \cdot \mathbf{j}$ ergibt den gleichen Wert, wenn der Ausdruck mit der Krümmungs- oder der diamagnetischen Drift ausgewertet wird.

Da die diamagnetische Drift vom Druckgradienten abhängt, führt nicht nur ein Dichtegradient zur Instabilität, sondern auch Temperaturgradienten. So können sog. *temperaturgradientengetriebene Instabilitäten* entstehen. Die relative Wichtigkeit des Beitrags vom Temperaturgradienten zur diamagnetischen Drift ist durch die Parameter $\eta_{e,i} = (\nabla T_{e,i}/T_{e,i})/(\nabla n/n)$ gegeben. Der totale Druckgradient lässt sich auch schreiben als

$$\nabla p = T_e \nabla n (1 + \eta_e) + T_i \nabla n (1 + \eta_i). \tag{4.2}$$

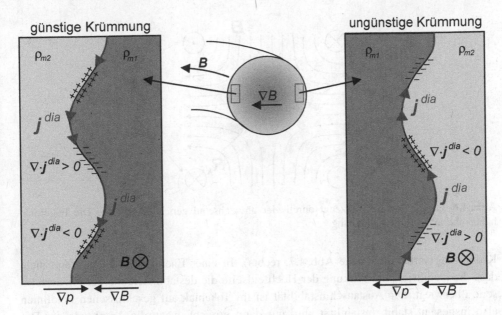

Abb. 4.5 Stabilität von Austauschmoden in zwei Konfigurationen erklärt aufgrund der diamagnetischen Drift (vgl. Abb. 4.4). Druckgradient antiparallel (*links*, stabil) und parallel (*rechts*, instabil) zum Gradienten im Magnetfeld. Pfeillängen geben die Stärke des diamagnetischen Stromes an

Man spricht von η_e- bzw. η_i-*Moden* oder auch *ETG*- bzw. *ITG-Moden* (von Electron/Ion Temperature Gradient), je nachdem, ob der Elektronen- oder der Ionentemperaturgradient zur Instabilität beiträgt. Es gibt heute sichere Hinweise dafür, dass die η_i-Mode eine wichtige Rolle bei der Turbulenz in Fusionsplasmen spielt. Die Rolle der η_e-Mode ist noch nicht klar nachgewiesen. Simulationsrechnungen zeigen, dass die η_e-Mode zu sehr kleinskaliger Turbulenz führen sollte.

Ein Beispiel für magnetischen Einschluss mit ausschließlich günstig gekrümmten Feldlinien ist das *Cusp-Feld*. Wie in Abb. 4.6 zu sehen, können solche Anordnungen durch paarweise antiparallele Ströme erzeugt werden. Der gleiche Effekt kann auch durch Permanentmagnete erzielt werden. Bei mehreren Spulenpaaren erinnert die Anordnung an einen Lattenzaun, daher auch der Name *Picket Fence*. Einschluss wird durch den magnetischen Spiegeleffekt erreicht. Der Nachteil ist, dass Teilchen, wie beim Spiegel auch, parallel zu den Feldlinien aus der Anordnung entkommen können.

In Anordnungen für den magnetischen Plasmaeinschluss treten Austauschinstabilitäten häufig auf. Im magnetischen Spiegel (Abb. 4.7 links) und im Pinch (siehe nächsten Abschnitt) gibt es ausschließlich Bereiche ungünstiger Krümmung. In Spiegelexperimenten beobachtet man rillenförmige Dichtestörungen, die in der Form kannelierten griechischen Säulen ähneln. Daher verwendet man für die Austauschinstabilität auch die Namen *Rillen*- oder *Flute-Instabilität*.

Toroidal eingeschlossene Plasmen sind nur dann stabil, wenn die Magnetfeldlinien helikal umlaufen. Solche Konfigurationen treten in *Stellaratoren* und *Tokamaks* auf (s. Kap. 11). Durch die Feldlinien sind damit Gebiete günstiger und ungünstiger

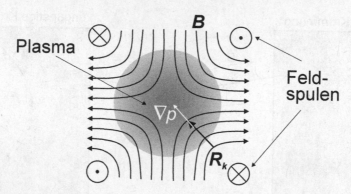

Abb. 4.6 Cusp-Anordnung, erzeugt durch vier abwechselnd gerichtete Ströme. Die Feldlinien haben überall günstige Krümmung

Krümmung verbunden (siehe Abb. 4.7, rechts). In einer Energiebetrachtung zeigt sich, dass die stabilisierende Wirkung der Hochfeldseite die destabilisierende der Niederfeldseite überwiegt. Die Austauschinstabilität ist im Tokamak auf geschlossenen Feldlinien also insgesamt stabil. Instabilität wird nur dann erreicht, wenn die Amplitude der Deformation der Isobaren auf der Niederfeldseite größer ist als auf der Hochfeldseite. Man spricht bei dieser Form der Deformation von *Ballooning-Instabilitäten* (vgl. Abb. 12.8).

Experimentell werden die Signaturen von Austauschmoden auf offenen Feldlinien der Niederfeldseite von Fusionsexperimenten beobachtet. Man findet Strukturen, die parallel zur Feldlinie über mehrere Meter ausgedehnt, senkrecht dazu aber auf wenige Zentimeter beschränkt sind. Die Strukturen haben nur eine kurze Lebensdauer und zerfallen, ohne das gesamte Plasma zu zerstören. Während ihrer Lebensdauer tragen die Instabilitäten aber wesentlich zum Transport von Energie und Teilchen bei. Die beobachteten Ereignisse treten innerhalb eines turbulenten Zustandes auf, zeigen aber noch die linearen Signaturen, wie wir sie zur Beschreibung der Entstehung der Instabilität betrachtet haben.

4.1.3 Stabilität des linearen Pinches

Eine weitere Anordnung mit ausschließlich ungünstiger Krümmung ist der lineare Pinch, den wir in Abschn. 3.3.2 schon besprochen haben. Als globale Gleichgewichtsbedingung hatten wir (3.81) abgeleitet:

$$\langle p \rangle = \frac{B_\theta^2(a)}{2\mu_0}. \tag{4.3}$$

Im Gleichgewicht ist der durch einen axialen Strom erzeugte magnetische Druck an der Plasmaoberfläche gleich dem mittleren kinetischen Druck im Plasma. Bei dieser Herleitung war die Oberfläche ein glatter Zylinder. Das Gleichgewicht ist aber instabil gegen Deformationen der Oberfläche. Beispiele dazu sind in Abb. 4.8 zu sehen.

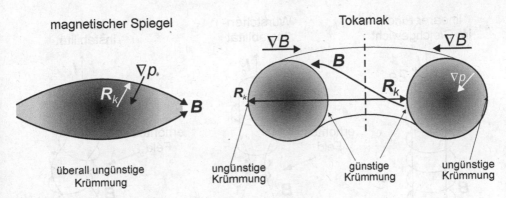

Abb. 4.7 Bereiche günstiger und ungünstiger Krümmung im magnetischen Spiegel und im Tokamak

Je nach Art der Deformation unterscheiden wir zwei Arten von Instabilitäten. Eine poloidale Einschnürung führt zu einem Anstieg des Feldes an der Oberfläche, denn nach (3.78) gilt für einen Zylinder mit dem Radius a

$$B_\theta(a) = \frac{\mu_0 I_p}{2\pi} \frac{1}{a}.$$ (4.4)

Der kinetische Druck bleibt aber konstant, denn dieser kann sich in axialer Richtung ausgleichen. Die Folge ist eine Störung des Kräftegleichgewichts (4.3). Der magnetische Druck wird an der Stelle der Einschnürung höher als der Plasmadruck, und der Zylinder wird weiter eingeschnürt. Wegen der Ähnlichkeit der Form dieser Deformation mit Würstchenketten (zumindest wenn sie periodisch auftritt) nennt man sie auch *Würstchen-* oder englisch *Saussage-Instabilität*.

Nach einem ähnlichen Mechanismus führt ein Einknicken zur *Knick-* oder *Kink-Instabilität*. Eine seitliche Verschiebung im Plasmazylinder führt zu einer erhöhten Feldstärke an der konkaven Seite des Knicks und einer Verringerung an der konvexen Seite. Folglich werden die Kräftegleichgewichte an der linken und rechten Wand des Zylinders gestört, und die Störung wird weiter in Richtung der ursprünglichen Translation vergrößert. Diese Art von Instabilität kann man an Blitzen oder stromdurchflossenen dünnen Drähten beobachten. Bei beiden Instabilitäten wirkt ein zusätzliches axiales Magnetfeld stabilisierend. Denn dann trägt die Feldlinienspannung nach (3.74) zum Gleichgewicht bei. Das axiale Feld entspricht der mechanischen Spannung, die in einem Draht einer seitlichen Auslenkung entgegenwirkt.

Die Dynamik der Instabilitäten kann man ähnlich wie im letzten Kapitel auch über Driften verstehen. Auf den gekrümmten Flächen ist der diamagnetische Strom, der ja insgesamt gleich dem Plasmastrom I_P ist, nicht divergenzfrei. Es entstehen dadurch Ladungsüberschüsse und elektrische Felder, die eine ursächliche Störung verstärken.

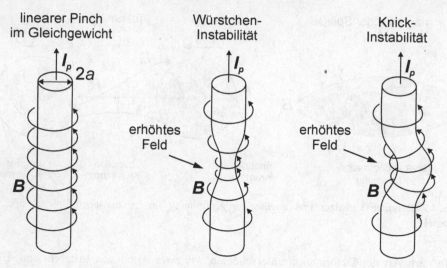

Abb. 4.8 Illustration der verschiedenen Instabilitäten beim linearen Pinch

---

4.2   Der einfach magnetisierte Torus

Das für Hochtemperaturplasmen verwendete Einschlusskonzept des Tokamaks ähnelt einem zum Torus gebogenen *Screw-Pinch* (s. Abschn. 3.3.3). Wichtig für die Stabilität des Tokamakplasmas ist, dass die Magnetfeldlinien helikal um den Torus laufen. Als Beispiel für die Austauschinstabilität wollen wir hier zeigen, dass ein rein toroidales Magnetfeld einen Plasmatorus nicht stabilisieren kann. Eine solche Anordnung nennt man *einfach magnetisierten Torus*. Seine Geometrie ist in Abb. 4.9 zu sehen. Wichtig ist, dass die magnetische Feldstärke geht wie

$$B = B_0 \frac{R_0}{R} = B_0 \frac{R_0}{R_0 + r\cos\theta}, \tag{4.5}$$

wobei B_0 die Feldstärke auf der Achse bei R_0 ist.

Ausgangspunkt für die Berechnung sind die Bewegungsgleichungen im Zweiflüssigkeitsbild, wobei uns nur die Dynamik senkrecht zum Magnetfeld interessiert. Wir können also die schon hergeleiteten Beziehungen (3.110) für die Driften verwenden. Bei den Elektronen vernachlässigen wir wegen der geringen Masse die Polarisationsdrift, sodass dafür folgt:

$$\mathbf{u}_{e\perp} \approx \frac{\mathbf{E} \times \mathbf{B}}{B^2} - \frac{\nabla p_e \times \mathbf{B}}{\rho_e B^2}. \tag{4.6}$$

Von den Ionen nehmen wir an, dass sie kalt sind, wodurch die diamagnetische Drift verschwindet; die Polarisationsdrift wird aber mitgenommen:

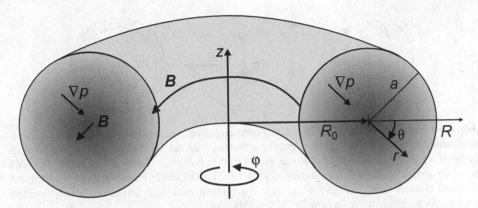

Abb. 4.9 Geometrie des einfach magnetisierten Torus. In toroidaler Richtung (φ) sind alle Parameter konstant. Der Druck ist auf der Torusachse am höchsten, sodass ein radialer Druckgradient besteht

$$\mathbf{u}_{i\perp} \approx \frac{\mathbf{E} \times \mathbf{B}}{B^2} + \frac{\rho_m}{\rho B^2} \frac{\partial \mathbf{E}_\perp}{\partial t}. \tag{4.7}$$

Als Nächstes berechnen wir den elektrischen Strom, der sich aus Beiträgen der $E \times B$-, der diamagnetischen und der Polarisationsdrift zusammensetzt. Aus Symmetriegründen fließt in toroidaler Richtung kein Strom, sodass wir die *Quasineutralitätsbedingung* $\nabla \cdot \mathbf{j} = 0$ schreiben können als

$$\nabla \cdot (\rho_e \mathbf{u}_{e\perp} + \rho_e \mathbf{u}_{i\perp}) = \nabla \cdot \left(\underbrace{\rho \frac{\mathbf{E} \times \mathbf{B}}{B^2}}_{j^{E \times B}} + \underbrace{\frac{\mathbf{B} \times \nabla p_e}{B^2}}_{j^{dia}} + \underbrace{\frac{nm_i}{B^2} \frac{\partial \mathbf{E}_\perp}{\partial t}}_{j^{pol}} \right) = 0. \tag{4.8}$$

Die Terme wollen wir nun im Einzelnen diskutieren. Den ersten Term kann man mit dem Argument vernachlässigen, dass ρ wegen der Quasineutralität eine sehr kleine Größe ist. Er trägt dem Strom Rechnung, der aus der $E \times B$-Drift in einem geladenen Plasma entsteht. Entstehende Ladungen können so über den Plasmaquerschnitt verteilt werden, was bei starken radialen elektrischen Feldern auch zu einer Stabilisierung des Plasmas führen kann. Wir werden den Term hier aber nicht berücksichtigen.

Der diamagnetische Strom $\mathbf{j}^{dia}$ fließt, wie in Abb. 4.10 zu sehen, in poloidaler Richtung. Seine Stärke hängt aber nach (4.5) über die Magnetfeldstärke vom poloidalen Winkel θ ab. Daher entstehen an Ober- und Unterseite des Torus Ladungsüberschüsse, die die weitere Dynamik antreiben. Wir verwenden (B.38), um die Ableitung nach θ auszuwerten, und finden

$$\nabla \cdot \mathbf{j}^{dia} = -\frac{1}{rR} \frac{\partial}{\partial \theta} \left(R \frac{p'R}{B_0 R_0} \right) = \frac{2p'}{B_0 R_0} \sin \theta, \tag{4.9}$$

wobei der Druckgradient $p' = -\partial_r p$ jetzt positiv definiert ist. In Abb. 4.10b sind die Raumladungsdichten angedeutet.

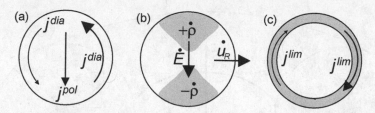

Abb. 4.10 Strömungsverhältnisse im einfach magnetisierten Torus. Gezeigt ist der rechte Plasma-querschnitt aus Abb. 4.9. (**a**) Der diamagnetische Strom ist auf der Niederfeldseite (NFS) stärker als auf der Hochfeldseite (HFS). Die Differenz wird durch die Polarisationsdrift ausgeglichen. Dennoch entstehen geringe Ladungsdichten und ein elektrisches Feld (**b**), das zu einer radialen $E \times B$-Drift des gesamten Plasmas führt. (**c**) Das Plasma kann durch einen leitfähigen Limiter stabilisiert werden, wenn der Druckgradient nur im Limiterschatten abfällt (**c**)

Die Polarisationsdrift formen wir mithilfe des Gauß-Satzes, den wir einmal nach der Zeit ableiten, um. Bei der Bildung der Divergenz vernachlässigen wir hier den Beitrag, der aus der Ortsabhängigkeit des Magnetfeldes herrühren würde, denn im Vergleich mit dem elektrischen Feld ändert sich B über die Ausdehnung des Plasmas wenig. Daraus folgt der Ausdruck

$$\nabla \cdot \mathbf{j}^{pol} = \frac{nm_i}{B_0^2} \frac{\partial}{\partial t} \nabla \cdot \mathbf{E}_\perp = \frac{nm_i}{\epsilon_0 B_0^2} \frac{\partial \rho}{\partial t}. \tag{4.10}$$

Aus (4.8) folgt nun eine Beziehung, die zur Berechnung der entstehenden Raumladungs-dichte herangezogen werden kann. Sie hat die Form

$$\frac{nm_i}{\epsilon_0 B_0^2} \frac{\partial \rho}{\partial t} = -\frac{2p'}{B_0 R_0} \sin\theta. \tag{4.11}$$

Die Rate, mit der Ladungsdichten an Ober- und Unterseite des Torus entstehen, folgt also der Gleichung

$$\frac{\partial \rho}{\partial t} \approx \pm \frac{2\epsilon_0 B_0 T_e}{m_i a R_0}, \tag{4.12}$$

wobei wir den Druckgradienten durch $p' \approx nT_e/a$ abgeschätzt haben. Wie in Abb. 4.10b zu sehen, ist die akkumulierte Ladung an der Unterseite des Plasmas negativ ($\theta = \pi/2$) und an der Oberseite positiv ($\theta = 3\pi/2$). Der Grund dafür ist, dass der diamagnetische Strom we-gen des schwächeren Magnetfeldes auf der Außenseite (*Niederfeldseite*) stärker ist als auf der Innenseite (*Hochfeldseite*). Der Strom wird über den Polarisationsstrom weitgehend kurzgeschlossen (s. Abb. 4.10a), wobei Ladungsdichten aus einer kleinen Abweichung von $\nabla \cdot \mathbf{j} = 0$ entstehen.

Das von der Ladung erzeugte vertikale gerichtete elektrische Feld schätzen wir mit $\nabla \cdot \mathbf{E}_\perp \approx E_z/a = \rho/\epsilon_0$ ab und erhalten so den Ausdruck

$$\frac{\partial E_z}{\partial t} \approx -\frac{2B_0 T_e}{m_i R_0}. \tag{4.13}$$

Das Feld führt wiederum zu einer horizontalen $E \times B$-Drift nach außen, die wegen der Zeitabhängigkeit beschleunigt ist:

$$\dot{u}_R = -\frac{\dot{E}_z}{B_0} = \frac{2T_e}{m_i R_0}. \tag{4.14}$$

Daraus lässt sich eine charakteristische *Einschlusszeit* eines Plasmas in unserem Torus abschätzen. Für Zahlenwerte setzen wir den kleinen Radius auf $a = 0,1$ m und den großen Radius auf $R_0 = 0,5$ m. Die Einschlusszeit lässt sich als das Zeitintervall τ definieren, innerhalb dessen das Plasma über die Strecke a gedriftet ist. Für eine gleichmäßig beschleunigte Bewegung gilt $a = \frac{1}{2}\dot{u}_R \tau^2 \approx 1/2 u_R \tau$ und somit folgt für die *Einschlusszeit* und die charakteristische radiale Geschwindigkeit

$$\tau = \sqrt{\frac{aR_0 m_i}{T_e}} = \frac{\sqrt{aR_0}}{c_{si}} \; ; \quad u_R = 2\frac{a}{\tau} = 2\sqrt{\frac{aT_e}{m_i R_0}} = 2c_{si}\sqrt{\frac{a}{R_0}}.$$

Das Plasma driftet also im Wesentlichen mit der Ionenschallgeschwindigkeit (3.125) radial nach außen. Für die Referenzparameter erhält man eine Ladungsanhäufung von $\dot{\rho} = 10^{16}$ e/sm^3, einen Anstieg des elektrischen Feldes mit $\dot{E}_z = 2 \times 10^7$ V/ms, eine Beschleunigung durch die $E \times B$-Drift von $\dot{v}_R = 10^5$ km/s^2 und schließlich eine Einschlusszeit von $\tau = 50\,\mu$s. Nach Ablauf einer Einschlusszeit ist die relative Ladung $\rho/en = 5 \times 10^{-7}$. Die Quasineutralität ist also weiterhin gewährleistet. Die Einschlusszeit ist unabhängig von Dichte und Magnetfeldstärke, sie nimmt aber zu mit der Ionenmasse und der Größe des Torus.

Der grundlegende Mechanismus, der hier zur radialen Ausdehnung des Plasmatorus führt, ist der gleiche, wie bei der Austauschinstabilität. Die berechnete Einschlusszeit (4.15) können wir auch als *Anwachsrate der Austauschinstabilität* ausdrücken, in der Form

$$\gamma = \frac{1}{\tau} = \frac{c_{si}}{\sqrt{aR_0}}, \tag{4.15}$$

wobei diese Beziehung auch für den Fall mit warmen Ionen gilt, für den dann die entsprechende Beziehung für die Schallgeschwindigkeit (3.125) einzusetzen ist. Der Ausdruck lässt sich für den Fall eines Dichtegradienten verallgemeinern, indem wir für a die Dichteabfalllänge $L_n = n/'$ einsetzen. Die gleichen Überlegungen, wie wir sie hier angestellt haben, werden auch verwendet, um die Dynamik von *Plasmablobs* oder *Plasmafilamenten* in der Abschälschicht von Fusionsplasmen zu berechnen. Das sind lokale Druckerhöhungen, die parallel zum Magnetfeld ausgedehnt, aber senkrecht dazu stark begrenzt sind. Diese Blobs bewegen sich genau wie der einfach magnetisierte Torus radial auswärts und transportieren so Teilchen und Energie auf die begrenzenden Strukturen.

Nun soll noch eine Möglichkeiten diskutiert werden, die zu einer Verlängerung der Einschlusszeit führen kann. Die entstehenden Ladungen werden dazu über einen sehr gut leitenden Limiter kurzgeschlossen (s. Abb. 4.10c). Diese Methode funktioniert allerdings nur dann, wenn sich der Druckgradient ausschließlich im Limiterschatten befindet.

Der Druck muss also über die Breite ΔR des Limiters abfallen. Aus der Divergenz des diamagnetischen Stromes entstehende Ladungen werden parallel zum Magnetfeld zum Limiter geführt und können dann durch Limiterströme abgebaut werden. Wenn daraus ein Gleichgewicht entstehen soll, so kann der Polarisationsstrom nicht zum Ausgleich des diamagnetischen Stromes dienen. Zur Berechnung des durch die Mittelebene des Limiters fließenden Stromes muss die in einem Quadranten entstehende Ladung aufintegriert werden. Für den Strom erhalten wir so die Größe

$$I^{lim} = 2\pi\,\Delta R \int_0^{\pi/2} \mathrm{d}\theta\, a(R_0 + a\cos\theta)\dot{\rho}. \tag{4.16}$$

Im stationären Zustand entsteht Ladung aus dem diamagnetischen Strom gemäß $\dot{\rho} = -\nabla \cdot \mathbf{j}^{dia}$, wofür wir (4.9) verwenden können. Es folgt:

$$I^{lim} = \frac{4\pi\,anT}{R_0 B_0} \int_0^{\pi/2} \mathrm{d}\theta (R_0 + a\cos\theta)\sin\theta = \frac{4\pi\,anT}{B_0}. \tag{4.17}$$

Für die gegebenen Parameter resultiert im Gleichgewicht ein Strom von 10 A.

4.3   Stabilitätstheorie

Nach diesen anschaulicheren Untersuchungen wollen wir nun die Grundlagen einer systematischen Stabilitätstheorie entwickeln. Zwei Ansätze sind dabei wichtig, die Analyse der Bewegungsgleichung und das Energieprinzip. Ausgangspunkt sind die Flüssigkeitsgleichungen für ein unendlich gut leitendes, neutrales Plasma mit vernachlässigbarer Viskosität. Dies sind die Gleichungen der *idealen MHD*. Im Fall endlicher Leitfähigkeiten ergeben sich Korrekturen, die zur *resistiven MHD* führen, die *resistive Instabilitäten* beschreibt.

4.3.1   Die Modenanalyse

Bei Stabilitätsanalysen geht man von einem Gleichgewichtszustand aus und berechnet die Beschleunigung, die ein infinitesimal vom Gleichgewicht ausgelenkter Zustand erfährt. Die Strömungsgeschwindigkeit in diese Richtung ist im Gleichgewicht null, und die aus der Auslenkung resultierenden Geschwindigkeiten sind klein. Daher ist bei der Stabilitätsanalyse eine Linearisierung der Gleichungen gerechtfertigt.

Die auf die Flüssigkeit wirkende Beschleunigung berechnen wir aus der *Bewegungsgleichung* in der Form (3.31), die ja für kleine Geschwindigkeiten gilt. Den Strom ersetzen wir durch das Ampère'sche Gesetz (3.44). Es folgt

$$\rho_m \frac{\partial \mathbf{u}}{\partial t} = -\frac{1}{\mu_0}\mathbf{B} \times (\nabla \times \mathbf{B}) - \nabla p. \tag{4.18}$$

Weiterhin brauchen wir die *Kontinuitätsgleichung* (3.10):

$$\left(\frac{\partial}{\partial t} + \mathbf{u} \cdot \nabla\right) \rho_m + \rho_m \nabla \cdot \mathbf{u} = 0. \tag{4.19}$$

Aus der Dichteentwicklung und der adiabatischen *Zustandsgleichung* (3.16) folgt die Entwicklung der Temperatur:

$$\frac{\mathrm{d}}{\mathrm{d}t} \frac{p}{\rho_m^\gamma} = 0. \tag{4.20}$$

Der Einfluss des Plasmas auf das Magnetfeld wird ebenfalls im Rahmen der MHD behandelt. Aus Faraday- und Ohm'schem Gesetz haben wir die Beziehung (3.53) abgeleitet, welche für $\sigma \to \infty$ das ins Plasma eingefrorene Magnetfeld beschreibt. Die Bestimmungsgleichung für die Magnetfeldänderung ist

$$\frac{\partial \mathbf{B}}{\partial t} = \nabla \times (\mathbf{u} \times \mathbf{B}). \tag{4.21}$$

Diese Gleichungen sollen nun für kleine Störungen bis zur ersten Ordnung um den Gleichgewichtszustand entwickelt werden. Störungen treten in folgenden Größen auf, wobei der Index 0 das Gleichgewicht charakterisiert:

$$\begin{aligned}
\mathbf{B} &= B_0(\mathbf{r}) + B_1(\mathbf{r}, t) \\
p &= p_0(\mathbf{r}) + p_1(\mathbf{r}, t) \\
\rho_m &= \rho_{m0}(\mathbf{r}) + \rho_{m1}(\mathbf{r}, t) \\
\mathbf{u} &= \mathbf{u}_1(\mathbf{r}, t)
\end{aligned} \tag{4.22}$$

Da die Störgrößen klein sind, können quadratische Terme dieser Größen vernachlässigt werden. Weiterhin verschwinden alle Zeitableitungen der ungestörten Größen sowie die Geschwindigkeit im Gleichgewichtszustand. In nullter Ordnung der Störgrößen reduziert sich z. B. (4.18) auf die bekannte *Gleichgewichtsbedingung* (3.32)

$$\nabla p_0 = -\frac{1}{\mu_0} \mathbf{B}_0 \times (\nabla \times \mathbf{B}_0) = \mathbf{j}_0 \times \mathbf{B}_0. \tag{4.23}$$

Nun setzen wir die gestörten Größen in die MHD-Gleichungen ein, verwenden die Gleichgewichtsbedingungen, vernachlässigen Terme zweiter Ordnung und erhalten so die *linearisierten MHD-Gleichungen*.

Wir beginnen mit der Bestimmungsgleichung (4.21) für die von der Strömung induzierte Feldstörung. In erster Ordnung hat sie die Form

$$\frac{\partial \mathbf{B}_1}{\partial t} = \nabla \times (\mathbf{u}_1 \times \mathbf{B}_0). \tag{4.24}$$

Aus der *Bewegungsgleichung* folgt dann die Rückwirkung auf die Strömungsgeschwindigkeit:

$$\rho_{m0} \frac{\partial \mathbf{u}_1}{\partial t} = -\nabla p_1 - \frac{1}{\mu_0} \mathbf{B}_0 \times (\nabla \times \mathbf{B}_1) - \frac{1}{\mu_0} \mathbf{B}_1 \times (\nabla \times \mathbf{B}_0). \qquad (4.25)$$

Und die *Kontinuitätsgleichung* bestimmt die durch die Strömung erzeugte Dichteänderung:

$$\frac{\partial \rho_{m1}}{\partial t} + (\mathbf{u}_1 \cdot \nabla)\rho_{m0} + \rho_{m0}\nabla \cdot \mathbf{u}_1 = 0. \qquad (4.26)$$

Die *Adiabatengleichung* erhält die Form

$$\frac{\partial p_1}{\partial t} = -(\mathbf{u}_1 \cdot \nabla)p_0 + \gamma \frac{p_0}{\rho_{m0}}\left(\frac{\partial \rho_{m1}}{\partial t} + (\mathbf{u}_1 \cdot \nabla)\rho_{m0}\right), \qquad (4.27)$$

oder, wenn wir die Kontinuitätsgleichung einsetzen, folgt für die linearisierte *Energiegleichung*:

$$\frac{\partial p_1}{\partial t} = -(\mathbf{u}_1 \cdot \nabla)p_0 - \gamma p_0 \nabla \cdot \mathbf{u}_1. \qquad (4.28)$$

Das Ziel ist es, eine Differentialgleichung für die Geschwindigkeit $\mathbf{u}_1$ herzuleiten, in der sonst nur noch ungestörte Größen auftreten. Dazu bilden wir zunächst die Zeitableitung der Bewegungsgleichung (4.25) und erhalten so

$$\rho_{m0} \frac{\partial^2 \mathbf{u}_1}{\partial t^2} = -\nabla \frac{\partial p_1}{\partial t} - \frac{1}{\mu_0} \mathbf{B}_0 \times \left(\nabla \times \frac{\partial \mathbf{B}_1}{\partial t}\right) - \frac{1}{\mu_0} \frac{\partial \mathbf{B}_1}{\partial t} \times (\nabla \times \mathbf{B}_0). \qquad (4.29)$$

Die Größe p_1 können wir mithilfe der Adiabatengleichung ersetzen und für die Terme mit $\dot{\mathbf{B}}_1$ verwenden wir (4.24). Das Ergebnis ist:

$$\rho_{m0} \frac{\partial^2 \mathbf{u}_1}{\partial t^2} = \nabla\left\{(\mathbf{u}_1 \cdot \nabla)p_0 + \gamma p_0(\nabla \cdot \mathbf{u}_1)\right\} - \frac{1}{\mu_0} \mathbf{B}_0 \times \{\nabla \times [\nabla \times (\mathbf{u}_1 \times \mathbf{B}_0)]\}$$
$$- \frac{1}{\mu_0}[\nabla \times (\mathbf{u}_1 \times \mathbf{B}_0)] \times (\nabla \times \mathbf{B}_0). \qquad (4.30)$$

Dies ist eine lineare Differentialgleichung für $\mathbf{u}_1$, die wir abgekürzt schreiben können als

$$\rho_{m0} \frac{\partial^2 \mathbf{u}_1}{\partial t^2} = \mathcal{F}(\mathbf{u}_1), \qquad (4.31)$$

wobei der Differentialoperator $\mathcal{F}$ nicht von der Zeit abhängt und auch keine Zeitableitungen enthält.

Als Nächstes definieren wir ein Verschiebungsfeld $\boldsymbol{\xi}(\mathbf{r}, t)$, das für jedes Plasmavolumen angibt, um welche Strecke es von seiner Gleichgewichtslage $\mathbf{r}$ aus verschoben wurde.

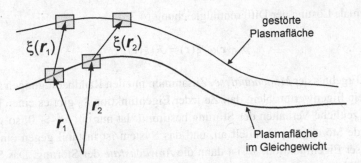

Abb. 4.11 Das Verschiebungsfeld $\boldsymbol{\xi}(\mathbf{r}, t)$ gibt die Störung der Lage einer Plasmafläche an, die sich an $\mathbf{r}$ im Gleichgewicht befand

Dieser Zusammenhang ist in Abb. 4.11 verdeutlicht. Die Störung der Geschwindigkeitsverteilung können wir dann ausdrücken als die Zeitableitung von $\boldsymbol{\xi}$:

$$\mathbf{u}_1 = \frac{\partial \boldsymbol{\xi}}{\partial t} \equiv \dot{\boldsymbol{\xi}}. \tag{4.32}$$

Da $\mathcal{F}$ linear und zeitunabhängig ist, können wir (4.31) über die Zeit integrieren. Somit gilt für das Verschiebungsfeld ebenfalls

$$\rho_{m0} \frac{\partial^2 \boldsymbol{\xi}}{\partial t^2} = \mathcal{F}(\boldsymbol{\xi}). \tag{4.33}$$

Da diese Gleichung für alle Zeitpunkte erfüllt sein muss, nimmt die Integrationskonstante den Wert null an. $\mathcal{F}$ steht für die Kraftdichte auf die gestörte Plasmafläche. Aus der rechten Seite von (4.30) folgt für den Operator angewandt auf das Verschiebungsfeld die Beziehung

$$\mathcal{F}(\boldsymbol{\xi}) = \nabla \left\{ (\boldsymbol{\xi} \cdot \nabla) p_0 + \gamma p_0 (\nabla \cdot \boldsymbol{\xi}) \right\} - \frac{1}{\mu_0} \mathbf{B}_0 \times \left\{ \nabla \times \left[\nabla \times (\boldsymbol{\xi} \times \mathbf{B}_0) \right] \right\}$$

$$- \frac{1}{\mu_0} \left\{ \nabla \times (\boldsymbol{\xi} \times \mathbf{B}_0) \right\} \times (\nabla \times \mathbf{B}_0). \tag{4.34}$$

Die Bedeutungen der einzelnen Terme des Operators sind die Folgenden: Die ersten beiden Terme stehen für die bei einer Bewegung gegen den Druckgradienten, beziehungsweise beim Komprimieren der Flüssigkeit auftretenden Kräfte. Der dritte und der vierte Term entsprechen den in Abweichung zur Gleichgewichtsbedingung auftretenden Kräften $\mathbf{B}_0 \times \mathbf{j}_1$ beziehungsweise $\mathbf{B}_1 \times \mathbf{j}_0$. Die Einheit des Ausdrucks ist die einer Kraftdichte.

Mit einem Exponentialansatz in der Zeit,

$$\boldsymbol{\xi}(\mathbf{r}, t) = \boldsymbol{\xi}(\mathbf{r}) e^{\omega t}, \tag{4.35}$$

folgt als formale Lösung der Differentialgleichung (4.33)

$$\rho_{m0}(\mathbf{r})\omega^2 \boldsymbol{\xi}(\mathbf{r}) = \mathcal{F}(\boldsymbol{\xi}(\mathbf{r})). \tag{4.36}$$

Dies ist das Ergebnis der *Modenanalyse*. Zusammen mit den Randbedingungen stellt diese Gleichung ein Eigenwertproblem dar. Zu jeder Eigenfunktion $\boldsymbol{\xi}_n$ gibt es einen Eigenwert ω_n^2, der das zeitliche Verhalten der Störung bestimmt. Ist nur ein $\omega_n^2 > 0$, so wächst die entsprechende Störung exponentiell an, und das System ist instabil gegen eine Störung in Form dieser Eigenfunktion. ω_n ist dann die *Anwachsrate* der Störung. Das System ist hingegen stabil, wenn alle $\omega_n^2 < 0$ sind. Man findet dann als Lösung periodische Oszillationen um die Gleichgewichtslage. Ein reales Plasma wird durch Dämpfungsprozesse, die hier nicht berücksichtigt wurden, wieder in die Ruhelage kommen. Der Formalismus beschreibt die Störung allerdings nur in der Entstehungsphase, wird die Auslenkung groß, so werden nichtlineare Effekte wichtig.

Für ω^2 können nur reelle Eigenwerte auftreten, denn es kann gezeigt werden, dass der Differentialoperator selbstadjungiert ist. Danach gilt für zwei Eigenfunktionen von $\mathcal{F}$:

$$\int_V \boldsymbol{\xi}_j \cdot \mathcal{F}(\boldsymbol{\xi}_k)\mathrm{d}^3 r = \int_V \boldsymbol{\xi}_k \cdot \mathcal{F}(\boldsymbol{\xi}_j)\mathrm{d}^3 r . \tag{4.37}$$

Dies hat zur Folge, dass Eigenfunktionen zu verschiedenen Eigenwerten ω_j^2 und ω_k^2 orthonormal sind, im Sinne einer Volumenintegration der Form

$$\frac{1}{2} \int_V \rho_{m0} \boldsymbol{\xi}_j(\mathbf{r}) \cdot \boldsymbol{\xi}_k(\mathbf{r})\mathrm{d}^3 r = \delta_{jk}. \tag{4.38}$$

Weiterhin bilden die Eigenfunktionen einen vollständigen Funktionensatz. Eine beliebige Störung kann also in Eigenfunktionen zerlegt werden, die alle dieselben Randbedingungen erfüllen müssen.

Da die Eigenwertgleichungen für $\mathbf{u}_{1n}$ und $\boldsymbol{\xi}_n$ die gleiche Form haben, gelten für beide Sätze an Eigenfunktionen auch die gleichen Regeln. Wegen (4.37) gilt daher auch

$$\int_V \mathbf{u}_{1j} \cdot \mathcal{F}(\boldsymbol{\xi}_k)\mathrm{d}^3 r = \int_V \boldsymbol{\xi}_k \cdot \mathcal{F}(\mathbf{u}_{1j})\mathrm{d}^3 r . \tag{4.39}$$

Eine weitere Eigenschaft des selbstadjungierten Operators $\mathcal{F}$ ist, dass sich seine Eigenwerte aus einem Variationsprinzip bestimmen lassen. Dabei ist

$$\omega^2 = \frac{\int_V \boldsymbol{\xi} \cdot \mathcal{F}(\boldsymbol{\xi})\mathrm{d}^3 r}{\int_V \rho_{m0}\boldsymbol{\xi}^2 \mathrm{d}^3 r}, \tag{4.40}$$

was auch direkt aus (4.36) abgeleitet werden kann. Wobei die Gleichgewichtsbedingung hier $\delta(\omega^2) = 0$ bedeutet. D. h., bei ω^2 nimmt der Wert des Ausdrucks ein lokales Extremum an.

4.3.2   Das Energieprinzip

Wie anfangs am Beispiel einer Kugel im Potential erläutert, steht für das Plasma auch ein Energieprinzip zur Untersuchung der Stabilität zur Verfügung. Es führt bei der Stabilitätsanalyse schneller zum Ergebnis, liefert aber keine Werte für die Anwachsraten der Instabilitäten. Den Zähler von (4.40) können wir mit der Änderung der potentiellen Energie des Systems bei einer Verschiebung des Plasmas um ξ gleichsetzen. Die *potentielle Energie* ist demnach definiert als

$$\delta U = -\frac{1}{2} \int_V \xi \cdot \mathcal{F}(\xi) \mathrm{d}^3 r . \tag{4.41}$$

Die Integration erstreckt sich über den gesamten Raum und der Integrand hat die Form Kraftdichte mal Weg, wie man es von einem Ausdruck zur Berechnung der potentiellen Energie erwartet. Auch das Vorzeichen stimmt, denn wir erhalten dann negative Werte, wenn die Verschiebung parallel zur Kraft geschieht. Den Ausdruck (4.41) muss man auswerten, wenn man einen Zustand nach dem Energieprinzip auf Stabilität untersuchen will. Ist die Potentialänderung für beliebige Störungen ξ_n positiv ($\delta U > 0$), so ist das System stabil. Existiert hingegen nur eine Funktion ξ_n mit $\delta U < 0$, so ist das System instabil.

Ergänzend zur potentiellen Energie kann man auch eine kinetische Energie definieren. Mit (4.39) folgt aus (4.41):

$$\frac{\partial U}{\partial t} = -\frac{1}{2} \int_V \left\{ \dot{\xi} \cdot \mathcal{F}(\xi) + \xi \cdot \mathcal{F}(\dot{\xi}) \right\} \mathrm{d}^3 r = - \int_V \dot{\xi} \cdot \mathcal{F}(\xi) \mathrm{d}^3 r . \tag{4.42}$$

Wir verwenden diese Beziehung nun in einem Ausdruck, den wir durch Multiplikation von (4.33) mit $\dot{\xi}$ und anschließender Integration erhalten:

$$\int_V \mathrm{d}^3 r \left\{ \rho_{m0} \dot{\xi} \cdot \ddot{\xi} - \dot{\xi} \cdot \mathcal{F}(\xi) \right\} = \frac{1}{2} \frac{\partial}{\partial t} \int_V \mathrm{d}^3 r \left\{ \rho_{m0} \dot{\xi}^2 - \xi \cdot \mathcal{F}(\xi) \right\} = 0 . \tag{4.43}$$

Der Ausdruck in der zweiten geschweiften Klammer ist also eine Erhaltungsgröße. Die beiden Terme können wir nun als die durch die Störung erzeugten Änderungen in kinetischer und potentieller Energie identifizieren. Die Änderung der *kinetischen Energie* ist

$$\delta W = \frac{1}{2} \int_V \rho_{m0} \dot{\xi}^2 \mathrm{d}^3 r . \tag{4.44}$$

4.3.3   Randbedingungen

Sowohl für die Modenanalyse als auch für das Energieprinzip spielen Randbedingungen eine wichtige Rolle. Eigenwerte und Eigenfunktionen ergeben sich immer aus den konkreten Randbedingungen, die auch die Grenzflächen für die Berechnung des Energieintegrals festlegen.

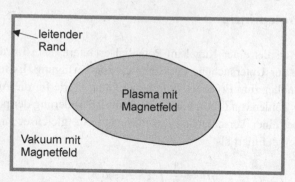

Abb. 4.12 Randbedingungen für Stabilitätsuntersuchungen mit der Modenanalyse oder nach dem Energieprinzip

Eine Möglichkeit, Randbedingungen zu formulieren, wäre, das Plasma in ein festes ideal leitendes Gefäß einzuschließen. In diesem Fall verschwindet die parallele Komponente des elektrischen Feldes und die senkrechten Komponenten von Geschwindigkeit und Magnetfeld. Allerdings sind diese Randbedingungen atypisch, denn heiße Labor- und astrophysikalische Plasmen lassen sich nicht durch materielle Wände begrenzen.

Realistischer ist ein magnetisch eingeschlossenes Plasma, das von Vakuum umgeben ist. Der metallische Rand umschließt, wie in Abb. 4.12 zu sehen, das Vakuum und legt so die Randbedingung für das elektromagnetische Feld fest, ohne dabei mit dem Plasma in Kontakt zu kommen. An der Wand mit dem Normalenvektor $\mathbf{e}_n$ gilt dann

$$\mathbf{B} \cdot \mathbf{e}_n = \mathbf{E} \times \mathbf{e}_n = 0. \tag{4.45}$$

Für den Plasma-Vakuum-Übergang fordert man, dass auf dieser Fläche ein Kräftegleichgewicht herrscht, gegeben durch

$$p + \frac{B_0^2}{2\mu_0} = \frac{B_{v0}^2}{2\mu_0}. \tag{4.46}$$

Beim Übergang von Plasma zu Vakuum bleibt der Gesamtdruck konstant, wobei B_{v0} das Vakuumfeld im Gleichgewichtszustand bezeichnet. Wenn der Plasmadruck p zum Rand hin nicht langsam gegen null geht, sondern eine Diskontinuität aufweist, so müssen an der Grenzfläche Oberflächenströme fließen, die dann auch für eine diskontinuierliche Änderung des Magnetfeldes verantwortlich sind. Solche Oberflächenströme sind wegen des dann steilen Druckgradienten nach der diamagnetischen Drift auch zu erwarten.

Mit diesen Randbedingungen lässt sich das Energieintegral (4.41) auswerten [2]. Das Integral zerfällt in drei Anteile,

$$\delta U = \delta U_p + \delta U_V + \delta U_S, \tag{4.47}$$

die von der Integration über das Plasma, das Vakuum und über die Plasmaoberfläche herrühren. Wir wollen das Ergebnis hier nur angeben und qualitativ diskutieren.

Das Integral über die Oberfläche S ist gegeben durch

$$\delta U_S = \frac{1}{2} \int_S (\boldsymbol{\xi} \cdot \mathbf{e}_n)^2 \left\| \boldsymbol{\nabla} \left(p_0 + \frac{B_0^2}{2\mu_0} \right) \right\| \cdot d\mathbf{S} \tag{4.48}$$

und entspricht der Arbeit, die aufgewandt werden muss, um die Oberfläche gegen ein aus der Bilanz geratenes Gleichgewicht zu verschieben. Die Kraft hängt über den $\mathbf{j} \times \mathbf{B}$-Term mit den Störgrößen zusammen. Die vertikalen Striche deuten an, dass der Sprung der eingeschlossenen Größe über die Oberfläche hinweg zu nehmen ist. Im Gleichgewicht oder wenn der Druck zum Rand hin langsam gegen null geht, verschwindet diese Größe.

Der Vakuumterm,

$$\delta U_V = \frac{1}{2} \int_{\text{Vakuum}} \frac{B_{v1}^2}{2\mu_0} d^3 r , \tag{4.49}$$

entspricht der Änderung des Vakuumfeldes aufgrund von durch die Verschiebung im Plasma fließenden Strömen. Und der Plasmaanteil ist gegeben durch

$$\delta U_p = \int_{\text{Plasma}} \left(\frac{B_1^2}{\mu_0} + \frac{1}{\mu_0} (\boldsymbol{\nabla} \times \mathbf{B}_0) \cdot (\boldsymbol{\xi} \times \mathbf{B}_1) + (\boldsymbol{\nabla} \cdot \boldsymbol{\xi})(\boldsymbol{\xi} \cdot \boldsymbol{\nabla}) p_0 + \gamma p_0 (\boldsymbol{\nabla} \cdot \boldsymbol{\xi})^2 \right) d^3 r . \tag{4.50}$$

Der erste Term gibt die Änderung der Magnetfeldenergie an. Dem zweiten Term entspricht die Arbeit der Flüssigkeit bei der Bewegung gegen das Magnetfeld, und die letzten beiden Terme berücksichtigen die Änderungen der inneren Energie des Plasmas.

4.4 Anwendungen der Stabilitätstheorie

In diesem Abschnitt wollen wir Anwendungen von Modenanalyse und Energieprinzip vorstellen. Alfvén-Wellen folgen als periodische Lösungen aus der Modenanalyse. Sie gehören zu den wichtigsten Plasmaphänomenen überhaupt und können in Weltraum- und Laborplasmen beobachtet werden. Instabile Lösungen findet man für Konfigurationen mit bevorzugt ungünstiger Magnetfeldkrümmung. Abschließend betrachten wir dazu als Beispiel nochmals die Austauschinstabilität.

4.4.1 Inkompressible magnetohydrodynamische Wellen

Mithilfe der Modenanalyse untersuchen wir hier die Stabilität eines unbegrenzten, homogenen, magnetisierten Plasmas. Das konstante Magnetfeld zeige in z-Richtung ($\mathbf{B}_0 = B_0 \mathbf{e}_z$). Ausgangspunkt ist die Eigenwertgleichung (4.36) mit dem Ausdruck (4.34) auf der rechten Seite. Da unter den gegebenen Voraussetzungen alle Ableitungen der Gleichgewichtsgrößen wegfallen, hat die Gleichung die Form

$$\mathcal{F}(\xi) = \gamma p_0 \nabla(\nabla \cdot \xi) - \frac{\mathbf{B}_0}{\mu_0} \times \left\{ \nabla \times \left[\nabla \times (\xi \times \mathbf{B}_0) \right] \right\}. \tag{4.51}$$

Der Ausdruck vereinfacht sich weiter durch Verwendung von (B.9) für ein konstantes B_0:

$$\nabla \times (\xi \times \mathbf{B}_0) = (\mathbf{B}_0 \cdot \nabla)\xi - \mathbf{B}_0(\nabla \cdot \xi). \tag{4.52}$$

Im inkompressiblen Fall, also bei konstanter Massendichte, folgt aus der Kontinuitätsgleichung (4.26)

$$\nabla \cdot \mathbf{u}_1 = \nabla \cdot \dot{\xi} = 0 \quad \Rightarrow \quad \nabla \cdot \xi = 0, \tag{4.53}$$

da dies für alle Zeiten gelten muss. Also fallen der erste Term der rechten Seite von (4.51) und der zweite von (4.52) weg. Aus der Eigenwertgleichung (4.36) wird daher:

$$\rho_{m0}\omega^2 \xi = -\frac{\mathbf{B}_0}{\mu_0} \times \left(\nabla \times B_0 \frac{\partial \xi}{\partial z} \right) = -\frac{B_0^2}{\mu_0} \frac{\partial}{\partial z} \left\{ \mathbf{e}_z \times (\nabla \times \xi) \right\}. \tag{4.54}$$

Da die rechte Seite nur Komponenten senkrecht zum Magnetfeld hat, gilt $\xi_z = 0$. Die Plasmaauslenkung ist also ebenfalls senkrecht zum Magnetfeld. Dies verwenden wir zusammen mit dem Vektortheorem (B.5) und finden:

$$\mathbf{e}_z \times (\nabla \times \xi) = \nabla(\mathbf{e}_z \cdot \xi) - (\mathbf{e}_z \cdot \nabla)\xi = -(\mathbf{e}_z \cdot \nabla)\xi = -\frac{\partial \xi}{\partial z}.$$

Aus der Modenanalyse folgt also die Schwingungsgleichung

$$\rho_{m0}\omega^2 \xi = \frac{B_0^2}{\mu_0} \frac{\partial^2 \xi}{\partial z^2}. \tag{4.55}$$

Die Zeitabhängigkeit haben wir durch den Ansatz (4.35) festgelegt, und für die Ortsabhängigkeit des Verschiebungsfeldes setzen wir $\xi(\mathbf{r}) = \xi_0 \exp\{ikz\}$ an. Wegen $\omega^2 < 0$ liefert die Modenanalyse stabile, periodische Lösungen, mit

$$\omega = \pm i \frac{B_0}{\sqrt{\mu_0 \rho_{m0}}} k = \pm i\omega_A.$$

Es folgt daraus die Dispersionsrelation für *transversale Alfvén-Wellen*

$$\omega_A = \frac{B_0}{\sqrt{\mu_0 \rho_{m0}}} k. \tag{4.56}$$

Die Störung des Plasmas durch die transversale Alfvén-Welle geschieht senkrecht zum Magnetfeld ($\xi_0 \perp \mathbf{B}_0$) und die Propagationsrichtung ist parallel dazu ($\mathbf{k} \parallel \mathbf{B}_0$). Die Welle breitet sich mit der *Alfvén-Geschwindigkeit* aus:

$$v_A = \frac{\omega_A}{k} = \frac{B_0}{\sqrt{\mu_0 m_i n}} \approx 2.2 \times 10^{16} \frac{B_0}{\sqrt{A_i n}} \tag{4.57}$$

Die durchgeführte Ableitung gilt im Rahmen der MHD, also für $v_A \ll c$. Typische Werte für die Alfvén-Geschwindigkeit in Laborplasmen liegen bei einigen 10^6 m/s, sodass diese Bedingung erfüllt ist.

Für die transversale Alfvén-Welle können wir den Zusammenhang zwischen Plasmawelle und Magnetfeldstörung leicht demonstrieren. Dazu legen wir, wie in Abb. 4.13 gezeigt, die Plasmaauslenkung in die y-Richtung, also $\xi = \xi \mathbf{e}_y$. Dann folgt aus (4.24) nach Integration über die Zeit für die Störung des Magnetfeldes (vgl. (4.52)):

$$\mathbf{B}_1 = \nabla \times (\xi \times \mathbf{B}_0) = (\mathbf{B}_0 \cdot \nabla)\xi = B_0 \frac{\partial \xi}{\partial z} \mathbf{e}_y = i k_z B_0 \xi \mathbf{e}_y. \tag{4.58}$$

Die Feldstörung zeigt also ebenfalls in die y-Richtung, ist aber, wegen des i, um $\pi/2$ phasenverschoben. Das resultierende Magnetfeld ist dann, wie in Abb. 4.13 dargestellt, in Phase mit der Verschiebung der Massendichte. Denn im Maximum der Auslenkung verschwindet die Störung ($\partial \xi / \partial z = 0$) und das Feld ist parallel zum Gleichgewichtsfeld. Dagegen treten die größten Störfelder beim Nulldurchgang der Plasmawelle auf. Dort also hat das Magnetfeld den größten Neigungswinkel zum Gleichgewichtsfeld. Die Steigung der Feldlinie B_1/B_0 an dieser Stelle ist nach (4.58) ja gerade gleich der Steigung der verschobenen Gleichgewichtsfläche $\partial \xi / \partial z$. Wie im Fall der idealen MHD zu erwarten, sind die Magnetfeldlinien in das Plasma eingefroren.

Das deformierte Magnetfeld reagiert mit der rücktreibenden *magnetischen Spannkraft*, die auf die Krümmung der Feldlinie zurückgeht. Dadurch wird die Störung stabilisiert

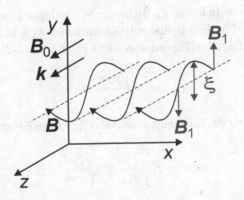

Abb. 4.13 Verschiebungsvektor und Magnetfeldlinie in der transversalen Alfvén-Welle

und die Propagation der Welle angetrieben. Die transversale Alfvén-Welle kann man mit der Schwingung einer Geigensaite vergleichen. Durch den Bogen wird eine Störung verursacht, deren Propagation durch die Saitenspannung angetrieben wird. Je stärker das Magnetfeld, also die Saitenspannung, und je geringer die Trägheit, gegeben durch die Massendichte bzw. die Dicke der Saite, um so schneller propagiert die Störung.

4.4.2 Kompressible magnetohydrodynamische Wellen

Bei einem kompressiblen Plasma können wir in (4.51) die Terme mit $\nabla \cdot \boldsymbol{\xi}$ nicht mehr vernachlässigen. Die Plasmaverschiebung erzeugt dann Änderungen im Druck, wodurch, wie bei Schallwellen, eine zusätzliche rücktreibende Kraft auftritt.

Als Ansatz verwenden wir die verallgemeinerte Lösung aus dem inkompressiblen Fall,

$$\boldsymbol{\xi} = \boldsymbol{\xi}_0 \exp\{i(\mathbf{k} \cdot \mathbf{r} - \omega t)\},$$

und finden nach Einsetzen in (4.51) und (4.52) für die linearisierte Bewegungsgleichung (4.36) (bei dem Vorzeichenwechsel ist zu beachten, dass wir hier $i\omega$ statt ω im Ansatz verwendet haben):

$$\rho_{m0}\omega^2\boldsymbol{\xi}_0 = \gamma p_0\mathbf{k}(\mathbf{k}\cdot\boldsymbol{\xi}_0) - \frac{\mathbf{B}_0}{\mu_0}\times\left\{\mathbf{k}\times(\mathbf{B}_0\cdot\mathbf{k})\boldsymbol{\xi}_0\right\} + \frac{\mathbf{B}_0}{\mu_0}\times\left\{\mathbf{k}\times\mathbf{B}_0(\mathbf{k}\cdot\boldsymbol{\xi}_0)\right\}. \quad (4.59)$$

Wir wollen die Gleichung für zwei Geometrien lösen, nämlich für die Propagation der Welle parallel und senkrecht zum Magnetfeld.

Wenn, wie im letzten Abschnitt, $\mathbf{k} \parallel \mathbf{B}_0$ ist, dann entfällt der letzte Term. Wegen (B.2) vereinfacht sich die Gleichung zu

$$\rho_{m0}\omega^2\boldsymbol{\xi}_0 = \gamma p_0(\mathbf{k}\cdot\boldsymbol{\xi}_0)\mathbf{k} + \frac{1}{\mu_0}(B_0 k)^2\boldsymbol{\xi}_0 - \frac{1}{\mu_0}(\boldsymbol{\xi}_0\cdot\mathbf{B}_0)(B_0 k)\mathbf{k}. \quad (4.60)$$

Die rechte Seite hat Terme in $\mathbf{k}$- und $\boldsymbol{\xi}_0$-Richtung. Wir zerlegen $\boldsymbol{\xi}_0$ in Komponenten senkrecht und parallel zu $\mathbf{k}$. Für die longitudinale Komponente, $\boldsymbol{\xi}_0 \parallel \mathbf{k}$, heben sich die beiden letzten Terme weg. Es folgt die Dispersionsrelation einer *Schallwelle*

$$\omega^2 = \frac{\gamma p_0 k^2}{\rho_{m0}}.$$

Die Welle breitet sich mit der bekannten *Ionenschallgeschwindigkeit* (3.125) aus:

$$c_s = \frac{\omega}{k} = \sqrt{\frac{\gamma p_0}{\rho_{m0}}} \approx \sqrt{\frac{2\gamma T_0}{m_i}}. \quad (4.61)$$

Wie in der Abb. 4.14 (links) dargestellt, zeichnet sich die Schallwelle durch eine periodische Kompression des Plasmas parallel zum Magnetfeld aus. Das Magnetfeld und

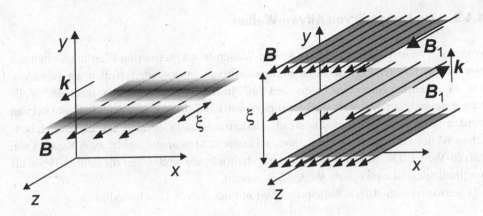

Abb. 4.14 Störgrößen in der Schallwelle und der longitudinalen Alfvén-Welle

die elektrischen Eigenschaften des Plasmas spielen hier keine Rolle. Die Welle hat die gleichen Eigenschaften wie Schallwellen in einem Gas aus neutralen Atomen, die sich allein über den kinetischen Gasdruck ausbreiteten.

Zur senkrechten Komponente ($\boldsymbol{\xi}_0 \perp \mathbf{k}$) trägt nur der zweite Term der rechten Seite von (4.60) bei. Es folgt daraus direkt die, aus dem letzten Abschnitt bekannte, *transversale Alfvén-Welle* mit der Dispersionsrelation (4.56). Die Kompressibilität des Plasmas spielt hier keine Rolle.

Im anderen Fall, $\mathbf{k} \perp \mathbf{B}_0$, entfällt der zweite Term auf der rechten Seite von (4.59). Den letzten Term wandeln wir wieder mit (B.2) um. Das Ergebnis ist jetzt

$$\rho_{m0}\omega^2\boldsymbol{\xi}_0 = \gamma p_0(\mathbf{k} \cdot \boldsymbol{\xi}_0)\mathbf{k} + \frac{1}{\mu_0}B_0^2(\mathbf{k} \cdot \boldsymbol{\xi}_0)\mathbf{k}. \tag{4.62}$$

Hier ist die Auslenkung nur parallel zum Wellenvektor möglich, denn für die senkrechte Komponente verschwindet die rechte Seite der Gleichung. Mit $\boldsymbol{\xi}_0 \parallel \mathbf{k}$ folgt daraus die Dispersionsrelation für die *longitudinale Alfvén-Welle*:

$$\rho_{m0}\omega^2 = k^2\left(\gamma p_0 + \frac{B_0^2}{\mu_0}\right). \tag{4.63}$$

Sie propagiert mit der Phasengeschwindigkeit

$$v = \frac{\omega}{k} = \sqrt{\frac{\gamma p_0 + B_0^2/\mu_0}{m_i n_0}} = \sqrt{c_s^2 + v_A^2}. \tag{4.64}$$

Die Welle ist in Abb. 4.14 rechts zu sehen. Es handelt sich dabei um eine Mischung aus Schall- und Alfvén-Welle. Bei der longitudinalen Alfvén-Welle werden die Feldlinien verschoben, ohne dass sie dabei deformiert werden. Die rücktreibende Kraft ist hier nicht die Spannkraft der gekrümmten Feldlinie, sondern, wie bei einer Schallwelle, ein Druckgradient mit kinetischem und magnetischem Anteil.

4.4.3 Zur Dynamik von Alfvén-Wellen

Wegen der weiten Verbreitung von Alfvén-Wellen in magnetisierten Plasmen wollen wir hier ihre wichtigsten Eigenschaften zusammenfassen. Insbesondere wollen wir verstehen, wie die elektromagnetischen Felder und das Plasma so wechselwirken, dass eine Welle weit unterhalb der Plasmafrequenz propagieren kann. In Kap. 5.3.3 über Plasmawellen werden die Alfvén-Wellen nochmals als niederfrequenter Grenzfall von elektromagnetischen Wellen im magnetisierten Plasma auftauchen. Man unterscheidet zwei Klassen von Alfvén-Wellen. Die Namensgebung ist uneinheitlich; wir wollen hier die beiden Typen als longitudinale und transversale Wellen bezeichnen.

Die *transversale Alfvén-Welle* propagiert mit der Alfvén-Geschwindigkeit

$$v_A = \frac{B_0}{\sqrt{\mu_0 m_i n_0}}$$

parallel zum Magnetfeld ($\mathbf{k} \parallel \mathbf{B}_0$). Gleichzeitig ist die Auslenkung senkrecht zum Wellenvektor, $\boldsymbol{\xi}_0 \perp \mathbf{k}$, und damit auch senkrecht zum Magnetfeld, $\boldsymbol{\xi}_0 \perp \mathbf{B}_0$. Da das Magnetfeld deformiert (oder verschert) wird, spricht man auch von *Scher-Alfvén-Wellen*. Eigentlich treten die transversalen Wellen nicht als planare, sondern, wie in Abb. 4.15 zu sehen, als Zylinderwellen auf. In dieser Geometrie spricht man dann auch von *torsionalen Alfvén-Wellen*. Da im Gegensatz zur longitudinalen Welle die Kompressibilität des Plasmas nicht zur Propagation der Welle beiträgt, spricht man bei der transversalen Welle weiterhin von einer *langsamen Alfvén-Welle*. Die Welle geht bei Hinzunahme des Verschiebungsstromes bei höheren Frequenzen in die Ionenzyklotronwelle über. Das ist eine linksdrehende zirkularpolarisierte Welle, bei der sich der Feldvektor in Richtung der Ionengyration dreht (vgl. Abschn. 5.3.3).

Kompressibilität trägt bei der *longitudinalen Alfvén-Welle* zur Propagationsgeschwindigkeit bei. Sie setzt sich zusammen aus Alfvén- und Schallgeschwindigkeit (4.61) und ist gegeben durch

$$v = \sqrt{v_A^2 + c_s^2},$$

wobei $\mathbf{k} \perp \mathbf{B}_0$ und $\boldsymbol{\xi}_0 \parallel \mathbf{k}$ sind. Die Welle wird auch mit den Adjektiven *kompressional*, *magnetosonisch* oder *magnetoakustisch* in Zusammenhang gebracht. Sie geht bei Hinzunahme des Verschiebungsstromes bei höheren Frequenzen in die Helikon bzw. Whistler-Welle und dann in die Elektronzyklotronwelle über. Das sind alles rechtsdrehende zirkularpolarisierte Wellen, bei denen sich der Feldvektor in Richtung der Elektronengyration dreht. Sowohl in astrophysikalischen als auch in Laborplasmen sind die Abmessungen senkrecht zum Feld kürzer als parallel dazu. Daher ist die Zeit, die eine longitudinale Welle zur Durchquerung des Plasmas braucht, deutlich kürzer als die transversale Welle entlang des Magnetfeldes unterwegs ist. Zusätzlich ist ihre Geschwindigkeit höher. Daher spricht man auch von der *schnellen Alfvén-Welle*.

In einem begrenzten Plasma wird die longitudinale Welle am Plasmarand oder am Vakuumgefäß reflektiert. Die Welle propagiert dann wie eine Hohlleiterwelle und bildet

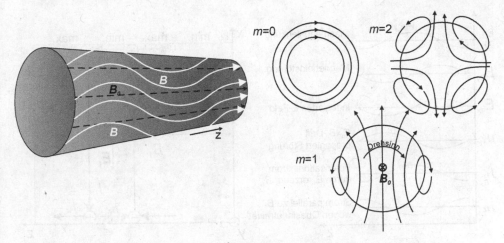

Abb. 4.15 Magnetfeldlinien einer torsionalen Alfvén-Welle auf einer Zylinderoberfläche (*links*) und Hohlleitermoden einer Welle bei verschiedenen poloidalen Modenzahlen. Die Querschnitte der Feldlinien rotieren mit der Zeit im Uhrzeigersinn

die entsprechenden Hohlleitermoden aus. Für ein zylinderförmiges Plasma kann man die Hohlleitermoden nach ihrer poloidalen Modenzahl m benennen. Beispiele sind ebenfalls in Abb. 4.15 zu sehen. Die Amplitude der Welle in radialer Richtung wird dann durch Bessel-Funktionen beschrieben:

$$f(r, \theta, z, t) = f_0 j_m(k_r r) e^{i(m\theta + k_z z - \omega t)}. \tag{4.65}$$

Als Nächstes wenden wir uns der Plasmadynamik der transversalen Alfvén-Wellen zu. Anhand von Abb. 4.16 und basierend auf den MHD-Gleichungen wollen wir die Ursachen der verschiedenen Störungen aufzeigen. Die MHD gilt für kleine Frequenzen, $\omega \ll \omega_{ci}$, und Geschwindigkeiten, $v_A \ll c$. In dieser Näherung entfällt der Verschiebungsstrom im Ampère'schen Gesetz (vgl. (3.45)). Die Wellen unterscheiden sich daher von Lichtwellen, bei denen sich elektrische und magnetische Feldvektoren gegenseitig induzieren. Die Magnetfelddeformation der Alfvén-Wellen wird also nicht durch das zeitlich veränderliche elektrische Feld, sondern durch einen elektrischen Strom induziert. Doch wie kommt dieser zustande?

Man darf das Ohm'sche Gesetz in der hier verwendeten Form (3.40) nicht so interpretieren, dass im Plasma keine Ströme fließen. Da die Leitfähigkeit unendlich gesetzt wurde, kann man aber aus diesem Gesetz keine Ströme berechnen. Dazu muss man die Bewegungsgleichung heranziehen und die Welle als Störung beschreiben der Form

$$f(x, z) = f_0 \exp\{i(k_x x + k_z z - \omega t)\}, \tag{4.66}$$

wobei f_0 für die komplexe Amplitude der verschiedenen Wellenparameter steht. Neben der Periodizität in Ausbreitungsrichtung parallel zum Feld berücksichtigen wir die Endlichkeit

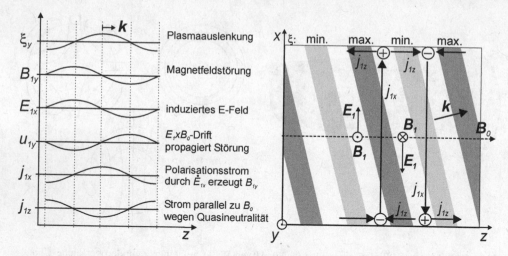

Abb. 4.16 Störgrößen bei einer transversalen Alfvén-Welle. *Links*: zeitliche Abfolge der Störgrößen. *Rechts*: Aufsicht mit Verschiebungsmaxima (dunkle) und -minima (helle Flächen). Ladungsdichten sind ebenfalls angedeutet

des Plasmas senkrecht dazu durch einen senkrechten Wellenvektor k_x, mit $k_x \ll k_z$. Eine Hinzunahme von k_y ergibt keine weiteren Effekte. Wegen (4.58) ist die Plasmaauslenkung ξ der Form (4.66) mit reellem ξ_0 von der Magnetfeldstörung um $\pi/2$ phasenverschoben; es ist dann nämlich $\mathbf{B}_1 = ik_z B_0 \xi \mathbf{e}_y$. Die Wellenform der verschiedenen Parameter ist in Abb. 4.16 zu sehen. Wir werden sie jetzt im Einzelnen ableiten.

Wie bei Lichtwellen auch, entsteht das elektrische Feld aus dem Magnetfeld durch Induktion. Für die spezielle Ausrichtung hier folgt mit $E_z = 0$ (wegen hoher Leitfähigkeit parallel zum Feld) aus dem Faraday-Gesetz (3.43):

$$E_{1x} = \frac{\omega}{k_z} B_{1y} = v_A B_{1y} \tag{4.67}$$

und $E_{1y} = 0$. Alle Ableitungen wurden unter Verwendung von (4.66) ausgeführt. Wie bei Lichtwellen im Vakuum sind die elektromagnetischen Felder in Phase, und die Vektoren stehen senkrecht aufeinander. Im Plasma erzeugt das elektrische Feld zusammen mit dem ungestörten Feld B_0 jetzt aber eine $E \times B$-Drift u_{1y}. Die daraus resultierende Flüssigkeitsbewegung wird maximal an den Knotenpunkten der Auslenkung. Sie zeigt in y-Richtung, führt aber zur Propagation der Welle in z-Richtung. Da das elektrische Feld zeitlich veränderlich ist, tritt weiterhin die Polarisationsdrift auf, und damit ein Polarisationsstrom (3.112), der wegen (4.67) die Form hat

$$j_{1x} = \frac{m_i n}{B_0^2} \dot{E}_{1x} = m_i n v_A \frac{\dot{B}_{1y}}{B_0^2}. \tag{4.68}$$

Das Magnetfeld wird also nicht durch Induktion verformt, sondern durch den Polarisationsstrom, der gerade B_{1y} erzeugt.

Wegen der Quasineutralität muss neben dem Strom in x-Richtung auch ein Strom entlang der Feldlinien fließen. Dieser Strom wird, im Gegensatz zum Polarisationsstrom, von den Elektronen getragen und ist wegen $\nabla \cdot \mathbf{j}_1 = 0$ gegeben durch

$$j_{1z} = -n m_i v_A \frac{k_x}{k_z} \frac{\dot{B}_{1y}}{B_0^2}. \tag{4.69}$$

Eine Energiebetrachtung zeigt, dass kinetische Energie und Magnetfeldenergie gleich groß sind und die Energie im elektrischen Feld um $(v_A/c)^2$ kleiner ist. Ein Übertrag zwischen elektromagnetischer und kinetischer Energie findet nicht statt.

Die Störgrößen sind in Abb. 4.16 zusammengefasst. Im rechten Teil der Abbildung ist eine Aufsicht der Welle gezeigt. Minima und Maxima der Plasmaauslenkung ξ sind durch helle und dunkle Flächen angedeutet. Man erkennt, dass der elektrische Strom in geschlossenen Schleifen fließt. Der Strom senkrecht zum Magnetfeld wird durch Ionen, parallel dazu durch Elektronen getragen. Elektronen- und Ionenflüssigkeit schwingen also senkrecht zueinander.

Die Situation für zylinderförmige Ausbreitung ist in Abb. 4.17 dargestellt. Jetzt müssen wir die x-Koordinate mit der radialen Richtung r und die y-Koordinate mit der azimutalen Richtung θ identifizieren. Die Polarisationsdrift treibt die Ionen radial nach außen bzw. innen und die Elektronen schließen den Kreis, indem sie einen Strom im Zentrum der torsionalen Welle, parallel zum Magnetfeld tragen. Durch den Elektronenstrom wird eine Magnetfeldkomponente erzeugt, die das Feld wiederum in geeigneter Weise verschraubt. Die Verschraubung der in das Plasma eingefrorenen Feldlinien muss man sich so, wie links in Abb. 4.15 zu sehen, vorstellen.

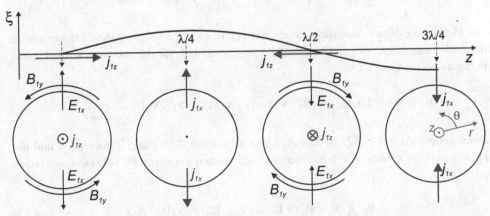

Abb. 4.17 Ströme und Felder bei einer torsionalen Alfvén-Welle mit Schnitten durch die Zylinderfläche (s. Text)

4.4.4 Austauschinstabilität in der Modenanalyse

Ein Beispiel, für das die Modenanalyse instabile Lösungen liefert, ist die Austauschinstabilität, die wir in Abschn. 4.1.2 schon diskutiert haben. Das Plasma ist inkompressibel und das Gleichgewichtsmagnetfeld hat, wie in Abb. 4.3 gezeigt, nur eine z-Komponente, deren Größe hier aber von y abhängen darf: $\mathbf{B} = B_0(y)\mathbf{e}_z$. Es gibt eine scharfe Plasma-Vakuum-Grenze. Die Störung der Grenzfläche erfolgt in y-Richtung und sie ist, wie alle Größen, homogen in z-Richtung, $\boldsymbol{\xi} = \xi(x, y)\mathbf{e}_z$.

Für diese Bedingungen wollen wir den Operator $\mathcal{F}$ nach (4.34) berechnen. Dazu müssen wir wissen, wie die Gravitationskraft in den Operator $\mathcal{F}$ eingeht, welcher direkt aus der Bewegungsgleichung (4.25) folgte. Dort müssen wir einen zusätzlichen Term aufnehmen, der Form

$$\mathbf{F}_g = \rho_m \mathbf{g} = -\rho_m g \mathbf{e}_y. \tag{4.70}$$

Die Zeitableitung des linearen Anteils dieser Kraft geht direkt in $\mathcal{F}$ ein. Die Linearisierung zusammen mit der Kontinuitätsgleichung (4.26) unter der Nebenbedingung der Inkompressibilität liefern

$$\frac{\partial \mathbf{F}_{g1}}{\partial t} = \dot{\rho}_{m1}\mathbf{g} = -\mathbf{g}(\dot{\boldsymbol{\xi}} \cdot \nabla)\rho_{m0}. \tag{4.71}$$

Zur Berücksichtigung der Gravitation muss dieser Term zu (4.30) hinzugefügt werden. Der Übergang zu (4.34) erfolgte dann einfach dadurch, dass $\mathbf{u}_1 = \dot{\boldsymbol{\xi}}$ durch $\boldsymbol{\xi}$ ersetzt wurde. In unserem konkreten Fall erhält die Differentialgleichung (4.33) mit dem Kraftoperator (4.34) die Form

$$\rho_{m0}\frac{\partial^2 \boldsymbol{\xi}}{\partial t^2} = \nabla\left((\boldsymbol{\xi} \cdot \nabla)p_0 + \frac{\mathbf{B}_0 \cdot \mathbf{B}_1}{\mu_0}\right) - \mathbf{g}(\boldsymbol{\xi} \cdot \nabla)\rho_{m0}. \tag{4.72}$$

Zur Herleitung dieses Ausdrucks haben wir verwendet, dass das gestörte Magnetfeld in die z-Richtung zeigt. Wegen (4.24) und (B.9) gilt nämlich für das inkompressible Plasma in der aktuellen Geometrie:

$$\mathbf{B}_1 = \nabla \times (\boldsymbol{\xi} \times \mathbf{B}_0) = (\mathbf{B}_0 \cdot \nabla)\boldsymbol{\xi} - (\boldsymbol{\xi} \cdot \nabla)\mathbf{B}_0 = -(\boldsymbol{\xi} \cdot \nabla)\mathbf{B}_0 = -\xi\frac{\partial B_0}{\partial y}\mathbf{e}_z.$$

Denn anders als bei (4.52) ist hier B_0 keine Konstante. Mit dieser Information und der Hilfe von (B.5) können wir den dritten und den vierten Term von (4.34) zusammenfassen zu

$$\mathbf{B}_0 \times (\nabla \times \mathbf{B}_1) + \mathbf{B}_1 \times (\nabla \times \mathbf{B}_0) = \nabla(\mathbf{B}_0 \cdot \mathbf{B}_1). \tag{4.73}$$

Dies ist möglich, da weder B_0 noch B_1 von z abhängen.

Gl. (4.72) hat Komponenten in x- und y-Richtung. Als Ansatz zur Lösung der Gleichung verwenden wir

$$\boldsymbol{\xi} = \boldsymbol{\xi}(y) \exp \{i(kx - \omega t)\},$$

und setzen voraus, dass Störungen der anderen Größen in der gleichen Form erfolgen. Dadurch vereinfacht sich die Gleichung für die x-Komponente zu

$$- \rho_{m0} \omega^2 \xi_x = ik \left((\boldsymbol{\xi} \cdot \boldsymbol{\nabla}) p_0 + \frac{\mathbf{B}_0 \cdot \mathbf{B}_1}{\mu_0} \right). \tag{4.74}$$

ρ_{m0} hängt nur von y ab, daher gilt für die y-Komponente

$$- \rho_{m0} \omega^2 \xi_y = \frac{\partial}{\partial y} \left((\boldsymbol{\xi} \cdot \boldsymbol{\nabla}) p_0 + \frac{\mathbf{B}_0 \cdot \mathbf{B}_1}{\mu_0} \right) + g \xi_y \frac{\partial \rho_{m0}}{\partial y}. \tag{4.75}$$

Wir ersetzen die große Klammer durch (4.74), differenzieren den Ausdruck nach x und finden:

$$- ik \rho_{m0} \omega^2 \xi_y = \frac{\omega^2}{ik} \left(\rho_{m0} \frac{\partial \xi_y}{\partial y} \right) + ikg \xi_y \frac{\partial \rho_{m0}}{\partial y}. \tag{4.76}$$

Dabei haben wir $\partial \xi_x / \partial x$ wegen der Inkompressibilität durch $-\partial \xi_y / \partial y$ ersetzt.

Dies ist eine Differentialgleichung zur Berechnung der y-Abhängigkeit der Störung. Die Lösung, die für große Werte von y nicht divergiert, ist

$$\boldsymbol{\xi} = \boldsymbol{\xi}_0 \exp \{-ky + i(kx - \omega t)\}, \tag{4.77}$$

mit $k > 0$. Wir differenzieren (4.76) mit diesem Ansatz aus. Der linke Term fällt gegen einen entsprechenden der rechten Seite weg und der Dichtegradient in y-Richtung fällt heraus. Das Resultat ist die Dispersionsrelation

$$\omega^2 = -kg. \tag{4.78}$$

Die Eigenfrequenzen sind imaginär, was zu zeitlich exponentiell anwachsenden Lösungen führt. Das System ist damit instabil gegen jede Art von Störung; je feinskaliger die Störung ist, um so schneller wächst sie an.

Diese Relation hat Bedeutung für die *Kruskal-Schwarzschild-Instabilität*, die auftritt, wenn Materie durch Magnetfelder beschleunigt wird. Dann übernimmt die träge Masse des Plasmas die gleiche Rolle wie hier die schwere Masse.

Referenzen

2. B. B. Kadomtsev *et al.*, *Reviews of Plasma Physics*, edited by M. A. Leontovitch (Consultant Bureau, New York, 1970), Vol. 2, p. 158.

Weitere Literaturhinweise

Abhandlungen zur Stabilität von Plasmen sind zu finden in G. Schmidt, *Physics of High Temperature Plasmas* (Academic Press, New York, 1979), N. A. Krall und A. W. Trivelpiece, *Principles of Plasma Physics* (McGraw-Hill, New York, 1973), R. Kippenhahn und C. Möllenhoff, *Elementare Plasmaphysik* (Bibliographisches Institut, Zürich, 1975), S. Chandrasekhar, *Hydrodynamic and Hydromagnetic Stability* (Oxford University Press, London, England, 1961) und J. P. Freidberg, *Ideal Magnetohydrodynamics* (Plenum Press, New York, 1987). Beispiele mit extraterrestrischem Hintergrund findet man in A. Treumann und W. Baumjohann, *Advanced Space Plasma Physics* (Imperial College Press, London, 1996) und M. G. Kivelson and C. T. Russel, *Introduction to Space Physics* (Campridge University Press, Campridge, 1995).

Wellen im Flüssigkeitsbild 5

In Plasmen gibt es einen ganzen *Zoo* unterschiedlicher Wellentypen. Eine Einteilung in verschiedene Klassen ist nur bedingt möglich. So breiten sich im Plasma elektromagnetische Wellen aus, die das Plasma als dielektrisches Medium verändert, und wie in einem Gas gibt es Schallwellen, die von Störungen im Plasmadruck getrieben werden. Wenn dadurch gleichzeitig die Ladungsdichte gestört wird, dann muss der Einfluss des elektrischen Feldes berücksichtigt werden und es entstehen elektrostatische Wellen. Hinzu kommen die aus Kap. 4 bekannten magnetohydrodynamischen Wellen, bei denen der Polarisationsstrom die Rolle des Verschiebungsstromes übernimmt. Die Existenzbereiche der Wellentypen hängen wiederum ab von der Propagationsrichtung relativ zum Magnetfeld und der Berücksichtigung der Ionen- oder Elektronentemperatur, d. h. von Druckeffekten.

Eine brauchbare Aufteilung erhalten wir durch die Unterscheidung von Schallwellen, elektrostatischen und elektromagnetischen Wellen. Die ersten beiden Typen sind Longitudinalwellen, d. h. der elektrische Feldvektor ist parallel zur Ausbreitungsrichtung, wogegen elektromagnetische Wellen immer Transversalwellen sind.

In diesem Kapitel behandeln wir Wellen mit den Flüssigkeitsgleichungen, die wir für kleine Abweichungen von einem Gleichgewichtszustand linearisieren werden. Die Behandlung von nichtlinearen Effekten verschieben wir auf Kap. 6. Da die Flüssigkeitsbehandlung nur dann gerechtfertigt ist, wenn die Teilchen sich im Wesentlichen in dem mit der Flüssigkeitsgeschwindigkeit bewegten Volumenelement aufhalten, besteht eine weitere Einschränkung darin, dass die thermische Geschwindigkeit der Teilchen gering sein muss. Man spricht dann von der Näherung eines kalten Plasmas. Der Einfluss der Plasmatemperatur auf die Wellenausbreitung kann erst mithilfe der kinetischen Theorie vollständig behandelt werden. Trotz dieser Einschränkungen beschreibt die Flüssigkeitstheorie auch für warme Plasmen, bei denen Druckeffekte berücksichtigt werden, wesentliche Aspekte der Wellenausbreitung richtig.

© Springer-Verlag GmbH Deutschland 2018
U. Stroth, *Plasmaphysik*,
https://doi.org/10.1007/978-3-662-55236-0_5

145

5.1   Grundgleichungen für Wellen im Plasma

Wir wiederholen hier die wichtigsten Eigenschaften von Wellen und leiten dann die linearisierten Wellengleichungen im Plasma her.

5.1.1 Grundsätzliches zu Wellen

Als *Wellen* bezeichnen wir periodische Störungen der Plasmaparameter, charakterisiert durch einen Wellenvektor $\mathbf{k}$ und die Winkelfrequenz ω in der Form

$$\mathbf{A}(\mathbf{r}, t) = \mathbf{A}_0 \exp\left\{ i(\mathbf{k} \cdot \mathbf{r} - \omega t) \right\},\tag{5.1}$$

wobei $\mathbf{A}_0$ ein komplexer Vektor ist.

Die *Phasengeschwindigkeit* der Welle, also die Geschwindigkeit, mit der sich z. B. ein Maximum des Wellenzuges bewegt, ist gegeben durch

$$\frac{\mathrm{d}}{\mathrm{d}t}(\mathbf{k} \cdot \mathbf{r} - \omega t) = 0 \quad \Rightarrow \quad \mathbf{v}_{ph} = \dot{\mathbf{r}} = \frac{\omega}{k}\frac{\mathbf{k}}{k}.\tag{5.2}$$

Durch Skalarmultiplikation mit $\mathbf{k}$ kann man die Identität zeigen. Als *Wellenlänge* bezeichnet man die Strecke in Ausbreitungsrichtung, nach der man zu einem festen Zeitpunkt die gleiche Wellenlage, oder Phase, wiederfindet,

$$\lambda = 2\pi/k,\tag{5.3}$$

und die *Periodendauer* entspricht der Zeitdauer, nach der die Welle an einem festen Ort wieder die gleiche Phase hat,

$$T = 2\pi/\omega.\tag{5.4}$$

Häufig werden Ableitungen von Wellenfunktionen gebildet. Für einen Gradienten beispielsweise gilt

$$\nabla e^{i\mathbf{k}\cdot\mathbf{r}} = \begin{pmatrix} \partial/\partial_x \\ \partial/\partial_y \\ \partial/\partial_z \end{pmatrix} e^{i(k_x x + k_y y + k_z z)} = i \begin{pmatrix} k_x \\ k_y \\ k_z \end{pmatrix} e^{i(k_x x + k_y y + k_z z)} = i\mathbf{k}\, e^{i\mathbf{k}\cdot\mathbf{r}}.\tag{5.5}$$

In linearisierten Gleichungen kann man auch für kompliziertere Operationen die Differentialoperatoren durch $i\mathbf{k}$ ersetzen.

Die Überlagerung zweier Wellenzüge mit um $2\delta\omega$ unterschiedlichen Frequenzen und $2\delta k$ verschiedenen Wellenzahlen erzeugt, wie in Abb. 5.1 dargestellt, eine Schwebung bei der halben Differenzfrequenz. Nehmen wir die Amplituden der beiden Wellen als reell und gleich groß an, dann gilt

$$\begin{aligned}\mathbf{A} &= \mathbf{A}_0 \exp\left\{ i((k+\delta k)z - (\omega+\delta\omega)t) \right\} + \mathbf{A}_0 \exp\left\{ i((k-\delta k)z - (\omega-\delta\omega)t) \right\} \\ &= 2\mathbf{A}_0 \exp\left\{ i(kz - \omega t) \right\} \cos\left\{ (\delta k)z - (\delta\omega)t \right\}.\end{aligned}\tag{5.6}$$

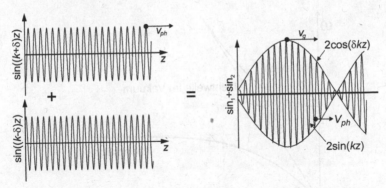

Abb. 5.1 Die Überlagerung der beiden Wellenzüge *links*, die eine unterschiedliche Wellenzahl haben, ergibt die Welle *rechts* mit einer Einhüllenden, die mit der Gruppengeschwindigkeit v_g propagiert

Dieser Ausdruck beschreibt eine Trägerwelle mit der Frequenz ω, die gemäß der Cosinus-Funktion amplitudenmoduliert ist. Die einhüllende Welle propagiert mit der Wellenzahl δk und der Winkelfrequenz $\delta \omega$.

Bei einem gegebenen Ausbreitungsmedium sind Frequenz und Wellenzahl nicht unabhängig voneinander wählbar, sondern sie sind über eine *Dispersionsrelation*

$$\omega = \omega(k) \tag{5.7}$$

miteinander verknüpft. Für geringe Frequenzunterschiede gilt $\delta\omega = \partial\omega/\partial k \times \delta k$. Damit gilt für die Phasengeschwindigkeit, mit der die einhüllende Welle propagiert,

$$v_g = \frac{\delta\omega}{\delta k} = \frac{\partial\omega}{\partial k}. \tag{5.8}$$

Diese Größe wird als *Gruppengeschwindigkeit* bezeichnet. Mit der Gruppengeschwindigkeit werden Information und Energie transportiert. Mit $\omega = v_{ph}k$ können wir die Gruppengeschwindigkeit auch schreiben als

$$v_{ph} = v_g - k\frac{\partial v_{ph}}{\partial k}.$$

Dispersion tritt dann auf, wenn $v_g \neq v_{ph}$ ist. Dann laufen aus unterschiedlichen Wellenzahlen zusammengesetzte Wellenformen auseinander.

In Abb. 5.2 sind drei charakteristische Dispersionsrelationen grafisch dargestellt. Zu sehen sind neben der Dispersionsrelation von Lichtwellen im Vakuum, $\omega = ck$, zwei weitere Kurven mit ausgezeichneten Stellen. Die Existenz der dazu gehörigen Wellen ist auf ein Frequenzintervall beschränkt. Nähert sich die Frequenz einer Existenzgrenze an, so findet man entweder Reflexion oder Absorption der Welle.

Die Prozesse lassen sich am besten anhand des *Brechungsindex'*

$$N = \frac{c}{v_{ph}} = \frac{ck}{\omega} \tag{5.9}$$

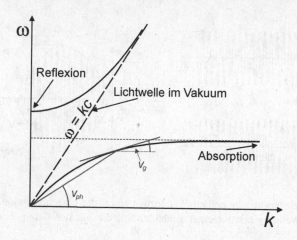

Abb. 5.2 Typische Verläufe von Dispersionsrelationen und damit verbundene physikalische Effekte sowie die grafische Interpretation von Gruppen und Phasengeschwindigkeit

klassifizieren, der proportional zum Inversen der Phasengeschwindigkeit ist. Bei $N = 0$ hat die Welle einen Punkt erreicht, an dem sie reflektiert wird. Formal können wir das so verstehen, dass der Wellenvektor zunächst gegen null geht und dann das Vorzeichen wechselt, also eine Propagation in die entgegengesetzte Richtung anzeigt. Den in N negativen Ast zeichnet man in der Regel nicht. Bei $N \rightarrow \infty$ hingegen geht die Phasengeschwindigkeit gegen null und die Welle wird absorbiert; die Welle läuft in ein Gebiet hinein, ohne es wieder zu verlassen. In der Wellengleichung tritt hierbei eine Polstelle auf, die zunächst zu einem unendlich großen und dann imaginären Wert des Wellenvektors führt, der für die Absorption der Welle steht.

Weiterhin werden *elliptisch polarisierte Wellen* eine Rolle spielen. Es handelt sich dabei um Wellen, bei denen die Spitzen der Feldvektoren auf Ellipsenbahnen umlaufen. Die Parameterdarstellung einer Ellipse hat die Form

$$E_x = E_{x0} \cos \omega t, \qquad\qquad E_y = E_{y0} \sin \omega t. \qquad\qquad (5.10)$$

Man kann daraus einen Vektor $\mathbf{E}$ formen, dessen Spitze die Ellipse im (steigendes t) bzw. gegen den Uhrzeigersinn (fallendes t) durchläuft (s. Abb. 5.3). Man spricht von rechts- (R) bzw. linkszirkularpolarisierten (L) Wellen, wenn der elektrische Feldvektor die Form hat

$$\mathbf{E}_R = \left(E_{x0}\mathbf{e}_x + iE_{y0}\mathbf{e}_y \right) e^{-i\omega t}, \qquad\qquad (5.11)$$

$$\mathbf{E}_L = \left(E_{x0}\mathbf{e}_x - iE_{y0}\mathbf{e}_y \right) e^{-i\omega t}. \qquad\qquad (5.12)$$

Für die Geometrie aus Abb. 5.3 und einer Propagation der Welle in z-Richtung gilt: Bei einer rechts- und linkszirkularpolarisierten Welle laufen die Feldvektoren im bzw. gegen den Uhrzeigersinn um, wobei die Felder der rechtsdrehenden Welle der Bewegung eines Elektrons im Magnetfeld folgt und die der linksdrehenden der Bewegung eines Ions, wenn das Magnetfeld in z-Richtung zeigt.

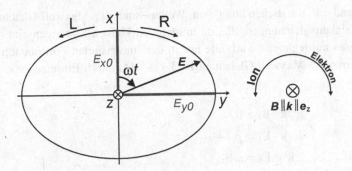

Abb. 5.3 Definition der Umlaufrichtung von elliptisch polarisierten Wellen verglichen mit der Gyrationsbewegung von Elektronen und Ionen. Die Propagationsrichtung soll dabei in z-Richtung zeigen

Dass die Gleichungen tatsächlich elliptisch polarisierte Wellen beschreiben, wird sichtbar, wenn man die Realteile aufschreibt:

$$\Re\{\mathbf{E}_R\} = E_{x0}\cos(\omega t)\mathbf{e}_x + E_{y0}\sin(\omega t)\mathbf{e}_y, \tag{5.13}$$

beziehungsweise, wenn man für R_L das Minuszeichen in die trigonometrischen Funktionen hineinzieht:

$$\Re\{\mathbf{E}_L\} = E_{x0}\cos(-\omega t)\mathbf{e}_x + E_{y0}\sin(-\omega t)\mathbf{e}_y. \tag{5.14}$$

Diese entsprechen gerade wieder der Parameterdarstellung (5.10) der Ellipse. Für $E_{x0} = E_{y0}$ folgen daraus *zirkularpolarisierte Wellen*.

5.1.2 Die linearisierte Wellengleichung

Ähnlich wie bei der Herleitung der Stabilitätstheorie beschreiben wir die Wellen als kleine Störungen, die einem Gleichgewichtszustand überlagert werden. Die Plasmaparameter sollen alle die gleiche raumzeitliche Störung aufweisen:

$$\begin{aligned}
\mathbf{E} &= \mathbf{E}_0(\mathbf{r}) + \mathbf{E}_1 \exp\left\{i(\mathbf{k}\cdot\mathbf{r} - \omega t)\right\}, \\
\mathbf{B} &= \mathbf{B}_0(\mathbf{r}) + \mathbf{B}_1 \exp\left\{i(\mathbf{k}\cdot\mathbf{r} - \omega t)\right\}, \\
\rho &= \rho_0(\mathbf{r}) + \rho_1 \exp\left\{i(\mathbf{k}\cdot\mathbf{r} - \omega t)\right\}, \\
\rho_m &= \rho_{m0}(\mathbf{r}) + \rho_{m1} \exp\left\{i(\mathbf{k}\cdot\mathbf{r} - \omega t)\right\}, \\
\mathbf{u} &= \mathbf{u}_1 \exp\left\{i(\mathbf{k}\cdot\mathbf{r} - \omega t)\right\}, \\
p &= p_0(\mathbf{r}) + p_1 \exp\left\{i(\mathbf{k}\cdot\mathbf{r} - \omega t)\right\}.
\end{aligned} \tag{5.15}$$

Die Gleichgewichtsgrößen, gekennzeichnet durch den Index „0", sind dagegen zeitunabhängig. Weiterhin gehen wir von einem ruhenden Plasmagleichgewicht aus, mit $\mathbf{u}_0 = 0$.

Grundlegend für die Behandlung von Wellen sind die Maxwell-Gleichungen und die Zweiflüssigkeitsgleichungen, die, da immer von kleinen Störungen eines Gleichgewichtszustandes ausgegangen wird, alle nur in der linearisierten Form benötigt werden. Wir linearisieren die Maxwell-Gleichungen (3.41–3.44) durch Einsetzen von (5.15) und erhalten:

$$\mathbf{k} \cdot \mathbf{B}_1 = 0, \tag{5.16}$$

$$i\epsilon_0 \mathbf{k} \cdot \mathbf{E}_1 = \rho_{e1} + \rho_{i1}, \tag{5.17}$$

$$\mathbf{k} \times \mathbf{E}_1 = \omega \mathbf{B}_1, \tag{5.18}$$

$$i\mathbf{k} \times \mathbf{B}_1 = \mu_0(\mathbf{j}_{e1} + \mathbf{j}_{i1}) - \frac{i\omega}{c^2}\mathbf{E}_1 \equiv -\frac{i\omega}{c^2}\bar{\bar{\epsilon}} \cdot \mathbf{E}_1. \tag{5.19}$$

Die erste Gleichung besagt, dass das Magnetfeld der Welle auch im Plasma immer senkrecht zur Ausbreitungsrichtung steht. Hingegen kann das elektrische Feld, nach (5.17) erzeugt durch die Raumladungsdichte $\rho_{e1} + \rho_{i1}$, eine zur Ausbreitungsrichtung parallele Komponente besitzen. Die Komponente senkrecht dazu wird nach (5.18), wie bei Vakuumwellen auch, durch das zeitlich veränderliche Magnetfeld induziert.

In der letzten Gleichung haben wir den *dielektrischen Tensor* $\bar{\bar{\epsilon}}$ eingeführt. Er spielt eine zentrale Rolle für die folgenden Untersuchungen und beinhaltet den für die Ausbreitung von elektromagnetischen Wellen essentiellen *Verschiebungsstrom*. Bei der Behandlung der MHD und damit der *Alfvén-Wellen* wurde dieser vernachlässigt, und das Magnetfeld wurde nur über den Plasmastrom erzeugt, der hier durch die Stromdichten der Elektronen und Ionen $\mathbf{j}_{e1} + \mathbf{j}_{i1}$ vertreten wird. Gl. (5.19) wird unsere Bestimmungsgleichung für den dielektrischen Tensor sein.

Zur Klassifizierung der Wellen ist eine Unterscheidung in elektrostatische und elektromagnetische Wellen wichtig. Es handelt sich um *elektrostatische Wellen*, wenn der Wellenvektor parallel zum elektrischen Feld ($\mathbf{k} \parallel \mathbf{E}_1$) liegt. Denn dann folgt aus (5.18), dass die Magnetfeldstörung $\mathbf{B}_1$ verschwindet. Sonst hat man *elektromagnetische Wellen*.

Aus den Maxwell-Gleichungen können wir unmittelbar die *linearisierte Wellengleichung* ableiten. Wir ersetzen dazu das Magnetfeld in (5.19) durch (5.18) und erhalten mit $c^2 = 1/\mu_0\epsilon_0$:

$$\mathbf{k} \times (\mathbf{k} \times \mathbf{E}_1) = -\frac{\omega^2}{c^2}\left(\mathbf{E}_1 + \frac{i}{\epsilon_0\omega}(\mathbf{j}_{e1} + \mathbf{j}_{i1})\right) = -\frac{\omega^2}{c^2}\bar{\bar{\epsilon}}\mathbf{E}_1. \tag{5.20}$$

Durch Skalarmultiplikation dieses Ausdrucks mit $\mathbf{k}$ folgt die nützliche Beziehung

$$\mathbf{k} \cdot (\bar{\bar{\epsilon}}\epsilon_0\mathbf{E}_1) = \mathbf{k} \cdot \mathbf{D}_1 = 0, \tag{5.21}$$

die einfach besagt, dass das Wellenfeld ohne Plasma, wie bei elektromagnetischen Wellen üblich, senkrecht auf der Ausbreitungsrichtung steht. Abweichungen davon kommen nur durch die Ladungsdichten im Plasma zustande. In der Elektrodynamik wird ja oft das Vakuumfeld bezeichnet als $\mathbf{D} = \epsilon\epsilon_0\mathbf{E}$.

Weiterhin können wir mit $\mathbf{j} = \bar{\bar{\sigma}}\mathbf{E}$ aus (5.20) den Zusammenhang zwischen dielektrischem Tensor und dem *elektrischen Leitfähigkeitstensor* $\bar{\bar{\sigma}}$ ablesen:

$$\bar{\bar{\sigma}} = i\epsilon_0\omega(1 - \bar{\bar{\epsilon}}). \tag{5.22}$$

Für eine selbstkonsistente Behandlung des Wellenproblems fehlen noch die Flüssigkeitsgleichungen, aus denen die Antwort des Plasmas auf das Wellenfeld berechnet wird. Aus den Störungen der Plasmaparameter werden wir dann die in den Maxwell-Gleichungen auftretenden Strom- und Ladungsdichten berechnen. Für Elektronen und Ionen folgt aus (3.7) je eine *linearisierte Kontinuitätsgleichung* der Form

$$-i\omega\rho_{m1} + (\mathbf{u}_1 \cdot \nabla)\rho_{m0} + i\rho_{m0}(\mathbf{k} \cdot \mathbf{u}_1) = 0. \tag{5.23}$$

Den Nabla-Operator im zweiten Term kann man nicht durch $i\mathbf{k}$ ersetzen, da er auf eine Gleichgewichtsgröße und nicht auf deren Störung wirkt. Die Gleichung vereinfacht sich, wenn die Gleichgewichtsdichte isotrop oder das Plasma inkompressibel ist, denn dann entfällt der zweite bzw. der dritte Term der Gleichung.

Analog folgt aus (3.11), unter Vernachlässigung der Reibung und aller quadratischer Terme in den Störgrößen, die *linearisierte Bewegungsgleichung*

$$-i\omega\rho_{m0}\mathbf{u}_1 = \rho_0(\mathbf{E}_1 + \mathbf{u}_1 \times \mathbf{B}_0) + \rho_1\mathbf{E}_0 - i\mathbf{k}p_1. \tag{5.24}$$

In der Regel verschwindet das elektrische Feld im ungestörten Zustand, sodass der Term mit $\mathbf{E}_0$ entfällt. Wenn wir weiterhin ein kaltes Plasma voraussetzen, also die Temperatur null ist, dann verschwindet der Druckterm. Spielt hingegen die Temperatur eine Rolle, dann brauchen wir noch eine Zustandsgleichung. Dazu linearisieren wir die Zustandsgleichung (3.16) wie folgt:

$$\frac{p}{\rho_m^\gamma} = \frac{p_0 + p_1}{(\rho_{m0} + \rho_{m1})^\gamma} \approx (p_0 + p_1)\left\{\frac{1}{\rho_{m0}^\gamma} - \gamma\frac{\rho_{m1}}{\rho_{m0}^{\gamma+1}}\right\} \approx \frac{p_0}{\rho_{m0}^\gamma} - \gamma\frac{p_0\rho_{m1}}{\rho_{m0}^{\gamma+1}} + \frac{p_1}{\rho_{m0}^\gamma}.$$

Da der erste Term nach (3.16) konstant ist, müssen sich die beiden anderen Terme aufheben. Die *linearisierte Zustandsgleichung* hat damit die Form

$$p_1 = \gamma\frac{p_0\rho_{m1}}{\rho_{m0}} = \gamma T_0 n_1. \tag{5.25}$$

Die isotherme Zustandsgleichung folgt daraus mit einem *Adiabatenkoeffizienten* von $\gamma = 1$ (s. Tab. 3.1).

5.1.3   Energiebilanz für elektromagnetische Wellen

Zur Untersuchung von Wellen ist es oft interessant zu verfolgen, wie kinetische Energie in elektromagnetische umgewandelt wird und umgekehrt. Für solche Überlegungen ist ein Energiesatz wichtig. Dieser ergibt sich nach Skalarmultiplikation von (5.19) mit $\mathbf{E}_1$ und (5.18) mit $\mathbf{B}_1$, wobei die Umwandlung der Ableitungen in $\mathbf{k}$ und ω rückgängig gemacht werden muss. Nach Subtraktion der beiden Gleichungen und unter Verwendung von (B.10) folgt

$$\nabla \cdot \frac{(\mathbf{E}_1 \times \mathbf{B}_1)}{\mu_0} + \mathbf{E}_1 \cdot \mathbf{j}_1 + \frac{\partial}{\partial t}\left(\frac{1}{2}\epsilon_0 E_1^2 + \frac{B_1^2}{2\mu_0}\right) = 0. \tag{5.26}$$

Der erste Term steht für den Leistungsfluss über elektromagnetische Felder aus einem Volumenelement heraus. Dieser ist gerade die Divergenz des *Poynting-Vektors*

$$\mathbf{S} = \frac{\mathbf{E}_1 \times \mathbf{B}_1}{\mu_0} = \sqrt{\frac{\epsilon_0}{\mu_0}} E_1^2\, \mathbf{e}_k. \tag{5.27}$$

Die Umformung gelingt mit (5.18) unter Zuhilfenahme von (B.3), wobei $\mathbf{e}_k$ der Einheitsvektor in Richtung des Wellenvektors ist.

Der zweite Term gibt die Arbeit an, die das elektrische Feld an den geladenen Teilchen des Plasmas leistet. Der letzte Term trägt der zeitlichen Änderung der Energiedichten im elektrischen und magnetischen Feld Rechnung.

5.2   Wellen im unmagnetisierten Plasma

In diesem einfachsten Fall betrachten wir Wellen in einem unmagnetisierten Plasma ($\mathbf{B}_0 = 0$). Zwei Effekte sind hier wichtig, die beide auf durch das elektrische Feld der Welle verursachte Störungen in der Ionen- bzw. der Elektronenflüssigkeit zurückzuführen sind. Im Fall longitudinaler Wellen erzeugen Raumladungen ein zusätzliches elektrisches Feld, und bei transversalen Wellen sorgen elektrische Ströme im Plasma für ein zusätzliches Magnetfeld.

5.2.1   Wellengleichung für ein kaltes Plasma

Zunächst vernachlässigen wir den Plasmadruck ($p = 0$), was in die *Näherung des kalten Plasmas* mündet. Sie entspricht der Forderung, dass ein thermisches Elektron in einer Periodendauer nicht die Strecke einer Wellenlänge zurücklegen darf. Anders ausgedrückt bedeutet dies, dass

$$v_{th} = \sqrt{\frac{T_e}{m_e}} \ll \frac{\omega}{k} \tag{5.28}$$

sein muss. Da die thermische Geschwindigkeit der Elektronen deutlich unter der Lichtgeschwindigkeit liegt, die trotz Dispersion auch im Plasma als Maß für die Phasengeschwindigkeit der meisten Wellen genommen werden kann, gilt die Näherung des kalten Plasmas auch noch in Fusionsplasmen bei Temperaturen von 10 keV. Die Näherung des kalten Plasmas ist keine starke Einschränkung für die Anwendbarkeit der Theorie.

Zur Aufstellung der Wellengleichung (5.20) benötigen wir einen Ausdruck für die im Plasma induzierte Stromdichte, die sich aus den linearisierten Beiträgen von Elektronen und Ionen zusammensetzt:

$$\mathbf{j}_{e1} + \mathbf{j}_{i1} = \rho_{e0}\mathbf{u}_{e1} + \rho_{i0}\mathbf{u}_{i1}. \tag{5.29}$$

Die Strömungsgeschwindigkeiten folgen aus der Bewegungsgleichung (5.24). Für Elektronen und Ionen gilt in der behandelten Näherung je eine Bewegungsgleichung der Form

$$\mathbf{u}_1 = i\,\frac{\rho_0}{\omega\rho_{m0}}\mathbf{E}_1 = i\,\frac{q}{\omega m}\mathbf{E}_1. \tag{5.30}$$

Mit der *Plasmafrequenz*

$$\omega_p = \sqrt{\frac{q^2 n}{m\epsilon_0}}, \tag{5.31}$$

die wir in (1.23) nur für Elektronen ($q = -e$) definiert haben, hier aber auch die entsprechenden Größen für Ionen verwenden werden, folgt aus (5.20) die linearisierte *Wellengleichung für das unmagnetisierte kalte Plasma*:

$$\mathbf{k} \times (\mathbf{k} \times \mathbf{E}_1) = -\frac{\omega^2}{c^2}\left(1 - \frac{\omega_{pe}^2}{\omega^2} - \frac{\omega_{pi}^2}{\omega^2}\right)\mathbf{E}_1 \approx -\frac{\omega^2}{c^2}\left(1 - \frac{\omega_{pe}^2}{\omega^2}\right)\mathbf{E}_1. \tag{5.32}$$

Die Terme in der Klammer stehen für die Erzeuger des Wellenmagnetfeldes, nämlich für den Verschiebungsstrom und die durch Elektronen und Ionen getragenen elektrischen Ströme.

Im Vergleich mit (5.20) folgt daraus der *dielektrische Tensor*. Dabei handelt es sich hier um ein Skalar der Form

$$\epsilon(\omega) = \left\{1 - \frac{\omega_{pe}^2}{\omega^2}\left(1 + \frac{m_e Z_i}{m_i}\right)\right\} \approx 1 - \frac{\omega_{pe}^2}{\omega^2}. \tag{5.33}$$

In der Umformung wurde die Quasineutralität des Plasmas berücksichtigt, nach der bei einer Ionensorte der Ladung Z_i gilt, dass $n_i Z_i = n_e$ ist.

Ohne Beschränkung der Allgemeinheit sei $\mathbf{k} = k\mathbf{e}_z$. Dann folgen aus (5.32) für die Komponenten des elektrischen Feldes die Gleichungen

$$(\omega^2 - \omega_{pe}^2 - (kc)^2)E_{1x} = 0, \tag{5.34}$$

$$(\omega^2 - \omega_{pe}^2 - (kc)^2)E_{1y} = 0, \tag{5.35}$$

$$(\omega^2 - \omega_{pe}^2)E_{1z} = 0. \tag{5.36}$$

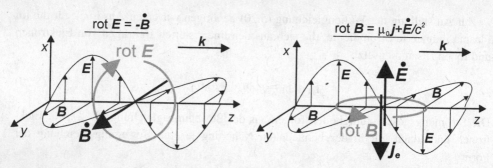

Abb. 5.4 Entstehung einer elektromagnetischen Welle im kalten unmagnetisierten Plasma. *Links* wird das E-Feld durch $\dot{B}$ induziert und *rechts* das B-Feld durch den Verschiebungsstrom ($\sim \dot{E}$) und den Plasmastrom j_e, der die entgegengesetzte Wirkung hat

Endliche Felder treten nur dann auf, wenn die Vorfaktoren der Feldkomponenten zu null werden. Aus dieser Bedingung folgen die *Dispersionsrelationen* der verschiedenen Wellentypen. Die Lösungen für die x- und y-Komponente entsprechen elektromagnetischen Wellen, denn die Komponenten sind senkrecht zu **k**. Die Lösung für die z-Komponente steht für eine longitudinale und also elektrostatische Welle.

In Abb. 5.4 ist der Einfluss eines unmagnetisierten Plasmas auf eine elektromagnetische Welle illustriert. Das elektrische Feld wird, wie bei einer Vakuumwelle auch, durch das zeitlich veränderliche Magnetfeld induziert (links). Das Magnetfeld hingegen wird nicht nur über Induktion durch das elektrische Feld erzeugt, sondern auch durch einen elektrischen Strom im Plasma, der hauptsächlich durch die Elektronen getragen wird (rechts). Der durch einen Pfeil angedeutete Strombeitrag entsteht dadurch, dass das elektrische Feld der Welle eine halbe Periode lang die Elektronen beschleunigt hat. Die Geschwindigkeit, die in der Abbildung nach oben zeigt ($j = -enu$), nimmt gerade dann ihr Maximum an, wenn das Wellenfeld einen Nulldurchgang hat. Das dazugehörige Magnetfeld wirkt der aus dem Verschiebungsstrom generierten Komponente entgegen. Die Welle kann dann nicht mehr propagieren, wenn sich die beiden Beiträge aufheben – die Welle erreicht ihren Cutoff. Wegen der höheren Masse der Ionen ist deren Geschwindigkeit und damit der Ionenstrom vernachlässigbar.

5.2.2 Elektrostatische Wellen im kalten Plasma

Die Lösung von (5.36) ist uns schon aus Abschn. 1.4.3 bekannt und entspricht einer elektromechanischen Schwingung der Elektronen mit der Plasmafrequenz. Aus dem Ansatz (5.15) folgt:

$$E_{1z} = E_{1z} \exp\left\{i(kz - \omega_{pe}t)\right\}. \tag{5.37}$$

Für diese Klasse von Schwingungen werden synonym die Ausdrücke *Plasma-*, *Langmuir-* oder *Raumladungsoszillationen* verwendet. Der Wellenvektor liegt, wie bei Schallwellen auch, parallel zum Dichteverschiebungsvektor. Nur dass hier allein die Elektronen

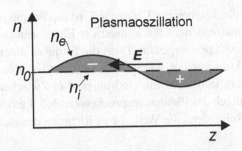

Abb. 5.5 Plasmaoszillationen werden durch das aus Ladungsdichten entstandene elektrische Feld angetrieben. Wegen Quasineutralität ist $|n_e - n_i| / n_0 \ll 1$

an der Schwingung beteiligt sind, wogegen bei Schallwellen Elektronen und Ionen in Phase schwingen, und so keine elektrischen Felder erzeugen. Wie in Abb. 5.5 zu sehen, ist hier das elektrische Feld, und nicht der Druckgradient, die antreibende Kraft. Das elektrische Feld kann aus der Maxwell-Gleichung (5.17) berechnet werden, wobei die Elektronendichte wegen der periodischen Struktur des Stromes moduliert wird; die Ladungsdichte folgt aus der Kontinuitätsgleichung (5.23). Induktion spielt für die Entstehung des elektrischen Feldes keine Rolle, denn nach (5.18) gibt es bei Longitudinalwellen keine Magnetfeldkomponente. Während der Schwingung wird kinetische Energie in elektrische Feldenergie umgewandelt; ein Magnetfeld entsteht nicht, da sich Plasma- und Verschiebungsstrom aufheben.

Die Plasmaoszillationen zeigen keine Dispersion. Eine lokalisierte Störung wird also nicht durch das Plasma propagieren, sondern an einem festen Ort oszillieren. Entsprechend ist die *Gruppengeschwindigkeit*

$$v_g = \frac{\partial \omega}{\partial k} = 0.$$

Dies ändert sich, wenn wir die thermische Bewegung der Elektronen über den Druckterm mitnehmen.

5.2.3   Elektromagnetische Wellen im kalten Plasma

Kommen wir nun zu den Komponenten (5.34) und (5.35) der Wellengleichung, die ja senkrecht auf der Ausbreitungsrichtung stehen und somit die elektromagnetische Welle repräsentieren. Aus ihnen folgt eine *Dispersionsrelation* der Form

$$\omega^2 = (kc)^2 + \omega_{pe}^2. \tag{5.38}$$

Diese Wellen gehen für kleine Dichten ($\omega_p \rightarrow 0$) oder hohe Frequenzen ($\omega \rightarrow \infty$) in Vakuumwellen über. Die Dispersionsrelation beschreibt also die Propagation von Lichtwellen in einem dielektrischen Medium. Die Plasmafrequenz entspricht der Zeitkonstanten, mit der das Plasma auf Änderungen des elektrischen Feldes reagieren kann.

Sie ist bestimmt durch die Trägheit der Elektronen. Ist die Frequenz der Störung wesentlich höher als die Plasmafrequenz, dann können die Elektronen der Feldänderung nicht folgen, und die Welle propagiert ungestört. Liegt die Frequenz unter der Plasmafrequenz, dann annulliert der Elektronenstrom, wie in Abb. 5.4 illustriert, den Verschiebungsstrom, und die Welle kann nicht in das Plasma eindringen. Bei Zwischenfrequenzen wird die Propagation der Welle durch das Plasma entsprechend Abb. 5.4 modifiziert. Ladungsdichten spielen hier keine Rolle, denn die Welle ist in Richtung des elektrischen Feldvektors homogen.

In Abb. 5.6 (links) ist die Dispersionsrelation (5.38) grafisch dargestellt. Für Frequenzen unterhalb der Plasmafrequenz existiert keine Lösung. Strahlt man, wie in Abb. 5.6 (rechts) zu sehen, eine Welle in ein inhomogenes Plasma mit ansteigender Dichte ein, dann wird sie an dem Ort reflektiert, wo die Plasmadichte den Wert der Cutoff-Dichte erreicht. Dort ist dann die Frequenz der Welle gerade gleich der Plasmafrequenz. Ähnlich wie beim Tunneleffekt hat die Welle allerdings noch bis zur *Eindringtiefe* δ_0 hinter dem Cutoff eine endliche Amplitude (s. (5.52)).

Aus $\omega = \omega_{pe}$ folgt für die *Cutoff-Dichte* die Beziehung

$$n_c = \frac{\epsilon_0 m_e}{e^2}\omega^2, \tag{5.39}$$

oder, in den hier verwendeten Einheiten, als Funktion der Wellenfrequenz f:

$$n_c \approx 0,012 f^2. \tag{5.40}$$

In Tab. 5.1 sind für einige gebräuchliche Frequenzen die Cutoff-Dichten zusammengestellt. Im Bereich zwischen 140 GHz und der bei im Haushalt verwendeten Mikrowellenherden eingesetzten Frequenz von 2,45 GHz können Plasmen bis zu den angegebenen

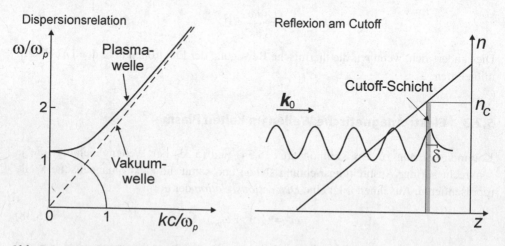

Abb. 5.6 *Links*: Dispersionsrelation für elektromagnetische Wellen im kalten unmagnetisierten Plasma. *Rechts*: Reflexion einer Welle in einem inhomogenen Plasma am Ort der Cutoff-Dichte. Dabei dringt die Welle noch um die Eindringtiefe δ_0 bis hinter den Cutoff ein

Tab. 5.1 Typische Frequenzen und die dazugehörenden Cutoff-Dichten. Zum Vergleich: Die Festkörperdichte liegt bei 10^{29} m^{-3} und in der Ionosphäre schwankt die Plasmadichte zwischen 10^{11} und 10^{12} m^{-3}

Anwendung	MW-Sender	UKW-Sender	Mikrowellenherd	Fusionsplasma	sichtbares Licht
Frequenz	1 MHz	100 MHz	2,45 GHz	140 GHz	500 THz
n_c (m^{-3})	$1,2 \times 10^{10}$	$1,2 \times 10^{14}$	$7,4 \times 10^{16}$	$2,4 \times 10^{20}$	$3,1 \times 10^{27}$

Dichten mit Wellen geheizt werden. Die Wellen von UKW-Radiosender durchdringen ungestört die Ionosphäre (vgl. Abb. 3.27), wogegen die von Mittelwellensendern reflektiert werden, was die größere Reichweite dieser Sender erklärt. Licht wird erst bei sehr hohen Dichten reflektiert, wie am Elektronenplasma in Metallen, was zu spiegelnden Metalloberflächen führt.

Die elektromagnetische Welle transportiert Energie mit einer *Gruppengeschwindigkeit*, die geringer als die Lichtgeschwindigkeit ist:

$$v_g = \frac{\partial \omega}{\partial k} = \frac{2kc^2}{2\sqrt{\omega_{pe}^2 + (kc)^2}} = c\frac{\sqrt{\omega^2 - \omega_{pe}^2}}{\omega} = c\sqrt{1 - \frac{\omega_{pe}^2}{\omega^2}} \leq c, \qquad (5.41)$$

wobei wir kc nach (5.38) ersetzt haben. Dagegen ist die *Phasengeschwindigkeit* der Wellen höher als die Lichtgeschwindigkeit:

$$v_{ph} = \frac{\omega}{k} = c\sqrt{\frac{\omega^2}{\omega^2 - \omega_{pe}^2}} = \frac{c}{\sqrt{1 - (\omega_{pe}/\omega^2)^2}} \geq c. \qquad (5.42)$$

5.2.4 Interferometrie und Reflektometrie

Die in diesem Kapitel hergeleiteten Beziehungen beschreiben die Grundlagen zweier wichtiger Plasmadiagnostiken mit ausreichender Genauigkeit. Sowohl die Interferometrie als auch die Reflektometrie nutzen die erhöhte Phasengeschwindigkeit elektromagnetischer Wellen im Plasma aus, um aus der Änderung des optischen Weges die Elektronendichte zu bestimmen. Das Messprinzip ist in Abb. 5.7 erläutert. Typische Frequenzen für die Mikrowellendiagnostik liegen bei der höchsten zu erwartenden Plasmafrequenz im Bereich von 10^9 bis 10^{12} Hz.

Bei der *Interferometrie* wird ein Mikrowellenstrahl vor Eintritt in das Plasma durch einen Richtkoppler geteilt. Ein Teilstrahl wird als Referenz am Plasma vorbeigeleitet und schließlich wieder mit dem anderen, der das Plasma durchquert hat, überlagert. Als Referenz wird ein Phasenschieber im Referenzstrahl so eingestellt, dass die Interferenz der beiden Strahlen ohne Plasma destruktiv ist. Wird nun Plasma erzeugt, so entsteht mit steigender Elektronendichte eine wachsende Phasendifferenz zwischen beiden Strahlen. Bei

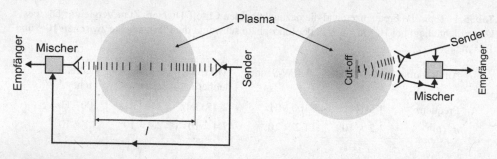

Abb. 5.7 Messprinzip zur Ermittelung der Elektronendichte durch Interferometrie (*links*) und Reflektometrie (*rechts*)

der Phasendifferenz π entsteht ein Signalmaximum. Als Funktion der Zeit entsteht so im überlagerten Signal eine Folge von Amplitudenmaxima. Zwischen zwei Maxima liegt eine Phasenverschiebung durch das Plasma um 2π, genannt ein *Fringe*.

Die Änderung der Phasenverschiebung $\mathrm{d}\Phi$ über einen Weg $\mathrm{d}l$ folgt aus der Phasengeschwindigkeit (5.42) im Vergleich mit der Lichtgeschwindigkeit:

$$\mathrm{d}\Phi = \omega \mathrm{d}T = \omega \left(\frac{1}{c} - \frac{1}{v_{ph}} \right) \mathrm{d}l = \frac{\omega}{c} \left(1 - \sqrt{1 - \frac{\omega_{pe}^2}{\omega^2}} \right) \mathrm{d}l. \qquad (5.43)$$

Für diagnostische Zwecke sollte die gewählte Frequenz möglichst deutlich oberhalb der Plasmafrequenz liegen, die für die höchste erwartete Dichte gilt ($\omega/\omega_{pe} \gg 1$). Die Wurzel in (5.43) können wir dann entwickeln und es folgt ein einfacher Ausdruck für die sogenannte *liniengemittelte Dichte* $\bar{n}_e = \int n_e \mathrm{d}l / l$. Das ist die über den Lichtweg durch das Plasma integrierte Elektronendichte, geteilt durch die Weglänge l. Die Gesamtphasenverschiebung ist dann:

$$\triangle \Phi = \int_l \mathrm{d}\Phi = \frac{e^2}{2\epsilon_0 m_e} \frac{1}{\omega c} \int_l n_e(l) \mathrm{d}l \approx 8.4 \times 10^{-7} \frac{\bar{n}_e l}{f} \ \text{(rad)}, \qquad (5.44)$$

mit $\omega = 2\pi f$. Oder aber

$$\bar{n}_e = 1.2 \times 10^6 \frac{f \triangle \Phi}{l}, \qquad (5.45)$$

wobei die Phase $\triangle \Phi$ in rad einzusetzen ist. In jedem Fall ist ein so gewonnener Messwert ein sehr direkter Zugang zur Plasmadichte, der leicht, unter der Annahme einer Dichteprofilform, in einen Absolutwert für die Dichte umgerechnet werden kann. Wird die Dichte allerdings so hoch, dass die Plasmafrequenz in der Nähe der Wellenfrequenz liegt, so verliert die einfache Beziehung ihre Gültigkeit und eine numerische Auswertung mittels (5.43) wird notwendig. Der Strahl kann dann auch durch Brechung vom geometrischen Weg abweichen.

Obwohl die Ableitungen für ein Plasma ohne Magnetfeld gemacht wurden, kann man die Diagnostik auch bei magnetisierten Plasmen einsetzen. Man muss dann darauf achten, dass der elektrische Feldvektor der eingestrahlten Welle parallel zum Magnetfeld liegt oder $\omega \gg \omega_{pe}$ sehr gut erfüllt ist. Wir werden sehen, dass sich die Welle dann wie im feldfreien Plasma ausbreitet. Durch den gleichzeitigen Einsatz mehrerer Interferometer ist es darüberhinaus möglich, Information über die Form des Dichteprofils mit hoher Zeitauflösung zu gewinnen.

Interferometrie ist nur möglich, wenn die Wellenfrequenz oberhalb der Plasmafrequenz liegt. Ist das nicht der Fall, so wird die Welle reflektiert. Man verwendet dann die *Reflektometrie* zur Dichtebestimmung. Diese Methode ist komplizierter, erlaubt aber eine Rückrechnung auf lokale Dichtewerte, wogegen die Interferometrie immer linienintegrierte Dichten liefert. Die Reflektometrie besitzt zwei wesentliche Einsatzmöglichkeiten. Betreibt man den Sender bei einer festen Frequenz, so ist die Phasenverschiebung im Wesentlichen bestimmt durch die Position der reflektierenden Schicht, die *Cutoff-Schicht* heißt. Fluktuiert die Dichte an dieser Stelle, so gibt die zeitliche Änderung der Phasenverschiebung die Dichtefluktuation an dieser Stelle in sehr guter Zeitauflösung wieder. Diese Methode wird also für *Fluktuationsmessungen* eingesetzt.

Um räumlich aufgelöste Dichtemessungen zu gewinnen, muss man die Wellenfrequenz durchstimmen. Das Messprinzip ist in Abb. 5.8 (links) erläutert. Bei niedriger Frequenz ω_1 erhält man die Phasenreferenz, indem man annimmt, dass die Welle am Plasmarand reflektiert wird. Dort muss das Dichteprofil aus einer anderen Diagnostik bekannt sein, sodass der Ort der Cutoff-Dichte $n_1(r_1)$ gegeben ist. Nun stimmt man die Frequenz nach oben durch und zeichnet die Phasenverschiebung als Funktion der Frequenz auf. Die Phasendifferenz zwischen je zwei benachbarten Frequenzen ω_1 und ω_2, zu denen die Cutoff-Dichten n_1 und n_2 gehören, kann man unter Annahme eines linearen Dichteverlaufes mittels (5.44) in die dazwischen liegende Strecke $l = r_1 - r_2$ umrechnen. Daraus

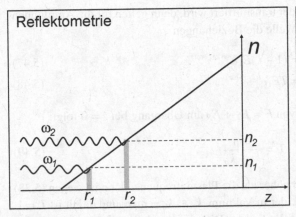
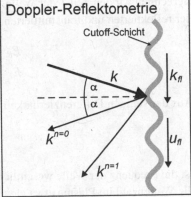

Abb. 5.8 Skizzen zur Erläuterung des Messprinzips der Reflektometrie (*links*) sowie der Doppler-Reflektometrie (*rechts*)

erhält man den nächsten Wert $n_2(r_2)$ des Profils und so sukzessive den gesamten Dichteverlauf. In Bereichen, in denen die Dichte als Funktion von z abnimmt, versagt die Methode. Das gleiche Messprinzip kann auch in magnetisierten Plasmen eingesetzt werden. Dort spielen allerdings auch andere Cutoffs eine Rolle, wie es in Abschn. 5.3 nachzulesen ist.

Eine Erweiterung der Reflektometrie ist die *Doppler-Reflektometrie*, deren Prinzip im rechten Teil der Abb. 5.8 erläutert ist. Hierbei nutzt man aus, dass in realen Plasmen die Cutoff-Schicht durch Dichtefluktuationen moduliert ist. Die Cutoff-Schicht wirkt dann auf die Welle wie ein Gitter und erzeugt Beugungsmaxima. Um daraus eine Information über die zur Modulation der Dichte beitragenden Wellenzahlen k_{fl} zu erhalten, strahlt man die Mikrowelle unter einem Winkel α auf die Cutoff-Schicht und detektiert mit der Sendeantenne auch das unter der −1. Ordnung reflektierte Signal. Die gemessene Intensität steht dann, ganz analog zur *Bragg-Bedingung*, in direktem Zusammenhang mit der Amplitude der Dichtefluktuationen mit der Wellenzahl $k_{fl} = -2k \sin \alpha$, wobei k die Wellenzahl der eingestrahlten Mikrowelle ist. Durch Schwenken der Antenne kann prinzipiell das Wellenzahlspektrum der Dichtefluktuationen ermittelt werden. Propagieren die Dichtefluktuationen außerdem mit der Geschwindigkeit u_{fl}, dann tritt im reflektierten Strahl zusätzlich eine Frequenzverschiebung $\Delta \omega = -2ku_{fl} \sin \alpha$ aufgrund des Doppler-Effektes auf. Daraus kann man somit Informationen über die Strömungsgeschwindigkeit des Plasmas ermitteln. Doppler-Reflektometrie wird intensiv zur Messung von Turbulenz und Strömungen in Fusionsplasmen eingesetzt [3].

Die Reflexion der Welle geschieht natürlich nicht an einem infinitesimalen Volumen, sondern über einen endlichen Bereich. Zur Berechnung der sog. *Eindringtiefe* der Welle hinter die Cutoff-Schicht nehmen wir der Einfachheit halber an, eine Welle treffe aus dem Vakuum heraus auf ein Plasma, dessen Dichte unmittelbar auf einen Wert oberhalb der Plasmafrequenz ansteigt. Die einfallende Welle sei gegeben durch

$$E = E_1 e^{i(k_0 z - \omega t)}. \tag{5.46}$$

Berechnen wir den Teil T der Welle, der transmittiert wird, dann gelten für die Amplituden der reflektierten und transmittierten Welle die Beziehungen

$$E_R = (1 - T)E_1 e^{-i(k_0 z + \omega t)}, \tag{5.47}$$

$$E_T = TE_1 e^{i(k_p z - \omega t)}. \tag{5.48}$$

Aus der stetigen Differenzierbarkeit von $E = E_T + E_R$ am Übergang bei $z = 0$ folgt:

$$T = \frac{2k_0}{k_0 + k_p}. \tag{5.49}$$

Ist die Frequenz der Welle wesentlich höher als die Plasmafrequenz, dann ist wegen (5.38) die Wellenzahl im Plasma etwa gleich der in Vakuum, $k_p \approx k_0 = \omega/c$, und damit ist $T = 1$. Für den hier relevanten Fall $\omega \ll \omega_p$ folgt aus der Dispersionsrelation (5.38)

$$k_p \approx \pm i \frac{\omega_{pe}}{c} \tag{5.50}$$

und für die transmittierte Welle gilt, wenn man den kleinen Imaginärteil in T vernachlässigt:

$$E_T = 2\frac{\omega}{\omega_{pe}}E_1 e^{-\omega_{pe}z/c}e^{-i\omega t}. \tag{5.51}$$

Das positive Vorzeichen kommt aus energetischen Gründen nicht infrage. Die Wellenamplitude fällt also innerhalb einer charakteristischen Länge, die man *stoßfreie Eindringtiefe* oder auch *Skintiefe* nennt, auf $1/e$ ab:

$$\delta_0 = \frac{c}{\omega_{pe}} \approx 5.4 \times 10^6 \frac{1}{\sqrt{n\,(\mathrm{m}^{-3})}} \quad (\mathrm{m}), \tag{5.52}$$

Für die Plasmen aus Tab. 1.1 folgen Eindringtiefen zwischen $100\,\mathrm{m}$ und $1\,\mu\mathrm{m}$. Typische Werte für Laborplasmen liegen im Bereich von Millimetern.

5.2.5 Die Rolle von Stößen

Wir wollen hier, für den einfachsten Fall, exemplarisch den Einfluss von Stößen auf die Wellenpropagation im Plasma untersuchen. Dazu fügen wir einen Reibungsterm der Form $m_e n_e \nu \mathbf{u}_{e1}$ zur linearisierten Bewegungsgleichung (5.24) der Elektronen hinzu, wobei n_e für den ungestörten Wert der Elektronendichte steht. Der Term repräsentiert für Stöße der Elektronen mit den Ionen oder dem Neutralgas und hängt von der *Stoßfrequenz* ν ab, die das Inverse der Zeit ist, innerhalb der ein Elektron im Mittel seinen Impuls durch elastische Stöße an die Stoßpartner überträgt. Für das kalte unmagnetisierte Plasma lautet dann die Bewegungsgleichung der Elektronen (vgl. (5.30))

$$-i\omega m_e n_e \mathbf{u}_{e1} = -e n_e \mathbf{E}_1 - m_e n_e \nu \mathbf{u}_{e1}, \tag{5.53}$$

wobei die Ionen bzw. das Neutralgas, mit denen die Elektronen stoßen, als in Ruhe angenommen wurden. Es folgt für den Strombeitrag der Elektronen:

$$\mathbf{j}_{1e} = -e n_e \mathbf{u}_{e1} = \frac{e^2 n_e/m_e}{\nu - i\omega}\mathbf{E}_1. \tag{5.54}$$

Daraus können wir direkt eine Beziehung für die *elektrische Leitfähigkeit* für ein elektrisches Wechselfeld in einem stoßbehafteten Plasma angeben, die lautet:

$$\sigma = \frac{e^2 n_e/m_e}{\nu - i\omega} = \frac{e^2 n_e}{m_e \nu}\left(\frac{1}{1 + \nu^2/\omega^2}\right)\left\{\frac{\nu^2}{\omega^2} + i\frac{\nu}{\omega}\right\}. \tag{5.55}$$

Der Realteil führt zur Absorption der Welle im Plasma. Dabei wird die Energie auf die Elektronen übertragen, die dann durch Stöße dissipiert wird. Der Imaginärteil der Leitfähigkeit bewirkt eine rein induktive Antwort des Plasmas auf das Wechselfeld und trägt nicht zur Deponierung von Leistung bei. Bei hohen Stoßraten $\nu/\omega \gg 1$ dominiert der Realteil, der quadratisch von ν/ω abhängt. Der Ausdruck geht dann in die *Gleichstromleitfähigkeit* $\sigma_n = e^2 n_e / m_e \nu$ über (vgl. (3.159)).

Um die Dispersionsrelationen von elektromagnetischen Wellen zu berechnen, müssen wir den Ausdruck für die Stromdichte (5.54) in die Wellengleichung (5.20) einsetzen. Daraus erhalten wir nach kleineren Umformungen die als *Drude-Modell* bekannte Form der *Dielektrizitätskonstanten*

$$\epsilon = 1 - \frac{\omega_{pe}^2}{\omega(\omega + i\nu)}. \tag{5.56}$$

Den Einfluss von Stößen auf die Wellenausbreitung im kalten unmagnetisierten Plasma können wir schließlich dadurch berücksichtigen, indem wir in den Komponenten der Wellengleichung (5.34–5.36) folgende Ersetzung vornehmen:

$$\omega_{pe}^2 \rightarrow \frac{\omega_{pe}^2}{1 + i\nu/\omega} = \frac{\omega_{pe}^2}{1 + (\nu/\omega)^2} \left(1 - i\frac{\nu}{\omega}\right). \tag{5.57}$$

Für die longitudinalen Plasmaschwingungen folgt dann aus (5.36) die quadratische Gleichung

$$\omega^2 + i\nu\omega - \omega_{pe}^2 = 0,$$

deren Lösung eine komplexe *Dispersionsrelation* liefert, der Form

$$\omega = \pm \omega_{pe} \sqrt{1 - \frac{\nu^2}{4\omega_{pe}^2}} - i\frac{\nu}{2}. \tag{5.58}$$

Stöße der Elektronen erniedrigen also die Frequenz der Plasmaoszillationen und dämpfen sie zum anderen mit einer Zeitfunktion $\exp(-\nu t/2)$ aus. Nur wenn die Schwingung der Elektronen mit dem elektrischen Feld durch Stöße in der relativen Phase verändert wird, kann kontinuierlich Wellenenergie auf die Elektronen übertragen und die Welle gedämpft werden.

In gleicher Weise berechnen wir die elektromagnetische Welle. Dazu ersetzen wir ω_{pe} in den Komponenten (5.34) bzw. (5.35) durch den modifizierten Ausdruck (5.57) und finden für deren *Dispersionsrelation*:

$$\left(\frac{kc}{\omega}\right)^2 = 1 - \frac{\hat{\omega}_p^2}{1 + \hat{\nu}^2} + i\hat{\nu}\frac{\hat{\omega}_p^2}{1 + \hat{\nu}^2}, \tag{5.59}$$

mit der normierten Stoßrate $\hat{\nu} = \nu/\omega$ und der normierten Plasmafrequenz $\hat{\omega}_p = \omega_{pe}/\omega$. Für verschwindende Stoßraten $\hat{\nu} \rightarrow 0$ geht die Dispersionsrelation in die bekannte Form (5.38) über.

Um zu einer kompakten Darstellung für die Lösung der Dispersionsrelation zu gelangen, kürzen wir die komplexe Größe durch $z = x + iy$ ab, mit dem Realteil

$$x = 1 - \frac{\hat{\omega}_p^2}{1 + \hat{\nu}^2}.$$

Der Betrag der komplexen Größe ist folglich gegeben durch

$$|z| = \sqrt{\left(1 - \frac{\hat{\omega}_p^2}{1 + \hat{\nu}^2}\right)^2 + \left(\hat{\nu} \frac{\hat{\omega}_p^2}{1 + \hat{\nu}^2}\right)^2}.$$

Damit folgt aus der Wurzel von (5.59) für den komplexen *Brechungsindex* die Beziehung

$$N = \frac{kc}{\omega} = \sqrt{\frac{|z| + x}{2}} + i\sqrt{\frac{|z| - x}{2}}. \tag{5.60}$$

In Abb. 5.9 sind Real- und Imaginärteil der Dispersionsrelation bzw. des Brechungsindexes für verschiedene Stoßfrequenzen ν/ω_{pe} aufgetragen. Dazu wurde (5.60) mit ω/ω_{pe} multipliziert. Der Realteil zeigt, dass aufgrund der Stöße die elektromagnetische Welle auch bei Frequenzen unterhalb der Plasmafrequenz, bzw. bei Dichten über dem Cutoff, propagieren kann. Aber auch bei einer Frequenz höher als die Plasmafrequenz verschieben Stöße die Wellenzahlen der möglichen Lösung zu höheren Werten. Der Imaginärteil

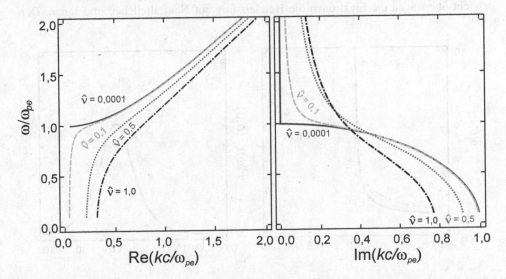

Abb. 5.9 Real- (*links*) und Imaginärteil (*rechts*) der Dispersionsrelation für elektromagnetische Wellen im kalten unmagnetisierten Plasma unter dem Einfluss von Stößen. Das Verhältnis aus Stoß- zu Plasmafrequenz $\hat{\nu}$ wurde variiert

steht für die Absorption der Wellen durch das Plasma. Unterhalb von ω_{pe} verändern Stöße den Imaginärteil nur etwa um den Faktor zwei. Wie zu erwarten, wird die Welle durch Stöße auch schon bei Dichten unterhalb des Cutoffs ausgedämpft. Bei der höchsten Stoßfrequenz ist der Übergang am Cutoff nicht mehr sichtbar. Schon bei Stoßfrequenzen von $\hat{\nu} = 0{,}0001$ ist der Imaginärteil bei Frequenzen oberhalb der Plasmafrequenz praktisch null, sodass Stöße dann keinen Einfluss auf die Propagation der Welle haben.

Entsprechend der Berechnung von (5.52) leiten wir die *stoßbehaftete Eindringtiefe* der Welle in überdichte Plasmen aus dem Inversen des Imaginärteils des Brechungsindexes ab. Aus (5.60) folgt demnach

$$\delta_c = \frac{1}{\Im(k)} = \frac{\sqrt{2}\,c/\omega}{\sqrt{|z| - x}}. \tag{5.61}$$

In Abb. 5.10 (links) ist die Eindringtiefe, normiert auf die stoßfreie Größe (5.52), für verschiedene Stoßraten als Funktion der Wellenfrequenz aufgetragen. Bei kleinen Stoßraten ist die Eindringtiefe nur wenig größer, als im stoßfreien Fall. Einen wesentlichen Einfluss finden wir erst dann, wenn die Stoßfrequenz in der Größenordnung der Wellenfrequenz liegt. Wie beim Imaginärteil des Brechungsindexes schon bemerkt, finden wir den größten Einfluss durch Stöße bei Frequenzen oberhalb des Cutoffs. In Bereichen, in denen die Welle bisher ungehindert propagieren konnte, führen Stöße zu endlichen Eindringtiefen.

Durch die Stöße wird die Elektronenantwort auf das Wellenfeld phasenverzögert, sodass die Welle kontinuierlich Energie auf die Elektronen abgeben kann. Im Gleichgewicht übertragen die Elektronen die Heizleistung auf Neutralteilchen und Ionen. Den

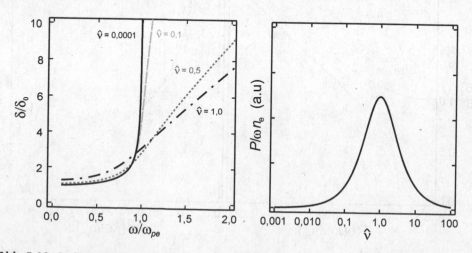

Abb. 5.10 *Links*: Auf den stoßfreien Wert normierte Eindringtiefe von elektromagnetischen Wellen im Plasma für verschiedene Werte der normierten Stoßfrequenz $\hat{\nu}$. *Rechts*: Normierter Leistungsübertrag von der Welle auf die Elektronen als Funktion von $\hat{\nu}$

Energieübertrag können wir aus $P = \Re(\sigma)E^2$ berechnen. Den Realteil der Leitfähigkeit entnehmen wir aus (5.55). Mitteln wir noch den elektrischen Feldvektor über eine Schwingungsperiode, so erhalten wir für die *Leistung der Wellenheizung* die Beziehung

$$P = \left(\frac{e^2 n_e}{m_e \nu}\right) \frac{\hat{\nu}^2}{1 + \hat{\nu}^2} \frac{E_1^2}{2} = \frac{\hat{\nu}\hat{\omega}_p^2}{1 + \hat{\nu}^2} \omega \epsilon_0 \frac{E_1^2}{2}. \qquad (5.62)$$

Die Funktion ist in Abb. 5.10 (rechts) dargestellt. Maximale Absorption finden wir, wenn die Stoßfrequenz gleich der Wellenfrequenz ist. Aber auch bei niedrigeren Stoßfrequenzen findet noch ein endlicher Übertrag von Energie auf die Elektronen statt. Er wächst außerdem linear mit der Elektronendichte an. Der Energieübertrag geht mit der Stoßfrequenz gegen null. Die Leitfähigkeit wird in diesem Fall rein imaginär und das Plasma verhält sich rein induktiv. Die Elektronen schwingen in diesem Zustand phasenversetzt mit dem Wellenfeld, nehmen aber im Mittel keine Energie auf.

5.2.6   Elektrostatische Wellen im warmen Plasma

Wie schon betont, lassen sich im Flüssigkeitsbild Effekte, die vom kinetischen Druck herrühren, mit ausreichender Genauigkeit beschreiben. Um dies zu tun, muss der Druckterm in der Bewegungsgleichung (5.24) für beide Spezies berücksichtigt werden. Er wird ausgedrückt durch die Zustandsgleichung (5.25), und die darin vorkommende Dichtestörung ρ_{m1} berechnen wir wiederum aus der Kontinuitätsgleichung (5.23). Das Plasma sei auch hier homogen, sodass Terme, die Ableitung der Gleichgewichtsdichte enthalten, herausfallen. Die Bewegungsgleichung reduziert sich so auf die Form

$$\mathbf{u}_1 - \frac{\gamma p_0}{\omega^2 \rho_{m0}} \mathbf{k}(\mathbf{k} \cdot \mathbf{u}_1) = i\frac{\rho_0}{\omega \rho_{m0}} \mathbf{E}_1. \qquad (5.63)$$

Für den Fall einer *Transversalwelle* ($\mathbf{k} \perp \mathbf{E}_1$) liefert die Gleichung zwei Arten von Lösungen: Für $\mathbf{u}_1 \perp \mathbf{E}_1$ folgt sofort $\mathbf{E}_1 = 0$, und die linke Seite liefert mit $\mathbf{k} \parallel \mathbf{u}_1$ die Dispersionsrelation einer gewöhnlichen Schallwelle,

$$\omega = \sqrt{\gamma \frac{p_0}{mn_0}} k = c_s k. \qquad (5.64)$$

Da diese Dispersionsrelation für eine Frequenz für Elektronen und Ionen unterschiedliche Werte für k zur Lösung hat, entsteht daraus keine Welle. Es würden sofort elektrische Felder entstehen, die wir gerade ausgeschlossen haben.

Für den Fall $\mathbf{k} \perp \mathbf{u}_1 \parallel \mathbf{E}_1$ fällt der zweite Term links weg, und die Gleichung ist identisch mit (5.30). Man findet dann also die gleichen Lösungen wie bei *Transversalwellen* im kalten Plasma. Der Druckterm beeinflusst also die Propagation der Transversalwellen nicht, denn die Plasmabewegung ist in senkrechter Richtung zu $\mathbf{k}$ homogen, Kompression tritt also nicht auf.

Interessanter sind die *Longitudinalwellen* ($\mathbf{k} \parallel \mathbf{E}_1$). Die Flüssigkeitsbewegung kann dabei nur parallel zum elektrischen Feld und damit zum Wellenvektor erfolgen ($\mathbf{u}_1 \parallel \mathbf{E}_1$). Wir ersetzen die Plasmaparameter durch die Schallgeschwindigkeit (4.61) und erhalten so einen Ausdruck für die Strömungsgeschwindigkeiten der beiden Spezies:

$$u_1 = i\frac{\omega q/m}{\omega^2 - c_s^2 k^2} E_1. \tag{5.65}$$

Daraus berechnen wir den elektrischen Strom im Plasma und setzen diesen in die Wellengleichung (5.20) ein. Bei longitudinalen Wellen verschwindet die rechte Seite der Wellengleichung, und aus $\epsilon = 0$ folgt damit die *Dispersionsrelation für Longitudinalwellen im warmen unmagnetisierten Plasma*:

$$1 - \frac{\omega_{pi}^2}{\omega^2 - c_{si}^2 k^2} - \frac{\omega_{pe}^2}{\omega^2 - c_{se}^2 k^2} = 0. \tag{5.66}$$

Es handelt sich dabei um eine Gleichung vierten Grades. Von den Lösungen $\omega(k)$ kann man zwei den Ionen und zwei den Elektronen zuordnen. Aber in allen Fällen handelt es sich um elektromechanische Schwingungen, Schallwellen also, die durch das longitudinale elektrische Feld modifiziert werden. Die elektrischen Felder entstehen durch Raumladungen, die man mithilfe der Kontinuitätsgleichung berechnen kann. In Abb. 5.11 sind die verschiedenen Lösungen skizziert. Wir wollen nun einige Grenzfälle diskutieren.

Für $\omega^2 > c_{se}^2 k^2 \gg c_{si}^2 k^2$ sind Pole ausgeschlossen, sodass wir die Ionenplasmafrequenz gegen die der Elektronen vernachlässigen können. Dies führt zur *Dispersionsrelation für Elektronenschall-* oder *Bohm-Gross-Wellen*, die auch *Bohm-Gross-Dispersionsrelation* genannt wird:

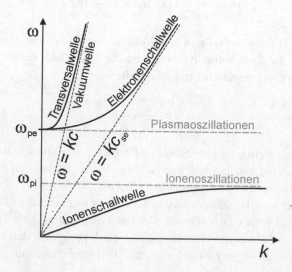

Abb. 5.11 Dispersionsrelationen für Wellen im warmen unmagnetisierten Plasma

$$\omega^2 = \omega_{pe}^2 + (kc_{se})^2 = \omega_{pe}^2 + 3\frac{T_e}{m_e}k^2. \qquad (5.67)$$

Wobei hier das Quadrat der *Elektronenschallgeschwindigkeit* (3.123) mit einem Adiabatenkoeffizienten $\gamma_e = 3$ auftritt, denn die Frequenz ist so hoch, dass eine durch Kompression oder Dekompression veränderte Temperatur in einer Raumrichtung nicht mit den anderen Raumrichtungen äquilibriert. Der parallele Freiheitsgrad ist also entkoppelt und die Zahl der Freiheitsgrade ist $f = 1$ (vgl. (3.17)).

Im Gegensatz zu der Longitudinalwelle im kalten Plasma (5.36) zeigt die Bohm-Gross-Welle Dispersion. Die *Gruppengeschwindigkeit* ist

$$v_g = \frac{\partial \omega}{\partial k} = 3\frac{T_e}{m_e}\frac{k}{\sqrt{\omega_{pe}^2 + 3\frac{T_e}{m_e}k^2}}. \qquad (5.68)$$

In ihrer Struktur ähnelt die Dispersionsrelation der von Transversalwellen (vgl. (5.38)). Die Welle propagiert nur bei Frequenzen oberhalb der Plasmafrequenz. Wie in Abb. 5.12 dargestellt, sind bei dieser Welle die Ionen in Ruhe und die Elektronendichte ist periodisch gestört. Wegen der Quasineutralität muss die Dichtestörung sehr klein sein, sodass der Druckterm nur bei kleinen Wellenlängen, d. h. großen k zum Tragen kommt. Die Gruppengeschwindigkeit fällt bei hohen Frequenzen mit der Elektronenschallgeschwindigkeit zusammen, die allerdings deutlich niedriger als die für die elektromagnetische Wellen relevante Lichtgeschwindigkeit ist.

Um eine Abschätzung dafür zu bekommen, wann Effekte des warmen Plasmas wichtig werden, drücken wir (5.67) in Wellen- und *Debye-Länge* (1.14) aus. Wir finden:

$$\omega = \omega_{pe}\left(1 + 12\pi^2\left(\frac{\lambda_D}{\lambda}\right)^2\right)^{1/2}. \qquad (5.69)$$

Korrekturen sind also dann wichtig, wenn die Wellenlänge von der Größenordnung der Debye-Länge ist. Es handelt sich dabei um Plasmaschwingungen bei nahezu konstanter

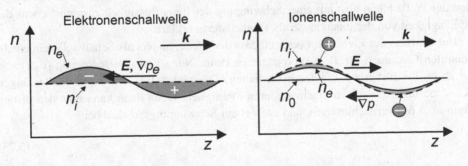

Abb. 5.12 Mechanismen für den Antrieb von Longitudinalwellen im warmen unmagnetisierten Plasma

Frequenz mit Korrekturen bei kurzen Wellenlängen aufgrund des kinetischen Drucks der Elektronenflüssigkeit.

Eine weitere Neuerung, verglichen mit den Wellen im kalten Plasma, ist, dass die Gleichung eine zweite Lösung bei niederen Frequenzen aufweist. Bei $\omega^2 \approx (c_{se}k)^2$ divergiert der dritte Term in (5.66) und wechselt dann sein Vorzeichen, sodass im sich anschließenden Bereich zunächst keine Lösung existiert. Erst bei $\omega^2 \gtrsim (c_{si}k)^2$ wächst der zweite Term in der Nähe seines Pols stark an und erzeugt so die Möglichkeit einer weiteren Lösung. Wir können dann die Eins gegen die beiden anderen Terme vernachlässigen, und es folgt unter einer zusätzlichen Vernachlässigung von ω_{pi}^2 die *Dispersionsrelation für die Ionenschallwelle*,

$$\omega_{pe}^2(\omega^2 - c_{si}^2 k^2) = \omega_{pi}^2 c_{se}^2 k^2, \tag{5.70}$$

die nach Einsetzen der Größen die Form erhält

$$\omega = \sqrt{\frac{T_e + 3T_i}{m_i}} k. \tag{5.71}$$

Da es sich hierbei um einen langsamen Prozess verglichen mit der Elektronengeschwindigkeit handelt, wurde für die Elektronen der isotherme Wert des *Adiabatenkoeffizienten* $\gamma_e = 1$ gewählt. Die Ionen verhalten sich bei den interessanten Frequenzen adiabatisch mit $\gamma_i = 3$. Die Elektronentemperatur trägt also zur Fortpflanzung der Ionenstörung bei, und die Welle propagiert mit der *Ionenschallgeschwindigkeit*

$$c_{si} = \sqrt{\frac{T_e + 3T_i}{m_i}}. \tag{5.72}$$

Angetrieben wird die Welle, wie in Abb. 5.12 zu sehen, durch die Störung im Druckgradienten, unterstützt von einem elektrischen Feld, das daher rührt, dass die Elektronen durch den Druckgradienten schneller beschleunigt werden und den Ionen vorauseilen (vgl. Abschn. 3.4.3). Der Term $3T_i/m_i$ steht für die Druckkraft der Ionen, T_e/m_i für die Kraft durch das von den schnelleren Elektronen aufgebaute elektrische Feld. Die Propagation der Welle hängt also mit einer Schwingung der Ionenflüssigkeit zusammen, was die Abhängigkeit von der Ionenmasse als Trägheitsterm erklärt.

Der Einfluss der Elektronen bewirkt, dass die Welle, anders als Schallwellen in einem neutralen Gas, auch für $T_i = 0$ propagieren kann. Nur so ist die Bedingung $(c_{se}k)^2 \gg \omega^2 \gtrsim (c_{si}k)^2$ für große k aufrechtzuerhalten. Dies führt für sehr kurze Wellenlängen ($k \to \infty$ und $c_{si} = 0$) zu einem weiteren Phänomen. Denn dann kann man den dritten Term in (5.66) vernachlässigen, und es folgt ein Schwingungszustand bei

$$\omega = \omega_{pi}. \tag{5.73}$$

Dies ist die Dispersionsrelation für *elektrostatische Ionenschwingungen* oder *Ionenoszillationen*, die ähnlich zu den Plasmaschwingungen sind. Die Situation ist die gleiche wie in

Abb. 5.12 rechts, nur dass hier die Druckkraft der Ionen keine Rolle spielt. Die Ionen sind für die Trägheit des Systems verantwortlich, die Elektronen sorgen über Ladungstrennung für das antreibende elektrische Feld.

5.3 Wellen im magnetisierten kalten Plasma

In diesem Abschnitt erweitern wir die Beschreibung der Wellen durch Hinzunahme eines homogenen Magnetfeldes $\mathbf{B} = B_0\mathbf{e}_z$. Der dielektrische Tensor ist damit nicht mehr eine einfache skalare Funktion der Frequenz, denn die Wellenpropagation hängt nun davon ab, ob sie parallel oder senkrecht zum stationären Magnetfeld verläuft. Wieder sei das Gleichgewichtsplasma in Ruhe ($\mathbf{u}_0 = 0$) und kein stationäres elektrisches Feld vorhanden ($\mathbf{E}_0 = 0$). Wir beschränken uns auf ein kaltes Plasma und vernachlässigen so alle Druckterme. Das verwendete Koordinatensystem ist in Abb. 5.13 zu sehen.

5.3.1 Wellengleichung und Dispersionsrelation

Die Vorgehensweise ist dieselbe wie im Fall des magnetfeldfreien Plasmas in Abschn. 5.2.1. Den dielektrischen Tensor berechnen wir, entsprechend seiner Definition, aus dem linearisierten Ampère'schen Gesetz (5.19), und die in die Stromdichte $\mathbf{j}_1$ eingehenden Strömungsgeschwindigkeiten folgen wieder aus der Bewegungsgleichung (5.24). Unter den gegebenen Bedingungen erhalten wir für Elektronen und Ionen jeweils zwei Gleichungen für die Strömungsgeschwindigkeit senkrecht zum Magnetfeld:

$$u_{1x} = i\frac{\rho_0}{\omega\rho_{m0}}\left(E_{1x} + u_{1y}B_0\right), \tag{5.74}$$

$$u_{1y} = i\frac{\rho_0}{\omega\rho_{m0}}\left(E_{1y} - u_{1x}B_0\right). \tag{5.75}$$

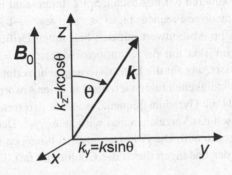

Abb. 5.13 Definition des Koordinatensystems zur Behandlung der Propagation von Wellen im magnetisierten Plasma

Parallel zum Magnetfeld finden wir die Beziehung

$$u_{1z} = i\frac{\rho_0}{\omega\rho_{m0}}E_{1z},\qquad(5.76)$$

die zu den bereits behandelten Plasmaoszillationen führt (vgl. (5.30)).

Nach gegenseitigem Einsetzen und unter Verwendung von $\omega_p^2 = \rho_0^2/\epsilon_0\rho_{m0}$ und $\omega_c = \rho_0 B_0/\rho_{m0}$ folgt daraus:

$$\mu_0\rho_0 u_{1x}\left(1 - \left(\frac{\omega_c}{\omega}\right)^2\right) = i\frac{\omega_p^2}{c^2\omega}E_{1x} - \frac{\omega_c\omega_p^2}{c^2\omega^2}E_{1y},\qquad(5.77)$$

$$\mu_0\rho_0 u_{1y}\left(1 - \left(\frac{\omega_c}{\omega}\right)^2\right) = i\frac{\omega_p^2}{c^2\omega}E_{1y} + \frac{\omega_c\omega_p^2}{c^2\omega^2}E_{1x},\qquad(5.78)$$

$$\mu_0\rho_0 u_{1z} = i\frac{\omega_p^2}{c^2\omega}E_{1z}.\qquad(5.79)$$

Je nach Ladung kann hier auch $\omega_c < 0$ sein. Wir haben den Term $\mu_0\rho_0$ vorangestellt, sodass aus der Summe der beiden Gleichungen direkt die Stromdichte folgt, die dann in (5.19) eingesetzt wird. Die Interpretation der Terme ist allerdings leichter möglich, wenn man die Gleichungen in einer noch anderen Form schreibt. Dazu setzen wir die einzelnen Größen ein und finden für die senkrechten Komponenten:

$$u_{1x} = -\frac{\omega_c^2}{\omega_c^2 - \omega^2}\left(\frac{m}{qB_0^2}i\omega E_{1x} - \frac{E_{1y}}{B_0}\right),\qquad(5.80)$$

$$u_{1y} = -\frac{\omega_c^2}{\omega_c^2 - \omega^2}\left(\frac{m}{qB_0^2}i\omega E_{1y} + \frac{E_{1x}}{B_0}\right).\qquad(5.81)$$

Wie man daraus sieht, basiert die Reaktion der Plasmakomponenten auf Driften im Wellenfeld. So steht der erste Term in der Klammer für die Polarisationsdrift (2.74), wobei $i\omega$ von der Zeitableitung herrührt, und der zweite Term für die $E\times B$-Drift (2.18). Die daraus resultierende Dynamik diskutieren wir in Abschn. 5.3.2. Interessant ist auch die Bedeutung des Vorfaktors, der für niedrige Frequenzen, $\omega \ll \omega_c$, gegen −1 strebt. Die Flüssigkeiten reagieren dann auch im Absolutwert mit den bekannten Driften auf das Wellenfeld. Ist die Wellenfrequenz im Takt mit der Gyrationsfrequenz, $\omega = \omega_c$, so divergiert der Vorfaktor und die Voraussetzung für die Linearisierung geht verloren. Die resultierenden hohen Strömungsgeschwindigkeiten führen letztlich zu einer Absorption der Welle. Ist die Wellenfrequenz höher als die Gyrationsfrequenz, $\omega \gg \omega_c$, so treten keine Driften mehr auf. Der Vorfaktor wechselt das Vorzeichen und wird zu ω_c^2/ω^2. Der Term der $E\times B$-Drift geht quadratisch mit ω gegen null. Die Polarisationsdrift hingegen verwandelt sich in die direkte Beschleunigung der Ladungen durch die Coulomb-Kraft. Denn (5.80) kann man dann umformen zu

$$-i\omega m u_{1x} = qE_{1x}.\qquad(5.82)$$

u_{1x} zeigt nun in die der Polarisationsdrift entgegengesetzte Richtung. Beide Komponenten verhalten sich dann so wie die z-Komponente (5.76), nämlich wie im unmagnetisierten Plasma.

Zur Auswertung der linearisierten Wellengleichung (5.20) setzen wir die aus (5.77–5.79) berechneten Stromdichten dort ein und erhalten daraus den *dielektrischen Tensor des kalten magnetisierten Plasmas*:

$$\bar{\bar{\epsilon}} = \begin{pmatrix} \epsilon_{xx} & i\epsilon_{xy} & 0 \\ -i\epsilon_{xy} & \epsilon_{yy} & 0 \\ 0 & 0 & \epsilon_{zz} \end{pmatrix}, \tag{5.83}$$

mit den Elementen

$$\begin{aligned} \epsilon_{xx} = \epsilon_{yy} &= 1 + \frac{\omega_{pe}^2}{\omega_{ce}^2 - \omega^2} + \frac{\omega_{pi}^2}{\omega_{ci}^2 - \omega^2}, \\ \epsilon_{xy} &= \frac{\omega_{ce}}{\omega}\frac{\omega_{pe}^2}{\omega_{ce}^2 - \omega^2} - \frac{\omega_{ci}}{\omega}\frac{\omega_{pi}^2}{\omega_{ci}^2 - \omega^2}, \\ \epsilon_{zz} &= 1 - \frac{\omega_{pe}^2}{\omega^2} - \frac{\omega_{pi}^2}{\omega^2}. \end{aligned} \tag{5.84}$$

Bei der Herleitung der Vorzeichen ist zu beachten, dass $\omega_{ce} = eB_0/m_e = -\rho_{e0}B_0/\rho_{m0}$ ist. Entsprechend der Schreibweise (5.80) und (5.81) kann man auch hier den einzelnen Termen verschiedene Prozesse zuordnen. So entspricht die 1 der Diagonalelemente dem Verschiebungsstrom. Die weiteren Beiträge zu ϵ_{xx} und ϵ_{yy} kommen von der Polarisationsdrift der Elektronen und der Ionen, denn die Diagonalelemente stehen für Ströme parallel zum elektrischen Feld. Ebenso stehen die Terme ϵ_{zz} für die direkte Reaktion der Flüssigkeiten auf ein elektrisches Feld parallel zum Magnetfeld. In den Außerdiagonalelementen treten ausschließlich Beiträge von der $E \times B$-Drift auf. Da diese mit i multipliziert werden, erzeugen sie eine Phasenverschiebung zwischen $\mathbf{E}_1$ und $\mathbf{j}_1$ bzw. $\mathbf{B}_1$.

Wir nutzen die Freiheit, das Koordinatensystem zu drehen, um die Richtung der Wellenausbreitung in die yz-Ebene zu legen (siehe Abb. 5.13). Mit dieser Konvention ist $E_{1x} = 0$ und die Wellengleichung (5.20) erhält die Form

$$(\mathbf{k} \cdot \mathbf{E}_1)\mathbf{k} - k^2\mathbf{E}_1 = (k\sin\theta E_{1y} + k\cos\theta E_{1z})\mathbf{k} - k^2\mathbf{E}_1 = -\frac{\omega^2}{c^2}\bar{\bar{\epsilon}} \cdot \mathbf{E}_1. \tag{5.85}$$

Indem wir die Komponenten der Gleichung mit denen aus (5.83) kombinieren und dabei die nach Abb. 5.13 berechneten Komponenten des Wellenvektors einsetzen, erhalten wir nach kleineren Umformungen die *Wellengleichung des kalten magnetisierten Plasmas*:

$$\begin{pmatrix} N^2 - \epsilon_{xx} & -i\epsilon_{xy} & 0 \\ i\epsilon_{xy} & N^2\cos^2\theta - \epsilon_{xx} & -N^2\sin\theta\cos\theta \\ 0 & -N^2\sin\theta\cos\theta & N^2\sin^2\theta - \epsilon_{zz} \end{pmatrix} \begin{pmatrix} E_{1x} \\ E_{1y} \\ E_{1z} \end{pmatrix} = 0. \tag{5.86}$$

Dabei haben wir hier den Wellenvektor durch den Brechungsindex $N = ck/\omega$ (5.9) ausgedrückt.

Eine Lösung existiert nur dann, wenn die Determinante der Matrix verschwindet. Daraus folgt die als *Dispersionsrelation nach Appleton und Hartree* bekannte formale Lösung

$$\tan^2 \theta = -\frac{\left(\frac{1}{N^2} - \frac{1}{\epsilon_R}\right)\left(\frac{1}{N^2} - \frac{1}{\epsilon_L}\right)}{\left(\frac{1}{N^2} - \frac{1}{\epsilon_{zz}}\right)\left(\frac{1}{N^2} - \frac{1}{2}\left(\frac{1}{\epsilon_R} + \frac{1}{\epsilon_L}\right)\right)}, \tag{5.87}$$

wobei hier die dielektrischen Konstanten von rechts- und linksdrehenden Wellen eingeführt wurden:

$$\begin{aligned}
\epsilon_R &= \epsilon_{xx} + \epsilon_{xy}, \\
\epsilon_L &= \epsilon_{xx} - \epsilon_{xy}.
\end{aligned} \tag{5.88}$$

Die Dispersionsrelation (5.87) beschreibt die Propagation von elektromagnetischen Wellen bei einem beliebigen Winkel zum Magnetfeld. Einfache Lösungen findet man für die Spezialfälle der Propagation parallel und senkrecht zum Magnetfeld. Für $\mathbf{k} \parallel \mathbf{B}_0$ ($\tan \theta = 0$) folgt $N^2 = \epsilon_L$ und $N^2 = \epsilon_R$, und für $\mathbf{k} \perp \mathbf{B}_0$ ($\tan \theta \to \infty$) folgen die Lösungen aus den Polstellen der Gleichung. Bevor wir die Lösungen im Einzelnen behandeln werden, wollen wir aber noch einige anschauliche Überlegungen dazu anstellen, wie die Plasmadriften die Propagation der Welle beeinflussen.

5.3.2 Flüssigkeitsströmungen durch Wellen

In diesem Abschnitt wollen wir die dynamischen Prozesse betrachten, die eine Welle im Plasma propagieren lassen. Ausgangspunkt sind die linearisierten Maxwell-Gleichungen (5.18) und (5.19). Demnach entsteht das elektrische Wellenfeld, wie im Vakuum-Fall auch, durch Induktion aus dem Magnetfeld. Über das Ampère'sche Gesetz beeinflusst hingegen der im Plasma fließende Strom das Wellenmagnetfeld. Der Strom wiederum folgt aus den Strömungsgeschwindigkeiten von Elektronen und Ionen. Die hier interessanten Komponenten senkrecht zur Ausbreitungsrichtung kann man aus (5.80) und (5.81) entnehmen. Wie dort diskutiert, basiert die Reaktion der Plasmakomponenten auf Polarisations- und $E \times B$-Drift. Da dies für Elektronen und Ionen gilt, gibt es neben dem Verschiebungsstrom vier mögliche Beiträge zum elektrischen Plasmastrom $\mathbf{j}_1$ und damit zur Erzeugung des Wellenmagnetfeldes.

In Abb. 5.14 sind die beiden Driften für $\omega \le \omega_{ce}$ und die zwei möglichen Geometrien, nämlich $\mathbf{k} \parallel \mathbf{B}$ (links) und $\mathbf{k} \perp \mathbf{B}$ (rechts), zu sehen. Die für die Driften eingezeichneten Pfeile gelten für Elektronen, sodass der daraus resultierende Strom entgegengesetzt dazu gerichtet ist. Das über diesen Strom erzeugte Magnetfeld $\mathbf{B}_1$ zeigt in Richtung der fetten Pfeile. Für die Driften der Ionen ist Folgendes zu beachten: Die $E \times B$-Drift ist die gleiche wie bei den Elektronen und wirkt somit dem elektrischen Strom der Elektronen entgegen. Die Polarisationsdrift der Ionen verstärkt den Strombeitrag der Elektronen.

Wenn aus der $E \times B$-Drift ein Strom resultiert, bewirkt dieser im Fall $\mathbf{k} \parallel \mathbf{B}_0$ eine Drehung des Wellenmagnetfeldes, und es entstehen zirkularpolarisierte Wellen. Die

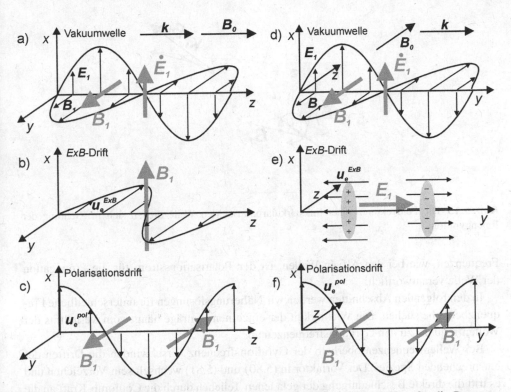

Abb. 5.14 Durch eine elektromagnetische Welle im Plasma induzierte Driften für die Propagation der Welle $\mathbf{k} \parallel \mathbf{B}_0$ (*links*) und $\mathbf{k} \perp \mathbf{B}_0$ (*rechts*). Oben: die Felder der Vakuumwelle, wobei die Maxima im Verschiebungsstrom und das davon induzierte **B**-Feld mit dicken Pfeilen angedeutet sind. Die Driftrichtungen in den zwei unteren Reihen sowie die durch die Driften erzeugte Magnetfeldkomponente $\mathbf{B}_1$ gelten für die Reaktion der Elektronenflüssigkeit auf das **E**-Feld der Welle

Drehrichtung hängt davon ab, ob die $E \times B$-Drift der Elektronen oder die der Ionen dominiert. Wenn beide gleichermaßen driften (also für $\omega \ll \omega_{ci}$), fällt der Effekt weg, und die Welle bleibt linearpolarisiert. In der Abbildung sieht man, dass die Elektronen eine rechtsdrehende Welle erzeugen, nämlich die *Elektronzyklotronwelle* (vgl. Abb. 5.15).

Bei der Propagation $\mathbf{k} \perp \mathbf{B}_0$ führt die $E \times B$-Drift zur Kompression des Plasmas und damit zu Raumladungseffekten. In der Darstellung in Abb. 5.14e ist zu beachten, dass die Maxima der Ladungsdichte ρ wegen $\dot{\rho} = -\nabla \cdot \mathbf{j}$ mit den maximalen Amplituden der Strömungsgeschwindigkeit zusammenfallen und um $\pi/2$ phasenversetzt sind zu den Orten, wo $\nabla \cdot \mathbf{j} \neq 0$ ist. In den Bereich zwischen den eingezeichneten Ladungswolken fließt elektrischer Strom hinein ($j = -enu_e$), also ist $\nabla \cdot \mathbf{j} < 0$. Folglich ist dort $\dot{\rho} > 0$ und zum Zeitpunkt der Grafik ist $\rho = 0$. Es entsteht ein elektrischer Feldvektor, der in die Richtung der Ionen dreht, und die Welle erhält eine longitudinale (elektrostatische) Komponente.

Die Polarisationsdrift generiert Ströme, die den Verschiebungsstrom unterstützen. Dies gilt gleichermaßen für die Beiträge der Elektronen und der Ionen. Bei niedrigen

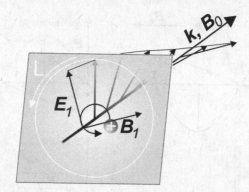

Abb. 5.15 Die Feldvektoren einer linkszirkularpolarisierten Welle drehen sich in Richtung der Ionengyration

Frequenzen, wie bei den Alfvén-Wellen, ist der Polarisationsstrom für die Propagation der Welle verantwortlich.

In den folgenden Abschnitten werden wir Näherungslösungen für unterschiedliche Frequenzbereiche suchen. Die Wichtigkeit der einzelnen Beiträge hängt vom Verhältnis der Wellenfrequenz zu den Gyrationsfrequenzen ab.

Bei Wellenfrequenzen oberhalb der Gyrationsfrequenz verschwinden die Driften der entsprechenden Spezies. Der Vorfaktor in (5.80) und (5.81) wechselt sein Vorzeichen und es tritt die direkte Beschleunigung der geladenen Teilchen durch die Coulomb-Kraft an die Stelle der Polarisationsdrift, die in die entgegengesetzte Richtung zeigt. Der daraus entstehende Strom wirkt dem Verschiebungsstrom entgegen. Man hat dann die gleiche Situation wie im unmagnetisierten Fall (s. Abb. 5.4) und die Dispersionsrelation geht für $\omega \gg \omega_{ce}$ in die Form (5.38) über. Ist zudem noch $\omega \gg \omega_p$, so sind die jeweiligen Teilchen zu träge, um auf das Wellenfeld zu antworten. Für $\omega \gg \omega_{pe}$ bleibt nur der Verschiebungsstrom zur Erzeugung des Wellenmagnetfeldes übrig. Abweichungen von der Vakuumwelle treten erst dann auf, wenn $\omega \approx \omega_{pe}$ ist, wenn also die Elektronen auf das elektrische Feld reagieren können.

Im Bereich $\omega_{ce} \geq \omega \gg \omega_{ci}$ driften nur die Elektronen. Daher liefert die $E \times B$-Drift einen Beitrag zum elektrischen Strom, und man findet für den Fall der Propagation $\mathbf{k} \parallel \mathbf{B_0}$ die rechtsdrehende *Elektronzyklotronwelle* (Abb. 5.14b). Bei Propagation $\mathbf{k} \perp \mathbf{B_0}$ erzeugt die Drift Raumladungen, die auf die Welle rückwirken, indem sie eine longitudinale Feldkomponente generieren. Die Situation entspricht der in Abb. 5.14e dargestellten. Wir finden die *obere Hybridwelle* oder engl. *Upper Hybrid Wave*, bei der es sich um eine linksdrehende Welle handelt, wenn man in Richtung des Magnetfeldes schaut, wobei die Welle senkrecht dazu propagiert. Die Welle hat somit auch eine elektrostatische Komponente.

Im Frequenzbereich $\omega \geq \omega_{ci}$ beginnen auch die Ionen an der Dynamik teilzunehmen. Dies geschieht in gleicher Weise, wie bei den Elektronen, nur hier bei entsprechend niedrigeren Frequenzen. Zunächst ist die Gyration zu langsam, und die Ionen folgen im Wesentlichen parallel zum elektrischen Feld. Bei Propagation $\mathbf{k} \perp \mathbf{B_0}$ schwingen die Elektronen durch die $E \times B$-Drift longitudinal und die Ionen, dem E-Feld folgend, transversal und beide senkrecht zum Magnetfeld.

Bei Frequenzen in der Nähe der Ionzyklotronresonanz $\omega \lesssim \omega_{ci}$ werden die Ionendriften durch den Vorfaktor in (5.80) und (5.81) verstärkt. Die $E \times B$-Drift wird dann stärker als bei den Elektronen, und es entsteht ein elektrischer Strom, dessen Feldkomponente $\mathbf{B}_1$ der in Abb. 5.14b gezeigten entgegengesetzt gerichtet ist. Dadurch entsteht die linksdrehende *Ionzyklotronwelle* und bei Propagation senkrecht zum Magnetfeld die rechtsdrehende *untere Hybridwelle* oder engl. *lower hybrid wave*.

Bei den noch kleineren Frequenzen $\omega \ll \omega_{ci}$ trägt, wegen der Massenabhängigkeit, die Polarisationsdrift der Ionen wesentlich zum elektrischen Strom bei. Die $E \times B$-Driften von Elektronen und Ionen produzieren dann keinen elektrischen Strom mehr und die Polarisationsdrift übernimmt die Rolle des Verschiebungsstromes. Man kommt in den Bereich der *Alfvén-Wellen*.

5.3.3 Wellenausbreitung parallel zum Magnetfeld

Wir betrachten den Spezialfall der Wellenausbreitung parallel zum Magnetfeld. Es ist also $\theta = 0$, und aus den ersten beiden Zeilen von (5.86) folgen zwei Lösungen, die wir mit zirkularpolarisierten Wellen identifizieren können.

Zur Lösung der Wellengleichung (5.86) multiplizieren wir die zweite Zeile mit i und addieren sie auf bzw. subtrahieren sie von der ersten Zeile. Aus der dritten Zeile folgt die Gleichung einer longitudinalen Welle. Insgesamt finden wir drei Dispersionsrelationen für die Propagation parallel zum Magnetfeld:

$$(N^2 - (\epsilon_{xx} + \epsilon_{xy}))(E_{1x} + iE_{1y}) = 0, \tag{5.89}$$

$$(N^2 - (\epsilon_{xx} - \epsilon_{xy}))(E_{1x} - iE_{1y}) = 0, \tag{5.90}$$

$$\epsilon_{zz}E_{1z} = 0. \tag{5.91}$$

Die longitudinale Lösung entspricht der schon bekannten Plasmaoszillation (5.36). Die ersten beiden Zeilen stehen für *rechts-* und *linkszirkularpolarisierte* Wellen. Nur wenn die Vorfaktoren in den Klammern verschwinden, können die zirkularpolarisierten Wellen eine endliche Amplitude haben. Nach Einsetzen der entsprechenden Elemente aus (5.84) und einer einfachen Umformung folgen daraus Ausdrücke für die *Dielektrizitätskonstanten für R- und L-Welle* (s. auch (5.88)):

$$\epsilon_R = \epsilon_{xx} + \epsilon_{xy} = 1 - \frac{\omega_{pe}^2}{\omega(\omega - \omega_{ce})} - \frac{\omega_{pi}^2}{\omega(\omega + \omega_{ci})}, \tag{5.92}$$

$$\epsilon_L = \epsilon_{xx} - \epsilon_{xy} = 1 - \frac{\omega_{pe}^2}{\omega(\omega + \omega_{ce})} - \frac{\omega_{pi}^2}{\omega(\omega - \omega_{ci})}, \tag{5.93}$$

sowie aus $N^2 - \epsilon_{R,L} = 0$ und mit $\omega_{pe}^2 \omega_{ci} = \omega_{pi}^2 \omega_{ce}$ und $\omega_{pe}^2 \gg \omega_{pi}^2$ ihre *Dispersionsrelationen*

$$k_R = \frac{\omega}{c}\sqrt{1 - \frac{\omega_{pe}^2}{(\omega - \omega_{ce})(\omega + \omega_{ci})}}, \tag{5.94}$$

$$k_L = \frac{\omega}{c}\sqrt{1 - \frac{\omega_{pe}^2}{(\omega + \omega_{ce})(\omega - \omega_{ci})}}. \tag{5.95}$$

Die Lösungen der beiden Wellengleichungen sind dann:

$$\mathbf{E}_R = (E_{1x}\mathbf{e}_x + iE_{1y}\mathbf{e}_y)e^{i(k_R z - \omega t)}, \tag{5.96}$$

$$\mathbf{E}_L = (E_{1x}\mathbf{e}_x - iE_{1y}\mathbf{e}_y)e^{i(k_L z - \omega t)}. \tag{5.97}$$

Der Feldvektor einer linkszirkularpolarisierten Welle ist in Abb. 5.15 zu sehen. Man sollte sich in der Drehrichtung nicht täuschen, denn in der Abbildung dreht sich der Vektor nach rechts, wenn man in Richtung des Magnetfeldes und damit in die Propagationsrichtung der Welle schaut. Entscheidend ist aber die Drehrichtung in einer Ebene senkrecht zu **k**. Darin dreht sich der Vektor gegen den Uhrzeigersinn und folgt damit den Ionen in ihrer Gyrationsbewegung.

Ist die Wellenfrequenz der L-Welle gleich der Gyrationsfrequenz der Ionen, so können die Ionen Energie aus der Welle aufnehmen. Ein Ion sieht dann immer die gleiche Phase der Welle, was heißt, dass der Wellenvektor unendlich wird. Dies führt, wie in Zusammenhang mit Abb. 5.2 besprochen, zu einer Dämpfung der Welle. Entsprechendes gilt für die rechtsdrehende Welle, bei der sich der elektrische Feldvektor im Uhrzeigersinn dreht, und also der Gyrationsbewegung der Elektronen folgt.

Zum besseren Verständnis der Wellen ist es hilfreich, die verschiedenen Realisierungen in Abhängigkeit der Frequenz zu studieren. In Tab. 5.2 sind die relevanten Frequenzen für zwei Plasmen angegeben. Es zeigt sich, dass die Ionengyrationsfrequenz die mit Abstand kleinste Frequenz ist. Die anderen Frequenzen können, je nach Magnetfeld und Dichte, gegeneinander verschoben werden. Die Ionenplasmafrequenz ist aber immer um die Wurzel aus dem Massenverhältnis kleiner als die der Elektronen. Wir führen also eine Unterscheidung nach verschiedenen Frequenzbereichen durch.

Tab. 5.2 Charakteristische Frequenzen in einem Niedertemperatur- und einem Fusionsplasma mit Wasserstoffionen

n (m^{-3})	B (T)	ω_{pe} (s^{-1})	ω_{ce} (s^{-1})	ω_{pi} (s^{-1})	ω_{ci} (s^{-1})
10^{17}	0,3	$1{,}8 \times 10^{10}$	$5{,}2 \times 10^{10}$	$4{,}2 \times 10^{8}$	$2{,}9 \times 10^{7}$
10^{20}	2,0	$5{,}6 \times 10^{11}$	$3{,}5 \times 10^{11}$	$1{,}3 \times 10^{10}$	$1{,}9 \times 10^{8}$

5.3.3.1 Elektronenwellen

Wir beginnen mit hochfrequenten Wellen, bei denen $\omega \gg \omega_{ci}$ ist. Damit spielt der Pol im Ionenterm von (5.95) keine Rolle und ω_{ci} kann in beiden Dispersionsrelationen vernachlässigt werden. Aus (5.94–5.95) erhalten wir dann die *Dispersionsrelationen* der rechtsdrehenden *R-Welle* und der linksdrehenden *L-Welle*

$$k_R = \frac{\omega}{c}\sqrt{1 - \frac{\omega_{pe}^2}{\omega(\omega - \omega_{ce})}}, \tag{5.98}$$

$$k_L = \frac{\omega}{c}\sqrt{1 - \frac{\omega_{pe}^2}{\omega(\omega + \omega_{ce})}}. \tag{5.99}$$

Die Verläufe sind in Abb. 5.16 dargestellt. Bei $k = 0$ sind die Wellen im Cutoff und werden reflektiert. Die *Cutoff-Frequenz* der *R-Welle* liegt bei

$$\omega_R^{cut} = \frac{1}{2}\left(\sqrt{\omega_{ce}^2 + 4\omega_{pe}^2} + \omega_{ce}\right) \tag{5.100}$$

und die der *L-Welle* bei

$$\omega_L^{cut} = \frac{1}{2}\left(\sqrt{\omega_{ce}^2 + 4\omega_{pe}^2} - \omega_{ce}\right). \tag{5.101}$$

Für sehr hohe Frequenzen geht die Welle in eine Vakuumwelle über, und nur in der Nachbarschaft der Plasmafrequenz treten Abweichungen davon auf. Da in diesem Bereich beide Zweige unterschiedlich schnell propagieren, wird sich die Polarisationsebene einer linear eingestrahlten Welle als Funktion des zurückgelegten Weges drehen. Dieser Effekt wird

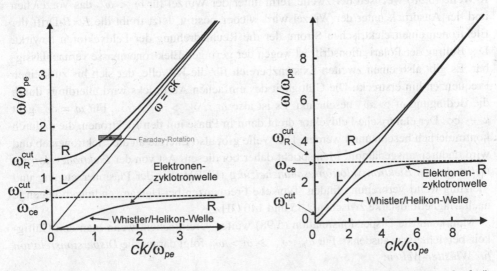

Abb. 5.16 Dispersionsrelationen für Transversalwellen im kalten magnetisierten Plasma für **k** ∥ **B**$_0$. Die Parameter sind aus Tab. 5.2 mit dem Fusionsplasma (*links*) und dem Niedertemperaturplasma (*rechts*)

Faraday-Rotation genannt und bei Fusionsplasmen zu Magnetfeldmessungen eingesetzt (s. Abschn. 5.3.4).

Die Unterschiede im Vergleich zu elektromagnetischen Wellen im feldfreien Plasma, nämlich die gegen ω_{pe} verschobenen Cutoffs, gehen auf die Gyrationsbewegung der Elektronen zurück. Bei sehr hohen Frequenzen spielen Driften eine untergeordnete Rolle und die Reaktion der Elektronen erfolgt, entsprechend der Coulomb-Kraft, parallel zum elektrischen Wellenfeld. Bei der R-Welle ist aber die effektive Wellenfrequenz, die ein gyrierendes Elektron „sieht", erniedrigt, bei der L-Welle erhöht. Denn im ersten Fall gyrieren die Elektronen in die gleiche Drehrichtung wie der Feldvektor und im anderen entgegengesetzt. Die Cutoffs gehen auf den gleichen Prozess zurück, wie beim unmagnetisierten Plasma, nämlich auf die Annullierung des Verschiebungsstromes durch den induzierten Elektronenstrom. Die Cutoff-Frequenz der R-Welle liegt jetzt aber schon oberhalb der Plasmafrequenz, die beim unmagnetisierten Plasma den Cutoff bildet. Bei der L-Welle sehen die Elektronen eine durch Doppler-Verschiebung erhöhte Frequenz, sodass die Welle bis unterhalb der Plasmafrequenz propagieren kann. Für $\omega_{pe} \gg \omega_{ce}$, also bei kleinen Magnetfeldern, gehen die beiden Grenzfrequenzen ω_R^{cut} und ω_L^{cut} in die Plasmafrequenz über, und man findet die Situation des feldfreien Plasmas aus Abb. 5.6 wieder.

Unterhalb ω_R^{cut} kann in dieser Näherung also nur die L-Welle propagieren. Oberhalb von ω_R^{cut} können dann beide Polarisationsrichtungen auftreten und sich zu einer linearpolarisierten Welle überlagern, woraus bei sehr hohen Frequenzen Vakuumwellen folgen.

Ohne den Beitrag der Ionen gibt es für L-Wellen bei $\omega < \omega_L^{cut}$ keine weiteren Lösungen. Erst über die Ionendynamik kann die Welle bei Frequenzen $\omega < \omega_{ci}$ wieder propagieren. Für die R-Welle existiert im Bereich zwischen ω_{ce} und ω_R^{cut} ebenfalls keine Lösung. Die R-Welle tritt erst bei $\omega < \omega_{ce}$ wieder in Erscheinung. In der Dispersionsrelation für die R-Welle (5.98) wechselt der zweite Term unter der Wurzel für $\omega < \omega_{ce}$ das Vorzeichen und der Ausdruck unter der Wurzel wird wieder positiv. Jetzt treibt die $E \times B$-Drift der Elektronen einen elektrischen Strom, der die Rechtsdrehung der Feldvektoren bewirkt. Der Beitrag der Polarisationsdrift ist wegen der geringen Elektronenmasse vernachlässigbar. Es gibt also einen zweiten Existenzbereich für die R-Welle, der sich bis zu kleinen Frequenzen hin erstreckt. Die Gültigkeit des einfachen Ausdrucks wird allerdings durch die Bedingung $\omega \gg \omega_{ci}$ beschränkt. Es ist also $\omega_{pe}, \omega_{ce} > \omega \gg \omega_{ci}$. Für $\omega = \omega_{ce}$ geht $k \to \infty$. Der elektrische Feldvektor dreht dann in Phase mit den Elektronen, die dadurch kontinuierlich beschleunigt werden. Die Welle gibt also Energie an die Elektronen ab und wird dadurch ausgedämpft. Man spricht daher bei diesem Ast von der *Elektronzyklotronwelle*, die als *Elektronzyklotronresonanzheizung* (ECRH) bei der Plasmaerzeugung und -heizung weite Verbreitung finden. Typische Frequenzen bei Heizanwendungen liegen je nach Magnetfeldstärke zwischen 2,45 und 140 GHz.

Man kann die Dispersionsrelation (5.98) weiter vereinfachen, wenn man den Gültigkeitsbereich etwas ausdehnt. Für $\omega_{pe}, \omega_{ce} \gg \omega > \omega_{ci}$ folgt daraus die *Dispersionsrelation für Whistler-Wellen*:

$$k_R \approx \frac{\omega_{pe}}{c} \sqrt{\frac{\omega}{\omega_{ce}}} = \frac{\omega}{c} \sqrt{\frac{en}{\epsilon_0 \omega B}}. \qquad (5.102)$$

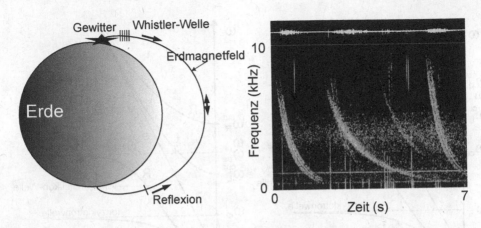

Abb. 5.17 *Links*: Schema der Erzeugung, Propagation und Reflexion von Whistler-Wellen in der Ionosphäre der Erde. *Rechts*: Signal und typisches Frequenzspektrum als Funktion der Zeit (von www-pw.physics.uiowa.edu)

Der Name hängt mit ersten Beobachtungen dieser Wellen mit Radioempfängern zusammen. Im Jahre 1918 hat Barkhausen dabei ein seltsames Pfeifen wahrgenommen. Die Erklärung dieses Phänomens gelang erst 1953 durch Storey. Whistler-Wellen können z. B. durch Gewitter angeregt werden und dann in der Ionosphäre parallel zu den Erdmagnetfeldlinien propagieren. Wie in Abb. 5.17 zu sehen, kann die Welle auf der gegenüberliegenden Erdkugel nachgewiesen werden. Sie wird sogar teilweise reflektiert, sodass man mehrere Echos wahrnehmen kann. Ihrer Dispersionsrelation entsprechend propagieren hohe Frequenzen schneller als niedere, wodurch die detektierten Frequenzen mit der Zeit abnehmen. Ein solches Frequenzverhalten hörbar gemacht, erzeugt ein Pfeifen (engl. *whistle*). Die beobachteten Frequenzen liegen im Bereich von 10 kHz. Das aufgenommene zeitabhängige Frequenzspektrum in der Abbildung rechts zeigt, dass hohe Frequenzen früher als niedrige detektiert werden.

Whistler-Wellen in zylinderförmig begrenzten Plasmen werden als *Helikonwellen* bezeichnet. Sie propagieren schräg zum Magnetfeld und koppeln am Plasmarand an elektrostatische Moden an, den *Trivelpiece-Gould-Moden*. Helikonwellen erfreuen sich seit den 1980er-Jahren großer Beliebtheit, um damit Niedertemperaturplasmen zu heizen. Man kann ihre Dispersionsrelation erweitern für einen beliebigen Winkel θ zwischen Wellenvektor und Magnetfeld. Aus (5.87) folgt unter den hier geltenden Näherungen:

$$N^2 = 1 - \frac{\omega_{pe}^2}{\omega(\omega - \omega_{ce}\cos\theta)}. \tag{5.103}$$

5.3.3.2 Lösungen für mittlere Frequenzen

Wir betrachten jetzt Frequenzen $\omega \lesssim \omega_{ci}$, bei denen die Ionen über die Driften in die Dynamik der Welle eingreifen. Dazu müssen die vollständigen Dispersionsrelationen (5.94–5.95) für R- und L-Welle gelöst werden. Die Ergebnisse sind in Abb. 5.18 für zwei

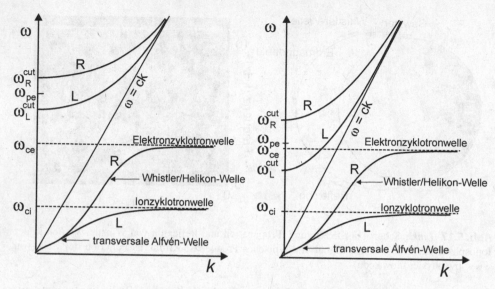

Abb. 5.18 Dispersionsrelationen von Transversalwellen im kalten magnetisierten Plasma mit $\mathbf{k} \parallel \mathbf{B}_0$. Die beiden Fälle zeigen Plasmen mit $\omega_{pe} > \omega_{ce}$ (*links*) und $\omega_{pe} \approx \omega_{ce}$ (*rechts*). Um die Ionzyklotronwelle sichtbar zu machen, wurde die Ordinate im unteren Bereich gestreckt

Fälle dargestellt: Links für hohe Dichte und niedriges Magnetfeld, also $\omega_{pe} > \omega_{ce}$, und rechts für niedrige Dichte und hohes Magnetfeld, also $\omega_{pe} \approx \omega_{ce}$.

Der niederfrequente Ast aus Abb. 5.16, den wir mit der rechtsdrehenden Whistler-Welle identifiziert haben, wird für sehr kleine Frequenzen durch (5.98) nicht mehr richtig beschrieben und durch den Einfluss der Ionen modifiziert. Als ganz neue Lösung kommt jetzt aber eine linksdrehende Welle bei $\omega < \omega_{ci}$ hinzu. Wie schon im Elektronenfall, existiert also auch eine linksdrehende Welle deutlich unterhalb von ω_L^{cut}, dem eigentlichen Cutoff dieser Welle. Die Ursache dafür ist der Pol im Vorfaktor von (5.80) und (5.81), der für eine Dominanz der Ionen-$E \times B$-Drift über die der Elektronen sorgt und so den elektrischen Feldvektor in Richtung der Ionen rotieren lässt. Bei $\omega = \omega_{ci}$ nehmen die Ionen effektiv Energie aus der Welle auf, und die Welle wird absorbiert. Man spricht daher von der *Ionzyklotronwelle*, die ebenfalls zum Heizen von Fusionsplasmen eingesetzt wird (*ICRH*[1]).

Mit sinkender Frequenz werden die Driften der Ionen wieder geringer und der Strombeitrag der Ionen-$E \times B$-Drift wird von den Elektronen zunehmend bilanziert. Die beiden Dispersionsrelationen nähern sich wieder an und verbinden sich zu einer linearpolarisierten Welle.

5.3.3.3 Lösungen für niedere Frequenzen

Abschließend wollen wir noch niedrigere Frequenzen betrachten, nämlich den Fall $\omega \ll \omega_{ci}$. Da Elektronen und Ionen nun mit der gleichen Geschwindigkeit driften, liefert die

---

[1] *Ion Cyclotron Resonance Heating*

$E \times B$-Drift keinen Beitrag zum Strom mehr. Die Welle kann dennoch propagieren, weil die Polarisationsdrift der Ionen weiterhin aktiv ist. Die Welle ist dann linearpolarisiert. Durch eine starke Vereinfachung von (5.94) und (5.95) folgt eine einheitliche *Dispersionsrelation* der Form

$$k^2 = \frac{\omega^2}{c^2} \left(1 + \frac{\omega_{pe}^2}{\omega_{ce}\omega_{ci}} \right) = \frac{\omega^2}{c^2} \left(1 + \frac{nm_i}{\epsilon_0 B^2} \right). \tag{5.104}$$

Die Phasengeschwindigkeit der Welle ist die der *transversalen Alfvén-Welle* (4.57):

$$v_{ph} = \frac{\omega}{k} = \frac{c}{\sqrt{1 + c^2/v_A^2}} \approx v_A. \tag{5.105}$$

Bei niederen Frequenzen überlagern sich also die beiden Äste zu einer linearpolarisierten Welle. Die Welle lässt sich, wie in Abschn. 4.4.3 beschrieben, auch aus den MHD-Gleichungen ableiten.

5.3.4 Experimentelle Anwendungen

Den Unterschied in der Phasengeschwindigkeit von rechts- und linkszirkularpolarisierten Wellen nutzt man zur Diagnostik von Fusionsplasmen aus. Der Effekt führt zur Drehung von linearpolarisierten elektromagnetischen Wellen im Plasma. Zur Beschreibung dieser sogenannten *Faraday-Rotation* zerlegen wir eine linearpolarisierte Welle in zwei zirkularpolarisierte Anteile. Dazu bilden wir $\mathbf{E} = \mathbf{E}_R + \mathbf{E}_L$ mittels (5.96) und (5.97) und fassen x- und y-Komponenten zusammen, wobei bei zirkularpolarisierten Wellen $E_{1x} = E_{1y} = E$ ist:

$$\mathbf{E} = \left(E e^{ik_R z} + E e^{ik_L z} \right) e^{-i\omega t} \mathbf{e}_x + i \left(E e^{ik_R z} - E e^{ik_L z} \right) e^{-i\omega t} \mathbf{e}_y. \tag{5.106}$$

Bei konstanten Plasmaparametern ist der Drehwinkel Φ der linearpolarisierten Welle nach Durchlaufen der Strecke z gegeben durch

$$\tan \Phi = \frac{E_y}{E_x} = \tan \left(\frac{k_L - k_R}{2} z \right). \tag{5.107}$$

Für die Feldkomponenten wurden die Realteile der Klammern von (5.106) eingesetzt. Im Experiment werden für die *Polarimetrie*, also für die Messung von Plasmaparametern über die Faraday-Drehung, z. B. HCN-Laser eingesetzt, die im Frequenzbereich von THz und damit weit oberhalb der Plasmafrequenz liegen. Für die Wellenvektoren können wir also (5.98) und (5.99) einsetzen. Dies führt unter Vernachlässigung von quadratischen Termen in ω_{pe}/ω und ω_{ce}/ω nach einem zurückgelegten Weg L zu einem Drehwinkel von

$$\Phi = \frac{e^3 nB}{2\epsilon_0 c m_e^2 \omega^2} L = \frac{e^3 nB\lambda^2}{8\pi^2 \epsilon_0 c^3 m_e^2} L, \tag{5.108}$$

wobei im letzten Schritt die Laserfrequenz durch die Wellenlänge λ ausgedrückt wurde. Daraus kann auf die Dichte bzw. das Magnetfeld geschlossen werden, wenn die jeweils andere Größe durch alternative Messmethoden bestimmt werden kann.

Eine weitere Eigenschaft, die bei Fusionsplasmen verbreitet eingesetzt wird, ist die Möglichkeit, Elektronen durch die rechtsdrehende Welle zu heizen. Für $\omega = \omega_{ce}$ folgt aus (5.98), dass die Welle absorbiert wird. Dies ist möglich, weil sich dann der Feldvektor in Phase mit den gyrierenden Elektronen dreht. Dies führt zu einer sehr effizienten Heizmethode, *Elektronzyklotronresonanzheizung* (ECRH) genannt. Typische Magnetfelder in Fusionsplasmen haben die Stärke von 2,5 T. Die erforderliche Heizfrequenz liegt nach $f_{ce} = \omega_{ce}/2\pi = 28\,\text{GHz/T}$, also bei 70 GHz. Der gleiche Mechanismus führt auch zur Ionenheizung durch die linksdrehende Welle, die *Ionzyklotronresonanzheizung* (ICRH).

Bei beiden Heizungen ist die Geometrie in realen Experimenten allerdings so, dass die Welle senkrecht zum Magnetfeld eingestrahlt werden muss. Diese Situation wird im nächsten Abschnitt behandelt. Bei der *Polarimetrie* richtet man den elektrischen Wellenvektor parallel zum dominanten toroidalen Feld B_0 aus, sodass für die Drehung nur die schwächere poloidale Komponente, die parallel zu **k** zeigt, beiträgt. In einem Tokamak wird das poloidale Feld durch den Plasmastrom erzeugt, sodass aus der Messung auf das Stromprofil geschlossen werden kann.

5.3.5 Wellenausbreitung senkrecht zum Magnetfeld

Um elektromagnetische Wellen zur Plasmaheizung einsetzen zu können, müssen sie in der Regel senkrecht zum Magnetfeld eingestrahlt werden. Die für diese Geometrie relevanten Dispersionsrelationen wollen wir in diesem Abschnitt herleiten. Dazu müssen wir auf (5.86) zurückgreifen und den Winkel $\theta = \pi/2$ setzen. Wir finden:

$$
\begin{pmatrix} N^2 - \epsilon_{xx} & -i\epsilon_{xy} & 0 \\ i\epsilon_{xy} & -\epsilon_{xx} & 0 \\ 0 & 0 & N^2 - \epsilon_{zz} \end{pmatrix} \begin{pmatrix} E_{1x} \\ E_{1y} \\ E_{1z} \end{pmatrix} = 0. \tag{5.109}
$$

Nun ist es sinnvoll zwischen Wellen zu unterscheiden, deren elektrischer Feldvektor parallel zum Hintergrundmagnetfeld schwingt, die *ordentliche* oder *O-Welle*, und solchen, bei denen das Feld senkrecht zum Magnetfeld $\mathbf{B}_0$ schwingt, die *außerordentliche* oder *X-Welle*.

Die Geometrie ist weiterhin durch Abb. 5.13 festgelegt, wo das Magnetfeld in z- Richtung zeigt. Nehmen wir an, die Welle propagiere in Richtung der y-Achse, dann ergibt sich daraus die in Abb. 5.19 dargestellte Situation. Im Fall der *O-Welle* schwingt der elektrische Feldvektor in z-Richtung. Damit ist die O-Welle durch die z-Komponente der Wellengleichung repräsentiert und hat die gleiche *Dispersionsrelation* wie beim feldfreien Fall, nämlich (vgl. (5.38))

$$
N^2 - \epsilon_{zz} = 0, \tag{5.110}
$$

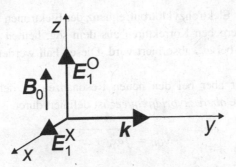

Abb. 5.19 Die Lage des elektrischen Feldvektors von O- und X-Welle im Koordinatensystem der Welle bei sehr hohen Frequenzen. Durch den Einfluss des Plasmas bekommt die X-Welle zusätzlich eine longitudinale Komponente

mit einem Cutoff bei der Plasmafrequenz und ohne Resonanz. Daher auch die englische Bezeichnung *O*rdinary.

Die Dispersionsrelation der *X-Welle* (von e*X*traordinary) erhalten wir aus den ersten beiden Komponenten durch gegenseitiges Einsetzen. Daraus folgen für E_{1x} und E_{1y} identische Gleichungen. Indem wir diese beiden Gleichungen summieren bzw. subtrahieren, erhalten wir die Beziehungen

$$\left(N^2 - \frac{\epsilon_{xx}^2 - \epsilon_{xy}^2}{\epsilon_{xx}} \right) \left(E_{1x} \pm E_{1y} \right) = 0. \tag{5.111}$$

Die einheitliche Dispersionsrelation ist demnach gegeben durch

$$N^2 = \frac{\epsilon_{xx}^2 - \epsilon_{xy}^2}{\epsilon_{xx}} = \frac{2\epsilon_R \epsilon_L}{\epsilon_R + \epsilon_L}, \tag{5.112}$$

wobei die Umformung in die Dielektrizitätskonstanten von links- und rechtsdrehenden Wellen nach (5.92) und (5.93) erfolgte. Wir ersetzen die Koeffizienten durch ihre Parameterabhängigkeiten und erhalten nach längeren Umformungen für die allgemeine *Dispersionsrelation der X-Welle* die Beziehung

$$N = \sqrt{\frac{(\omega^2 - (\omega_L^{cut})^2)(\omega^2 - (\omega_R^{cut})^2)}{(\omega^2 - \omega_{UH}^2)(\omega^2 - \omega_{LH}^2)}}. \tag{5.113}$$

Wie bei der Propagation parallel zum Magnetfeld treten hier die Cutoff-Frequenzen ω_R^{cut} (5.100) und ω_L^{cut} (5.101) auf. Auch hier liegen, wie weiter unten gezeigt, in der Nähe der Cutoffs elliptisch polarisierte Wellen vor, wobei der elektrische Feldvektor in der Ebene dreht, die senkrecht zu $\mathbf{B}_0$ steht und also durch $\mathbf{k}$ mit aufgespannt wird. Der Feldvektor dreht also wieder mit bzw. gegen die Gyrationsbewegung der Elektronen, womit die gleiche Argumentation wie im Fall der Propagation parallel zu $\mathbf{B}_0$ greift, um die Abweichungen der Cutoffs von der Plasmafrequenz zu verstehen. Allerdings tritt hier keine Resonanz bei der Elektronzyklotronfrequenz der Elektronen auf. Erst bei Temperaturen von über 1 keV ergeben Korrekturen aus dem sog. heißen dielektrischen Tensor, dass die X-Welle auch bei ω_{ce} absorbiert wird. Diesen Fall werden wir in Abschn. 7.5.2 behandeln.

Absorption tritt hier aber bei den neuen Resonanzen an der oberen und unteren Hybridfrequenz auf. Die *obere Hybridfrequenz* ist definiert durch

$$\omega_{UH} = \sqrt{\omega_{pe}^2 + \omega_{ce}^2}. \tag{5.114}$$

Sie liegt oberhalb von Plasma- und Gyrationsfrequenz der Elektronen. Die Ionendynamik spielt bei dieser Resonanz also keine Rolle.

Die *untere Hybridfrequenz* tritt auf, wenn die Ionendynamik in das Geschehen eingreift. Sie ist gegeben durch

$$\omega_{LH} \approx \sqrt{\frac{\omega_{ce}\omega_{ci}}{1 + \omega_{ce}^2/\omega_{pe}^2}} \approx \sqrt{\omega_{ce}\omega_{ci}}, \tag{5.115}$$

wobei die letzte Vereinfachung für hohe Dichten und niedrige Magnetfelder gilt.

Wie in Abb. 5.14e dargestellt, erzeugt die $E \times B$-Drift der Elektronen in der Nähe beider Resonanzen Ladungsdichten, die zu einer elektrischen Feldkomponente parallel zu **k** führen. Die Welle ist also weder rein elektromagnetisch noch elektrostatisch, sondern kann gleichzeitig beide Komponenten enthalten.

Die Polarisation der Welle untersuchen wir anhand des Quotienten der elektrischen Feldkomponenten senkrecht und parallel zu **k**, den wir aus den ersten beiden Zeilen von (5.109) berechnen, indem wir die resultierenden Gleichungen entsprechend auflösen. Es folgt:

$$\frac{iE_{1y}}{E_{1x}} = \frac{N^2}{\epsilon_{xy} + \epsilon_{xx}} - 1 = \frac{2\epsilon_L}{\epsilon_R + \epsilon_L} - 1, \tag{5.116}$$

Für den zweiten Schritt haben wir N^2 aus (5.112) und ϵ_R aus (5.92) eingesetzt.

Die Größen E_{1x} und E_{1y} sowie die rechte Seite des Ausdrucks sind reell, wobei nach (5.11) und (5.12) ein positiver Wert der rechten Seite eine R- und ein negativer Wert eine L-Welle ergibt. Geht der Wert der rechten Seite gegen unendlich, so folgt $E_{1x} \to 0$, und es liegen Longitudinalwellen vor. Wird hingegen die rechte Seite null, so ist auch $E_{1y} = 0$ und es handelt sich um Transversalwellen. Im Folgenden werden die Lösungen der Dispersionsrelation und ihre Polarisationen anhand von Abb. 5.20 in Abhängigkeit der Frequenz diskutiert.

5.3.5.1 Elektronenwellen

Die Ionen gehen nur über die untere Hybridfrequenz in die Dispersionsrelation ein. Im Fall hoher Frequenzen, $\omega \gg \omega_{ci}$, kann ω_{LH} in (5.113) vernachlässigt werden und es folgt für die *Dispersionsrelation der X-Welle*:

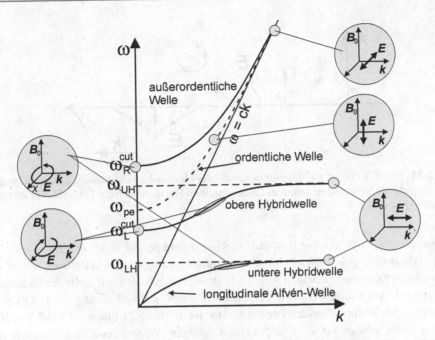

Abb. 5.20 Dispersionsrelationen für elektromagnetische Wellen im kalten magnetisierten Plasma mit $\mathbf{k} \perp \mathbf{B}_0$. Die grauen Felder deuten die Polarisation der Welle an charakteristischen Stellen an. An den Cutoffs hat man links- bzw. rechtsdrehende, an den Resonanzen longitudinale und für große ω transversale Wellen

$$k = \pm \frac{1}{c} \sqrt{\frac{(\omega^2 - (\omega_L^{cut})^2)(\omega^2 - (\omega_R^{cut})^2)}{\omega^2 - \omega_{UH}^2}}. \tag{5.117}$$

Für $\omega \to \infty$ folgt daraus wieder die Vakuumwelle. Es gehen dann $N^2 \to 1$ und $\epsilon_R, \epsilon_L \to 1$, sodass der Ausdruck (5.116) und damit auch E_y verschwindet, was erwartungsgemäß einer linearpolarisierten Transversalwelle entspricht.

Bei $\omega = \omega_R^{cut}$ wird die Welle reflektiert. ω_R^{cut} wurde aus der Bedingung $\epsilon_R = 0$ berechnet (vgl. (5.100)), sodass aus (5.116) $iE_y/E_x = +1$ folgt, was einer rechtsdrehenden Welle entspricht. Diese rotiert in der x-y-Ebene in Richtung der Elektronen. Die X-Welle ändert ihren Charakter von einer rechtsdrehenden Welle am Cutoff, wobei der Feldvektor zwischen longitudinal und transversal dreht, über eine elliptische Polarisation zu einer reinen Transversalwelle für große Wellenzahlen. Man kann hier nicht von zirkularpolarisierten Wellen im üblichen Sinn sprechen, da die Drehrichtung nicht bezüglich dem $\mathbf{k}$-Vektor, sondern bezogen auf das Magnetfeld angegeben wurde. Dieser Ast der Dispersionrelation wird auch mit *schneller X-Welle* bezeichnet.

Im Bereich $\omega_{UH} < \omega < \omega_R^{cut}$ existiert die außerordentliche Welle nicht. Erst bei $\omega < \omega_{UH}$ wird das Vorzeichen unter der Wurzel von (5.117) wieder positiv und bleibt es bis $\omega < \omega_L^{cut}$ wird. Das ist der Existenzbereich der *oberen Hybridwelle*, die auch *langsame*

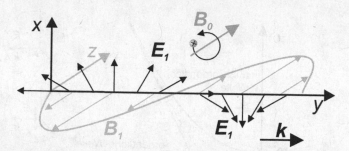

Abb. 5.21 Die X-Welle ist nicht rein transversal, das elektrische Feld kann, wie hier dargestellt, eine longitudinale Komponente besitzen. Im dargestellten Fall dreht sich der Feldvektor in Richtung der Ionengyration

X-Welle genannt wird. An der Resonanz $\omega = \omega_{UH}$ geht N und damit $iE_y/E_x \to \infty$. Die obere Hybridwelle geht also in eine elektrostatische Longitudinalwelle über, wobei die longitudinale Komponente, wie in Abb. 5.14e gezeigt, durch die $E \times B$-Drift der Elektronen erzeugt wird. Am Cutoff der oberen Hybridwelle ist $N = 0$ und $iE_y/E_x = -1$, was einer linksdrehenden Welle entspricht. Der Feldvektor ist in Abb. 5.21 illustriert. Ohne den Beitrag der Ionen gibt es für $\omega < \omega_L^{cut}$ keine Lösungen. Wegen des Unterschieds in den Phasengeschwindigkeiten nennt man die X-Welle auch *schnelle X-Welle* und die obere Hybridwelle *langsame X-Welle*.

5.3.5.2 Lösungen für mittlere und niedrige Frequenzen

Bei niedrigeren Frequenzen greift die Ionendynamik in das Geschehen ein. Für $\omega < \omega_{LH}$ taucht die außerordentliche Welle wieder auf und wird nun als *untere Hybridwelle* bezeichnet. Für den Fall $\omega \ll \omega_{ce}$ kann die Dispersionsrelation (5.113) etwas vereinfacht werden zu:

$$N^2 = -\frac{\omega_{ce}^2(\omega_{ci}^2 - \omega^2)(\epsilon_{xx}^2 - \epsilon_{xy}^2)}{\omega_{UH}^2\left(\omega^2 - \omega_{ce}\omega_{ci}\frac{\omega_{pe}^2 + \omega_{ce}\omega_{ci}}{\omega_{pe}^2 + \omega_{ce}^2}\right)}. \tag{5.118}$$

Bei der *unteren Hybridfrequenz*, wo Absorption der Welle und damit eine Heizung der Elektronen auftritt, handelt es sich wegen $N^2 \to \infty$ wieder um eine Longitudinalwelle. In einem Zwischenbereich der Frequenzen liegt wieder eine rechtsdrehende Welle vor.

Bei $\omega \ll \omega_{ci}$ können wir die Dispersionsrelation noch weiter vereinfachen und wir finden:

$$k^2 = \frac{\omega^2}{c^2}\left(1 + \frac{\omega_{pi}^2}{\omega_{ci}^2}\right) \tag{5.119}$$

oder

$$\omega = \pm\frac{k v_A}{1 + v_A^2/c^2} \approx k v_A. \tag{5.120}$$

Die Welle geht dann in die longitudinale oder kompressionale Alfvén-Welle über (vgl. (4.64)), wobei der Plasmadruck im kalten Plasma verschwindet. Im Grenzfall niedriger Frequenz hat die $E \times B$-Drift von Elektronen und Ionen den gleichen Wert, sodass das gesamte Plasma entlang der Ausbreitungsrichtung verschoben wird, Ladungsdichten aber nicht entstehen.

5.3.6 Plasmaheizung und CMA-Diagramm

Wenn Wellen zur Heizung von Plasmen eingesetzt werden, möchte man wissen, wo die Welle absorbiert wird und ob sie bis zu dieser Stelle propagieren kann, ohne an einem Cutoff reflektiert zu werden. Plasmen sind in der Regel nicht homogen. Dennoch kann man die in diesem Kapitel berechneten Dispersionsrelationen zur Beschreibung der Wellen verwenden, indem man die lokalen Plasmaparameter in die Dispersionsrelationen einsetzt. An einem typischen Experiment hat man also eine durch den Hochfrequenzgenerator definierte konstante Wellenfrequenz ω_0. Der Wellenvektor ändert sich dann im Plasma entsprechend der lokalen Plasmaparameter als Funktion des Ortes. Anstatt einer Funktion $k(\omega)$ ist die Dispersionsrelation jetzt besser durch eine Funktion $k(n, B, m_i)$ repräsentiert, die von den Plasmaparametern Dichte, Magnetfeld und Ionenmasse abhängt. Darstellungen dieser Art sind als Clemmow-Mullaly-Allis-Diagramme oder kurz *CMA-Diagramme* bekannt.

Bei toroidalen Experimenten, wie Tokamaks oder Stellaratoren in der Fusionsforschung, muss die Welle zwangsläufig senkrecht zum Magnetfeld eingestrahlt werden. In der Näherung eines kalten Plasmas wird weder die O- noch die X-Welle an der Zyklotronresonanz absorbiert. Erst durch Hinzunahme von kinetischen Effekten, also im Modell für das heiße Plasma, tritt Absorption bei der Zyklotronresonanz oder bei der l-ten Harmonischen davon ($\omega_0 = l\omega_c$) auf. Obwohl wir dies erst in Abschn. 7.5.2 erläutern werden, wollen wir hier davon ausgehen, dass Absorption bei den Harmonischen stattfindet.

Als Beispiel zeigt Abb. 5.22 das CMA-Diagramm, das Elektronzyklotronresonanzheizung in einem toroidalen Plasma beschreibt. Die Geometrie des Plasmas ist in der Abbildung links zu sehen. Die Plasmadichte hat ein parabolisches Profil mit dem Maximum n_0 auf der Torusachse bei R_0. Das Magnetfeld fällt mit dem großen Radius R ab wie $B = B_0 R_0 / R$; B_0 ist somit das Magnetfeld auf der Achse. Im CMA-Diagramm ist das Quadrat des lokalen Magnetfeldes gegen die Plasmadichte in geeigneter Normierung aufgetragen. Die grauen Kurven beschreiben die lokalen Parameter entlang der Trajektorie des Wellenstrahls. D. h., auf ihrem Weg durch das Plasma muss die Welle dieser Kurve folgen, wobei man im Diagramm die lokalen Plasmaparameter ablesen kann, die für die Welle am entsprechenden Ort gerade relevant sind.

Das Magnetfeld von $B_0 = 0,085\,\text{T}$ ist so gewählt, dass bei einer Wellenfrequenz von 2,45 GHz die Zyklotronresonanz gerade im Plasmazentrum liegt. Im Plasmazentrum (Punkt 2) ist also $\omega_{ce}/\omega_0 \approx 1$. Bei der gewählten Dichte von $n_0 = 10^{17}\,\text{m}^{-3}$ liegt die Plasmafrequenz oberhalb der Wellenfrequenz. Zusätzlich sind die Werte, bei denen Reflexion oder Absorption auftritt, als Kurven eingezeichnet.

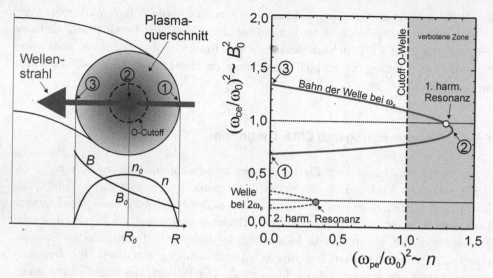

Abb. 5.22 CMA-Diagramm für die Heizung eines toroidalen Plasmas mit der O-Welle und einem großen Radius von $R_0 = 0{,}6$ m, einem kleinen Radius von $0{,}1$ m und mit einem parabolischen Dichteprofil mit $n_0 = 10^{17}$ m^{-3}; $B_0 = 0{,}085$ T und $\omega_0 = 2{,}45$ GHz. Das Diagramm für ein Hochtemperaturplasma (10^{20} m^{-3}, 2,5 T, 140 GHz) ist fast identisch

In Abb. 5.22 handelt es sich um die Situation für die *O-Welle*. Hier liegt nach (5.101) die Cutoff-Bedingung bei der Plasmafrequenz, $\omega = \omega_{pe}$. Bei den gegebenen Parametern wird die Welle demnach reflektiert, bevor sie die Zyklotronresonanz erreicht. Heizung im Plasmazentrum ist bei diesen Parametern mit der O-Welle also nicht möglich. Erst bei kleineren Werten für n_0 schneidet die Kurve die Resonanz bei $\omega = \omega_{ce}$, bevor sie in den Cutoff gerät.

Abb. 5.23 stellt die gleiche Situation für den Fall der *X-Welle* dar. Jetzt macht es einen Unterschied, ob man von der Niederfeldseite (Punkt 1) oder der Hochfeldseite (Punkt 3) aus einstrahlt. Von der Niederfeldseite aus propagiert die schnelle X-Welle bis zum R-Cutoff ω_R^{cut} (5.100), wo sie reflektiert wird. Sie kann daher die Zyklotronresonanz nie erreichen. Wir befinden uns in diesem Fall in Abb. 5.20 auf dem oberen Ast der außerordentlichen Welle. Bei Injektion von der Hochfeldseite folgt man dem Verlauf der oberen Hybridwelle aus Abb. 5.20. Jetzt kann die Welle ungehindert bis zur Zyklotronresonanz propagieren und dort, im Falle heißer Plasmen, die Plasmaelektronen heizen. Erst bei noch höheren zentralen Dichten spielt die Cutoff-Frequenz ω_L^{cut} (5.101) eine Rolle (in Abb. 5.23 ist nur ein kleiner Teil der Kurve zu sehen) und begrenzt auch die Einstrahlung von der Hochfeldseite aus.

Es gibt jedoch einen anderen Weg, um Plasmen mit der X-Welle auch von der Niederfeldseite her zu heizen. Strahlt man die Welle mit der doppelten Frequenz (oder bei halber Magnetfeldstärke) und sonst gleichen Parametern ein, so entsteht die gestrichelte Trajektorie. Die Frequenz ist dann zu hoch, um die 1. Harmonische der Resonanz zu erreichen. Da aber im heißen Plasma auch bei der 2. Harmonischen Absorption auftritt, kann die

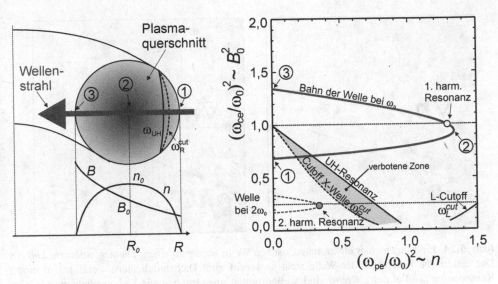

Abb. 5.23 CMA-Diagramm wie in Abb. 5.22, jedoch für eine X-Welle

Welle absorbiert werden, bevor sie den Cutoff bei ω_R^{cut} erreicht hat. Erst wenn die Dichte erhöht wird, stößt auch in diesem Fall die Welle an den Cutoff bei ω_L^{cut}, bevor sie die Resonanz erreichen kann.

Die Einsatzmöglichkeiten von Mikrowellen zum Heizen von toroidalen Plasmen lassen sich also wie folgt zusammenfassen. Die *O-Welle* kann gleichermaßen von Hoch- und Niederfeldseite aus eingestrahlt werden. Sie wird durch den O-Wellen-Cutoff bei der Plasmafrequenz blockiert, sobald die Dichte zu hoch wird. Indem man bei höheren Frequenzen arbeitet, wird die erreichbare Dichte höher. Da man aber bei einem möglichst hohen Magnetfeld arbeiten möchte und leistungsfähige Gyrotrons zur Erzeugung der Welle in der Frequenz z. Zt. auf etwa 170 GHz begrenzt sind, ist auch der Dichte eine Grenze gesetzt. Die *X-Welle* in der fundamentalen Frequenz lässt sich nur von der Hochfeldseite aus zum Heizen verwenden. Bei der zweiten Harmonischen ist die Einstrahlung von beiden Seiten her möglich. Die erreichbare Dichte ist dann aber immer noch durch den R-Cutoff auf etwa die Hälfte der für die O-Welle erreichbaren Dichte begrenzt. In Abschn. 7.5.2 wird der Mechanismus, der zur Absorption der Wellen führt, genauer beschrieben.

5.3.7   Propagation schräg zu Magnetfeld oder Dichtegradienten und Modenwandlung

In den vorangegangenen Abschnitten haben wir die verschiedenen Moden, in denen Wellen in Plasmen auftreten können, in Reinkultur betrachtet. Klare Unterscheidungen in R- und L-Welle, in O- und X-Welle sind nicht mehr möglich, wenn der Wellenvektor

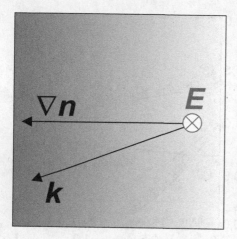 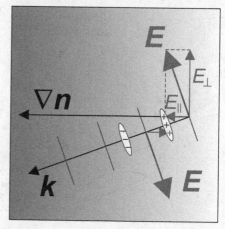

Abb. 5.24 Eindringen einer elektromagnetischen Welle schräg zu einem Dichtegradienten. *Links*: Der elektrische Feldvektor der Welle steht senkrecht zum Dichtegradienten, rechts hat er eine Komponente parallel dazu. *Rechts* sind Wellenfronten angedeutet sowie Ladungsdichten, wie sie aus der Elektronenbewegung im Wellenfeld entstehen

einen schrägen Winkel zum Magnetfeld einnimmt. Hier wollen wir in kurzer Form auf die grundlegenden Prozesse eingehen, die bei schräger Einstrahlung zu einer Vermischung der verschiedenen Wellentypen führen.

Beginnen wir aber zunächst mit dem unmagnetisierten Plasma, für das die Dispersionsrelation in Abb. 5.6 dargestellt ist. Hier treten dann Modifikationen auf, wenn die Welle in ein inhomogenes Plasma schräg zu einem Dichtegradienten eindringt. Wie in Abb. 5.24 zu sehen, müssen wir zwei Fälle unterscheiden: Steht der elektrische Feldvektor senkrecht auf dem Dichtegradienten (linke Abbildung), so werden die Elektronen nur in Flächen konstanter Dichte beschleunigt. Der Dichtegradient hat hier keinen Einfluss auf die Strömung der Elektronen und die Welle verhält sich so, wie im unmagnetisierten Plasma. Liegt hingegen $\mathbf{E}_{\perp}$ in der von $\mathbf{k}$ und ∇n aufgespannten Ebene, dann entstehen aus der induzierten Elektronenbewegung parallel zum Dichtegradienten Ladungsdichten (rechte Abbildung). In einem kleinen Bereich räumlich konstanter elektrischer Feldstärke ist nämlich $\nabla \cdot (n\mathbf{u}_e) = u_{e\parallel}\nabla_{\parallel} n \neq 0$, wobei das Parallel sich auf den Dichtegradienten bezieht. In dieser Geometrie koppelt die Welle also an Plasmaoszillationen an und erhält eine elektrostatische Komponente. Wenn diese Welle auf den Cutoff bei ω_{pe} trifft, so entsteht hier die sog. *Plasmaresonanz*. Der Wellenamplitude erfährt bei ω_{pe} eine Überhöhung, wodurch Leistung in das Plasma eingekoppelt werden kann.

Als Nächstes betrachten wir wieder eine homogenes, dafür aber magnetisiertes Plasma, bei dem die Welle weder senkrecht noch parallel zum Magnetfeld einfällt ($\theta \neq 0$ und $\theta \neq \pi/2$). Für diese Fälle muss die *Appleton-Hatree-Dispersionsrelation* (5.87) numerisch gelöst werden. Abb. 5.25 zeigt daraus resultierende Dispersionsrelationen für den Fall eines flachen Einfallswinkels zum Magnetfeld von $\theta = 0,15\pi$. Zum Vergleich sind auch die Dispersionsrelationen für $\theta = 0$ und $\theta = \pi/2$ eingezeichnet. Der wesentliche Effekt, der

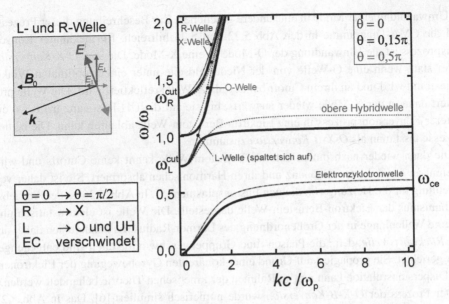

Abb. 5.25 Lösungen der Appleton-Hatree-Dispersionrelation für $\theta = 0,15\pi$ für eine Dichte von 2×10^{17} m^{-3} und ein Magnetfeld von 0,3 T. Zum Vergleich sind die Lösungen für senkrechte Propagation ($\theta = 0$, gestrichelt) und parallele Propagation ($\theta = \pi/2$, strich-gepunktete Linie) eingezeichnet

auftritt, wenn der Wellenvektor von $\theta = 0$, also paralleler Propagation zum Magnetfeld, zu einem kleinen Winkel gedreht wird, ist die Aufspaltung der *L-Welle* in zwei Äste. Der eine geht an der Plasmafrequenz in den Cutoff und geht bei größeren Winkeln in die *O-Welle* über. Der andere hat eine Resonanz an der Plasmafrequenz, einen Cutoff bei ω_L^{cut} und geht für $\theta \to \pi/2$ in die *obere Hybridwelle* über. Die Resonanz bei ω_{pe} wird, wie im gerade behandelten unmagnetisierten Fall auch, als *Plasmaresonanz* bezeichnet. Sie liegt bei kleinen Winkeln bei ω_p und wandert bei größeren Winkeln zu ω_{UH}. Die R-Welle ändert ihren Verlauf wenig und geht in die X-Welle über. Die Elektronzyklotronwelle und ihre Resonanz wandern mit steigendem Winkel θ zu kleineren Frequenzen hin und verschwindet, wenn die Einstrahlung senkrecht zum Magnetfeld erfolgt.

Zum Verständnis des unterschiedlichen Verhaltens von L- und R-Welle ist in Abb. 5.25 die Situation der einzelnen Vektoren dargestellt. Der E-Vektor hat beim schrägen Einfall eine Komponente parallel zum Magnetfeld. Die Elektronen können dem Einfluss dieser Komponente ungehindert folgen, was insbesondere dann zu einem Einfluss führt, wenn die Wellenfrequenz gleich der Plasmafrequenz ist. Die *R-Welle* wird allerdings schon bei höheren Frequenzen vom Cutoff bei ω_R^{cut} blockiert. Nur die L-Welle kann bei entsprechenden Frequenzen noch propagieren. Bei ω_{pe} koppelt diese resonant an die Plasmaoszillationen an, was zu einem Cutoff führt.

Ein weiteres sehr interessantes und für die Heizung für Plasmen wichtiges Phänomen, das mit den einfachen Flüssigkeitsgleichungen nicht vollständig beschrieben werden kann, ist die *Modenkonversion*. An Cutoff-Schichten kann unter gewissen Bedingungen die Umwandlung einer Mode in eine andere geschehen. Zur Beschreibung dieser Prozesse sind die CMA-Diagramme in den Abb. 5.22 und 5.23 hilfreich. Ein bekannter Konversionsprozess ist die Umwandlung der O-Mode in eine X-Mode. Die sog. *O-X-Konversion* findet statt, wenn eine O-Welle von der Niederfeldseite unter einem optimalen Winkel eingestrahlt wird und an ihrem Cutoff bei ω_{pe} als X-Welle reflektiert wird. Die Welle propagiert dann in der X-Mode wieder auswärts, bis sie auf die UH-Resonanz trifft, wo ein weiterer Konversionsprozess in eine Elektron-Bernstein-Welle ablaufen kann. Die beiden Prozesse fasst man als *O-X-B-Konversion* zusammen.

Die dann wieder nach innen laufende Bernstein-Welle kennt keine Cutoffs und wird effizient an der Zyklotronresonanz und ihren Harmonischen absorbiert. Sie ist daher von Bedeutung für die Heizung von dichten Fusionsplasmen [5]. In Abb. 5.26 ist der Antriebsmechanismus der Elektron-Bernstein-Welle dargestellt. Die Welle ist elektrostatisch und hat eine Wellenlänge in der Größenordnung des Larmor-Radius. Es handelt sich dabei um eine *Rückwärtswelle*, d. h., die Phasen- und Gruppengeschwindigkeiten sind entgegengesetzt gerichtet. Sie propagiert auf Grund einer kohärenten Gyrobewegung der Elektronen. Die Dispersionsrelation kann nur im Rahmen der kinetischen Theorie behandelt werden.

Der Prozess der *O-X-B-Konversion* wurde numerisch simuliert [6]. Das in Abb. 5.27 dargestellte Ergebnis zeigt den positiven Teil der longitudinalen Komponente des elektrischen Wellenfeldes zu drei Zeitpunkten. Die einlaufende O-Welle hat durch die schräge Einstrahlung eine schwache longitudinale Komponente. Nach 40 Wellenzyklen ist eine Interferenz aus der O-Welle und der auslaufenden *oberen Hybridwelle* oder *langsamen X-Welle* zu beobachten, die eine stärkere longitudinale Komponente aufweist. Man sieht, wie sich die Fronten der X-Welle an die Fläche der UH-Resonanz anschmiegen und dadurch eine kurze Wellenlänge senkrecht dazu generieren. Dieser kurzwellige Teil koppelt an die Elektron-Bernstein-Welle, die sich erst nach einer Zeitdauer von ca. 200 Wellenzyklen manifestiert. Die Vergrößerung rechts unten zeigt die wieder nach innen propagierende Bernstein-Welle.

Die Erzeugung der Bernstein-Wellen gelingt aber auch direkt aus der X-Welle heraus. Man spricht dann von *X-B-Konversion*. In diesem Fall tunnelt die schnelle X-Welle durch ihren Cutoff bei ω_R^{cut} und gelangt so in den Bereich, in dem die obere Hybridwelle wieder propagieren kann (vgl. Abb. 5.23). Bei Plasmen mit hoher Dichte wird diese dann durch den Cutoff bei ω_L^{cut} reflektiert, läuft also zurück und trifft dann wieder auf die UH-Resonanz, wo der Konversionsprozess in die Bernstein-Welle stattfindet. Bei hohen Dichten und steilen Dichtegradienten liegen ω_L^{cut} und ω_R^{cut} nah beieinander und die beiden Cutoffs bilden für die Welle einen Resonator, in dem das Wellenfeld verstärkt wird, wodurch der X-B-Konversionsprozess effizient ablaufen kann.

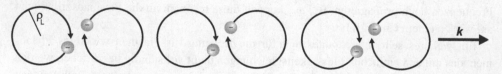

Abb. 5.26 Antriebsmechanismus einer Bernstein-Welle

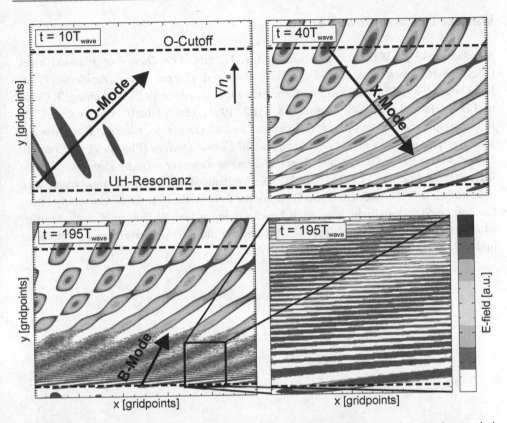

Abb. 5.27 Berechnetes elektrisches Wellenfeld einer O-X-B-Modenkonversion gezeigt zu drei Zeitpunkten. Aufgetragen ist nur der positive Anteil der longitudinalen Komponente der Welle. (**a**) Die Welle wird in O-Mode von schräg unten in das Plasma eingestrahlt. (**b**) Die Welle erreicht den O-Cutoff und wird dort in eine X-Welle konvertiert, die wieder nach außen propagiert. Beim Erreichen der der UH-Resonanz wird die Welle longitudinal und kann so an die elektrostatische Bernstein-Welle koppeln. Die Bernstein-Welle besitzt eine sehr kurze Wellenlänge (siehe Ausschnitt (**d**)) und kann ungehindert in das dichte Plasma eindringen (von A. Köhn aus Ref. [6])

Referenzen

3. M. Hirsch *et al.*, Plasma Phys. Controll. Fusion **43**, 1641 (2001).
4. R. White and F. Chen, *Amplification and Absorption of Electromagnetic Waves in Overdense Plasmas*, Plasma Phys. **16**, 565 (1974).
5. H. P. Laqua *et al.*, Phys. Rev. Lett. **78**, 3467 (1997).
6. A. Köhn, E. Holzhauer, und U. Stroth, IEEE Trans. Plasma Sci **36**, 1220 (2008).

Weitere Literaturhinweise

Standardwerke zu Wellen in Plasmen sind T. H. Stix, *The Theory of Plasma Waves* (McGraw-Hill, New York, 1958) und D. G. Swanson, *Plasma Waves* (Academic Press, San Diego, 1989). Ein Vielkanalinterferometer wir beschrieben in E. Würsching, T. Geist, und H.-J. Harftuß, Rev. Sci. Instrum. **68**, 1162 (1997). Einen Überblick über die ECRH in Fusionsplasmen findet man in V. Erckmann und U. Gasparino, *Electron Cyclotron Resonance Heating and Current Drive in Toroidal Fusion Devices* (Plasma Phys. Controll. Fusion **36**, 1869 (1994)) und in R. Prater, *Heating and current drive by electron cyclotron waves* (Phys. Plasmas **11**, 2349 (2004)). Die Wellenausbreitung in der Ionosphäre wird beschrieben in K. G. Budden, *Radio Waves in the Ionosphere* (Cambride University Press, London, 1961). Dort findet man auch Beschreibungen von Wellen am Cutoff. Konversionsprozesse werden behandelt in Ref. [4] und für die Bernstein-Welle in J. Preinhalter und V. J. Kopecky (Plasma Phys. **10**, 1 (1973)).

Nichtlineare Phänomene 6

In den Kapiteln über Plasmastabilität und Plasmawellen haben wir die Dynamik von Prozessen betrachtet, die aus kleinen Abweichungen der Plasmaparameter von ihrem Gleichgewichtszustand hervorgehen. Dazu wurden die Flüssigkeitsgleichungen linearisiert, was in beiden Fällen eine sehr gute Näherung darstellt. Der wichtigste Schritt in der *Linearisierung* ist die Vernachlässigung des Terms $(\mathbf{u} \cdot \nabla)\mathbf{u}$ in der Bewegungsgleichung, woraus eine starke Vereinfachung der Gleichungen resultiert und in vielen Fällen analytische Lösungen erst möglich werden. Allerdings schränkt sich die Vielfalt der beschreibbaren Phänomene durch die Linearisierung stark ein. Die meisten Flüssigkeiten in der Natur verhalten sich turbulent. Solche Prozesse sind mit linearen Gleichungen nicht zu beschreiben. In Kap. 15 werden wir Modelle zur Turbulenz entwickeln. In diesem Kapitel wollen wir einen ersten Schritt in die *nichtlineare Plasmaphysik* tun, indem wir den Einfluss der Nichtlinearität auf die *Ionenschallwelle* und Beispiele aus dem Bereich der *Laserplasmen* behandeln.

6.1 Nichtlineare Ionenschallwellen

Die zur Ionenschallwelle führenden physikalischen Prozesse wurden in Abb. 5.12 diskutiert. Elektronen- und Ionendichte sind annähernd gleich gestört. Die Elektronen folgen einer Maxwell-Boltzmann-Verteilung, wodurch ein elektrisches Feld entsteht. Die durch die Ionen bestimmte Dichtestörung wird dann durch den Druckgradienten und das elektrische Feld propagiert. Im Folgenden werden wir sehen, welche Einflüsse aus größeren Störungsamplituden erwachsen, bei denen eine Linearisierung der Gleichungen nicht mehr gerechtfertigt ist.

© Springer-Verlag GmbH Deutschland 2018
U. Stroth, *Plasmaphysik*,
https://doi.org/10.1007/978-3-662-55236-0_6

6.1.1 Korteweg-de-Vries-Gleichung

Ausgangspunkt der Beschreibung sind die Flüssigkeitsgleichungen für ein unmagnetisiertes Plasma mit kalten Ionen ($T_i = 0$). Die Elektronentemperatur T_e sei konstant. Wir suchen hier nach stationären Lösungen in einem entsprechend gewählten Bezugssystem, also nach Störungen, die sich im Gleichgewicht befinden und nicht weiter anwachsen. Die Stationarität bezieht sich entsprechend Abb. 6.1 auf ein mit der Störung mit u_0 mitbewegtes Bezugssystem. Bei einem Wellenzug würde sich dieses Bezugssystem mit der Phasengeschwindigkeit der Welle bewegen. Wir wählen die Ausbreitungsrichtung in die negative z-Richtung. Da die Ionen im Laborsystem in Ruhe sein sollen, bewegen sie sich in dem betrachteten Bezugssystem mit der Strömungsgeschwindigkeit $+u_0$. Im mitbewegten System verschwinden wegen der geforderten Stationarität alle Zeitableitungen. Aus der Kontinuitätsgleichung der Ionen (3.7) folgt dann nach Integration im eindimensionalen Fall:

$$\frac{\partial(n_i u_i)}{\partial z} = 0 \quad \rightarrow \quad n_i u_i = n_0 u_0. \tag{6.1}$$

Die Integration soll sich erstrecken von einem Gebiet, in dem das Plasma ungestört ist, bis zu dem Bereich, wo sich die Störung befindet. Die ungestörte Plasmadichte ist n_0.

Analog folgt aus der Integration der Bewegungsgleichung der Ionen (3.12) unter Vernachlässigung des Trägheitsterms

$$m_i u_i \frac{\partial u_i}{\partial z} = m_i \frac{1}{2} \frac{\partial u_i^2}{\partial z} = -e \frac{\partial \phi}{\partial z} \quad \rightarrow \quad \frac{1}{2} m_i u_i^2 = \frac{1}{2} m_i u_0^2 - e\phi, \tag{6.2}$$

wobei das Potential im Gleichgewicht $\phi_0 = 0$ ist; vom nichtlinearen Term entfallen alle Ableitungen außer die in z-Richtung. Der Druckterm entfällt wegen $T_i = 0$ und das elektrische Feld wurde durch das elektrostatische Potential ϕ ersetzt. Diese Gleichung spiegelt die Energieerhaltung in der Ionenströmung wider.

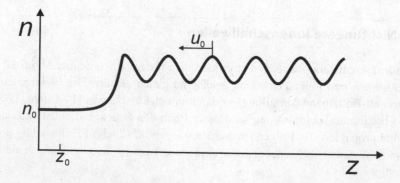

Abb. 6.1 Das Bezugssystem bewegt sich mit der Phasengeschwindigkeit u_0 der Störung in die negative z-Richtung, sodass die Störung im Bezugssystem stationär wird

Durch Kombination der beiden Gleichungen erhalten wir eine Beziehung für die Ionendichte:

$$n_i = n_0 \frac{u_0}{u_i} = n_0 \left(1 - \frac{2e\phi}{m_i u_0^2} \right)^{-1/2}. \tag{6.3}$$

Wir betrachten Vorgänge, die langsam sind im Vergleich zur Plasmafrequenz, sodass die Abweichung der Elektronendichte vom Gleichgewichtswert durch den *Boltzmann-Faktor* (1.10) berücksichtigt werden kann:

$$n_e = n_0 \exp(e\phi/T_e). \tag{6.4}$$

Mittels der Poisson-Gleichung wird nun aus den Dichten der Elektronen und der Ionen das elektrostatische Potential berechnet. Zur Herleitung der *Debye-Länge* sind wir in Abschn. 1.4.1 den gleichen Weg gegangen. Während dort die Boltzmann-Relation nur in linearisierter Form einging, werden wir hier die nichtlinearen Terme mitnehmen. Aus (6.3) und (6.4) berechnen wir die Ladungsdichte und daraus folgt für das elektrostatische Potential die Bestimmungsgleichung

$$\frac{\partial^2 \phi}{\partial z^2} = -\frac{e n_0}{\epsilon_0} \left(\left(1 - 2\frac{e\phi}{m_i u_0^2} \right)^{-1/2} - e^{e\phi/T_e} \right) \tag{6.5}$$

Zur Lösung dieser Gleichung ist es hilfreich, normierte Größen einzuführen. Diese sind das normierte Potential $\hat{\phi}$, die Ortskoordinate $\hat{z}$ in Einheiten der Debye-Länge (1.14) und die *Mach-Zahl* $\mathcal{M}$ der Strömung:

$$\hat{\phi} = \frac{e\phi}{T_e}, \quad \hat{z} = \frac{z}{\lambda_D} = \sqrt{\frac{e^2 n_0}{\epsilon_0 T_e}} z, \quad \mathcal{M} = \frac{u_0}{c_{si}} = \frac{u_0}{\sqrt{T_e/m_i}}. \tag{6.6}$$

Bei einer Mach-Zahl von $\mathcal{M} = 1$ ist die Propagationsgeschwindigkeit der Störung gleich der Ionenschallgeschwindigkeit c_{si} (3.125). Mit diesen Definitionen können wir (6.5) in die Form überführen:

$$\frac{\partial^2 \hat{\phi}}{\partial \hat{z}^2} = e^{\hat{\phi}} - \left(1 - \frac{2\hat{\phi}}{\mathcal{M}^2} \right)^{-1/2} \tag{6.7}$$

Diese Gleichung reduziert auf die zweite Ordnung in der Störungsamplitude entspricht der *Korteweg-de-Vries-* oder *KdeV-Gleichung*, die häufig Anwendung bei der Untersuchung von Solitonen findet. Wir wollen hier die allgemeine Gl. (6.7) als Ausgangspunkt für die weiteren Untersuchungen hernehmen.

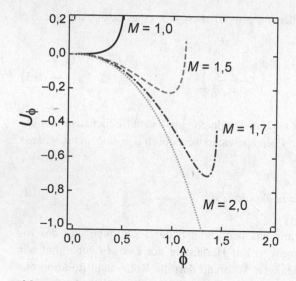

Abb. 6.2 Verlauf des Pseudopotentials für 4 verschiedene Werte der Mach-Zahl sowie (*rechts*) die Analogie zwischen der Newton'schen Bewegungsgleichung (Zeit, Potential, Teilchenbahn) und der KdeV-Gleichung (Ort, Pseudopotential, Potentialverlauf der Störung)

6.1.2 Solitonen und Stoßwellen

Die möglichen Lösungen der Gl. (6.7) für das normierte Potential der gesuchten Störungen hängen vom Wert der Mach-Zahl ab. Um dies zu sehen, interpretieren wir (6.7) mittels eines Vergleiches mit der Newton'schen Bewegungsgleichung $d^2x/dt^2 = -dU/dx$, wobei die Kraft auf das Teilchen als Gradient eines Potentials U geschrieben ist. Indem wir die in Abb. 6.2 zusammengefasste Korrespondenz zu den Variablen der Newton'schen Bewegungsgleichung herstellen, können wir (6.7) in analoger Form schreiben, wobei nun die Entwicklung des normierten Plasmapotentials $\hat{\phi}$ aus der Ableitung eines Pseudopotentials U_ϕ folgt:

$$\frac{\partial^2 \hat{\phi}}{\partial \hat{z}^2} = -\frac{\partial U_\phi}{\partial \hat{\phi}}. \tag{6.8}$$

Nach einfacher Integration der rechten Seite von (6.7) über $\hat{\phi}$ zwischen den Grenzen 0 und $\hat{\phi}$ finden wir für das *Pseudopotential*:

$$U_\phi(\hat{\phi}) = 1 - e^{\hat{\phi}} + \mathcal{M}^2 \left\{ 1 - \sqrt{1 - \frac{2\hat{\phi}}{\mathcal{M}^2}} \right\}. \tag{6.9}$$

Für den Fall eines Teilchens im Potential könnten wir aus dem Potentialverlauf $U(x)$ intuitiv auf die möglichen Teilchenbahnen $x(t)$ schließen. Analog betrachten wir jetzt den Verlauf $U_\phi(\hat{\phi})$, um daraus auf die möglichen Verläufe von $\hat{\phi}(\hat{z})$ zu folgen. Dazu ist in

Abb. 6.2 das Pseudopotential für vier Werte der Mach-Zahl aufgetragen. Alle Kurven sind auf $\hat{\phi} \leq \mathcal{M}^2/2$ begrenzt, da sonst die Wurzel in (6.9) negativ wird.

Stellen wir uns nun vor, dass ein Teilchen von links, mit leicht positiver Geschwindigkeit, in das Potential (6.9) einläuft. Je nach Form von U_ϕ können wir uns drei Arten von Bahnen vorstellen. Das Gleiche gilt für den Potentialverlauf $\hat{\phi}(\hat{z})$. Für $\mathcal{M} = 1$ wächst das Potential mit $\hat{z}$ an, wird dann „reflektiert", d. h. es erreicht einen Maximalwert, und fällt dann schließlich wieder ab. Man findet für $\mathcal{M} = 1$ also eine solitäre Struktur, die relativ zum Plasma mit der Geschwindigkeit u_0 propagiert. Diese Struktur wird *Soliton* genannt.

Im Bereich $1 < \mathcal{M} \leq 1{,}6$ bildet das Pseudopotential ein Minimum aus, schneidet aber für $\hat{\phi}(\hat{z}) > 0$ nochmals die Achse, sodass das Pseudoteilchen reflektiert wird und auch im Potentialverlauf gefangen werden kann, um dann zwischen zwei Wendepunkten zu oszillieren. Es entstehen periodische Bahnen bzw. übersetzt, periodische Verläufe im Plasmapotential. Startet das Potential vom Wert $\hat{\phi}(0) = 0$ und erfährt einen geringen Betrag an Dissipation, so steigt sein Wert von null an, um dann um einen Wert $\hat{\phi} > 0$ zu oszillieren. Der anfänglich steile Potentialanstieg wird als *Stoßfront* bezeichnet oder das gesamte Phänomen als *Stoßwelle* oder auch *Schockwelle*. Für Werte $\mathcal{M} > 1{,}6$ gibt es keine endlichen Lösungen der Gleichung.

Die KdeV-Gleichung hat auch Lösungen für $\mathcal{M} < 1$, die Ionenschallwellen beschreiben, mit Wellenlängen im Bereich der Debye-Länge (s. Abb. 5.11). Die Dispersionsrelation konvergiert bei großen Wellenzahlen gegen die Ionenplasmafrequenz, die Propagationsgeschwindigkeit sinkt auf null ab, was für *Ionenoszillationen* charakteristisch ist.

Anstatt den Verlauf des effektiven Potentials $\hat{\phi}$ qualitativ aus dem Pseudopotential U_ϕ abzulesen, kann man (6.7) auch numerisch integrieren. Ergebnisse aus einer solchen Integration mit dem Runge-Kutta-Verfahren wollen wir uns jetzt anschauen. Abb. 6.3 zeigt die daraus resultierenden Potentialverläufe für ein Soliton (links) und eine Stoßwelle (rechts). In beiden Fällen wurde als Randwert der geringe Wert für das Potential von $\hat{\phi}(\hat{z} = 0) = 10^{-4}$ verwendet. Im Bild von Abb. 6.2 kommt ein Pseudoteilchens von links,

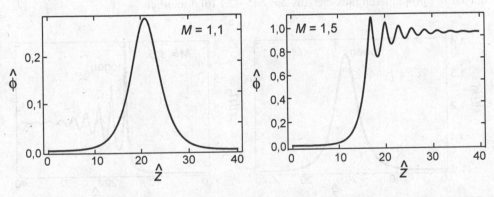

Abb. 6.3 Verlauf des normierten Potentials, erhalten aus der numerischen Integration von (6.7) für zwei Werte der Mach-Zahl: *Links* ein Soliton und *rechts* eine Stoßwelle. Um die Stoßwelle zu erhalten, wurde auf der rechten Seite von (6.7) ein künstlicher Reibungsterm hinzugefügt

wird bei einem Pseudopotential von $U_\phi \approx 0{,}3$ reflektiert und verschwindet wieder nach links. Wir finden also einen buckelförmigen Potentialverlauf. Bei größeren Werten für $\hat{z}$ wird $\hat{\phi}$ negativ. Man verlässt dann aber den Gültigkeitsbereich der Gleichung.

Um das Potential einer *Stoßwelle* zu erhalten, wurde $\mathcal{M} = 1{,}5$ gesetzt und auf der rechten Seite von (6.7) ein künstlicher Reibungsterm der Form $-\hat{\nu}\hat{\phi} = -0{,}5$ eingeführt. Nur so wird das Pseudoteilchen im Pseudopotential gefangen. Der Potentialverlauf zeigt die als steilen Anstieg ausgeprägte *Stoßfront* gefolgt von einer gedämpften Schwingung.

Aus den Potentialverläufen in Abb. 6.3 können wir die Ionen- (6.3) sowie die Elektronendichte (6.4) berechnen. Die Ergebnisse sind in Abb. 6.4 dargestellt. In beiden Fällen ist die Störung der Dichte nicht mehr klein gegen die ungestörte Dichte. Ganz sicherlich ist hier eine Linearisierung nicht mehr gerechtfertigt. Bei der Stoßwelle finden wir sogar eine Dichteerhöhung von einem Faktor fünf. Der Unterschied zwischen Ionen- und Elektronendichte ist für die Potentialform verantwortlich. Bei der Stoßfront sind beide Dichten deutlich verschieden. Wie von der Quasineutralitätsbedingung gefordert, beschränken sich die starken Abweichungen aber auf Bereiche kleiner als die *Debye-Länge*.

6.1.3   Das Bohm-Kriterium

Im Abschn. 5.2.5 haben wir die *Ionenschallwelle* behandelt und gezeigt, dass sich Störungen in der Plasmadichte mit der Ionenschallgeschwindigkeit, also mit einer Mach-Zahl von $\mathcal{M} = 1$, ausbreiten. Es ist dann natürlich die Frage, wie es zur Ausbreitung von Störungen mit $\mathcal{M} > 1$ kommen kann. Dies liegt allein an den Nichtlinearitäten, die wir bei der Behandlung der Wellen konsequent vernachlässigt haben. Mit der Amplitude steigt auch die Ausbreitungsgeschwindigkeit der Ionenschallwelle. Gleichzeitig beobachtet man eine Aufsteilung der Wellenflanken (vgl. Abb. 15.2). Dieser Prozess wird *Wellenaufsteilung* genannt.

Aus der Linearisierung von (6.7) erhalten wir direkt, dass Wellen kleiner Amplituden mit $\mathcal{M} = 1$ propagieren müssen. Aus $2\hat{\phi}/\mathcal{M}^2 \ll 1$ folgt nämlich

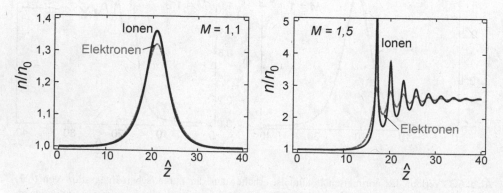

Abb. 6.4 Ionen- und Elektronendichte für das Soliton und die Stoßwelle aus Abb. 6.3

$$\frac{\partial^2 \hat{\phi}}{\partial \hat{z}^2} = \hat{\phi}\left(1 - \frac{1}{\mathcal{M}^2}\right). \tag{6.10}$$

Mit der normierten Wellenzahl $\hat{k} = k\lambda_D$ und dem Ansatz $\hat{\phi} = \exp(\hat{k}\hat{z})$ folgt daraus die Beziehung

$$\hat{k}^2 = 1 - \frac{1}{\mathcal{M}^2}. \tag{6.11}$$

Für Schallwellen gilt aber $k\lambda_D \ll 1$, sodass $\mathcal{M} \approx 1$ sein muss. Die gleiche Beziehung kann man auch für die Behandlung des Randschichtpotentials heranziehen, das wir erst in Abschn. 9.3.2 diskutieren werden. Ähnlich wie bei einer eingebrachten Ladung schirmt sich das Plasma auch gegen materielle Wände ab, indem es eine Potentialbarriere für Elektronen aufbaut. Auch dabei handelt es sich um eine stationäre Störung des homogenen Gleichgewichtszustandes. In diesem Fall wird man die Potentialstörung nicht durch eine Wellenzahl charakterisieren, sondern durch eine Abfalllänge, die dann auf der linken Seite von (6.11) quadratisch zu stehen kommt. Die linke Seite von (6.11) ist also positiv, was für die Mach-Zahl zur Bedingung $\mathcal{M}^2 > 1$ oder zum *Bohm-Kriterium*

$$u_{0_i} > \sqrt{\frac{T_e}{m_i}} \tag{6.12}$$

führt. Das Bohm-Kriterium besagt, dass die Ionen schneller als mit der *Ionenschallgeschwindigkeit* in die *Debye-Schicht* vor einer Wand einströmen müssen.

6.2 Plasmen in starken Wellenfeldern

In Kap. 5 haben wir elektromagnetische Wellen im Plasma mit den Flüssigkeitsgleichungen in linearer Näherung beschrieben, d. h. die Störungen der Gleichgewichtsgrößen waren klein. Ein Energieübertrag von der Welle auf das Plasma findet in diesem Modell nur dann statt, wenn Stöße berücksichtigt werden. Elektronen und Ionen oszillieren sonst zwar im elektrischen Wellenfeld, sie nehmen im Mittel über eine Schwingungsperiode aber keine Energie auf. Dies ändert sich, wenn die durch eine Welle hervorgerufene Störung größer wird und die nichtlinearen Terme berücksichtigt werden müssen. Im Fall von räumlich begrenzten Wellen, wie z. B. einem Lichtpuls, kann es zu einem Impuls- und Energieübertrag auf die Elektronen kommen. Effekte dieser Art spielen bei der Wechselwirkung von starken Laserfeldern mit Plasmen eine wichtige Rolle. Die wichtigsten Prozesse der *Laser-Plasma-Wechselwirkung* wollen wir in diesem Abschnitt behandeln.

6.2.1   Die ponderomotorische Kraft

Wir betrachten ein räumlich begrenztes Wellenfeld der Form

$$\mathbf{E}(\mathbf{r}, t) = \hat{\mathbf{E}}_1(\mathbf{r}) \cos \omega t, \tag{6.13}$$

das in ein ruhendes, unmagnetisiertes Plasma ($\mathbf{B}_0 = \mathbf{u}_0 = 0$) eindringt. Neu ist hier die Ortsabhängigkeit des Wellenfeldes, die nicht auf eine periodische Störung reduziert ist. Die Wechselwirkung mit den Plasmaelektronen behandeln wir störungstheoretisch. Dazu berechnen wir die durch das Wellenfeld hervorgerufene Störung des Plasmas zunächst in 1. Ordnung der gestörten Größen. Für diesen Fall hat die linearisierte Bewegungsgleichung die Form

$$\rho_{m0} \frac{\partial \mathbf{u}_1}{\partial t} = \rho_0 \hat{\mathbf{E}}_1 \cos \omega t, \tag{6.14}$$

wobei wir zwecks Übersichtlichkeit die Ortsabhängigkeit unterdrücken. Nach einfacher Integration über die Zeit erhalten wir so die Strömungsgeschwindigkeit von Elektronen und Ionen in erster Ordnung:

$$\mathbf{u}_1 = \frac{\rho_0}{\omega \rho_{m0}} \hat{\mathbf{E}}_1 \sin \omega t. \tag{6.15}$$

Diese Beziehung kennen wir schon aus dem Abschnitt über Wellen im unmagnetisierten Plasma (vgl. (5.30)), nur dass hier alle Größen reell sind.

Im Rahmen der *Störungstheorie* erhalten wir die Lösung 2. Ordnung, indem wir in die Nichtlinearitäten der Bewegungsgleichung die Lösungen 1. Ordnung einsetzen. Zunächst betrachten wir die Bewegungsgleichung (3.12) und entwickeln sie bis zur 2. Ordnung in den gestörten Größen, wobei die Strömungsgeschwindigkeit als $\mathbf{u} \approx \mathbf{u}_1 + \mathbf{u}_2$ genähert wird. Es folgt daraus eine Gleichung zur Bestimmung der Störung 2. Ordnung in der Geschwindigkeit

$$\rho_{m0} \frac{\partial \mathbf{u}_2}{\partial t} + \rho_{m1} \frac{\partial \mathbf{u}_1}{\partial t} + \rho_{m0}(\mathbf{u}_1 \cdot \nabla)\mathbf{u}_1 = \rho_1 \hat{\mathbf{E}}_1 \cos \omega t + \rho_0 \mathbf{u}_1 \times \mathbf{B}_1.$$

Wegen (6.15) hebt sich der 2. Term auf der linken Seite mit dem 1. auf der rechten Seite weg, sodass die nichtlineare Gleichung die Form erhält:

$$\rho_{m0} \frac{\partial \mathbf{u}_2}{\partial t} = -\rho_{m0}(\mathbf{u}_1 \cdot \nabla)\mathbf{u}_1 + \rho_0 \mathbf{u}_1 \times \mathbf{B}_1. \tag{6.16}$$

Hier treten die Nichtlinearität aus der hydrodynamischen Ableitung sowie, als neues Element, eine allein aus den elektromagnetischen Feldern der Welle generierte $E \times B$-Drift auf. Dies sehen wir, indem wir $\mathbf{u}_1$ aus (6.15) in den letzten Term der Gleichung einsetzen. Das Wellenmagnetfeld ist stark genug, um die Elektronen in Gyration zu versetzen.

Neben (6.15) benötigen wir zur Lösung dieser Gleichung noch einen Ausdruck für das Wellenmagnetfeld $\mathbf{B}_1$, den wir aus dem Induktionsgesetz gewinnen. Das Induktionsgesetz (3.43) integrieren wir über die Zeit und erhalten

$$\mathbf{B}_1 = -\frac{1}{\omega} \nabla \times \hat{\mathbf{E}}_1 \sin \omega t. \tag{6.17}$$

Wir setzen nun die berechneten Störungen erster Ordnung in (6.16) ein und fassen die Terme so zusammen, dass die Bestimmungsgleichung für die nichtlineare Antwort des Plasmas auf das Laserfeld die Form erhält:

$$\rho_{m0} \frac{\partial \mathbf{u}_2}{\partial t} = -\frac{\rho_0^2}{\rho_{m0}\omega^2} \left((\hat{\mathbf{E}}_1 \cdot \nabla)\hat{\mathbf{E}}_1 + \hat{\mathbf{E}}_1 \times (\nabla \times \hat{\mathbf{E}}_1) \right) \sin^2 \omega t. \tag{6.18}$$

Nach (B.6) zerfällt der letzte Term in zwei Teile, von denen sich einer mit dem ersten Term weghebt. Wir mitteln die Gleichung noch über eine Wellenperiode T, woraus folgt:

$$\rho_{m0} \left\langle \frac{\partial \mathbf{u}_2}{\partial t} \right\rangle_T = -\frac{\rho_0^2}{\rho_{m0}\omega^2} \frac{1}{2} \nabla \hat{E}_1^2. \tag{6.19}$$

Ein Gradient in der elektrischen Feldstärke erzeugt also eine Kraft auf die Plasmaelektronen, die als *ponderomotorische Kraft* bekannt ist. Sie hat die Form

$$\mathbf{F}_{pon} = -\frac{\omega_p^2}{\omega^2} \nabla \left(\frac{\epsilon_0 \hat{E}_1^2}{2} \right). \tag{6.20}$$

Die Kraft rührt von einem Druckgradienten im elektrischen Feld her und sie beschleunigt die Teilchen in Richtung geringerer Feldstärken. Die ponderomotorische Kraft auf die Elektronenflüssigkeit ist um m_i/m_e stärker als die auf die Ionenflüssigkeit.

In Abb. 6.5 ist in einem Einzelteilchenbild dargestellt, wie es zur ponderomotorischen Kraft kommt. Zu sehen sind verschiedene Größen, die aus der Lösung der Bewegungsgleichung für ein Elektron in einem elektrischen Wellenfeld herrühren. Von links nach rechts sind zu sehen: die Position des Elektrons in Richtung des elektrischen Feldes, seine Geschwindigkeit und der Wert des elektrischen Feldes am Ort des Teilchens. Die gestrichelten Kurven gelten für eine unendlich ausgedehnte Wellenfront, bei der das Elektron nur oszilliert. Ist die Welle jedoch senkrecht zur Ausbreitungsrichtung, also in x-Richtung beschränkt, so läuft das Elektron senkrecht aus der Welle heraus. Der Grund ist, dass das Elektron durch hohe Feldstärken aus dem Zentrum der Welle herausbeschleunigt wird, dann aber, wenn die Feldrichtung umkehrt, nur noch ein schwächeres Feld spürt (s. rechte Abbildung), das das Elektron nicht mehr vollständig zurückbringen kann. Wie links zu sehen, entfernt sich das Elektron von der Achse.

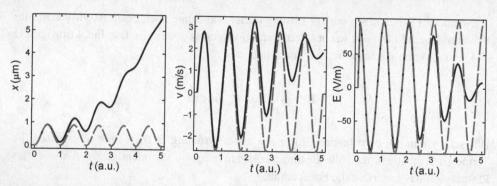

Abb. 6.5 Parameter einer Elektronenbahn in einem elektrischen Wechselfeld einer ebenen (*gestrichelt*) und einer räumlich begrenzten Welle (*durchgezogen*). V. l. n. r.: Ort, Geschwindigkeit und Feldstärke am Ort des Elektrons

6.2.2 Laser-Plasma-Wechselwirkung

Treffen intensive Laserpulse auf Materie, so wird diese auch dann ionisiert, wenn die Photonenenergie unterhalb der Ionisationsenergie des Materials liegt. Die Ionisation läuft zunächst über Multiphotonenabsorption und dann, wenn einzelne Elektronen durch das Laserfeld ausreichend beschleunigt wurden, über Stoßionisation ab. Betrachtet man die Dynamik der Laser-Plasma-Wechselwirkung weiter, so muss die ponderomotorische Kraft zu einer Separation von Elektronen und Ionen führen. Um Ambipolarität aufrechtzuerhalten, werden die Ionen über das entstehende elektrische Feld ebenfalls beschleunigt, sodass das Plasma insgesamt aus dem Bereich hoher Feldstärke verdrängt wird. Für die Elektronen ist die Situation ähnlich wie im Fall der Ionenschallwelle, wo die Druckkraft durch die Coulomb-Kraft ausgeglichen wird. Im Fall der Laserplasmen werden die Elektronen im Gleichgewicht aus ponderomotorischer und Coulomb-Kraft sein. Auch auf die Ionen wird damit, mittels des elektrischen Feldes, die auf die Elektronen wirkende ponderomotorische Kraft übertragen.

Da der Laserpuls mit annähernd Lichtgeschwindigkeit durch das Plasma propagiert, entsteht an seinen hinteren Ende ein positiver Ladungsüberschuss. Dies ist in Abb. 6.6 illustriert. Das entsprechende elektrische Feld beschleunigt die Ionen in Richtung des Pulses und senkrecht dazu. Dieses Feld im *Kielwasser* des Laserpulses wird entsprechend auch als *Wakefield* bezeichnet. Da durch diesen Prozess Plasmaoszillationen angeregt werden, kann eine periodische Potentialstruktur im Kielwasser des Lasers entstehen. Mit Höchstleistungslasern im Bereich von Pettawatt (*Pettawatt-Laser*) können durch diesen Mechanismus Elektronen und Ionen auf sehr hohe Energien beschleunigt werden. Man spricht in diesem Zusammenhang auch von *Wakefield-Beschleunigern*.

Die mit einem Wakefield-Beschleuniger erreichbaren elektrischen Felder lassen sich wie folgt abschätzen: Ist L die axiale Ausdehnung des Laserpulses, so ist seine Transitzeit gegeben durch $\tau = L/c$. Maximale Feldstärken werden dann erreicht, wenn die Transitzeit gerade gleich der Eigenfrequenz des Plasmas $\tau = 2\pi/\omega_p$ ist. Daraus können

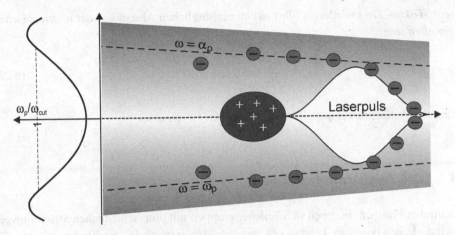

Abb. 6.6 Selbstfokussierung eines Laserpulses durch eine Mulde in der Plasmafrequenz (links normiert auf die Cutoff-Frequenz), die durch die relativistische Masse der Elektronen und die ponderomotorische Kraft entsteht

wir eine charakteristische Wellenzahl für das erregte elektrische Feld ableiten, die auch *Plasmawellenzahl* genannt wird:

$$k_p = \frac{2\pi}{L} = \frac{2\pi}{c\tau} = \frac{\omega_p}{c}. \tag{6.21}$$

Die Plasmawellenzahl ist das Inverse der *Eindringtiefe* (5.52). Gehen wir davon aus, dass alle Elektronen der Dichte n aus dem Gebiet des Laserpulses verdrängt wurden, so folgt aus der Poisson-Gleichung $\nabla \cdot \mathbf{E} = k_p E_{max} = en/\epsilon_0$ eine maximale Feldstärke von

$$E_{max} = \frac{en}{\epsilon_0 k_p} = \frac{enc}{\epsilon_0 \omega_p} = \frac{m_e c \omega_p}{e}. \tag{6.22}$$

Legen wir die Plasmafrequenz bei Festkörperdichte zugrunde, also $n = 10^{29}\,\mathrm{m}^{-3}$, so folgt daraus als obere Abschätzung für das durch die ponderomotorische Kraft erzeugte elektrische Feld ein Wert von $E_{max} \approx 3 \times 10^{12}\,\mathrm{V/m} = 3\,\mathrm{TV/m}$. Da dieses Feld einige Perioden aufweisen kann, können darin sowohl Elektronen als auch Ionen beschleunigt werden.

Die Verdrängung des Plasmas durch den Laserpuls ist einer der beiden Mechanismen die zu einer *Selbstfokussierung* des Lichtes führen. Wie in Abb. 6.6 zu sehen ist, nimmt die Plasmadichte ihren maximalen Wert nicht auf der Achse, sondern am Rand des Pulses an. Dort werden Dichten oberhalb der für die Frequenz des Laserlichtes gültigen *Cutoff-Dichte* erreicht, sodass eine Reflexion am Cutoff bei der Plasmafrequenz ω_p und damit eine Führung und Fokussierung des Pulses auftritt. Die Tatsache, dass die Elektronen relativistisch und somit schwerer werden, unterstützt diesen Mechanismus. Da die Elektronen im Mittel ihre höchste Geschwindigkeit in der Nähe der Achse annehmen, ist dort auch ihre relativistische Masse $m_e^* = \gamma_L m_e$ am größten. Dabei ist $\gamma_L = 1/\sqrt{1 - (v/c)^2}$ der

Lorentz-Faktor. Dies wiederum führt zu einer zusätzlichen Absenkung der *relativistischen Plasmafrequenz*

$$\omega_p^* = \frac{\omega_p}{\sqrt{\gamma_L}} = \omega_p \left(1 - (v/c)^2\right)^{1/4}, \tag{6.23}$$

die auf der Achse stärker ausfällt als am Rand des Laserpulses.

6.3   Die Zweistrom-Instabilität

In neutralen Plasmen, in denen sich Teilchengruppen mit unterschiedlichen Strömungsgeschwindigkeiten bewegen, können sich Instabilitäten entwickeln, die ihre Energie aus der kinetischen Energie der Relativbewegung der Teilchen beziehen. Die beiden Teilchengruppen können Elektronen und Ionen sein oder auch Teilchen, die mit hoher Geschwindigkeit in das im Mittel ruhende Plasma eingeschossen werden. Die Überlegungen gelten für den Fall ohne Magnetfeld oder für Prozesse parallel zum Magnetfeld. Die beiden sich durchströmenden Plasmen bezeichnen wir mit α und β, wobei beide Anteile für sich im thermischen Gleichgewicht sind.

Als Ausgangspunkt dienen hier die linearisierten MHD-Gleichungen, für die wir allerdings, anders als bei den Gleichgewichten, die Geschwindigkeit im ungestörten Zustand mitnehmen müssen. Wir setzen an, dass die Störung harmonisch in Zeit und Raum ist, wobei der Wellenvektor in die z-Richtung zeigt:

$$\begin{aligned}
\rho_m(\mathbf{r}, t) &= \rho_{m0} + \rho_{m1} \exp\{i(kz - \omega t)\}, \\
\rho(\mathbf{r}, t) &= \rho_0 + \rho_1 \exp\{i(kz - \omega t)\}, \\
\mathbf{u} &= \mathbf{u}_0 + \mathbf{u}_1 \exp\{i(kz - \omega t)\}, \\
\mathbf{E}(\mathbf{r}, t) &= \mathbf{E}_1 \exp\{i(kz - \omega t)\}.
\end{aligned} \tag{6.24}$$

Nun linearisieren wir die Kontinuitätsgleichung (3.7), indem wir wieder quadratische Terme in den Störgrößen vernachlässigen:

$$-i\omega\rho_{m1} + ik(\rho_{m1}u_0 + \rho_{m0}u_1) = 0. \tag{6.25}$$

Dabei werden alle Verteilungen im ungestörten Zustand als homogen angenommen, sodass Ableitungen der ungestörten Größen verschwinden. Die beiden Spezies unterscheiden wir durch α und β.

Für die Bewegungsgleichungen (3.11) folgt entsprechend, wenn wir eine Bewegung parallel zum Magnetfeld voraussetzen und Reibungskräfte vernachlässigen:

$$-i\rho_{m0}(\omega u_1 - ku_0 u_1) = \rho_0 E_1. \tag{6.26}$$

Das elektrische Feld tritt nur als Störgröße auf. Im ungestörten Zustand sind beide Plasmen neutral; das Feld wird also nur aus den gestörten Ladungsdichten der Plasmen α und β über die Poisson-Gleichung erzeugt:

$$ik\epsilon_0 E_1 = -(\rho_1^\alpha + \rho_1^\beta). \tag{6.27}$$

Das Ziel ist es, einen Ausdruck für das elektrische Feld zu finden, der nur von ungestörten Plasmaparametern abhängt. Aus (6.26) können wir u_1 berechnen. Für beide Plasmen gilt jeweils eine Gleichung der Form

$$u_1 = i\frac{\rho_0 E_1}{\rho_{m0}(\omega - ku_0)}, \tag{6.28}$$

und wegen (6.25)

$$\rho_{m1} = -\frac{k\rho_{m0}u_1}{ku_0 - \omega} = ik\frac{\rho_0 E_1}{(ku_0 - \omega)^2}. \tag{6.29}$$

Nun können wir $\rho_1 = q\rho_{m1}/m$ in (6.27) ersetzen und erhalten für ein System aus zwei Plasmakomponenten die *Dispersionrelation*

$$E_1\left\{1 - \frac{(\omega_p^\alpha)^2}{(\omega - ku_0^\alpha)^2} - \frac{(\omega_p^\beta)^2}{(\omega - ku_0^\beta)^2}\right\} = 0, \tag{6.30}$$

wobei die ω_p die Plasmafrequenz ist.

Die Dispersionsrelation hat Lösungen, die reell oder imaginär sein können, was zu Instabilitäten führt. Die beiden Plasmakomponenten α und β können beides Elektronen oder Ionen sein; aber auch die Wechselwirkung von Elektronen mit Ionen, wie sie bei einem elektrischen Strom wichtig werden kann, kann die Zweistrom-Instabilität auslösen. Als Beispiel betrachten wir hier ein Plasma mit zwei thermischen Elektronenpopulationen gleicher Dichte und damit Plasmafrequenz ω_p, mit einer relativen Strömungsgeschwindigkeit von $U = u_0^\alpha = -u_0^\beta$. Mit den Abkürzungen

$$a = \frac{\omega}{\omega_p} \quad \text{und} \quad b = \frac{kU}{\omega_p}$$

erhält die Dispersionsrelation die Form

$$D(\omega) = \frac{1}{(a-b)^2} + \frac{1}{(a+b)^2} = 1. \tag{6.31}$$

Die allgemeine Lösung ist

$$a^2 = b^2 + 1 \pm \sqrt{4b^2 + 1}. \tag{6.32}$$

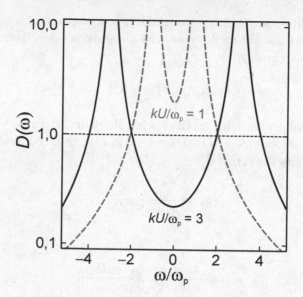

Abb. 6.7 Dispersionsrelation (6.31) für zwei verschiedene Werte der normalisierten Wellenzahl, mit vier (*durchgezogene*) bzw. zwei realen Lösungen (*gestrichelte Linie*)

Die linke Seite von (6.31) ist in Abb. 6.7 grafisch dargestellt. Die Schnittstellen der Kurven mit der horizontalen Linie bei $D = 1$ ergeben die realen und damit stabilen Lösungen, von denen es bis zu vier geben kann. Imaginäre Lösungen finden wir für $D(0) > 1$ oder $b^2 < 2$, also für Wellenzahlen von

$$k < \sqrt{2}\,\frac{\omega_p}{U}. \tag{6.33}$$

Von den beiden imaginären Lösungen ist eine gedämpft und die andere instabil; sie entspricht der Zweistrom-Instabilität. Für diese Lösung gilt das Minuszeichen in (6.32) für das dann $a^2 < 0$ ist. Die Anwachsrate der Instabilität ist $\gamma = \Im(a)$, wobei der Maximalwert erreicht wird, wenn a minimal wird. Den Extremwert berechnen wir aus (6.32) und erhalten so die maximale *Anwachsrate der Zweistrom-Instabilität*:

$$\gamma_{max} = \frac{\sqrt{3}}{2}\,\omega_p. \tag{6.34}$$

Weitere Literaturhinweise

Nichtlineare Ionenschallwellen und Solitonen werden beschrieben in F. F. Chen, *Plasma Physics and Controlled Fusion* (Plenum Press, New York, 1983). Einen Einstieg in die bei

Laserplasmen auftretenden Effekte gelingt über H. Hora *et al.*, *Physics of Laser Driven Plasmas* (John Wiley & Sons, New York, USA, 1981), V. Malka *et al.*, Nature Physics **4**, 447 (2008) (Beschleuiger) und P. Gibbon und E. Förster, Plasma Phys. Controll. Fusion **38**, 769 (1996) (Laser-Plasma-Wechselwirkung).

Kinetische Theorie der Plasmen 7

Die kinetische Theorie liefert die Basis für eine mikroskopische Beschreibung der Plasmen. Alle wesentlichen Elemente dieser Theorie wurden schon im Rahmen der kinetischen Gastheorie entwickelt, die auf ideale Gase anwendbar ist. Die kinetische Theorie der Plasmen unterscheidet sich davon in drei Punkten: Anders als neutrale Gasatome werden geladene Plasmateilchen durch elektromagnetische Felder beeinflusst; Stöße geschehen in einem Coulomb-Potential und nicht als elastische Kugeln, und bei nicht vollständig ionisierten Plasmen können Elektronen und Ionen eines bestimmten Ladungszustandes erzeugt und vernichtet werden.

Der Zustand eines klassischen Vielteilchensystem mit N Teilchen ist dann vollständig bestimmt, wenn die Aufenthaltsorte und die Impulse aller Teilchen bekannt sind. Das System kann dann durch eine Verteilungsfunktion im $6N$-dimensionalen Phasenraum beschrieben werden. Die Phasenraumverteilung gibt an, welches Teilchen sich an welchem Ort befindet und welchen Impuls es hat. Die *Liouville-Gleichung* beschreibt die Dynamik des Systems, wobei sie die Newton'schen Bewegungsgleichungen für alle N Teilchen in sich vereint. Sie ist damit eine Gleichung in $6N$ Koordinaten und enthält bei einem makroskopischen Plasma von sagen wir 10^{20} Teilchen mehr Information, als man jemals messen könnte. Es ist also sinnvoll, die Gleichung auf Größen zu reduzieren, die auch experimentell zugänglich sind.

Bei ununterscheidbaren Teilchen, wie wir sie in einem Plasma aus Elektronen und vollständig ionisierten Ionen jeweils vorliegen haben, will man nicht wissen, wo sich das Teilchen mit der Nummer i gerade aufhält. Vielmehr genügt die Information, ob sich an diesem oder jenem Ort ein beliebiges Elektron aufhält oder nicht. Dadurch reduzieren sich die $3N$ Ortskoordinaten auf nur noch 3 Koordinaten. Die Verteilungsfunktion hat an einem Ort $\mathbf{r}$ entweder den Wert 0 oder 1. Für den Impuls gilt das Gleiche.

Doch bei Messreihen ist man meist nur an Mittelwerten und mittleren Abweichungen interessiert. In der Regel will man nicht wissen, ob sich bei einem bestimmten Experiment zu einer bestimmten Zeit an einem Ort ein Teilchen befindet. Die Frage lautet

© Springer-Verlag GmbH Deutschland 2018
U. Stroth, *Plasmaphysik*,
https://doi.org/10.1007/978-3-662-55236-0_7

vielmehr: Wenn wir das gleiche Experiment öfters wiederholen, mit welcher Wahrscheinlichkeit werden wir zu einer bestimmten Zeit an diesem Ort ein Teilchen messen? Eine
Vielzahl von Systemen von Teilchen unter identischen makroskopischen Bedingungen
nennt man *Gibbs-Ensemble*. Mit diesem Konzept gelingt es, statistische Mittel aus einer
Mittelung über viele gleichartige Systeme zu beschreiben. Die resultierende Verteilungsfunktion gibt dann Wahrscheinlichkeitsdichten an, die von 0 und 1 verschieden sein
können. Daraus berechnete Erwartungswerte für makroskopische Größen wie Temperatur
oder Teilchendichte entsprechen dann Mittelwerten aus den entsprechenden Messungen
an vielen Systemen eines Gibbs-Ensembles.

Nehmen wir ein Plasma aus vollständig ionisiertem Wasserstoff, dann sind alle Elektronen und Protonen unter sich gleichwertig, und der Zustand des Plasmas wird durch
zwei Verteilungsfunktionen im 6-dimensionalen Phasenraum vollständig beschrieben. Die
Dynamik des Systems ergibt sich über die Maxwell-Gleichungen aus der Wechselwirkung
aller Teilchen mit den elektromagnetischen Feldern, die selbst wieder von den Teilchen
erzeugt oder beeinflusst werden können. Die Dynamik der Verteilungsfunktion wird dann
durch die *Boltzmann-Gleichung* beschrieben.

Für reale Systeme erweist sich die exakte Lösung dieser Gleichung als unmöglich.
Mithilfe realistischer Annahmen kann sie aber schrittweise bis auf die *magnetohydrodynamischen (MHD) Gleichungen* vereinfacht werden und so auf unterschiedlichen Niveaus
für viele Probleme Lösungen liefern.

7.1   Verteilungsfunktionen im Phasenraum

Zur Einleitung wollen wir uns mit den Eigenschaften von Verteilungsfunktionen auseinandersetzen. Sie geben Wahrscheinlichkeiten an, mit denen man gewisse Zustände antreffen
kann. Die allgemeinste Verteilungsfunktion unterscheidet zwischen den einzelnen Teilchen:

$$f = f(\mathbf{r}_1, ..., \mathbf{r}_N, \mathbf{v}_1, ..., \mathbf{v}_N, t).$$

Sie gibt an, an welchen Orten im Phasenraum sich die Teilchen $i = 1...N$ zur Zeit t genau aufhalten. Wir wollen hier aber von reduzierten Verteilungsfunktionen ausgehen, die
Wahrscheinlichkeiten für ein beliebiges Teilchen beschreiben. Auf diese Ebene gelangt
man, indem man ein beliebiges Teilchen aus der Verteilungsfunktion herausgreift und über
die Koordinaten der jeweils anderen Teilchen integriert. Das Resultat ist eine Funktion
$f(\mathbf{r}, \mathbf{v}, t)$, die angibt, mit welcher Wahrscheinlichkeit sich zur Zeit t ein beliebiges Teilchen
bei $\mathbf{r}$ und $\mathbf{v}$ aufhält, wenn die anderen Teilchen an beliebigen Orten sitzen dürfen.

7.1.1   Die Boltzmann-Verteilungsfunktion

Die Boltzmann-Verteilungsfunktion ist im 6-dimensionalen Phasenraum definiert und
wird damit geschrieben als

$$f(\mathbf{r}, \mathbf{v}, t) = f(x, y, z, v_x, v_y, v_z, t).$$ (7.1)

Die Funktion gibt eine Wahrscheinlichkeits- oder Phasenraumdichte an. Sie hat also die Dimension $(m^3(m/s)^3)^{-1}$. Die Wahrscheinlichkeit, mit der man ein beliebiges Teichen in einem Raumintervall d^3r um den Ort $\mathbf{r}$ und ein Geschwindigkeitsintervall d^3v um die Geschwindigkeit $\mathbf{v}$ findet, ist gegeben durch

$$dN = f(\mathbf{r}, \mathbf{v})d^3r\,d^3v = f(x, y, z, v_x, v_y, v_z)dxdydzd v_x d v_y d v_z,$$ (7.2)

wobei man, bei entsprechender Normierung, auch von der Teilchenzahl dN sprechen kann. Die Abhängigkeit von der Zeit werden wir unterdrücken.

Wenn wir die Integration schrittweise durchführen, so bekommen wir die Teilchendichte aus dem Integral über den Geschwindigkeitsraum,

$$n(\mathbf{r}) = \int d^3v\, f(\mathbf{r}, \mathbf{v}),$$ (7.3)

und die Gesamtteilchenzahl des Systems aus dem Integral über das Volumenelement:

$$N = \int_V d^3r\, n(\mathbf{r}) = \int_V d^3r\, d^3v\, f(\mathbf{r}, \mathbf{v}).$$ (7.4)

Der Mittelwert vieler Messungen einer Einzelteilchengröße g entspricht dem Erwartungswert, der sich aus der Beziehung

$$\langle g \rangle = \frac{\int g(\mathbf{r},\mathbf{v})f(\mathbf{r}, \mathbf{v})d^3r\, d^3v}{\int f(\mathbf{r}, \mathbf{v})d^3r\, d^3v}$$ (7.5)

berechnet.

7.1.2 Maxwell-Verteilung

Ein einfaches Beispiel für die Verteilungsfunktion ist die *Maxwell-Verteilung*[1]

$$f_M(v) = \left(\frac{m}{2\pi T}\right)^{3/2} \exp\left\{-\frac{mv^2}{2T}\right\}.$$ (7.6)

Die Funktion stellt den Geschwindigkeitsteil der Verteilungsfunktion eines thermalisierten Gases dar. Die Einheiten sind $(m/s)^{-3}$. Um die gesamte Verteilungsfunktion (7.1) zu erhalten, muss f_M um die Teilchenzahldichte $n(\mathbf{r})$ ergänzt werden.

---

[1]Die Einheiten sind: Temperatur in eV, Masse in eV/c^2.

Die Verteilungsfunktion f_M hängt damit nur noch von einer Koordinate ab, dem Betrag der Geschwindigkeit v mit $v^2 = v_x^2 + v_y^2 + v_z^2$. Man kann f_M auch als Produkt aus Verteilungsfunktionen für die drei Geschwindigkeitskomponenten schreiben:

$$f_M = f_M^x f_M^y f_M^z = \prod_{i=1}^{3} \left(\frac{m}{2\pi T} \right)^{1/2} \exp\left\{ -\frac{mv_i^2}{2T} \right\} = \prod_{i=1}^{3} \frac{\beta}{\sqrt{\pi}} \exp\left\{ -\beta^2 v_i^2 \right\}. \qquad (7.7)$$

Zur Vereinfachung der Schreibweise haben wir die Größe

$$\beta = \sqrt{\frac{m}{2T}} \qquad (7.8)$$

eingeführt, die gleich dem Inversen der thermischen Geschwindigkeit ist. Damit folgt für ein Gas im thermischen Gleichgewicht und mit räumlich konstanter Dichte n und Temperatur T für die Anzahl der Teilchen in einer Phasenraumzelle:

$$dN = n f_M(v) d^3 r\, d^3 v = n \left(\frac{\beta}{\sqrt{\pi}} \right)^3 e^{-(\beta v)^2} d^3 r\, d^3 v. \qquad (7.9)$$

Wichtig ist, dass die Wahrscheinlichkeit, ein Teilchen mit einer gewissen Geschwindigkeit zu finden, nicht allein durch f_M gegeben ist. Vielmehr muss man die Phasenraumdichte mit dem Volumen eines Phasenraumelements $d^3 r\, d^3 v$ und der Teilchendichte multiplizieren.

Die Maxwell-Verteilung ist auf 1 normiert. Dies zeigt sich nach Integration über den gesamten Geschwindigkeitsraum. Da f_M nur vom Betrag der Geschwindigkeit abhängt, bietet sich eine Integration in Kugelkoordinaten an:

$$\int d^3 v\, f_M(v) = \int_{-1}^{1} d\cos\theta \int_0^{2\pi} d\varphi \int_0^{\infty} v^2 f_M(v) dv = 4\pi \int_0^{\infty} v^2 f_M(v) dv = 1. \qquad (7.10)$$

Dabei ist das Integral (B.43) nützlich, das auch bei der Berechnung von Erwartungswerten aus der Maxwell-Verteilung helfen wird. Die *Wahrscheinlichkeitsdichte* dieser eindimensionalen Verteilung ist also durch $v^2 f_M(v)$ gegeben.

Zunächst definieren wir die *thermische Geschwindigkeit* als die Teilchengeschwindigkeit, die man mit der größten Wahrscheinlichkeit antrifft. Sie folgt aus dem Maximum der Wahrscheinlichkeitsdichte gemäß

$$\frac{\partial}{\partial v} (v^2 f_M(v)) = 0,$$

woraus folgt, dass

$$v_{th} = \sqrt{\frac{2T}{m}}. \qquad (7.11)$$

Aus der *mittleren kinetischen Energie* der Teilchen resultiert die Definition der *mittleren quadratische Geschwindigkeit* $\langle v^2 \rangle$:

$$W = \frac{m}{2} \langle v^2 \rangle = 4\pi \frac{m}{2} \int_0^\infty v^2 \mathrm{d}v v^2 f_M(v) = \frac{3}{2} T, \tag{7.12}$$

Die Wurzel davon nennt man auch *effektive Geschwindigkeit*

$$v_{\text{eff}} = \sqrt{\langle v^2 \rangle} = \sqrt{\frac{3}{2}} v_{th}. \tag{7.13}$$

Aus (7.12) folgt für die kinetische Energie in einer Geschwindigkeitskomponente, also einem Freiheitsgrad:

$$W_i = \frac{1}{2} m \langle v_i^2 \rangle = \frac{1}{2} T. \tag{7.14}$$

Die *mittlere Geschwindigkeit* ist definiert als

$$\bar{v} = \langle v \rangle = 4\pi \int_0^\infty v^2 \mathrm{d}v v f_M(v) = \sqrt{\frac{8T}{\pi m}} = \frac{2}{\sqrt{\pi}} v_{th} \tag{7.15}$$

und ist damit etwa 10 % größer als die thermische Geschwindigkeit.

In Abb. 7.1 sind die Eigenschaften der Maxwell-Verteilung zusammengefasst. Gezeigt ist, wie das Produkt aus der abfallenden Maxwell-Verteilung und dem ansteigenden v^2, das der Zahl der Phasenraumzellen proportional ist, eine Wahrscheinlichkeitsverteilung ergibt, die ihr Maximum bei der thermischen Geschwindigkeit hat. Während die Wahrscheinlichkeit dafür, dass eine Phasenraumzelle besetzt ist, fällt, steigt die Zahl der zugänglichen Phasenraumzellen an.

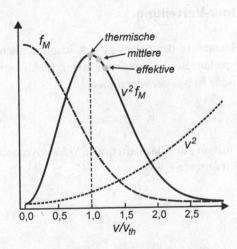

Abb. 7.1 Verlauf der Wahrscheinlichkeitsverteilung dafür, in einem thermalisierten Plasma ein Teilchen mit v zu finden, gegeben als Produkt aus der Maxwell-Verteilung und der Anzahl der zugänglichen Phasenraumzellen. Die Werte der verschiedenen Geschwindigkeiten sind angezeigt

Der Erwartungswert für eine einzelne Geschwindigkeitskomponente v_j verschwindet,

$$\langle v_j \rangle = \int_{-\infty}^{\infty} dv_j \, v_j f_M^j(v) \sim \int_{-\infty}^{\infty} dv_j \, v_j \exp\left(-\frac{mv_j^2}{2T}\right) = 0, \tag{7.16}$$

was unmittelbar aus der Symmetrie der Maxwell-Verteilung folgt.

Will man hingegen wissen, mit welcher Geschwindigkeit Teilchen auf eine Wand auftreffen, dann fragt man nach der mittleren Geschwindigkeit von Teilchen, die z. B. nur in die positive x-Richtung fliegen. Dies führt zu

$$\langle v_j^+ \rangle = \int_0^{\infty} dv_j \, v_j \sqrt{\frac{m}{2\pi T}} \exp\left\{\frac{-mv_j^2}{2T}\right\} = \sqrt{\frac{T}{2\pi m}} = \frac{1}{2\sqrt{\pi}} v_{th} = \frac{1}{4}\bar{v}. \tag{7.17}$$

Solche Ausdrücke sind für die *Plasmawandwechselwirkung* wichtig. Die Teilchenflussdichte aus dem Plasma auf eine Wand ist demnach $\Gamma = n \langle v_j^+ \rangle$ und die damit verbundene Energieflussdichte auf die Wand folgt aus

$$Q = n\frac{1}{2}m\langle v^2 v_j^+ \rangle = nT\sqrt{\frac{2T}{\pi m}}. \tag{7.18}$$

Setzen wir (7.17) in Γ ein, so folgt für den Energieverlust pro auf die Wand auftreffendes Teilchen:

$$\frac{Q}{\Gamma} = 2T. \tag{7.19}$$

7.1.3 Maxwell-Jüttner-Verteilung

Relativistische Effekte können in der Plasmaphysik hauptsächlich bei der Elektronenkomponente eine Rolle spielen. Bei Laserplasmen treten Elektronen mit hohen Energien auf, sodass die relativistische Masse der Elektronen,

$$m_e = \gamma_L m_{e0}, \tag{7.20}$$

anstatt der Ruhemasse m_{e0} in die Plasmafrequenz oder Gyrationsfrequenz eingesetzt werden muss, die über den *Lorentz-Faktor*

$$\gamma_L = \frac{1}{\sqrt{1-\left(\frac{v}{c}\right)^2}} \tag{7.21}$$

von der Geschwindigkeit des Elektrons abhängt. Aber auch schon bei Plasmatemperaturen von einigen keV kann die relativistische Korrektur über den hochenergetischen Schwanz in der Verteilungsfunktion physikalische Prozesse wesentlich beeinflussen. Ein Beispiel ist die Emission von Zyklotronstrahlung vom im Magnetfeld gyrierenden Elektronen. Die Emission von *Elektronzyklotronstrahlung* (engl. *electron cyclotron emission, ECE*) erfolgt bei der Gyrationsfrequenz (2.8) und hängt somit von der Masse des Elektrons ab. Für die hochenergetische Komponente der Verteilungsfunktion führt die Berücksichtigung der relativistischen Masse zu einer Reduktion der Zyklotronfrequenz und somit zu einer Rotverschiebung der emittierten Strahlung. Die *relativistische Gyrationsfrequenz* ist gegeben durch

$$\omega_{ce}^* = \omega_{ce}/\gamma_L = \frac{eB}{m_{e0}} \sqrt{1 - \left(\frac{v}{c}\right)^2}. \tag{7.22}$$

Über die Intensität der ECE-Strahlung kann, unter bestimmten Bedingungen, die Elektronentemperatur im Plasma bestimmt werden. Ist das Magnetfeld räumlich veränderlich, so kann zusätzlich der Messort der Frequenz der Strahlung zugeordnet werden. In Fusionsplasmen, wo die Magnetfeldstärke mit dem Radius abnimmt, werden aus der Zyklotronstrahlung routinemäßig Elektronentemperaturprofile bestimmt. Diese Methode kann allerdings versagen, wenn die relativistische Komponente in der Verteilungsfunktion wichtig wird. Um solche Effekte zu berechnen, muss die Maxwell-Verteilung durch die *Maxwell-Jüttner-Verteilung* ersetzt werden. Diese ist in der allgemeinen Form in Abhängigkeit vom Lorentz-Faktor gegeben durch

$$f_{MJ}(\gamma_L) = \frac{\gamma_L^2 \beta}{\Theta K_2(\frac{1}{\Theta})} \exp\left\{ -\frac{1}{\Theta}(\gamma_L - 1) \right\}, \tag{7.23}$$

wobei $\Theta = T_e/m_{e0}c^2$ die Elektronentemperatur, normiert auf die Ruhemasse des Elektrons, ist und K_2 die modifizierte Bessel-Funktion zweiten Grades darstellt. Im Vergleich zur Maxwell-Verteilung enthält diese Darstellung schon den Term $4\pi v^2 dv$ aus der Integration über den Phasenraum, sodass die Normierung $\int F_{MJ}(\gamma_L) d\gamma_L = 1$ ist.

Um zu einer für die Maxwell-Verteilung (7.6) verwendeten Schreibweise zu gelangen, verwenden wir die Näherungsformel für die modifizierten Bessel-Funktion

$$K_2(x) \approx \sqrt{\frac{\pi}{2x}} e^{-x} \quad \text{für} \quad x \gg 2^2 - \frac{1}{4} = 3{,}75,$$

die selbst für die Temperaturen eines Fusionsplasmas wegen $x = \frac{1}{\Theta} = m_{e0}c^2/T_e \gg 1$ sehr gut erfüllt ist. Weiter definieren wir eine Verteilungsfunktion, die von der Geschwindigkeit abhängt, durch $F_{MJ}(\gamma_L) d\gamma_L \equiv 4\pi v^2 f_{MJ}(v) dv$, wobei gilt:

$$\frac{d\gamma_L}{dv} = \frac{v}{c^2} \left(1 - \left(\frac{v}{c}\right)^2\right)^{-3/2}.$$

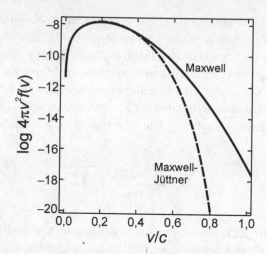

Abb. 7.2 Maxwell- und Maxwell-Jüttner-Verteilungen für eine Elektronentemperatur von 10 keV

Indem wir nach $F_{MJ}(v)$ auflösen, erhalten wir analog zu (7.6) die *Maxwell-Jüttner-Verteilung* im Geschwindigkeitsraum

$$f_{MJ}(v) = \left(\frac{m_{e0}}{2\pi T_e} \right)^{3/2} \gamma_L^5 \exp \left\{ -\frac{m_{e0} c^2}{T_e} (\gamma_L - 1) \right\} \tag{7.24}$$

mit der Normierung $\int f_{MJ}(v) 4\pi v^2 \mathrm{d}v = 1$, wobei wir hier durch m_{e0} klarstellen, dass die Ruhemasse des Elektrons gemeint ist.

In Abb. 7.2 werden die Maxwell- und die Maxwell-Jüttner-Verteilung für eine Elektronentemperatur von 10 keV verglichen. Die aufgetragenen Funktionen beinhalten den Phasenraumfaktor $4\pi v^2$, sodass die Flächen unter den Kurven jeweils gleich 1 sind, wenn man die Normierung der Abszisse berücksichtigt. Man erkennt die Reduktion der Phasenraumdichte bei Geschwindigkeiten in der Nähe der Lichtgeschwindigkeit c. Während bei der Maxwell-Verteilung noch Populationen oberhalb der Lichtgeschwindigkeit existieren, schneidet die Maxwell-Jüttner-Verteilung durch den Lorentz-Faktor bei $v = c$ ab.

7.2   Die kinetische Gleichung

Die kinetische Gleichung beschreibt die zeitliche Entwicklung des Plasmas als Vielteilchensystem. Sie lässt sich direkt aus den Bewegungsgleichungen der einzelnen Teilchen herleiten. Die allgemeinste Form ist die *Liouville-Gleichung*. Sie unterscheidet noch zwischen den einzelnen Teilchen. Hier werden wir aber die Bewegungsgleichung für die reduzierte *Boltzmann-Verteilungsfunktion* (7.1) behandeln.

7.2.1 Kinetische Gleichung ohne Stöße

Für eine anschauliche Herleitung der kinetischen Gleichung für die Phasenraumdichte einer Teilchensorte betrachten wir die Teilchenbilanz für ein Phasenraumelement $\Delta V_{pr} = \Delta V_p \Delta V_r = \Delta v_x \Delta v_y \Delta v_z \Delta x \Delta y \Delta z$, das groß ist, verglichen mit einer Phasenraumzelle, aber klein auf der Skala, auf der sich die Verteilungsfunktion oder die Kräfte auf die Teilchen ändern. Eine weitere Forderung ist, dass die Teilchenzahl eine Erhaltungsgröße sei.

Stöße unter den Teilchen, d. h. die Zweiteilchenpotentiale, werden zunächst vernachlässigt. Die Änderung der Teilchenzahl im Phasenraumelement ergibt sich dann aus der Differenz von Teilchen, die während der Zeit Δt in das Phasenraumelement hineinströmen, und solchen, die es verlassen. Dabei ist die Teilchenstromdichte im Phasenraum definiert als die Teilchendichte im Phasenraum, multipliziert mit der Geschwindigkeit, die dem Phasenraumelement zugeordnet ist, $\mathbf{v}f(\mathbf{r}, \mathbf{v})$. Siehe dazu Abb. 7.3.

Betrachten wir Teilchen, die sich bei $x - \Delta x/2$ und sonst mit allen Komponenten innerhalb des Phasenraumvolumens aufhalten. Diese haben die Geschwindigkeitskomponente $v_x > 0$ und bewegen sich deshalb in positiver x-Richtung in das Volumen hinein, wo sie einen Quellterm bilden. Entsprechend gehen Teilchen bei $x + \Delta x/2$ verloren. Dies gilt für alle Teilchen auf der Fläche $\Delta y \Delta z$ und alle Geschwindigkeiten in ΔV_p. Die Differenz beider Teilchenflüsse bildet die Teilchenquelle, resultierend aus der Bewegung in einer Dimension:

$$v_x f(x - \frac{\Delta x}{2}, y, z, \mathbf{v}) \Delta V_p \Delta y \Delta z - v_x f(x + \frac{\Delta x}{2}, y, z, \mathbf{v}) \Delta V_p \Delta y \Delta z$$

$$= -v_x \frac{\partial}{\partial x} f(\mathbf{r}, \mathbf{v}) \Delta V_p \Delta x \Delta y \Delta z. \tag{7.25}$$

Dabei wurden beide Terme nach x bis zur ersten Ordnung entwickelt.

Da die gleiche Überlegung für die anderen Koordinaten auch zutrifft, ist die Gesamtquelle aufgrund einer gleichförmigen Bewegung im Phasenraum gegeben durch

$$\dot{N}_1 = -\mathbf{v} \cdot \nabla f(\mathbf{r}, \mathbf{v}) \Delta V_p \Delta V_r. \tag{7.26}$$

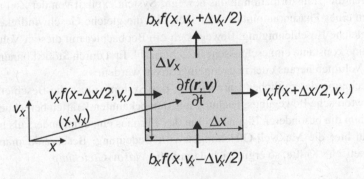

Abb. 7.3 Zeitliche Änderung der Phasenraumdichte aufgrund von Geschwindigkeit und Beschleunigung von Teilchen im zweidimensionalen Phasenraum

Ähnlich trägt eine Beschleunigung **b** zum Teilchenstrom **b**$f(\mathbf{r}, \mathbf{v})$ im Phasenraum bei. Teilchen, die in allen Komponenten innerhalb des Phasenraumvolumens liegen, nur mit v_x an der unteren Kante des Quadrats in Abb. 7.3, werden innerhalb eines Zeitschritts in das Volumen verschoben. Denn der positive Wert der Beschleunigung erhöht die Geschwindigkeit v_x. Die Bilanz aufgrund der Beschleunigung in x-Richtung lautet damit:

$$b_x f(\mathbf{r}, v_x - \frac{\Delta v_x}{2}, v_y, v_z) \Delta V_r \Delta v_y \Delta v_z - b_x f(\mathbf{r}, v_x + \frac{\Delta v_x}{2}, v_y, v_z) \Delta V_r \Delta v_y \Delta v_z$$

$$= -b_x \frac{\partial}{\partial v_x} f(\mathbf{r}, \mathbf{v}) \Delta V_r \Delta V_p.$$

Dies führt ganz analog zu (7.26) zu einem Quellterm der Form

$$\dot{N}_2 = -\mathbf{b} \cdot \nabla_v f(\mathbf{r}, \mathbf{v}) \Delta V_p \Delta V_r, \tag{7.27}$$

wobei sich die Differentiation auf die Geschwindigkeitskomponenten bezieht und wieder aus einer Taylor-Entwicklung resultiert. Die Einheit dieser Ausdrücke ist Teilchen/s. Die Summe aus beiden Beiträgen muss gerade der Änderung der Teilchenzahl im Phasenraumelement $f(\mathbf{r}, \mathbf{v}) \Delta V_{pr}$ entsprechen. Diesen Zusammenhang gibt die *kinetische Gleichung* wieder,

$$\frac{\partial}{\partial t} f(\mathbf{r}, \mathbf{v}) + \mathbf{v} \cdot \nabla f(\mathbf{r}, \mathbf{v}) + \mathbf{b} \cdot \nabla_v f(\mathbf{r}, \mathbf{v}) = 0. \tag{7.28}$$

Wobei wir hier durch ΔV_{pr} geteilt haben. Diese Gleichung hat die gleiche Form wie die Liouville-Gleichung für die Vielteilchen-Verteilungsfunktion.

Durch Ausdifferenzieren kann man leicht zeigen, dass (7.28) ebenso als

$$\frac{\mathrm{d}}{\mathrm{d}t} f(\mathbf{r}, \mathbf{v}) = 0 \tag{7.29}$$

geschrieben werden kann. Dies entspricht einer Formulierung der Gleichung in einem mitbewegten Bezugssystem, in dem nun **r** und **v** keine unabhängigen Variablen mehr sind, sondern durch die Transformation in das bewegte System explizit von der Zeit abhängen. Die Teilchen eines Phasenraumintervalls haben alle die gleiche Geschwindigkeit und erfahren die gleiche Beschleunigung. Bewegt sich ein Beobachter mit diesem Volumen mit, so sieht er eine konstante eingeschlossene Teilchenzahl. Erst durch Stöße können Teilchen aus diesem Volumen heraus oder in es hineingestreut werden.

Zur Berechnung der zeitlichen Entwicklung des Systems muss die Beschleunigung **b** über die Newton'sche Bewegungsgleichung aus den bekannten Kräften berechnet werden. Hier gehen nun die besonderen Eigenschaften des Plasmas ein, denn anders als beim idealen Gas sind hier die Maxwell-Gleichungen von Bedeutung. Beschränkt man sich auf elektromagnetische Kräfte, so ergibt sich daraus die *Vlasov-Gleichung*

$$\frac{\partial}{\partial t} f(\mathbf{r}, \mathbf{v}) + \mathbf{v} \cdot \nabla f(\mathbf{r}, \mathbf{v}) + \frac{q}{m} (\mathbf{E} + \mathbf{v} \times \mathbf{B}) \cdot \nabla_v f(\mathbf{r}, \mathbf{v}) = 0. \tag{7.30}$$

7.2.2 Der Stoßterm und die Rolle der Stöße

Wir wollen nun zeigen, wie Zweiteilchenstöße in der kinetischen Theorie berücksichtigt werden.

Bei einem makroskopischen System, welches ein Plasma ja darstellt, ist es sinnvoll, die auftretenden Kräfte in zwei Klassen zu unterteilen, nämlich solche, die auf Gravitation oder makroskopische elektromagnetische Felder zurückzuführen sind, und solche, die von den mikroskopischen Wechselwirkungen zwischen den Teilchen herrühren. Zu den makroskopischen Feldern rechnet man externe Felder und solche, die durch elektrische Ströme oder Ladungsdichten im Plasma erzeugt werden. Mikroskopisch hingegen ist die Coulomb-Kraft, die im Plasma erst bei kleinen Teilchenabständen wirkt. Während die makroskopischen Kräfte die mittlere zeitliche Entwicklung der makroskopischen Größen bestimmen, führen die mikroskopischen Kräfte zu Fluktuationen um die Mittelwerte. Erst durch die Hinzunahme von Stößen können Eigenschaften wie Dissipation, Diffusion und Viskosität beschrieben werden.

Beide Klassen von Kräften gehen auf sehr unterschiedliche Weise in die kinetische Gleichung ein. Die makroskopischen Kräfte können als einfache Funktionen $\mathbf{F}(\mathbf{r}, \mathbf{v})$ von Ort und Geschwindigkeit geschrieben werden, woraus die Vlasov-Gleichung folgt. Dies ist auch dann der Fall, wenn makroskopische Felder auftreten, die durch das Plasma selbst erzeugt werden.

Die Gleichung wird dagegen wesentlich komplizierter, wenn man auch mikroskopische Kräfte, die letztlich die Stöße bestimmen, berücksichtigt. Denn dann muss die Wechselwirkung jedes Teilchens mit allen anderen Teilchen mit aufgenommen werden.

Auf einer makroskopischen Zeitskala kann man einen Zweiteilchenstoß als Vorgang auffassen, der an einem festen Ort unmittelbar die Geschwindigkeitsvektoren der stoßenden Teilchen ändert. Die Teilchen werden also in andere Phasenraumzellen gestreut. Die Wahrscheinlichkeitsdichte dafür, dass zwei Teilchen mit den Ausgangsgeschwindigkeiten $\mathbf{v}$ und $\mathbf{v}'$ in einen Zustand mit den Geschwindigkeiten $\mathbf{v}_1$ und $\mathbf{v}_2$ gestreut werden, ist gegeben durch die *Streufunktion* $s(\mathbf{v}, \mathbf{v}', \mathbf{v}_1, \mathbf{v}_2)$. Natürlich können die vier Geschwindigkeitsvektoren nicht in beliebigen Kombinationen vorkommen. Mögliche Übergänge werden durch die Erhaltungssätze für Energie und Impuls eingeschränkt. Diese Randbedingungen seien aber in s berücksichtigt. Wie, das werden wir in Abschn. 8.1 sehen, wo wir die Streufunktion für das Coulomb-Potential auswerten.

Einige Eigenschaften von s sind in Abb. 7.4 symbolisiert. Sie folgen direkt aus den Symmetrien der Naturgesetze. Bei ununterscheidbaren Teilchen darf es keine Rolle spielen, ob Teilchen 1 die Geschwindigkeit $\mathbf{v}$ und Teilchen 2 die Geschwindigkeit $\mathbf{v}'$ hat oder umgekehrt. Weiterhin muss die Streufunktion zeitumkehrinvariant sein, d. h. wir dürfen die Geschwindigkeitsvektoren umdrehen und den Vorgang rückwärts ablaufen lassen. Aus der Symmetrie folgt:

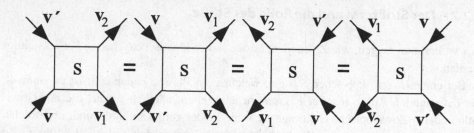

Abb. 7.4 Symmetrieeigenschaften der Streufunktion s

$$
\begin{aligned}
s(\mathbf{v}, \mathbf{v}', \mathbf{v}_1, \mathbf{v}_2) &= s(\mathbf{v}', \mathbf{v}, \mathbf{v}_2, \mathbf{v}_1) \\
&= s(\mathbf{v}_1, \mathbf{v}_2, \mathbf{v}, \mathbf{v}') \\
&= s(\mathbf{v}_2, \mathbf{v}_1, \mathbf{v}', \mathbf{v}).
\end{aligned}
\tag{7.31}
$$

Die erste Zeile entspricht einfach einer Umbenennung der Teilchen. Die zweite Zeile ist gültig, weil der zeitumgekehrte Prozess die gleiche Wahrscheinlichkeit besitzen muss, und die letzte Zeile ergibt sich aus der Anwendung der beiden ersten Operationen.

Wir können nun die Anzahl der pro Zeiteinheit stattfindenden Stöße berechnen, bei denen ein Teilchen mit $\mathbf{v}$ an einem Teilchen mit $\mathbf{v}'$ gestreut wird, wobei die Teilchen nach dem Stoß die Geschwindigkeiten $\mathbf{v}_1$ und $\mathbf{v}_2$ erhalten:

$$
\mathrm{d}\dot{N} = f(\mathbf{v})\mathrm{d}^3v\, f(\mathbf{v}')\mathrm{d}^3v'\, s(\mathbf{v}, \mathbf{v}', \mathbf{v}_1, \mathbf{v}_2)\mathrm{d}^3v_1\, \mathrm{d}^3v_2\,.
\tag{7.32}
$$

Die Einheit von s ist $1/(\text{m/s})^6\text{s}$. Die Ortskoordinate wird hier unterdrückt; eigentlich müsste für jedes f ein d^3r auftreten, von denen bei Integration alle bis auf eines wegfallen würden. Denn alle Teilchen müssen sich beim Stoß am gleichen Ort aufhalten, was durch δ-Funktionen berücksichtigt werden muss.

Die Änderung der Phasenraumdichte aufgrund von Stößen ergibt sich aus der Differenz von Stößen, die in das Phasenraumelement hineinführen, und solchen, die hinausführen, zu

$$
\left(\frac{\partial f(\mathbf{v})}{\partial t}\right)_{\text{coll.}} = -\int \mathrm{d}^3v'\, \mathrm{d}^3v_1\, \mathrm{d}^3v_2\, f(\mathbf{v})f(\mathbf{v}')s(\mathbf{v}, \mathbf{v}', \mathbf{v}_1, \mathbf{v}_2)
$$
$$
+ \int \mathrm{d}^3v'\, \mathrm{d}^3v_1\, \mathrm{d}^3v_2\, f(\mathbf{v}_1)f(\mathbf{v}_2)s(\mathbf{v}_1, \mathbf{v}_2, \mathbf{v}, \mathbf{v}').
\tag{7.33}
$$

Der erste Term auf der rechten Seite gibt den Verlust von Teilchen mit der Geschwindigkeit $\mathbf{v}$ an, der dadurch entsteht, dass sie mit Teilchen der Geschwindigkeit $\mathbf{v}'$ stoßen. Nach dem Stoß haben die Teilchen die Geschwindigkeiten $\mathbf{v}_1$ und $\mathbf{v}_2$. Die Häufigkeit von Stößen dieser Art ist proportional zur Dichte der Teilchen vor dem Stoß und der Wahrscheinlichkeit für den Stoßprozess selbst. Die Integration über die Geschwindigkeitsräume wird eingeschränkt durch die Erhaltungssätze für Impuls und Energie, wie sie in der Funktion s berücksichtigt sein müssen. Ein Stoß, der die Erhaltungsgesetze verletzt, hat eben die Wahrscheinlichkeit null.

Aufgrund der Symmetrieeigenschaften von s lässt sich der *Boltzmann-Stoßterm* vereinfachen zu

$$\left(\frac{\partial f(\mathbf{v})}{\partial t}\right)_{coll.} = -\int d^3 v' \, d^3 v_1 \, d^3 v_2 \, \left(f(\mathbf{v})f(\mathbf{v}') - f(\mathbf{v}_1)f(\mathbf{v}_2)\right) s(\mathbf{v}, \mathbf{v}', \mathbf{v}_1, \mathbf{v}_2). \tag{7.34}$$

Weiter unten wird gezeigt, dass der Stoßterm nur dann verschwindet, wenn der Integrand identisch null ist. Die Voraussetzung dafür ist wiederum, dass f eine Maxwell-Verteilung ist.

Im weiteren Verlauf werden Geschwindigkeitsintegrale über den Stoßterm, gewichtet mit Erhaltungsgrößen, eine Rolle spielen. Wir wollen hier zeigen, dass solche Integrale verschwinden, wenn nur Teilchen einer Sorte berücksichtigt werden. Sei $\mathbf{g}(\mathbf{v})$ eine Erhaltungsgröße wie z. B. der Impuls $m\mathbf{v}$. Dann berechnet sich die Änderung dieser Größe durch Stöße aus dem Integral

$$\langle \dot{\mathbf{g}} \rangle_{coll.} \doteq \int d^3 v \, \mathbf{g}(\mathbf{v}) \left(\frac{\partial f(\mathbf{v})}{\partial t}\right)_{coll.}$$

$$= -\int d^4 \mathbf{g} f f' s'^{12} + \int d^4 \mathbf{g} f^1 f^2 s'^{12}. \tag{7.35}$$

Dabei haben wir die Schreibweise stark vereinfacht und führen die Indizes der Geschwindigkeiten direkt an den Funktionen an. d^4 steht für Integrationen über die vier Geschwindigkeiten.

Vertauscht man in (7.35) $\mathbf{g}(v)$ mit $\mathbf{g}(v')$, so entspricht dies nur einer Umbenennung der Teilchen. Daraus folgt eine zweite Gleichung, die wir mit (7.35) summieren. Es folgt:

$$2 \langle \dot{\mathbf{g}} \rangle_{coll.} = -\int d^4 (\mathbf{g} + \mathbf{g}') f f' s'^{12} + \int d^4 (\mathbf{g} + \mathbf{g}') f^1 f^2 s'^{12}$$

Nun soll $\mathbf{g}$ eine Erhaltungsgröße sein. Folglich muss gelten, dass

$$\mathbf{g} + \mathbf{g}' = \mathbf{g}^1 + \mathbf{g}^2 = \mathbf{G}.$$

Damit und mit den Symmetrieeigenschaften von s ergibt sich

$$2 \langle \dot{\mathbf{g}} \rangle_{coll.} = -\int d^4 \mathbf{v} (\mathbf{g} + \mathbf{g}') f f' s'^{12} + \int d^4 \mathbf{v} (\mathbf{g}^1 + \mathbf{g}^2) f^1 f^2 s^{12.'},$$

und folglich für alle Erhaltungsgrößen, einschließlich $g = 1$:

$$\int d^3 v \, \mathbf{g}(\mathbf{v}) \left(\frac{\partial f(\mathbf{v})}{\partial t}\right)_{coll.} = 0. \tag{7.36}$$

Das ist gleichbedeutend mit der Aussage, dass Stöße innerhalb einer Teilchensorte Gesamtteilchenzahl, Gesamtimpuls und -energie der Teilchensorte nicht ändern können.

Das Integral verschwindet hingegen nicht, wenn Teilchen einer Sorte mit denen einer anderen Sorte kollidieren. Denn dann sind die Verteilungsfunktionen $f(\mathbf{v})$ und $f(\mathbf{v}')$ nicht mehr identisch, und die oben durchgeführten Rechenschritte sind nicht mehr durchführbar.

7.2.3 Die Boltzmann-Gleichung

Mit der Kenntnis des Stoßterms können wir jetzt die kinetische Gleichung erweitern. Dazu kombinieren wir (7.30) mit (7.34) und erhalten so die *Boltzmann-Gleichung*

$$\frac{\partial}{\partial t}f(\mathbf{r},\mathbf{v}) + \mathbf{v} \cdot \nabla f(\mathbf{r},\mathbf{v}) + \frac{q}{m}(\mathbf{E}+\mathbf{v}\times\mathbf{B})\cdot\nabla_v f(\mathbf{r},\mathbf{v}) = \left(\frac{\partial f(\mathbf{r},\mathbf{v})}{\partial t}\right)_{coll.}. \tag{7.37}$$

Ein besonders einfacher Ansatz für den Stoßterm ist der *Relaxationszeit-Ansatz nach Krook*

$$\left(\frac{\partial f(\mathbf{v})}{\partial t}\right)_{coll.} = -\frac{f(\mathbf{v})-f_M(v)}{\tau}, \tag{7.38}$$

der für ein *Lorentz-Gas* gültig ist, bei dem Teilchen an ortsfesten Streuzentren isotrop gestreut werden. Er ist damit auch sehr gut anwendbar auf Stöße von Elektronen mit Neutralteilchen. Der Relaxationsansatz wird aber auch für die Behandlung von Ion-Neutralteilchen- und Ion-Elektron-Stößen verwendet. Der Ansatz sorgt dafür, dass die Verteilungsfunktion sich mit einer Zerfallszeit, die gleich der *Stoßzeit* τ ist, exponentiell einer Maxwell-Verteilung annähert.

7.2.4 Das Boltzmann'sche $\mathcal{H}$-Theorem

Als Anwendung wollen wir die Bedeutung des Stoßterms für die zeitliche Entwicklung des Systems hin zum Gleichgewicht untersuchen. Dabei folgen wir Boltzmanns Überlegungen, die zum $\mathcal{H}$-Theorem geführt haben, und definieren die makroskopische Größe $\mathcal{H}$ als das Negative der Entropie ($\mathbf{r}$ wieder unterdrückt):

$$\mathcal{H} = \int d^3v\, f(\mathbf{v})\ln f(\mathbf{v}). \tag{7.39}$$

Die zeitliche Entwicklung dieser Größe lässt sich schreiben als[2]

$$\frac{d}{dt}\mathcal{H} = \int d^3v \left\{\frac{\partial f(\mathbf{v})}{\partial t}\ln f(\mathbf{v}) + \frac{\partial f(\mathbf{v})}{\partial t}\right\}.$$

---

[2]Unter dem Integral wird die totale Ableitung zur partiellen Ableitung.

Die Teilchenzahl des Gesamtsystems ist konstant, daher gilt

$$\frac{dN}{dt} = \frac{d}{dt} \int d^3v\, f(\mathbf{v}) = \int d^3v\, \frac{\partial f(\mathbf{v})}{\partial t} = 0,$$

und wir erhalten

$$\frac{d}{dt}\mathcal{H} = \int d^3v\, \frac{\partial f(\mathbf{v})}{\partial t} \ln f(\mathbf{v}).$$

Wir berechnen jetzt, wie sich $\mathcal{H}$ durch Zweiteilchenstöße entwickelt. Wir setzen für die Zeitableitung der Verteilungsfunktion den Stoßterm (7.34) ein und erhalten:

$$\frac{d}{dt}\mathcal{H} = -\int d^3v\, d^3v'\, d^3v_1\, d^3v_2\, \ln f(\mathbf{v})\left\{f(\mathbf{v})f(\mathbf{v}') - f(\mathbf{v}_1)f(\mathbf{v}_2)\right\} s(\mathbf{v}, \mathbf{v}', \mathbf{v}_1, \mathbf{v}_2).$$

Unter Ausnutzung der Symmetrieeigenschaften von s (siehe (7.31)) lässt sich die Gleichung in drei weiteren Varianten schreiben, wobei die Integrationsvariablen jeweils paarweise vertauscht werden. Summieren der dann insgesamt vier Gleichungen führt zur grundlegenden Gleichung für das *Boltzmann'sche $\mathcal{H}$-Theorem*

$$4\frac{d}{dt}\mathcal{H} = -\int d^3v\, d^3v'\, d^3v_1\, d^3v_2\, \left\{\ln(f(\mathbf{v})f(\mathbf{v}')) - \ln(f(\mathbf{v}_1)f(\mathbf{v}_2))\right\}$$
$$\times \left\{f(\mathbf{v})f(\mathbf{v}') - f(\mathbf{v}_1)f(\mathbf{v}_2)\right\} s(\mathbf{v}, \mathbf{v}', \mathbf{v}_1, \mathbf{v}_2). \tag{7.40}$$

Die beiden geschweiften Klammern werden immer das gleiche Vorzeichen haben. Damit sind der Integrand immer positiv und die Zeitableitung der makroskopischen Größe $\mathcal{H}$ negativ. Diese Aussage ist gleichbedeutend damit, dass die Entropie des Systems stetig steigt. Gleichgewicht wird erreicht, wenn die Zeitableitung verschwindet. Dies ist nur möglich unter der Bedingung

$$(f(\mathbf{v})f(\mathbf{v}') - f(\mathbf{v}_1)f(\mathbf{v}_2))s(\mathbf{v}, \mathbf{v}', \mathbf{v}_1, \mathbf{v}_2) = 0. \tag{7.41}$$

Der Stoßterm in (7.37) verschwindet also genau dann, wenn das System im Gleichgewicht ist, Verlust- und Gewinnterm durch Stöße also gleich groß sind.

7.2.5 Maxwell-Verteilung als Bedingung für das Gleichgewicht

Gl. (7.41) kann nur dann für alle Geschwindigkeiten erfüllt sein, wenn beide Terme ausschließlich von Erhaltungsgrößen abhängen. Die vier Erhaltungsgrößen im Stoßprozess sind die Komponenten des Gesamtimpulses und die Gesamtenergie der Teilchen:

$$\mathbf{P} = \mathbf{p} + \mathbf{p}' = \mathbf{p}_1 + \mathbf{p}_2,$$
$$E = \frac{1}{2}m(p^2 + p'^2) = \frac{1}{2}m(p_1^2 + p_2^2).$$

Das Produkt der Verteilungsfunktionen lässt sich dann als eine Funktion der Erhaltungsgrößen schreiben,

$$f(\mathbf{v})f(\mathbf{v}') = F(\mathbf{P}, E). \tag{7.42}$$

Logarithmieren ergibt, dass $\ln f(\mathbf{v}) + \ln f(\mathbf{v}')$ ebenfalls eine Funktion der Erhaltungsgrößen
sein muss. Daraus lassen sich aber nur dann Erhaltungsgrößen konstruieren, wenn $\ln f$
linear in $\mathbf{v}$ und v^2 ist, also

$$\begin{aligned}
\ln f(\mathbf{v}) &= c_o + c_1 v_x + c_2 v_y + c_3 v_z + c_4(v_x^2 + v_y^2 + v_z^2) \\
&= c + \beta \left((u_x - v_x)^2 + (u_y - v_y)^2 + (u_z - v_z)^2 \right).
\end{aligned}$$

Dabei spielen die Konstanten u_i die Rolle mittlerer Geschwindigkeiten. Das Resultat ist
eine Maxwell-Verteilung in einem mit $\mathbf{u}$ bewegten System,

$$f \sim \exp\left\{ -\beta(\mathbf{u} - \mathbf{v})^2 \right\}. \tag{7.43}$$

Die Geschwindigkeitsverteilung im Gleichgewicht muss einer Maxwell-Verteilung entsprechen, da nur dann der Stoßterm verschwindet.

7.2.6 Die Driftkinetische Gleichung

Bei einem magnetisierten Plasma ist es angebracht, die Dynamik parallel und senkrecht
zum Magnetfeld zu unterscheiden und den Geschwindigkeitsvektor in seine Anteile $\mathbf{v} =
\mathbf{v}_\parallel + \mathbf{v}_\perp$ zu zerlegen. Parallel zum Magnetfeld bestimmt das elektrische Feld $E_\parallel$ die Dyna-
mik. In senkrechter Richtung gibt es die schnelle Gyrationsbewegung der Teilchen um die
Magnetfeldlinie, überlagert von langsameren Driftbewegungen, wie sie in Kap. 2 abgehandelt wurden. Detaillierte Kenntnis der Gyrationsbewegung ist nicht von Interesse. Daher
lässt sich die Boltzmann-Gleichung sinnvoll vereinfachen, indem man über die Gyrationsbewegung mittelt. So erhält man die *Driftkinetische Gleichung* für die über die Gyration
gemittelte Verteilungsfunktion $\bar{f}$:

$$\frac{\partial}{\partial t}\bar{f} + \mathbf{v}_\parallel \cdot \nabla_\parallel \bar{f} + \mathbf{v}_D \cdot \nabla_\perp \bar{f} + \frac{e}{m} E_\parallel \nabla_{v_\parallel} \bar{f} = \left(\frac{\partial \bar{f}}{\partial t} \right)_{coll.}. \tag{7.44}$$

Die senkrechte Geschwindigkeitskomponente wird zur Driftgeschwindigkeit, gegeben
durch

$$\mathbf{v}_D = \mathbf{v}_D^{E \times B} + \mathbf{v}_D^{\nabla B} + \dots \tag{7.45}$$

Der Term $(\mathbf{v} \times \mathbf{B}) \cdot \nabla_\perp \bar{f}$ verschwindet wegen $\nabla_\perp \bar{f}(v_\perp) = (\mathbf{v}_\perp / v_\perp) \partial \bar{f} / \partial v_\perp$. Vom elektrischen Feld überlebt nur der Beitrag parallel zum Magnetfeld die Mittelung. Die Driftkinetische Gleichung ist numerisch einfacher zu lösen, da man nicht auf der schnellen Zeitskala der Gyration arbeiten muss. Die Gleichung wird zur Berechnung des neoklassischen Transports sowie zu Stabilitätsuntersuchungen in Fusionsplasmen herangezogen.

Die einfachen Ausdrücke für v_D, wie sie in Kap. 2 abgeleitet wurden, sind nur für kleine Änderungen der elektromagnetischen Felder über den Larmor-Radius gültig. Für den Fall einer starken, im Ort periodischen Änderung führt eine entsprechende Mittelung zur *gyrokinetischen Gleichung*, die bei der Berechnung des turbulenten Transports in Fusionsplasmen eine wichtige Rolle spielt.

7.3   Die Fokker-Planck-Gleichung

Eine wichtige Fragestellung der Plasmakinetik ist, wie sich ein System aus einem Nichtgleichgewichtszustand zum Gleichgewicht hin entwickelt. Im Allgemeinen muss man dazu die Boltzmann-Gleichung lösen, was ein schwieriges Unterfangen ist. Dagegen lässt sich eine wesentlich einfachere Formulierung finden, wenn man eine Population nichtthermischer Teilchen in einem ansonsten thermalisierten Hintergrundgas oder -plasma betrachtet. In diesem Abschnitt zeigen wir, wie der Boltzmann-Stoßterm unter diesen Annahmen stark vereinfacht werden kann.

Vorbild für diesen Ansatz ist die *Brown'sche Bewegung* eines schnellen schweren Teilchens in einem thermalisierten Gas aus leichten Teilchen. Das schwere Teilchen wird durch viele Kleinwinkelstöße solange abgebremst, bis seine mittlere Energie der Temperatur des Hintergrundgases entspricht. Sowohl der mittlere Aufenthaltsort wie auch die Geschwindigkeitsverteilung kann mithilfe der *Fokker-Planck-Gleichung* berechnet werden. Aus der zu Beginn scharf definierten Geschwindigkeit wird eine Verteilungsfunktion im Geschwindigkeitsraum, die für lange Zeiten in eine Maxwell-Verteilung übergeht. Für die Aufenthaltswahrscheinlichkeit im Ortsraum senkrecht zur ursprünglichen Bewegungsrichtung folgt aus der Fokker-Planck-Gleichung eine Gauß-Verteilung, die mit der Zeit immer breiter wird. Die Bewegung, mit zufälligen Schritten in die eine oder andere Richtung, nennt man auch *Random-Walk*.

7.3.1   Herleitung der Gleichung

Wie kann dieser Prozess auf unser System aus ununterscheidbaren Teilchen übertragen werden? Ein typisches Anwendungsbeispiel ist die Abbremsung schneller Ionen in einem Plasma. Diese enstehen in Experimenten, wenn zur Heizung des Plasmas neutrale Atome injizierten werden (*Neutralteilcheninjektion oder NBI*). Durch Ionisation entstehen daraus schnelle Ionen, die ihre Energie über Stöße an das thermalisierte Hintergrundplasma abgeben. Obwohl jetzt das nicht-thermische Teilchen die gleiche Masse

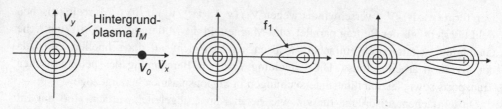

Abb. 7.5 Von links nach rechts: zeitliche Entwicklung einer Population nicht-thermischer Teilchen, die kontinuierlich mit einer Geschwindigkeit v_0 in ein thermalisierten Hintergrundplasma injiziert wird. Dargestellt sind Linien konstanter Teilchen-Phasenraumdichte

hat wie die Hintergrundionen, vollführt es eine Brown'sche Bewegung. Dies liegt an der Coulomb-Wechselwirkung, die, anders als bei neutralen Gasatomen, überwiegend zu Kleinwinkelstößen führt.

Um in einem solchen Fall den Prozess der Abbremsung zu beschreiben, muss man die Verteilungsfunktion der schnellen Ionen berechnen. Eine qualitative Zeitentwicklung ist in Abb. 7.5 dargestellt. Zu Beginn der Injektion gibt es neben dem Hintergrundplasma eine Population von schnellen Teilchen mit genau definierter Geschwindigkeit $\mathbf{v}_0$. Mit der Zeit führen Stöße zu einer Verbreiterung der Verteilung, wobei im Mittel die Abbremsung dominiert. Für lange Zeiten entwickelt sich die Verteilungsfunktion zu der des Hintergrundplasmas hin. Da die Teilchenquelle aufrechterhalten wird, entsteht für lange Zeiten eine Gesamtverteilung, die sich von der Maxwell-Verteilung bis zur nicht-thermischen Quelle erstreckt. Das Hintergrundplasma muss durch entsprechende Verluste bei seiner ursprünglichen Verteilung gehalten werden.

Die gesamte Verteilungsfunktion denkt man sich zusammengesetzt aus einem dominanten thermalisierten Anteil f_M und einer kleinen Störung f_1, die den nicht-thermischen Anteil der Teilchen repräsentiert:

$$f(\mathbf{r}, \mathbf{v}, t) = f_M(\mathbf{r}, v) + f_1(\mathbf{r}, \mathbf{v}, t)$$

Anders als bei Gasen, geschieht die Abbremsung im Plasma über Coulomb-Stöße. Kleinwinkelstöße haben dabei den größten Wirkungsquerschnitt. Da sehr viele Stöße nötig sind, um ein Ion abzubremsen, ist eine statistische Behandlung dieses Prozesses gerechtfertigt.

Zur Beschreibung der Dynamik eines Teilchens definieren wir die Wahrscheinlichkeit für die Änderung der Geschwindigkeit im Zeitintervall τ von $\mathbf{v}$ nach $\mathbf{v} + \boldsymbol{\eta}$ als $w(\mathbf{v}, \tau | \boldsymbol{\eta}) d^3\eta$. Wir werden später sehen, dass diese Größe mit der Streufunktion s (7.31) in direktem Zusammenhang steht. Man erhält daraus w, wenn man annimmt, dass Teilchen aus f_1 nur mit Teilchen aus f_M wechselwirken. Stöße zwischen Teilchen aus f_1 seien dagegen so selten, dass sie vernachlässigt werden können. Weiterhin entspricht $\boldsymbol{\eta}$ einer aus vielen Stößen resultierenden Geschwindigkeitsänderung, wogegen s immer nur einen Stoß beschreibt.

Teilchen dürfen durch Stöße nicht vernichtet werden. Es muss also gelten, dass

$$\int d^3\eta \, w(\mathbf{v}, \tau | \boldsymbol{\eta}) = 1 \qquad (7.46)$$

ist. Da das Plasma, mit dem das Teilchen wechselwirkt, sich im stationären Zustand befindet, hängt w nur von $\mathbf{v}$ und τ ab. Es handelt sich also um einen *Markov-Stoßprozess*, bei dem die Vergangenheit des Teilchens keine Rolle spielt. Dies ist hier erfüllt, weil die Teilchen aus f_1 nur mit Teilchen aus f_M stoßen sollen und f_M nicht von der Zeit abhängt. In der Boltzmann-Gleichung hängt der Stoßterm dagegen von der Zeit ab, denn die Verteilungsfunktion f_1 geht selbst in den Stoßterm ein.

Für die Wahrscheinlichkeitsdichte dafür, dass ein Teilchen zur Zeit $t + \tau$ die Geschwindigkeit $\mathbf{v}$ hat, gilt die rekursive Gleichung

$$f_1(\mathbf{v}, t + \tau) = \int d^3\eta \, f_1(\mathbf{v} - \boldsymbol{\eta}, t) w(\mathbf{v} - \boldsymbol{\eta}, \tau | \boldsymbol{\eta}). \tag{7.47}$$

Da es sich bei Coulomb-Streuung um Kleinwinkelstöße handelt und τ eine kurze Zeit sein soll, ist w nur für kleine Werte von $\boldsymbol{\eta}$ verglichen mit $\mathbf{v}$ von null verschieden. Wir entwickeln daher den Integranden bis zur 2. Ordnung in $\boldsymbol{\eta}$ und vernachlässigen höhere Terme:

$$f_1(\mathbf{v}, t + \tau) \approx \int d^3\eta \left\{ f_1(\mathbf{v}, t) - \boldsymbol{\eta} \cdot \nabla_v f_1(\mathbf{v}, t) + \sum_{i,j=1}^{3} \frac{\eta_i \eta_j}{2} \frac{\partial^2}{\partial v_i \partial v_j} f_1(\mathbf{v}, t) \right\}$$

$$\times \left\{ w(\mathbf{v}, \tau | \boldsymbol{\eta}) - \boldsymbol{\eta} \cdot \nabla_v w(\mathbf{v}, \tau | \boldsymbol{\eta}) + \sum_{i,j=1}^{3} \frac{\eta_i \eta_j}{2} \frac{\partial^2}{\partial v_i \partial v_j} w(\mathbf{v}, \tau | \boldsymbol{\eta}) \right\}.$$

Die beiden Klammern müssen ausmultipliziert und einzelne Terme unter Verwendung der Produktregel zusammengefasst werden. Der Term nullter Ordnung wird mit (7.46) umgeformt und auf die linke Seite gebracht. So können wir diesen Ausdruck bis zur 2. Ordnung in $\boldsymbol{\eta}$ in kompakter Form schreiben als

$$\frac{f_1(\mathbf{v}, t + \tau) - f_1(\mathbf{v}, t)}{\tau} = -\nabla_v \cdot (f_1(\mathbf{v}, t) \mathbf{M}_1) + \sum_{i,j=1}^{3} \frac{\partial^2}{\partial v_i \partial v_j} (f_1(\mathbf{v}, t) M_{ij}). \tag{7.48}$$

Dabei steht $\mathbf{M}_1$ für den *dynamischen Reibungskoeffizienten*,

$$\mathbf{M}_1 = \frac{\langle \boldsymbol{\eta} \rangle}{\tau} = \frac{1}{\tau} \int d^3\eta \, \boldsymbol{\eta} w(\mathbf{v}, \tau | \boldsymbol{\eta}). \tag{7.49}$$

Dies ist eine gerichtete Größe. Sie bewirkt eine mittlere Abbremsung der schnellen Teilchen. Weiterhin gehen die *Diffusionskoeffizienten im Geschwindigkeitsraum*

$$M_{ij} = \frac{1}{2} \frac{\langle \eta_i \eta_j \rangle}{\tau} = \frac{1}{2\tau} \int d^3\eta \, \eta_i \eta_j w(\mathbf{v}, \tau | \boldsymbol{\eta}) \tag{7.50}$$

ein. Diese Größen bewirken eine Verbreiterung der Verteilungsfunktion. Sie werden in Abschn. 8.1.4 zur Berechnung von Relaxationszeiten verwendet. Die Struktur von M_{ij}

ist typisch für einen Diffusionskoeffizienten, den man beim *Random-Walk* aus mittlerer Schrittweite l und mittlerer Stoßzeit τ nach der Beziehung

$$D^{RW} = \frac{l^2}{2\tau} \tag{7.51}$$

berechnen kann (s. Abschn. 7.3.2).

Wenn man nun auch die linke Seite von (7.48) nach τ entwickelt, erhält man den *Fokker-Planck-Stoßterm*

$$\left(\frac{\partial f_1(\mathbf{v}, t)}{\partial t} \right)_{coll.} = -\nabla_v \cdot \left(f_1(\mathbf{v}, t)\mathbf{M}_1 \right) + \sum_{i,j=1}^{3} \frac{\partial^2}{\partial v_i \partial v_j} \left(f_1(\mathbf{v}, t)M_{ij} \right). \tag{7.52}$$

Die *Fokker-Planck-Gleichung* ergibt sich, indem man diesen Stoßterm in die Boltzmann-Gleichung (7.37) einsetzt und damit dann auch den Einfluss der makroskopischen Kräfte und der Gradienten der Verteilungsfunktion mit berücksichtigt. Sie beschreibt dann die zeitliche Entwicklung der Verteilungsfunktion f_1 in Wechselwirkung mit einem stationären Hintergrundplasma. Die Gleichung ist immer noch sehr allgemein, denn die Übergangswahrscheinlichkeiten sind noch nicht näher spezifiziert.

Die Bedeutungen vom $\mathbf{M}_1$ und M_{ij} lassen sich aus einem Vergleich mit der Brown'schen Bewegung eines schweren Teilchens der Masse m in einem thermalisierten Gas verstehen, die phänomenologisch durch die *Langevin-Gleichung* beschrieben wird (hier eindimensional):

$$m\dot{v} = -\alpha v + \tilde{F}(t). \tag{7.53}$$

Dabei ist α der Reibungskoeffizient, der für die Abbremsung des Teilchens sorgt, und $\tilde{F}$ eine von der Temperatur T des Hintergrundes abhängige fluktuierende Kraft, deren Zeitmittel verschwindet. Aus einem solchen Modell lassen sich die Momente der Fluktuation um die mittlere Geschwindigkeit berechnen. Wir zitieren hier nur das Ergebnis. Mit der *Abbremszeit* $\gamma = m/\alpha$ erhält man für die Koeffizienten der Fokker-Planck-Gleichung eine *Abbremslänge* M_1 sowie einen *Diffusionskoeffizienten* M_2:

$$M_1 = -\gamma v \tag{7.54}$$

$$M_2 = \gamma \frac{T}{m} = \frac{T}{\alpha}. \tag{7.55}$$

Der Zusammenhang (7.55) zwischen Diffusions- und Reibungskoeffizienten ist als *Einstein-Relation* bekannt. Nach Einsetzen dieser Momente erhält der Fokker-Planck-Stoßterm (7.52) die Form

$$\left(\frac{\partial f_1(\mathbf{v}, t)}{\partial t} \right)_{coll.} = \gamma f_1(\mathbf{v}, t) + \gamma \mathbf{v} \cdot \nabla_v f_1(\mathbf{v}, t) + \frac{T}{\alpha} \nabla_v^2 f_1(\mathbf{v}, t). \tag{7.56}$$

Man kann leicht zeigen, dass der Stoßterm verschwindet, sobald f_1 der Maxwell-Verteilung (7.6) entspricht. Beschränkt man den Ausdruck auf der rechten Seite auf den 3. Term, so wird daraus eine Diffusionsgleichung im Geschwindigkeitsraum

$$\frac{\partial f_1(v)}{\partial t} = D \frac{\partial^2 f_1(v)}{\partial v^2}.$$

Wir wollen nun die Bedeutung der Fokker-Planck-Gleichung durch einen Vergleich mit Ergebnissen aus dem Random-Walk weiter beleuchten.

7.3.2 Diffusion als Random-Walk

Als ein mit der Fokker-Planck-Gleichung verwandtes Problem betrachten wir hier den Random-Walk in einer Dimension des Ortsraumes. Stellen wir uns ein Teilchen vor, das sich nur in diskreten Schritten nach links oder rechts bewegen kann. Dabei geht der Schritt in beide Richtungen mit der gleichen Wahrscheinlichkeit. In der Nomenklatur von Abschn. 7.3.1 müssen wir für die Wahrscheinlichkeit dafür, dass der Aufenthaltsort des Teilchens sich in der Zeit τ von der Position m auf $m \pm 1$ ändert, schreiben als:

$$w(m, \tau \,|\, + 1) = w(m, \tau \,|\, - 1) = 1/2.$$

Das Teilchen mache außerdem genau einen Schritt in der Zeit τ. Die Fragestellung ist: Mit welcher Wahrscheinlichkeit $f(m, N)$ kann man das Teilchen nach N Sprüngen an einem bestimmten Ort m finden? Siehe dazu Abb. 7.6. Statistische Überlegungen ergeben dafür die Beziehung

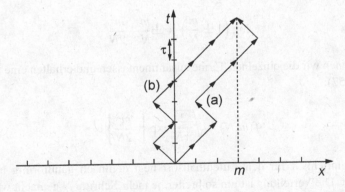

Abb. 7.6 Zwei mögliche Kombinationen von $N = 7$ Schritten, die beim Random-Walk zum gleichen Zielpunkt $m = 3$ führen

$$f(m, N) = \frac{N!}{\left(\frac{1}{2}(N + m)\right)! \left(\frac{1}{2}(N - m)\right)!} \left(\frac{1}{2}\right)^N. \tag{7.57}$$

Die Wahrscheinlichkeit dafür, dass im Beispiel aus Abb. 7.6 in $N = 7$ Schritten ein bestimmter Weg zurückgelegt wird, ist gegeben durch $(1/2)^7$, denn bei jedem Schritt ist die Wahrscheinlichkeit für eine bestimmte Richtung $\frac{1}{2}$. Nun gibt es aber 7! verschiedene Kombinationen, in denen man die 7 Sprünge kombinieren kann, denn man kommt zum gleichen Ziel, wenn man einzelne Sprünge untereinander vertauscht. Dabei sind aber viele Kombinationen mehrfach gezählt. Der Weg ändert sich nämlich nicht, wenn man z. B. den ersten Schritt nach rechts mit dem zweiten Schritt nach rechts vertauscht. Diese Mehrfachzählung wird durch den Nenner in (7.57) korrigiert. Da bei ungeraden m immer auch N ungerade sein muss, sind nur Fakultäten von ganzen Zahlen zu bilden. Dabei ist $(N + m)/2$ die Zahl der Schritte nach rechts und $(N - m)/2$ die nach links.

Für den Grenzfall großer N vereinfachen wir den Ausdruck mithilfe der *Stirling-Formel*,

$$\log n! \approx (n + \frac{1}{2}) \log n - n + \frac{1}{2} \log 2\pi. \tag{7.58}$$

Dies führt zu

$$\log f(m, N) \approx \left(N + \frac{1}{2}\right) \log N - \frac{1}{2} \log 2\pi - N \log 2$$

$$- \frac{1}{2}(N + m + 1) \left\{\log N - \log 2 + \frac{m}{N} - \frac{m^2}{2N^2}\right\}$$

$$- \frac{1}{2}(N - m + 1) \left\{\log N - \log 2 - \frac{m}{N} - \frac{m^2}{2N^2}\right\},$$

wobei wir wegen $m \ll N$ noch verwendet haben, dass

$$\log\left(1 \pm \frac{m}{N}\right) \approx \pm \frac{m}{N} - \frac{m^2}{2N}$$

ist. Damit können wir die einzelnen Terme zusammenfassen und erhalten eine Näherungsformel für (7.57):

$$f(m, N) = \sqrt{\frac{2}{\pi N}} \exp\left\{-\frac{m^2}{2N}\right\}. \tag{7.59}$$

Die Wahrscheinlichkeit für den Aufenthaltsort liegt demnach gaußförmig um den Ursprung verteilt. Die Verteilung ist um so breiter, je mehr Schritte N gemacht wurden.

Bei einer sehr großen Anzahl von Schritten kann man m in eine kontinuierliche Variable umwandeln. Weiterhin verallgemeinern wir das Problem, indem wir erlauben, dass

Schritte in beide Richtungen unterschiedlich groß sein dürfen. Die Schrittlängen seien l_+ und l_-. Dann folgt für die kontinuierliche Variable, die den Aufenthaltsort angibt:

$$x = \frac{1}{2}(N + m)l_+ - \frac{1}{2}(N - m)l_- = m\bar{l} + N\delta l. \tag{7.60}$$

Wobei wir die mittlere Schrittlängen $\bar{l} = (l_+ + l_-)/2$ und die Schrittlängendifferenz $\delta l = (l_+ - l_-)/2$ eingeführt haben.

Durch diese Transformation wird f zu einer Wahrscheinlichkeitsdichte. Zu Wahrscheinlichkeiten gelangt man, indem man einen Bereich angibt, in dem man nach dem Teilchen sucht. $f(m, N)$ gibt die Wahrscheinlichkeit, das Teilchen am Ort m zu finden. Bei festem N kann sich dieser Wert immer nur um 2 ändern, denn wenn es einen Schritt mehr nach rechts gibt, fehlt gleichzeitig ein Schritt nach links. Daher ist die kleinste Zelle für das Teilchen gegeben durch $2\bar{l}$. Es gilt also:

$$f(m, N) = f(x, t)2\bar{l}.$$

Weiterhin ersetzen wir die Schrittzahl gemäß $N = t/\tau$ durch die Zeit und definieren eine *Driftgeschwindigkeit* u als

$$u = \delta l/\tau. \tag{7.61}$$

Diese Definitionen verwenden wir, um mit (7.60) die diskrete Variable m durch kontinuierliche Variablen auszudrücken:

$$m = \frac{x - ut}{\bar{l}}.$$

Für die *Verteilungsfunktion* (7.59) folgt daraus die Beziehung

$$f(x, t) = \frac{1}{\sqrt{4\pi D^{RW} t}} \exp\left\{ -\frac{(x - ut)^2}{4D^{RW} t} \right\}. \tag{7.62}$$

Dies ist die Standardlösung der Diffusionsgleichung, wobei der *Diffusionskoeffizient des Random-Walk* definiert ist als

$$D^{RW} = \frac{\bar{l}^2}{2\tau}. \tag{7.63}$$

7.3.3 Vergleich mit der Fokker-Planck-Gleichung

Zum Abschluss dieses Kapitels wollen wir noch den Zusammenhang zwischen Random-Walk und der Fokker-Planck-Gleichung herstellen. Dabei ist zu beachten, dass die Fokker-Planck-Gleichung die Diffusion im Geschwindigkeitsraum beschreibt, wogegen

wir gerade den Random-Walk für den Ortsraum behandelt haben. Die Überlegungen sind
aber direkt übertragbar, denn die Abbremsung der Teilchen im Plasma geht ja über kleine
„Schritte" im Geschwindigkeitsraum vonstatten. Dabei sind Schritte nach „rechts" und
„links" gleich wahrscheinlich. Hingegen kann man sich aber leicht vorstellen, dass die
Schrittlängen kürzer sind, die zu einer höheren Geschwindigkeit führen, als solche, die
einer Abbremsung entsprechen.

Zunächst berechnen wir die Konstanten M_1 und M_{11} nach (7.49) und (7.50). Die
Integrale über alle möglichen Schritte sind jetzt nur Summen über die zwei Möglichkeiten:

$$M_1 = \frac{1}{\tau}(l_+\frac{1}{2} - l_-\frac{1}{2}) = u \tag{7.64}$$

und

$$M_2 = \frac{1}{2\tau}(l_+^2\frac{1}{2} + l_-^2\frac{1}{2}) \approx \frac{\overline{l^2}}{2\tau} = D. \tag{7.65}$$

Was im Ortsraum eine gleichförmige Bewegung ist, entspricht im Geschwindigkeitsraum
einer Beschleunigung durch eine konstante Kraft. Diese Kraft hängt zusammen mit der unterschiedlichen Schrittweite von Stößen, die beschleunigend oder abbremsend wirken. Aus
dem Random-Walk folgt die gleiche Lösung, wenn statt unterschiedlicher Schrittweiten
unterschiedliche Wahrscheinlichkeiten für Schritte in die beiden Richtungen angesetzt
werden. Die Kraft im Geschwindigkeitsraum ist eine Reibungskraft auf die schnellen
Teilchen durch das Hintergrundplasma. Sie wird die Teilchen abbremsen. Der zweite
Koeffizient entspricht einer Diffusion im Geschwindigkeitsraum. Durch ihn bekommen
Teilchen, die bei einer bestimmten Geschwindigkeit erzeugt wurden, eine mit der Zeit
immer breiter werdende Geschwindigkeitsverteilung.

Nun können wir noch zeigen, dass (7.62) eine Lösung der Fokker-Planck-Gleichung
ist. Dazu berechnen wir die Terme aus (7.52), setzen (7.64) und (7.65) ein und sehen, dass
sich die einzelnen Glieder wegheben:

$$\frac{\partial f}{\partial t} = \left\{ \frac{1}{2t^{3/2}} + \frac{2(x-ut)u}{4Dt^{3/2}} - \frac{(x-ut)^2}{4Dt^{5/2}} \right\} \frac{1}{\sqrt{4\pi D}} e^{-\frac{(x-ut)^2}{4Dt}},$$

$$-u\frac{\partial f}{\partial x} = \frac{2(x-ut)u}{4Dt^{3/2}} \frac{1}{\sqrt{4\pi D}} e^{-\frac{(x-ut)^2}{4Dt}},$$

$$D\frac{\partial^2 f}{\partial x^2} = -\left\{ \frac{2}{4t^{3/2}} - \frac{(x-ut)^2}{4Dt^{5/2}} \right\} \frac{1}{\sqrt{4\pi D}} e^{-\frac{(x-ut)^2}{4Dt}}.$$

Die Fokker-Planck-Gleichung beschreibt also die zeitliche Entwicklung des Random-
Walk-Problems. Sie gibt uns eine Basis, beliebige Schrittwahrscheinlichkeiten zu verwenden und das Problem auf höhere Dimensionen auszudehnen.

7.4 Herleitung der Flüssigkeitsgleichungen

Für viele Problemstellungen enthält die Verteilungsfunktion im Phasenraum, wie wir sie bisher behandelt haben, mehr Information als benötigt. Oft ist es ausreichend zu wissen, wie sich makroskopische Größen als Funktion des Ortes mit der Zeit entwickeln. In diesem Abschnitt wird gezeigt, wie man die Boltzmann-Gleichung auf Gleichungen für makroskopische Observablen reduziert. Das Ergebnis werden die aus Kap. 3 bekannten Flüssigkeitsgleichungen sein.

7.4.1 Erwartungswerte mikroskopischer Variablen

Makroskopische Größen werden als Erwartungswerte mikroskopischer Variablen $g(\mathbf{r}, \mathbf{v}, t)$ aus der Verteilungsfunktion berechnet

$$\langle g(\mathbf{r}, t) \rangle = \frac{\int d^3 v \, g(\mathbf{r}, \mathbf{v}, t) f(\mathbf{r}, \mathbf{v}, t)}{\int d^3 v \, f(\mathbf{r}, \mathbf{v}, t)}. \tag{7.66}$$

Die Definition ist konsistent mit (7.5), nur haben wir hier einen lokalen Erwartungswert, der vom Ort abhängt. Wegen (7.3) ist das äquivalent zu

$$n(\mathbf{r}, t) \langle g(\mathbf{r}, t) \rangle = \int d^3 v \, g(\mathbf{r}, \mathbf{v}, t) f(\mathbf{r}, \mathbf{v}, t). \tag{7.67}$$

Wie in der klassischen Mechanik lassen sich auch für ein Plasma wesentliche Eigenschaften aus den Erhaltungssätzen für Masse, Impuls und Energie berechnen. Folglich werden wir uns interessieren für die Erwartungswerte der Funktionen

$$\begin{aligned} g &= m, \\ \mathbf{g} &= m\mathbf{v}, \\ g &= m v^2 / 2. \end{aligned} \tag{7.68}$$

Die entsprechenden Integrale ergeben die Flüssigkeitsgleichungen. Man nennt sie auch Momente der Verteilungsfunktion, denn die Funktionen g hängen von verschiedenen Potenzen der Geschwindigkeit ab.

Zur Herleitung gehen wir von der Boltzmann-Gleichung (7.37) aus, multiplizieren beide Seiten mit g und integrieren über den gesamten Geschwindigkeitsraum. Unter Weglassung der Variablen folgt daraus:

$$\int d^3 v \, g \frac{\partial f}{\partial t} + \int d^3 v \, g(\mathbf{v} \cdot \nabla) f + \frac{1}{m} \int d^3 v \, g(\mathbf{F} \cdot \nabla_v) f = \int d^3 v \, g \left(\frac{\partial f}{\partial t} \right)_{coll.}. \tag{7.69}$$

Für $\mathbf{F}$ sind bei Bedarf die elektromagnetischen Kräfte einzusetzen und für g nehmen wir ein Skalar. Die Umformung gilt aber auch für die einzelnen Komponenten eines Vektors.

Der erste Term der Gleichung lässt sich für Funktionen g, die nicht explizit von der Zeit abhängen, folgendermaßen umformen:

$$\int d^3v\, g\, \frac{\partial f}{\partial t} = \frac{\partial}{\partial t}\left(\int d^3v\, gf\right) - \int d^3v\, \frac{\partial g}{\partial t} f = \frac{\partial}{\partial t}(n\,\langle g\rangle). \tag{7.70}$$

Ähnlich kann man für den zweiten Term die Ortsableitung von f ummünzen in Ableitungen der Funktion g, die ja nicht explizit vom Ort abhängt:

$$\int d^3v\, g(\mathbf{v}\cdot\nabla)f = \nabla\cdot(n\,\langle\mathbf{v}g\rangle) - n\,\langle(\mathbf{v}\cdot\nabla)g\rangle = \nabla\cdot(n\,\langle\mathbf{v}g\rangle). \tag{7.71}$$

Der Nabla-Operator wirkt nicht auf $\mathbf{v}$ und kann damit vertauscht werden.

Den dritten Term formen wir durch partielle Integration um:

$$\int d^3v\, g(\mathbf{F}\cdot\nabla_v)f = g(F_x + F_y + F_z)f\big|_{-\infty}^{\infty} - \int d^3v\, f\nabla_v\cdot(g\mathbf{F}). \tag{7.72}$$

Wir beschränken uns auf elektromagnetische Kräfte. Für diese gilt:

$$\nabla_v\cdot\mathbf{F} = q\nabla_v\cdot(\mathbf{E} + \mathbf{v}\times\mathbf{B}) = 0, \tag{7.73}$$

denn in der i-ten Komponente des Vektorprodukts, die nach v_i abgeleitet werden muss, kommen nur Geschwindigkeitskomponenten $v_{j\neq i}$ vor. Damit und mit der Forderung, dass $f\to 0$ für $v\to\infty$, lässt sich (7.72) weiter vereinfachen zu

$$\int d^3v\, g(\mathbf{F}\cdot\nabla_v)f = -\int d^3v\, f(\mathbf{F}\cdot\nabla_v)g = -n\,\langle(\mathbf{F}\cdot\nabla_v)g\rangle. \tag{7.74}$$

Nun können wir die drei Terme wieder zusammenfassen und erhalten aus (7.69) eine Gleichung für die dynamische Entwicklung der makroskopischen Größe $\langle g(\mathbf{r},t)\rangle$:

$$\frac{\partial}{\partial t}(n\,\langle g\rangle) + \nabla\cdot(n\,\langle\mathbf{v}g\rangle) - \frac{n}{m}\langle(\mathbf{F}\cdot\nabla_v)g\rangle = \int d^3v\, g\left(\frac{\partial f}{\partial t}\right)_{coll.}. \tag{7.75}$$

Diese Gleichung werden wir im Folgenden für die Größen (7.68) berechnen. Da es sich dabei um Erhaltungsgrößen handelt, verschwindet nach (7.36) der Stoßterm. Er liefert nur dann einen Beitrag, wenn Stöße mit Teilchen, die nicht in f enthalten sind, eine Rolle spielen. Beispiele sind Stöße von Elektronen mit Ionen oder umgekehrt, sowie Stöße mit Neutralteilchen oder unter verschiedenen Ionensorten.

7.4.2 Die Kontinuitätsgleichung

Die Kontinuitätsgleichung beschreibt die zeitliche Entwicklung der Teilchendichte. Man erhält sie aus (7.75), indem man $g = m$ setzt. Dazu führen wir eine mittlere Geschwindigkeit $\mathbf{u}$ ein,

$$\mathbf{u}(\mathbf{r}, t) = \langle \mathbf{v} \rangle = \frac{\int d^3v \, \mathbf{v} f(\mathbf{r}, \mathbf{v}, t)}{n(\mathbf{r})}, \tag{7.76}$$

womit wir die genaue Definition der *Strömungsgeschwindigkeit* (3.3) nachliefern. Betrachtet man das Vielteilchensystem als Flüssigkeit, dann gibt $\mathbf{u}$ an, mit welcher Geschwindigkeit sich eine Flüssigkeitszelle fortbewegt. Bei einer stoßdominierten Flüssigkeit hat $\mathbf{u}$ eine anschauliche Bedeutung als Strömungsgeschwindigkeit, denn die Teilchen bleiben in dem mitbewegten Volumenelement eingeschlossen. In Plasmen können Teilchen sehr lange mittlere freie Weglängen haben. Sie halten sich dann nur für eine kurze Transitzeit in kleinen Volumenelementen auf. Von Strömungsgeschwindigkeit kann dabei keine Rede mehr sein. Sie bekommt allerdings ihre ursprüngliche Bedeutung wieder zurück, wenn die Beweglichkeit der Teilchen z. B. durch ein Magnetfeld eingeschränkt wird oder ausreichend große Volumina betrachtet werden.

Mit dieser Definition können wir aus (7.75) die *Kontinuitätsgleichung* ableiten. Da g nicht von der Geschwindigkeit abhängt, entfällt der dritte Term; den Stoßterm auf der rechten Seite kürzen wir durch mS ab. Es ergibt sich damit (vgl. (3.7)):

$$\frac{\partial}{\partial t} \rho_m + m \nabla \cdot \mathbf{\Gamma}_n = mS. \tag{7.77}$$

Wobei wir hier entsprechend (3.1) die Massendichte ρ_m und die *Teilchenflussdichte*

$$\mathbf{\Gamma}_n = n\mathbf{u} \tag{7.78}$$

eingeführt haben. Die Gleichung beschreibt die zeitliche Änderung der Teilchendichte durch Konvektion. Die Größe S ist die Erzeugungsrate von Teilchen pro Volumeneinheit und berücksichtigt Quellen und Senken, wie sie aus Ionisations- und Rekombinationsprozessen resultieren.

Die Kontinuitätsgleichung hängt von der Strömungsgeschwindigkeit ab. Zur Berechnung der Dichteentwicklung müssen wir also bereits die Geschwindigkeitsverteilung $\mathbf{u}(\mathbf{r}, t)$ kennen. Diese ergibt sich aus der Gleichung für Impulserhaltung.

7.4.3 Die Bewegungsgleichung

Als Nächstes berechnen wir den Erwartungswert des Impulses mit $g = m\mathbf{v}$. Da nun g selbst ein Vektor ist, schreiben wir, wo nötig, die Komponenten explizit aus. Ausgangspunkt ist wieder (7.75). Daraus folgt:

$$\frac{\partial}{\partial t}(\rho_m \mathbf{u}) + \sum_{i=1}^{3} \frac{\partial}{\partial r_i}(\rho_m \langle v_i \mathbf{v} \rangle) - n \langle \mathbf{F} \rangle = \int \mathrm{d}^3 v \, m\mathbf{v} \left(\frac{\partial f}{\partial t}\right)_{coll.}. \tag{7.79}$$

Im ersten Term haben wir den Erwartungswert von $\mathbf{v}$ durch die Strömungsgeschwindigkeit ersetzt und im zweiten Term schreiben wir die Divergenz als Summe aus. Indem man die einzelnen Komponenten getrennt berechnet, kann man sich leicht davon überzeugen, dass der dritte Term die angegebene Form erhält. Der Stoßterm wird später noch genauer beschrieben. Zur Vereinfachung der Gleichung spalten wir $\mathbf{v}$ auf in die mittlere Geschwindigkeit $\mathbf{u}$ (7.76) und einen stochastischen Anteil $\mathbf{v}_s$:

$$\mathbf{v} = \langle \mathbf{v} \rangle + \mathbf{v}_s = \mathbf{u}(\mathbf{r}, t) + \mathbf{v}_s, \tag{7.80}$$

wobei der Erwartungswert des stochastischen Anteils der Geschwindigkeit verschwinden muss:

$$\langle \mathbf{v}_s \rangle = 0. \tag{7.81}$$

Damit können wir den zweiten Term von (7.79) vereinfachen gemäß

$$\langle v_i v_j \rangle = u_i u_j + u_i \underbrace{\langle v_{sj} \rangle}_{=0} + \underbrace{\langle v_{si} \rangle}_{=0} u_j + \langle v_{si} v_{sj} \rangle.$$

Über den letzten Term ist der *Drucktensor*

$$P_{ij} = \rho_m \langle v_{si} v_{sj} \rangle \tag{7.82}$$

definiert, den wir später noch eingehend behandeln werden. Den zweiten Term von (7.79) formen wir damit um zu

$$\sum_{i=1}^{3} \frac{\partial}{\partial r_i}(\rho_m \langle v_i \mathbf{v} \rangle) = \sum_{i=1}^{3} \frac{\partial}{\partial r_i}(\rho_m u_i \mathbf{u}) + \sum_{i=1}^{3} \frac{\partial}{\partial r_i} \mathbf{P}_{i*}$$

$$= \mathbf{u}(\nabla \cdot (\rho_m \mathbf{u})) + \rho_m (\mathbf{u} \cdot \nabla)\mathbf{u} + \sum_{i=1}^{3} \frac{\partial}{\partial r_i} \mathbf{P}_{i*}. \tag{7.83}$$

Dabei bedeutet die Schreibweise $\mathbf{P}_{i*}$, dass der Index j von P_{ij} entsprechend der Komponente der anderen Vektoren der Gleichung einzusetzen ist.

Auf den ersten Term von (7.79) wenden wir ebenfalls die Kettenregel an,

$$\frac{\partial}{\partial t}(\rho_m \mathbf{u}) = \rho_m \frac{\partial \mathbf{u}}{\partial t} + \mathbf{u} \frac{\partial \rho_m}{\partial t},$$

und setzen die mit $\mathbf{u}$ multiplizierte Kontinuitätsgleichung (7.77) ein:

$$\frac{\partial}{\partial t}(\rho_m \mathbf{u}) = \rho_m \frac{\partial \mathbf{u}}{\partial t} - \mathbf{u}\left(\nabla \cdot (\rho_m \mathbf{u})\right) + m\mathbf{u}S,$$

wobei sich der zweite Term der rechten Seite gegen den entsprechenden Term in (7.83) herausheben wird. Der letzte Term der Gleichung steht für Impulsverluste bzw. -gewinne durch Rekombinations- oder Ionisationsprozesse. Auch dieser Term wird wieder entfallen, denn durch diese Prozesse verliert bzw. gewinnt man immer auch ein Teilchen, wodurch sich ρ_m ändert und die Gleichung dann für ein dünneres bzw. dichteres Plasma gilt.

Das Integral der rechten Seite von (7.79) schreiben wir unter Verwendung von $\mathbf{v}_s$ um. Dazu führen wir den Reibungsterm $\mathbf{R}$ ein, der die durch Stöße mit Teilchen einer anderen Spezies erzeugte mittlere Impulsänderung beschreibt:

$$\int d^3v\, m\mathbf{v}\left(\frac{\partial f}{\partial t}\right)_{coll.} = \underbrace{\int d^3v\, m\mathbf{v}_s\left(\frac{\partial f}{\partial t}\right)_{coll.}}_{\equiv \mathbf{R}} + \underbrace{m\mathbf{u}\int d^3v\left(\frac{\partial f}{\partial t}\right)_{coll.}}_{=m\mathbf{u}S}. \tag{7.84}$$

Wir fassen alle Terme zusammen und erhalten so aus (7.79) die *Bewegungsgleichung*

$$\rho_m\left(\frac{\partial}{\partial t} + \mathbf{u}\cdot\nabla\right)\mathbf{u} = n\langle\mathbf{F}\rangle - \sum_{i=1}^{3}\frac{\partial}{\partial r_i}\mathbf{P}_{i*} + \mathbf{R}. \tag{7.85}$$

Im Drucktensor unterscheidet sich der Ausdruck noch von der einfacheren Gl. (3.11). Wir müssen also den Drucktensor weiter behandeln.

Oft hat man es mit Verteilungsfunktionen zu tun, die im Wesentlichen isotrop im mitbewegten System sind und nur durch einen kleinen anisotropen Anteil gestört sind. Etwas allgemeiner ist die Annahme, dass die Verteilungsfunktion bis auf eine kleine Störung symmetrisch in den einzelnen Geschwindigkeitskomponenten ist. Für solche Fälle ist es sinnvoll, den symmetrischen Anteil des Drucktensors abzuspalten. Man gewinnt diesen Anteil aus Erwartungswerten, gebildet mit dem symmetrischen Anteil f^{sym} der Verteilungsfunktion. $f^{sym} = f^{sym}(|v_{sx}|, |v_{sy}|, |v_{sz}|)$ hängt dann nur von den Beträgen der Komponenten v_{si} ab, und es gilt für den symmetrischen Anteil des Drucktensors (7.82):

$$P_{ij}^{sym} = \rho_m \int d^3v\, f^{sym} v_{si} v_{sj} = \rho_m \int d^3v\, f^{sym} v_{si}^2 \delta_{ij} = p_i \delta_{ij}. \tag{7.86}$$

Der Tensor wird also diagonal, und die Diagonalelemente sind gerade gleich dem thermodynamischen Druck. Für eine Maxwell-Verteilung haben wir das Integral bereits ausgewertet und für die Summe der drei Komponenten den Ausdruck (7.12) erhalten, sodass gilt:

$$\langle v_s^2 \rangle = 3p/\rho_m. \tag{7.87}$$

Im Allgemeinen kann die Geschwindigkeitsverteilung aber auch anisotrope Anteile enthalten. Diese leisten dann einen Beitrag zu den Außerdiagonalelementen des Drucktensors und werden im asymmetrischen Anteil Π zusammengefasst, der auch *Viskositätstensor* heißt. Insgesamt gilt damit:

$$P_{ij} = p_i \delta_{ij} + \Pi_{ij}. \tag{7.88}$$

Solche asymmetrischen Anteile können meist als kleine Störungen einer ansonsten symmetrischen Verteilungsfunktion aufgefasst werden. Bei Maxwell-Verteilungen ist $\Pi_{ij} = 0$. In der Regel kommen Beiträge zu Π von kleinen Störungen der Maxwell-Verteilung, die durch Transportprozesse immer erzeugt werden.

Mit diesen Definitionen und der Annahme eines isotropen Druckes folgt eine Bewegungsgleichung der Form

$$\rho_m \left(\frac{\partial}{\partial t} + \mathbf{u} \cdot \nabla \right) \mathbf{u} = n \langle \mathbf{F} \rangle - \nabla p - \sum_{i=1}^{3} \frac{\partial}{\partial r_i} \Pi_{i*} + \mathbf{R}. \tag{7.89}$$

Bis auf den Viskositätstensor ist die Gleichung identisch mit (3.11). Auf der linken Seite der Gleichung steht wieder die hydrodynamische Ableitung. Sie steht für die Änderung des Impulses in einem Volumenelement, wie sie ein mitbewegter Beobachter messen würde. Die Änderung wird verursacht durch Kräfte oder durch einen Druckgradienten. Den dritten Term wollen wir in Abschn. 7.4.6 genauer untersuchen. Er beschreibt die Viskosität der Flüssigkeit. Der letzte Term repräsentiert die Reibungsverluste durch Wechselwirkung mit einer anderen Flüssigkeit (Elektron-Ion-Wechselwirkung).

Für die im Plasma relevanten elektromagnetischen Kräfte erhält der Erwartungswert der Kraft die Form

$$n \langle \mathbf{F} \rangle = \rho \mathbf{E} + \rho \mathbf{u} \times \mathbf{B}. \tag{7.90}$$

Gl. (7.89) dient zur Berechnung der Impulsänderung der Plasmakomponenten. Über den Drucktensor hängt die Gleichung aber selbst wieder von sechs unabhängigen Größen ab, für deren Berechnung Momente höherer Ordnung herangezogen werden müssen. Die Energiegleichung ist nur eine davon. Man kann sich denken, dass diese Verkettung mit immer nächst höheren Ordnungen weitergeht und das Gleichungssystem damit nicht abgeschlossen ist. Wir erhalten ein geschlossenes System von Gleichungen, wenn das Plasma als isotrop angenähert werden kann. Der Drucktensor ist dann ein Skalar, das als nächst höhere Ordnung die Temperatur enthält. Die Entwicklung der Temperatur folgt aus der unter dieser Bedingung abgeschlossenen Energiegleichung.

7.4.4 Die Energiegleichung

Die Transportgleichung für die kinetische Gesamtenergie erhalten wir aus (7.75) mit $g = mv^2/2$. Alternativ kann man auch eine Gleichung für die thermische Energie aufstellen, wenn man $g = mv_s^2/2$ verwendet. Wie wir sehen werden, hängen beide Gleichungen eng zusammen.

Für $g = mv^2/2$ verschwindet der Term aus (7.75) mit der Lorentz-Kraft, denn es gilt:

$$\sum_i (\mathbf{v} \times \mathbf{B})_i \frac{\partial}{\partial v_i} v^2 = \sum_i (\mathbf{v} \times \mathbf{B})_i 2v_i = 2(\mathbf{v} \times \mathbf{B}) \cdot \mathbf{v} = 0.$$

Da die Lorentz-Kraft senkrecht zur Geschwindigkeit wirkt, kann sie keine Energie auf das Teilchen übertragen. Die Ausgangsgleichung hat damit die Form

$$\frac{\partial}{\partial t} \left(\frac{\rho_m}{2} \langle v^2 \rangle \right) + \nabla \cdot \left(\frac{\rho_m}{2} \langle \mathbf{v} v^2 \rangle \right) = qn\mathbf{E} \cdot \mathbf{u} + \int d^3 v \, \frac{mv^2}{2} \left(\frac{\partial f}{\partial t} \right)_{coll.}. \tag{7.91}$$

Wieder nutzen wir die Aufteilung von v in mittlere und stochastische Anteile. Den ersten Term wandeln wir damit um:

$$\frac{\rho_m}{2} \langle v^2 \rangle = \frac{\rho_m}{2} \langle (\mathbf{u} + \mathbf{v}_s)^2 \rangle = \frac{\rho_m}{2} u^2 + \frac{\rho_m}{2} \langle v_s^2 \rangle$$
$$= \frac{\rho_m}{2} u^2 + \frac{3}{2} nT. \tag{7.92}$$

Im letzten Schritt haben wir die mittlere quadratische Geschwindigkeit nach (7.12) durch die Temperatur ersetzt. Die Gesamtenergie zerfällt in einen thermischen Anteil und einen, der von der Strömungsgeschwindigkeit herrührt.

Für die j-te Komponente des zweiten Terms gilt die Umformung

$$\langle v_j v^2 \rangle = \langle (u_j + v_{sj})(u^2 + 2\mathbf{u} \cdot \mathbf{v}_s + v_s^2) \rangle$$
$$= u_j u^2 + u_j \langle v_s^2 \rangle + 2 \langle v_{sj} (\mathbf{u} \cdot \mathbf{v}_s) \rangle + \langle v_{sj} v_s^2 \rangle,$$

wobei Anteile mit $\langle \mathbf{v}_s \rangle$ wieder verschwinden. Der dritte Term dieser Beziehung hängt nun über (7.82) mit dem Drucktensor und weiter über (7.88) mit dem Viskositätstensor zusammen:

$$2 \sum_{i=1}^{3} \langle v_{sj} u_i v_{si} \rangle = 2 \sum_{i=1}^{3} u_i \langle v_{si} v_{sj} \rangle = \frac{2}{\rho_m} \sum_{i=1}^{3} u_i P_{ij} = \frac{2}{\rho_m} \left(nTu_j + \sum_{i=1}^{3} u_i \Pi_{ij} \right).$$

Insgesamt erhalten wir, jetzt wieder in Vektorform, für den zweiten Term von (7.91):

$$\frac{\rho_m}{2} \langle \mathbf{v} v^2 \rangle = \left(\frac{\rho_m}{2} u^2 + \frac{5}{2} nT \right) \mathbf{u} + \sum_{i=1}^{3} u_i \Pi_{i*} + \frac{\rho_m}{2} \langle v_s^2 \mathbf{v}_s \rangle. \tag{7.93}$$

Und die Energiegleichung reduziert sich auf

$$\frac{\partial}{\partial t}\left(\frac{\rho_m}{2}u^2 + \frac{3}{2}nT\right) + \nabla \cdot \left(\left(\frac{\rho_m}{2}u^2 + \frac{5}{2}nT\right)\mathbf{u} + \mathbf{q}\right) = -\sum_{i,j=1}^{3}\frac{\partial}{\partial r_j}u_i\Pi_{ij} + qn\mathbf{Eu} + Q. \quad (7.94)$$

Wobei die *Wärmeflussdichte* definiert ist durch

$$\mathbf{q}(\mathbf{r},t) = \frac{\rho_m}{2}\langle v_s^2\mathbf{v}_s\rangle = \int \mathrm{d}^3v\,\frac{m}{2}v_s^2\mathbf{v}_s f(\mathbf{r},\mathbf{v},t). \quad (7.95)$$

Sie entspricht der Energieflussdichte im mitbewegten Bezugssystem.

Die rechte Seite repräsentiert die Energieänderung durch viskose Dissipation, auch *viskose Heizung* genannt, Beschleunigung durch ein elektrisches Feld und durch Stöße mit Teilchen einer anderen Sorte. Letzterer Term ist gegeben durch

$$Q(\mathbf{r},t) = \int \mathrm{d}^3v\,\frac{mv^2}{2}\left(\frac{\partial f}{\partial t}\right)_{coll.}. \quad (7.96)$$

Die Gleichung beschreibt die Entwicklung der Gesamtenergie. Sie enthält Terme, die mit der Flüssigkeitsbewegung zusammenhängen und thermische Beiträge. Der Ausdruck, von der die Divergenz gebildet wird, ist die *Energieflussdichte*. Diese beinhaltet die Wärmeflussdichte q, die kinetische Energie in der mittleren Strömungsgeschwindigkeit $\rho_m u^2/2$ sowie *Konvektion* von thermischer Energie, wobei hier ein Faktor $5/2$ auftritt.

Wir können aus dieser Gleichung alle Terme, die nicht mit der thermischen Energie zusammenhängen, eliminieren. Dazu multiplizieren wir die Bewegungsgleichung (7.89) mit $\mathbf{u}$ und modifizieren die auftretenden beiden Terme wie folgt:

$$\mathbf{u} \cdot \rho_m \frac{\partial}{\partial t}\mathbf{u} = \frac{1}{2}\frac{\partial}{\partial t}(\rho_m u^2) - \frac{1}{2}u^2\frac{\partial}{\partial t}\rho_m = \frac{1}{2}\frac{\partial}{\partial t}(\rho_m u^2) + \frac{1}{2}u^2\nabla \cdot (\rho_m\mathbf{u}) - \frac{1}{2}mu^2S,$$

wobei wir die Kontinuitätsgleichung verwendet haben, um $\dot{\rho}_m$ zu ersetzen, sowie

$$\mathbf{u}\rho_m(\mathbf{u} \cdot \nabla)\mathbf{u} = \frac{1}{2}\rho_m(\mathbf{u} \cdot \nabla)u^2 = \frac{1}{2}\nabla \cdot (\rho_m u^2\mathbf{u}) - \frac{1}{2}u^2\nabla \cdot (\rho_m\mathbf{u}).$$

Die beiden Terme setzen wir in (7.89) ein und ziehen das Ganze von (7.94) ab. Es folgt dann für die *Energiegleichung*

$$\frac{\partial}{\partial t}\left(\frac{3}{2}nT\right) + \nabla \cdot \left(\frac{5}{2}T\mathbf{\Gamma}_n + \mathbf{q}\right) = \mathbf{u} \cdot \nabla p + \sum_{i,j=1}^{3}\Pi_{ij}\frac{\partial}{\partial r_i}u_j + Q_s. \quad (7.97)$$

Q_s ist die Energieänderung durch Stöße mit Teilchen aus einer anderen Verteilungsfunktion, wobei die stochastische Geschwindigkeit $\mathbf{v}_s$ in (7.96) einzusetzen ist. Man gelangt zu dieser Form durch Zerlegung der Geschwindigkeit im Stoßterm. Daraus folgt:

$$Q = \frac{1}{2} m \mathbf{u}^2 S + \mathbf{R} \cdot \mathbf{u} + Q_s.$$

Die beiden zusätzlichen Terme heben sich mit den entsprechenden Termen heraus, die über Kontinuitäts- und Bewegungsgleichung in die Energiegleichung gelangen.

Die Gl. (7.77) für die Dichte, (7.89) für den Impuls sowie (7.94) oder (7.97) für die Energie werden auch als *Braginskii-Gleichungen* [7] bezeichnet. Braginskii hat diese Gleichungen aufgestellt und Formeln für die Transportkoeffizienten und den Viskositätstensor aus der kinetischen Theorie abgeleitet.

Auch die Energiegleichung ist nicht abgeschlossen. Mit $\mathbf{q}$ kommt schon ein Moment dritter Ordnung vor. Für die weiteren Momente der Verteilungsfunktion müsste man getrennte Gleichungen aufstellen, die allerdings wieder Momente höherer Ordnung enthalten würden. Wie schon erwähnt, gelangt man zu einem Abschluss des Gleichungssystems, wenn man ein thermalisiertes Plasma betrachtet. Dies wollen wir im folgenden Abschnitt zeigen.

7.4.5 Die Gleichungen für das thermalisierte Plasma

Für die meisten Probleme sind die abgeleiteten Flüssigkeitsgleichungen noch zu allgemein. Sie vereinfachen sich aber stark, wenn man ein thermalisiertes Plasma betrachtet oder wenigstens ein Plasma mit einem verschwindend kleinen nicht-thermischen Anteil. Im mit $\mathbf{u}$ mitbewegten System ist nach (7.6) die Verteilungsfunktion dann gegeben durch

$$f(\mathbf{r}, \mathbf{v}) = n(\mathbf{r}) \left(\frac{m}{2\pi T} \right)^{3/2} \exp\left\{ -\frac{m(\mathbf{v} - \mathbf{u})^2}{2T} \right\}. \tag{7.98}$$

Betrachten wir zunächst die Boltzmann-Gleichung (7.37). Bei einem thermalisierten Plasma erwächst daraus folgender Widerspruch: In Abschn. 7.2.5 haben wir gezeigt, dass für Maxwell-Verteilungen der Stoßterm für Stöße zwischen gleichen Teilchen verschwindet,

$$\left(\frac{\partial f}{\partial t} \right)_{coll.} = 0.$$

Auf der anderen Seite ist im Allgemeinen aber sicherlich

$$\frac{\partial}{\partial t} f(\mathbf{r}, \mathbf{v}) + \mathbf{v} \cdot \nabla f(\mathbf{r}, \mathbf{v}) + \frac{1}{m} \mathbf{F}(\mathbf{r}, \mathbf{v}) \cdot \nabla_v f(\mathbf{r}, \mathbf{v}) \neq 0,$$

womit die Boltzmann-Gleichung verletzt wäre. Die Lösung des Problems ist einfach und wird uns in Kap. 8 beschäftigen: Sobald es Gradienten in der Verteilungsfunktion gibt, werden Teilchen, die aus einem Volumenelement in ein benachbartes wechseln, den mittleren Impuls und die „Temperatur" in ein Volumenelement mit anderen Mittelwerten tragen. Sie bewirken damit dort eine Verzerrung der Geschwindigkeitsverteilung. Das Gleiche gilt bei einem Dichtegradient z. B. in positiver x-Richtung. In einem Volumenelement wird es einen Nettoverlust an Teilchen mit positivem v_x geben und einen Nettogewinn an Teilchen mit negativem v_x (siehe dazu den nächsten Abschnitt). Auch diese Beiträge werden die Maxwell-Verteilung stören. Da nun aber die Verteilungsfunktion einen nichtthermischen Beitrag enthält, wird auch der Stoßterm ungleich null sein. Es stellt sich also ein Gleichgewicht ein zwischen einer Teilchenquelle, die zur nicht-thermischen Verteilung beiträgt, und dem Stoßterm, der diese Teilchen thermalisiert. Da also im nichttrivialen Fall, bei dem alle Gradienten verschwinden, die Verteilungsfunktion immer einen kleinen nichtthermischen Beitrag enthält, gilt Folgendes nur in (sehr guter) Näherung.

Berechnen wir zunächst die x-Komponente der Wärmeflussdichte (7.95):

$$q_x \sim \int_{-\infty}^{\infty} dv_{sx}dv_{sy}dv_{sy}(v_{sx}^2 + v_{sy}^2 + v_{sz}^2)v_{sx} \exp\left\{-\frac{m(v_{sx}^2 + v_{sy}^2 + v_{sz}^2)}{2T}\right\} = 0, \qquad (7.99)$$

denn der Integrand ist asymmetrisch in der Variablen v_{si}. Oder ein Element des Drucktensors (7.82) im thermalisierten Plasma,

$$P_{ij} = \rho_m \int_{-\infty}^{\infty} dv_{sx}dv_{sy}dv_{sz}\, v_{si}v_{sj} \exp\left\{-\frac{m(v_{sx}^2 + v_{sy}^2 + v_{sz}^2)}{2T}\right\} = p\delta_{ij}.$$

Dieses verschwindet nur dann nicht, wenn die entsprechende Geschwindigkeitskomponente quadratisch und damit symmetrisch auftritt. Der Drucktensor wird also diagonal, und die Diagonalelemente haben alle den gleichen Wert. Wir können den Drucktensor damit durch einen Skalar ersetzen. Das Integral haben wir schon für (7.14) gelöst; wir finden also

$$P_{ij} \to p = \rho_m \langle v_{si}^2 \rangle = \rho_m \frac{T}{m} = nT. \qquad (7.100)$$

Das ist der aus der Thermodynamik bekannte Ausdruck für den kinetischen Druck.

Wir berücksichtigen diese Näherungen in den Flüssigkeitsgleichungen und vernachlässigen nun auch Stöße mit Teilchen einer anderen Sorte. So gelangen wir zu den gebräuchlichen Gleichungen für ein thermalisiertes Plasma. Aus (7.77) folgt die *Kontinuitätsgleichung*

$$\frac{\partial}{\partial t}\rho_m + \nabla \cdot (\rho_m \mathbf{u}) = 0, \qquad (7.101)$$

aus (7.85) die *Bewegungsgleichung* für die elektromagnetische Kraft

$$\rho_m \left(\frac{\partial}{\partial t} + \mathbf{u} \cdot \nabla\right)\mathbf{u} - \rho(\mathbf{E} + \mathbf{u} \times \mathbf{B}) + \nabla p = 0 \qquad (7.102)$$

und aus (7.97) die *Energiegleichung*

$$\frac{\partial}{\partial t}\left(\frac{3}{2}nT\right) + \nabla \cdot \left(\frac{5}{2}T\mathbf{\Gamma}_n + \mathbf{q}\right) = \mathbf{u} \cdot \nabla p. \tag{7.103}$$

wobei wir hier $\mathbf{q}$ aufgenommen haben, obwohl es in dieser Näherung eigentlich verschwindet. Der Grund dafür ist, dass diese Gleichung, wie in der Form (15.116), für die experimentelle Bestimmung des Wärmeflusses verwendet wird. Der Wert für $\mathbf{q}$ wird dann anderen Transportprozessen, wie dem turbulenten Transport, zugeschrieben. Ähnlich könnte man auch eine turbulente Viskosität in (7.102) aufnehmen.

Wegen $\nabla \cdot (\mathbf{u}p) = \mathbf{u} \cdot \nabla p + p\nabla \cdot \mathbf{u}$ ist der Ausdruck äquivalent mit der mehr intuitiven Form

$$\frac{\partial}{\partial t}\left(\frac{3}{2}nT\right) + \nabla \cdot \left(\frac{3}{2}T\mathbf{\Gamma}_n + \mathbf{q}\right) = -p\nabla \cdot \mathbf{u}. \tag{7.104}$$

Auf der rechten Seite steht jetzt ein adiabatischer Kompressionsterm. In dieser Gleichung ist der Energieverlust gegeben durch den Wärmestrom und einen konvektiven Anteil, der hier, wie anschaulich zu erwarten, mit 3/2 multipliziert ist.

7.4.6 Mikroskopisches Bild zum Drucktensor

Zum besseren Verständnis des *Drucktensors*, der ja auch den *Viskositätstensor* beinhaltet, diskutieren wir eine mehr intuitive mikroskopische Herleitung. Dazu berechnen wir die Impulsänderung für das in Abb. 7.7 dargestellte Volumenelement. Der Netto-Impulsfluss in das Volumen, getragen durch Teilchen, die durch die linke Fläche dydz in das Volumenelement eindringen oder es verlassen, ist gegeben durch

$$\frac{d\mathbf{P}}{dt} = \int_{-\infty}^{\infty} dv_x \int_{-\infty}^{\infty} dv_y \int_{-\infty}^{\infty} dv_z m\mathbf{v}f(x - \frac{dx}{2}, y, z, \mathbf{v})v_x dy dz.$$

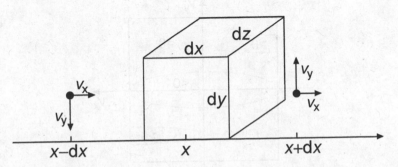

Abb. 7.7 Zur Interpretation des Drucktensors wird der Impulstransport in und aus einen Volumenelement berechnet

Wir entwickeln den Ausdruck nach dx und addieren, ähnlich wie bei der Herleitung der kinetischen Gleichung in Abschn. 7.2, den Beitrag von der gegenüberliegenden Wand. Dadurch entfällt der Beitrag nullter Ordnung und die Beiträge 1. Ordnung addieren sich. So erhalten wir für die Impulsänderung durch Teilchen, die in x-Richtung das Volumen betreten oder verlassen:

$$\frac{d\mathbf{P}}{dt} = -dx\,dy\,dz \int d^3v\, m\mathbf{v}\,\frac{\partial f(\mathbf{r}, \mathbf{v})}{\partial x}\, v_x.$$

Die Impulsänderung pro Volumeneinheit ist damit gegeben durch

$$\frac{d\mathbf{p}}{dt} = -m\frac{\partial}{\partial x} \int d^3v\, \mathbf{v}v_x f(\mathbf{r}, \mathbf{v}) = -m\frac{\partial}{\partial x}\left(n\,\langle v_x\mathbf{v}\rangle\right) = -\frac{\partial}{\partial x}P_{x*}. \qquad (7.105)$$

Wie man durch Vergleich mit (7.82) erkennt, hängt die räumliche Ableitung des Drucktensors mit der Änderung des Impulses pro Volumenelement zusammen. Hier haben wir allerdings nur den Teil betrachtet, der durch Teilchenfluss in x-Richtung entsteht; der Tensor ist zu komplettieren durch die Bewegung in die anderen Raumrichtungen.

Der Ausdruck verschwindet mit dem Gradienten in der Verteilungsfunktion, denn dann bilanzieren sich die Flüsse, die in das Volumen hinein- und aus dem Volumen heraustreten. Die Impulsänderung in x-Richtung entspricht dem Diagonalterm des Drucktensors. Ein Außerdiagonalelement folgt daraus, dass die Teilchen einen Impuls in y-Richtung mitbringen, wenn sie in das Volumenelement kommen. Dieser Beitrag ist nur dann ungleich null, wenn f weder in v_x noch in v_y symmetrisch um null ist. Denn wenn f nur in einer der beiden Geschwindigkeitskomponenten symmetrisch ist, verschwindet das Integral über die entsprechende Komponente. Anisotrope Beiträge in f entstehen in unserem Beispiel, wenn die mittlere Geschwindigkeit in y-Richtung von x abhängt, $u_y(x)$. Denn dann kommen von links Beiträge mit positivem v_x und einem zusätzlichen Beitrag in v_y. Die Verteilungsfunktion bekommt dann, wie in Abb. 7.8 dargestellt, einen Beitrag, der gleichzeitig in v_x- und v_y-Richtung asymmetrisch ist.

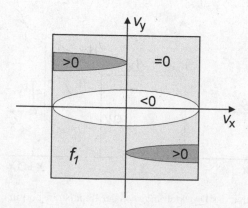

Abb. 7.8 Störung im Phasenraum, dargestellt durch die Funktion f_1 als Folge der in Abb. 7.7 dargestellten Prozesse bei einer Hintergrundströmung $u_y = -u_{y0}x$

7.5 Anwendungen der kinetischen Theorie

Als Anwendungen für die kinetische Theorie behandeln wir wichtige Beispiele, die zeigen, dass damit neuartige physikalische Prozesse beschrieben werden können. So findet man eine Wechselwirkung zwischen Teilchen und Wellen, die uns zur *Landau-Dämpfung* führen wird, wir werden sehen, wie elektromagnetische Wellen auch bei einer Propagation senkrecht zum Magnetfeld an der Zyklotronresonanz absorbiert werden und wie diese einen elektrischen Strom treiben können.

7.5.1 Landau-Dämpfung

Als Beispiel für ein Problem, bei dem eine kinetische Beschreibung neue Effekte einführt, betrachten wir hier nochmals die *Plasmaoszillationen* aus Abschn. 5.2.2. Ausgangspunkt ist also ein feldfreies Plasma mit $\mathbf{B}_0 = \mathbf{E}_0 = 0$. Die Elektronen werden repräsentiert durch ihre Verteilungsfunktion

$$f(\mathbf{r}, \mathbf{v}, t) = f_0(v) + f_1(\mathbf{r}, \mathbf{v}, t), \tag{7.106}$$

wobei $f_0(v) = n_0 f_M(v)$ durch eine Maxwell-Verteilung (7.6) gegeben ist und f_1 eine kleine Störung darstellt. Die Dichte n_0 ist eine Konstante. Die periodische Störung sei eindimensional und habe die Form $f_1 = \hat{f}_1(\mathbf{v}) \exp(i(kx - \omega t))$. Auch alle anderen gestörten Größen weisen die gleiche funktionale Abhängigkeit auf. Die Verteilungsfunktion berechnen wir aus der *Vlasov-Gleichung* (7.30) in 1. Ordnung in f_1:

$$\frac{\partial f_1}{\partial t} + \mathbf{v} \cdot \nabla f_1 - \frac{e n_0}{m_e}(\mathbf{E}_1 \cdot \nabla_v) f_M = 0. \tag{7.107}$$

Das elektrische Feld existiert wieder nur in 1. Ordnung, sodass im letzten Term nur die ungestörte Verteilungsfunktion zu berücksichtigen ist. Da es sich um elektrostatische Wellen handelt ($\mathbf{E}_1 \parallel \mathbf{k}$), hat das elektrische Feld nur eine x-Komponente und es ist $\mathbf{B}_1 = 0$. Wir setzen f_1 ein und erhalten

$$-i\omega f_1 + ik v_x f_1 - \frac{e n_0}{m_e} E_{1x} \frac{\partial f_M}{\partial v_x} = 0. \tag{7.108}$$

Dies ist der typische Weg zur Bestimmung der unbekannten Verteilungsfunktion

$$f_1 = i \frac{e n_0 E_{1x}}{m_e} \frac{\partial f_M / \partial v_x}{\omega - k v_x}. \tag{7.109}$$

Das elektrische Feld ist über die Poisson-Gleichung mit der Raumladungsdichte verknüpft. Da die Ionen ungestört bleiben, entsteht die Raumladung einzig durch die Störung der Verteilungsfunktion der Elektronen. Es folgt:

$$ik\epsilon_0 E_{1x} = \rho_1 = -e \int f_1 d^3 v. \tag{7.110}$$

Durch Einsetzen von f_1 aus (7.109) erhalten wir, nach kleineren Umformungen, eine *Dispersionsrelation*, die bis auf den Faktor $2\pi i$ die Form eines Cauchy-Integrals hat:

$$1 = \frac{\omega_p^2}{k^2} \int_{-\infty}^{\infty} \frac{\partial f_M^x / \partial v_x}{v_x - \omega/k} dv_x. \tag{7.111}$$

Dabei steht f_M^x für den zur Komponente v_x gehörenden Teil der Maxwell-Verteilung (vgl. (7.7)); die Integration über die anderen Komponenten ergibt 1.

Wegen des Pols ist das Integral im Allgemeinen nicht leicht lösbar. Betrachten wir zunächst die Lage des Pols. Da wir nach einem Energieübertrag von der Welle auf die Elektronen suchen, also nach einer gedämpften Lösung der Dispersionsrelation, muss der Imaginärteil der Wellenfrequenz $\Im(\omega) \lesssim 0$ sein. Mit dem gewählten Ansatz für f_1 folgt daraus eine zeitlich abklingende Amplitude der Störung. Dann ist der Imaginärteil des Pols, wie in Abb. 7.9 zu sehen, negativ.

Das Integral über die reale Achse von v_x in (7.111) kann aber über die *Cauchysche Integralformel*

$$g(z_0) = \frac{1}{2\pi i} \oint \frac{g(z)}{z - v_0}$$

nicht berechnet werden, da der zum geschlossenen Weg um den Pol gehörende Halbkreis in Abb. 7.9a für $\Im(v_x) \to \infty$ divergiert. Die Größe $g(z_0)$ wird Residuum genannt. Das Problem kann nach *L. D. Landau* näherungsweise gelöst werden. Das Integral in (7.111) kann unter der Annahme berechnet werden, dass die Phasengeschwindigkeit der Welle viel größer als die thermische Geschwindigkeit der Verteilungsfunktion ist, oder $v_{ph} = \omega/k \gg v_{th}$. Dann liegt der Pol in einem Bereich, wo die Exponentialfunktion im Zähler sehr kleine Werte annimmt. Das Integral entlang der Achse im Bereich des Pols trägt dann nur wenig zum Realteil der Dispersionsrelation bei und kann nach Landau um den Pol herum symmetrisch ausgespart und durch die Hälfte eines kreisförmigen Konturintegrals

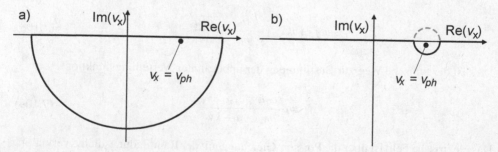

Abb. 7.9 Integrationspfade zur Berechnung der Dispersionsrelation (7.111). Der Pfad *links* führt nicht zu einem endlichen Wert, wogegen der Pfad *rechts* die Lösung ergibt

um den Pol herum ersetzt werden (s. Abb. 7.9b). Das Konturintegral ist gerade $2\pi i$-mal dem Residuum, das sich aus der abgeleiteten Maxwell-Verteilung berechnet, wobei also nur die Hälfte davon als Beitrag zum Integral (7.111) gerechnet wird. Das Integral um den Pol herum, das gerade die Elektronen aus der Verteilungsfunktion berücksichtigt, deren Geschwindigkeit nahe der Phasengeschwindigkeit der Welle liegt, liefert demnach einen kleinen, aber imaginären und daher wesentlichen Beitrag. Nach dieser Technik erhalten wir für die *Dispersionsrelation* die Beziehung

$$1 = \frac{\omega_p^2}{k^2} \left\{ \mathcal{P} \int_{-\infty}^{\infty} \frac{\partial f_M^x / \partial v_x}{v_x - v_{ph}} \mathrm{d}v_x + i\pi \left. \frac{\partial f_M^x}{\partial v_x} \right|_{v_x = v_{ph}} \right\}, \tag{7.112}$$

wobei der erste Teil der Cauchy-Hauptwert und der zweite die Hälfte von $2\pi i$-mal dem Residuum sind. Bei dem Integral wird die Strecke in der Nähe des Pols ausgespart. In diesem Bereich wechselt der Integrand sein Vorzeichen, sodass sich die beiden Teile unter- und oberhalb des Pols weitgehend aufheben. Wir lösen das Integral durch partielle Integration:

$$\int_{-\infty}^{\infty} \frac{\partial f_M^x / \partial v_x}{v_x - v_{ph}} \mathrm{d}v_x = \left. \frac{f_M^x(v_x)}{v_x - v_{ph}} \right|_{-\infty}^{\infty} - \int_{-\infty}^{\infty} \frac{-f_M^x(v_x)}{(v_x - v_{ph})^2} \mathrm{d}v_x = \left\langle (v_x - v_{ph})^{-2} \right\rangle. \tag{7.113}$$

Der erste Term verschwindet wegen des asymptotischen Verhaltens der Maxwell-Verteilung, und es bleibt nach der Definition (7.66) der Erwartungswert der Differenz aus Teilchen- und Phasengeschwindigkeit übrig, den wir für den Fall einer hohen Phasengeschwindigkeit bis zur zweiten Ordnung entwickeln:

$$\left\langle \frac{1}{(v_x - v_{ph})^2} \right\rangle \approx \frac{1}{v_{ph}^2} \left(1 + 2\frac{\langle v_x \rangle}{v_{ph}} + 3\frac{\langle v_x^2 \rangle}{v_{ph}^2} \right) = \frac{k^2}{\omega^2} \left(1 + 3\frac{T_e}{m_e} \frac{k^2}{\omega^2} \right), \tag{7.114}$$

wobei wir im letzten Schritt $\langle v_x \rangle = 0$ verwendet und $\langle v_x^2 \rangle$ nach (7.14) durch die Temperatur ersetzt haben.

Aus dem Realteil der Dispersionsrelation (7.112) folgt dann die Beziehung

$$\omega^2 = \omega_p^2 + 3\frac{T_e}{m_e} k^2 \left(\frac{\omega_p}{\omega} \right)^2. \tag{7.115}$$

Für kleine Korrekturen durch den zweiten Term kann man die Gleichung iterativ lösen und dann im zweiten Schritt $\omega = \omega_p$ setzen. Es folgt daraus die schon bekannte *Bohm-Gross-Dispersionsrelation* (5.67) für Elektronenschallwellen:

$$\omega^2 = \omega_p^2 + 3\frac{T_e}{m_e} k^2. \tag{7.116}$$

Die kinetische Theorie liefert also den in der Näherung des warmen Plasmas erhaltenen Ausdruck.

Für die Betrachtung des Imaginärteils reicht es aus, den Realteil in niedrigster Näherung zu berücksichtigen, sodass wir den Hauptwert des Integrals nach (7.114) durch k^2/ω^2 ersetzen können. Die komplexe Dispersionsrelation (7.112) kann damit in folgende Form übergeführt werden:

$$\frac{\omega}{\omega_p} = \left\{ 1 - i\pi \frac{\omega_p^2}{k^2} \frac{\partial f_M^x}{\partial v_x}\Big|_{v_x=\omega/k} \right\}^{-1/2}.$$

Für einen verglichen mit dem Realteil kleinen Imaginärteil können wir den Ausdruck entwickeln und finden

$$\omega \approx \omega_p \left(1 + i\frac{\pi}{2} \frac{\omega_p^2}{k^2} \frac{\partial f_M^x}{\partial v_x}\Big|_{v_x=\omega/k} \right). \tag{7.117}$$

Mit

$$\frac{\partial}{\partial v_x} f_M^x = -\frac{1}{\sqrt{\pi}\, v_{th}} \frac{2v_x}{v_{th}^2} \exp\left(-\frac{v_x^2}{v_{th}^2} \right)$$

folgt für den Imaginärteil von ω

$$\Im(\omega) = -\sqrt{\pi}\,\omega_p \left(\frac{\omega_p}{k v_{th}} \right)^3 \exp\left\{ -\frac{\omega^2}{k^2 v_{th}^2} \right\}. \tag{7.118}$$

Dabei haben wir im Vorfaktor ω nach (7.116) durch den führenden Term ω_p ersetzt. Im Exponenten müssen wir aber für ω den vollen Ausdruck (7.116) verwenden. Wegen $T_e = m_e v_{th}^2/2$ reduziert sich der zusätzliche Term auf einen Faktor $\exp(-3/2)$. Weiter schreiben wir im Exponenten die Plasmafrequenz in die Debye-Länge (1.14) um und erhalten:

$$\Im(\omega) = -0{,}4\,\omega_p \left(\frac{\omega_p}{k v_{th}} \right)^3 \exp\left\{ -\frac{1}{2k^2 \lambda_D^2} \right\}. \tag{7.119}$$

Der Imaginärteil steht für eine stoßfreie Dämpfung der Welle, genannt *Landau-Dämpfung*, die aber erst dann wesentlich wird, wenn die Wellenlänge von der Größenordnung der Debye-Länge oder die thermische Geschwindigkeit der Elektronen nicht zu weit weg von der Phasengeschwindigkeit liegt. Die Ursache für die Dämpfung der Welle liegt im Pol der Dispersionsrelation und also bei den schnellen Teilchen aus der Verteilungsfunktion, mit einer Geschwindigkeit in der Nähe der Phasengeschwindigkeit der Welle. Diese Teilchen, deren Zahl mit v_{th} stark zunimmt, sehen ein annähernd stationäres elektrisches Feld, an das sie effektiv ankoppeln können.

Der Energieübertrag von der Welle auf die Teilchen ist in Abb. 7.10 erläutert. Schnelle Teilchen sehen ein elektrisches Feld konstanter Phase und können so effektiv Energie ausnehmen. Teilchen, die etwas langsamer als die Phasengeschwindigkeit sind, werden durch

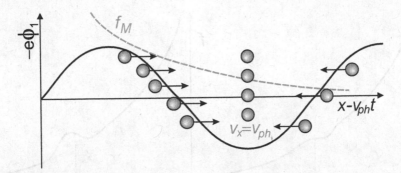

Abb. 7.10 Anschauliche Darstellung der Landau-Dämpfung im elektrischen Potential der Welle im Bezugssystem der Welle. Betrachtet werden nur die Elektronen, deren Geschwindigkeit in der Nähe der Phasengeschwindigkeit liegt. Langsamere Teilchen fallen zurück und werden beschleunigt, schnellere laufen der Welle voraus und werden abgebremst. Die Maxwell-Verteilung f_M deutet an, dass es mehr langsamere Elektronen als schnellere gibt. Aufgrund der Maxwell-Verteilung werden mehr Elektronen beschleunigt als abgebremst

das Wellenfeld beschleunigt, schnellere Teilchen werden verzögert. Da aber aufgrund der Maxwell-Verteilung langsame Teilchen häufiger vorkommen als schnellere, nehmen mehr Teilchen Energie auf als abgeben. Die Verteilungsfunktion wird dadurch um $v_x \approx v_{ph}$ erheblich gestört, sodass an dieser Stelle im Phasenraum der nichtlineare Term $E_{1x}f_1$ in (7.107) nicht mehr vernachlässigt werden kann. Wenn diese nichtlinearen Effekte mitgenommen werden, spricht man von *nichtlinearer Landau-Dämpfung*, wogegen wir hier den Fall der *linearen Landau-Dämpfung* behandelt haben. Durch diesen Prozess wird die Verteilungsfunktion bei v_{ph} abgeflacht, wobei Elektron-Elektron-Stöße an einer Rekonstitution der Maxwell-Verteilung arbeiten. Die Landau-Dämpfung führt zu einer Aufheizung des Plasmas und generiert gleichzeitig einen Elektronenstrom und damit einen Plasmastrom. In Tokamaks werden *untere Hybridwellen* tangential zum Magnetfeld in das Plasma injiziert, um einen Teil des benötigten toroidalen Stromes zu treiben.

Bei Verteilungen, die im Geschwindigkeitsraum einen Anstieg zu hohen Geschwindigkeiten aufweisen, kann man nach (7.117) auch den umgekehrten Effekt erwarten. Solche Verteilungsfunktionen sind instabil und können durch *inverse Landau-Dämpfung* Wellen und Instabilitäten treiben. Man spricht dabei von *kinetischen Instabilitäten*. In Abb. 7.11 sind zwei Verteilungsfunktionen zu sehen, von denen die linke aus einer Maxwell-Verteilung durch Landau-Dämpfung einer Welle hervorgegangen ist, wogegen die rechte aus einem anderen Prozess entstanden sein soll und kinetische Instabilitäten treiben kann.

7.5.2 Zyklotronresonanzheizung

Die Absorption von senkrecht zum Magnetfeld in das Plasma eingestrahlten elektromagnetischen Wellen bei der Zyklotronresonanz kann nur im Rahmen der kinetischen Theorie angemessen beschrieben werden. Auch hier muss die Störung in der Verteilungsfunktion

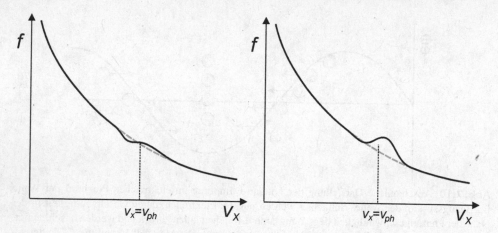

Abb. 7.11 Stabile und instabile Verteilungsfunktionen

wie im letzten Abschnitt berechnet werden. Aus f_1 berechnet sich dann der Strom, der in das Ampère'sche Gesetz einzusetzen ist. Dies führt zu sehr unhandlichen Ausdrücken. Die wesentlichen Eigenschaften der Absorption lassen sich aber aus der Bewegungsgleichung eines einzelnen Teilchens, hier ein Elektron, herleiten. Für ein Elektron im Wellenfeld gelten nach (2.2–2.4) die Gleichungen

$$\dot{v}_x + \omega_{ce} v_y = -\frac{e}{m_e} E_x, \tag{7.120}$$

$$\dot{v}_y - \omega_{ce} v_x = -\frac{e}{m_e} E_y, \tag{7.121}$$

$$\dot{v}_z = -\frac{e}{m_e} E_z. \tag{7.122}$$

Indem wir (7.121) mit i multiplizieren und von (7.120) abziehen, erhalten wir die Beziehung

$$\dot{v}_R + i\omega_{ce} v_R = -\frac{e}{m_e} E_R, \tag{7.123}$$

wobei $v_R = v_x - i v_y$, dem Elektron angemessen, für einen rechtsdrehenden Geschwindigkeitsvektor und E_R für eine rechtsdrehende Welle stehen. Entscheidend ist die Feldstärke am Ort des Elektrons, das mit dem Larmor-Radius ρ_L gyriert, gegeben durch

$$E_R = \hat{E}_R \exp\left\{-i(k_\perp r_\perp + k_\parallel z)\right\}, \tag{7.124}$$

wobei sich die senkrechte und parallele Komponente des Wellenvektors auf das Hintergrundmagnetfeld beziehen. Am Ort des Teilchens sind bei geeigneter Phase $r_\perp = \rho_L \sin \omega_{ce} t$ und $z = v_\parallel t$. Den Sinus im Exponenten entwickeln wir in Bessel-Funktionen:

$$\exp\left\{i\zeta\,\sin(\omega_{ce}t)\right\} = \sum_{j=-\infty}^{\infty} J_j(\zeta)\exp\left\{ij\omega_{ce}t\right\}. \tag{7.125}$$

Unter der Voraussetzung, dass sich die Teilchenbahn innerhalb einer betrachteten Zeitspanne δt nur wenig verändert, gilt wegen $v_R = \hat{v}_R\exp(-i\omega_{ce}t)$:

$$\dot{v}_R = \dot{\hat{v}}_R\exp(-i\omega_{ce}t) - i\omega_{ce}\hat{v}_R\exp(-i\omega_{ce}t).$$

Da der zweite Term gegen den entsprechenden aus (7.123) herausfällt, erhalten wir für die Bewegungsgleichung senkrecht zum Magnetfeld

$$\dot{\hat{v}}_R = -\frac{eE}{m_e}\sum_j J_j(k_\perp\rho_L)\exp\left\{i\left((j+1)\omega_{ce}-(\omega-k_\parallel v_\parallel)\right)t\right\} \tag{7.126}$$

und analog für die Richtung parallel zum Magnetfeld die Bewegungsgleichung

$$\dot{v}_\parallel = -\frac{eE}{m_e}\sum_j J_j(k_\perp\rho_L)\exp\left\{i(j\omega_{ce}-(\omega-k_\parallel v_\parallel))t\right\}. \tag{7.127}$$

Entscheidend für die Heizung eines Plasmas ist letztlich der mittlere Energieübertrag zunächst auf ein einzelnes Teilchen und dann gemittelt über die Verteilungsfunktion. Der Energiegewinn eines Elektrons in der Zeit dt ist d$W = mv\dot{v}$dt. Dieser Ausdruck muss über einige Gyrationsperioden gemittelt werden, wobei für $\dot{v}$ (7.126) bzw. (7.127) eingesetzt werden muss. Das resultierende Integral verschwindet, wenn der Exponent ungleich null ist. Bei Einstrahlung senkrecht zu **B** ($k_\parallel = 0$) und einer Frequenz, die ein Vielfaches der Gyrationsfrequenz ist ($\omega = l\omega_{ce}$), ergibt sich nur unter folgenden Bedingungen ein Energieübertrag:

$$\mathbf{E}_1 \perp \mathbf{B} \rightarrow l = j+1 = 1,2,3\ldots$$
$$\mathbf{E}_1 \parallel \mathbf{B} \rightarrow l = j = 1,2,3\ldots$$

Von der Summe über die Bessel-Funktionen bleibt dann jeweils nur ein Term übrig, wobei die Bessel-Funktion die Stärke der Absorption bestimmt. Bei einer Welle in der l-ten Harmonischen der Gyrationsfrequenz und einer Integration über δt folgen daraus

$$\delta W_\perp = -eEv_\perp J_{l-1}(k_\perp\rho_L)\delta t$$
$$\delta W_\parallel = -eEv_\parallel J_l(k_\perp\rho_L)\delta t.$$

Was noch fehlt, ist die Mittelung über die Verteilungsfunktion der Elektronen. Es hängt von der Phase zwischen Gyrationsbewegung und elektrischem Feld ab, ob ein Elektron beschleunigt oder abgebremst wird. Man kann der Mittelung dadurch Rechnung tragen, indem man einen Diffusionskoeffizienten im Geschwindigkeitsraum formt, der dann quadratisch in δv und proportional zum Quadrat der Bessel-Funktion ist:

$$D_v \sim (\delta v)^2 \sim J_j^2(k_\perp \rho_L). \tag{7.128}$$

Die Diffusion bewirkt eine Abflachung der Geschwindigkeitsverteilung, und daher werden in einem maxwellschen Plasma mehr Teilchen beschleunigt als abgebremst. Die Absorption von Energie durch die Plasmaelektronen geht also quadratisch mit der Bessel-Funktion.

Selbst in Hochtemperaturplasmen ist $k_\perp \rho_L \ll 1$. In diesem Bereich gilt $J_j \approx (k_\perp \rho_L)^j$, und man erhält die gleiche Art von Korrekturterm wie bei den Driften in (2.71) durch den *Larmor-Radius-Effekt*. Indem wir für den Larmor-Radius (2.14) verwenden und k durch den Brechungsindex N nach (5.9) mit $\omega = l\omega_{ce}$ ausdrücken, folgt für die Näherung der Bessel-Funktion:

$$J_j(k_\perp \rho_L) \approx \left(\frac{N l \omega_{ce}}{c} \frac{\sqrt{2 m_e T_e}}{eB} \right)^j \approx \left(N l \sqrt{\frac{T_e}{m_e c^2}} \right)^j. \tag{7.129}$$

Da N und l von der Ordnung Eins sind und das Argument unter der Wurzel einen kleinen Wert hat, nimmt die Stärke der Heizung schnell mit der Ordnung der Bessel-Funktion ab. Dies ist auch aus Abb. 7.12 abzulesen, wo einige Bessel-Funktionen dargestellt sind. Bei der Grundfrequenz ω_{ce} ist die Effizienz der Heizung am höchsten. Mit jeder Harmonischen wird die Absorption um den Faktor $T_e/m_e c^2$ schwächer.

Daraus lassen sich einige weitere Eigenschaften der *Elektronzyklotronresonanzheizung* (ECRH) ableiten. In Abschn. 5.3.6 haben wir die zwei Heizszenarios mit der O- und der X-Welle diskutiert, die beide senkrecht zum Magnetfeld propagieren, wobei die O-Welle den elektrischen Feldvektor parallel zum Magnetfeld und die X-Welle senkrecht dazu hat. Nur die X-Welle kann in kalten Plasmen absorbiert werden, denn bei $T_e = 0$ ist nur J_0 ungleich

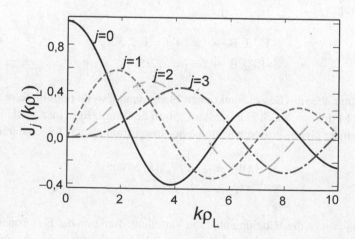

Abb. 7.12 Die Bessel-Funktionen $J_j(k_\perp \rho_L)$ für $j = 0, 1, 2$ und 3

Tab. 7.1 Mögliche Heizszenarios bei gegebener Frequenz, zwei Polarisationsrichtungen und 3 Magnetfeldstärken. *Die X1-Welle kann nur von der Hochfeldseite aus eingestrahlt werden

	O-Welle ($\mathbf{E}_1 \parallel \mathbf{B}$)			X-Welle ($\mathbf{E}_1 \perp \mathbf{B}$)		
Harmonische (l)	1.	2.	3.	1.	2.	3.
Mode	01	02	03	X1*	X2	X3
Bessel-Funktion	J_1	J_2	J_3	J_0	J_1	J_2
Absorption $(T_e/m_e c^2)^X$; $X =$	1	2	3	0	1	2
Magnetfeld	B_0	$B_0/2$	$B_0/3$	B_0	$B_0/2$	$B_0/3$
Cutoff-Dichte	n_0	n_0	n_0	$2n_0$	$n_0/2$	$\approx n_0$

null, und $j = 0$ kommt nach Tab. 7.1 nur bei $\mathbf{E}_1 \perp \mathbf{B}$ vor. Generell ist bei gleichem l die Absorption der X-Welle um $m_e c^2 / T_e$ effizienter, als die der O-Welle, denn die Ordnung der Bessel-Funktion ist bei $\mathbf{E}_1 \parallel \mathbf{B}$ um eins höher. In Tab. 7.1 sind die verschiedenen Möglichkeiten der Einkopplung zusammengestellt. Es ist bei der Bewertung zu bedenken, dass in einem toroidalen Plasma die X1-Welle, wegen des Cutoffs bei ω_R^{cut}, nur von der Hochfeldseite aus eingestrahlt werden kann.

Bei schräger Einstrahlung tritt der Term $k_\parallel \rho_L$ zusätzlich in den Exponenten von (7.126) und (7.127) auf. Dies steht für die Doppler-Verschiebung der eingestrahlten Welle, wie sie für die parallel bewegten Elektronen gilt. Um eine Resonanz zu treffen, muss man im Fall der schrägen Einstrahlung die Frequenz nach der Resonanzbedingung $\omega = l\omega_{ce} - k_\perp \rho_L$ wählen.

Abschließend soll der Heizprozess anhand von Abb. 7.13 anschaulich erläutert werden. Dazu sind jeweils die Gyrationsbahn des Elektrons, die Lage des Elektrons zu verschiedenen Phasen in seiner Gyrationsbewegung, dessen relevante Geschwindigkeitskomponente (senkrecht für die X- und parallel für die O-Mode) sowie die elektrischen Feldvektoren zum jeweiligen Zeitpunkt dargestellt. Bei einer X-Welle in der ersten Harmonischen der Gyrationsfrequenz dreht sich der Feldvektor mit dem Elektron, und die Wirkung der elektrischen Kraft bleibt fortwährend die gleiche (hier beschleunigend). Eine endliche Temperatur ist gleichbedeutend mit einem endlichen Larmor-Radius. Ist der Larmor-Radius groß genug, so ändert sich Feldstärke über den Larmor-Radius, was in der Abbildung dazu führt, dass das Feld am Ort des Elektrons bei der Phase π schwächer ist als bei der Phase 0. In der X-Mode führt das zu einer leichten Schwächung des Energieübertrages, wobei das ausgewählte Elektron aber zu allen Phasen eine positive Beschleunigung erfährt. Bei der O-Welle gibt es hingegen nur dann einen Nettoübertrag an Energie, wenn $T_e > 0$ ist, denn sonst würde sich der Effekt der Kraft zu beiden Phasenlagen aufheben.

In der 2. Harmonischen ergibt sich bei $T_e = 0$ (mittlere Reihe in Abb. 7.13) in beiden Fällen keine Heizung. Der Einfluss des elektrischen Feldes auf das Elektron hebt sich in der X-Mode bei den Phasen 0 und π und bei der O-Mode bei den Phasen 0 und $\pi/2$ auf. Erst für $T_e > 0$ (untere Reihe) ist das elektrische Feld zu den verschiedenen Phasen unterschiedlich stark, und es bleibt ein Rest des Einflusses übrig, der mit dem Larmor-Radius

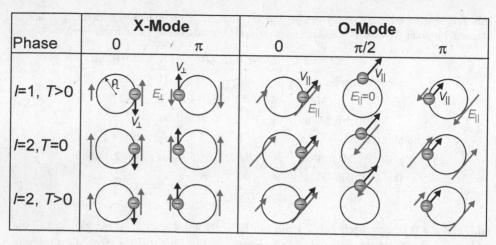

Abb. 7.13 Anschauliche Darstellung des Ursprungs für die unterschiedlichen Absorptionskoeffizienten von X- (*links*) und O-Wellen (*rechts*) bei der ersten (*oben*) und zweiten Harmonischen (*Mitte* und *unten*), wobei in der Mitte der Fall eines kalten Plasmas dargestellt ist. Zu sehen ist ein Elektron auf seiner Gyrationsbahn zu unterschiedlichen Phasen sowie Richtung und Stärke des elektrischen Feldes am Ort des Elektrons. Es ist $\omega = l\omega_{ce}$

anwächst und in beiden Fällen zu einem Energieübertrag auf das Elektron führt. Es ist aber klar, dass die Heizeffizienz bei höheren Harmonischen sowie bei der O- gegen die X-Mode geringer ausfällt. Insgesamt sehen wir, dass die X1-Welle am stärksten absorbiert wird.

Die Darstellungen in Abb. 7.13 beziehen sich alle auf Elektronen, bei denen, wenn überhaupt, ein positiver Energieübertrag erfolgt. Würde man die Elektronen von Anbeginn um eine halbe Phase versetzen, so würden die Überlegungen zu einer Energieabgabe führen. Damit es letztendlich zu einer Heizung der Elektronen kommt, muss man die gesamte Geschwindigkeitsverteilung berücksichtigen. Ähnlich wie bei der *Landau-Dämpfung* in Abschn. 7.5.1 besteht eine unterschiedliche Wichtung zwischen beschleunigten und abgebremsten Elektronen. In der O-Mode laufen beschleunigte Elektronen durch den Doppler-Effekt aus der Resonanz heraus. Wie beim besprochenen Doppler-Effekt sind, wegen der Maxwell-Verteilung, mehr Elektronen vorhanden, die zu höheren Geschwindigkeiten beschleunigt werden können, als solche, die abgebremst werden. Bei der X-Mode hingegen ändert sich die Doppler-Verschiebung nicht. Aber bei einer beschleunigten Population verstärkt sich der Effekt der Welle mit wachsendem Larmor-Radius, wogegen sich die Abbremsung dadurch abschwächt. In beiden Fällen folgt die Heizung aus der thermischen Verteilungsfunktion der Elektronen.

7.5.3 Stromtrieb

Leistungsstarke Mikrowellenstrahlen werden an Fusionsplasmen nicht nur zur Heizung der Elektronen eingesetzt, sondern auch zur Erzeugung von Plasmastrom, was besonders für Tokamakexperimente eine Möglichkeit zur Verlängerung der Entladungsdauer und zur

Unterdrückung von stromgetriebenen Instabilitäten darstellt. Die Methode wird mit *ECCD* abgekürzt (engl. für *electron cyclotron resonance current drive*).

Es gibt zwei grundlegende kinetische Mechanismen, die im magnetisierten Plasma zu einem mikrowellengetriebenen Plasmastrom führen können. Wie in Abb. 7.14 dargestellt, beruhen beide auf einer Störung der Verteilungsfunktion. In der Abbildung ist die thermische Verteilungsfunktion durch konzentrische Ringe im Phasenraum dargestellt, wobei die Geschwindigkeitskomponenten parallel und senkrecht zum Magnetfeld unterschieden werden. Wichtig ist, dass die Mikrowelle der Frequenz ω_0 bevorzugt an Elektronen mit einer definierten parallelen Geschwindigkeit koppelt. Dies kann durch schräge Einstrahlung der Welle zum Magnetfeld erreicht werden, wobei α den Winkel zwischen Wellenvektor **k** und Magnetfeld **B** angibt. Resonanz mit den gyrierenden Elektronen tritt dann nicht mehr bei der l-ten Harmonischen der Zyklotronresonanz $\omega_0 = l\omega_{ce}$ auf, sondern bei der doppler-verschobenen Frequenz

$$\omega_0 = l\omega_{ce} - k_\parallel v_\parallel = l\omega_{ce} - \frac{\omega_0}{c} v_\parallel \cos\alpha. \qquad (7.130)$$

Bewegen sich die Elektronen also in Richtung der eingestrahlten Welle ($\alpha < 90°$; $v_\parallel > 0$), dann „sehen" sie eine Frequenz unterhalb der eigentlichen Zyklotronresonanz an diesem Ort. Indem wir die Harmonischen der Resonanz berücksichtigen, tragen wir der realen Situation bei einem toroidalen Experiment Rechnung, bei dem, wie in Abschn. 5.3.6 besprochen, von außen in der X-Mode in der Regel bei der zweiten Harmonischen geheizt wird, also bei $l = 2$.

Kommen wir nun zur Beschreibung des *Stromtriebs* mittels Abb. 7.14. In der X-Mode erhört die *Elektronzyklotronresonanzheizung* (ECRH) die senkrechte Geschwindigkeit der resonanten Elektronen. Im Phasenraum führt das zu der eingezeichneten vertikalen Verschiebung der resonanten Population. Am ursprünglichen Ort im Phasenraum entsteht ein Defizit an Teilchen (gestrichelter Kreis), wogegen die Population bei höherer Senkrechtenergie zunimmt. Bedenken wir nun, dass Abweichungen von einer Maxwell-Verteilung auf der Zeitskala der Elektron-Elektron-Stoßzeit (vgl. 8.72) ausgeglichen werden und diese $\sim v^3$ anwächst, dann ist klar, dass das „Loch" in der Verteilungsfunktion bei geringerer Geschwindigkeit viel schneller ausgeglichen wird als der Zuwachs in der Verteilungsfunktion bei der hohen Geschwindigkeit. In der linken Abbildung entsteht so ein Überschuss an Elektronen mit einer positiven parallelen Geschwindigkeit. Das Resultat ist ein Plasmastrom in Richtung des eingestrahlten Mikrowellenstrahls.

Die Situation kann sich ändern, wenn das Magnetfeld nicht homogen ist und Elektronen in einem magnetischen Spiegel gefangen werden können, wenn der Neigungswinkel ihres Geschwindigkeitsvektors eine gewisse Größe überschreitet (vgl. (2.62)). In diesem Fall können die freie Elektronen durch die Heizung zu gefangenen Elektronen werden, was in Abb. 7.14 durch den schattierten Bereich angedeutet ist. Da die gefangenen Elektronen keinen Strom tragen können, entspricht nun das Loch in der Verteilungsfunktion einem dem Heizstrahl entgegengerichteten Stromtrieb. Wie gerade ausgeführt, ist die Effizienz dieses Mechanismus geringer, da die Störung der Verteilungsfunktion bei niedrigen Geschwindigkeiten schneller ausgeglichen werden kann.

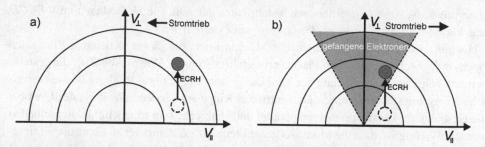

Abb. 7.14 Mechanismen zum Stromtrieb im magnetisierten Plasma. Kreise stellen die Maxwell-verteilten Elektronen im Phasenraum dar; ECRH beschleunigt die senkrechte Geschwindigkeits-komponente und erzeugt ein Defizit (*gestrichelter Kreis*) und einen Überschuss (*grauer Kreis*) im Phasenraum. In (**a**) entsteht Stromtrieb aus der geschwindigkeitsabhängigen Relaxationszeit, in (**b**) dadurch, dass gefangene Elektronen (Bereich *grau* markiert) nicht frei propagieren können

Wir wollen nun noch die Resonanzbedingung (7.130) auswerten, um zu sehen, aus welchen Bereichen des Phasenraums die Elektronen stammen, die sich am Stromtrieb beteiligen. Dabei spielen relativistische Effekte eine Rolle, sodass wir die relativistische Gyrationsfrequenz (7.22) in der Resonanzbedingung verwenden müssen. Aus (7.130) folgt damit:

$$ 1 = \frac{l\omega_{ce}^*}{\omega_0} - \frac{v_\parallel}{c}\cos\alpha = \frac{leB}{\omega_0 m_{e0}\gamma_L} - \frac{v_\parallel}{c}\cos\alpha. $$

Indem wir für die Wellenfrequenz die nominelle Resonanz $\omega_0 = leB_0/m_{e0}$ und den Lorentz-Faktor (7.21) einsetzen, erhalten wir

$$ 1 = \frac{B}{B_0}\sqrt{1 - \frac{v_\parallel^2 + v_\perp^2}{c^2}} - \frac{v_\parallel}{c}\cos\alpha. $$

Hier repräsentiert B die Magnetfeldstärke am betrachteten Ort und B_0 den Wert, an dem die Welle im kalten Plasma bei senkrechter Einstrahlung resonant wäre. Wir führen nun die normierte Geschwindigkeit $\hat{v} = v/c$ ein und lösen nach der Senkrechtkomponente der Elektronengeschwindigkeit auf:

$$ \hat{v}_\perp^2 = 1 - \left(\frac{B_0}{B}\right)^2\left\{1 + 2\hat{v}_\parallel\cos\alpha\right\} - \hat{v}_\parallel^2\left\{1 + \cos^2\alpha\left(\frac{B_0}{B}\right)^2\right\} \tag{7.131} $$

Bedenken wir noch, dass das Magnetfeld im Torus mit dem großen Radius wie $B \sim 1/R$ abfällt, so gelangen wir zur endgültigen Form für die *Resonanzbedingung*:

$$ \hat{v}_\perp = \sqrt{1 - \Delta^2\left(1 + 2\hat{v}_\parallel\cos\alpha\right) - \hat{v}_\parallel^2\left(1 + \Delta^2\cos^2\alpha\right)}, \tag{7.132} $$

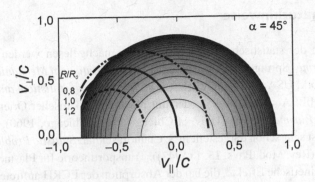

Abb. 7.15 Zweidimensionale Maxwell-Jüttner-Verteilung im Geschwindigkeitsraum bei einer Elektronentemperatur von 10 keV. Die Graustufen stellen den Logarithmus der Funktion dar. Überlegt sind die Resonanzkurven von unter 45° zum Magnetfeld eingestrahlter Mikrowellen, deren Frequenz bei der Gyrationsfrequenz der Elektronen auf der magnetischen Achse ($R/R_0 = 1,0$) sowie etwas innerhalb (0,8) und etwas außerhalb (1,2) davon liegt

mit $\Delta = R_0/R$, wobei R_0 die Position der kalten Resonanz bei $\alpha = 90°$ ist und R der davon verschiedene Ort, an dem die Resonanzbedingung untersucht wird. Für senkrechte Einstrahlung, $\alpha = 90°$, reduziert sich der Ausdruck auf

$$\hat{v}_{\parallel}^2 + \hat{v}_{\perp}^2 = \hat{v}^2 = 1 - \Delta^2, \tag{7.133}$$

was für nichtrelativistische Teilchen ($\hat{v}^2 \ll 1$) wie erwartet zu $\Delta \to 0$, also zur Resonanz bei $R = R_0$, führt.

In Abb. 7.15 sind die Lösungen der Resonanzbedingung (7.132) im Phasenraum an drei Orten R aufgetragen. Unterlegt sind die Ringe konstanter Phasenraumdichte, wie sie aus einer relativistischen *Maxwell-Jüttner-Verteilung* für eine Temperatur von 10 keV berechnet wurden. Die Temperatur an den drei Orten soll gleich sein. Die Wellenfrequenz entspricht dem Wert der kalten Resonanz bei R_0; die Lösungen sind für $R = R_0$ sowie bei $R_0 \pm 20\,\%$ berechnet. Der Winkel α zwischen Wellenvektor und Magnetfeld beträgt 45 %. Es ist zu beobachten, dass die Welle auch hochenergetische Elektronen aus der Verteilungsfunktion koppelt, bei denen die Stoßzeiten sehr lang werden. Dadurch kann es zu einer starken Verzerrung der Verteilungsfunktion und einem effizienten Stromtrieb kommen. Bei senkrechter Einstrahlung zum Magnetfeld mit der nominellen Frequenz der kalten Resonanz an R_0 sind, nach dem Schaubild, nur in paralleler Richtung ruhende Elektronen resonant, die zur Absorption der Welle beitragen, aber keinen Beitrag zum Stromtrieb liefern.

Referenzen

7. S. I. Braginskii, in *Reviews of Modern Physics*, edited by M. A. Leontovich (Consultants Bureau, New York, 1956), Vol. 1, Chap. Transport processes in plasmas.

Weitere Literaturhinweise

Die Grundlagen der statistischen Mechanik können nachgelesen werden in R. Becker, *Theorie der Wärme* (Springer, Berlin, 1966), K. Huang, *Statistical Mechanics* (John Wiley & Sons, New York, USA, 1987) und F. Reif, *Fundamentals of statistical and thermal physics* (McGraw-Hill, Auckland, 1985) oder mit plasmaphysikalischer Orientierung bei S. Chandrasekhar, *Plasma Physics* (Univ. of Chicago Press, Chicago, 1960). Das Random-Walk-Problem ist sehr schön dargestellt in S. Chandrasekhar, *Statistic Problems in Physics and Astronomy*, (Rev. Mod. Phys. **15**, 1 (1943)). Transporttheorie für Plasmen ist zu finden in Ref. [7] und kinetische Effekte, die bei der Absorption der ECRH auftreten, in R. Prater, *Heating and current drive by electron cyclotron waves* (Phys. Plasmas **11**, 2349 (2004)).

Transportprozesse im Plasma

8

Wir kennen nun die Gleichungen, die den Transport von Teilchen, Impuls und Energie im Plasma beschreiben. Wichtige Größen sind dabei Verlust- und Quellterme, die von Stößen bestimmt werden. Im Plasma dominieren elastische Coulomb-Stöße, deren Rolle wir jetzt studieren wollen. Sie sind verantwortlich für Transportprozesse und für die Thermalisierung von Teilchen im Plasma.

Inelastische Stöße spielen aber durchaus auch eine wichtige Rolle. Ein Beispiel ist der Stoß eines Elektrons mit einem Neutralteilchen oder mit einem nicht vollständig ionisierten Ion. Wenn die Energie ausreicht, kann das Neutralteilchen ionisiert werden. Das erzeugte Elektron-Ion-Paar ist ein Beitrag zur Teilchenquelle für die beiden Plasmaspezies. Bei einem Stoß mit geringerer Energie treten Anregungsprozesse auf. Es wird dann thermische Energie in atomare Anregungsenergie übertragen. Beim atomaren Rückübergang geht die Energie als Photon dem Plasma verloren, was einer Energiesenke gleichkommt. Ein anderer inelastischer Prozess ist der Ladungsaustausch. Dabei wechselt bei einem Stoß eines Ions mit einem neutralen Atom ein Elektron auf das Ion über. Wenn das Ion eine höhere kinetische Energie als das Neutralteilchen hat, geht in diesem Prozess die Energiedifferenz für die Plasmaionen verloren.

Im Folgenden beschränken wir uns auf elastische Stöße in einem idealen Plasma aus Elektronen und einer Ionensorte.

8.1 Streuung im Coulomb-Potential

Zunächst betrachten wir den elementaren Prozess der Streuung zweier Teilchen im Coulomb-Potential. Dies führt uns zur Rutherford-Streuformel, die wir dann zur Mittelung

© Springer-Verlag GmbH Deutschland 2018
U. Stroth, *Plasmaphysik*,
https://doi.org/10.1007/978-3-662-55236-0_8

über alle möglichen Streuparameter verwenden werden. Das Ergebnis dieses Abschnittes ist die Beschreibung eines mittleren statistischen Streuvorganges eines geladenen Teilchens im Plasma.

8.1.1 Der Stoß im Schwerpunktsystem

Der Zweiteilchenstoß lässt sich am besten im Schwerpunktsystem der Teilchen beschreiben. Wir wollen hier einige Definitionen einführen und die Eigenschaften der Transformation in das Schwerpunktsystem diskutieren. Wir betrachten entsprechend Abb. 8.1 einen Stoß zwischen Teilchen mit den Indizes 1 und 2. Gesamtimpuls und Gesamtenergie sind bei einem elastischen Stoß Erhaltungsgrößen. Die gestrichenen Größen bezeichnen die Variablen nach dem Stoß. Es gilt also:

$$m_1 \mathbf{v}_1 + m_2 \mathbf{v}_2 = m_1 \mathbf{v}_1' + m_2 \mathbf{v}_2', \tag{8.1}$$

$$m_1 v_1^2 + m_2 v_2^2 = m_1 v_1'^2 + m_2 v_2'^2. \tag{8.2}$$

Die Schwerpunktsgeschwindigkeit ist definiert durch

$$\mathbf{V} = \frac{m_1 \mathbf{v}_1 + m_2 \mathbf{v}_2}{m_1 + m_2} \tag{8.3}$$

und die Relativgeschwindigkeit durch

$$\mathbf{u} = \mathbf{v}_1 - \mathbf{v}_2. \tag{8.4}$$

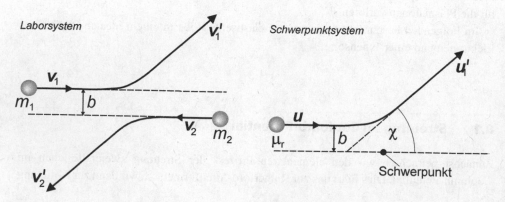

Abb. 8.1 Streuung zweier gleich geladener Teilchen im Laborsystem und im Schwerpunktsystem

Weiterhin wichtig ist die *reduzierte Masse*

$$\mu_r = \frac{m_1 m_2}{m_1 + m_2}. \tag{8.5}$$

Wir rechnen nun einige Größen ins Schwerpunktsystem um. Die Geschwindigkeiten der Teilchen dort sind

$$\mathbf{v}_1^s = \mathbf{v}_1 - \mathbf{V} = \frac{\mu_r}{m_1} \mathbf{u},$$

$$\mathbf{v}_2^s = \mathbf{v}_2 - \mathbf{V} = -\frac{\mu_r}{m_2} \mathbf{u}. \tag{8.6}$$

Im Schwerpunktsystem sind die Impulsbeträge der beiden Teilchen also gleich. Daraus erhält man für die Energie im asymptotischen Fall, wenn das Potential abgefallen ist,

$$E^s = \frac{1}{2} m_1 v_1^{s2} + \frac{1}{2} m_2 v_2^{s2} = \frac{1}{2} \mu_r u^2 = \frac{1}{2} \mu_r u'^2, \tag{8.7}$$

denn Energieerhaltung gilt natürlich auch im Schwerpunktsystem. Folglich kann sich im Stoß nur die Richtung von **u** ändern, nicht aber der Betrag.

Die beiden Bewegungsgleichungen der Teilchen im gegenseitigen Kraftfeld, das nur vom Abstand r der Teilchen voneinander abhängt,

$$m_1 \dot{\mathbf{v}}_1 = \mathbf{F}(r)$$

$$m_2 \dot{\mathbf{v}}_2 = -\mathbf{F}(r),$$

lassen sich vereinigen zu

$$\mu_r \dot{\mathbf{u}} = \mathbf{F}(r). \tag{8.8}$$

Ähnlich gilt für die Drehimpulserhaltung im Schwerpunktsystem

$$L = b m_1 v_1 = b \mu_r u + b m_1 V = \text{konst.},$$

wobei b der *Stoßparameter* ist. Es ist also:

$$L^s = b \mu_r u = \text{konst.} \tag{8.9}$$

Der Zweiteilchenstoß lässt sich also beschreiben als Streuung eines Teilchen der Masse μ_r an einem raumfesten Zentrum. Die Geschwindigkeitsänderung von Teilchen 1 durch den Stoß kann man mithilfe der Beziehung

$$\delta \mathbf{v}_1 = \mathbf{v}_1 - \mathbf{v}_1' = \frac{\mu_r}{m_1} (\mathbf{u} - \mathbf{u}') = \frac{\mu_r}{m_1} \delta \mathbf{u} \tag{8.10}$$

aus dem Schwerpunktsystem ins Laborsystem zurückrechnen. Unter Verwendung von (8.6) und (8.7) gilt für die Energieänderung:

$$\delta E_1 = \frac{m_1}{2}(v_1^2 - v_1'^2) = \frac{m_1}{2}\left(\left(\frac{\mu_r}{m_1}\mathbf{u} + \mathbf{V}\right)^2 - \left(\frac{\mu_r}{m_1}\mathbf{u}' + \mathbf{V}\right)^2\right) = \mu_r \mathbf{V}\delta\mathbf{u}. \qquad (8.11)$$

8.1.2 Der differenzielle Wirkungsquerschnitt

Wir wollen jetzt die Kenntnis der Dynamik auf die *Streufunktion s* anwenden, die im Stoßterm der Boltzmann-Gleichung vorkommt. Wir betrachten ein Teilchen mit der Geschwindigkeit $\mathbf{v}_1$ und berechnen seine Streuprozesse mit Teilchen aus der Verteilungsfunktion $f(\mathbf{v}_2)$. Wir wiederholen hier also die Herleitung des Wirkungsquerschnitts der *Rutherford-Streuung*.

Nach (7.32) ist die Rate der Streuprozesse, die zu den Endgeschwindigkeiten $\mathbf{v}_1'$ und $\mathbf{v}_2'$ führen, gegeben durch

$$\mathrm{d}\dot{N} = f(\mathbf{v}_2)\mathrm{d}^3v_2\, s(\mathbf{v}_1, \mathbf{v}_2, \mathbf{v}_1', \mathbf{v}_2')\mathrm{d}^3v_1'\, \mathrm{d}^3v_2'. \qquad (8.12)$$

Dabei ist die Wahrscheinlichkeit, dass Teilchen 1 die Geschwindigkeit $\mathbf{v}_1$ hat, $f(\mathbf{v}_1)\mathrm{d}^3v_1$, gleich eins gesetzt.

Wie in Abb. 8.2 dargestellt, schreiben wir die Geschwindigkeiten um in ihre Schwerpunkts- und Relativgeschwindigkeit und verwenden dabei, dass $\mathbf{V} = \mathbf{V}'$ und $u^2 = u'^2$ ist. Wie wir gesehen haben, hängt der Streuvorgang nur von der Relativgeschwindigkeit ab, die Schwerpunktsbewegung spielt keine Rolle. Die Streufunktion kann damit nur von $\mathbf{u}$ und $\mathbf{u}'$ abhängen. Es gilt also:

$$\mathrm{d}\dot{N} = f(\mathbf{v}_2)\mathrm{d}^3v_2\, s(\mathbf{u}, \mathbf{u}')\mathrm{d}^3u'\, \mathrm{d}^3V'\delta(\mathbf{V} - \mathbf{V}')\delta\left(\frac{u^2 - u'^2}{2}\right).$$

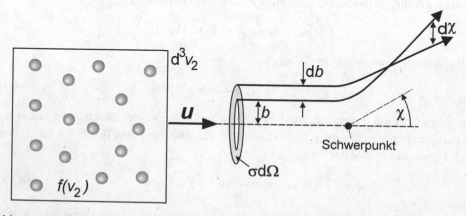

Abb. 8.2 Illustration des differenziellen Wirkungsquerschnitts im Schwerpunktsystem. Der Stoß wird beschrieben als Streuung einer Verteilungsfunktion $f(\mathbf{v}_2)$ mit der Geschwindigkeit $\mathbf{u}$ am Schwerpunkt

Die δ-Funktionen repräsentieren Impuls- und Energieerhaltung und waren Bestandteil von s. Daher ändern sich hier die Einheiten von s. Nun verwenden wir, dass das Streuproblem rotationssymmetrisch ist und die Streufunktion nur von dem Betrag der Relativgeschwindigkeit und vom Streuwinkel χ abhängen kann. Mit

$$d^3u' = u'^2 du' d\Omega_{u'} = u' d\frac{u'^2}{2} d\Omega_{u'}$$

folgt nun, wenn man bedenkt, dass bei Integrationen die δ-Funktionen wirken:

$$d\dot{N} = f(\mathbf{v}_2)d^3v_2\, s(u,\chi)u d\Omega_u \equiv f(\mathbf{v}_2)d^3v_2\, \sigma(u,\chi)u d\Omega_u. \tag{8.13}$$

Was von der Streufunktion übrig bleibt, ist der *differenzielle Wirkungsquerschnitt* σ, der die Einheit m^2/sr hat.

Die Gleichung kann man auch durch folgende anschauliche Betrachtung gewinnen (siehe Abb. 8.2): Zu berechnen ist die Rate von Stoßprozessen, die zu einer Streuung von Teilchen 2 in den Raumwinkel $d\Omega$ führen, wenn genau ein Streuzentrum Teilchen zur Verfügung steht. Dabei ist $f(\mathbf{v}_2)d^3v_2\, u$ die Teilchenflussdichte ($1/(m^2s)$ auf das Streuzentrum und $\sigma d\Omega$ die Fläche, durch die Teilchen fliegen müssen, um in $d\Omega$ gestreut zu werden. Der Wirkungsquerschnitt entspricht also der Fläche, die mit dem Streuwinkel χ in Verbindung steht. Wegen der Symmetrie des Potentials hängt der Wirkungsquerschnitt nicht vom Azimut θ ab und es ist $d\Omega = 2\pi \sin\chi d\chi$. Nach Abb. 8.2 kann man die Fläche auch über den Stoßparameter b ausdrücken. Es folgt daraus

$$\sigma(u,\chi)2\pi \sin\chi\, d\chi = 2\pi b db$$

oder

$$\sigma(u,\chi) = \left| \frac{b}{\sin\chi}\frac{db}{d\chi} \right|. \tag{8.14}$$

Zur Berechnung des differenziellen Wirkungsquerschnitts benötigen wir also den funktionalen Zusammenhang zwischen Stoßparameter und Streuwinkel. In Abb. 8.3 ist das für die Herleitung verwendete Bezugssystem erläutert. In dieser Geometrie ist die Impulsänderung δu durch den Stoß ausschließlich in y-Richtung. Der Streuwinkel ergibt sich damit gemäß Abb. 8.3 aus

$$\sin\frac{\chi}{2} = \frac{\delta u}{2u}. \tag{8.15}$$

Die Änderung des Impulses in y-Richtung durch die Kraft F berechnen wir aus dem Integral der Newton'schen Bewegungsgleichung

$$\delta u = \int_0^\infty dt \dot{u}_y = \int_0^\infty dt \frac{F}{\mu_r}\cos\varphi(t) = \int_{-\varphi_0}^{\varphi_0} \frac{d\varphi}{\dot{\varphi}}\frac{F}{\mu_r}\cos\varphi.$$

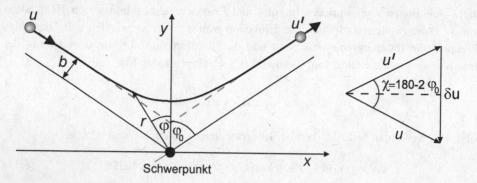

Abb. 8.3 Zusammenhang zwischen Stoßparameter b und Streuwinkel χ zur Berechnung des Coulomb-Streuquerschnitts

Wegen der Erhaltung des Drehimpulses (8.9) ersetzen wir den Winkel durch den Stoßparameter,

$$L_s = \mu_r b u = \mu_r r^2 \dot\varphi \quad\Rightarrow\quad \dot\varphi = \frac{bu}{r^2},$$

und erhalten für die Coulomb-Kraft zweier Teilchen der Ladungen q_1 und q_2 eine Geschwindigkeitsänderung von

$$\delta u = \int_{-\varphi_0}^{\varphi_0} \mathrm{d}\varphi \, \frac{q_1 q_2}{4\pi\epsilon_0} \frac{1}{r^2} \cos\varphi \, \frac{r^2}{\mu_r bu} = \frac{q_1 q_2}{4\pi\epsilon_0} \frac{2}{\mu_r bu} \sin\varphi_0 = \frac{q_1 q_2}{4\pi\epsilon_0} \frac{2}{\mu_r bu} \cos\frac{\chi}{2}.$$

Dies mit (8.15) gibt uns die gesuchten Beziehungen

$$b = \frac{q_1 q_2}{4\pi\epsilon_0} \frac{1}{\mu_r u^2} \frac{\cos\frac{\chi}{2}}{\sin\frac{\chi}{2}} \tag{8.16}$$

und

$$\frac{\mathrm{d}b}{\mathrm{d}\chi} = -\frac{q_1 q_2}{4\pi\epsilon_0} \frac{1}{\mu_r u^2} \frac{1}{2\sin^2\frac{\chi}{2}}. \tag{8.17}$$

Aus (8.14) und unter Verwendung von

$$\sin\chi = 2\sin\frac{\chi}{2}\cos\frac{\chi}{2} \tag{8.18}$$

folgt für den *Rutherford-Wirkungsquerschnitt* der Ausdruck

$$\sigma(u,\chi) = \left(\frac{q_1 q_2}{4\pi\epsilon_0} \frac{1}{2\mu_r u^2 \sin^2\frac{\chi}{2}} \right)^2. \tag{8.19}$$

Die Größe $\sigma \, \mathrm{d}\Omega$ hat die Einheit m^2 und gibt die Fläche an, durch die Teilchen mit der Relativgeschwindigkeit $\mathbf{u}$ treten müssen, um in den Winkel χ gestreut zu werden.

8.1.3 Kleinwinkelstreuung und Coulomb-Logarithmus

Der Rutherford-Wirkungsquerschnitt divergiert für kleine Streuwinkel, denn wegen der langen Reichweite des Coulomb-Potentials erfahren selbst sehr entfernte Stöße noch eine Ablenkung. Dies führt dazu, dass bei der Berechnung der Streufunktion Integrale über (8.19) divergieren. Im Plasma wird jedoch das Potential durch eine *Debye-Kugel* von Ladungsträgern abgeschirmt. Ladungsträger, die weiter als die Debye-Länge λ_D voneinander entfernt sind, beeinflussen sich praktisch nicht mehr. Für ein thermalisiertes Plasma ist der Radius der Debye-Kugel λ_D durch (1.14) gegeben.

Genau genommen müssten wir das Coulomb-Potential durch ein *Debye-Hückel-Potential* ersetzen, welches die Abschirmung richtig beschreibt. Eine gute Näherung ergibt sich allerdings, wenn man die Integration über den Stoßparameter bei der Debye-Länge abbricht. Dieser Stoßparameter entspricht dann dem minimalen Streuwinkel, den wir aus (8.16) berechnen:

$$\frac{\chi_{min}}{2} = \arctan\left(\frac{q_1 q_2}{4\pi\epsilon_0}\frac{1}{\lambda_D \mu_r u^2}\right) \approx \arctan\frac{Z_1 Z_2}{12\pi\lambda_D^3 n}, \qquad (8.20)$$

wobei Z_1 und Z_2 die Ladungszahlen der Stoßpartner sind. Im letzten Schritt verwendeten wir $\mu_r u^2 = 3T$. Für ein heißes Wasserstoffplasma mit $T = 1\,\text{keV}$ und $n = 5 \times 10^{19}\,\text{m}^{-3}$ ergibt sich ein Zahlenwert von $\chi_{min} \approx 5{,}8 \times 10^{-9}$. Teilchen mit einem Stoßparameter $b = \lambda_D$ werden also kaum abgelenkt und Teilchen, die weiter entfernt vorbeifliegen, können in sehr guter Näherung als ungestreut angesehen werden.

Wir wollen nun berechnen, wie häufig Kleinwinkelstöße verglichen mit Großwinkelstößen vorkommen. Von *Kleinwinkelstreuung* spricht man, wenn $\chi < \pi/2$ ist. Das Verhältnis ergibt sich, wie in Abb. 8.4 illustriert, aus den durch die entsprechenden Stoßparameter definierten Flächen. Dazu benötigen wir den Stoßparameter, der zu 90°-Stößen führt. Nach (8.16) ist

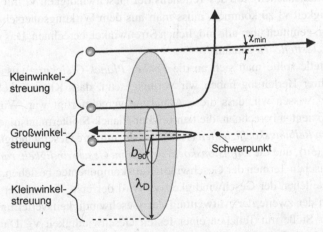

Abb. 8.4 Durch Flächen symbolisierte differenzielle Wirkungsquerschnitte, die zu Groß- bzw. Kleinwinkelstreuung im Coulomb-Potential führen

$$b_{90} = \frac{q_1 q_2}{4\pi\epsilon_0} \frac{1}{\mu_r u^2} \approx \frac{q_1 q_2}{4\pi\epsilon_0} \frac{1}{3T} = \frac{Z_1 Z_2}{12\pi\lambda_D^2 n}. \tag{8.21}$$

Das Verhältnis von Klein- zu Großwinkelstreuung ist also

$$\Lambda^2 = \frac{\lambda_D^2 - b_{90}^2}{b_{90}^2} = \frac{\lambda_D^2}{b_{90}^2} - 1 \approx \frac{\lambda_D^2}{b_{90}^2} = \left(\frac{12\pi}{Z_1 Z_2}\right)^2 \lambda_D^6 n^2 = \left(\cot\frac{\chi_{min}}{2}\right)^2. \tag{8.22}$$

Mit der Definition des *Plasmaparameters* (1.15) folgt außerdem $\Lambda = 9N_D$. Für obige Plasmaparameter ist $\Lambda \approx 5 \times 10^7$. Damit ist in einem Plasma Kleinwinkelstreuung um Größenordnungen häufiger als Großwinkelstreuung. Die Größe $\ln \Lambda$ nennt man den *Coulomb-Logarithmus*. Er spielt in der Plasmaphysik bei allen Stoßprozesse eine wichtige Rolle und lässt sich auch schreiben als

$$\ln \Lambda = \ln\left(\cot\frac{\chi_{min}}{2}\right) = \ln\left(\cos\frac{\chi_{min}}{2}\right) - \ln\left(\sin\frac{\chi_{min}}{2}\right) \approx -\ln\left(\sin\frac{\chi_{min}}{2}\right), \tag{8.23}$$

wobei wichtig ist, dass χ_{min} einen sehr kleinen Wert hat. Für das oben charakterisierte Plasma ist $\ln \Lambda \approx 18$.

8.1.4 Mittlerer Impulsübertrag beim Zweiteilchenstoß

Im Plasma erfahren Teilchen ständig Kleinwinkelstöße. Der einzelne Stoß ist dabei weniger von Interesse als die Wirkung der Stöße, gemittelt über einen Zeitraum. Um zu einem mittleren charakteristischen Stoß des Teilchens der Geschwindigkeit v_1 mit dem Teilchen der Geschwindigkeit v_2 zu kommen, muss man aus dem Wirkungsquerschnitt (8.19) die Impulsänderung, gemittelt über alle möglichen Streuwinkel, berechnen. Das repräsentative Teilchen 1 wird *Testteilchen* genannt.

An dieser Stelle sollte man sich an die *Fokker-Planck-Gleichung* aus Abschn. 7.3.1 erinnern. Bei ihrer Herleitung haben wir vorausgesetzt, dass Kleinwinkelstreuung dominant ist. Jetzt wissen wir, dass diese Annahme gerechtfertigt war. Wir können nun genau die Koeffizienten berechnen, die den Fokker-Planck-Stoßterm ausmachen, nämlich den *dynamischen Reibungskoeffizienten* (7.49), der die mittlere Geschwindigkeitsänderung beinhaltet, jetzt $\langle\delta u\rangle$, und die *Diffusionskoeffizienten im Geschwindigkeitsraum* (7.50), die aus den quadratischen Termen der Geschwindigkeitskomponenten bestehen, jetzt $\langle\delta u_i \delta u_j\rangle$. Für unsere Testteilchen der Geschwindigkeit v_1 wird der erste Term einer Abbremsung entsprechen und der zweite der Aufweitung der Geschwindigkeitsverteilung. Zuerst betrachten wir nur Stöße mit Teilchen einer festen Geschwindigkeit v_2. Darauf folgt die Faltung über die Verteilungsfunktion dieser Teilchen.

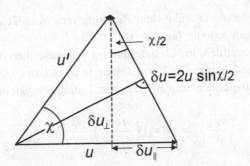

Abb. 8.5 Geometrie der senkrechten und parallelen Komponente der Geschwindigkeitsänderung im Schwerpunktsystem

Entsprechend Abb. 8.5 betrachten wir von der Geschwindigkeitsänderung $\delta\mathbf{u}$ nur die Komponente parallel und eine Komponente senkrecht zu $\mathbf{u}$. Entsprechend folgt:

$$\delta u_\perp = \delta u \cos\frac{\chi}{2}\cos\theta = 2u\sin\frac{\chi}{2}\cos\frac{\chi}{2}\cos\theta, \qquad (8.24)$$

$$\delta u_\parallel = -\delta u \sin\frac{\chi}{2} = -2u\sin^2\frac{\chi}{2}. \qquad (8.25)$$

$\delta u_\perp$ stellt eine der zwei aus Symmetriegründen gleich zu behandelnden Komponenten des Vektors senkrecht zu $\mathbf{u}$ dar, wobei θ für den Azimut steht. Die andere senkrechte Komponente hat einen Term $\sin\theta$, der nach auftretenden Integrationen den gleichen Wert wie $\cos\theta$ ergeben wird.

Die mittlere Impulsänderung bei Stößen zwischen einem Teilchen mit der Geschwindigkeit $\mathbf{v}_1$ und einem der Geschwindigkeit $\mathbf{v}_2$ folgt aus der Integration über alle Streuwinkel, gewichtet mit der Rate für die entsprechende Reaktion. Nach (8.13) folgt mit der Abkürzung $n(\mathbf{v}_2) = f(\mathbf{v}_2)\mathrm{d}^3 v_2$ die Beziehung

$$\left\langle\frac{\partial u_\parallel}{\partial t}\right\rangle_\Omega = -n(\mathbf{v}_2)u\int_0^{2\pi}\mathrm{d}\theta\int_{\chi_{min}}^\pi \sin\chi\,\mathrm{d}\chi\,2u\sin^2\frac{\chi}{2}\sigma(u,\chi).$$

Wobei der Index Ω anzeigt, dass nur über den Streuwinkel gemittelt wurde. Mit (8.18) und (8.19) ist dies:

$$\left\langle\frac{\partial u_\parallel}{\partial t}\right\rangle_\Omega = -n(\mathbf{v}_2)\left(\frac{q_1 q_2}{4\pi\epsilon_0}\right)^2\frac{2\pi}{\mu_r^2 u^2}\int_{\chi_{min}}^\pi \mathrm{d}\chi\,\cot\frac{\chi}{2}.$$

Das Integral berechnen wir mit (8.23) und erhalten daraus:

$$\int_{\chi_{min}}^\pi \mathrm{d}\chi\,\cot\frac{\chi}{2} = 2\ln\sin\frac{\chi}{2}\Big|_{\chi_{min}}^\pi = -2\ln\sin\frac{\chi_{min}}{2} = 2\ln\Lambda. \qquad (8.26)$$

Die *mittlere Geschwindigkeitsänderung parallel* zu $\mathbf{u}$ ist also

$$\left\langle\frac{\partial\mathbf{u}}{\partial t}\right\rangle_\Omega = \left\langle\frac{\partial u_\parallel}{\partial t}\right\rangle_\Omega\frac{\mathbf{u}}{u} = -n(\mathbf{v}_2)\left(\frac{q_1 q_2}{4\pi\epsilon_0}\right)^2\frac{4\pi\ln\Lambda}{\mu_r^2 u^2}\frac{\mathbf{u}}{u}. \qquad (8.27)$$

Die mittlere Impulsänderung in senkrechter Richtung verschwindet wegen der Abhängigkeit des Integranden vom Azimut: $\langle \delta u_\perp \rangle = 0$.

Wir kennen jetzt die mittlere Impulsänderung im Schwerpunktsystem, wo der Stoßprozess einfacher zu behandeln war. Die Umrechnung in das Laborsystem erfolgt mit (8.10). Damit ist der *mittlere Impulsübertrag* auf Teilchen 1 im Laborsystem gegeben durch

$$\left\langle \frac{\partial \mathbf{p}_1}{\partial t} \right\rangle_\Omega = -n(\mathbf{v}_2) \left(\frac{q_1 q_2}{4\pi \epsilon_0} \right)^2 \frac{4\pi \ln \Lambda}{\mu_r} \frac{\mathbf{u}}{u^3}. \tag{8.28}$$

Für die mittlere Rate der *Änderung der Energie* folgt aus (8.11) der Ausdruck

$$\left\langle \frac{\partial E_1}{\partial t} \right\rangle_\Omega = \mathbf{V} \cdot \left\langle \frac{\partial \mathbf{p}_1}{\partial t} \right\rangle_\Omega = -n(\mathbf{v}_2) \left(\frac{q_1 q_2}{4\pi \epsilon_0} \right)^2 \frac{4\pi \ln \Lambda}{\mu_r} \frac{\mathbf{u} \cdot \mathbf{V}}{u^3}. \tag{8.29}$$

Ganz ähnlich berechnen wir die quadratischen Terme. Von $\langle \delta u_i \delta u_j \rangle$ bleiben nur die Diagonalelemente übrig; die anderen verschwinden nach Integration über den Azimut. Die beiden Komponenten senkrecht zu $\mathbf{u}$ ergeben denselben Wert. Mit (8.24) ist dieser gegeben durch

$$\left\langle \frac{\partial u_\perp^2}{\partial t} \right\rangle_\Omega = n(\mathbf{v}_2) u \int_{\chi_{min}}^{\pi} \sin \chi \, d\chi \int_0^{2\pi} d\theta \, 4u^2 \sin^2 \frac{\chi}{2} \cos^2 \frac{\chi}{2} \cos^2 \theta \, \sigma(u, \chi).$$

Da χ_{min} sehr klein ist, ergibt das Integral über den Azimut den Wert π. Wir setzen (8.19) und (8.18) ein und erhalten

$$\left\langle \frac{\partial u_\perp^2}{\partial t} \right\rangle_\Omega = n(\mathbf{v}_2) \left(\frac{q_1 q_2}{4\pi \epsilon_0} \right)^2 \frac{2\pi}{\mu_r^2 u} \int_{\chi_{min}}^{\pi} d\chi \, \frac{\cos^3(\frac{\chi}{2})}{\sin(\frac{\chi}{2})}.$$

Das Integral zerfällt in zwei Teile, von denen der erste weit größer ist als der zweite. Es ist nämlich

$$\int_{\chi_{min}}^{\pi} d\chi \, \frac{\cos^3(\frac{\chi}{2})}{\sin(\frac{\chi}{2})} = \int_{\chi_{min}}^{\pi} d\chi \, \cot \frac{\chi}{2} - \int_{\chi_{min}}^{\pi} d\chi \, \cos \frac{\chi}{2} \sin \frac{\chi}{2} = 2 \ln \Lambda - \cos^2 \frac{\chi_{min}}{2}.$$

Dabei verwendeten wir wieder (8.26). Da χ_{min} einen sehr kleinen Wert hat, können wir den zweiten Term vernachlässigen und schreiben:

$$\left\langle \frac{\partial u_\perp^2}{\partial t} \right\rangle_\Omega \approx n(\mathbf{v}_2) \left(\frac{q_1 q_2}{4\pi \epsilon_0} \right)^2 \frac{4\pi \ln \Lambda}{\mu_r^2 u}. \tag{8.30}$$

Ganz analog erhalten wir für den Term in paralleler Richtung

$$\left\langle \frac{\partial u_\parallel^2}{\partial t} \right\rangle_\Omega = n(\mathbf{v}_2) \left(\frac{q_1 q_2}{4\pi \epsilon_0} \right)^2 \frac{4\pi}{\mu_r^2 u} \cos^2 \frac{\chi_{min}}{2} \approx 0. \tag{8.31}$$

Gl. (8.30) und (8.31) kombinieren wir zu einem Tensor, bei dem der parallele Anteil vernachlässigt wird. Gleichzeitig transformieren wir den Ausdruck mithilfe von (8.10) ins Laborsystem und schreiben:

$$\left\langle \frac{\partial (v_{1i}v_{1j})}{\partial t} \right\rangle_\Omega = \langle \delta v_{1i}\delta v_{1j}\rangle_{v_2} \approx n(\mathbf{v}_2) \left(\frac{q_1 q_2}{4\pi\epsilon_0} \right)^2 \frac{4\pi \ln\Lambda}{m_1^2 u} \left\{ \delta_{ij} - \frac{u_i u_j}{u^2} \right\}, \qquad (8.32)$$

wobei von $\mathbf{u}$ nur die erste (parallele) Komponente ungleich null ist. Der Tensor hat also nur zwei Elemente. Wegen $\mathbf{u} = \mathbf{v}_1 - \mathbf{v}_1'$ ist außerdem

$$\frac{\partial^2 u}{\partial v_{1i}\partial v_{1j}} = \frac{\partial}{\partial v_i}\frac{u_j}{u} = \frac{1}{u}\delta_{ij} - \frac{u_i u_j}{u^3}, \qquad (8.33)$$

und (8.32) lässt sich als Ableitung von u in folgender Form angeben:

$$\left\langle \frac{\partial (v_{1i}v_{1j})}{\partial t} \right\rangle_\Omega = n(\mathbf{v}_2) \left(\frac{q_1 q_2}{4\pi\epsilon_0} \right)^2 \frac{4\pi \ln\Lambda}{m_1^2} \frac{\partial^2 u}{\partial v_{1i}\partial v_{1j}}. \qquad (8.34)$$

Wie erwähnt, hängt die mittlere Änderung der Geschwindigkeit, gegeben durch (8.27), (8.30) oder (8.31), direkt mit den Koeffizienten $\langle\eta\rangle$ aus (7.49) und $\langle\eta_i\eta_j\rangle$ aus (7.50) des Fokker-Planck-Stoßterms zusammen. Allerdings sind jetzt die Größen erst für Stöße eines Testteilchens 1 mit einem Teilchen 2 der bestimmten Geschwindigkeit $\mathbf{v}_2$ berechnet. Es fehlt nun noch eine Mittelung über alle vorkommenden Geschwindigkeiten $\mathbf{v}_2$.

8.1.5 Mittlerer Impulsübertrag beim Stoß eines Teilchens mit einer Teilchenverteilung

Bisher haben wir den Erwartungswert für eine Impulsänderung des Testteilchens erst für den Fall einer gegebenen Geschwindigkeit für Teilchen 2 berechnet, was gleichbedeutend mit einer festen Relativgeschwindigkeit $\mathbf{u}$ ist. Im letzten Abschnitt haben wir über alle möglichen Streuwinkel gemittelt. Jetzt wird die Mittelung über alle vorkommenden Geschwindigkeiten $\mathbf{v}_2$ durchgeführt. Dies erfolgt durch Integration von (8.28) über $\mathrm{d}^3 v_2$, wobei wir jetzt wieder $n(\mathbf{v}_2) = f(\mathbf{v}_2)\mathrm{d}^3 v_2$ ersetzen. Die Rate des mittleren Impulsübertrages ist dann:

$$\left\langle \frac{\partial \mathbf{p}_1}{\partial t} \right\rangle = \int \mathrm{d}^3 v_2 f(\mathbf{v}_2) \left\langle \frac{\partial \mathbf{p}_1}{\partial t} \right\rangle_\Omega. \qquad (8.35)$$

Die spitze Klammer deutet jetzt die Mittelung über alle Streuwinkel Ω sowie alle vorkommenden Geschwindigkeiten des Teilchens 2 an. Wegen (8.28) ist demnach folgendes Integral über die Verteilungsfunktion zu berechnen

$$\int \mathrm{d}^3 v_2 \frac{\mathbf{u}}{u^3} f(\mathbf{v}_2) = -\int \mathrm{d}^3 v_2 f(\mathbf{v}_2)\nabla_{v_1}\frac{1}{u} = -\nabla_{v_1} h(\mathbf{v}_1). \qquad (8.36)$$

Wobei man, wegen der funktionalen Ähnlichkeit mit dem elektrostatischen Potential einer Ladungsverteilung, eine *Potentialfunktion* definiert als

$$h(\mathbf{v}_1) = \int d^3 v_2 f(\mathbf{v}_2) \frac{1}{u}. \tag{8.37}$$

Die Ableitung von h entspricht in dieser Analogie einem Kraftfeld. Die Funktion (8.37) zusammen mit der Funktion

$$g(\mathbf{v}_1) = \frac{1}{2} \int d^3 v_2 f(\mathbf{v}_2) u \tag{8.38}$$

nennt man, bis auf Konstanten, *Rosenbluth-Potentiale*. Mit (8.28) erhalten wir also für die zeitliche *Impulsänderung des Testteilchens*:

$$\left\langle \frac{\partial \mathbf{p}_1}{\partial t} \right\rangle = \left(\frac{q_1 q_2}{4\pi \epsilon_0} \right)^2 \frac{4\pi \ln \Lambda}{\mu_r} \nabla_{v_1} h(\mathbf{v}_1). \tag{8.39}$$

Um den Energieübertrag zu berechnen, müssen wir über (8.29) integrieren. Wir ersetzen die Schwerpunktsgeschwindigkeit mithilfe von (8.6) und stoßen so auf Integrale der Form

$$\int d^3 v_2 f(\mathbf{v}_2) \frac{\mathbf{u} \cdot \mathbf{V}}{u^3} = \mathbf{v}_1 \cdot \int d^3 v_2 f(\mathbf{v}_2) \frac{\mathbf{u}}{u^3} - \frac{\mu_r}{m_1} \int d^3 v_2 f(\mathbf{v}_2) \frac{1}{u}. \tag{8.40}$$

Wieder tritt die Potentialfunktion und, wie in (8.36), ihre Ableitung auf. Die mittlere *Energieänderung* des Testteilchens ist also gegeben durch:

$$\left\langle \frac{\partial E_1}{\partial t} \right\rangle = \left(\frac{q_1 q_2}{4\pi \epsilon_0} \right)^2 \frac{4\pi \ln \Lambda}{\mu_r} \left\{ \mathbf{v}_1 \cdot \nabla_{v_1} h(\mathbf{v}_1) + \frac{\mu_r}{m_1} h(\mathbf{v}_1) \right\}. \tag{8.41}$$

Und schließlich berechnen wir noch das Integral über die senkrechten Komponenten von (8.32), die ja den einzigen Beitrag liefern. Wir erhalten

$$\left\langle \frac{\partial p_{1\perp}^2}{\partial t} \right\rangle = \left(\frac{q_1 q_2}{4\pi \epsilon_0} \right)^2 4\pi \ln \Lambda h(\mathbf{v}_1). \tag{8.42}$$

Wegen (8.38) lässt sich der gesamte Tensor (8.34), von dem nur die Diagonalelemente ungleich null sind, auch schreiben als

$$\left\langle \frac{\partial (p_{1i} p_{1j})}{\partial t} \right\rangle = \left(\frac{q_1 q_2}{4\pi \epsilon_0} \right)^2 4\pi \ln \Lambda \frac{\partial^2}{\partial v_{1i} \partial v_{1j}} g(\mathbf{v}_1). \tag{8.43}$$

8.1.6 Mittlerer Impulsübertrag beim Stoß eines Teilchens mit einer Maxwell-Verteilung

Impuls- und Energieänderung des Testteilchens über Stöße sind vollständig durch die Rosenbluth-Potentiale bestimmt. Aus ihnen können wir alle relevanten Größen berechnen. Analytische Ausdrücke folgen daraus für den Fall, dass das Testteilchen mit einer Maxwell-Verteilung wechselwirkt.

Nehmen wir also an, das Hintergrundplasma habe die Dichte n_2 und die Temperatur T_2 und gehorche der Maxwell-Verteilung (7.9). Die *Potentialfunktion* (8.37) ist dann gegeben durch

$$h(\mathbf{v}_1) = \int d^3 v_2 \, \frac{n_2 \beta_2^3}{\pi^{3/2}} e^{-\beta_2^2 v_2^2} \frac{1}{|\mathbf{v}_1 - \mathbf{v}_2|} = \frac{n_2}{v_1} \mathrm{erf}(\beta_2 v_1). \tag{8.44}$$

Dabei bezieht sich der Index 1 weiterhin auf das Testteilchen und 2 auf die Hintergrund-Plasmaspezies. Das Integral lässt sich stark vereinfachen, indem man die Integrale über die Winkel in $\mathbf{u} = \mathbf{v}_1 - \mathbf{v}_2$ ausführt und dann den Rest wieder in zwei Integrale über Exponentialfunktionen zusammenfasst, die nur $u - v_1$ und $u + v_1$ enthalten. Man substituiert die Exponenten und erhält zwei Integrale, die sich nur in den Integrationsgrenzen unterscheiden und sich in ein beschränktes Integral zusammenfassen lassen. Das Verfahren ist aus der Elektrostatik bekannt. Das verbleibende Integral ist als *Fehlerfunktion* bekannt (s. B.40):

$$\mathrm{erf}(x) = \frac{2}{\sqrt{\pi}} \int_0^x d\xi \, e^{-\xi^2}.$$

Für uns wichtige Eigenschaften sind:

$$\mathrm{erf}(x > 2) \approx 1,$$

$$\mathrm{erf}(x < 0{,}3) \approx \frac{2}{\sqrt{\pi}} \left(x - \frac{x^3}{3} \right). \tag{8.45}$$

Hier ist $x = \beta_2 v_1$, also das Verhältnis der Geschwindigkeit des Testteilchens zur thermischen Geschwindigkeit des Plasmas. Für die benötigten Ableitungen gilt:

$$\frac{\partial}{\partial v_{1i}} \mathrm{erf}(x) = \frac{\partial \mathrm{erf}(x)}{\partial x} \frac{\partial x}{\partial v_1} \frac{\partial v_1}{\partial v_{1i}} = \frac{2}{\sqrt{\pi}} e^{-\beta_2^2 v_1^2} \beta_2 \frac{v_{1i}}{v_1}. \tag{8.46}$$

Damit können wir den *Gradienten der Potentialfunktion* berechnen:

$$\nabla_{v_1} h(\mathbf{v}_1) = -\frac{n_2}{v_1^2} \left\{ \mathrm{erf}(\beta_2 v_1) - \frac{2 \beta_2 v_1}{\sqrt{\pi}} e^{-\beta_2^2 v_1^2} \right\} \frac{\mathbf{v}_1}{v_1}. \tag{8.47}$$

Der Vollständigkeit halber geben wir auch das zweite *Rosenbluth-Potential* (8.38) an:

$$g(\mathbf{v}_1) = \frac{v_1}{2 \beta_2} \left\{ \frac{2}{\sqrt{\pi}} e^{-x^2} + \left(2x + \frac{1}{x} \right) \mathrm{erf}(x) \right\}. \tag{8.48}$$

Zwei Grenzfälle werden im Folgenden wichtig werden: Wenn die Geschwindigkeit von Teilchen 2 klein ist gegen die von Teilchen 1, dann gilt gemäß (8.45) in guter Näherung:

$$\beta_2 v_1 > 2 \Rightarrow \left\{ \begin{array}{l} h(v_1) \approx n_2/v_1 \\ \nabla_{v_1} h(v_1) \approx -n_2/v_1^2 \frac{v_1}{v_1}, \end{array} \right. \tag{8.49}$$

wobei wir einen Fehler von $< 10\,\%$ gemacht haben, indem wir die Exponentialfunktion in (8.47) vernachlässigten. Ist dagegen die Geschwindigkeit von Teilchen 1 klein gegen die von Teilchen 2, dann muss man die Exponentialfunktion und die Fehlerfunktion bis zur 1. Ordnung entwickeln. Es folgt:

$$\beta_2 v_1 < 0.3 \Rightarrow \left\{ \begin{array}{l} h(v_1) \approx \frac{2}{\sqrt{\pi}} \beta_2 n_2 \\ \nabla_{v_1} h(v_1) \approx -\frac{4}{3\sqrt{\pi}} \beta_2^3 n_2 v_1 \frac{v_1}{v_1}. \end{array} \right. \tag{8.50}$$

8.2   Relaxationszeiten

Das zeitliche Verhalten einer geringen Population schneller Teilchen in einem ansonsten thermalisierten Plasma wird durch die Fokker-Planck-Gleichung beschrieben. Für viele Probleme ist aber eine derartige Behandlung zu aufwendig. Oft will man z. B. nur wissen, wie schnell ein Teilchen im Mittel auf die Hälfte seiner Geschwindigkeit abgebremst wird oder wie groß der mittlere Impuls- oder Energieübertrag zwischen zwei bekannten Verteilungsfunktionen ist. Für solche Größen wollen wir analytische Ausdrücke herleiten, die dann den sogenannten *Relaxationszeiten* entsprechen. Sie stehen für charakteristische Zeiten, in denen Energie und Impuls thermalisieren.

8.2.1   Abbremsung schneller Teilchen im Plasma

Ein typisches Beispiel dafür, dass einfache Parameter bereits wesentliche Eigenschaften eines Vorgangs beschreiben können, ist die Abbremsung schneller Teilchen, die in ein thermalisiertes Plasma injiziert werden. Man bedient sich dieser Technik, um Fusionsplasmen auf hohe Temperatur aufzuheizen. Da die injizierten Teilchen neutral sind, bevor sie im Plasma ionisiert werden, heißt diese Heizung *Neutralteilcheninjektion* (NBI, nach Neutral Beam Injection).

Wir untersuchen also einen Strahl schneller Elektronen oder Ionen, der in ein Plasma injiziert wird. Die Teilchen werden durch Stöße mit den thermischen Elektronen und Ionen des Plasmas abgebremst. Wenn die Intensität des Strahls nicht zu hoch ist, ändern sich die Eigenschaften des Hintergrundplasmas nicht oder nur langsam, und es kann durch eine Maxwell-Verteilung beschrieben werden. Unter dieser Voraussetzung können wir die Ausdrücke für Impuls- und Energieänderung, wie sie im letzten Abschnitt behandelt wurden, explizit ausrechnen.

Mit der Potentialfunktion (8.44) und deren Ableitung (8.47) folgt aus (8.41) für die *Änderungsrate der Energie des Teilchenstrahls* die Beziehung

$$\left\langle \frac{\partial E_1}{\partial t} \right\rangle = -\left(\frac{q_1 q_2}{4\pi\epsilon_0} \right)^2 \frac{4\pi \ln \Lambda_2}{\mu_r} \frac{n_2}{v_1} \left\{ \mathrm{erf}(\beta_2 v_1) - \frac{2\beta_2 v_1}{\sqrt{\pi}} e^{-\beta_2^2 v_1^2} - \frac{\mu_r}{m_1} \mathrm{erf}(\beta_2 v_1) \right\},$$

wobei dadurch noch beliebige Kombinationen von Strahl- und Plasmaspezies abgedeckt sind. Wir fassen die Terme zusammen, ziehen den Faktor μ_r/m_2 vor der Fehlerfunktion aus der Klammer heraus und erhalten nach einer Umformung einen allgemeingültigen Ausdruck für den *Energieübertrag* auf ein Teilchen durch ein thermalisiertes Plasma:

$$\left\langle \frac{\partial E_1}{\partial t} \right\rangle = -\left(\frac{q_1 q_2}{4\pi\epsilon_0} \right)^2 \frac{4\pi \ln \Lambda_2 n_2}{m_2 v_1} \left\{ \mathrm{erf}(\beta_2 v_1) - \left(1 + \frac{m_2}{m_1} \right) \frac{2\beta_2 v_1}{\sqrt{\pi}} e^{-\beta_2^2 v_1^2} \right\}. \qquad (8.51)$$

Anhand von Abb. 8.6 wollen wir die Bedeutung der Gleichung für die Abbremsung schneller Teilchen im Plasma studieren.

Dazu definieren wir die Funktion

$$F(x) = \frac{1}{x} \left\{ \mathrm{erf}(x) - \left(1 + \frac{m_2}{m_1} \right) \frac{2x}{\sqrt{\pi}} e^{-x^2} \right\} \qquad (8.52)$$

und schreiben

$$\left\langle \frac{\partial E_1}{\partial t} \right\rangle = -\left(\frac{q_1 q_2}{4\pi\epsilon_0} \right)^2 \frac{4\pi \ln \Lambda_2 n_2 \beta_2}{m_2} F(\beta_2 v_1). \qquad (8.53)$$

Dabei entspricht $x = \beta_2 v_1$ dem Verhältnis der Geschwindigkeiten von injizierten Teilchen und Plasmaelektronen bzw. -ionen.

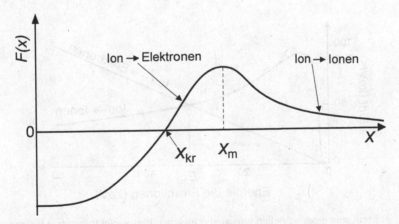

Abb. 8.6 Die Abbremsung schneller Teilchen im Plasma bestimmende Funktion (8.52), wobei x für das Verhältnis von Testteilchengeschwindigkeit zur thermischen Geschwindigkeit des Hintergrundplasmas steht

In Tab. 8.1 sind Werte für die Parameter angegeben, die den Abbremsvorgang nach Abb. 8.6 bestimmen. Bei Werten $x < x_{kr}$ wird die Funktion F negativ. Die Teilchen gewinnen demnach Energie aus dem Plasma. Bei gleichen Massen von Strahl- und Plasmateilchen tritt dieses ein, wenn die Energie der injizierten Teilchen kleiner als die thermische Energie der Plasmateilchen ist, also für $x < 1$. Bei der Abbremsung von Ionen an Ionen wird maximale Abbremsung bei einem Wert von x_m erzielt, der etwa dem Doppelten des kritischen Wertes entspricht. Die Abbremsung von Ionen an Elektronen erreicht hingegen ihr Maximum erst dann, wenn die Geschwindigkeit der Ionen 50 % größer als die der Elektronen ist. Der Nulldurchgang findet statt, wenn Ionen und Elektronen die gleiche Energie haben, die Ionen also um die Wurzel des Massenverhältnisses langsamer als die Elektronen sind. Bei den Energien der Neutralteilcheninjektion bis etwa 100 keV läuft die Abbremsung von Ionen an Elektronen demnach hauptsächlich im Bereich zwischen x_{kr} und x_m ab. Die Abbremsung von Ionen an Ionen spielt sich im Bereich großer x-Werte ab. Dort konvergiert die geschweifte Klammer in (8.52) zu einer Konstanten.

Die hochenergetischen Ionen, die bei der Heizung von Fusionsplasmen entstehen, haben Energien von $\gtrsim 50\,\text{keV}$. Die Abbremsung der Ionen an Plasmaelektronen und -ionen geschieht gemäß (8.51) mit unterschiedlicher Intensität. Um die Abbremsung zu beschreiben, müssen wir beide Prozesse berücksichtigen. In Abb. 8.7 ist zu sehen, wie sich die deponierte Energie auf Elektronen und Ionen aufteilt.

Tab. 8.1 Kritische Parameter zu Abb. 8.6 für die Abbremsung von Elektronen und Ionen in einem Plasma mit $T_e = T_i = 2\,\text{keV}$ und einer Dichte von $5 \times 10^{19}\,\text{m}^{-3}$

	$m_i \to m_i$	$m_i \to m_e$	$m_e \to m_i$	$m_e \to m_e$
x_{kr}	1	0,025	3	1
x_m	1,85	1,5	3,5	1,85

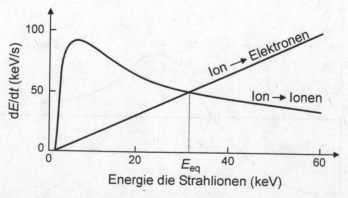

Abb. 8.7 Abbremsung eines schnellen Ions an thermischen Plasmaelektronen und Plasmaionen für die Grenzfälle, dass das Ion schnell/langsam, verglichen mit den Plasmaionen/-elektronen, ist für die Parameter aus Tab. 8.1

Die Geschwindigkeit der injizierten Ionen liegt zwischen den thermischen Geschwindigkeiten der Plasmaelektronen und der Plasmaionen. Um einfache Ausdrücke für die Zeitkonstante der Abbremsung zu bekommen, greifen wir auf (8.41) zurück und ersetzen die Potentialfunktion durch die entsprechenden Grenzwerte: Für die Abbremsung eines Strahlions (1) an den Plasmaionen (2) verwenden wir (8.49) und für die Abbremsung an den Plasmaelektronen (2) die Beziehung (8.50). Anschließend addieren wir die beiden Beiträge auf und erhalten so mit $\mu_r = m_e$ bzw. $\mu_r = m_i/2$ für die Summe der Energieüberträge eines Strahlions auf die Elektronen und Ionen des Plasmas:

$$\left\langle \frac{\partial E_1}{\partial t} \right\rangle \approx \left(\frac{e^2}{4\pi\epsilon_0} \right)^2 4\pi Z_i^2 \left\{ \frac{2\beta_e \ln \Lambda_e n_e}{\sqrt{\pi} m_e} \left(-\frac{2}{3} \beta_e^2 v_1^2 + \frac{m_e}{m_i} \right) - \frac{Z_i^2 \ln \Lambda_i n_i}{m_i v_1} \right\}. \qquad (8.54)$$

Für die handlichen Gleichungen hier wurde angenommen, dass Strahl- und Plasmaionen gleich sind. Der Term m_e/m_i darf vernachlässigt werden, wenn die Strahlenergie nicht zu hoch ist (< 100 keV). Wir führen jetzt die Energie der Strahlteilchen $E_b = m_i v_i^2/2$ ein, ersetzen β durch (7.8) und vereinfachen die Gleichung zu

$$\left\langle \frac{\partial E_1}{\partial t} \right\rangle = - \left(\frac{e^2}{4\pi\epsilon_0} \right)^2 \frac{4\pi Z_i^2 \ln \Lambda_e n_e}{m_e v_1} \left\{ \frac{4}{3\sqrt{\pi}} \left(\frac{m_e E_1}{m_i T_e} \right)^{3/2} + Z_i^2 \frac{m_e}{m_i} \frac{n_i}{n_e} \frac{\ln \Lambda_i}{\ln \Lambda_e} \right\}. \qquad (8.55)$$

Die Energie E_{eq} der Strahlionen, bei der Elektronen und Ionen gleichstark geheizt werden, ist erreicht, wenn die beiden Terme in der geschweiften Klammer gleich groß sind. Darin steht der erste Term für der Abbremsung an Elektronen und der zweite für die an Ionen. Es folgt:

$$E_{eq} = \left\{ \frac{9\pi Z_i^4 m_i}{16 m_e} \left(\frac{n_i}{n_e} \frac{\ln \Lambda_i}{\ln \Lambda_e} \right)^2 \right\}^{1/3} T_e \approx 15 T_e. \qquad (8.56)$$

Entsprechend findet man in Abb. 8.7 für ein Plasma einer Temperatur von 2 keV den Schnittpunkt der Linien bei ≈ 30 keV. Mit dieser Definition ist der *Energieübertrag* von einem thermalisierten Plasma auf schnellen Ionen gegeben durch

$$\left\langle \frac{\partial E_1}{\partial t} \right\rangle = - \left(\frac{e^2}{4\pi\epsilon_0} \right)^2 \frac{4\pi Z_i^4 n_i \ln \Lambda_i}{\sqrt{2 m_i E_1}} \left\{ 1 + \left(\frac{E_1}{E_{eq}} \right)^{3/2} \right\}. \qquad (8.57)$$

Dieser Ausdruck ist allerdings nur unter den Bedingungen (8.49) und (8.50) richtig. Für den allgemeinen Fall müssen wir (8.51) lösen.

Für Abschätzungen ist das Konzept von Relaxationszeiten wichtig. Ein Beispiel dafür ist die *Abbremszeit*; sie ist definiert als

$$\tau_{ab} = - \int_{E_0}^0 \frac{\mathrm{d}E_b}{\left\langle \frac{\partial E_1}{\partial t} \right\rangle} = \left(\frac{4\pi\epsilon_0}{e^2} \right)^2 \frac{\sqrt{2 m_i}}{6\pi Z_i^4 n_i \ln \Lambda_i} E_{eq}^{3/2} \ln \left\{ 1 + \left(\frac{E_0}{E_{eq}} \right)^{3/2} \right\}, \qquad (8.58)$$

wobei E_0 für die Injektionsenergie steht. Setzt man E_{eq} explizit in die Gleichung ein, dann tritt die Energierelaxationszeit zwischen Elektronen und Ionen als führende Größe auf (vgl. (8.64)). Damit erhalten wir für die Abbremszeit die kompakte Formel

$$\tau_{ab} = \frac{2}{3}\tau_E^{ei}\ln\left\{1+\left(\frac{E_0}{E_{eq}}\right)^{3/2}\right\} \approx 1.5 \times 10^{14}\frac{T_e^{3/2}}{Z_i^2 Z_p^2 n \ln \Lambda_i}\ln\left\{1+\left(\frac{E_0}{15T_e}\right)^{3/2}\right\}. \quad (8.59)$$

Bei einer Strahlenergie von $E_0 = 50\,\text{keV}$ ist die Abbremszeit in unserem Modellplasma $\approx 15\,\text{ms}$.

8.2.2 Energierelaxation

Im Plasma liegen Elektronen- und Ionenverteilungen in der Regel bei unterschiedlichen Temperaturen vor. Dies führt dazu, dass durch Stöße im Mittel Energie von einer Verteilung auf die andere übertragen wird. In der Energiegleichung steht der Term Q (7.96) für diesen Energieübertrag. Die Zeitkonstante für den resultierenden Temperaturausgleich zwischen beiden Spezies ist durch die *Energierelaxationszeit* gegeben. Zur Herleitung können wir auf die Ergebnisse für den monoenergetischen Teilchenstrahl zurückgreifen. Der Energieverlust eines Teilchens einer bestimmten Energie ist durch (8.51) gegeben. Wir verallgemeinern diesen Ausdruck nun, indem wir ihn für Teilchen aus einer Maxwell-Verteilung mitteln. Da (8.51) die Wechselwirkung von Teilchen 1 mit einer Maxwell-Verteilung angibt, gelangen wir durch eine weitere Mittelung, die nun für Teilchen 1 durchzuführen ist, zum mittleren Energieübertrag eines Teilchens einer thermalisierten Spezies an Teilchen einer anderen thermalisierten Verteilung.

Dabei sind zwei Integrale zu lösen. Das erste lautet

$$I_1 = \frac{4\pi\beta_1^3}{\pi^{3/2}}\int_0^\infty v_1 dv_1 e^{-(\beta_1 v_1)^2}\text{erf}(\beta_2 v_1) = \frac{8\beta_1^3}{\pi\beta_2^2}\int_0^\infty dx\, x e^{-\left(\frac{\beta_1}{\beta_2}x\right)^2}\int_0^x d\xi\, e^{-\xi^2}.$$

Wir formen das Integral durch partielle Integration um und verwenden dabei

$$\int dx\, x e^{-bx^2} = -\frac{1}{2b}e^{-bx^2}. \quad (8.60)$$

Das Ergebnis lautet

$$I_1 = \frac{8\beta_1^3}{\pi\beta_2^2}\frac{\beta_2^2}{2\beta_1^2}\left\{-e^{-\left(\frac{\beta_1}{\beta_2}x\right)^2}\text{erf}(x)\Big|_0^\infty + \int_0^\infty dx\, e^{-x^2}e^{-\left(\frac{\beta_1}{\beta_2}x\right)^2}\right\}.$$

Der erste Term verschwindet; bei null wegen der Fehlerfunktion und bei Unendlich wegen der Exponentialfunktion. Den zweiten Term findet man in Integraltafeln:

$$I_1 = \frac{2\beta_1}{\sqrt{\pi}} \frac{1}{\sqrt{1 + \frac{\beta_1^2}{\beta_2^2}}} = \frac{2}{\sqrt{\pi}} \frac{\beta_1\beta_2}{\sqrt{\beta_1^2 + \beta_2^2}}.$$

Die Lösung des zweiten auftretenden Integrals lässt sich direkt nachschlagen. Sie lautet:

$$I_2 = \frac{4\beta_1^3}{\sqrt{\pi}} \int_0^\infty dv_1 \, v_1^2 e^{-(\beta_1^2 + \beta_2^2)v_1^2} = \frac{\beta_1^3}{(\beta_1^2 + \beta_2^2)^{3/2}}.$$

Wir setzen die beiden Integrale in (8.51) ein und finden nach elementaren algebraischen Umformungen für den mittleren Energieübertrag von einem Teilchen aus Verteilung 1 auf Teilchen der Verteilung 2:

$$\left\langle \frac{\partial E_1}{\partial t} \right\rangle = \left(\frac{e^2}{4\pi\epsilon_0} \right)^2 \frac{4\pi Z_1^2 Z_2^2 \ln\Lambda_2 n_2}{m_2} \frac{2}{m_1\sqrt{\pi}} \frac{\beta_1\beta_2}{(\beta_1^2 + \beta_2^2)^{3/2}} (m_2\beta_1^2 - m_1\beta_2^2). \tag{8.61}$$

Um zu einer Leistungsdichte (7.96) zu gelangen, wie sie in die Energiegleichung für eine Teilchenspezies eingeht, müssen wir diesen Ausdruck noch mit der Teilchendichte multiplizieren: $Q = n\dot{E}_1$.

Die *Energierelaxationszeit* τ_E ist definiert über die Beziehung

$$\left\langle \frac{\partial E_1}{\partial t} \right\rangle = -\frac{\frac{3}{2}(T_1 - T_2)}{\tau_E}. \tag{8.62}$$

Sie gibt an, auf welcher Zeitskala sich die Temperaturen zweier jeweils thermalisierter Plasmaspezies annähern, oder, wenn das Plasma ein durch Heizungen getriebenes thermodynamisches System ist, wie groß der Leistungsübertrag zwischen den Spezies ist.

Wir können nun (8.62) nach der Energierelaxationszeit auflösen und (8.61) einsetzen. Dazu ersetzen wir β durch (7.8) und finden nach einigen Umformungen:

$$\tau_E = \left(\frac{4\pi\epsilon_0}{e^2} \right)^2 \frac{3m_1 m_2}{8\sqrt{2\pi} Z_1^2 Z_2^2 n_2 \ln\Lambda_2} \left(\frac{T_1}{m_1} + \frac{T_2}{m_2} \right)^{3/2}. \tag{8.63}$$

Für die Plasmaphysik ist insbesondere die Austauschzeit zwischen Elektronen und Ionen wichtig. Für diesen Fall können wir wegen der größeren Masse den Ionenbeitrag in der Klammer vernachlässigen. Die *Energierelaxationszeit zwischen Elektronen und Ionen* lautet dann:

$$\tau_E^{ei} \approx \left(\frac{4\pi\epsilon_0}{e^2} \right)^2 \frac{3m_i T_e^{3/2}}{8Z_i^2 \sqrt{2\pi m_e} n_i \ln\Lambda_i} \approx 1.9 \times 10^{13} \frac{A_i T_e^{3/2}}{Z_i^2 n_i}. \tag{8.64}$$

Energierelaxationszeiten können aber auch angegeben werden für den Fall, dass Verteilungen der gleichen Spezies und unterschiedlichen Temperaturen in Wechselwirkung stehen. Für den Fall der *Elektronen-Elektronen-Energierelaxationszeit* ergibt sich

$$\tau_E^{ee} \approx \left(\frac{4\pi\epsilon_0}{e^2}\right)^2 \frac{3\sqrt{m_e}T_e^{3/2}}{4\sqrt{\pi}\,n_e \ln\Lambda_e} \approx 2.9 \times 10^{10} \frac{T_e^{3/2}}{n_e}, \tag{8.65}$$

wobei T_e für den Mittelwert aus beiden Temperaturen steht. Ähnlich finden wir für die *Ionen-Ionen-Energierelaxationszeit*

$$\tau_E^{ii} \approx \left(\frac{4\pi\epsilon_0}{e^2}\right)^2 \frac{3\sqrt{m_i}T_i^{3/2}}{4Z_i^4\sqrt{\pi}\,n_i \ln\Lambda_i} \approx 1.2 \times 10^{12} \frac{A_i^{1/2}T_i^{3/2}}{Z_i^4 n_i}. \tag{8.66}$$

Ein Vergleich der Größenordnung der Austauschzeiten,

$$\frac{\tau_E^{ee}}{\tau_E^{ii}} = Z_i^3 \sqrt{\frac{m_e}{m_i}}, \qquad \frac{\tau_E^{ee}}{\tau_E^{ei}} = 2\sqrt{2}Z_i \frac{m_e}{m_i}, \tag{8.67}$$

zeigt, dass der Ausgleich unter gleich schweren Partnern am schnellsten geht. Der Austausch zwischen Elektronen und Ionen ist etwa 1000-mal langsamer als zwischen Elektronen unter sich. Hier haben wir die Quasineutralität des Plasmas verwendet und $n_e = Z_i n_i$ gesetzt, was nur bei Plasmen mit einer Ionensorte richtig ist. Typische Zahlen für die Energierelaxationszeiten sind in Tab. 8.2 angegeben. Bei genaueren Rechnungen muss für jeden Prozess der entsprechende Coulomb-Logarithmus berücksichtigt werden.

8.2.3 Impulsrelaxation

Die charakteristische Zeit, die es dauert, bis sich die Geschwindigkeit eines Teilchens an die mittlere Geschwindigkeit des Plasmas angepasst hat, berechnet man aus den Beziehungen für den Impulsverlust eines Teilchens in einem thermalisierten Plasma. Die Relaxationszeit $\tau_\parallel$ für die parallele Impulskomponente folgt aus (8.39) und der Definition

$$\left\langle \frac{\partial p_{1\parallel}}{\partial t} \right\rangle = -\frac{p_1}{\tau_\parallel}. \tag{8.68}$$

Tab. 8.2 Energie- und Impulsrelaxationszeiten in Sekunden und mittlere freie Weglängen für eine Dichte von 5×10^{19} m^{-3}, $Z_i = 1$ und $\ln\Lambda = 17$. Die Temperatur T gilt entsprechend den Formeln für Elektronen oder Ionen

T	$\tau_E^{ei} = \tau_{ie}$	τ_E^{ee}	τ_E^{ii}	τ_e	τ_i	λ
100	$2{,}0 \times 10^{-4}$	$3{,}1 \times 10^{-7}$	$1{,}4 \times 10^{-5}$	$1{,}5 \times 10^{-7}$	$6{,}5 \times 10^{-6}$	1 m
1000	$6{,}5 \times 10^{-3}$	$9{,}8 \times 10^{-6}$	$4{,}2 \times 10^{-4}$	$4{,}8 \times 10^{-6}$	$2{,}1 \times 10^{-4}$	90 m
10,000	$2{,}0 \times 10^{-1}$	$3{,}1 \times 10^{-4}$	$1{,}4 \times 10^{-2}$	$1{,}5 \times 10^{-4}$	$6{,}5 \times 10^{-3}$	9 km

Die mittlere Impulsänderung hat nur eine parallele Komponente, daher berechnet man die Relaxationszeit für den Impuls senkrecht zum Teilchenimpuls aus dem quadratischen Term:

$$\left\langle \frac{\partial p_{1\perp}^2}{\partial t} \right\rangle = \frac{p_1^2}{\tau_\perp}. \tag{8.69}$$

Durch Einsetzen von (8.39) bzw. (8.42) in die beiden Beziehungen ergeben sich die *Impulsrelaxationszeiten* oder *Stoßzeiten*

$$\tau_\parallel = -\left(\frac{4\pi\epsilon_0}{e^2}\right)^2 \frac{m_1 v_1}{Z_1^2 Z_2^2 \frac{4\pi}{\mu_r} \ln\Lambda \frac{\partial}{\partial v_1} h(v_1)} \tag{8.70}$$

und

$$\tau_\perp = \left(\frac{4\pi\epsilon_0}{e^2}\right)^2 \frac{m_1^2 v_1^2}{2Z_1^2 Z_2^2 4\pi \ln\Lambda\, h(v_1)}. \tag{8.71}$$

Hier tritt ein zusätzlicher Faktor 2 auf, weil durch (8.42) nur eine von zwei gleichen Komponenten in senkrechter Richtung repräsentiert ist. Die Gesamtänderung ergibt sich aus der Summe der Quadrate der Komponenten. Die beiden Ausdrucke sind heranzuziehen, wenn über die Geschwindigkeiten der stoßenden Teilchen *1* und *2* keine weiteren Annahmen gemacht werden können. In vielen Fällen ist man jedoch an einfachen Formeln interessiert, die eine schnelle Abschätzung der Stoßzeiten ermöglichen. Zu diesem Zweck stellen wir die folgenden Beziehungen bereit. Dazu werten wir die Potentialfunktion h wieder mithilfe von (8.49) und (8.50) für die entsprechenden Grenzwerte für Elektronen und Ionen aus.

Für Elektronen, die mindestens zweimal schneller als thermische Elektronen sind, gilt (8.49). Wir erhalten für beide Komponenten die gleiche Beziehung. Die *Impulsrelaxationszeit von Elektronen an Elektronen* ist daher gegeben durch

$$\tau_e = \tau_\parallel^{ee} = \tau_\perp^{ee} = \left(\frac{4\pi\epsilon_0}{e^2}\right)^2 \frac{m_e^2 v_e^3}{8\pi n_e \ln\Lambda}. \tag{8.72}$$

Und genauso gilt für die *Impulsrelaxationszeit von Ionen an Ionen*

$$\tau_i = \tau_\parallel^{ii} = \tau_\perp^{ii} = \left(\frac{4\pi\epsilon_0}{e^2}\right)^2 \frac{m_i^2 v_i^3}{8\pi Z_i^4 n_i \ln\Lambda}. \tag{8.73}$$

Für den Fall, dass Elektronen mit Ionen wechselwirken, verwenden wir ebenfalls die Näherung (8.49), die wegen der geringeren Masse der Elektronen in weiten Bereichen gültig ist. Wir erhalten für die *Impulsrelaxationszeit von Elektronen an Ionen*

$$\tau_{ei} = \tau_\parallel^{ei} = 2\tau_\perp^{ei} = \left(\frac{4\pi\epsilon_0}{e^2}\right)^2 \frac{m_e^2 v_e^3}{4\pi Z_i^2 n_i \ln\Lambda}. \tag{8.74}$$

Es ist also $\tau_{ei} = 2n_e/(n_i Z_i^2)\tau_e$. Der extra Faktor 2 kommt von der reduzierten Masse in (8.70).

Für den umgekehrten Fall, dass Ionen an Elektronen der Temperatur T_e abgebremst werden, können wir (8.50) in sehr guter Näherung verwenden, wodurch die Formel über β_2 von T_e abhängt. Es folgt für die *Impulsrelaxationszeit von Ionen an Elektronen*

$$\tau_{ie} = \tau_\perp^{ie} = \frac{m_i v_i^2}{6 T_e} \tau_\parallel^{ie} = \left(\frac{4\pi\epsilon_0}{e^2}\right)^2 \frac{m_i^2 v_i^2 T_e^{1/2}}{8\sqrt{2\pi m_e} Z_i^2 n_e \ln\Lambda}. \tag{8.75}$$

Indem wir nun die Geschwindigkeiten der Teilchen nach (7.11) durch die thermische Geschwindigkeit und damit durch die Temperatur annähern, erhalten wir kompakte Formeln. Die *Elektron-Elektron-Stoßzeit* ist dann gegeben durch

$$\tau_e = \tau_\parallel^{ee} = \tau_\perp^{ee} = \left(\frac{4\pi\epsilon_0}{e^2}\right)^2 \frac{\sqrt{2m_e} T_e^{3/2}}{4\pi n_e \ln\Lambda} \approx 1{,}4 \times 10^{10} \frac{T_e^{3/2}}{n_e}. \tag{8.76}$$

Dabei steht T_e für die Temperatur der Elektronen, die an den Elektronen eines Plasmas, die eigentlich kälter sein müssen, relaxieren. Obwohl nicht streng gültig, kann man diese Formel verwenden, um charakteristische Relaxationszeiten in einem Plasma der Temperatur T_e abzuschätzen. Bei den einfachen Formeln hier wurde wieder $\ln\Lambda = 17$ eingesetzt.

Die *Elektron-Ion-Stoßzeit* ist entsprechend gegeben durch

$$\tau_{ei} = \tau_\parallel^{ei} = 2\tau_\perp^{ei} = \left(\frac{4\pi\epsilon_0}{e^2}\right)^2 \frac{\sqrt{2m_e} T_e^{3/2}}{2\pi Z_i^2 n_i \ln\Lambda} \approx 1{,}5 \times 10^{10} \frac{T_e^{3/2}}{Z_i^2 n_i}, \tag{8.77}$$

und für die *Ion-Ion-Stoßzeit* folgt

$$\tau_i = \tau_\parallel^{ii} = \tau_\perp^{ii} = \left(\frac{4\pi\epsilon_0}{e^2}\right)^2 \frac{\sqrt{2m_i} T_i^{3/2}}{4\pi Z_i^4 n_i \ln\Lambda} \approx 3{,}3 \times 10^{11} \frac{A_i^{1/2} T_i^{3/2}}{Z_i^4 n_i}. \tag{8.78}$$

Dabei ist A_i die Massenzahl der Ionen. Und für die *Ion-Elektron-Stoßzeit* folgt aus (8.75):

$$\tau_{ie} = \tau_\perp^{ie} = \left(\frac{4\pi\epsilon_0}{e^2}\right)^2 \frac{m_i T_i T_e^{1/2}}{4\sqrt{2\pi m_e} Z_i^2 n_e \ln\Lambda} \approx 1{,}2 \times 10^{13} \frac{A_i T_i T_e^{1/2}}{Z_i^2 n_e}, \tag{8.79}$$

und es ist

$$\tau_\parallel^{ie} = 2\frac{T_e}{T_i} \tau_\perp^{ie}. \tag{8.80}$$

Wenn mehrere Stoßprozesse kombiniert auftreten, folgt die *totale Stoßzeit* aus

$$\frac{1}{\tau} = \sum_j \frac{1}{\tau_j}. \tag{8.81}$$

Anstelle der Stoßzeit wird häufig der reziproke Wert verwendet, der eine *Stoßfrequenz* darstellt. Die *totale Stoßfrequenz* ist entsprechend (8.81) dann gegeben durch

$$\nu = \frac{1}{\tau} = \sum_j \nu_j. \tag{8.82}$$

Hier verwenden wir durchgehend $\nu = 1/\tau$, wogegen in der theoretischen Literatur zum Transport oft die Normierung

$$\tau = \frac{3\sqrt{\pi}}{4\nu} \tag{8.83}$$

bevorzugt wird. Dies ist beim Vergleich von absoluten Werten von Stoßzeiten zu beachten. Bei den folgenden Berechnungen der Transportkoeffizienten werden in der Literatur Stoßfrequenzen verwendet und hier unsere Stoßzeiten, sodass die numerischen Faktoren übereinstimmen sollten.

Zur Beurteilung, ob Stöße die Magnetisierung des Plasmas stören, vergleicht man die Stoßzeit mit der Gyrationsfrequenz der Teilchen. Man spricht von einem *magnetisierten Plasma*, wenn für die Stoßzeiten aller Spezies gilt:

$$\tau \gg \frac{2\pi}{\omega_c}. \tag{8.84}$$

Über die Relaxationszeit ist die *mittlere freie Weglänge* definiert. Sie entspricht dem Weg, den ein Teilchen zurücklegen kann, bevor sein Impuls auf das $1/e$-Fache abgefallen ist,

$$\lambda = v\tau. \tag{8.85}$$

Mit $v = v_{\text{th}} = \sqrt{2T/m}$ erhalten wir aus (8.76)

$$\lambda_e = \left(\frac{4\pi\epsilon_0}{e^2}\right)^2 \frac{T_e^2}{2\pi n_e \ln\Lambda} \approx 4 \times 10^{15} \frac{T_e^2}{n_e} \tag{8.86}$$

und (8.78)

$$\lambda_i = \left(\frac{4\pi\epsilon_0}{e^2}\right)^2 \frac{T_i^2}{2\pi Z_i^4 n_i \ln\Lambda} \approx 4 \times 10^{15} \frac{T_i^2}{Z_i^4 n_i}. \tag{8.87}$$

Dabei muss man wieder beachten, dass Dichten und Temperaturen sich auf die betrachteten Teilchen beziehen und nicht auf das Plasma, in dem sie abgebremst werden. Es zeigt sich, dass Elektronen und Ionen die gleiche Strecke zurücklegen, bevor sie durch Stöße im Mittel ihren Impuls verloren haben. Typische Werte sind in Tab. 8.2 aufgelistet.

8.2.4 Runaway-Elektronen

Runaway-Elektronen können in der Plasmaaufbauphase von Tokamakentladungen ent-
stehen. Um einen Plasmastrom aufzubauen, wird in der frühen Phase der Entladung im
Plasma ein starkes elektrisches Feld induziert. Dadurch kommen Elektronen in einen
Geschwindigkeitsbereich, in dem die Abbremsung durch Stöße schwächer wird als die
Beschleunigung durch das elektrische Feld.

Um diesen Prozess zu studieren, betrachten wir die Impulsbilanz der Elektronen, in die
das beschleunigende elektrische Feld E und die Impulsänderung durch Stöße eingehen:

$$\frac{\partial p}{\partial t} = \left\langle \frac{\partial p}{\partial t} \right\rangle_{coll.} + eE. \tag{8.88}$$

Der Impulsverlust durch Stöße mit den Elektronen des Hintergrundplasmas spielt die Rolle
einer Reibungskraft und entspricht der Definition (8.68) der Impulsrelaxationszeit, für die
wir (8.72) einsetzen. Im stationären Zustand erhalten wir also:

$$\left(\frac{e^2}{4\pi\epsilon_0}\right)^2 \frac{8\pi \ln\Lambda}{m_e} \frac{n_e}{v_e^2} = eE, \tag{8.89}$$

wobei v_e die Geschwindigkeit des Runaway-Elektrons ist. Wie in Abb. 8.8 zu sehen ist,
wird die Reibungskraft mit steigender Geschwindigkeit quadratisch kleiner. In normalen Tokamakentladungen, d. h. bei hohen Dichten und kleinen elektrischen Feldern, ist
die Reibungskraft immer größer, als die elektrostatische Kraft. In der Zündphase der
Entladung ist jedoch die Dichte noch gering und das elektrische Feld relativ hoch. In
dieser Phase können Elektronen zu hohen Geschwindigkeiten beschleunigt werden, sodass
die Reibungskraft auch bei den im späteren Entladungsverlauf erreichten hohen Dichten kleiner ist als die beschleunigende Kraft. So können die Elektronen immer weiter

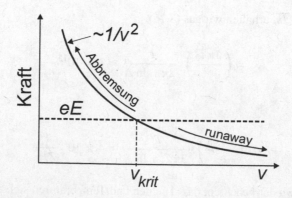

Abb. 8.8 Darstellung von Gl. (8.89). Im Normalfall ist die Reibungskraft ($\sim v^{-2}$) kleiner als die
elektrische Kraft (eE), und schnelle Elektronen werden abgebremst. Ist die Geschwindigkeit jedoch
hoch genug ($v > v_{krit}$), so werden sie immer weiter beschleunigt (Runaway-Effekt)

beschleunigt werden, bis andere Verlustmechanismen, wie Synchrotron-Strahlung, dem
weiteren Energiezuwachs eine Grenze setzen.

Aus der Bedingung des Kräftegleichgewichts können wir mit (8.89) die *kritische
Energie für die Entstehung von Runaway-Elektronen* berechnen:

$$E_{runaway} = \frac{1}{2} m_e v_{krit}^2 = \left(\frac{e^2}{4\pi \epsilon_0} \right)^2 4\pi \ln \Lambda \, \frac{n_e}{eE} \approx 4.5 \times 10^{-16} \frac{n_e}{eE}. \qquad (8.90)$$

Für typische Plasmaparameter bei und einem Feld von 0,1 V/m liegt diese Grenze bei
220 keV. Bei dem stärkeren elektrischen Feld und der niedrigen Dichte zu Beginn einer
Tokamakentladung liegt die Schwelle aber bei deutlich niedrigeren Werten.

8.3 Transportkoeffizienten

In diesem Abschnitt wollen wir uns mit den Koeffizienten auseinandersetzen, die den
Transport von Teilchen, Impuls und Energie parallel und senkrecht zum Magnetfeld
bestimmen. Wir werden dabei sehen, dass kleine Abweichungen der Geschwindigkeitsverteilung von der Maxwell-Verteilung ganz entscheidend für diese Transportprozesse
sind.

Während die Definitionsgleichungen für die Teilchenflussdichte $\mathbf{\Gamma} = n\mathbf{u}$ aus (7.78)
mit $\mathbf{u} = \langle \mathbf{v} \rangle$ aus (7.76) oder für die Wärmeflussdichte $\mathbf{q}$ aus (7.95) beschreiben, wie
man die entsprechenden Größen aus einer bekannten Verteilungsfunktion berechnet, soll
hier gezeigt werden, wie die Verteilungsfunktion selbst berechnet wird. Turbulenz als
Ursache für den Transport wird erst in Kap. 15 behandelt. Hier geht es um Diffusions-
prozesse aufgrund von Stößen und damit um die Berechnung von Diffusionskoeffizienten,
die nach dem *Fick'schen Gesetz* Proportionalitätskonstanten zwischen Gradienten in den
thermodynamischen Größen und den entsprechenden Flüssen sind:

$$\mathbf{\Gamma} = -D\nabla n, \qquad (8.91)$$

$$\mathbf{q} = -n\chi \nabla T, \qquad (8.92)$$

wobei D der *Diffusionskoeffizient* und χ der *Wärmeleitkoeffizient* ist. Wir werden sehen,
dass es sich dabei nur um zwei Diagonalelemente einer Transportmatrix handelt.

Mit (8.91) und konstantem D wird aus der Kontinuitätsgleichung (3.7) die *Diffusionsgleichung*

$$\frac{\partial n}{\partial t} = D\Delta n. \qquad (8.93)$$

8.3.1 Konzept der kleinen Störung

Wie wir in Abschn. 7.4.5 gezeigt haben, verschwinden Größen wie die Wärmeflussdichte
(7.95) für Maxwell-Verteilungen. Genauso verschwinden die Außerdiagonalelemente des

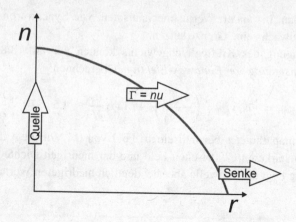

Abb. 8.9 Stationäres Dichteprofil bei dem Teilchen von der Quelle im Zentrum zur Senke am Rand transportiert werden müssen

Drucktensors, die für die Viskosität des Plasmas verantwortlich sind. Demnach könnten im thermischen Gleichgewicht keine Transporterscheinungen auftreten.

Was ist aber mit einem getriebenen Gleichgewicht, das sich lokal im thermischen Gleichgewicht befindet, wie etwa ein Plasma, das im Zentrum geheizt wird und dessen Temperatur zum Rand hin abfällt, oder, wie in Abb. 8.9, ein stationäres Dichteprofil mit einer zentralen Teilchenquelle und einer Senke am Rand? Nehmen wir eine über das Profil konstante Temperatur, so verschwindet der radiale Teilchenfluss, weil $\langle v \rangle_{f_M} = 0$ ist, wenn man über eine Maxwell-Verteilung mittelt. Die Antwort ist, dass ein Plasma mit einem Temperatur- oder Dichtegradienten, wie andere thermodynamische Systeme auch, immer einen nicht-thermischen Beitrag zur Maxwell-Verteilung erzeugt. Dieser Beitrag verschwindet nur im Grenzfall sehr hoher Stoßraten.

Dass dies so sein muss, kann man anhand der Boltzmann-Gleichung zeigen. In einem getriebenen Gleichgewicht mit $f = n f_M$, wobei f_M die Maxwell-Verteilung (7.6) ist, und ohne externe Kräfte, wird z. B. durch einen Gradienten in der Dichte der zweite Term der Boltzmann-Gleichung (7.37) ungleich null:

$$\mathbf{v} \cdot \nabla f(\mathbf{r}, \mathbf{v}) = f_M(v) \mathbf{v} \cdot \nabla n(\mathbf{r}) \neq 0 \quad \Rightarrow \quad \left(\frac{\partial f(\mathbf{r}, \mathbf{v})}{\partial t} \right)_{coll.} \neq 0. \tag{8.94}$$

Und da im kraftfreien Fall im Gleichgewicht alle anderen Terme verschwinden, muss auch der Stoßterm von null verschieden sein. Wie in Abschn. 7.2.5 dargestellt, ist dieses aber nicht möglich, wenn f eine Maxwell-Verteilung ist.

Gradienten führen also immer zu Abweichungen der Verteilungsfunktion von der Maxwell-Verteilung. Im Allgemeinen schreiben wir eine gestörte Verteilungsfunktion in der Form

$$f(\mathbf{r}, \mathbf{v}) = f_0(\mathbf{r}, v) + f_1(\mathbf{r}, \mathbf{v}) = n(\mathbf{r}) f_M(\mathbf{r}, v) + f_1(\mathbf{r}, \mathbf{v}). \tag{8.95}$$

Die Maxwell-Verteilung kann z. B. über die Temperatur vom Ort abhängen. Weiter setzen wir voraus, dass $f_1 \ll f_0$ ist. Dennoch ist f_1 dafür verantwortlich, dass in Plasmen Teilchen- und Wärmeflüsse auftreten.

Ähnlich wie wir es gerade für den Fall eines Dichtegradienten demonstriert haben, erzeugen auch Kräfte nichtmaxwellsche Beiträge. Ein Beispiel dazu wollen wir jetzt etwas genauer untersuchen. Nehmen wir dazu ein thermalisiertes Plasma mit konstanten Plasmaparametern an. Wenn keine Kräfte auftreten, sind alle Terme der Boltzmann-Gleichung (7.37) identisch null. Sobald wir aber ein elektrisches Feld $\mathbf{E}$ zuschalten, wird der entsprechende Term nichtthermische Beiträge zur Maxwell-Verteilung generieren. Wir wollen uns zuerst aus einer einfachen Überlegung die gestörte Verteilungsfunktion konstruieren und sie dann direkt aus der Boltzmann-Gleichung berechnen.

Ein elektrischen Feld soll geladene Teilchen für eine kurze Zeit τ beschleunigen. Damit erzielen alle Teilchen nach der Beziehung $m\delta\mathbf{v}/\tau = q\mathbf{E}$ den Geschwindigkeitszuwachs

$$\delta\mathbf{v} = \frac{q\mathbf{E}}{m}\tau. \tag{8.96}$$

Wir sind von einer Maxwell-Verteilung ausgegangen. Da jedes Teilchen den gleichen Geschwindigkeitszuwachs erzielt, ist die Verteilungsfunktion nach der Zeit τ gegeben durch

$$f(\mathbf{v}, \tau) = n\frac{\beta^3}{\pi^{3/2}}e^{-\beta^2(\mathbf{v}-\delta\mathbf{v})^2}. \tag{8.97}$$

Bei einer um $\delta\mathbf{v}$ zu positiven Werten verschobenen Verteilungsfunktion muss die Verschiebung im Exponenten von $\mathbf{v}$ abgezogen werden. Der Zeitschritt τ soll so kurz sein, dass δv klein gegen v ist, sodass nur Terme bis zur ersten Ordnung wichtig werden. Eine Taylor-Entwicklung ergibt:

$$f(\mathbf{v}, \tau) \approx nf_M(v)\left(1 + 2\beta^2\mathbf{v}\cdot\delta\mathbf{v}\right). \tag{8.98}$$

Mit (8.96) erhalten wir für die Störung der Verteilungsfunktion den Ausdruck

$$f_1(\mathbf{v}, \tau) = \frac{2q\beta^2}{m}\mathbf{v}\cdot\mathbf{E}nf_M(\mathbf{r}, v)\tau. \tag{8.99}$$

Die Störung f_1 ist verantwortlich dafür, dass Teilchen- und Energiefluss generiert werden.

Der gleiche Ausdruck folgt auch direkt aus der Boltzmann-Gleichung. Doch betrachten wir zunächst, wie sich der Stoßterm durch f_1 ändert. Wir setzen (8.95) in den Ausdruck für den Boltzmann-Stoßterm (7.34) ein und erhalten in erster Ordnung der Störung:

$$\left(\frac{\partial f(\mathbf{v}_1)}{\partial t}\right)_{coll.} = -n\int d^3v_2\, d^3v_1'\, d^3v_2'\, \{f_M(\mathbf{v}_2)f_1(\mathbf{v}_1) + f_M(\mathbf{v}_1)f_1(\mathbf{v}_2)$$
$$-f_M(\mathbf{v}_1')f_1(\mathbf{v}_2') - f_M(\mathbf{v}_2')f_1(\mathbf{v}_1')\}\, s(\mathbf{v}_1, \mathbf{v}_2, \mathbf{v}_1', \mathbf{v}_2').$$

Dabei haben wir verwendet, dass der Term nullter Ordnung verschwindet, da nur über Maxwell-Verteilungen integriert wird. Terme mit f_1^2 werden vernachlässigt. Der erste Term kann explizit ausgerechnet werden. Wir nehmen ihn als charakteristische Größe für den Stoßterm und schreiben den *Stoßterm in linearer Näherung* als

$$\left(\frac{\partial f(\mathbf{v}_1)}{\partial t} \right)_{coll.} \approx -f_1(\mathbf{v}_1) \int d^3v_2 \, d^3v_1' \, d^3v_2' \, n f_M(\mathbf{v}_2) s(\mathbf{v}, \mathbf{v}', \mathbf{v}_1, \mathbf{v}_2). \tag{8.100}$$

Nun haben wir das verbleibende Integral, das einen Integranden der Form (8.12) hat, in ähnlicher Form schon ausgewertet. Dazu haben wir s in den differentiellen Wirkungsquerschnitt umgeschrieben, was zu (8.13) führte. Gewichtet mit den entsprechenden Größen folgten daraus die mittleren Impuls- und Energieüberträge. Darüber war das Integral dann mit den Relaxationszeiten verknüpft. Das Integral steht also für die Impulsrelaxationszeit (8.72) der Elektronen, die bei Kleinwinkelstößen die relevante Zeitkonstante für Impulsänderung von Teilchen in einem thermalisierten Hintergrundplasma ist.

Daraus folgt der *Krook-Stoßterm*

$$\left(\frac{\partial f(\mathbf{v})}{\partial t} \right)_{coll.} \approx -\frac{f_1(\mathbf{v})}{\tau_\parallel^{ei}(v)} = -\frac{f_1(\mathbf{v})}{\tau_{ei}(v_e)}, \tag{8.101}$$

wobei wir für die geschwindigkeitsabhängige Impulsrelaxationszeit für Elektron-Ionen-Stöße verwenden (8.74) verwenden. Elektron-Elektron-Stöße vernachlässigen wir hier. Mit dem vereinfachten Stoßterm, der dem *Lorentz-Modell* entspricht, können wir jetzt aus der Boltzmann-Gleichung (7.37) f_1 berechnen. Auf der linken Seite vernachlässigen wir f_1 gegen f_M und erhalten so für ein Plasma ohne Magnetfeld:

$$\left\{ \frac{\partial}{\partial t} + \mathbf{v} \cdot \nabla + \frac{q}{m} \mathbf{E} \cdot \nabla_v \right\} n f_M(\mathbf{r}, \mathbf{v}) \approx -\frac{f_1(\mathbf{v})}{\tau_{ei}(v_e)}. \tag{8.102}$$

Für den Fall eines elektrischen Feldes und eines thermalisierten Plasmas bei konstanter Dichte und Temperatur folgt daraus für den stationären Fall der bekannte Ausdruck (8.99):

$$2 \frac{q}{m} \beta^2 \mathbf{E} \cdot \mathbf{v} n f_M(v) = \frac{f_1(\mathbf{v})}{\tau_{ei}(v_e)}.$$

Der Krook-Ansatz liefert also dieselbe Verteilungsfunktion, wie wir sie aus einfachen Überlegungen gewonnen haben. Die Störung der Verteilungsfunktion verschwindet im Grenzfall kurzer Stoßzeiten.

Im allgemeinen Fall werden neben den Kräften auch Gradienten über den zweiten Term in (8.102) Beiträge zu f_1 liefern. Wir lassen nun ortsabhängige Dichte- und Temperaturprofile zu und setzen für die Verteilungsfunktion an:

$$f_0(\mathbf{r}, v) = n(\mathbf{r}) f_M(\mathbf{r}, v) = n(\mathbf{r}) \frac{\beta^3(\mathbf{r})}{\pi^{3/2}} e^{-\beta^2(\mathbf{r}) v^2}. \tag{8.103}$$

Unter Verwendung von

$$\frac{\nabla \beta}{\beta} = -\frac{\nabla T}{2T} \qquad (8.104)$$

erhalten wir aus (8.102) für die stationäre Störung der Verteilungsfunktion:

$$f_1(\mathbf{r}, \mathbf{v}) = -\tau_{ei}(v_e)\mathbf{v} \cdot \left\{ \frac{\nabla n}{n} - \frac{3}{2}\frac{\nabla T}{T} + \beta^2 v^2 \frac{\nabla T}{T} - \frac{q}{T}\mathbf{E} \right\} n(\mathbf{r})f_M(\mathbf{r}, \mathbf{v}). \qquad (8.105)$$

Aus diesem Ausdruck lassen sich nun Teilchen- und Wärmeflüsse und damit die Transportkoeffizienten berechnen.

8.3.2 Elektrische Leitfähigkeit

Die Überlegungen im letzten Abschnitt lassen sich direkt zur Berechnung der elektrischen Leitfähigkeit heranziehen. Dazu betrachten wir ein thermisches Plasma; die mittleren Geschwindigkeiten von Elektronen und Ionen sind Null. Legt man ein elektrisches Feld parallel zum Magnetfeld an, so wird die Verteilungsfunktion gestört, woraus ein elektrischer Strom resultiert. Wir betrachten die Elektronen, denn die Ionen tragen aufgrund ihrer Masse vergleichsweise wenig zum Plasmastrom bei. Der erzeugte Strom wird praktisch allein von der Störung in der Verteilungsfunktion der Elektronen getragen. Der *elektrische Strom* ist also definiert als

$$\mathbf{j} = -e \int \mathrm{d}^3 v \, \mathbf{v} f_{1e}(\mathbf{v}).$$

Wir berechnen den Strom parallel zum elektrischen Feld, das in x-Richtung zeigen soll. Dazu setzen wir (8.105) in das Integral ein, wobei die Gradienten in Dichte und Temperatur verschwinden sollen. Unter den gegebenen Bedingungen bleibt unter dem Integral der Faktor v_x^2 übrig, der in Kugelkoordinaten zu $v^2 \cos^2 \theta$ wird. Die Integration über Kugelkoordinaten erzeugt ein weiteres v^2 wegen $\mathrm{d}^3 v = \mathrm{d}\varphi \sin\theta \mathrm{d}\theta v^2 \mathrm{d}v$, und für $\tau_{ei}(v)$ verwenden wir den Ausdruck (8.74), der in der dritten Potenz vom Betrag der Geschwindigkeit abhängt, sodass die Geschwindigkeit in der siebten Potenz auftritt. Insgesamt folgt:

$$j_x = \frac{8\beta^5 m_e \epsilon_0^2}{\sqrt{\pi} e^2 Z_i \ln \Lambda} E \int_0^{2\pi} \mathrm{d}\varphi \int_0^\pi \sin\theta \cos^2\theta \mathrm{d}\theta \int_0^\infty v^7 e^{-\beta^2 v^2} \mathrm{d}v, \qquad (8.106)$$

wobei wir nur eine Ionensorte angenommen und die Neutralitätsbedingung $n_e = Z_i n_i$ verwendet haben. Die Winkelintegrale ergeben den Faktor $4\pi/3$ und das Geschwindigkeitsintegral ergibt nach (B.43) den Wert $3/\beta^8$. In Vektorschreibweise folgt demnach

$$\mathbf{j} = \frac{32\sqrt{\pi} m_e \epsilon_0^2}{e^2 Z_i \ln \Lambda \beta^3} \mathbf{E}. \qquad (8.107)$$

Mit $\mathbf{j} = \sigma \mathbf{E}$ und $\beta^2 = m_e/2T_e$ finden wir für die *elektrische Leitfähigkeit* die Beziehung

$$\sigma_L = \frac{64\sqrt{2\pi}\,\epsilon_0^2}{e^2\sqrt{m_e}Z_i \ln \Lambda} T_e^{3/2} \approx 2000 T_e^{3/2} \left[\frac{A}{Vm}\right]. \tag{8.108}$$

Der Index L soll daran erinnern, dass wir die Leitfähigkeit im *Lorentz-Modell* abgeleitet haben. Die elektrische Leitfähigkeit hängt also, außer über $\ln \Lambda$, nicht von der Dichte ab, denn sowohl die Zahl der Ladungsträger als auch die Häufigkeit der Stöße nehmen mit der Dichte zu, sodass sich beide Einflüsse auf die Leitfähigkeit aufheben. In einem Plasma mit 2 keV Elektronentemperatur kann man mit einem Feld von 0,1 V/m einen Plasmastrom von 3,6 MA/m^2 treiben. Oft wird auch anstelle von σ die *Resistivität* $\eta = 1/\sigma$ verwendet.

Wenn wir die Leitfähigkeit schreiben wollen als

$$\sigma_L = \frac{e^2 n_e}{m_e \nu_L^{ei}}, \tag{8.109}$$

so können wir aus (8.108) einen Ausdruck für die *Elektron-Ion-Stoßfrequenz im Lorentz-Modell* ableiten, der die Form hat

$$\nu_L^{ei} = \frac{e^4 n_e Z_i \ln \Lambda}{64\sqrt{2\pi}\,m_e \epsilon_0^2 T_e^{3/2}}. \tag{8.110}$$

Dieser Ausdruck, der die Relaxationszeit einer gestörten Elektronenverteilung durch Elektron-Ion-Stöße beschreibt, unterscheidet sich von dem früher abgeleiteten Ausdruck (8.77), der für ein einzelnes Elektron im Plasma gilt, um den Faktor $\nu_L^{ei}/\nu_{ei} = \sqrt{\pi}/8 \approx 0,22$.

Die Stoßfrequenz ν_{ei}^L ist identisch mit dem von L. Spitzer hergeleiteten Ausdruck [8]. Ein erweitertes Modell für die Leitfähigkeit des Plasmas, wie es ebenfalls von L. Spitzer berechnet wurde, berücksichtigt Elektron-Elektron-Stöße, die zu einer Reduktion der mittleren Elektronengeschwindigkeit führen und so die Stoßfrequenz der Elektronen mit den Ionen erhöhen. Es resultiert daraus eine Reduktion der Leitfähigkeit um den Faktor 0,51. Die *Spitzer-Leitfähigkeit* ist daher gegeben durch

$$\sigma_{Sp} = 0,51\sigma_L. \tag{8.111}$$

Für den Fall starker Magnetfelder ist bei Spitzer nachzulesen, dass die *senkrechte Leitfähigkeit* im Lorentz-Modell gegeben ist durch

$$\sigma_{Sp\perp} = \frac{3\pi}{32}\sigma_L, \tag{8.112}$$

woraus eine Relaxationszeit für die Komponente der Verteilungsfunktion senkrecht zu $\mathbf{B}$ folgt. Diese *senkrechte Stoßfrequenz* ist gegeben durch

$$\nu_\perp^{ei} = \frac{32}{3\pi}\nu_L^{ei} = \frac{e^4 n_e Z_i \ln \Lambda}{6\pi\sqrt{2\pi}\,m_e \epsilon_0^2 T_e^{3/2}}. \tag{8.113}$$

Eine mit der Leitfähigkeit verwandte Größe ist die *Beweglichkeit* oder *Mobilität* der Teilchen, definiert als die Proportionalitätskonstante zwischen Strömungsgeschwindigkeit und elektrischem Feld in $\mathbf{u} = \mu\mathbf{E}$. Für die Beweglichkeit der Elektronen ohne oder parallel zum Magnetfeld gilt daher wegen $\mathbf{j} = -en\mathbf{u} = -en\mu_{\|e}\mathbf{E}$:

$$\mu_{\|e} = -\frac{\sigma}{en_e}. \tag{8.114}$$

Diesen Ausdruck kann man durch Ersetzen der entsprechenden Teilchengrößen wie die Stoßzeit (8.78) direkt auf die Ionen übertragen. Es folgt, dass die Beweglichkeit der Elektronen wesentlich höher als die der Ionen ist. Mit $n_e = n_i$ und folglich $Z_i = 1$ gilt:

$$\frac{\mu_{\|e}}{\mu_{\|i}} = -\left(\frac{m_i}{m_e}\right)^{1/2}\left(\frac{T_e}{T_i}\right)^{3/2}. \tag{8.115}$$

8.3.3 Diffusion parallel zum Magnetfeld

Diffusion tritt auf, wenn die Teilchendichte oder die Temperatur vom Ort abhängt. Nach (7.78) und (7.76) folgt für die Elektronen die *Teilchenflussdichte parallel zum Magnetfeld* aus einem Integral über die Verteilungsfunktion der Form

$$\mathbf{\Gamma}_\| = \int d^3v \; \mathbf{v} f(\mathbf{v}) = \int d^3v \; \mathbf{v} f_{1e}(\mathbf{v}).$$

Die Rechnung erfolgt analog zu der im vorigen Abschnitt, wobei wir hier, außer dem elektrischen Feld, alle Terme aus der gestörten Verteilungsfunktion (8.105) berücksichtigen. Wir setzen wieder die Relaxationszeit (8.74) ein und erhalten den Ausdruck

$$\mathbf{\Gamma}_\| = -\frac{16\sqrt{\pi}\,\epsilon_0^2 m_e^2 \beta_e^3}{3e^4 Z_i \ln\Lambda}\int d^3v\left\{v^7\left(\frac{\nabla n_e}{n_e} - \frac{3}{2}\frac{\nabla T_e}{T_e}\right) + \beta^2 v^9\frac{\nabla T_e}{T_e}\right\} n(\mathbf{r})f_M(\mathbf{r},\mathbf{v}).$$

Die Lösungen der Integrale können wir im Anhang (B.43) nachschlagen. Damit erhalten wir für die Teilchenstromdichte

$$\mathbf{\Gamma}_\| = -\frac{8\sqrt{\pi}\,\epsilon_0^2 m_e^2}{3e^4 Z_i \ln\Lambda\,\beta_e^5}\left\{\Gamma(4)\left(\frac{\nabla n_e}{n_e} - \frac{3}{2}\frac{\nabla T_e}{T_e}\right) + \Gamma(5)\frac{\nabla T_e}{T_e}\right\}$$

und nach dem Einsetzen von β_e:

$$\mathbf{\Gamma}_\| = -\frac{64\sqrt{2\pi}\,\epsilon_0^2 T_e^{5/2}}{e^4\sqrt{m_e}Z_i \ln\Lambda}\left(\frac{\nabla n_e}{n_e} + \frac{5}{2}\frac{\nabla T_e}{T_e}\right). \tag{8.116}$$

Aus dem ersten Term folgt für den *Diffusionskoeffizienten der Elektronen* ohne oder parallel zum Magnetfeld der Ausdruck

$$D_{\|e} = \frac{64\sqrt{2\pi}\,\epsilon_0^2}{e^4\sqrt{m_e}Z_i \ln \Lambda}\,\frac{T_e^{5/2}}{n_e} \approx 1{,}2 \times 10^{22}\frac{T_e^{5/2}}{n_e}. \tag{8.117}$$

Der zweite Term in der Klammer stellt das Außerdiagonalelement der Transportmatrix dar, welches die *Thermodiffusion* beschreibt, also Teilchentransport, getrieben durch einen Temperaturgradienten. Die entsprechende Beziehung für die Ionen ist ganz analog herzuleiten, indem man die Relaxationszeit der Ionen verwendet.

Für das Folgende vernachlässigen wir wieder den Temperaturgradienten. Ein Vergleich des Diffusionskoeffizienten (8.117) mit der Beweglichkeit (8.114) ergibt eine Beziehung, die als *Einstein-Relation* bekannt ist:

$$\frac{D_\|}{\mu_\|} = \frac{T}{q}. \tag{8.118}$$

Sie besagt, dass Beweglichkeit und Diffusionskoeffizient der Teilchen in enger Beziehung zueinander stehen.

Wir haben gerade den Diffusionskoeffizienten aus der kinetischen Theorie abgeleitet. Zu einem sehr ähnlichen Ergebnis gelangen wir im Einzelteilchenbild, indem wir den Diffusionskoeffizienten aus einer Random-Walk-Überlegung ableiten (siehe Abschn. 7.3.2). Danach ist er gegeben als das Quadrat der mittleren freien Weglänge, geteilt durch zweimal die Stoßzeit. Dabei ist die mittlere freie Weglänge gerade die Teilchengeschwindigkeit, multipliziert mit der Zeit bis zum nächsten Stoß, die für Elektronen durch die Elektron-Ion-Stoßzeit (8.77) gegeben ist. Es folgt:

$$D_{\|e} \approx \frac{\lambda^2}{2\tau_{ei}} = \frac{(v_{th,e}\tau_{ei})^2}{2\tau_{ei}} = \frac{1}{2}v_{th,e}^2\tau_{ei}. \tag{8.119}$$

Indem wir die thermische Geschwindigkeit und die Stoßzeit (8.74) einsetzen, sehen wir, dass diese einfache Herleitung die gleichen Parameterabhängigkeiten wie (8.117) liefert, mit einen nur um den Faktor $8/\sqrt{\pi}$ kleineren Wert.

8.3.4 Thermische Leitfähigkeit parallel zum Magnetfeld

Die thermische Leitfähigkeit ist die Proportionalitätskonstante zwischen Temperaturgradienten und Wärmefluss, ausgewertet bei konstantem Druck. Eine ortsabhängige Temperatur kann bei konstantem Druck nur auftreten, wenn die Dichte auch ortsabhängig ist.

Die *Energieflussdichte parallel zum Magnetfeld* ist analog zu (7.95) definiert durch

$$\mathbf{q}_\| = \int \mathrm{d}^3v\,\frac{1}{2}m_e v^2 \mathbf{v} f_{1e}(\mathbf{v}); \tag{8.120}$$

sie umfasst sowohl den Wärmefluss als auch einen konvektiven Anteil. Wir setzen die Verteilungsfunktion (8.105) ein, vernachlässigen das elektrische Feld und lösen die auftretenden Integrale in Kugelkoordinaten. Wir beschränken uns wieder auf eine Raumdimension. Dabei wählen wir die Richtung mit $\theta = 0$ parallel zu den Gradienten, sodass zwei Terme mit $\cos\theta$ auftreten, einer von dem Skalarprodukt $\mathbf{v} \cdot \nabla$, der andere aus der gewählten Komponente v_x aus (8.120). Analog zur Berechnung der elektrischen Leitfähigkeit finden wir:

$$\mathbf{q}_\parallel = -\frac{8\sqrt{\pi}\,\epsilon_0^2 m_e^3 \beta_e^3}{3e^4 Z_i \ln\Lambda} \int_0^\infty dv \left\{ v^9 \frac{\nabla n_e}{n_e} - \frac{3}{2} v^9 \frac{\nabla T_e}{T_e} + \beta^2 v^{11} \frac{\nabla T_e}{T_e} \right\} e^{-\beta^2 v^2}.$$

Die Integrale lösen wir mithilfe von (B.43) und erhalten so

$$\mathbf{q}_\parallel = -\frac{4\sqrt{\pi}\,\epsilon_0^2 m_e^3}{3e^4 Z_i \ln\Lambda\,\beta_e^7} \left\{ \Gamma(5)\left(\frac{\nabla n_e}{n_e} - \frac{3}{2}\frac{\nabla T_e}{T_e} \right) + \Gamma(6)\frac{\nabla T_e}{T_e} \right\}.$$

Wenn wir einen konstanten Druck voraussetzen, dürfen wir den Gradienten der Dichte durch das Negative des Gradienten der Temperatur ersetzen, sodass sich die geschweifte Klammer mit den Werten für die Gamma-Funktion aus Tab. B.1 auf $60\nabla T/T$ reduziert. Zusammengefasst resultiert also für die gesamte Energieflussdichte der Elektronen:

$$\mathbf{q}_\parallel = -\frac{80\sqrt{\pi}\,\epsilon_0^2 m_e^3}{e^4 Z_i \ln\Lambda\,\beta_e^7}\frac{\nabla T_e}{T_e} = \frac{640\sqrt{2\pi}\,\epsilon_0^2 T_e^{5/2}}{e^4 \sqrt{m_e} Z_i \ln\Lambda}\nabla T_e. \tag{8.121}$$

Um daraus den Wärmeleitkoeffizienten zu erhalten, müssen wir den konvektiven Anteil am Energiefluss abziehen, den wir entsprechend der Energiegleichung (7.97) aus der Teilchenflussdichte (8.116) berechnen. Die *Wärmeflussdichte* ist demnach gegeben durch

$$\mathbf{q}_{cond,\parallel} = q_\parallel - \frac{5}{2}T_e\Gamma_\parallel = \frac{400\sqrt{2\pi}\,\epsilon_0^2 T_e^{5/2}}{e^4 \sqrt{m_e} Z_i \ln\Lambda}\nabla T_e = -\kappa_{L,e}\nabla T_e, \tag{8.122}$$

wobei wir (8.116) ebenfalls für einen konstantem Druck ausgewertet haben, was zu den gleichen Parameterabhängigkeiten wie beim Energietransport führt, nur mit dem Vorfaktor 240. Für die *thermische Leitfähigkeit der Elektronen im Lorentz-Modell* folgt daraus die Beziehung

$$\kappa_{L,e} = \frac{400\sqrt{2\pi}\,\epsilon_0^2}{e^4 \sqrt{m_e} Z_i \ln\Lambda}T_e^{5/2} \approx 7{,}5 \times 10^{22} T_e^{5/2}. \tag{8.123}$$

wobei wir wieder $\ln\Lambda = 17$ verwendet haben; die Temperatur ist in eV einzusetzen, um κ in den Einheiten 1/ms zu erhalten. Der Index L zeigt an, dass die Herleitung im Rahmen des Lorentz-Modells erfolgt ist, welches nur Elektron-Ion-Stöße berücksichtigt.

Wie bei der Berechnung der elektrischen Leitfähigkeit reduzieren Elektron-Elektron-Stöße auch die thermische Leitfähigkeit. Unter Berücksichtigung dieses Einflusses schrumpft die Größe um etwa den Faktor 7 und die *thermische Leitfähigkeit* der Elektronen hat dann den Wert

$$\kappa_e \approx 60 \frac{\sqrt{2\pi}\,\epsilon_0^2}{e^4\sqrt{m_e}Z_i \ln\Lambda} T_e^{5/2} \approx 1,1 \times 10^{22} T_e^{3/2}. \tag{8.124}$$

Dieser Ausdruck stimmt mit der in der Literatur oft zu findenden Form $\kappa = 3,16 nT\tau^*/m_e$ überein, wenn man bedenkt, dass dort die Stoßzeit als $\tau^* = 3\sqrt{\pi}\,\tau_{ei}/4$ definiert ist, mit der Stoßzeit aus (8.77). Der *parallele Wärmeleitkoeffizient* ist wiederum definiert durch

$$\chi_e = \frac{\kappa_e}{n_e}. \tag{8.125}$$

8.3.5 Die Onsager-Symmetrie

Wir haben jetzt nacheinander die Gleichungen für Impuls-, Teilchen- und Energiefluss untersucht. Dabei haben wir der Verteilungsfunktion verschiedene Beschränkungen auferlegt. Wir wollen jetzt die drei Beziehungen noch einmal für die allgemeinste Verteilungsfunktion ohne Magnetfeld (8.105) zusammenfassen. Die auszuführenden Integrale kann man als Matrix schreiben der Form

$$\begin{pmatrix} \Gamma \\ 2\mathbf{q}/m \\ \mathbf{j}/q \end{pmatrix} \sim \int_0^\infty \mathrm{d}v f_M \begin{pmatrix} v^7 & \{\beta^2 v^2 - \tfrac{3}{2}\} v^7 & v^7 \\ v^9 & \{\beta^2 v^2 - \tfrac{3}{2}\} v^9 & v^9 \\ v^7 & \{\beta^2 v^2 - \tfrac{3}{2}\} v^7 & v^7 \end{pmatrix} \begin{pmatrix} \nabla n/n \\ \nabla T/T \\ -q\mathbf{E}/T \end{pmatrix}. \tag{8.126}$$

Über die Matrix wird also eine Verbindung hergestellt zwischen den thermodynamischen Kräften auf der rechten Seite und den Flüssen auf der linken. Durch einfaches Umdefinieren der Kräfte wird die Matrix symmetrisch:

$$\begin{pmatrix} \Gamma \\ 2\mathbf{q}/m \\ \mathbf{j}/q \end{pmatrix} \sim \int_0^\infty \mathrm{d}v f_M \begin{pmatrix} v^7 & v^9 & v^7 \\ v^9 & v^{11} & v^9 \\ v^7 & v^9 & v^7 \end{pmatrix} \begin{pmatrix} \nabla n/n - \tfrac{3}{2}\nabla T/T \\ \beta^2 \nabla T/T \\ -q\mathbf{E}/T \end{pmatrix}. \tag{8.127}$$

Wir erkennen hier die *Onsager-Symmetrie* der Transportmatrix. Diese Symmetrie überträgt sich auf die Transportkoeffizienten.

8.3.6 Ambipolare Diffusion

Wie gesehen, hängt der parallele Diffusionskoeffizient (8.117) invers von der Wurzel der Teilchenmasse ab. Elektronen diffundieren also wesentlich schneller als Ionen. Nehmen wir ein Plasma mit einem Dichtegradienten parallel zum Magnetfeld. Aufgrund des größeren Diffusionskoeffizienten werden Elektronen schneller als Ionen den Dichtegradienten hinab diffundieren. Diese Argumentation macht natürlich nur dann Sinn, wenn sich der Gradient über viele mittlere freie Weglängen erstreckt. Auf kürzeren Strecken läuft die Diskussion über die thermische Geschwindigkeit. Dieser Fall wird in Abschn. 9.3 relevant, wo wir den Plasma-Wand-Übergang diskutieren.

Durch die unterschiedlich schnelle Diffusion wird sich das Plasma elektrisch aufladen. Es entsteht ein elektrisches Feld, welches die Bewegung der Elektronen hemmt und die der Ionen beschleunigt, bis im Gleichgewicht sich gleiche Flüsse von Elektronen und Ionen einstellen werden. Diesen Fluss, der netto keine elektrische Ladung transportiert, nennt man den *ambipolaren Teilchenfluss*.

Bei konstanter Temperatur besteht der Teilchenfluss aus zwei Beiträgen, der Diffusion aufgrund des Dichtegradienten und einer Konvektion wegen des elektrischen Feldes. Für Elektronen und Ionen sind die Teilchenflüsse gegeben durch

$$\boldsymbol{\Gamma}_{\|e} = -D_{\|e}\nabla n + \mu_{\|e}n\mathbf{E}$$
$$\boldsymbol{\Gamma}_{\|i} = -D_{\|i}\nabla n + \mu_{\|i}n\mathbf{E}. \tag{8.128}$$

$\mathbf{E}$ steht hier für das aus Ladungsdichten generierte elektrische Feld. Im Gleichgewicht müssen beide Flüsse gleich sein ($\boldsymbol{\Gamma}_{\|e} = \boldsymbol{\Gamma}_{\|i}$), denn sonst würde sich das Plasma immer weiter aufladen. Aus dieser Bedingung folgt das *ambipolare elektrische Feld*

$$\mathbf{E}^{amb} = \left(\frac{D_{\|i} - D_{\|e}}{\mu_{\|i} - \mu_{\|e}}\right)\frac{\nabla n}{n} \approx \frac{D_{\|e}}{\mu_{\|e}}\frac{\nabla n}{n}. \tag{8.129}$$

Dabei haben wir verwendet, dass wegen der Quasineutralitätsbedingung Dichten und deren Gradienten in sehr guter Näherung gleich sein müssen. Wegen der Einstein-Relation (8.118) und weil $D_{\|i}$ gegen $D_{\|e}$ vernachlässigt werden kann, folgt für einfach geladene Ionen

$$\mathbf{E}^{amb} \approx -\frac{T_e}{en}\nabla n. \tag{8.130}$$

Das Feld selbst wird aus einem Unterschied zwischen Elektronen- und Ionendichte erzeugt. Aus der Poisson-Gleichung

$$\nabla \cdot \mathbf{E}^{amb} = -\frac{e}{\epsilon_0}(n_e - n_i)$$

berechnen wir jetzt die Ladungsdichte. Dazu nehmen wir an, L sei die charakteristische Abfalllänge von Dichte und elektrischem Feld. Dann ergibt sich aus (8.130)

$$\nabla \cdot \mathbf{E}^{amb} \approx \frac{E^{amb}}{L} \approx -\frac{T_e}{enL}\frac{n}{L} = -\frac{T_e}{eL^2},$$

Beim Vorzeichen ist zu beachten, dass ein negativer Dichtegradient ein positives Feld erzeugt. Nun folgt für den relativen Ionenüberschuss die Beziehung

$$\frac{n_i - n_e}{n} \approx \frac{\epsilon_0}{e^2} \frac{T_e}{nL^2} = \left(\frac{\lambda_D}{L}\right)^2 \ll 1. \tag{8.131}$$

Die Debye-Länge ist in (1.14) definiert, da sie nur einen Bruchteil der Plasmaabmessung ausmacht, genügen sehr kleine Differenzen in den Dichten, um die Flüsse über die erzeugten Felder ambipolar zu machen. Dies zeigt einmal mehr die *Quasineutralität* des Plasmas, wie wir sie in Abschn. 1.4.1 diskutiert haben.

Die ambipolare Diffusionskonstante, mit der beide Teilchensorten diffundieren, folgt aus (8.128) unter Verwendung des ambipolaren elektrischen Feldes (8.129). Wir definieren den ambipolaren Teilchenfluss

$$\mathbf{\Gamma}^{amb} = -D^{amb} \nabla n \tag{8.132}$$

mit der *ambipolaren Diffusionskonstanten*

$$D_\parallel^{amb} = D_{\parallel i} - \mu_{\parallel i} \frac{D_{\parallel i} - D_{\parallel e}}{\mu_{\parallel i} - \mu_{\parallel e}} = D_{\parallel i} \left(1 - \frac{1 - D_{\parallel e}/D_{\parallel i}}{1 - \mu_{\parallel e}/\mu_{\parallel i}}\right) \approx D_{\parallel i} \left(1 + \frac{T_e}{T_i}\right). \tag{8.133}$$

Die letzte Umformung verwendet wieder die Massenabhängigkeit der Transportkoeffizienten und die Einstein-Relation (8.118). Bei gleichen Temperaturen in beiden Spezies ist der ambipolare Diffusionskoeffizient durch $2D_{\parallel i}$ gegeben. In einem Niedertemperaturplasma ist die Elektronentemperatur typischerweise mindestens 50-mal höher als die der Ionen, sodass für den Koeffizienten $D_{\parallel i} T_e/T_i$ zu nehmen ist.

Die gleichen Argumente gelten auch für die Diffusion senkrecht zum Magnetfeld. Nur werden in diese Richtung die Ionen und nicht die Elektronen die höchste Beweglichkeit besitzen und also die Elektronen die Größe des ambipolaren Transports bestimmen.

8.3.7 Diffusion senkrecht zum Magnetfeld

Bisher haben wir Transportprozesse nur für ein unmagnetisiertes Plasma bzw. parallel zu einem Magnetfeld behandelt. Senkrecht zum Magnetfeld ist die Beweglichkeit der Teilchen stark eingeschränkt, wodurch die Transportkoeffizienten kleinere Werte annehmen. Zur Behandlung des Transports senkrecht zum Magnetfeld müssen wir, entsprechend dem unmagnetisierten Fall (8.105), die Störung der Verteilungsfunktion neu berechnen. Unter Vernachlässigung eines elektrischen Feldes und des Temperaturgradienten folgt aus der Boltzmann-Gleichung (7.37) für die Störung f_1 der Verteilungsfunktion:

$$\mathbf{v} \cdot \nabla (n(\mathbf{r}) f_M(\mathbf{v})) + \frac{q}{m}(\mathbf{v} \times \mathbf{B}) \cdot \nabla_v f_1(\mathbf{r}, \mathbf{v}) = -\frac{f_1(\mathbf{r}, \mathbf{v})}{\tau_e}. \tag{8.134}$$

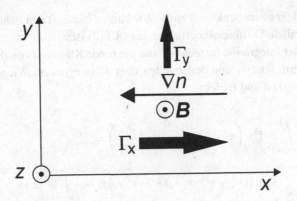

Abb. 8.10 Geometrie zur Berechnung des Diffusionskoeffizienten senkrecht zum Magnetfeld

Hier ist die senkrechte *Elektron-Ion-Stoßzeit* zu verwenden, für die für einfach geladene Ionen nach (8.74) gilt: $\tau_\perp^{ei} = \tau_e$. Wir behandeln also wieder die Diffusion der Elektronenkomponente des Plasmas. Der Term mit der Lorentz-Kraft verschwindet in nullter Ordnung, denn aus der Ableitung $\nabla_v f_M$ resultiert $(\mathbf{v} \times \mathbf{B}) \cdot \mathbf{v} = 0$. Daher tritt nun hier auch der gestörte Anteil der Verteilungsfunktion f_1 auf.

Wie in Abb. 8.10 zu sehen, richten wir das Koordinatensystem so aus, dass $\mathbf{B}$ in z- Richtung und der Dichtegradient in die negative x-Richtung zeigt, sodass er nur eine Komponente senkrecht zum Magnetfeld hat. Mit $\omega_{ce} = eB/m$ finden wir:

$$f_1(\mathbf{r}, \mathbf{v}) = -\tau_e \mathbf{v} \cdot \left(\frac{\nabla n}{n} \right) n(x) f_M(\mathbf{v}) - \tau_e \omega_{ce} \left(v_y \frac{\partial f_1(\mathbf{r}, \mathbf{v})}{\partial v_x} - v_x \frac{\partial f_1(\mathbf{r}, \mathbf{v})}{\partial v_y} \right). \qquad (8.135)$$

Den Teilchenfluss erhalten wir wieder aus $\mathbf{\Gamma} = \int d^3v \, \mathbf{v} f_1(\mathbf{v})$. Für die Stoßzeit müssen wir (8.72) verwenden, wie wir es schon bei der Berechnung des Stroms (8.106) getan haben. Dadurch kommt ein zusätzlicher Faktor v^3 unter das Integral. Hier können wir die Integration allerdings nicht in Kugelkoordinaten durchführen, sondern müssen berücksichtigen, dass f_1 durch das Magnetfeld nicht kugelsymmetrisch im Geschwindigkeitsraum ist. Für die Komponenten des Teilchenflusses senkrecht zum Magnetfeld erhalten wir die Ausdrücke

$$\Gamma_x = -\hat{\tau}_e \int d^3v \, v^3 \times \left\{ v_x^2 \frac{\partial_x n}{n} f_M - \omega_{ce} \left(v_x v_y \frac{\partial f_1}{\partial v_x} - v_x^2 \frac{\partial f_1}{\partial v_y} \right) \right\}, \qquad (8.136)$$

$$\Gamma_y = -\hat{\tau}_e \omega_{ce} \int d^3v \, v^3 \left(v_y^2 \frac{\partial f_1}{\partial v_x} - v_x v_y \frac{\partial f_1}{\partial v_y} \right). \qquad (8.137)$$

Wobei wir hier die Abhängigkeiten der Verteilungsfunktion unterdrückt haben und mit $\hat{\tau}_e$ das τ_e ohne den Faktor v^3 bezeichnen. Der erste Term von Γ_x entspricht dem Ausdruck für den Transport parallel zum Magnetfeld $\Gamma_\parallel$ aus (8.116). Allerdings steht hier vor dem

Integral der Dichtegradient senkrecht zu **B**. Wir kürzen diesen Term daher mit $-D_\parallel \partial_x n$ ab, wobei $D_\parallel$ der parallele Diffusionskoeffizient aus (8.117) ist.

Mittels partieller Integration formen wir nun die runde Klammer von (8.136) um, indem wir den ersten Term über v_x und den zweiten über v_y integrieren. Wir verwenden dabei, dass $f_1(v \to \infty) = 0$ ist und finden:

$$\int_{-\infty}^{+\infty} \mathrm{d}^3 v \left(v^3 v_x v_y \frac{\partial f_1}{\partial v_x} - v^3 v_x^2 \frac{\partial f_1}{\partial v_y} \right) =$$

$$-\int_{-\infty}^{+\infty} \mathrm{d}^3 v \left((v^3 v_y + 3 v v_x^2 v_y) - 3 v v_x^2 v_y \right) f_1 = -\int_{-\infty}^{+\infty} \mathrm{d}^3 v \, v v^3 v_y f_1 .$$

In analoger Weise folgt aus (8.137) ein ähnlicher Ausdruck, bei dem der Integrand $v^3 v_x f_1$ auftritt. Bis auf den Term v^3 entsprechen die resultierenden Ausdrücke gerade den Definitionen der Teilchenflüsse in die jeweils andere Richtung. Wegen des Terms v^3 können wir die Differentialgleichungen (8.136) und (8.137) nicht weiter vereinfachen. Um dennoch zu einem geschlossenen Ausdruck für den Diffusionskoeffizienten zu gelangen, ersetzen wir die geschwindigkeitsabhängige Stoßzeit durch ihren mittleren Wert (8.76), der nur noch von der Temperatur abhängt. Damit entfällt das v^3 unter den Integralen und wir können für $\hat{\tau}_e$ wieder τ_e schreiben. Wir erhalten so die gekoppelten Gleichungen

$$\Gamma_x = -D_\parallel \frac{\partial n(\mathbf{r})}{\partial x} + \tau_e \omega_{ce} \Gamma_y, \tag{8.138}$$

$$\Gamma_y = -\tau_e \omega_{ce} \Gamma_x, \tag{8.139}$$

die wir durch gegenseitiges Einsetzen auflösen:

$$\Gamma_x = -\frac{D_\parallel}{1 + (\tau_e \omega_{ce})^2} \frac{\partial n}{\partial x} \equiv -D_\perp \frac{\partial n}{\partial x},$$

$$\Gamma_y = -\frac{\tau_e \omega_{ce} D_\parallel}{1 + (\tau_e \omega_{ce})^2} \frac{\partial n}{\partial x} \equiv +\tau_e \omega_{ce} D_\perp \frac{\partial n}{\partial x}.$$

Damit haben wir den *Diffusionskoeffizienten senkrecht zum Magnetfeld* definiert:

$$D_\perp = \frac{1}{1 + (\tau_e \omega_{ce})^2} D_\parallel . \tag{8.140}$$

Wenn man hier τ_{ei} und ω_{ce} bzw. τ_{ie} und ω_{ci} für Elektronen bzw. Ionen einsetzt, werden die Diffusionskoeffizienten gleich und die Flüsse ambipolar.

Tab. 8.3 Transportkoeffizienten in m²/s für Plasmen bei verschieden Temperaturen (eV) und einer Dichte von 5×10^{19} m⁻³ ($B = 2$ T und $\ln \Lambda = 17$). Für die Ionengrößen wurde $T_e = T_i$ und $Z_i = 1$ angenommen

T_e	$D_{\parallel e}$	$D_{\parallel i}$	$\chi_{\parallel e}$	$\chi_{\parallel i}$	$D_{\perp e}$	$D_{\perp i}$
100	$2{,}4 \times 10^7$				$2{,}5 \times 10^{-4}$	
1000	$7{,}6 \times 10^9$	$\sqrt{\frac{m_e}{m_i}} D_{\parallel e}$	$10 D_{\parallel e}$	$10 D_{\parallel i}$	$7{,}9 \times 10^{-5}$	$\sqrt{\frac{m_i}{m_e}} D_{\parallel e}$
10,000	$2{,}4 \times 10^{12}$				$2{,}5 \times 10^{-5}$	

In der Regel ist die Gyrationsfrequenz wesentlich höher als die Stoßfrequenz. In einem Magnetfeld von 2 T und einer Temperatur von 1 keV errechnen wir $\omega_{ce} = 3{,}5 \times 10^{11}$ s⁻¹, die Stoßfrequenz ergibt sich dagegen aus Tab. 8.2 zu $1/\tau_e = 1 \times 10^5$ s⁻¹. Der Transport senkrecht zum Magnetfeld ist also um viele Größenordnungen kleiner als derjenige parallel dazu. In diesem Grenzfall reduziert sich (8.140) auf

$$D_\perp \approx \frac{D_\parallel}{\tau_e^2 \omega_{ce}^2} = \frac{T_e m_e}{e^2 B^2 \tau_e}. \tag{8.141}$$

Für Elektronen ergibt sich mit (8.76) also

$$D_{\perp e} = \frac{e^2 \sqrt{m_e} n \ln \Lambda}{6\pi \sqrt{3T_e} \epsilon_0^2 B^2} \approx 4 \times 10^{-22} \frac{n}{\sqrt{T_e} B^2}. \tag{8.142}$$

Im Gegensatz zum parallelen Diffusionskoeffizienten (8.117) steigt der senkrechte mit der Dichte an und nimmt mit der Temperatur ab. Senkrecht zum Magnetfeld führen Stöße zu erhöhtem Transport, parallel dazu behindern sie ihn. Der senkrechte Diffusionskoeffizient der Ionen ist um den Faktor $\sqrt{m_i/m_e}$ höher, als der der Elektronen. Auch dies ist umgekehrt zur parallelen Diffusion. Einige Werte für die Diffusionskoeffizienten sind in Tab. 8.3 eingetragen.

Den Ausdruck (8.141) erhält man auch aus Überlegungen des Random-Walk (siehe Abschn. 7.3.2). Dazu nehmen wir an, dass ein Teilchen bei jedem Stoß um einen Larmor-Radius versetzt wird. Also entspricht ρ_{Le} der Schrittweite. Die Zeit zwischen zwei Schritten ist durch τ_e gegeben. Folglich ist

$$D_{\perp e} = \frac{\rho_{Le}^2}{2\tau_e}, \tag{8.143}$$

wobei der Larmor-Radius nach (2.14) durch $\rho_{Le} = \sqrt{2m_e T_e}/eB$ gegeben ist.

Referenzen

8. L. Spitzer, *Physics of fully ionized gases* (Interscience, New York, 1962).

Weitere Literaturhinweise

Bücher über Transportprozesse in Plasmen sind R. Balescu, *Transport Processes in Plasmas* (North-Holland, Amsterdam, Netherlands, 1988; Vol. 1) und P. Helander und D. Sigmar, *Collisional Transport in Magnetized Plasmas* (Cambridge Univ. Press, Cambridge, 2002) sowie S. I. Braginskii, *Transport processes in plasmas* (in *Reviews of Modern Physics*, edited by M. A. Leontovich, Consultants Bureau, New York, 1956; Vol. 1).

Niedertemperaturplasmen $\quad$ 9

Während die Plasmen im Weltraum oder in der Ionosphäre durch hochenergetische Teilchen erzeugt werden, verwendet man zur Plasmaerzeugung im Labor meistens elektrische Felder. Diese werden als Gleich-, Wechsel- oder Wellenfelder bereitgestellt. Die verschiedenen Techniken, elektrische Felder in Plasmen einzukoppeln, werden in diesem Kapitel beschrieben. In allen Fällen werden freie Elektronen soweit beschleunigt, bis ihre Energie der Ionisationsenergie der Neutralteilchen entspricht. Durch einen inelastischen Stoß entsteht ein zusätzliches Elektron-Ion-Paar, und der Prozess setzt sich mit verdoppelter Elektronenzahl fort. Die Vervielfältigung der Ladungsträger sättigt erst dann, wenn die Erzeugungsrate durch eine entsprechende Verlustrate ausgeglichen wird.

Niedertemperaturplasmen haben oft einen geringen Ionisationsgrad. Daher spielen Wechselwirkungen des Plasmas mit dem Neutralgas und auch mit der Oberfläche des einschließenden Gefäßes eine wichtige Rolle. Diese Aspekte werden hier nur am Rande angesprochen. Die *Plasmawandwechselwirkung* wird aber in ihren Grundlagen behandelt, denn daraus werden wir eine Beschreibung der wichtigen *Langmuir-Sonde* entwickeln, die zur Plasmadiagnostik von Niedertemperaturplasmen häufig eingesetzt wird.

Durch die Wechselwirkung mit dem Neutralgas, bei dem es sich um Gasgemische auch mit komplexen Molekülen handeln kann, können Niedertemperaturplasmen oft nicht ohne eine genaue Kenntnis der Atom- und Molekülphysik sowie der *Plasmachemie* behandelt werden. Diesen Aspekten sind zahlreiche Lehrbücher gewidmet, und sie finden hier keine weitere Erwähnung. Auch bei den hier behandelten Themen der Niedertemperaturplasmaphysik gehen wir von einatomigen Gasen und einfach ionisierten Atomen aus.

Niedertemperaturplasmen finden verbreitet Anwendung in der *Plasmatechnologie*. Diese reichen vom Ätzen von Wafern, über die Beschichtung oder Aktivierung von Oberflächen, bis zur Sterilisation und Abluftreinigung. Plasmatechnologische Anwendungen sind aus der Hochtechnologie nicht mehr wegzudenken.

© Springer-Verlag GmbH Deutschland 2018
U. Stroth, *Plasmaphysik*,
https://doi.org/10.1007/978-3-662-55236-0_9

9.1 Plasmaerzeugung

Unter Plasmaerzeugung oder Plasmazündung versteht man den Prozess, der aus wenigen freien Elektronen, über eine Vervielfältigung durch Ionisationsstöße, ein Plasma
entstehen lässt. Ausgangspunkt ist ein neutrales Gas, in dem einige freie, niederenerge-
tische Elektronen vorhandenen sind. Diese Elektronen können sich vervielfältigen, wenn
sie auf die *Ionisationsenergie* des neutralen Hintergrundgases beschleunigt werden. Die
Beschleunigung geschieht immer durch elektrische Felder. Wir werden hier zunächst die
verschiedenen Methoden zur Einkopplung der Felder besprechen, die den Plasmen oft
auch einen Namen geben. Anschließend werden wir den elementaren Prozess der Vervielfältigung am Beispiel eines einzelnen Elektrons in einer Gleichspannungsentladung
studieren.

9.1.1 Entladungstypen

Es gibt verschiedene Techniken, das elektrische Feld für die Plasmaerzeugung bereitzu-
stellen. Hier soll ein kurzer Überblick über die am häufigsten verwendeten Entladungstypen gegeben werden. In Abb. 9.1 sind die prinzipiellen Aufbauten skizziert.

Sehr verbreitet sind *Glimmentladungen*, bei denen das Plasma durch ein stationäres
elektrisches Feld zwischen zwei Elektroden erzeugt wird (Abb. 9.1a). Zur Zündung wird
durch kurzzeitig hohe Spannungen die Elektronenpopulation erhöht. Ein in Reihe ge-
schalteter Widerstand begrenzt den Strom nach der Zündung. Die wichtigsten technischen
Anwendungen von Glimmentladungen sind Leuchtkörper. Mit einer massiven Elektronenquelle arbeiten *thermionische Entladungen* (Abb. 9.1b). Die Elektronen werden hier aus
einem durch einen elektrischen Strom geheizten Filament oder aus einer indirekt geheizten Kathoden emittiert und dann ebenfalls in einem elektrischen Feld beschleunigt und
vervielfältigt.

Zum Ätzen von Siliziumwafern werden durch Wechselfelder erzeugte Plasmen eingesetzt. Wird das Feld direkt über plattenförmige Elektroden eingekoppelt, zwischen denen
das Plasma wie in einem Kondensator eingeschlossen ist, so spricht man von *kapazitiven
Entladungen* (Abb. 9.1c). Bei dieser Geometrie werden Ionen direkt auf die Elektroden
beschleunigt, was zu hohen Sputterraten führt. Sind eine oder beide Elektroden durch
ein Dielektrikum vom Plasma getrennt, so spricht man von einer *dielektrisch behinderten
Entladung*. Durch das Dielektrikum wird der Entladungsaufbau in einem frühen Stadium
abgebrochen, was niedrigere Plasmadichten zur Folge hat. Oft entsteht eine dielektrische
Schicht aus einem plasmatechnologischen Abscheideprozess heraus, für den die Entladung
eingesetzt wird. Bei *induktiven Entladungen* befindet sich das Plasma praktisch im Inneren
einer Induktivität (Abb. 9.1d). Die Elektronen werden hier durch das induzierte Wechselfeld beschleunigt, das jetzt tangential zur Begrenzung verläuft. Dadurch werden die
Sputterraten deutlich reduziert. Eine typische Frequenz für die Erzeugung von kapazitiven
und induktiven Plasmaentladungen ist 13,56 MHz. Daher spricht man dabei auch oft von
RF-Entladungen (engl. *Radio Frequency*).

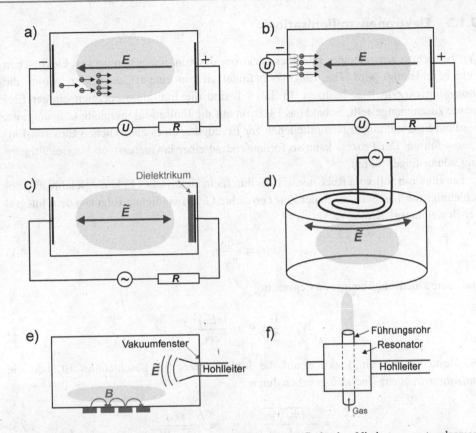

Abb. 9.1 Vereinfachte Darstellungen der am häufigsten zu findenden Niedertemperaturplasmen: Glimm- (**a**), thermionische (**b**), kapazitive (**c**), induktive (**d**), ECR- (**e**) und Mikrowellenentladung (**f**)

Wechselfelder bei höheren Frequenzen können im Plasma als elektromagnetische Wellen propagieren und so zur Plasmaerzeugung und -heizung eingesetzt werden. Verbreitet ist die in Mikrowellenherden verwendete Frequenz von 2,45 GHz, die bei einer Magnetfeldstärke von 88 mT von gyrierenden Elektronen resonant absorbiert werden kann. Das dazu notwendige Magnetfeld kann durch Permanentmagnete erzeugt werden. Bei diesem Typ von Plasma spricht man von *ECR-Entladungen* (*E*lectron *C*yclotron *R*esonance). Die Plasmen entstehen dabei in der Nähe der Wand, dort wo sich die Magnete befinden (Abb. 9.1e). Um ohne Magnetfelder zur Zündung zu gelangen, muss die Feldstärke der Welle in einem Resonator überhöht werden. Dazu gibt es verschiedene technische Realisierungen. In Abb. 9.1f ist ein Plasmabrenner zu sehen, bei dem das Mikrowellenplasma durch einen Gasstrom aus dem Resonator ausgeblasen wird. Bei der für technische Anwendungen freigegebenen Radiofrequenz von 13,56 MHz werden auch *Helikonwellen* zur Plasmaerzeugung eingesetzt, die zu hohen Plasmadichten führen.

9.1.2 Elektronenstoßionisation

Wir betrachten ein einzelnes ruhendes Elektron, das von einem homogenen elektrischen
Feld beschleunigt wird. Das Elektron befindet sich in einem Gas, dessen Atome die
Ionisationsenergie W_{ion} besitzen. In Tab. 9.1 sind die Ionisationsenergien einiger Elemente zusammengestellt. Sobald das Elektron auf die Ionisationsenergie beschleunigt ist,
wird ein Stoß mit einem Neutralteilchen zur Erzeugung eines zusätzlichen Elektron-Ion-
Paares führen. Der Prozess kann so fortlaufend zu einer lawinenartigen Vervielfältigung
an Ladungsträger führen.

Ein Elektron soll vom Ruhezustand aus durch ein elektrisches Feld E_0 gleichmäßig beschleunigt werden. Seine nach der Zeit t erreichte Geschwindigkeit folgt aus dem Integral
der Bewegungsgleichung zu

$$v(t) = \frac{eE_0}{m_e} t, \tag{9.1}$$

und seine kinetische Energie ist demnach

$$W_e = \frac{1}{2} m_e v^2 = \frac{(eE_0)^2}{2m_e} t^2. \tag{9.2}$$

Die Zeitdauer, bis ein Elektron auf die Ionisationsenergie beschleunigt ist, und die
Ionisationsfrequenz sind also gegeben durch

$$t_{ion} = \frac{\sqrt{2m_e W_{ion}}}{eE_0} \; ; \quad \nu_{ion} = \frac{eE_0}{\sqrt{2m_e W_{ion}}}. \tag{9.3}$$

Mit diesen Größen verwandt ist die *Ionisationslänge*. Sie ist definiert als die Strecke,
die ein Elektron durchlaufen muss, um die Ionisationsenergie zu erreichen. Aus der
Energieerhaltung folgt dafür der Ausdruck

$$\lambda_{ion} = \frac{W_{ion}}{eE_0}. \tag{9.4}$$

Um die Ionisationsenergie erreichen zu können, muss das Elektron mindestens die Strecke
λ_{ion} ohne Stoß durchlaufen. Daher müssen wir λ_{ion} mit der mittleren freien Weglänge der

Tab. 9.1 Ionisationsenergien für das erste und das zweite Elektron von einigen wichtigen Elementen zur Plasmaerzeugung

Element	H	He	Ne	Ar	N	O	C	Na	Cs
W_{ion} (eV)	13,6	24,6	21,6	15,8	14,5	13,6	11,3	5,14	3,89
W_{ion}^+ (eV)	–	54,4	41,0	27,6	29,6	35,2	24,4		

Elektronen in einem neutralen Gas λ_{e0} vergleichen. Der Wirkungsquerschnitt für elastische Stöße von Elektronen mit neutralem Wasserstoff kann durch den Wert $\sigma_0 = 5 \times 10^{-19}\,\mathrm{m}^2$ abgeschätzt werden. Die *Stoßrate* für Elektronen mit der Geschwindigkeit v ist dann gegeben durch

$$\nu_{e0} = n_n \sigma_0 v = n_n \sigma_0 \frac{e E_0}{m_e} t. \tag{9.5}$$

Bei gegebener Neutralgasdichte n_n folgt daraus eine *mittlere freie Weglänge von Elektronen im Neutralgas* von

$$\lambda_{e0} = \frac{v}{\nu_{e0}} = \frac{1}{\sigma_0 n_n} \approx 7{,}5 \times 10^{-8} \frac{p_{norm}}{p_n} \frac{T_n}{T_{norm}} \,[\mathrm{m}], \tag{9.6}$$

wobei die Dichte durch den Neutralgasdruck p_n und die Neutralgastemperatur T_n ausgedrückt wurde. Der numerische Faktor ergibt sich daraus, dass wir Druck und Temperatur auf den Atmosphärendruck p_{norm} und die Raumtemperatur T_{norm} normiert haben (s. Anhang A.3). Bei Normalparametern ist die mittlere freie Weglänge eines Elektrons also etwa 75 nm.

Die *Durchschlagsfeldstärke*, d. h. die elektrische Feldstärke, bei der ein Plasma zündet, wäre demnach erreicht, wenn $\lambda_{ion} = \lambda_{e0}$ wird. Aus (9.4) und (9.6) folgt daraus

$$E_D = n_n \sigma_0 \frac{W_{ion}}{e} \approx 13 \frac{p_n}{p_{norm}} \frac{T_{norm}}{T_n} \frac{W_{ion}}{e} \left[\frac{\mathrm{MV}}{\mathrm{m}}\right]. \tag{9.7}$$

Um den Zahlenwert aus dieser auf einfachen Überlegungen basierenden Formel zu erhalten, ist die Ionisationsenergie in eV einzusetzen. Bei Normaldruck, Raumtemperatur und 10 eV Ionisationsenergie folgt aus dieser Beziehung eine *Durchschlagsfeldstärke* von 100 MV/m. Realistische Werte in Luft liegen hingegen allerdings bei 2–3 MV/m.

9.1.3 Entladungsaufbau

Um den zeitlichen Verlauf des Zündprozesses zu untersuchen, starten wir zur Zeit $t = 0$ mit einer Dichte von $n_e(0)$ ruhenden Elektronen. Die Dichte der Elektronen, die nach der Zeit t noch nicht gestoßen haben, folgt der Differentialgleichung

$$\frac{\mathrm{d}n_e}{\mathrm{d}t} = -n_e \nu_{e0} = -n_e n_n \sigma_0 \frac{e E_0}{m_e} t, \tag{9.8}$$

wobei wir für die Stoßrate (9.5) eingesetzt haben. Die Lösung der Differentialgleichung ist gegeben durch

$$n_e(t) = n_e(0) \exp\left\{-\frac{n_n \sigma_0 e E_0}{2 m_e} t^2\right\}. \tag{9.9}$$

Nur *die* Elektronen können einen Ionisationsstoß durchführen, die bis zur Zeit t_{ion} noch nicht gestoßen haben. D. h., von $n(0)$ Elektronen kommen nur $n(t_{ion})$ Elektronen für einen Ionisationsstoß infrage. Der nächste Stoß, der wieder mit der Frequenz ν_{e0} stattfindet, wird aber wegen ausreichender Energie sicher ein Ionisationsstoß sein. Indem wir für t die Ionisationszeit (9.3) einsetzen und für die Stoßrate, die weiter von t abhängt, (9.5) verwenden, erhalten wir eine Gleichung zur Beschreibung der Elektronenvervielfältigung:

$$\frac{\mathrm{d}n_e}{\mathrm{d}t} = n_e(t_{ion})\nu_{e0}(t) = n_e n_n \sigma_0 \frac{eE_0}{m_e} t \exp\left\{-n_n \sigma_0 \frac{W_{ion}}{eE_0}\right\}, \tag{9.10}$$

mit der Lösung

$$n_e(t) = n_e(0) \exp\left\{-\frac{n_n \sigma_0 eE_0}{2m_e} t^2 \exp\left(-n_n \sigma_0 \frac{W_{ion}}{eE_0}\right)\right\}.$$

Hier sind wir von einer räumlich unbegrenzten Situation ausgegangen, und haben die zeitliche Entwicklung der Elektronendichte betrachtet. In Gleichspannungsentladungen ist die räumliche Strecke, über die das Feld aufgebaut werden kann, begrenzt. Die Saatelektronen, aus denen sich die Entladung aufbaut, werden an der Kathode emittiert. Daher ist dann eine Beschreibung der räumlichen Entwicklung der Elektronendichte angebracht. Entsprechend (9.8) muss dann folgende Differentialgleichung gelöst werden:

$$\frac{\mathrm{d}n_e}{\mathrm{d}x} = \frac{1}{\lambda_{e0}} n_e(\lambda_{ion}), \tag{9.11}$$

wobei λ_{ion} durch (9.4) und λ_{e0} durch (9.6) gegeben ist. Die Herleitung ist aber völlig analog, und das Ergebnis kann direkt aus (9.10) gewonnen werden. Es ist nämlich

$$\frac{\mathrm{d}n_e}{\mathrm{d}t} = \frac{\mathrm{d}n_e}{\mathrm{d}x} v.$$

Indem wir die Geschwindigkeit v der Elektronen gemäß (9.1) kürzen und $n_n \sigma_0$ durch $1/\lambda_{e0}$ ersetzen, können wir (9.10) umschreiben in

$$\frac{\mathrm{d}n_e}{\mathrm{d}x} = \frac{n_e}{\lambda_{e0}} \exp\left\{-\frac{W_{ion}}{\lambda_{e0} eE_0}\right\} \equiv \alpha n_e. \tag{9.12}$$

Im nächsten Abschnitt werden wir die Zündung einer Glimmentladung untersuchen. Eine wichtige Größe dabei ist der *erste Townsend-Koeffizient* α. Auf die gängige Schreibweise kommen wir, indem wir gemäß (9.6) die Druckabhängigkeit der mittleren freien Weglänge explizit angeben. Mit $W_{ion} = eU_{ion}$ finden wir

$$\alpha = \frac{1}{n_e}\frac{\mathrm{d}n_e}{\mathrm{d}x} = \frac{1}{\lambda_{e0}^*}\frac{p_n}{p_{norm}} \exp\left\{-\frac{U_{ion}}{\lambda_{e0}^* E_0}\frac{p_n}{p_{norm}}\right\}. \tag{9.13}$$

λ_{e0}^{*} steht für die mittlere freie Weglänge bei Normaldruck. Das Ganze gilt bei Raumtemperatur. Der Townsend-Koeffizient steht für die relative Zahl der pro Streckeneinheit durch Ionisation entstandenen Elektronen und hängt von der Gasart, dem Druck und der elektrischen Feldstärke ab. Die Änderung der Elektronendichte als Funktion des Abstandes von der Kathode ist gegeben durch

$$n_e(x) = n_e(0)e^{\alpha x}, \tag{9.14}$$

wobei $n_e(0)$ die Elektronendichte an der Kathode ist. Von der Kathode aus steigt die Elektronendichte exponentiell an.

Da der aus einfachen Überlegungen gewonnene Ausdruck für den Townsend-Koeffizienten aber die experimentellen Beobachtungen nur qualitativ wiedergibt, wurde (9.13) durch zwei Konstanten an experimentelle Daten angepasst. Dazu schreibt man den *Townsend-Koeffizienten* dann in der Form

$$\frac{\alpha}{p} = C_1 \exp\left(-C_2 \frac{p}{E}\right). \tag{9.15}$$

Die in (9.13) abgeleiteten funktionalen Abhängigkeiten vom Druck und der elektrischen Feldstärke zwischen den Elektroden entsprechen aber den Beobachtungen. Beispiele von experimentellen Kurven sind in Abb. 9.2 zu sehen. Die angepassten Parameter C_1 und

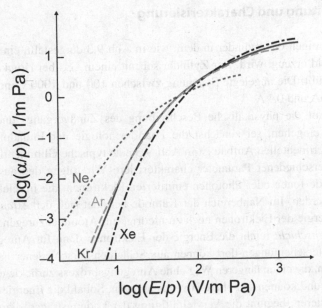

Abb. 9.2 Experimentelle Verläufe des Ionisationskoeffizienten als Funktion von angelegtem Feld, normiert auf den Gasdruck für verschiedene Gase

Tab. 9.2 Werte für die Konstanten in (9.15) und die dazugehörigen Gültigkeitsbereiche der Gleichung für verschiedene Gase.

Gas	He	Ne	H_2	N_2	Ar	Hg
C_1 (1/mPa)	4	5,3	6,5	11,7	16	26
C_2 (V/mPa)	45	133	173	455	239	492
für $\frac{E}{p}$ (V/mPa)	20–150	100–400	150–600	100–600	100–600	150–600

C_2 hängen von den Eigenschaften des Gases ab. Einige Zahlenwerte sind in Tab. 9.2 aufgelistet; sie weichen erheblich von den Werten ab, die man aus (9.13) berechnen kann.

9.2 Glimmentladungen

In diesem Abschnitt studieren wir die Erzeugung eines Plasmas am Beispiel einer *Gleichspannungsentladung*. Wegen der auftretenden Leuchterscheinungen spricht man dabei von *Glimmentladungen*. Dieser Entladungstyp findet technische Verwendung in *Plasmaleuchten* oder auch bei der Anregung von Gaslasern. Glimmentladungen sind die am ausführlichsten studierten Gasentladungen. Es ist die einfachste Methode, im Labor ein Plasma zu erzeugen.

9.2.1 Einleitung und Charakterisierung

Wir betrachten einen Glaszylinder in dem, wie in Abb. 9.3 dargestellt, ein longitudinales elektrisches Feld erzeugt wird. Der Zylinder sei mit einem Gas bei Drucken zwischen 1 und 10^4 Pa gefüllt. Die angelegte Spannung zwischen 100 und 1000 V induziert Ströme zwischen 0,1 mA und 0,1 A.

Bevor wir auf die physikalische Beschreibung des Zündvorgangs und der Leuchterscheinungen eingehen, sei zunächst die Phänomenologie der Entladung dargestellt. Unter dem experimentellen Aufbau ist in Abb. 9.3 eine typische Glimmentladung anhand der Verläufe verschiedener Parameter charakterisiert. Wir folgen den aus der Kathode durch einfallende Ionen oder Photonen emittierten Elektronen, die im elektrischen Feld beschleunigt werden. Im Nahbereich der Kathode befindet sich der *Aston-Dunkelraum*. Dort ist die Energie der Elektronen noch zu niedrig, um Atome anzuregen. In der leuchtenden *Kathodenschicht* reicht die Energie der Elektronen dann für Anregungsprozesse aus. Die Leuchterscheinungen dort können aus Schichten verschiedener Farbe bestehen, denn Elektronen, die einen längeren Weg ohne Anregungsprozess zurücklegen, haben eine höhere Energie und können so höhere Niveaus anregen. Sobald die Energie ausreicht, um Atome zu ionisieren, beginnt die Vervielfältigung der Ladungsträger, die dann alle erst wieder auf Anregungsenergie beschleunigt werden müssen. Folglich ist dies ein Bereich geringen Leuchtens, *Hittorf-Dunkelraum* genannt. Da sich die entstandenen langsamen

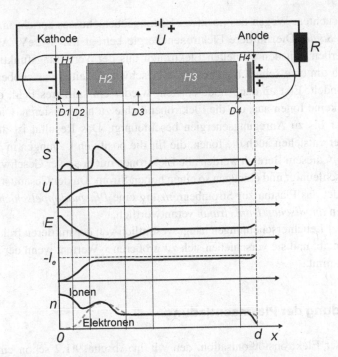

Abb. 9.3 Aufbau zur Erzeugung einer Gleichspannungsentladung in einem Glaszylinder mit longitudinalem elektrischem Feld. Die angelegte Spannung sei U und die Länge d. Grau gefärbte Bereiche sind Glühzonen: Kathodenschicht (H1), negative Glimmzone (H2), positive Säule (H3) und Anodische Glühzone (H4) sowie der Aston- (D1), Hittorf- (D2), Faraday- (D3) und Anodische Dunkelraum (D4) sind angedeutet. Darunter einige Parameterverläufe einer Glimmentladung: Leuchtstärke, Potential, elektrische Feldstärke, Strom durch Elektronen und Gesamtstrom (gestrichelt), Elektronen- (gestrichelt) und Ionendichte. Der Widerstand R begrenzt den Strom nach Zündung der Entladung

Ionen zur Kathode hinbewegen, entsteht von hier bis zur Kathode ein positiver Ladungsüberschuss. Das Kathodenpotential wird abgeschirmt und das beschleunigende elektrische Feld ist geringer. Von hier bis zur Kathode wird der Strom vorwiegend von den Ionen getragen.

In der *negativen Glüh-* oder *Glimmzone* ist das elektrische Feld schwach, und die Energie der Elektronen nimmt nur langsam zu. Daher finden wieder vermehrt Anregungsprozesse statt. Gleichzeitig ist die Elektronenzahl stark erhöht, was hier zu den intensivsten Leuchterscheinungen führt. Die Feldstärke nimmt dabei weiter ab, sodass die Elektronen immer weniger stark beschleunigt werden. Es entsteht ein Streifenmuster in zur Kathodenschicht umgekehrter Reihenfolge (*Seeliger-Regel*). Schließlich ist das Feld so niedrig, dass die Energie nicht mehr für Anregungsprozesse ausreicht, und es folgt der *Faraday-Dunkelraum*. Am Ende der Glimmzone ist die Elektronendichte allerdings höher als die Ionendichte, sodass sich das elektrische Feld wieder langsam aufbaut, bis ein Gleichgewicht zwischen Beschleunigung und Abbremsung durch Anregung niedriger Energieniveaus erreicht ist. Von diesem Gebiet ab brennt die Entladung mit einem schwachen Leuchten. Wegen des positiven Ladungsüberschusses spricht man dabei von der *positiven Säule*. Die mittlere Elektronenenergie beträgt nur 1–2 eV; Anregung und Ionisation werden von den schnellen Elektronen aus der Verteilungsfunktion gemacht, bei der es sich um eine schwach zu positiven Geschwindigkeiten verschobene Maxwell-Verteilung handelt. Erst an der Anode entsteht wieder ein stärkeres Feld, denn aus der Anode treten keine Ionen aus, um die Elektronendichte zu neutralisieren. Die Elektronen werden wieder bis zu Anregungsenergien beschleunigt. Das Resultat ist die *anodische Glühzone*. Hier entstehen auch die Ionen, die für die positiven Ladungen in der positiven Säule sorgen. In diesem Bereich werden alle Elektronen mit positiver Geschwindigkeit zur Anode hin beschleunigt und erzeugen so einen hohen Strom. Da der Gesamtstrom aber begrenzt ist, bildet das Plasma zur Strombegrenzung eine *Plasmadoppelschicht* aus. Diese ist auch für den *anodischen Dunkelraum* verantwortlich.

Die Lage der Leuchterscheinungen hängt wesentlich von der mittleren freien Weglänge der Elektronen ab, und sie verschieben sich zu größeren x-Werten, wenn der Gasdruck in der Röhre abnimmt.

9.2.2 Zündung der Plasmaentladung

Der Prozess der Elektronstoßionisation, den wir in Abschn. 9.1.2 schon eingeführt haben, spielt bei der Zündung der Plasmaentladung die zentrale Rolle. Zur Untersuchung der Zündung betrachten wir Elektronen, die von der Kathode starten und durch die anliegende Spannung zur Anode hin beschleunigt werden. In einer Glimmentladung kann Volumenionisation durch Höhenstrahlung als Elektronenquelle vernachlässigt werden. Die *Saatelektronen* werden alle von der Kathode durch auftreffende Ionen emittiert. Die zwischen den Elektroden mit dem Abstand d angelegte Spannung sei U und die Ladungsdichten seien noch so gering, dass das elektrische Feld $E_0 = U/d$ als konstant angesehen werden kann. Erst nach der Zündung wird das elektrische Feld durch Raumladungen wesentlich modifiziert.

Die Änderung der Elektronendichte als Funktion des Abstandes von der Kathode haben wir bereits in Abschn. 9.1.3 hergeleitet. Von der Kathode aus steigt die Elektronendichte nach (9.14) exponentiell an, und das Gleiche gilt auch für den Elektronenstrom

$$I = I_e(d) = I_e(0)e^{\alpha d}, \qquad (9.16)$$

wobei $I_e(0)$ der durch die aus der Kathode austretenden Elektronen getragene Saatstrom ist.

Den Zündvorgang diskutieren wir in einer anhand der in Abb. 9.4 dargestellten Strom-Spannungs-Charakteristik. Bei kleinen angelegten Spannungen wächst der Strom zunächst linear mit U an, denn je schneller die durch Höhenstrahlung oder Kathodenemission entstandenen Elektronen aus der Säule abgezogen werden, um so weniger Zeit bleibt ihnen, um zu rekombinieren oder über die Wand verloren zu gehen. Sobald im Wesentlichen alle zwischen den Elektroden erzeugten freien Elektronen von der Anode aufgesammelt

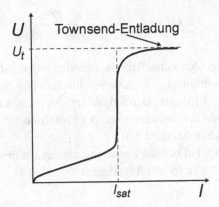

Abb. 9.4 Die Strom-Spannungs-Charakteristik einer Gleichspannungsentladung. Das Plasma zündet, sobald der Strom über den Sättigungsstrom I_{sat} ansteigt. Die Zündspannung ist U_t

werden, tritt eine Sättigung des Stromes ein. Bei weiter steigender Spannung bleibt der Strom auf I_{sat} begrenzt. Erst wenn die Spannung die kritische Spannung U_t von typischerweise 400 V erreicht, treten die beschriebenen lawinenartigen Ionisationsprozesse auf, und der Strom steigt schneller als exponentiell an. Das daraus entstehende Plasma nennt man eine *Townsend-Entladung*.

Der Gesamtstrom der Entladung ist nach (9.16) durch den Elektronenstrom an der Anode gegeben. Alle durch Ionisation entstandenen Elektronen werden dort aufgesammelt. Da an der Anode keine Ionen austreten, wie es die Elektronen an der Kathode tun, muss im Gleichgewicht der Ionenstrom an der Kathode gleich dem Strom der durch Ionisationsprozesse erzeugten Elektronen sein:

$$I_i(0) = I_e(0)e^{\alpha d} - I_e(0) = I_e(0)\left(e^{\alpha d} - 1\right). \tag{9.17}$$

Diese Beziehung trägt der Stoßionisation in der Entladungssäule Rechnung. Der Saatstrom $I_e(0)$ wird durch die Elektronen getragen, die durch Photoemission und Sekundäremission durch auf die Kathode auftreffende Ionen erzeugt werden. Der *Sekundärelektronenemissionskoeffizient* γ_{se} gibt an, wie viel Elektronen ein Ion im Mittel aus der Kathode herausschlagen kann. Der totale Elektronenstrom aus der Kathode setzt sich also zusammen aus Beiträgen, die durch Photoemission I_e^{pe} und Sekundärelektronenemission I_e^{se} erzeugt werden:

$$I_e(0) = I_e^{pe} + I_e^{se} = I_e^{pe} + \gamma_{se}I_e(0)(e^{\alpha d} - 1) \tag{9.18}$$

oder

$$I_e(0) = \frac{I_e^{pe}}{1 - \gamma_{se}(e^{\alpha d} - 1)}. \tag{9.19}$$

Daraus können wir den Gesamtstrom berechnen, der über die Kathode fließt. Er ist die Summe aus Elektronen- und Ionenstrom und folglich nach (9.17) gegeben durch

$$I = I_e(0) + I_i(0) = \frac{I_e^{pe}\, e^{\alpha d}}{1 - \gamma_{se}(e^{\alpha d} - 1)}. \tag{9.20}$$

Die Beziehung beschreibt den schneller als exponentiellen Anstieg des Stroms über den Wert des Sättigungsstroms I_{sat} in Abb. 9.4 hinaus. Die Spannung geht über den Townsend-Koeffizienten (9.15) ein. Der Sekundärelektronenemissionskoeffizient hängt vom Kathodenmaterial, von der Ionensorte und der Einfallsenergie der Ionen ab. Typische Werte für γ_{se} liegen zwischen 0,02 und 0,3.

Die kritische Spannung, bei der die Entladung zündet, ist erreicht, wenn der Nenner von (9.20) null wird. Nach α aufgelöst folgt daraus

$$\alpha d = \ln\left(1 + \frac{1}{\gamma_{se}}\right). \tag{9.21}$$

Dies ist eine Bedingung für die Zündspannung. Mit (9.15) und $E = U/d$ finden wir für die *Zündspannung*

$$U_t = \frac{C_2 pd}{\ln(pd) + \ln\left(C_1 / \ln\left(1 + \frac{1}{\gamma_{se}}\right)\right)}. \tag{9.22}$$

Diese sogenannte *Paschen-Kurve* gibt den funktionalen Zusammenhang zwischen Zündspannung und dem Produkt pd aus Druck und Elektrodenabstand, genannt *Paschen-Parameter*, wieder. Beispiele für verschiedene Gase sind in Abb. 9.5 zu sehen.

Die Zündspannung wird minimal, wenn die Ableitung der Paschen-Kurve verschwindet (durch Berechnen einiger Werte kann man sich davon überzeugen, dass es sich bei dem

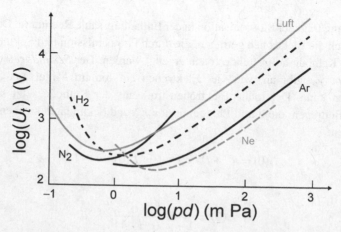

Abb. 9.5 Paschen-Kurven für verschiedene Gase. Sie geben die Zündspannung als Funktion des Produktes aus Elektrodenabstand und Gasdruck an

Extremum um ein Minimum handelt). Das *Paschen-Minimum* ist also bestimmt durch die Beziehung

$$(pd)_{min} = \frac{e}{C_1} \ln \left(1 + \frac{1}{\gamma_{se}} \right).$$ (9.23)

Hier steht e ausnahmsweise für die Euler-Zahl. Durch Einsetzen in (9.22) finden wir für die minimale Zündspannung:

$$U_{min} = \frac{eC_2}{C_1} \ln \left(1 + \frac{1}{\gamma_{se}} \right).$$ (9.24)

In Abb. 9.5 sind Messwerte der Zündspannung für verschiedene Gase dargestellt.

9.2.3 Strom-Spannungs-Charakteristik

Wir wollen jetzt den Fall betrachten, dass die anliegende Spannung über die Zündspannung hinaus erhöht wird. Die entsprechende Strom-Spannungs-Charakteristik ist in Abb. 9.6 dargestellt. Nach der Beziehung (9.20) würde der Strom bei verschwindendem Nenner nach der Zündung gegen unendlich streben. In einem realistischen Aufbau wird der Strom aber durch einen vorgeschalteten Widerstand und den Widerstand des entstandenen Plasmas beschränkt, sodass die Spannung an der Entladungsröhre einbricht. Die weiteren Phasen der Kurve charakterisieren unterschiedliche Entladungstypen, die wir nun kurz beschreiben werden.

Nach der Zündung wird also der gesamte elektrische Widerstand den Strom beschränken. Dabei schaltet man einen Widerstand mit der Röhre in Reihe und kann so den

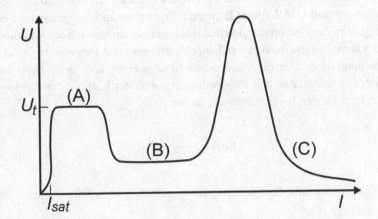

Abb. 9.6 Strom-Spannungs-Charakteristik und verschiedene Entladungstypen: (A) Townsend-Entladung, (B) Glimmladung und (C) Bogenentladung

Gesamtwiderstand nach unten begrenzen. Nehmen wir zunächst an, der Widerstand sei so groß, dass nur ein kleiner Strom fließt. Die Zahl der Ladungsträger ist dann klein, der Potentialverlauf wird also nicht gestört und kann als linear angenommen werden. Die angelegte Spannung wird gleich der Durchbruchsspannung U_t sein. Man spricht in diesem Fall von einer *dunklen Entladung* oder auch *Townsend-Entladung*. Sie zeichnet sich durch fehlende Leuchterscheinungen aus.

Die Leitfähigkeit des Plasmas steigt an, sodass nun ein Großteil der Spannung am externen Widerstand abfällt und so die Spannung an der Röhre einbricht. Es entsteht eine *Glimmentladung* mit den besprochenen Leuchterscheinungen. Ein Großteil der Entladungsspannung fällt jetzt in der Nähe der Kathode ab. Der Strom einer Glimmentladung kann über mehrere Größenordnungen variieren. Diese Variation wird nicht durch eine unterschiedliche Ladungsträgerdichte, sondern über den Querschnitt des leitenden Kanals verwirklicht. Erst wenn die ganze Kathodenfläche durch die Entladung bedeckt ist, steigt die Spannung mit dem Strom wieder an. Jetzt wird der Stromanstieg durch eine erhöhte Austrittsrate von Elektronen aus der Kathode realisiert, denn mit steigender Spannung erhöht sich die Energie der auftreffenden Ionen.

Bei einer weiteren Erhöhung der Spannung und einem Strom von etwa 1 A geht die Glimmentladung in eine *Bogenentladung* über. Jetzt ist die Kathode durch einfallende Ionen so stark erhitzt, dass Elektronen frei austreten können. Dadurch multiplizieren sich die Ladungsträger und der elektrische Widerstand der Entladung fällt stark ab.

9.2.4 Strom- und Feldverlauf in der Kathodenschicht

Wir wollen hier die Verläufe der verschiedenen Strombeiträge und des elektrischen Feldes entlang der Plasmasäule berechnen. Dies tun wir wieder im Grenzfall einer *Townsend-Entladung*. Das elektrische Feld zwischen den Elektroden wird also nicht durch Raumladungen verändert. Allerdings finden die Ergebnisse auch bei gezündeter Entladung Anwendung, denn dann gelten die gleichen Bedingungen im Bereich der *Kathodenschicht*.

Im stationären Zustand muss der sich aus Elektronen- und Ionenbeitrag zusammengesetzte Entladungsstrom über die Plasmasäule hinweg einen konstanten Wert annehmen: $I = I_e(x) + I_i(x) = \text{const}$. Aus den Randbedingungen an der Kathode $I = I_e(0) + I_i(0)$ und $I_e = \gamma_{se} I_i(0)$ folgt für den Elektronenstrom an der Kathode

$$I_e(0) = \frac{\gamma_{se}}{1 + \gamma_{se}} I. \tag{9.25}$$

Die exponentielle Zunahme des Elektronenstroms (9.16) gilt auch für einen beliebigen Ort x:

$$I_e(x) = I_e(0) e^{\alpha x}.$$

Für das Stromprofil der Elektronen gilt demnach

$$\frac{I_e(x)}{I} = \frac{\gamma_{se}e^{\alpha x}}{1 + \gamma_{se}}. \tag{9.26}$$

Durch Verwendung der Randbedingung an der Anode

$$\frac{I_e(d)}{I} = 1 = \frac{\gamma_{se}e^{\alpha d}}{1 + \gamma_{se}} \tag{9.27}$$

eliminieren wir γ_{se} aus (9.26) und erhalten für das Elektronenstromprofil den Ausdruck

$$\frac{I_e(x)}{I} = \exp(-\alpha(d-x)). \tag{9.28}$$

Gleichzeitig muss der Ionenstrom der Beziehung folgen:

$$\frac{I_i(x)}{I} = 1 - \exp(-\alpha(d-x)). \tag{9.29}$$

Die Stromverläufe sind in Abb. 9.7 wiedergegeben. Aus den Strömen können wir über die Beweglichkeit von Elektronen und Ionen (siehe (8.115)) auf die Dichteverläufe schließen. Da sich die Elektronen um $\sqrt{m_i/m_e}$ schneller in elektrischen Feldern bewegen, ist ihre Dichte um diesen Faktor kleiner, wie es in der Abbildung ebenfalls angedeutet ist. Der Bereich des Stromaufbaus ist demnach wegen der geringeren Beweglichkeit der Ionen durch einen hohen Ionenüberschuss gekennzeichnet, der den Potentialverlauf verändern wird. Unsere Rechnung berücksichtigt diese Potentialänderung nicht. Die Gl. (9.28) und (9.29) gelten also nur für Townsend-Entladungen bzw. für den Kathodenbereich einer Glimmentladung.

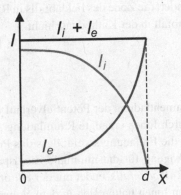
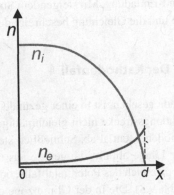

Abb. 9.7 Strom- (*links*) und Dichteverlauf (*rechts*) in einer Townsend-Entladung bzw. im Kathodenbereich einer Glimmentladung

Für den gleichen Bereich können wir jetzt auch die Potentialänderung abschätzen. Dazu wenden wir die Poisson-Gleichung an und vernachlässigen die Elektronendichte. Wir berechnen damit den Abstand von der Kathode bis zu dem die Ionen das Potential vollständig abgeschirmt haben. Diese Vernachlässigung der Quasineutralität ist natürlich nur in einem kleinen Bereich erlaubt oder aber für einen Zustand mit geringer Ladungsträgerdichte, der noch nicht als Plasma bezeichnet werden kann. Die *Poisson-Gleichung* hat unter diesen Voraussetzungen die Form

$$\frac{dE}{dx} \approx \frac{e}{\epsilon_0} n_i. \tag{9.30}$$

Beschränken wir uns weiterhin auf den Bereich $I_e \ll I_i$ (s. Abb. 9.7), dann folgt aus dem Gesamtstrom die Ionendichte gemäß

$$n_i \approx \frac{I}{e v_i} = \frac{I}{e \mu_i E},$$

mit der durch (8.115) definierten Beweglichkeit μ_i der Ionen.

Dies in (9.30) eingesetzt und das Ergebnis in eine Gleichung für dE^2/dx umgeformt, ergibt nach Integration von E_0^2 bis $E^2(x)$ bzw. von $x = 0$ bis x:

$$E(x) = E(0)\sqrt{1 - x/x_0}, \tag{9.31}$$

wobei x_0 aus der Bedingung $E(x_0) = 0$ bestimmt wurde, mit dem Ergebnis

$$x_0 = \frac{E^2(0) 2 \mu_i \epsilon_0}{I}. \tag{9.32}$$

Bei sehr kleinen Strömen ist x_0 sehr groß, und das elektrische Feld kann praktisch als konstant angesehen. Wenn x_0 den Elektrodenabstand übersteigt, entspricht der Fall einer Townsend-Entladung. Mit steigendem Strom wandert die Zone des Feldabfalls in Richtung Kathode und die Gleichung beschreibt den Feldabfall in der Kathodenschicht.

9.2.5   Der Kathodenfall

Wie gerade gesehen, ist in einer gezündeten Glimmentladung der Potentialverlauf entlang der Entladungsstrecke nicht gleichmäßig. Die durch Ionen erzeugte Raumladung schirmt das Kathodenpotential ab. Schließlich stellt sich die Entladung so ein, dass das Potential auf einer Länge abfällt, die gerade aus der Bedingung für die minimale Zündspannung folgt. Der Bereich des Potentialabfalls, oder des *Kathodenfalls*, endet mit der Hittorf-Zone (siehe Abb. 9.3). Die in der Glimmzone erzeugten Ionen halten sich in dem Volumen bis zur Kathode auf und erzeugen so einen positiven Ladungsüberschuss, der die Anode von der Kathode abschirmt.

Tab. 9.3 Nach (9.33) berechnete und gemessene Werte des kritischen Elektrodenabstands (pd_k) in Pam bei der minimalen Zündspannung für verschiedene Gase

Gas	He	Ne	H$_2$	N$_2$	Ar	Hg
beréchnet	4,2	3,1	2,5	1,4	1,0	0,62
gemessen	1,3	0,72	0,90	0,42	0,33	0,34

Bei gegebenem Druck ist das Potential also im Wesentlichen nach der Strecke d_K abgefallen, die wir aus der Bedingung für die minimale Zündspannung (9.23) berechnen können:

$$pd_K = \frac{e}{C_1} \ln \left(1 + \frac{1}{\gamma_{se}} \right). \tag{9.33}$$

Wie in Tab. 9.3 dargestellt, weichen die aus dieser einfachen Beziehung berechneten Werte für pd_K um etwa einen Faktor 3 von gemessenen ab. Sie reproduzieren aber den Trend richtig.

9.3   Langmuir-Sonden

Eine der technisch einfachsten Plasmadiagnostiken sind *Langmuir-Sonden*. Es handelt sich dabei um elektrisch leitfähige stabförmige Sonden, die direkt in das Plasma eingebracht werden und über ihre Strom-Spannungs-Charakteristik Messungen der Elektronendichte und Temperatur sowie des Plasmapotentials liefern. Schon in den 1920er-Jahren hat I. Langmuir damit begonnen, diese Sonden zu entwickeln und zur Messung von Plasmaparametern einzusetzen. Wegen des direkten Kontakts zwischen Sonde und Plasma beschränkt sich die Einsetzbarkeit auf Plasmen geringer Temperatur ($\lesssim 100$ eV). Viele damit untersuchte Plasmen haben praktisch kalte Ionen und $T_i \lesssim 10$ eV. Langmuir-Sonden werden aber auch in der Randschicht von Fusionsplasmen eingesetzt, wo die Ionentemperatur höher sein kann. Zur Interpretation der Sondenkennlinie muss die Physik des Plasma-Wand-Übergangs verstanden werden. Dazu dient der nächste Abschnitt, wobei wir uns auf den Fall ohne Magnetfeld konzentrieren.

9.3.1   Sättigungsstrom und Floating-Potential

Betrachten wir ein Plasma ohne Magnetfeld, in das eine elektrisch leitfähige Sonde eingebracht wird (siehe Abb. 9.8). Die Sonde sei zunächst elektrisch isoliert befestigt, aber mit Kontakt zum Plasma. Was wird geschehen? Elektronen und Ionen strömen entsprechend ihrer thermischen Geschwindigkeiten auf die Sonde, wo alle Teilchen absorbiert werden. Da bei gleicher Temperatur Elektronen wesentlich schneller als Ionen sind, wird

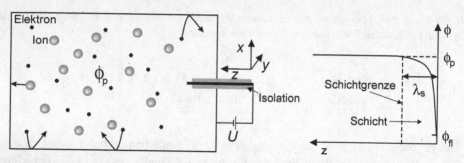

Abb. 9.8 In einem leitfähigen Gefäß eingeschlossenes Plasma mit Langmuir-Sonde und qualitativem Potentialverlauf vor der Sonde

die Sonde negativ gegen das Plasma aufgeladen. Es baut sich also ein elektrisches Feld zwischen Sondenoberfläche und Plasma auf, das die Elektronen abstößt und die Ionen anzieht. Das sich so einstellende Sondenpotential nennt man *Floating-Potential*. Zwischen Plasma und Sonde existiert im Gleichgewicht also immer ein elektrisches Feld. Dieses sorgt dafür, dass Elektronen und Ionen ambipolar auf die Oberfläche treffen. Der Fluss auf die Oberfläche wird damit durch die langsameren Ionen bestimmt. Indem es ihn negativ auflädt, schirmt das Plasma sich also wirkungsvoll von einem eingebrachten Körper ab.

In Abschn. 1.4.1 hatten wir schon gesehen, dass ein Plasma freie Ladungen und elektrische Felder sehr effektiv abschirmt. Die Ausdehnung der Felder beschränkt sich auf wenige Debye-Längen λ_D. Die feldführende Schicht muss also von der Ausdehnung einiger Debye-Längen sein. Man spricht daher von der *Debye-Schicht* oder kurz *Schicht*. Die Potentialabfalllänge wird als *Schichtdicke* λ_s bezeichnet. Die Grenze zwischen der Schicht und dem neutralen Plasma nennt man *Schichtgrenze*. Der qualitative Potentialverlauf ist in Abb. 9.8 dargestellt. Wir werden später sehen, dass in der Schicht ein Ionenüberschuss existiert. Die langsamen Elektronen werden durch das Potential von der Schicht ferngehalten und so im Plasma elektrostatisch eingeschlossen. Ionen werden hingegen durch die Schicht beschleunigt und treffen mit einer gerichteten Geschwindigkeit auf die Wand. Dieser Effekt wird beim *Plasmaätzen* nutzbar gemacht.

Die Situation ändert sich, wenn die Sonde über eine Spannungsquelle auf U vorgespannt wird, sodass über die Sonde ein elektrischer Strom aus dem Plasma abfließen kann. Diesen Strom wollen wir nun als Funktion der angelegten Spannung berechnen. Für eine erste Abschätzung gehen wir von einem Zustand aus, bei dem $T_e = T_i$ ist und beide Spezies stoßfrei sind, also mittlere freie Weglängen von der Größenordnung der Plasmaabmessung haben. Elektronen und Ionen liegen in einer Maxwell-Verteilung vor. Natürlich ist die mittlere freie Weglänge der Teilchen lang gegen die Debye-Länge λ_D, sodass wir von einer stoßfreien Schicht ausgehen können.

Wir gehen von einer flächigen Sonde aus, mit einer Sondenoberfläche S senkrecht zur z-Richtung und viel größer als die Debye-Länge. Auf der Sondenoberfläche treffen die Teilchen also entsprechend ihrer Maxwell-Verteilungen, die durch einen *Boltzmann-Faktor* modifiziert ist, auf. Dieser hängt von der Differenz zwischen Plasmapotential ϕ_p

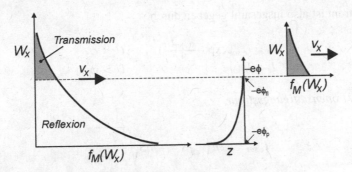

Abb. 9.9 Verteilung thermischer Elektronen vor (*links*) und hinter (*rechts*) einer Potentialstufe (*Mitte*). Die Temperatur bleibt unverändert, die Zahl der Elektronen hinter der Potentialstufe ist entsprechend dem Boltzmann-Faktor reduziert. $W_x = \frac{1}{2}m_e v_{ex}^2$ ist die kinetische Energie des Elektrons in der x-Bewegung

und Potential der Sonde U ab. Die Verteilungsfunktionen für Elektronen und Ionen haben an der Sondenoberfläche dann die Form

$$f(v) = \left(\frac{m}{2\pi T}\right)^{3/2} \exp\left(-\frac{mv_x^2}{2T}\right) \exp\left(-\frac{mv_y^2}{2T}\right) \exp\left(-\frac{mv_z^2 - 2q(\phi_p - U)}{2T}\right). \qquad (9.34)$$

Wie in Abb. 9.9 skizziert, kann nur der hochenergetische Anteil in der Maxwell-Verteilung der Elektronen die durch die Schicht aufgebaute Potentialbarriere überwinden. An der Sondenoberfläche kommt also nur ein Bruchteil an Elektronen an, wobei diese aber eine Verteilung mit derselben Temperatur wie zuvor haben (wie rechts angedeutet).

Berechnen wir zuerst den elektrischen Strom, den die Elektronen auf die Sonde tragen. In der Regel wird die Sonde wegen der höheren Beweglichkeit der Elektronen negativ gegen das Plasma aufgeladen sein. Elektronen an der Schichtgrenze müssen also einen Potentialwall überwinden, um an die Sonde zu gelangen. Der Elektronenstrom folgt damit aus dem Integral über (9.34), ausgeführt über den Halbraum der Geschwindigkeiten mit $v_z < 0$:

$$I = -eSn \int_{-\infty}^{\infty} dv_x \int_{-\infty}^{\infty} dv_y \int_{0}^{\infty} dv_z\, v_z f(v) = -eSn \langle v_z^+ \rangle \exp\left(\frac{q(\phi_p - U)}{T}\right).$$

Wie früher gezeigt, ist das Ergebnis der Integrale gegeben durch $\langle v_z^+ \rangle$ aus (7.17) korrigiert durch den Boltzmann-Faktor.

Ist die Sonde hingegen positiv gegen das Plasmapotential vorgespannt, dann werden alle die Elektronen zur Sonde gelangen, deren Geschwindigkeit an der Schichtgrenze eine negative z-Komponente hat. Der Elektronenfluss folgt dann aus der Integration der Verteilungsfunktion ohne Boltzmann-Faktor über den Geschwindigkeitshalbraum. Der

Elektronenstrom ist also insgesamt gegeben durch

$$
\begin{aligned}
I_e &= I_{e,sat}\exp(-\tfrac{e(\phi_p-U)}{T_e}) & U &\le \phi_p \\
I_e &= I_{e,sat} & U &> \phi_p,
\end{aligned}
\tag{9.35}
$$

mit dem *Elektronensättigungsstrom*

$$
I_{e,sat} = -en\left\langle v_z^+\right\rangle S = -enS\sqrt{\frac{T_e}{2\pi m_e}}.
\tag{9.36}
$$

Für stoßfreie Ionen gilt die entsprechende Argumentation. Der Ionenstrom ist folglich gegeben durch

$$
\begin{aligned}
I_i &= I_{i,sat}^* & U &\le \phi_p \\
I_i &= I_{i,sat}^*\exp(+\tfrac{e(\phi_p-U)}{T_i}) & U &> \phi_p,
\end{aligned}
\tag{9.37}
$$

mit dem *Ionensättigungsstrom* für stoßfreie Ionen:

$$
I_{i,sat}^* = enS\sqrt{\frac{T_i}{2\pi m_i}}.
\tag{9.38}
$$

Der Stern soll anzeigen, dass der Ausdruck für Plasmen mit heißen, stoßfreien Ionen gilt und von dem üblicherweise verwendeten Ausdruck abweicht.

Für eine elektrisch isoliert angebrachte Sonde können wir das Potential aus der Ambipolarität der Teilchenflüsse berechnen. Die Summe der Strombeiträge aus (9.35) und (9.37) muss dann verschwinden. Daher folgt mit $U = \phi_{fl} < \phi_p$ für einfach geladene Ionen ($n_i = n_e$) für das *Floating-Potential* eines Plasma mit heißen Ionen:

$$
\phi_{fl}^* = \phi_p - \frac{T_e}{e}\ln\left(\sqrt{\frac{m_i T_e}{m_e T_i}}\frac{S_e}{S_i}\right) \approx \phi_p - \frac{T_e}{2e}\ln\left(\frac{m_i T_e}{m_e T_i}\right).
\tag{9.39}
$$

Wobei wir hier die Möglichkeit berücksichtigt haben, dass bei kleinen Sondenabmessungen und magnetisierten Plasmen die effektiven Sondenflächen für Elektronen und Ionen S_e und S_i unterschiedlich groß sein können.

9.3.2 Das Bohm-Kriterium

Der Ausdruck für den Ionensättigungsstrom wird ungültig, wenn die Ionentemperatur klein oder die Ionen stoßbehaftet sind. So werden Langmuir-Sonden häufig zur Diagnostik schwach ionisierter Plasmen mit Ionentemperaturen um 1 eV eingesetzt. Bei solchen Plasmen kann man die Ionen als kalt ansehen, d. h. $T_i = 0$ setzen. Dadurch ändert sich der

Ionensättigungsstrom. Bei negativem Sondenpotential werden Ionen aus der Schicht von der Sonde absorbiert, ohne dass das Plasma den Verlust ausgleichen kann. Das negative Sondenpotential kann so nicht mehr vollständig durch einen Ionenüberschuss abgeschirmt werden. Die Dichte an der Schichtgrenze n_s ist daher gegenüber dem Wert weit weg von der Sonde schon reduziert, und es entsteht ein schwaches elektrisches Feld außerhalb der Schicht, genannt *Vorschicht*, das Ionen von weiter her zur Schicht hinzieht. Der modifizierte Potentialverlauf ist in Abb. 9.10 zu sehen.

In dieser Situation ist für den Ionenfluss auf die Wand entscheidend, mit welcher Rate Ionen aus dem Plasma nachgeliefert werden können. In der Vorschicht liegt die gleiche Situation vor, die wir in Abschn. 3.4.5 zum Verständnis der Dynamik von Dichtestörungen parallel zum Magnetfeld behandelt haben. Die Ionen werden nicht nur von ihrem Druckgradienten angetrieben, der hier null sein soll, sondern auch durch das von den Elektronen aufgebaute elektrische Feld. Das Ergebnis war, dass Ionen mit der *Ionenschallgeschwindigkeit* c_{si} auf Dichtestörungen reagieren. Wir gehen also davon aus, dass die Ionengeschwindigkeit an der Schichtgrenze $u_i(\lambda_s) = c_{si}$ ist. Dieses *Bohm-Kriterium* wurde 1949 von D. Bohm abgeleitet, und auch wir haben eine Herleitung bereits im Rahmen der nichtlinearen Effekte in Abschn. 6.1.3 durchgeführt. Daher wird die Ionenschallgeschwindigkeit c_{si} oft auch *Bohm-Geschwindigkeit* genannt.

Die kinetische Energie der Ionenflüssigkeit an der Schichtgrenze muss aus der Differenz zwischen Plasmapotential und Potential an der Schichtgrenze ϕ_s stammen. Also muss gelten:

$$e(\phi_p - \phi_s) = \frac{1}{2} m_i c_{si}^2. \qquad (9.40)$$

Diese intuitive Beziehung folgt auch formal aus der Energiegleichung der Ionen in der Form (7.94). Für den Fall $T_i = 0$, also auch $\mathbf{q} = 0$, und unter stationärer Bedingung sowie ohne Viskosität noch Quellen, reduziert sich diese Gleichung in eindimensionaler Form auf

$$\partial_x \left(n u_i^3 \right) = u_i^2 \partial_x (n u_i) + n u_i \partial_x \left(u_i^2 \right) = -\frac{2e}{m_i} n u_i \partial_x \phi.$$

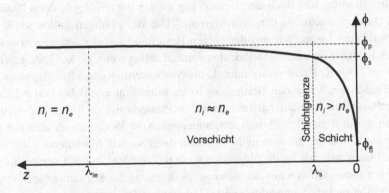

Abb. 9.10 Potentialverlauf im Bereich der Plasma-Sonden-Wechselwirkung

Aus der stationären Kontinuitätsgleichung folgt $\partial_x(nu_i) = 0$, und damit reduziert sich die Energiegleichung der Ionen auf

$$\frac{m_i}{2}\partial_x u_i^2 = -e\partial_x\phi.$$

Gl. (9.40) folgt daraus nach Integration über x von der Schichtgrenze, mit $u_i = c_{si}$ und dem Potential an der Schichtgrenze $\phi = \phi_s$, bis ins ungestörte Plasma, mit $u_i = 0$ und dem Plasmapotential $\phi = \phi_p$.

Zum identischen Ergebnis gelangen wir übrigens auch, wenn wir von der Bewegungsgleichung (3.12) für Ionen ausgehen. Stationär und in eindimensionaler Form reduziert sie sich für den aktuellen Fall auf

$$nm_i u_i \partial_x u_i = n\frac{m_i}{2}u_i^2 = -en\partial_x\phi.$$

Dies ist nicht verwunderlich, da die thermische Energie wegen $T_i = 0$ nicht beiträgt und wir uns so auf die kinetische Energie aus der mittleren Bewegung beschränkt haben.

Mit der Schallgeschwindigkeit (3.125) und $T_i = 0$ folgt aus (9.40) direkt ein Ausdruck für die Potentialdifferenz zwischen Plasma und Schichtgrenze:

$$e(\phi_p - \phi_s) = \frac{1}{2}T_e. \tag{9.41}$$

Vom Zentrum bis zur Schichtgrenze kann das Plasma als neutral angesehen werden. Nur innerhalb der schmalen Debye-Schicht ist eine substanzielle Abweichung von der Quasineutralität möglich. Da für die Elektronen weiterhin die Verteilungsfunktion (9.34) gilt, ist die Plasmadichte $n_i(\lambda_s) \approx n_e(\lambda_s) = n_s$ an der Schichtgrenze gegeben durch

$$n_s = n\exp\left(-\frac{e(\phi_p - \phi_s)}{T_e}\right) = ne^{-1/2} \approx 0{,}61n. \tag{9.42}$$

Bevor wir fortfahren, hier noch eine Bemerkung zu den gerade abgeleiteten Beziehungen für die Plasmaparameter an der Schichtgrenze: Die Beziehungen gelten streng für ein Plasma mit kalten Ionen. Wie aus der obigen Herleitung aus der Ionenenergiegleichung ersichtlich ist, führt eine endliche Ionentemperatur, selbst wenn sie konstant gesetzt wird, zu weiteren Termen. Es ist daher auch keine Verbesserung des Modells, wenn man in der Schallgeschwindigkeit den Beitrag der Ionen mitnimmt und dabei den Adiabatenkoeffizienten isotherm oder adiabatisch wählt. Für Plasmen mit endlicher Ionentemperatur sollte man die in Tab. 9.4 nochmals zusammengefassten Beziehungen also nur als gute Abschätzung verstehen, die man in diesem Sinn dann auch in Modellen für warme Ionen verwenden kann, wie wir es im Folgenden auch tun werden. In der Literatur findet man Herleitungen dieser Größen aus der Bewegungsgleichung für konstante Ionentemperatur, die nur dann aufgehen, wenn gleichzeitig Teilchenquellen hinzugefügt werden [13]. So

Tab. 9.4 Plasmaparameter im Hauptplasma und an der Schichtgrenze unter der Bedingung kalter Ionen sowie Näherungen für warme Ionen nach Ref. [13]

	Temperaturen	Dichte	Potential	Geschwindigkeit
im Plasma	$T_i = 0, T_e$	n	$\phi_p = 0$	0
an der Grenze	$T_i = 0, T_e$	$n_s = 0{,}61n$	$\phi_s = -0{,}5T_e$	$u_i = \sqrt{T_e/m_i}$
Literatur $T_i \neq 0$	T_i, T_e	$n_s = 0{,}5n$	$\phi_s = -0{,}69T_e$	$u_i = \sqrt{(T_e + T_i)/m_i}$

wird eine Lösung der Energiegleichung umgangen, aus der eine ortsabhängige Ionentemperatur folgen würde. Die Werte, die man mit diesem Trick berechnen kann, sind ebenfalls in Tab. 9.4 aufgelistet. Letztlich verschiebt man dadurch die Lage der Schichtgrenze etwas weiter zur Wand hin, denn mit $e(\phi_p - \phi_s) = 0{,}69T_e$ folgt aus (9.42) gerade $n_s = 0{,}5n$.

Die Dichte fällt also in der Vorschicht schon deutlich ab und beträgt nach unserem einfachen Modell an der Grenze nur noch 61 % der ungestörten Plasmadichte. Die Ionenstromdichte, die auf die Sonde trifft, berechnen wir aus der Dichte und der Schallgeschwindigkeit an der Schichtgrenze:

$$j_i = en_s c_{si} = 0{,}61 enc_{si}. \tag{9.43}$$

Bei negativer Vorspannung $U < \phi_p$ werden alle ankommenden Ionen auf der Sonde absorbiert. Bei kalten Ionen folgt mit der Ionenschallgeschwindigkeit (3.125) für den sog. *Ionensättigungsstrom* auf die Sonde die Beziehung

$$I_{i,sat} = 0{,}61 enS \sqrt{\frac{T_e}{m_i}}; \tag{9.44}$$

bei endlicher Ionentemperatur gilt hingegen der Ausdruck

$$I_{i,sat} = 0{,}61 enS \sqrt{\frac{T_e + T_i}{m_i}}, \tag{9.45}$$

wobei für den Adiabatenkoeffizienten der isotherme Wert $\gamma_i = 1$ eingesetzt wurde.

Die Ambipolaritätsbedingung fordert, dass der Nettostrom auf die Sonde, gegeben durch die Summe aus (9.35) und (9.44), verschwinden muss. Daraus können wir das *Floating-Potential* ($U = \phi_{fl}$) bezogen auf das Plasmapotential berechnen:

$$e(\phi_p - \phi_{fl}) = -\ln\left(\frac{I_{i,sat}}{I_{e,sat}}\right) T_e = \ln\left(0{,}61\sqrt{2\pi \frac{m_e}{m_i}}\right) T_e.$$

Für ein Wasserstoffplasma folgt daraus, dass das Floating-Potential um $3{,}3T_e$ unterhalb des Plasmapotentials liegt:

$$\phi_{fl} = \phi_p - 3{,}3\frac{T_e}{e}. \tag{9.46}$$

Im Vergleich zu Ausdruck (9.39), der für kinetische Ionen gilt, ist dieser Ausdruck hier gültig für ein Plasma mit kalten Ionen. Wenn wir dagegen eine endliche Ionentemperatur in der Schallgeschwindigkeit berücksichtigen, was einem Modell mit warmen Ionen entspricht, so finden wir aus der Ambipolaritätsbedingung mit (9.45) den modifizierten Ausdruck

$$e(\phi_p - \phi_{fl}) = -\frac{T_e}{2} \left\{ \ln \left[2\pi \frac{m_e}{m_i} \left(1 + \frac{T_i}{T_e} \right) \right] - 1 \right\} ; \tag{9.47}$$

die $-1 = 2 \ln 0{,}61$ resultiert aus der Auflösung des Logarithmus. In handlicher Form ist die Potentialdifferenz zwischen Plasma und Sonde damit gegeben durch

$$e(\phi_p - \phi_{fl}) = \left(6{,}7 + \ln A_i - \ln \left(1 + \frac{T_i}{T_e} \right) \right) \frac{T_e}{2}, \tag{9.48}$$

mit A_i, der Massenzahl der Ionen. Für ein Deuteriumplasma und $T_e = T_i$ reduziert sich die Klammer auf den Wert 6,7.

Um wieder unterschiedliche effektive Sondenflächen für Elektronen und Ionen berücksichtigen zu können, müssen wir die Gleichung ergänzen zu

$$e(\phi_p - \phi_{fl}) = \left\{ 6{,}7 + \ln A_i - \ln \left(1 + \frac{T_i}{T_e} \right) + \ln \frac{S_e}{S_i} \right\} \frac{T_e}{2}. \tag{9.49}$$

Insbesondere dann, wenn *Fluktuationsmessungen* durchgeführt werden, wird eine Messung des Floating-Potentials mit der Bestimmung des Plasmapotentials gleichgesetzt. An den Ergebnissen aus diesem Abschnitt sieht man aber, dass eine ganz wesentliche Abhängigkeit von der Elektronentemperatur zu beachten ist.

9.3.3 Verlauf des Schichtpotentials

Wir wollen nun den Potentialverlauf in der Schicht berechnen und beschränken uns dabei wieder auf den Fall kalter Ionen. Ausgangspunkt ist die Poisson-Gleichung

$$\frac{d^2\phi}{dz^2} = -\frac{e}{\epsilon_0} (n_i - n_e). \tag{9.50}$$

Wir haben die Freiheit, als Referenzpotential $\phi_p = 0$ zu wählen. Die Elektronendichte bezogen auf die Dichte an der Schichtgrenze n_s ist damit durch den entsprechenden Boltzmann-Faktor gegeben:

$$n_e(z) = n_s \exp\left(-\frac{e(\phi_s - \phi(z))}{T_e} \right). \tag{9.51}$$

Die Ionendichte folgt aus der Kontinuitätsgleichung (3.20), die sich im stationären Zustand auf $\mathrm{d}(nu_i)/\mathrm{d}z = 0$ reduziert. Es ist also $nu_i = \text{const.}$, und weil die Strömungsgeschwindigkeit der Ionen an der Schichtgrenze gleich der Schallgeschwindigkeit ist, gilt innerhalb der Debye-Schicht

$$n_s c_{si} = n_i(z) u_i(z). \tag{9.52}$$

Da die Ionen in der Schicht beschleunigt werden, nimmt ihre Dichte zur Sonde hin immer weiter ab. Diesen Vorgang nennt man *dynamische Verdünnung*. Die Beziehung (9.52) gilt nur in der Nähe der Schicht, denn für große Abstände geht $u_i \to 0$, und die Ionendichte würde divergieren, anstatt den Wert der ungestörten Dichte anzunehmen. Da außerhalb der Vorschicht bei $\phi = \phi_p$ auch $u_i = 0$ ist, kann die Geschwindigkeit der Ionenflüssigkeit in der Schicht aus der Energieerhaltung

$$\frac{1}{2} m_i u_i^2 = -e\phi(z) \tag{9.53}$$

berechnet werden (vgl. (9.40) und die anschließende Diksussion). Die Ionengeschwindigkeit ist folglich gegeben durch

$$u_i(z) = \sqrt{\frac{2e|\phi(z)|}{m_i}}. \tag{9.54}$$

Indem wir diesen Ausdruck in (9.52) einsetzen und für die Ionenschallgeschwindigkeit (3.125) die Näherung für kalte Ionen verwenden, erhalten wir für den Verlauf der Ionendichte den Ausdruck

$$n_i(z) = \frac{n_s c_{si}}{\sqrt{2e|\phi(z)|/m_i}} = n_s \sqrt{\frac{T_e}{2e|\phi(z)|}} = n_s \sqrt{\frac{\phi_s}{\phi(z)}}, \tag{9.55}$$

wobei wir im letzten Schritt T_e nach (9.41) durch das Potential an der Schichtgrenze ausgedrückt haben. Da sowohl $\phi_s < 0$ als auch $\phi < 0$ ist, ist die Wurzel immer real.

Die berechneten Dichten der Elektronen und Ionen setzen wir nun in (9.50) ein und erhalten so, nach kleinerer Umformung unter nochmaliger Verwendung von $T_e = -2e\phi_s$, eine *Differentialgleichung für das Schichtpotential*:

$$\frac{\mathrm{d}^2\phi(z)}{\mathrm{d}z^2} = \frac{e}{\epsilon_0} n_s \left\{ \exp\left(+\frac{1}{2}\left(1 - \frac{\phi(z)}{\phi_s}\right)\right) - \sqrt{\frac{\phi_s}{\phi(z)}} \right\}. \tag{9.56}$$

An der Schichtgrenze hat das Potentialprofil einen Wendepunkt, denn dort verschwindet die rechte Seite. Elektronen- und Ionendichte sind bei λ_s also genau gleich. Zur Sonde hin ist die Ionendichte, außerhalb der Schicht die Elektronendichte höher. Das steil abfallende Potential in der Schicht geht außerhalb in einen immer schwächer abfallenden Verlauf über.

Zur Lösung muss die Differentialgleichung numerisch integriert werden. Man findet dabei einen Verlauf, wie er in Abb. 9.10 qualitativ skizziert ist. Aus dem Potential können weiterhin die Dichteverläufe der Elektronen und Ionen aus den entsprechenden Gleichungen oben berechnet werden. Es zeigt sich die Quasineutralität in der Vorschicht und ein starker Ionenüberschuss in der Schicht, durch den die negativ geladene Sonde vom Plasma abgeschirmt wird.

Im Fall eines stark negativen Sondenpotentials $-U$ werden nur Ionen zur Sonde gelangen, Elektronen werden abgestoßen. Dann können wir in der Nähe der Sonde die Elektronendichte, also den ersten Term in der Klammer von (9.56), vernachlässigen. Wenn wir ϕ_s durch (9.41) und T_e durch c_{si} ausdrücken, vereinfacht sich die Differentialgleichung zu

$$\sqrt{|\phi|}\phi'' = -\frac{e}{\epsilon_0}n_s c_{si}\sqrt{\frac{m_i}{2e}} = -\frac{I}{\epsilon_0 S}\sqrt{\frac{m_i}{2e}}. \tag{9.57}$$

Im letzten Schritt haben wir den Ionenstrom $I = en_s c_{si}S$ auf die Sondenoberfläche S eingeführt. Durch Einsetzen kann man leicht verifizieren, dass

$$\phi(z) = U\left(1 - \frac{z}{\lambda_s}\right)^{4/3} \tag{9.58}$$

die Lösung ist. Daraus folgt die *Strom-Spannungs-Charakteristik* für eine Sonde in der Nähe des Ionensättigungsstroms:

$$I = S\frac{4}{9}\epsilon_0\sqrt{\frac{2e}{m_i}}\frac{U^{3/2}}{\lambda_s^2}, \tag{9.59}$$

wobei U der Betrag der negativen Vorspannung der Sonde ist. Diese als *Child-Langmuir-Gesetz* bekannte Beziehung wurde 1913 als Kennlinie einer raumladungslimitierten Vakuumdiode hergeleitet. Das Gesetz beschreibt unsere Sondenkennlinie nur im Übergang vom Ionensättigungs- zum Elektronenanlaufbereich. Wie bei einer Diode auch, ist hier der Ionenüberschuss vor der Sonde so hoch, dass die positive Ladungsdichte die negativ geladene Sonde abschirmt. Man spricht dabei von einer *Doppelschicht* mit negativem Sondenpotential, das der lokal positiven Raumladung im Plasma gegenübersteht. Wird das Sondenpotential stärker negativ, so werden die Ionen schneller abgesaugt. Es tragen dann weniger Ionen zur Abschirmung bei, und der Ionenfluss und damit der Sondenstrom werden erhöht. Wenn der Ionenüberschuss soweit abgebaut ist, dass die Abschirmung vernachlässigbar ist, so fließt der Strom spannungsunabhängig.

Aus (9.59) können wir jetzt die *Schichtdicke* im Ionensättigungsbereich abschätzen. Wir setzen für I den Ionensättigungsstrom (9.44) ein und verwenden die *Debye-Länge* (1.14). Es folgt:

$$\lambda_s = 1.02\left(\frac{eU}{T_e}\right)^{3/4}\lambda_D. \tag{9.60}$$

Die charakteristischen Werte aus Abb. 9.11 zugrunde legend folgt, dass die Schicht im Ionensättigungsbereich also dicker als eine Debye-Länge ist. Für eine Sondenvorspannung von $U = -500$ V und eine Temperatur von 100 V erhalten wir eine Schichtdicke von $3,4\lambda_D$. Im Elektronensättigungsbereich schrumpft die Schicht dann auf etwa eine Debye-Länge zusammen.

9.3.4 Die Sondenkennlinie

Aus den Strom-Spannungs-Kennlinien von Langmuir-Sonden können wichtige Plasmaparameter wie Dichte, Temperatur und Potential bestimmt werden. Zur Messung wird die Sonde mit einer Spannungsquelle verbunden und der durch die Sonde fließende Strom wird über einen Widerstand als Funktion der dynamisch veränderten Spannung gemessen. Hauptsächlich wird dabei der Bereich $U \le \phi_p$ ausgewertet. In diesem Bereich ist der gemessene Strom eine Summe aus Ionensättigungsstrom (9.44) und Elektronenstrom nach (9.35). Für den Gesamtstrom gilt somit der Zusammenhang

$$I = I_i + I_e = enS\sqrt{\frac{T_e}{2\pi m_e}}\left\{0,61\sqrt{\frac{2\pi m_e}{m_i}} - \exp\left(-\frac{e(\phi_p - U)}{T_e}\right)\right\}. \tag{9.61}$$

Die Kennlinie ist in Abb. 9.11 zu sehen. Bei stark negativer Spannung fließt der Ionensättigungsstrom. Er liefert eine Messung von $n\sqrt{T_e}$, also im Wesentlichen der Plasmadichte. Der Übergang zwischen den beiden Sättigungsbereichen wird *Elektronenanlaufbereich* genannt, denn mit steigender Spannung kommen zunehmend mehr Elektronen auf die Sonde.

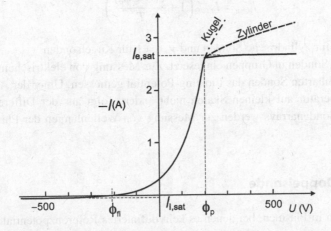

Abb. 9.11 Kennlinie einer Langmuir-Sonde berechnet aus (9.61) mit den Parametern $n_e = 1 \times 10^{19}$ m^{-3}, $T_e = 100$ eV, $\phi_p = -200$ V, $S = 1$ mm^2. Die Modifikation des Elektronensättigungsstroms durch die Spitzengeometrie ist ebenfalls zu sehen

Bei $I = 0$ kann man an der Sonde direkt das Floating-Potential abgreifen. Es hängt über (9.47) mit dem Plasmapotential und der Elektronentemperatur zusammen.

Eine handliche Formel zur Anpassung an Kennlinien erhalten wir durch Ersetzen des Plasmapotentials in (9.61) mittels (9.47). So folgt die *Fitformel* für die Kennlinie

$$I = 0{,}61 neS \sqrt{\frac{T_e}{m_i}} \left\{ 1 - \exp\left(-\frac{e(\phi_{fl} - U)}{T_e}\right) \right\}. \tag{9.62}$$

Bei einer halblogarithmischen Darstellung folgt aus der Steigung der Kennlinie die Elektronentemperatur und aus dem Offset die Dichte. Am besten ist es, wenn man diese Gleichung direkt an die gemessene Kennlinie anpasst. Fitparameter sind dann die Dichte, die Elektronentemperatur und das Floating-Potential. Es ist dabei ausreichend und vorteilhaft, wenn der Fitbereich auf $U \lesssim e\phi_{fl} + 3T_e$ beschränkt bleibt. Man kann das Plasmapotential aber auch dadurch bestimmen, dass man nach einem Knick in der Kennlinie sucht, d. h. nach einem Maximum in der zweiten Ableitung der Sondenkennlinie nach der Spannung.

Für $U > \phi_p$ fließt im Wesentlichen der Elektronensättigungsstrom. In magnetisierten Plasmen findet man allerdings keine Sättigung auf der Elektronenseite, denn bei kleinen Sondenspitzen werden die Elektronenbahnen durch die elektrischen Felder an der Spitze abgelenkt, sodass mit steigender Spannung immer mehr Elektronen von der Spitze aufgesammelt werden. Der weitere Anstieg hängt von der Geometrie der Spitze ab (siehe Abb. 9.11).

Für Spannungen $U > \phi_p$ ergeben sich nach der sog. *Orbital Motion Theory* Korrekturen der Form [9, 10]

$$I_{e,sat}^* = I_{e,sat} \left(1 + \frac{e(U - \phi_p)}{T_e} \right)^{\gamma_{om}}, \tag{9.63}$$

mit $\gamma_{om} = 1/2$ für zylindrische Sonden und $\gamma_{om} = 1$ für Kugelsonden.

Oft werden Sonden in Gruppen eingesetzt. Zur Messung von elektrischen Feldern wird an zwei benachbarten Sonden das Floating-Potential gemessen. Unter der Annahme dass sich die Temperatur auf kleinen Skalen nicht ändert, folgt aus der Differenz das elektrische Feld. Sondenarrays werden zur Messung von Wellenlängen der Plasmaturbulenz verwendet.

9.3.5 Die Doppelsonde

Für Messungen in Plasmen, bei denen es kein definiertes Referenzpotential gibt, können Doppelsonden eingesetzt werden. In Abb. 9.12 ist der prinzipielle Aufbau eines symmetrischen Doppelsondensystems zu sehen. Die beiden gleich großen Sondenspitzen sind über die Spannungsquelle U verbunden und der Strom, der über das Plasma durch die Sonden

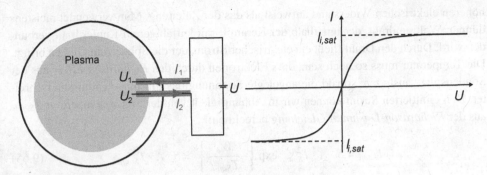

Abb. 9.12 Prinzipieller Aufbau und Kennlinie einer Doppelsonde

fließt, wird aufgenommen. Liegen die beiden Sondenspitzen auf den Potentialen U_1 und U_2, dann ist unter Vernachlässigung der Widerstände der Leiterbahnen $U = U_1 - U_2$. Die Bedingung $I_1 = -I_2$ können wir mithilfe der Kennlinie (9.62) also schreiben als

$$\exp\left(-\frac{e(\phi_{fl} - U_1)}{T_e}\right) = 2 - \exp\left(-\frac{e(\phi_{fl} - U_1 + U)}{T_e}\right)$$

oder, indem wir die rechte Exponentialfunktion auf die andere Seite bringen und entsprechend ausklammern,

$$\exp\left(-\frac{e(\phi_{fl} - U_1)}{T_e}\right) = \frac{2}{\exp\left(-\frac{eU}{T_e}\right) + 1}.$$

Wir verwenden diesen Ausdruck und ersetzen damit die Exponentialfunktion in der Kennlinie mit $U = U_1$ (9.62). Nach einer kleinen Umformung resultiert daraus die *Kennlinie der symmetrischen Doppelsonde*

$$I = I_{i,sat} \frac{\exp\left(-\frac{eU}{T_e}\right) - 1}{\exp\left(-\frac{eU}{T_e}\right) + 1} = I_{i,sat} \tanh\frac{eU}{2T_e}. \tag{9.64}$$

Der Ionensättigungsstrom liefert wieder Information über die Plasmadichte, und aus einer Anpassung der Kennlinie kann die Elektronentemperatur bestimmt werden. Die Kennlinie der symmetrischen Doppelsonde ist ebenfalls in Abb. 9.12 dargestellt.

9.3.6 Die Glühsonde

Der Aufbau einer *Glüh-* oder *emissiven Sonde* ist in Abb. 9.13 zu sehen. Die Sonde besteht nicht aus einem einfachen Draht, sondern aus einer geschlossenen Leiterschleife. Dabei ist die dem Plasma ausgesetzte Schleife so gearbeitet, dass das Material dort einen höheren elektrischen Widerstand aufweist als das der Zuleitung. Man verwendet meistens dünnen Wolframdraht, der innerhalb der Keramik mit leitfähigerem Kupferdraht verbunden wird. Durch den Draht fließt ein elektrischer Strom, der die Spitze zum Glühen bringt. Die Temperatur muss so hoch sein, dass Elektronen durch den *Richardson-Effekt* aus der Sondenspitze austreten, sobald die angelegte Spannung das Plasmapotential unterschreitet. Den emittierten Strom können wir in Abhängigkeit von der Sondentemperatur T_{Sonde} aus der *Richardson-Dushman-Gleichung* berechnen:

$$I_{e,emi} = S \cdot A \cdot T_{Sonde}^2 \exp\left\{-\frac{W_A}{T_{Sonde}}\right\} \approx S \cdot A \cdot T_{Sonde}^2 \qquad (9.65)$$

Dabei stehen W_a für die Austrittsarbeit und A für die Richardson-Konstante. Beides sind materialabhängige Größen. S steht weiter für die Sondenoberfläche, und die Näherung gilt bei hohen Temperaturen an der Sondenspitze, $T_{Sonde} \gg W_A$.

Um Kennlinien zu messen, muss der gesamte Schaltkreis der Sonde vorgespannt werden. Bei $U < \phi_p$ kann man den Strom aufgrund der austretenden Elektronen auch als effektiven Ionenstrom bezeichnen, der auf die Sonde fließt. Ist $U > \phi_p$, so können keine Elektronen austreten und man hat das Verhalten einer Langmuir-Sonde. Bei $U \approx \phi_p$ fließt kein Strom, wodurch eine einfache Messung des Plasmapotentials ermöglicht wird, indem man die Sonde floaten lässt.

Für schwach emittierende Sonden besteht der Elektronenstrom aus zwei Beiträgen, dem Strom durch Absorption von Elektronen und Ionen, der durch (9.62) beschrieben wird, und dem emittierten Strom, für den gilt:

$$\begin{aligned} I_e &= I_{e,emi} \exp\left(-\frac{e(U-\phi_p)}{T_{Sonde}}\right) & U &> \phi_p \\ I_e &= I_{e,emi} & U &< \phi_p \end{aligned} \qquad (9.66)$$

Für Anwendungen braucht der maximale Emissionsstrom $I_{e,emi}$, der von der Temperatur der Sondenspitze T_{Sonde} abhängt, nicht genauer spezifiziert werden. Die Summe aus

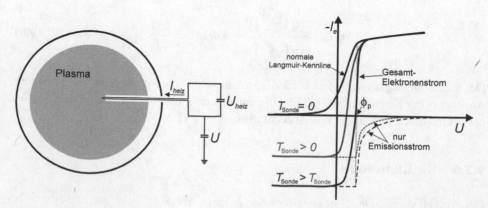

Abb. 9.13 Prinzipieller Aufbau einer Glühsonde (*links*) und der Kennlinien bei verschiedenen Werten des Heizstroms (*rechts*)

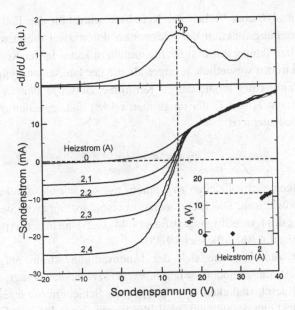

Abb. 9.14 Gemessene Kennlinien einer Glühsonde bei verschiedenen Werten des Heizstroms (aus Ref. [11])

beiden Stromanteilen ist in Abb. 9.13 dargestellt, wo auch die qualitativen Verläufe von Kennlinien bei verschiedenen Sondentemperaturen zu sehen sind. Das Plasmapotential kann man am Verzweigungspunkt der Kennlinien ablesen, oder eben im emissiven Fall aus $\phi_{fl} \approx \phi_p$. Bei sehr hohen Temperaturen der Sondenspitze schirmen die emittierten Elektronen das Sondenpotential ab und behindern dadurch das Austreten weiterer Elektronen. Es entsteht eine Doppelschicht und der Sondenstrom ist raumladungslimitiert. Bei emissiven Sonden wandert also das Floating-Potential mit steigender Sondentemperatur zum Plasmapotential. Die Sonden sind daher für eine direkte Messung des Plasmapotentials sehr gut geeignet. Andere Plasmaparameter kann man dagegen nur schlecht mit emissiven Sonden bestimmen.

In Abb. 9.14 sind Kennlinien zu sehen, die in einem Niedertemperaturplasma bei verschiedenen Werten des Heizstroms aufgenommen wurden. Die Kennlinie der Sonde geht sukzessive von der einer Langmuir- zu der einer Glühsonde über. Das Floating-Potential nähert sich dabei dem Plasmapotential an, das aus der Ableitung der mit der kalten Sonde gemessenen Langmuir-Kennlinie bestimmt wurde.

9.3.7 Langmuir-Kennlinie für nicht-thermische Elektronenverteilungen

Da der Elektronenanlaufbereich der Langmuir-Sondenkennlinie durch die Verteilungsfunktion der Elektronen bestimmt ist, kann durch Differenzieren der Kennlinie prinzipiell diese Verteilungsfunktion gewonnen werden. Diese Methode findet auch Anwendung, führt aber in der Regel zu großen Unsicherheiten.

Ein weiterhin analytischer Verlauf der Kennlinie wurde für den Fall hergeleitet [12], dass man die Verteilungsfunktion der Elektronen durch zwei thermische Verteilungen bei unterschiedlicher Temperatur und Dichte annähern kann. In der Regel ist die Dichte der schnellen Elektronen wesentlich geringer als die der langsamen. Folglich unterscheiden wir zur Herleitung der modifizierten Kennlinie zwischen den Dichten n_s und n_f und den Temperaturen T_s und T_f der langsamen (*slow*) und schnellen (*fast*) Elektronen. *Quasineutralität* bedeutet jetzt

$$n_i = n_e = n_s + n_f. \tag{9.67}$$

Um die Herleitung nachvollziehen zu können, müssen wir uns den Fall der normalen Kennlinie vergegenwärtigen. Die Elektronentemperatur tritt an zwei Stellen auf, einmal bei der Berechnung des Ionensättigungsstroms (9.44) und dann in der Exponentialfunktion des Elektronenstroms im Anlaufbereich (9.35).

Betrachten wir zunächst, wie sich der Ionensättigungsstrom aufgrund der zwei Temperaturen ändert. Entscheidend ist das *Bohm-Kriterium*, das besagt, dass kalte Ionen mit der Ionenschallgeschwindigkeit $c_{si} = \sqrt{T_e/m_i}$ die Schichtgrenze erreichen. Die Elektronentemperatur tritt hier deshalb auf, weil Elektronen das elektrische Feld erzeugen, in dem (auch kalte) Ionen beschleunigt werden. Die für das Feld verantwortlichen Ladungen können entstehen, weil die Elektronen mit einer Boltzmann-Verteilung auf den leichten Dichtegradienten der Vorschicht reagieren.

Zur Herleitung einer modifizierten Ionenschallgeschwindigkeit folgen wir der Herleitung der Schallgeschwindigkeit aus Abschn. 3.4.5 und setzen, analog zu (3.124), für langsame und schnelle Elektronen jeweils die Boltzmann-Beziehung an, denn beide Spezies müssen im Kräftegleichgewicht stehen:

$$\frac{e\phi_1}{T_s} = \frac{n_{1s}}{n_{0s}}; \qquad \frac{e\phi_1}{T_f} = \frac{n_{1f}}{n_{0f}}. \tag{9.68}$$

Alle Größen betreffen die Elektronen, sodass wir den Index „e" unterdrücken, dagegen behalten wir „0" und „1" als Bezeichnungen für ungestörte Größen bzw. deren Störungen bei. Mit den Definitionen des Temperaturquotienten $f_T = T_f/T_s$ und der relativen Dichte an schnellen Elektronen $f_n = n_{0f}/n_{0s}$ folgt aus der Division der beiden Gl. (9.68)

$$\frac{n_{1f}}{n_{1s}} = \frac{f_n}{f_T} \tag{9.69}$$

und aus der Summe, nachdem wir einen geeigneten Faktor vor die Klammer gezogen haben,

$$2e\phi_1 = T_s \frac{n_1}{n_0} \left\{ \frac{n_{1s}}{n_1} \frac{n_0}{n_{0s}} + \frac{n_{1f}}{n_1} \frac{n_0}{n_{0f}} f_T \right\}. \tag{9.70}$$

Wir nehmen nun die Ersetzungen $n_0 = n_{0s} + n_{0f}$ und $n_1 = n_{1s} + n_{1f}$ vor, verwenden (9.69) und ziehen noch den Faktor f_T aus der Klammer heraus. So finden wir eine Bestimmungsgleichung für das durch die Dichtestörung n_1 hervorgerufene elektrostatische Potential:

$$\frac{e\phi_1}{T_s} = \frac{n_1}{n_0}\frac{1+f_n}{f_n+f_T}f_T = \frac{n_1}{n_0}f^*. \tag{9.71}$$

Wir erhalten also den Korrekturfaktor

$$f^* = \frac{1+f_n}{f_n+f_T}f_T. \tag{9.72}$$

Folgen wir nun weiter der Herleitung der Schallgeschwindigkeit in Abschn. 3.4.5, so finden wir anstelle von (3.125) die *Ionenschallgeschwindigkeit für zwei Elektronentemperaturen*:

$$c_{si}^* = \sqrt{\frac{T_i + T_s f^*}{m_i}}. \tag{9.73}$$

Ionen erreichen die Schichtgrenze mit der Schallgeschwindigkeit. Diese multiplizieren wir mit der Sondenfläche S und der Plasmadichte an der Schichtgrenze $n_s = 0{,}61n_0$. So erhalten wir den modifizierten Ionensättigungsstrom

$$I_{i,sat} = 0{,}61en_0S\sqrt{\frac{T_s f^*}{m_i}}. \tag{9.74}$$

Beide Elektronenpopulationen tragen im Elektronenanlaufbereich zum Sondenstrom bei. Entsprechend (9.35) müssen wir zwei Exponentialfunktionen mit den entsprechenden Vorfaktoren berücksichtigen, sodass wir für den gesamten Sondenstrom die Beziehung erhalten:

$$I = enS\left\{0{,}61\sqrt{\frac{T_s f^*}{m_i}} - \sqrt{\frac{T_s}{2\pi m_e}}\frac{n_s}{n}\exp\left(-\frac{e(\phi_p - U)}{T_s}\right)\right. $$
$$\left. - \sqrt{\frac{T_f}{2\pi m_e}}\frac{n_f}{n}\exp\left(-\frac{e(\phi_p - U)}{T_f}\right)\right\}. \tag{9.75}$$

Indem wir den Ionensättigungsstrom vor die Klammer ziehen, erhält die *Langmuir-Kennlinie für zwei Elektronentemperaturen* die Form

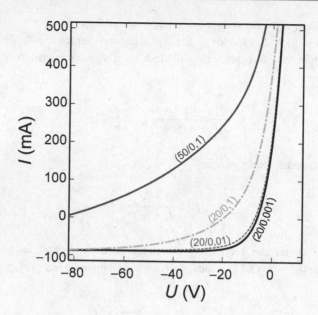

Abb. 9.15 Langmuir-Kennlinien nach (9.75) für ein Wasserstoffplasma der Dichte $n = 10^{17}\,\mathrm{m}^{-3}$, mit kalten Ionen und einer Elektronentemperatur $T_s = 5\,\mathrm{eV}$. Die Sondenfläche beträgt $0{,}5\,\mathrm{mm}^2$ und das Plasmapotential $\phi_p = 10\,\mathrm{V}$. Die Werte in den Klammern geben die Temperatur der schnellen Elektronen und ihren relativen Anteil an (T_f/f_n)

$$I = 0{,}61\,enS\sqrt{\frac{T_s f^*}{m_i}}\left\{1 - \sqrt{\frac{m_i}{1{,}22\pi\,m_e f^*}}\,\frac{1}{1+f_n}\left[\exp\left(-\frac{e(\phi_p - U)}{T_s}\right)\right.\right.$$
$$\left.\left. + f_n\sqrt{f_T}\exp\left(-\frac{e(\phi_p - U)}{T_s f_T}\right)\right]\right\}. \quad (9.76)$$

Für den Fall von nur einer Temperatur sind $f_T = 1$, $f_n = 0$ und $f^* = 1$, sodass die Beziehung für die Kennlinie in die bekannte Form (9.61) übergeht.

In Abb. 9.15 sind aus (9.76) resultierende Kennlinien für verschiedene Parameter aufgetragen. Nicht-thermische Komponenten sind erst ab einem Anteil von etwa 10 % deutlich zu erkennen.

9.4 Kapazitive Entladungen

Bei kapazitiven Entladungen wird ein elektrisches Wechselfeld über zwei gegenüberliegende Elektroden in das Plasma eingekoppelt. Das Plasma spielt also die Rolle eines leitfähigen Dielektrikums in einem Kondensator. Ein vereinfachter Aufbau ist in Abb. 9.16 zu sehen.

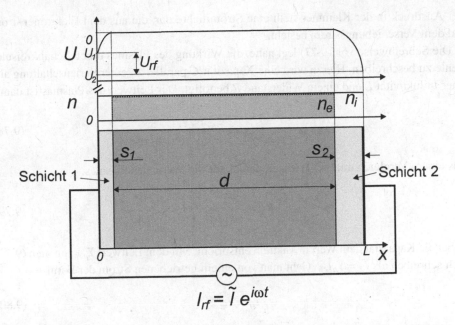

Abb. 9.16 Prinzipieller Aufbau einer kapazitiven Entladungen sowie die Potential- und Dichteprofile im Plasma

9.4.1 Homogenes Modell

Im einfachsten Modell sind die beiden Randschichten nur von Ionen bevölkert. Die Dicken der Randschichten ändern sich mit dem angelegten Wechselfeld und werden mit $s_1(t)$ und $s_2(t)$ bezeichnet. Das Hauptplasma der Länge d ist neutral und die Dichte ist konstant. Die senkrechte Ausdehnung des Plasmas ist durch die Fläche A der Platten gegeben. Die relevanten Parameter zur Beschreibung der Entladung sind die Dichten der Elektronen und Ionen, n_e und n_i, sowie der Neutralteilchen n_n. Das folgende Modell ist gültig für Frequenzen $\omega_{pe} \gg \omega \gg \omega_{pi}$ und für eine zeitlich gemittelte Schichtdicke von $\bar{s} \gg \lambda_D$, die aus Symmetriegründen für beide Schichten den gleichen Wert haben muss.

Um die in das Plasma eingekoppelte Leistung zu berechnen, muss zunächst der Plasmastrom beschrieben werden. Dazu können wir auf die Behandlung von Wellen mit Stößen in Abschn. 5.2.5 zurückgreifen. Dort haben wir mit (5.54) den von einem Wechselfeld hervorgerufenen Plasmastrom berechnet. Um zu einem Ausdruck für den Gesamtstrom zu gelangen, muss nach dem Ampère'schen Gesetz der Form (5.19) noch der Verschiebungsstrom hinzuaddiert werden. Nimmt man ein im Hauptplasma räumlich konstantes elektrisches Wechselfeld mit einem Spannungsabfall U_p an, dann ist der Strom durch das Hauptplasma gegeben durch

$$I_p = A\epsilon_0 \left(\frac{\omega_p^2}{\nu - i\omega} - i\omega \right) \frac{U_p}{d}. \tag{9.77}$$

Der Ausdruck in der Klammer stellt eine Stromdichte dar, die aus dem Elektronenstrom und dem Verschiebungsstrom besteht.

Die Schreibweise von (9.77) legt nahe, die Wirkung des Plasmas durch Schaltkreiselemente zu beschreiben. Hierzu wird eine Kapazität C parallel zu einer Serienschaltung aus einer Induktivität L und einem Widerstand R benötigt. Der Leitwert des Plasmas ist dann

$$Y_p = Y_C + \frac{1}{Z_R + Z_L} = i\omega C_0 + \frac{1}{R_p + i\omega L_p}. \tag{9.78}$$

Aus einem Vergleich mit (9.77) folgen daraus für die Werte des Plasmas:

$$C_0 = \frac{\epsilon_0 A}{d}; \quad R_P = \frac{d\nu}{\epsilon_0 A \omega_p^2}; \quad L_P = \frac{d}{\epsilon_0 A \omega_p^2}, \tag{9.79}$$

wobei die Kapazität dem Wert in Vakuum entspricht. Mit dem Leitwert Y_p kann man (9.77) auch schreiben als $I_p = Y_p U_p$. Geht man von einem getriebenen Strom der Form

$$I_{rf} = \tilde{I} e^{i\omega t} \tag{9.80}$$

aus, so folgt für den Spannungsabfall am Plasma $U_p = \tilde{I}/Y_p \exp i\omega t = \tilde{U} \exp i\omega t$, dass dieser linear mit der Amplitude des Stroms in Verbindung steht, ohne dass durch das Plasma Harmonische der Frequenz ω erzeugt werden würden.

Die im Hauptplasma und den beiden Randschichten fließenden Ströme müssen den gleichen Wert haben. Da nur die Elektronen auf das Wechselfeld reagieren können, beschränken sich in diesem einfachen Modell die Ströme in den Randschichten auf den Verschiebungsstrom:

$$I(t) = A\epsilon_0 \frac{\partial E}{\partial t}. \tag{9.81}$$

Aus der konstanten Ladungsdichte in der Schicht folgt mit der Poisson-Gleichung, analog zur Herleitung der Plasmafrequenz (1.21), eine mit dem Abstand zur Elektrode linear anwachsende elektrische Feldstärke. Als Randbedingung gilt, dass das elektrische Feld im Hauptplasma annähernd verschwinden muss. Die elektrischen Feldstärken in den Randschichten $S1$ und $S2$ verlaufen daher wie

$$\begin{aligned} E_1(x,t) &= en(x - s_1(t))/\epsilon_0 & \text{für} \quad 0 \le x \le s_1, \\ E_2(x,t) &= en\left(x - (L - d - s_2(t))\right)/\epsilon_0 & \text{für} \quad L - d - s_1 \le x \le L. \end{aligned} \tag{9.82}$$

Der Strom an einem festen Ort x in einer der Schichten hängt von der zeitlichen Änderung der Schichtdicke ab. Wegen (9.81) ist nämlich

$$I_{1,2}(t) = \mp Aen \frac{ds_{1,2}}{dt}. \tag{9.83}$$

Ist der Strom gegeben durch $I_{rf} = \tilde{I} \cos \omega t$, so folgt daraus für das zeitliche Verhalten der Schichtdicken:

$$s_{1,2}(t) = \bar{s} \mp \frac{\tilde{I}}{Aen\omega} \sin \omega t = \bar{s} \mp \tilde{s} \sin \omega t, \tag{9.84}$$

wobei die Integrationskonstante aus der Bedingung bestimmt wurde, dass die über eine Periode gemittelte Schichtdicke $\langle s \rangle_t = \bar{s}$ ist. Daraus folgt, dass die mittlere Dicke der beiden Schichten gleich und ihre Summe konstant ist:

$$s_1 + s_2 = 2\bar{s}. \tag{9.85}$$

Weiterhin folgt, dass auch die Abmessung des Hauptplasmas d = const ist.

Die mittlere Schichtdicke können wir folgendermaßen abschätzen. Aus den Überlegungen zur Plasmaschicht in Abschn. 9.3.2 wissen wir, dass der durch Ionen getragene elektrische Strom auf die Wand nach (9.43) gegeben ist durch $I_i = 0{,}61 en c_s A$. Da in einem Wechselstromkreis der Strom über jede Elektrode sich zu null mitteln muss, müssen auch die Elektronen zum Strom beitragen können. In unserem Modell ist die Elektronendichte in der Schicht aber null, sodass der Elektronenstrom zum Ausgleich des Ionenstroms nicht zur Verfügung steht. Die Elektronen können nur dann Strom auf die Elektrode tragen, wenn die Schicht zeitweise verschwindet. Daher können wir für die Amplitude der Schichtdicke annehmen:

$$\tilde{s} = \bar{s} = \frac{\tilde{I}}{en\omega A}. \tag{9.86}$$

Um den Potentialabfall über die Entladung zu berechnen, gehen wir vom Plasmapotential aus, das wir zu null setzen. Das Potential der Elektrode *E1* folgt dann aus der Integration von (9.82) über die Schicht *S1*

$$\phi_p - U_1(t) = -\int_0^{s_1} E_1 \mathrm{d}x = -\frac{en}{\epsilon_0} \left(\frac{x^2}{2} - x s_1 \right) \Big|_0^{s_1} = \frac{en}{\epsilon_0} \frac{s_1^2}{2}. \tag{9.87}$$

Wie für ein Plasma zu erwarten, liegt das Potential der Elektrode unterhalb des Plasmapotentials. Das Gleiche gilt auch für Elektrode *E2*. Wir verfahren analog mit der Schicht *S2* und finden für die an den beiden Elektroden anliegenden Spannungen

$$U_{1,2}(t) = -\frac{en}{2\epsilon_0} s_{1,2}^2. \tag{9.88}$$

Mit (9.84) folgt daraus für die Elektrodenpotentiale[1]

$$U_{1,2} = -\frac{en}{2\epsilon_0} \left(\bar{s}^2 \mp 2\bar{s}\tilde{s} \sin \omega t + \frac{\tilde{s}^2}{2} (1 - \cos 2\omega t) \right), \tag{9.89}$$

---

[1] $\sin^2 \alpha = (1 - \cos 2\alpha)/2$

oder mit (9.86):

$$U_{1,2} = -\frac{en\bar{s}^2}{2\epsilon_0} (1 \mp \sin \omega t)^2 .$$

(9.90)

Die Schichten verhalten sich also nichtlinear und der Strom erzeugt in der Spannung Harmonische der Anregungsfrequenz. Für die gesamte an der Anordnung anliegende Spannung folgt hingegen

$$U_{rf} = U_2 - U_1 = -2\frac{en}{\epsilon_0}\bar{s}^2 \sin \omega t.$$

(9.91)

Obwohl die einzelnen Schichtpotentiale nichtlinear auf den Strom reagieren, verhält sich die Gesamtspannung in diesem einfachen Modell wieder linear.

Setzen wir (9.86) in (9.91) ein und differenzieren den Ausdruck nach der Zeit, so kann man $\tilde{I} \sin \omega t$ wieder durch I_{rf} ersetzen, und es folgt die Beziehung

$$I_{rf} = \epsilon_0 \frac{A}{2\bar{s}} \dot{U}_{rf} = C\dot{U}_{rf}.$$

(9.92)

Das Verhalten des gesamten Plasmas wird hauptsächlich durch die beiden Schichten bestimmt, die sich wie in Reihe geschaltete Kondensatoren verhalten, mit der Gesamtkapazität $C = \epsilon_0 A/2\bar{s}$.

9.4.2 Entladungsparameter

Um die Entladungsparameter Dichte und Elektronentemperatur – die Ionen werden als kalt behandelt – zu bestimmen, müssen Energie- und Teilchenbilanz gelöst werden. In der stationären *Teilchenbilanz* sorgen Ionisationsprozesse für die Teilchenquelle und Verluste über die Elektroden sind die Senke. Der Teilchenfluss auf die Elektroden ist durch den Ionenfluss (9.43) festgelegt. Es folgt daraus für die Teilchenflussdichte

$$\Gamma = 2 \times 0{,}61 c_s n = n_n n \langle \sigma_{ion} v \rangle L,$$

(9.93)

wobei $d = L$ gesetzt wurde.

Als Nächstes betrachten wir Quellen und Senken der Energie. Jedes Elektron, das über die Elektroden verloren geht, nimmt Energie aus dem Plasma mit. Wegen der Ambipolarität ist die Elektronenflussdichte ebenfalls durch Γ gegeben. Nach (7.19) ist die mittlere Energie, die dem Plasma durch ein auf die Wand treffendes Elektron verloren geht, gleich $2T_e$. Das Elektron gelangt allerdings nur dann auf die Wand, wenn es zusätzlich das Schichtpotential überwindet. Im Fall ohne Vorspannung können wir das Schichtpotential durch (9.48) abschätzen. Weiterhin muss, wegen der Stationarität, jedes verlorene Elektron durch Ionisation ersetzt werden. Die *Ionisationsenergie* W_{ion} wird ebenfalls den Elektronen entzogen, sodass der gesamte Energieverlust durch Teilchenverlust auf die Wand gegeben ist durch

$$P_W = A\Gamma \left((2 + 3{,}3 + \ln A_i/2)T_e + W_{ion}\right) = 2A\left(E_w + W_{ion}\right)0{,}61 c_s n. \tag{9.94}$$

Dieser Verlust wird durch zwei Quellen ausgeglichen, der Ohm'schen und der Stochastischen Heizung.

Durch Stöße der Elektronen mit Ionen und – bei Plasmen dieser Art hauptsächlich – mit Neutralteilchen entsteht die sog. *Ohm'sche Heizung*, die aus dem Realteil von $U_p I_p$ berechnet werden kann, wobei über $T = 2\pi/\omega$ gemittelt werden muss, was zu einem Faktor 1/2 führt. Für das Hauptplasma kann man den Beitrag des Verschiebungsstromes zum Strom vernachlässigen, sodass aus (9.77) folgt:

$$P_{OH} = \frac{1}{2}\Re\left(\frac{d}{A}\frac{(\nu - i\omega)}{\epsilon_0 \omega_p^2}\tilde{I}^2\right) = \frac{d}{2A}\frac{\nu}{\epsilon_0 \omega_p^2}\tilde{I}^2 = \frac{d}{2A}\frac{m_e \nu}{e^2 n}\tilde{I}^2 = \frac{1}{2}\frac{d}{A}\frac{\tilde{I}^2}{\sigma}. \tag{9.95}$$

Die Leitfähigkeit ist gegeben durch (vgl. (8.108))

$$\sigma = \frac{e^2 n}{m_e \nu}, \tag{9.96}$$

mit der effektiven Stoßrate ν.

Weiterhin wird durch die oszillierenden Schichtdicken Energie auf die Elektronen übertragen. Die Schicht wirkt für das Elektron wie ein bewegter Potentialwall, an dem es reflektiert wird. Für ein einzelnes Elektron kann man den Prozess beschreiben wie einen elastischen Stoß einer Kugel an einer sich bewegenden Wand. Ist die Geschwindigkeit der Schichtgrenze u_s, so ändert sich bei der Reflexion die Geschwindigkeit des Elektrons um $\pm 2u_s$, je nachdem, ob die Schicht sich auf das Elektron zu- oder davon wegbewegt. Der Energieübertrag auf ein einzelnes Elektron ist damit gegeben durch

$$\Delta E_v = \frac{1}{2}m_e\left((v_e \pm 2u_s)^2 - v_e^2\right) = \pm 2m_e v_e u_s + 4m_e u_s^2. \tag{9.97}$$

Da sich die beiden Schichten mit gleicher Geschwindigkeit bewegen, bewegt sich die eine auf die anfliegenden Elektronen zu, die andere aber davon weg, sodass sich bei der Summation über beide Schichten der erste Term von (9.97) weghebt. Damit hängt der Energieübertrag nicht mehr von der Elektronengeschwindigkeit ab, und wir können die Mittelung über die Maxwell-Verteilung ersetzen durch eine Multiplikation mit dem mittleren Elektronenfluss auf die Schichtgrenze. Die Schichtgrenze kann von allen Elektronen der Maxwell-Verteilung erreicht werden und für den Fluss gilt nach (7.17) $\Gamma_s = n\langle v_e^+ \rangle = n\bar{v}_e/4$, wobei $\bar{v}$ die mittlere Geschwindigkeit (7.15) ist. Die Summe über beide Elektroden ergibt einen zusätzlichen Faktor 2, sodass der Beitrag aus der *stochastischen Heizung* gegeben ist durch

$$P_{Stoch} = 2A\Gamma_s \Delta E_v = 2Am_e u_s^2 n\bar{v}_e. \tag{9.98}$$

Die Geschwindigkeit der Schichtgrenze folgt aus (9.84) durch Differenzieren. Weiterhin mitteln wir wieder über eine Periode, wodurch ein Faktor 1/2 hinzukommt. Mit (9.86) finden wir

$$P_{Stoch} = \frac{m_e \bar{v}_e}{e^2 nA} \tilde{I}^2. \tag{9.99}$$

Die *Energiebilanz* wird gezogen aus den Beiträgen (9.94), (9.95) und (9.99). Wir lösen den Ausdruck nach der Dichte auf und erhalten so

$$n = \sqrt{\frac{m_e(d\nu + 2\bar{v})}{0{,}61 c_s (E_w + W_{ion})}} \frac{\tilde{I}}{2eA}. \tag{9.100}$$

Mit (9.93) und (9.100) haben wir zwei Gleichungen zur Bestimmung von Dichte und Temperatur aus gegebenem Entladungsstrom.

Referenzen

9. J. E. Allen, Phys. Scripta **45**, 497 (1992).
10. F. F. Chen, J. Appl. Phys. **36**, 675 (1965).
11. N. Mahdizadeh *et al.*, Plasma Phys. Controll. Fusion **47**, 777 (2005).
12. P. C. Stangeby, J. Nucl. Mater. **128&129**, 969 (1984).
13. P. C. Stangeby and G. M. McCracken, Nucl. Fusion **30&7**, 1225 (1990).

Weitere Literaturhinweise

Zu Niedertemperaturplasmen findet man weiterführende Themen in Y. P. Raizer, *Gas Discharge Physics*, (Springer, Berlin, 1997) und G. Franz, *Kalte Plasmen* (Springer, Berlin, 1990). Bücher mit plasmatechnologischer Ausrichtung sind M. A. Lieberman und A. J. Lichtenberg, *Prinziples of Plasma Discharges and Materials Processing* (John Wiley & Sons, New York, USA, 2005), R. Hippler *et al.*, *Low Temperature Plasma Physics. Fundamental Aspects and Applications* (Wiley-VCH, Weinheim, 2001), G. Janzen, *Plasmatechnik. Grundlagen, Anwendungen, Diagnostik* (Hüthog, Heidelberg, 1992), G. Franz, *Oberflächentechnologie mit Niederdruckplasmen. Beschichten und Strukturieren in der Mikrotechnik* (Springer, Berlin, 1994). Radiofrequenzgeheizte Plasmen werden behandelt in Y. P. Raizer, M. N. Shneider und N. A. Yatsenko, *Radio-Frequency Discharges* (CRC Press, Boca Raton, Florida, U.S.A., 1995) und Mikrowellenplasmen in *Microwave Excited Plasmas*, edited by M. Moisan and J. Pelletiert (Elsevier, Amsterdam, 1992). Abhandlungen über Sonden findet man in N. Hershkowitz et al., *Self-emissive probes* (Rev. Sci. Instrum. **54**, 29 (1983)); J. Sheehan und N. Hershkowitz, *Emissive probes* (Plasma Sources Sci. Technol., **20**, 63001 (2011)) und N. Hershkowitz, in *How Langmuir Probes Work* (Academic Press, New York, 1989).

Fusionsforschung

In Plasmen ablaufende nukleare Fusionsreaktionen sind die wichtigste Energiequelle im Weltall. Die Sonne erzeugt auf diesem Weg indirekt quasi die gesamte auf der Erde umgesetzte Energie. Atomkerne fusionieren nur, wenn sie mit ausreichend hoher Energie zusammenstoßen. Bei der zur Fusion notwendigen Energie bzw. Temperatur liegt Materie im Plasmazustand vor. In diesem Kapitel wollen wir uns mit Fusionsprozessen in Plasmen befassen. Der Schwerpunkt liegt dabei auf magnetisch eingeschlossenen Laborplasmen. Sie werden mit der Zielsetzung untersucht, die Fusionsprozesse kontrolliert ablaufen zu lassen und die freigesetzte Energie in einem Kraftwerk nutzbar zu machen. Andere Wege zur kontrollierten Fusion, wie die Inertialfusion, werden hier nur kurz besprochen.

Der Fusionsprozess selbst ist aus der Kernphysik bekannt. Uns interessieren hier hauptsächlich die physikalischen Vorgänge, die in für die Fusion relevanten Hochtemperaturplasmen ablaufen.

10.1 Entwicklungsgeschichte

Erste Gedanken zur friedlichen Nutzung der Fusion von Wasserstoffisotopen machte man sich schon im Kreise der an der Entwicklung der H-Bombe beteiligten Physiker. (Die erste H-Bombe wurde durch die USA am 31.10.1952 gezündet.) Ab 1945 wurden in England, zunächst noch geheim, Plasmen bei hohen Temperaturen untersucht. Die Forschung konzentrierte sich auf sogenannte *Pinche*, in denen versucht wurde, Plasmen in einem gepulsten Betrieb durch Kompression zu erhitzen.

10.1.1 Plasma-Pinche

Die physikalische Idee hinter den Pinchen ist, dass sich ein stromdurchflossenes Plasma selbständig zusammenzieht (engl. *to pinch*) und dabei aufheizt. Diesen Effekt kann man aus der Bewegungsgleichung der MHD (3.30) oder direkt aus der Lorentz-Kraft herleiten.

Nach dem Ampère'schen Gesetz erzeugt ein in z-Richtung fließender Strom j_z in einem zylindrischen Plasma im Abstand r von der Achse ein poloidales Magnetfeld der Form

$$B_\theta(r) = \frac{\mu_0}{r} \int_0^r \mathrm{d}r' r' j_z(r'), \tag{10.1}$$

das mit dem Strom selbst über die Lorentz-Kraft eine zur Achse hin gerichtete Kraft bewirkt,

$$F_r(r) = -j_z(r)B_\theta(r). \tag{10.2}$$

Bei hohem Strom wird das Plasma schnell gegen die Zeitskala der Transportprozesse, also adiabatisch, komprimiert. Es verdichtet sich dabei und heizt sich durch die gegen den Plasmadruck aufgewandte Arbeit auf, bis der Plasmadruck die Inwärtskraft bilanziert. Bei dieser Kontraktion muss sich dann die für Fusionsprozesse relevante Temperatur einstellen. In Abschn. 3.3.2 haben wir das Gleichgewicht diskutiert, das sich in einem Pinch einstellt, wenn ihn Instabilitäten nicht daran hindern. In der Praxis zerfällt die Entladung durch MHD-Instabilitäten, die wir in Abschn. 4.1.3 behandelt haben. Um die Stabilität des Plasmas zu erhöhen, wurden sehr verschiedene Typen von Pinchen entwickelt, von denen einige in Abb. 10.1 illustriert sind. Heute werden Pinche wieder als Quellen von harter Röntgenstrahlung eingesetzt.

In einer rein zylindrischen Anordnung, dem *z-Pinch* oder *linearen Pinch*, wird der Strom durch Entladung einer Kondensatorenbank über Elektroden erzeugt. Der Entladungstyp ähnelt also den in der Natur auftretenden Blitzen. Neben ihrer Instabilität ist bei den z-Pinchen ungünstig, dass das Plasma stark mit Elektrodenmaterial verunreinigt wird. Um von der direkten Wechselwirkung des Plasmas mit den Elektroden wegzukommen,

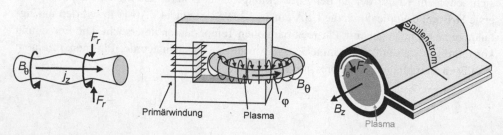

Abb. 10.1 Funktionsweise verschiedener Typen von Pinch-Experimenten. Von links nach rechts: z-Pinch, toroidaler z-Pinch und θ-Pinch

wurde der *toroidale Pinch* entwickelt, bei dem der toroidale Strom induktiv getrieben wird. Diese Anordnung ähnelt einem Tokamak, nur dass hier kein oder später, aus Gründen der Plasmastabilität, nur ein kleines toroidales Magnetfeld existiert. Das Plasma komprimiert sich auch hier durch die Lorentz-Kraft, bevor ausreichend hohe Drucke erreicht werden, zerfällt es aber auch über MHD-Instabilitäten. Um diese zu stabilisieren, benötigt man sehr hohe toroidale Magnetfelder, wie sie im Tokamak verwendet werden.

In der als *linearer θ-Pinch* bekannten Anordnung induziert ein zeitlich schnell ansteigendes axiales Magnetfeld B_z einen poloidalen Strom j_θ. Das Magnetfeld wird durch einen Strom in einer zylinderförmigen Spule getrieben. Die komprimierende Kraft entsteht hier aus dem axialen Feld und dem poloidalen Strom, der entgegengesetzt zum Spulenstrom fließt,

$$F_r(r) = j_\theta(r)B_z(r). \tag{10.3}$$

Eine Kombination aus z-Pinch und θ-Pinch ergibt einen helikal fließenden Gesamtstrom. Die Anordnung wird daher im Englischen *srew pinch* genannt.

10.1.2 Stellaratoren

1951 wurde auch in den USA ein Programm zur Fusionsforschung eingeleitet. Der Astrophysiker L. Spitzer schlug ein Konzept mit starkem axialem Magnetfeld vor, das er *Stellarator* nannte. Das Feld wird durch Ströme erzeugt, die in externen Spulen fließen. Das Plasma bleibt solange eingeschlossen, wie der Strom in den Spulen fließen kann. Durch supraleitende Spulen kann damit der Betrieb prinzipiell beliebig lange aufrechterhalten werden. In Experimenten, bei denen noch keine Fusionsreaktionen zur Aufheizung beitragen, wird das Plasma durch injizierte Neutralteilchen oder durch elektromagnetische Wellen geheizt. In Tab. 10.1 sind einige der wichtigsten Stellaratorexperimente aufgelistet.

Da das Magnetfeld toroidal geschlossen ist, treten automatisch Feldgradienten auf, die über Teilchendriften für eine Ladungstrennung im Plasma sorgen (siehe Abschn. 4.2

Tab. 10.1 Einige der wichtigsten Stellaratorexperimente, der Standort, das Jahr der Inbetriebnahme sowie einige typische Größen (großer, kleiner Plasmaradius in Meter, Magnetfeld in Tesla)

Name	Land/Jahr	R	a	B_t
Figure-8	USA/1951	-	-	
ATF (*Advanced Toroidal Facility*)	USA/1988	2,0	0,27	2,0
CHS (*Compact Helical System*)	Japan/1988	0,9	0,20	2,0
Heliotron-E	Japan/1981	2,2	0,21	2,0
Wendelstein 7-AS	Garching/1990	2,0	0,17	2,5
LHD	Japan/1998	3,9	0,55	2,5
Wendelstein 7-X	Greifswald/2015	5,5	0,50	2,5

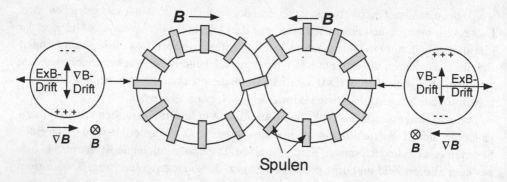

Abb. 10.2 Figure-8-Stellarator mit einigen Feldspulen und dem angedeuteten Plasma. Für zwei Plasmaquerschnitte sind die auftretenden Flüssigkeitsdriften qualitativ anhand der Gradientendrift eingezeichnet

für eine genaue Diskussion). Die entstehenden elektrischen Felder würden dann das Plasma über $E \times B$-Driften an die Wand drücken. Um dies zu verhindern, verdrillt man heute das Magnetfeld, sodass die Ladung über Ströme parallel zum Magnetfeld, den sog. *Pfirsch-Schlüter-Strömen*, abgebaut werden kann. Im ersten Experiment, genannt *Figure-8-Stellarator* (siehe Abb. 10.2), erreichte man eine leichte Verdrillung der Feldlinien durch eine achterförmige Magnetfeldkonfiguration. Dies wird in Abschn. 11.2.5 genauer erläutert. Weiterhin wird die Trennung der Ladungen dadurch reduziert, dass die Driften in den beiden Hälften der Acht in entgegengesetzte Richtungen gehen: Während der Gradient des Magnetfeldes immer nach innen zeigt, zeigt das Feld an beiden Enden in die gleiche Richtung. Die Gradientendrift hat nach (2.30) in beiden Teilen der Acht entgegengesetzte Vorzeichen. So bauen sich entstehende Ladungsüberschüsse entlang Feldlinien, auf denen hohe Leitfähigkeit herrscht, ab. Bis 1969 wurden in Princeton Stellaratoren in verschiedenen Konfigurationen realisiert.

Später ging man von der planaren Spulenform ab und erzeugte verdrillte Felder über helikal um einen Torus gewickelte Spulenpaare. In Abb. 10.3 sind Beispiele für Stellaratoren dieser Art zu sehen. Nun führt die Gradientendrift auf dem gesamten Umfang in die gleiche Richtung. Ladungsüberschüsse an Ober- und Unterseite des toroidalen Plasmas können sich entlang der helikalen Feldlinien abbauen, sodass ein vertikales elektrisches Feld, das zu horizontalen Driften führen würde, nicht aufgebaut werden kann.

Je nachdem, ob die Ströme in den Spulenpaaren jeweils in entgegengesetzter oder gleicher Richtung fließen, spricht man bei Konfigurationen wie in Abb. 10.3 von *klassischen Stellaratoren* bzw. von *Torsatrons* oder *Heliotrons*. Im klassischen Stellarator fließen die Ströme gegengerichtet. Die Anzahl der Spulen muss daher immer gerade sein. Man kann sich leicht überlegen, dass bei entgegengesetzten Strömen kein axiales Feld entstehen kann. Daher ist die Konfiguration des klassischen Stellarators durch planare Spulen zu ergänzen, die ein rein axiales Feld erzeugen. Bei einem Heliotron laufen die Ströme gleichgerichtet und erzeugen so auch das axiale Feld. Dagegen benötigt man in diesem

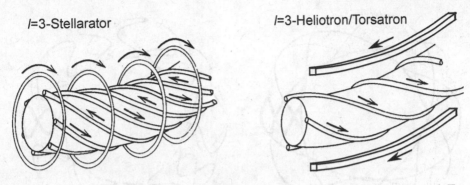

Abb. 10.3 Segmente eines klassischen *l*=3-Stellarators und eines *l*=3-Heliotrons oder auch Torsatron. Pfeile zeigen die Stromrichtung in den Spulen an

Fall zusätzliche Spulen, die das durch die helikalen Leiter erzeugte vertikale Magnetfeld ausgleichen müssen. In Abb. 10.3 sind die zusätzlichen Spulen angedeutet. Die Ströme in Vertikal- und Helikalfeldspulen sind etwa gleich stark, fließen aber in entgegengesetzte Richtungen, sodass insgesamt kein großes vertikales Magnetfeld erzeugt wird. Die Anzahl an helikalen Spulen ist hier beliebig.

Stellaratoren werden nach auftretenden Symmetrien charakterisiert. Die *Periodenzahl m* kennzeichnet die toroidale Symmetrie, d. h., die Häufigkeit, mit der man bei einem Umlauf in axialer Richtung die identische Magnetfeldtopologie wiederfindet. Die poloidale Symmetrie *l* bezieht sich auf einen Umlauf um einen senkrechten Schnitt durch das Plasma. In Abb. 10.3 handelt es sich um einen *l*=3-Stellarator und um ein *l*=3-Heliotron bzw. Torsatron. Da im Stellarator die Spulen paarweise mit entgegengesetzten Strömen vorkommen, werden 6 Spulen benötigt, um die *l*=3-Symmetrie zu erreichen. Der größte sich z. Zt. in Betrieb befindliche Stellarator dieser Art ist der *Large Helical Device (LHD)* in Japan. Es handelt sich dabei um ein *l*=2-*m*=8-Heliotron mit einem großen Plasmaradius von ca. 4 m.

Bei großen Stellaratoren wird der Bau der Spulen problematisch. Aufgrund ihrer Größe müssen sie vor Ort gefertigt werden, ein Prozess, der mehrere Jahre in Anspruch nehmen kann. Bei einem Baufehler ist die gesamte Spule unbrauchbar. Aus diesem Grund hat man am MPI für Plasmaphysik eine Methode entwickelt, bei der modulare Spulen das gesamte Spulensystem ersetzen. In Deutschland wurde ein Fusionsprogramm ins Leben gerufen, nachdem die Geheimhaltung der Fusionsforschung aufgehoben worden war. 1960 gründete die Max-Planck-Gesellschaft das Institut für Plasmaphysik in Garching, wo zunächst Stellaratoren, später aber auch Tokamaks und Pinche untersucht wurden. Am Experiment *Wendelstein 7-A* wurde in den 80-er Jahren erstmals gezeigt, dass in Stellaratoren Plasmen auch ohne starken Plasmastrom wirkungsvoll eingeschlossen werden können. Bei Wendelstein 7-A handelte es sich noch um einen klassischen *l*=2-*m*=5-Stellarator. Das Nachfolgeexperiment, der Stellarator *Wendelstein 7-AS*, war dann der erste modulare Stellarator. Bei der Planung von Wendelstein 7-AS ist es erstmals gelungen,

Abb. 10.4 Ersetzung dreier helikaler Spulenpaare mit unterschiedlichen Umlaufgesetzen (*links*) durch modulare Spulen (*rechts*). Dargestellt ist ein Teil der 50 Spulen des Experimentes Wendelstein 7-AS

die großen helikalen Stellaratorspulen zusammen mit den planaren Toroidalfeldspulen in modulare Einheiten zu zerlegen. Die Form dieser Spulen ist dann notwendigerweise dreidimensional. Man gewinnt allerdings zusätzliche Freiheiten, das Magnetfeld so zu modellieren, dass die Plasmaeigenschaften bezüglich Stabilität und Transport optimal werden. An Wendelstein 7-AS, der 1990 in Betrieb ging, konnte erstmals die erfolgreiche Optimierung des Magnetfeldes demonstriert werden. In Abb. 10.4 ist am Beispiel von Wendelstein 7-AS dargestellt, wie man sich die Ersetzung der helikalen Spulen durch modulare vorstellen kann. Ersetzt wurden hier 3 helikale Spulenpaare mit unterschiedlichen Umlaufgesetzen.

Weitere Verbesserungen bezüglich Stabilität und Transport führten zu dem optimierten Konzept *Wendelstein 7-X*, das in Greifswald aufgebaut wurde und 2015 erfolgreich in Betrieb ging. In Abb. 10.5 sind die dreidimensionalen Spulen und das Plasma dieses Experiments zu sehen.

10.1.3 Spiegelmaschinen

In Konkurenz zur Entwicklung der Stellaratoren setzte man in Livermore auf Spiegelmaschinen. Wie aus Abschn. 2.2.4 bekannt ist, sind dies Anordnungen mit einem starken axialen Magnetfeld, bei denen magnetische Spiegel die Teilchen am Verlassen des Plasmavolumen hindern. Ein Hauptproblem dieses Konzeptes ist, dass die Leckrate der Teilchen aus den Spiegeln nicht beliebig klein gemacht werden kann. In Abb. 10.6 ist das Prinzip dieser Anordnung dargestellt. Planare Spulen erzeugen ein axiales Magnetfeld, das

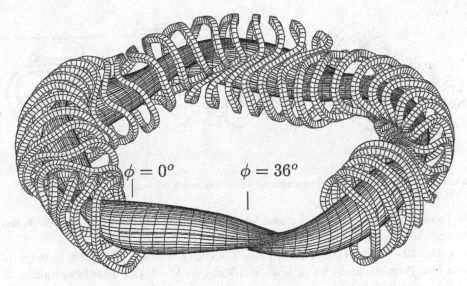

$\phi = 0^o$ $\phi = 36^o$

Abb. 10.5 Magnetfeldspulen und Plasma des modularen Stellarators Wendelstein 7-X

an den beiden Enden durch stärkere Spulen erhöht wird. Plasmateilchen mit einer ausreichend großen Geschwindigkeitskomponente senkrecht zum Magnetfeld sind in diesen Magnetfeldspiegeln eingeschlossen. Es wird aber immer einen Beitrag zur Geschwindigkeitsverteilung der Teilchen geben, die in den Spiegeln nicht eingeschlossen sind. Solche Endverluste beschränken letztlich die Leistungsfähigkeit der Experimente. Ein weiteres Problem ist die Stabilität des Plasmas in den Bereichen ungünstiger Magnetfeldkrümmung (siehe Abschnitt 4.1.2). In Abb. 10.6 sind zwei alternative Konzepte für den Magnetfeldabschluss zu sehen, durch die man diese Nachteile auszugleichen versuchte.

Nachdem 1986 ein großes Spiegelexperiment in Livermore fertiggestellt worden war, nahm man es aus Finanzgründen nicht mehr in Betrieb und stellte die Forschung an Spiegelmaschinen ein.

10.1.4 Tokamaks

Nach negativen Erfahrungen mit Pinchen wurde in der Sowjetunion 1952 ein *Tokamak* realisiert. I. E. Tamm und A. D. Sacharov gelten als die Erfinder dieses Konzeptes. Der Ausdruck steht für das russische *To*roidalnaya *Ka*mera *Ma*gnitnaya *Ka*tuschka. Im Tokamak wird durch planare Spulen ein rein toroidales Magnetfeld erzeugt. Ein induktiv getriebener toroidaler Strom im Plasma erzeugt dann den poloidalen Beitrag zum Magnetfeld, sodass das Gesamtfeld verdrillt ist. Der induktiv getriebene Gleichstrom heizt über resistive Verluste das Plasma, führt aber zu einer inhärent gepulsten Betriebsform.

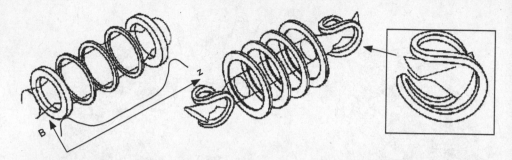

Abb. 10.6 Aufbau einer Spiegelmaschine mit verschiedenen Spulen zum Magnetfeldabschluss

Das Poloidalfeld ist, anders als im toroidalen Pinch, um einen Faktor 10 kleiner als das Toroidalfeld.

In Abb. 10.7 ist die Funktionsweise des Tokamaks erläutert. Der Plasmastrom wird durch eine Primärwindung im Zentrum des Torus induziert. Der Transformatorkern ist nur bei wenigen Tokamaks, so wie in der Abbildung gezeigt, geschlossen. Die Vertikalfeldspulen sind notwendig, um zusammen mit dem poloidalen Feld geschlossene Magnetfeldflächen so zu erzeugen, dass sie im Vakuumgefäß Platz finden. Weiterhin dienen sie dazu, das Plasma horizontal zu positionieren. Der Plasmaquerschnitt ist oft nicht kreisförmig. Denn elliptische Querschnitte bedingen günstigere Plasmaeigenschaften bezüglich Stabilität und Einschluss.

Der Durchbruch des Tokamaks wurde 1968 erreicht, als am *T3-Tokamak* des Kurchatov Instituts in Moskau Werte für die Elektronentemperatur von über 2 keV gemessen wurden. Die Energieeinschlusszeit war wesentlich länger als in anderen Anordnungen, wie Spiegelmaschinen oder Stellaratoren. Ein Jahr später wurde das Stellaratorprogramm in Princeton beendet, und man baute den *C-Stellarator* in einen Tokamak um. Bis 1998 wurde dort der Tokamak *TFTR* betrieben. Heute weiß man, dass Stellaratoren sehr empfindlich auf Störungen im Magnetfeld reagieren. Wenn man die Spulen sehr sorgfältig baut, zeigen Stellaratoren ähnlich gute Einschlusseigenschaften wie Tokamaks.

Der Tokamak ist das am weitesten entwickelte Konzept zum Erreichen der kontrollierten Kernfusion. Einige Tokamak-Experimente sind in Tab. 10.2 aufgelistet. Ein wichtiger Schritt für die Optimierung des Tokamaks war die Abweichung von einem kreisförmigen Plasma. Die aktuell im Betrieb befindlichen Experimente wie *ASDEX Upgrade* in Garching, *DIII-D* in den U.S.A. oder *JT 60* in Japan sowie der größte Tokamak *JET*, ein europäisches Experiment in England, haben elongierte Plasmaquerschnitte. In JET wurde erstmals ein Plasma aus Deuterium und Tritium untersucht. Im Jahre 2005 wurde nach langwierigen politischen Verhandlungen der Bau eines ersten Testreaktors namens *ITER* (International Thermo-nuclear Experimental Reactor) in Cadarache, Frankreich beschlossen. ITER soll 2025 in Betrieb gehen und erstmals ausreichend viel Energie aus Fusionsprozessen freisetzen, um damit die gesamte Heizleistung für das Plasma aufzubringen.

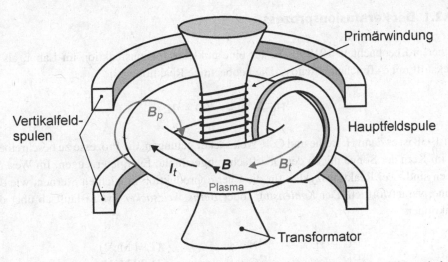

Abb. 10.7 Schematischer Aufbau des Tokamaks. Über den Transformatorkern (Primärwindung) wird im Plasma (Sekundärwindung) ein toroidaler Plasmastrom I_t induziert. Sein poloidales Feld B_p überlagert sich mit dem toroidalen Feld B_t der Hauptfeldspulen und dem Vertikalfeld zu torusförmigen Magnetfeldflächen

Tab. 10.2 Einige der wichtigsten Tokamak-Experimente, der Standort, das Jahr der Inbetriebnahme sowie einige typische Größen (großer, kleiner Plasmaradius in Meter, Magnetfeld in Tesla)

Name	Land/Jahr	R	a	B_t
T-3	UDSSR/1962	1,0	0,12	2,5
ASDEX	Garching/1980	1,65	0,4	2,5
TEXTOR	Jülich/1983	1,75	0,50	2,0
DIII-D	USA/1986	1,7	0,40	2,5
ASDEX Upgrade	Garching/1992	1,65	0,50	2,5
TFTR	USA/1982	2,4	0,80	5,0
JT60	Japan/1985	3,0	0,55	4,5
JET	England/1983	3,0	1,25	3,0
ITER	Frankreich/2025	8,1	2,80	5,0

10.2 Energiebilanz der Kernfusion

In diesem Abschnitt werden die kernphysikalischen Grundlagen der Fusion sowie einfache Abschätzungen zur Energiebilanz in thermonuklearen Plasmen bereitgestellt.

10.2.1 Der Kernfusionsprozess

Rutherford beobachtete 1919 als Erster eine nukleare Fusionsreaktion im Labor, als er Stickstoff mit α-Teilchen beschoss. Die beobachtete Reaktion war:

$$^4\mathrm{He} + {}^{14}\mathrm{N} \rightarrow {}^{17}\mathrm{O} + {}^1\mathrm{H}.$$

Erst 1938 ist es dann H. Bethe und C. F. Weizsäcker gelungen, die Prozesse zu beschreiben, die im Kern der Sonne die an der Oberfläche abgestrahlte Energie erzeugen. Im Wesentlichen sind zwei Reaktionszyklen für die Energieproduktion in leichten Sternen, wie der Sonne, verantwortlich. Der *Kohlenstoff-* oder *Bethe-Weizsäcker-Zyklus* läuft ab über die Reaktionen

$$
\begin{array}{rcll}
{}^{12}\mathrm{C} + {}^1\mathrm{H} & \rightarrow & {}^{13}\mathrm{N} + \gamma & (1{,}91\,\mathrm{MeV}), \\
{}^{13}\mathrm{N} & \rightarrow & {}^{13}\mathrm{C} + e^+ + \nu + \gamma & (1{,}20\,\mathrm{MeV}), \\
{}^{13}\mathrm{C} + {}^1\mathrm{H} & \rightarrow & {}^{14}\mathrm{N} + \gamma & (7{,}60\,\mathrm{MeV}), \\
{}^{14}\mathrm{N} + {}^1\mathrm{H} & \rightarrow & {}^{15}\mathrm{O} + \gamma & (7{,}39\,\mathrm{MeV}), \\
{}^{15}\mathrm{O} & \rightarrow & {}^{15}\mathrm{N} + e^+ + \nu + \gamma & (1{,}71\,\mathrm{MeV}), \\
{}^{15}\mathrm{N} + {}^1\mathrm{H} & \rightarrow & {}^{12}\mathrm{C} + {}^4\mathrm{He} & (4{,}99\,\mathrm{MeV}).
\end{array}
$$

Dabei spielt $^{12}\mathrm{C}$ die Rolle eines Katalysators, der hilft, 4 Wasserstoffkerne zu fusionieren. Die Reaktionskette liefert 24,8 MeV Energie, zuzüglich einer Energie von 2,04 MeV, die bei der Vernichtung der Positronen mit Elektronen freigesetzt wird.

Im *Protonenzyklus* fusionieren die Wasserstoffkerne direkt in sukzessiven Zweiteilchenstößen, bis $^3\mathrm{He}$ entsteht, das dann mit einem anderen $^3\mathrm{He}$-Kern zu $^4\mathrm{He}$ fusioniert und 2 Protonen wieder freisetzt:

$$
\begin{array}{rcll}
{}^1\mathrm{H} + {}^1\mathrm{H} & \rightarrow & {}^2\mathrm{H} + e^+ + \nu & (0{,}41\,\mathrm{MeV}), \\
{}^2\mathrm{H} + {}^1\mathrm{H} & \rightarrow & {}^3\mathrm{He} + \gamma & (5{,}51\,\mathrm{MeV}), \\
{}^3\mathrm{He} + {}^3\mathrm{He} & \rightarrow & {}^4\mathrm{He} + 2{}^1\mathrm{H} + \gamma & (12{,}98\,\mathrm{MeV}).
\end{array}
$$

Bei einem Stoß zweier Atomkerne kommt es nur dann zur Fusion, wenn die Energie im Schwerpunktsystem hoch genug ist, um die Coulomb-Abstoßung zu überwinden und so in die Reichweite der anziehenden Kernkraft zu gelangen. In Abb. 10.8 ist der Potentialverlauf eines Zweikernesystems dargestellt.

Die Coulomb-Schwelle lässt sich abschätzen durch das Coulomb-Potential der Kerne, wenn sie sich gerade berühren. Der Kernradius kann angenähert werden durch $r_0 A^{1/3}$, mit $r_0 \approx 1{,}3 \times 10^{-15}$ m und der Massenzahl A. Für Kerne mit den Ladungszahlen Z_1 und Z_2 ist die Coulomb-Schwelle also gegeben durch

$$V_{coul} \approx \frac{e^2}{4\pi\epsilon_0} \frac{Z_1 Z_2}{r_0(A_1^{1/3} + A_2^{1/3})}. \tag{10.4}$$

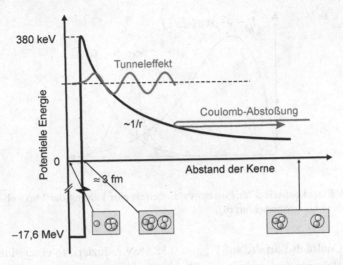

Abb. 10.8 Potential zwischen einem Deuteron und einem Triton in Abhängigkeit des Relativabstandes

Für die Fusion von zwei Protonen ergibt das einen Wert von 0,6 MeV. Das ist wesentlich höher als die Temperatur im Sonneninneren von typisch 1 keV. Aus zwei Gründen kommt es in der Sonne dennoch zu Fusionsreaktionen. Einmal gibt es in der Maxwell-Verteilung einen endlichen Anteil hochenergetischer Teilchen, zum anderen können die Stoßpartner auch bei niedrigeren Energien durch den Coulomb-Wall tunneln. Im Ratenkoeffizient für die Fusionsreaktion werden diese Beiträge berücksichtigt.

Wie in Abb. 10.9 dargestellt, berechnet sich der Ratenkoeffizient für die Fusion $\langle \sigma_{fus} u \rangle$ aus einer Faltung des Fusionswirkungsquerschnitts σ_{fus} mit der Maxwell-Verteilung der Plasmaionen. Mit der Relativenergie E_r und der Relativgeschwindigkeit u der Stoßpartner ist der *Ratenkoeffizient* gegeben durch

$$\langle \sigma_{fus} u \rangle = \frac{4}{\sqrt{2\mu_r \pi T^3}} \int dE_r E_r \sigma_{fus}(E_r) e^{-E_r/T}, \tag{10.5}$$

wobei μ_r für die reduzierte Masse steht. In Abb. 10.10 ist der stark temperaturabhängige Ratenkoeffizient für die in Fusionsexperimenten wichtigen Reaktionen dargestellt.

In einem Fusionsreaktor sollen Temperaturen in der Größenordnung von 20 keV erreicht werden. In Abb. 10.10 ist zu sehen, dass bei diesen Temperaturen und den im Vergleich mit Sternen niedrigen Dichten mit ausreichend hoher Wahrscheinlichkeit nur folgender Prozess abläuft:

$$^2H + {^3H} = D + T \rightarrow {^4He}\ (3{,}52\,\text{MeV}) + n\ (14{,}06\,\text{MeV}). \tag{10.6}$$

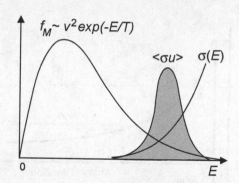

Abb. 10.9 Der Ratenkoeffizient für Fusionsreaktionen ist eine Faltung der Maxwell-Verteilung f_M mit dem Fusionswirkungsquerschnitt σ_{fus}

Dabei ist die Coulomb-Barriere auf $V_{coul} \approx 0{,}38$ MeV reduziert. In einem Fusionsreaktor muss der entstehende Heliumkern im Plasma abgebremst werden, sodass seine Energie für die Aufrechterhaltung der Plasmatemperatur zur Verfügung steht. Das Neutron, das nicht durch das Magnetfeld eingeschlossen ist, wird benötigt, um in einer Lithium-Ummantelung (*Blanket*) Tritium zu erzeugen. Dazu stehen prinzipiell zwei *Brutreaktionen* zur Verfügung,

$$
\begin{aligned}
{}^{7}\mathrm{Li} + \mathrm{n} &\rightarrow {}^{4}\mathrm{He} + \mathrm{T} + \mathrm{n}' \quad (-2{,}74\ \mathrm{MeV}), \\
{}^{6}\mathrm{Li} + \mathrm{n} &\rightarrow {}^{4}\mathrm{He} + \mathrm{T} \quad\quad\ (+4{,}78\ \mathrm{MeV}),
\end{aligned}
\tag{10.7}
$$

wobei die ^{7}Li-Reaktion Energie kostet. Sie funktioniert daher nur mit hochenergetischen Neutronen und weist einen kleinen Wirkungsquerschnitt auf. Für Fusionsreaktoren wird die ^{6}Li-Reaktion bevorzugt, die mit niederenergetischen Neutronen abläuft und den weitaus größeren Wirkungsquerschnitt hat. Bei dieser Reaktion werden zusätzlich 4,78 MeV frei, sodass sich die frei werdende Energie pro Fusionsreaktion effektiv auf 22,36 MeV erhöht. Die Brutreaktion zur Erzeugung des Tritiums liefert etwa 21 % der Energie. Da nicht jedes Neutron aus einer Fusionsreaktion eine Brutreaktion auslösen wird, müssen die Neutronen vervielfältigt werden. Dadurch reduziert sich auch die Energie der Neutronen, was zu höheren Wirkungsquerschnitten führt. Als Neutronen-Multiplikatoren soll Blei oder Beryllium in das Blanket eingebaut werden.

In heutigen Experimenten, die mit wenigen Ausnahmen ohne Tritium betrieben werden, lassen sich weiterhin folgende Reaktionen beobachten:

$$
\begin{aligned}
\mathrm{D} + \mathrm{D} &\rightarrow {}^{3}\mathrm{He}\ (0{,}82\ \mathrm{MeV}) + \mathrm{n}\ (2{,}45\ \mathrm{MeV}), \\
\mathrm{D} + \mathrm{D} &\rightarrow \mathrm{T}\ (1{,}01\ \mathrm{MeV}) + {}^{1}\mathrm{H}\ (3{,}05\ \mathrm{MeV}),
\end{aligned}
\tag{10.8}
$$

die mit ähnlichen Wahrscheinlichkeiten ablaufen. Teilchen mit Energien der Fusionsprodukte sind in kleineren Experimenten nur schlecht eingeschlossen und können außerhalb des Plasmas mit Halbleiterdetektoren nachgewiesen werden.

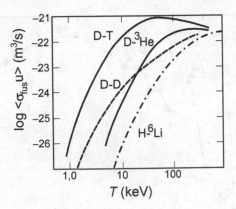

Abb. 10.10 Ratenkoeffizienten für die relevanten Fusionsprozessen als Funktion der Plasmatemperatur

Der Energiegewinn pro Nukleon ist in einer Fusionsreaktion wesentlich höher als in einer Spaltungsreaktion. Dies lässt sich an Abb. 10.11 ablesen, in der die Bindungsenergie der Atomkerne pro Nukleon in Abhängigkeit von der Nukleonenzahl dargestellt ist. Die Ausgangskerne Deuterium mit Tritium haben 2 Nukleonen mit je etwa 1 MeV und 3 Nukleonen mit je 3 MeV Bindungsenergie, was insgesamt 11 MeV ergibt. Sie vereinen sich zu einem doppelmagischen Kern mit 4 gebundenen Nukleonen mit je etwa 7 MeV Bindungsenergie und einem ungebundenen Neutron. Nach dieser Überschlagsrechnung ist die Differenz der Bindungsenergieen $\approx$ 17 MeV. Genauere Zahlen ergeben 17,58 MeV.

10.2.2 Schlüsselgrößen der Fusion

In einem selbstständig „brennenden" Fusionsplasma mit einer Leistungsproduktion von 1 GW stehen entsprechend der Reaktion (10.6) nur 200 MW Leistung zur Verfügung, um über Abbremsung der entstandenen α-Teilchen das Plasma zu heizen. Diese Heizleistung muss ausreichen, um das Plasma bei fusionsrelevanten Temperaturen zu halten. Das ist nur dann möglich, wenn die Energie im Plasma ausreichend gut eingeschlossen ist. Die *Energieeinschlusszeit* ist somit eine Schlüsselgröße der Fusionsforschung (vgl. Abschn. 15.5.1). Sie ist definiert als

$$\tau_E = \frac{W}{P}. \tag{10.9}$$

Der *Energieinhalt W* des Plasmas setzt sich zusammen aus Beiträgen von Elektronen und Ionen, die über das gesamte Plasmavolumen V zu integrieren sind:

$$W = W_e + W_i = \int_V dV \frac{3}{2} (n_e T_e + n_i T_i). \tag{10.10}$$

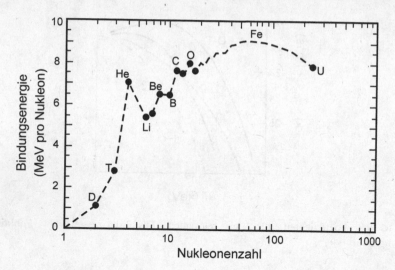

Abb. 10.11 Bindungsenergie pro Nukleon von Atomkernen in Abhängigkeit der Nukleonenzahl

Ein Fusionsreaktor wird bei mittleren Dichten von $\bar{n} \approx 2 \times 10^{20}$ m^{-3} betrieben. Bei diesen Werten ist die energetische Kopplung zwischen Elektronen und Ionen so stark, dass ihre Temperaturen als gleich angesehen werden können. Liegt ein reines Wasserstoffplasma vor ($n_e = n_i$), so schreibt man oft näherungsweise

$$W \approx 3V\bar{n}\bar{T}, \qquad\qquad (10.11)$$

wobei die Querbalken für Mittelwerte über das Plasmavolumen stehen. Formeln mit Größen dieser Art sind also nur als Abschätzungen geeignet.

Die Plasmaparameter, bei denen die Heizung des Plasmas ausschließlich durch Fusionsreaktionen erfolgt, lassen sich aus einer einfachen Energiebilanz abschätzen. Nehmen wir dazu an, das Plasma bestehe zu gleichen Anteilen aus Tritium und Deuterium (je $\bar{n}/2$), dann lässt sich die stationäre Energiebilanz in Form von Leistungsdichten schreiben als

$$\left(\frac{\bar{n}}{2}\right)^2 \langle \sigma_{fus} u \rangle \epsilon_\alpha > \frac{3\bar{n}\bar{T}}{\tau_E} + c_{Br} Z_{eff} \bar{n}^2 \sqrt{\bar{T}}. \qquad\qquad (10.12)$$

Der Term links entspricht der Heizung durch die in Fusionsprozessen entstandenen α-Teilchen der Energie $\epsilon_\alpha = 3,52$ MeV. Dieser muss größer sein als die rechte Seite. Der erste Term rechts deckt nach (10.9) alle durch Transport entstandenen Verluste ab und der letzte Term steht für Bremsstrahlungsverluste, die bei Temperaturen ab 10 keV wesentlich werden. Der Zahlenwert der Konstanten ist $c_{Br} = 1,04 \times 10^{-19}$ m$^3 \sqrt{\text{eV}}$/s. Die Terme in (10.12) haben die Einheit eV/sm^3 und müssen mit dem Plasmavolumen multipliziert und durch $6,275 \times 10^{18}$ eV dividiert werden, um auf Watt zu kommen.

Verluste durch *Bremsstrahlung* entstehen durch Beschleunigung der Elektronen bei Stößen mit Ionen, wobei die Ladungszahl der Ionen wesentlich eingeht. Durch die effektive Ladungszahl werden Stöße mit dem Hauption des Plasmas (hier Wasserstoff) und mit den in geringerer Konzentration vorliegenden anderen Ionen der Ladung Z_i (sogenannte *Verunreinigungen*) berücksichtigt. Die *effektive Ladungszahl* ist definiert als

$$Z_{eff} = \frac{\sum_{Ionen} n_i Z_i^2}{n_e}. \tag{10.13}$$

Die Summe läuft über alle im Plasma vorkommenden Ionenspezies. Die Neutralität des Plasmas muss gewahrt bleiben. Daher gilt:

$$n_e = \sum_{Ionen} n_i Z_i. \tag{10.14}$$

Im reinen Wasserstoffplasma gilt $Z_{eff} = 1$. Beispielsweise mit Kohlenstoff ($Z_i = 6$) als einzige Verunreinigung und $Z_{eff} = 2$ berechnen wir aus (10.13) und (10.14) für die Dichte der Wasserstoffionen

$$n_H = n_e \frac{Z_i - Z_{eff}}{Z_i - 1} = \frac{4}{5} n_e. \tag{10.15}$$

Wenn die Leistungsbilanz erfüllt ist, dann kann das Plasma selbstständig brennen. Aus (10.12) leiten wir eine *Zündbedingung* ab, die lautet:

$$\bar{n}\tau_E > \frac{12\bar{T}}{\langle \sigma_{fus} u \rangle \epsilon_\alpha - 4 c_{Br} Z_{eff} \sqrt{\bar{T}}}. \tag{10.16}$$

Für Abschätzungen ist es günstiger, wenn man die Gleichung noch mit $\bar{T}$ multipliziert. Die Zündbedingung stellt dann eine Grenze für das sog. *Tripelprodukt* oder *Fusionsprodukt* dar, in der Form

$$\bar{n}\bar{T}\tau_E > \frac{12\bar{T}^2}{\langle \sigma_{fus} u \rangle \epsilon_\alpha - 4 c_{Br} Z_{eff} \sqrt{\bar{T}}} \equiv F. \tag{10.17}$$

Die rechte Seite hat ein Minimum bei einer Temperatur von etwa 15 keV. Je kleiner Z_{eff}, je reiner also das Plasma ist, um so niedriger wird die zu überschreitende Schwelle zu einem brennenden Plasma sein. Den Fall $Z_{eff} = 1$ wird es in einem brennenden Plasma aber nie geben, denn in der Fusionsreaktion entsteht mit ^{4}He eine Verunreinigung. Die ursprünglich von Lawson abgeleitete [14] und als *Lawson-Kriterium* bekannte Bedingung berücksichtigte, dass man nur 30 % der erbrachten Fusionsleistung in elektrische Leistung umformen kann.

Im Temperaturbereich von 10–20 keV kann der Ratenkoeffizient durch eine Parabel

$$\langle \sigma_{fus} u \rangle \approx c_{\sigma u} T^2, \quad \text{mit} \quad c_{\sigma u} = 1{,}1 \times 10^{-30} \frac{m^3}{(eV)^2 s}, \tag{10.18}$$

angenähert werden. Vernachlässigen wir weiterhin die Bremsstrahlungsverluste, so erhalten wir mit $\epsilon_\alpha = 3{,}52\,\mathrm{MeV}$ für die Zündbedingung den Wert

$$\bar{n}\bar{T}\tau_E > 3 \times 10^{24}\,\mathrm{eVs/m^3} \approx 0{,}5\,\mathrm{MJs/m^3}. \tag{10.19}$$

Bei Dichten von $2 \times 10^{20}\,\mathrm{m^{-3}}$ und Temperaturen um $15\,\mathrm{keV}$ benötigt man also für ein selbstständiges Brennen mindestens eine Einschlusszeit von $3\,\mathrm{s}$.

Als Maß dafür, inwieweit ein Plasma die Zündbedingung erreicht hat, ist der *Q-Wert* als Quotient zwischen der durch Kernfusion erzeugten und der zur Plasmaheizung eingesetzten externen Leistung P_{ext} definiert. Da die gesamte Fusionsleistung das Fünffache der Leistung in den α-Teilchen ist, gilt:

$$Q = \frac{5P_\alpha}{P_{ext}}. \tag{10.20}$$

Bei $Q = 1$ wird also genauso viel Leistung produziert, wie durch externe Heizung in das Plasma eingekoppelt wird. Zündung ist erreicht, wenn $Q \to \infty$ strebt. ITER ist für $Q = 10$ ausgelegt.

In Abb. 10.12 sind die in bisherigen Experimenten erreichten Werte für das Fusionsprodukt dargestellt. Der Fortschritt, der seit den Experimenten mit Pinchen erzielt wurde, geht über mehrere Dekaden. In den Tokamaks *JET* und *JT-60* wurden schon in den 1990er-Jahren Werte in der Nähe von $Q = 1$ erreicht. Für genauere Berechnungen des Fusionsproduktes berücksichtigt man noch die Profilformen von Dichte und Temperatur. Gl. (10.19) liefert aber eine brauchbare Abschätzung der zu erreichenden Parameter.

Fusion findet bei hohem Plasmadruck $p = nT$ statt. Aus der Magnetohydrodynamik wissen wir, dass hoher Plasmadruck zu Instabilitäten führt, wenn ihm nicht ein ausreichend hoher Magnetfelddruck entgegenwirkt. β gibt gerade das Verhältnis dieser Drucke an (vgl. Abschn. 3.3.2),

$$\beta \approx \frac{2\bar{n}\bar{T}}{B^2/2\mu_0}, \tag{10.21}$$

und darf bei stabilen Fusionsplasmen nicht größer als typisch einige Prozent werden. Mithilfe des β-Parameters schreiben wir die Zündbedingung (10.17) um und erhalten

$$\frac{B^2}{4\mu_0}\beta\tau_E > F. \tag{10.22}$$

Die *Energieeinschlusszeit* ist recht gut aus empirischen Fits an Daten von verschiedenen Experimenten bekannt. Eine typische *Skalierung*, die Stellaratoren und Tokamaks mit gleicher Güte beschreibt, ist gegeben durch [15]

$$\tau_E^{ISS95} = 0{,}079 \times a^{2,21}R^{0,65}P^{-0,59}n^{0,51}B_t^{0,83}\iota_{2/3}^{0,4}. \tag{10.23}$$

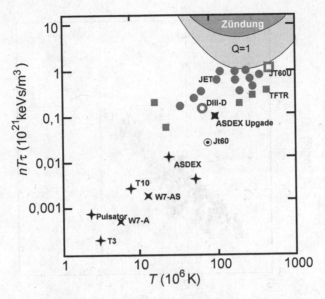

Abb. 10.12 In den verschiedenen Experimenten erreichte Werte für das Tripelprodukt. Grenzen für den Q-Wert sind eingezeichnet

Die Größen[1] großer und kleiner Plasmaradius, R und a, sowie die Rotationstransformation ι werden in Abschn. 11.1.1 eingeführt. Ein Vergleich von Vorhersagen aus der Skalierung mit in Tokamaks und Stellaratoren gemessenen Werten ist in Abb. 10.13 zu sehen. In Skalierungen, die nur von Daten aus Tokamaks abgeleitet werden, findet man den Plasmastrom I_p (in MA) als wichtigen Parameter. Eine typische Skalierung für die Einschlusszeit in der sog. L-Mode ist [16]

$$\tau_E^{\text{L-Mode}} = 0{,}037 \times a^{-0{,}37} R^{1{,}75} P^{-0{,}5} I_p^1 \kappa^{0{,}5}, \tag{10.24}$$

wobei hier die Elliptizität des Plasmaquerschnitts κ als Parameter eingeht.

Bei allen Skalierungen können die wichtigsten Abhängigkeiten verkürzt geschrieben werden wie

$$\tau_E \sim f_H V B^{0{,}8} P^{-0{,}6}. \tag{10.25}$$

Die Einschlusszeit steigt also mit dem Plasmavolumen und dem Magnetfeld an; eine höhere Heizleistung verkürzt die Einschlusszeit. Weiterhin gibt es Operationsregimes, die, berücksichtigt durch f_H, über verbesserte Einschlussparameter verfügen. Die beiden wichtigsten Einschlussregimes sind die *L-Mode* und die *H-Mode* (für engl. *L*ow und *H*igh confinement), bei denen $f_H = 1$ bzw. 2 ist. Damit gilt für die Zündbedingung

$$f_H \frac{B^2}{2\mu_0} \beta V B^{0{,}8} P^{-0{,}6} > F. \tag{10.26}$$

---

[1]Größen sind in SI-Einheiten einzusetzen, nur die Dichte ist in 10^{19} m^{-3} und die Leistung in MW.

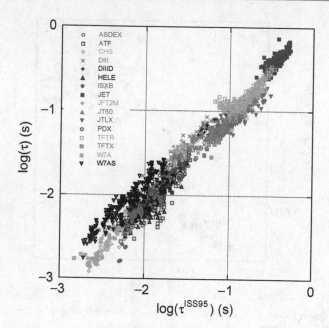

Abb. 10.13 Globale Energieeinschlusszeit verglichen mit der Vorhersage aus der Skalierung ISS95 (aus Ref. [15])

Die Magnetfeldenergie multipliziert mit dem Volumen, in dem das Feld existiert, $B^2 V$, hängt eng mit den Baukosten des Fusionskraftwerkes zusammen. Da β aus der Stabilitätsbedingung, die Heizleistung von der Auslegung eines Kraftwerks her und der maximale Wert für B durch die Supraleiter fixiert sind, ist ein guter Plasmaeinschluss f_H also eine wichtige Voraussetzung für ein ökonomisches Kraftwerk.

Referenzen

14. J. D. Lawson, Proc. Physical Society of London, Section B **70**, 6 (1957).
15. U. Stroth *et al.*, Nucl. Fusion **36**, 1063 (1996).
16. R. J. Goldston, Plasma Phys. Controll. Fusion **26**, 87 (1984).

Weitere Literaturhinweise

Einleitungen in die Fusionsforschung sind zu finden bei E. Rebhan, *Heißer als das Sonnenfeuer. Plasmaphysik und Kernfusion* (Piper, München, 1992) und J. Raeder, *Kontrollierte Kernfusion. Grundlagen ihrer Nutzung zur Energieversorgung* (Teubner, Stuttgart, 1981).

Vertiefende Darstellungen gibt es in M. Kaufmann, *Plasmaphysik und Fusionsforschung. Eine Einführung* (Teubner, Stuttgart, 2003), U. Schumacher, *Fusionsforschung. Eine Einführung* (Wissenschaftliche Buchgesellschaft, Darmstadt, 1993) und K. Miyamoto, *Plasma Physics for Nuclear Fusion* (The MIT Press, Cambridge, USA, 1980). Den Experimenten gewidmet ist das frühere Buch von T. J. Dolan, *Fusion Research* (Pergamon Press, New York, 1982), mit Blick auf Tokamaks J. Wesson, *Tokamaks* (Clarendon Press, Oxford, 1987) und auf Stellaratoren M. Wakatani, *Stellarator and Heliotron Devices* (Oxford Univ. Press, London, England, 1998). Die nuklearen Ratenkoefizienten wurden untersucht von H.-S. Bosch, G. Hale, *Improved Formulas for Fusion Cross-Sections and Thermal Reactivities* (Nucl. Fusion **32**, 611 (1992)).

Magnetfeldkonfigurationen

11

In Kap. 8.3 über Transporteigenschaften im Plasma haben wir gesehen, dass die Beweglichkeit der Elektronen und Ionen parallel zu einer Feldlinie sehr hoch und senkrecht dazu sehr stark reduziert ist. Um ein Hochtemperaturplasma von der Wand zu isolieren, muss eine Magnetfeldkonfiguration gefunden werden, die so beschaffen ist, dass Teilchen entlang Feldlinien nicht an die Wand gelangen. Dann bestimmt der langsame Transport senkrecht zu den Feldlinien die Verlustrate des Plasmas. In diesem Kapitel werden wir solche Magnetfelder behandeln. Die Gesamtheit der Eigenschaften der Felder fasst man unter dem Begriff der *Magnetfeldkonfiguration* zusammen.

Ursprünglich hat man zwei Ansätze verfolgt, durch die man Fusionsplasmen magnetisch einschließen kann. In linearen Anordnungen wurden inhomogene Magnetfelder eingesetzt, um das Plasma in einem Spiegel einzuschließen. Dieses Konzept war nicht erfolgreich. Wichtiger sind daher toroidale Anordnungen, bei denen die Feldlinien in geschlossenen Flächen, genannt *Flussflächen*, verlaufen. Wir werden sehen, wie man solche Flussflächen erzeugen kann und was die wichtigsten Eigenschaften der verschiedenen Typen von Magnetfeldkonfigurationen sind.

11.1 Allgemeine Eigenschaften

Zunächst behandeln wir die geometrischen Parameter und Eigenschaften von Magnetfeldkonfigurationen, und wir stellen Techniken bereit, mit denen man Magnetfeldkonfigurationen mathematisch behandeln kann.

11.1.1 Geometrische Definitionen

In Abb. 11.1 sind die wichtigsten Eigenschaften einer toroidalen Magnetfeldkonfiguration am Beispiel eines Tokamaks illustriert. Die Geometrie ist festgelegt durch den

© Springer-Verlag GmbH Deutschland 2018
U. Stroth, *Plasmaphysik*,
https://doi.org/10.1007/978-3-662-55236-0_11

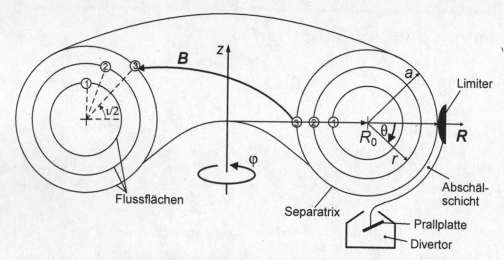

Abb. 11.1 Die wichtigsten Eigenschaften einer Magnetfeldkonfiguration am Beispiel eines Tokamaks. Der Verlauf dreier Feldlinien ist durch Nummern angedeutet

großen Plasmaradius R_0 und den *kleinen Plasmaradius a*. Das Verhältnis dieser Größen nennt man das *Aspektverhältnis A*. Meistens wird allerdings das *inverse Aspektverhältnis* verwendet, definiert als

$$\epsilon = \frac{1}{A} = \frac{a}{R_0}. \tag{11.1}$$

Ist der Plasmaquerschnitt nicht kreisförmig, so charakterisiert man ihn bei einem Tokamak weiter durch seine *Elliptizität* $\kappa_\epsilon = b/a$, wobei a und b die kleine bzw. große Halbachse einer Ellipse sind, und die *Dreieckigkeit* δ. Bei einem elliptischen Plasmaquerschnitt wird a mit dem kleinen Plasmaradius gleichgesetzt. Die Oberfläche bzw. das Volumen einer Flussfläche können wir dann mit den Näherungsformeln

$$S \approx 4\pi^2 R_0 a \sqrt{\frac{1 + \kappa_\epsilon^2}{2}}, \qquad V \approx 2\pi^2 R_0 a^2 \kappa_\epsilon \tag{11.2}$$

berechnen. In einem Stellarator ändert sich der Querschnitt beim Umlauf. Man verwendet daher einen *effektiven Plasmaradius* a_{eff}, wobei πa_{eff}^2 gleich der mittleren poloidalen Querschnittsfläche ist.

Die Magnetfeldlinien verlaufen innerhalb geschlossener Flächen, den sog. *Flussflächen*. Diese sind ineinander verschachtelt und werden durch die radiale Koordinate r gekennzeichnet. Die letzte geschlossene Fläche mit $r = a$ nennt man *Separatrix*, denn sie trennt den *Einschlussbereich* des Plasmas von der *Abschälschicht* (engl. *scrape-off layer* oder SOL), in der Feldlinien das ausströmende Plasma gezielt an die Wand leiten sollen. Feldlinien der Abschälschicht werden entweder von *Limitern* direkt an der Plasmaoberfläche unterbrochen oder sie werden erst weiter vom Einschlussbereich weggeführt, um dann auf *Prallplatten* zu enden. Dabei bevorzugt man die Lösung mit Prallplatten, denn so kann der Wechselwirkungsbereich von Plasma und festen Teilen vom Einschlussbereich weggelegt und dort vom Hauptplasma abgeschirmt werden. Eine solche Anordnung nennt man dann *Divertor*. Der Divertor dient also zur kontrollierten Leistungsabfuhr und zum Schutz des Hauptplasmas vor aus dem Wandmaterial herausgeschlagenen Ionen, die das Plasma verunreinigen würden. Er ist teilweise durch Blenden vom Hauptplasma abgeschirmt, sodass dort ein Anstieg des Neutralgasdrucks erzielt werden kann. Durch den erhöhten Druck kann das Helium besser abgepumpt und dem einströmenden Plasma über Ladungsaustausch Energie und Impuls entzogen werden. Wenn dieser Prozess hundertprozentig greift, spricht man von einem abgekoppelten Plasma oder von *Detachment*. Da das Plasma im Zustand des Detachments instabil wird, man gleichzeitig aber eine Entlastung der Prallplatten benötigt, muss man ein brennendes Plasma in der Nähe des Detachments betreiben können.

Der Problemstellung angepasst, verwendet man verschiedene Koordinatensysteme. Zylinderkoordinaten (R, φ, z), mit

$$
\begin{aligned}
R &= R_0 + r\cos\theta = R_0(1 + \epsilon\cos\theta) \\
z &= -r\sin\theta,
\end{aligned}
\tag{11.3}
$$

finden Verwendung, wenn Prozesse beschrieben werden, die unabhängig von den magnetischen Flächen sind. Meist verwendet man aber ein toroidales System mit radialer, poloidaler und toroidaler Koordinate (r, θ, φ). Die Feldlinien haben eine poloidale und eine toroidale Komponente, B_θ und B_φ (siehe auch Anhang B.4). Sie winden sich also helikal um die Flussfläche.

In Abschn. 4.2 haben wir gesehen, dass ein rein toroidales Plasma nicht stabil ist. Qualitativ kann man diese Eigenschaft mit der Gradientendrift erklären, die zu einer vertikalen Ladungstrennung und damit zu einem vertikalen elektrischen Feld führt, das dann das Plasma wegen der horizontalen $E \times B$-Drift auf die Wand zubewegt. Die Verschraubung der Feldlinien ist notwendig, um die vertikale Ladungstrennung über elektrische Ströme entlang Feldlinien abzubauen. Als Maß für die Verschraubung einer Feldlinie nimmt man die *Rotationstransformation* ι, die mit der Steigung der Feldlinien zusammenhängt. Sie ist definiert über den poloidalen Winkel ι, um den eine Feldlinie nach einem toroidalen Umfang versetzt ist, mit $\ell = \iota/2\pi$. In Tokamaks wird der *Sicherheitsfaktor q_s* anstelle von ℓ verwendet. In der Näherung eines linearen Tokamaks mit kreisförmigem Querschnitt ist

$$
q_s = \frac{1}{\ell} = \frac{rB_\varphi}{R_0 B_\theta}.
\tag{11.4}
$$

Eine Feldlinie läuft also q_s-mal toroidal um, bis sie einen poloidalen Umlauf vollendet hat. In Abb. 11.1 hat die innerste Flussfläche den Wert $q_s = 2$. Von der Näherung des *linearen Tokamaks* sprechen wir, wenn der Torus zu einem Zylinder aufgebogen wird. Die toroidale Achse wird dann zur Achse entlang eines Zylinders. Schneidet man eine Flussfläche eines kreisförmigen Torus entlang dieser Achse auf, so kann man sie und die

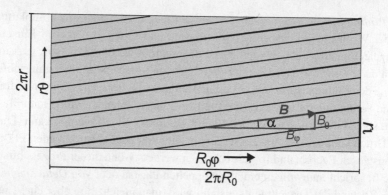

Abb. 11.2 Eine aufgeschnittene Flussfläche eines linearen Tokamaks mit Magnetfeldlinien für $q_s = 3$. Herausgehoben ist eine der Feldlinien, die sich nach 3 Umläufen schließt, sowie Größen zur Definition der Rotationstransformation ι

darin verlaufenden Magnetfeldlinien, wie in Abb. 11.2 zu sehen, in einer Fläche darstellen. Die Fläche entspricht einer Flussfläche mit $q_s = 3$, folglich schließen sich alle Feldlinien nach 3 toroidalen Umläufen. Für den *Steigungswinkel der Feldlinien* α gilt

$$\tan\alpha = \frac{r\iota}{2\pi R_0} = \frac{r\iota}{R_0} = \epsilon\iota = \frac{B_\theta}{B_\varphi}, \tag{11.5}$$

woraus (11.4) folgt.

Wenn, wie im Tokamak, die poloidale Komponente des Feldes durch einen toroidalen Plasmastrom $j_\varphi(r)$ erzeugt wird, dann gilt nach dem Ampère'schen Gesetz:

$$B_\theta(r) = \frac{\mu_0}{2\pi r}\int_0^r\int_0^{2\pi} r'\,\mathrm{d}r'\,\mathrm{d}\theta\, j_\varphi(r'). \tag{11.6}$$

Der Wert des Sicherheitsfaktors an der Separatrix hängt somit vom Gesamtstrom I_P ab. Für den linearen Tokamak gilt (vgl. (3.78)):

$$q_s(a) = \frac{2\pi a^2 B_\varphi}{\mu_0 R_0 I_P}. \tag{11.7}$$

In Abschn. 11.2.4 zeigen wir, wie es in einem Stellarator zu einer Rotationstransformation kommt, obwohl dort kein toroidaler Plasmastrom vorhanden ist.

In der Regel ändert sich der Wert der Rotationstransformation mit r. Man spricht in diesem Fall von verscherten Feldlinien. Den Grad der Änderung charakterisiert man durch die *globale magnetische Verscherung*

$$s = \frac{r}{q_s}\frac{\mathrm{d}q_s}{\mathrm{d}r}. \tag{11.8}$$

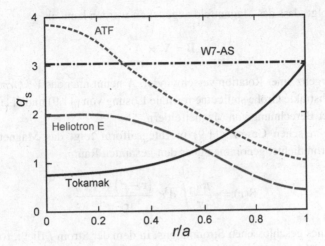

Abb. 11.3 Charakteristische Profile des Sicherheitsfaktors für verschiedene Stellaratoren und einen Tokamak

In Abb. 11.3 sind Profile des Sicherheitsfaktors von einem Tokamak und verschiedenen Stellaratoren dargestellt. Während die durch einen Plasmastrom erzeugte Verscherung eines Tokamaks positiv ist, ist die magnetische Verscherung von einem *Torsatron* (ATF) oder einem Heliotron negativ. Der optimierte Stellarator W7-AS sowie sein Nachfolger W7-X arbeiten mit geringer Verscherung.

Magnetische Verscherung hilft, im Plasma auftretende Störungen zu stabilisieren: Radial versetzte Feldlinien laufen, wenn man sie toroidal verfolgt, poloidal auseinander. Dadurch werden in radialer Richtung ausgedehnte Störungen, wie sie durch Turbulenz auftreten, poloidal ausgeschmiert. Man sagt, die Störung wird dekorreliert. Dieser Effekt wächst mit steigender Verscherung. Die *lokale magnetische Verscherung* wird über die Änderung des Steigungswinkels der Feldlinien mit dem Radius definiert, die sich mit dem poloidalen und bei Stellaratoren auch toroidalen Winkel ändert.

11.1.2 Die Gleichungen der Magnetostatik

Als Grundlage für diesen Abschnitt benötigen wir die Gleichungen der Magnetostatik. Wir werden sie verwenden, um aus vorgegebenen Stromverteilungen Magnetfelder zu berechnen. Beiträge aus zeitabhängigen elektrischen Feldern können dabei vernachlässigt werden. Die hier relevanten Gleichungen aus Abschn. 3.1.4 lauten:

$$\nabla \times \mathbf{B} = \mu_0 \mathbf{j} \tag{11.9}$$

$$\nabla \cdot \mathbf{B} = 0. \tag{11.10}$$

Aus (11.10) folgt, dass das Magnetfeld angegeben werden kann als

$$\mathbf{B} = \nabla \times \mathbf{A}, \tag{11.11}$$

denn die Divergenz einer Rotation verschwindet. $\mathbf{A}$ nennt man das *Vektorpotential*. Diese vorerst noch abstrakte Größe stellt eine formale Lösung von (11.9) und (11.10) dar und ist nützlich bei der Berechnung von Magnetfeldern.

Beim Ampère'schen Gesetz (11.9) in Integralform folgt das Magnetfeld aus dem Integral der Stromdichte, genommen über den gesamten Raum,

$$\mathbf{B}(\mathbf{r}) = -\frac{\mu_0}{4\pi} \int d^3r' \, \frac{(\mathbf{r} - \mathbf{r}') \times \mathbf{j}(\mathbf{r}')}{|\mathbf{r} - \mathbf{r}'|^3}. \tag{11.12}$$

Für den Fall eines geschlossenen Stromfadens, in dem der Strom I fließt, folgt daraus das *Gesetz von Biot-Savart*:

$$\mathbf{B}(\mathbf{r}) = -\frac{\mu_0 I}{4\pi} \int_c \frac{(\mathbf{r} - \mathbf{r}') \times d\mathbf{l}}{|\mathbf{r} - \mathbf{r}'|^3}. \tag{11.13}$$

Dabei ist $d\mathbf{l}$ der tangentiale Einheitsvektor der Kurve. Wegen (11.11) kann man das Vektorpotential auch direkt aus der Stromdichte berechnen. Dazu benutzt man die nützliche Beziehung

$$\mathbf{A}(\mathbf{r}) = \frac{\mu_0}{4\pi} \int d^3r' \, \frac{\mathbf{j}(\mathbf{r}')}{|\mathbf{r} - \mathbf{r}'|}. \tag{11.14}$$

Der *magnetische Fluss* ψ ist eine wichtige Größe zur Behandlung von Flussflächen. Er ist definiert als das Integral der durch die Fläche S tretenden Feldlinien,

$$\psi = \int_S \mathbf{B}(\mathbf{r}) \cdot d\mathbf{S}, \tag{11.15}$$

mit der Flächennormalen $d\mathbf{S}$. Nach dem Stokes-Satz kann man das Integral in ein Kurvenintegral entlang der die Fläche begrenzenden Kurve c umwandeln. Dann gilt:

$$\psi = \int_c \mathbf{A}(\mathbf{r}) \cdot d\mathbf{l}. \tag{11.16}$$

11.1.3 Flussflächen und Symmetrien

In Abschn. 11.1.1 haben wir die magnetischen Flussflächen anschaulich definiert als durch Magnetfeldlinien aufgespannte geschlossene Flächen. Wenn solche Flächen existieren, dann werden sie, nach ihrer Definition, nie von Feldlinien durchstoßen. Einer Flussfläche kann man daher einen festen Wert für den magnetischen Fluss ψ zuordnen. ψ kann man für eine beliebige Fläche berechnen, deren Umrandung auf der Flussfläche liegt. Alle Integrale dieser Art ergeben den gleichen Wert. Der magnetische Fluss erhöht sich, wenn man eine weiter außen liegende Fläche betrachtet. Der Gradient des Flusses steht daher senkrecht auf der Fläche selbst.

Eine Fläche ist dann eine magnetische Flussfläche, wenn der Wert für ψ, genommen für eine beliebige Querschnittsfläche, konstant und ungleich null ist. Für alle Orte auf der Fläche gilt demnach

$$\nabla \psi(\mathbf{r}) \cdot \mathbf{B}(\mathbf{r}) = 0. \tag{11.17}$$

ψ ist also ein Skalar, der die Flächen parametrisiert. ψ ist keine lokale Größe, sondern ist über eine Fläche bzw. mit $\mathbf{A}$ über eine Kurve definiert und hängt so mit dem Magnetfeld in einem ausgedehnten Raum zusammen. Der magnetische Fluss durch eine geschlossene Fläche erhöht sich nur dann, wenn die Fläche senkrecht zum Feld verändert wird. Gl. (11.17) ist nur dann von praktischem Nutzen, wenn eine parametrisierte Flächenschar vorliegt, wobei auf jeder Fläche der Wert von ψ konstant ist und der Gradient verstanden wird als die Änderung von ψ beim Übergang von einer Fläche zur nächst größeren.

Für ein toroidales Magnetfeld, wie das in Abb. 11.1, gibt es, wie in Abb. 11.4 dargestellt, zwei gültige Möglichkeiten, den magnetischen Fluss zu definieren. Anschaulich ist sofort klar, dass man eine Flussfläche über den toroidalen Fluss ψ_φ definieren kann, der sich aus der Fläche S_φ berechnet. Aber auch der poloidale Fluss ψ_θ ist konstant für eine beliebige Fläche S_θ, die von einer auf der Flussfläche liegenden Kurve aufgespannt wird.

Flussflächen sind äußerst wichtig für den Einschluss von Plasmen. Ein α-Teilchen aus einem Fusionsprozess macht typisch 10^5 Umläufe, bis es seine Energie an das Plasma

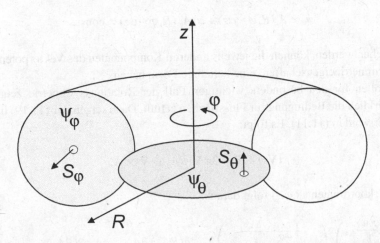

Abb. 11.4 Definition der Flächen zur Berechnung von poloidalem (ψ_θ) und toroidalem magnetischem Fluss (ψ_φ)

abgegeben hat. Weiterhin gleichen sich, wegen der hohen Beweglichkeit der Teilchen, Druckunterschiede auf einer Flussfläche schnell aus. Daher kann in Fusionsexperimenten auf einer Flussfläche von konstanten Werten für Dichte und Temperatur ausgegangen werden, wodurch diese Größen nur noch von einem Parameter, nämlich r, abhängen.

Ein Beweis der Existenz von Flussflächen kann exakt nur geführt werden, wenn das Vektorpotential Symmetrieeigenschaften aufweist. Es gibt drei Arten von Symmetrie, für die man die Existenz von Flussflächen exakt beweisen kann. An diesen Beispielen wollen wir das entwickelte Konzept verdeutlichen. Wenn man einen experimentellen Aufbau aus Magnetfeldspulen untersuchen will, ist das Vorgehen wie folgt: Mithilfe von (11.14) berechnet man aus den Strömen das Vektorpotential. Dann überlegt man sich geeignete Flächen, für die mit (11.16) der magnetische Fluss bestimmt wird. Gl. (11.17) kann man dann heranziehen, um zu prüfen, ob es sich dabei tatsächlich um Flussflächen handelt. Dabei kann man Symmetrieeigenschaften des Vektorpotentials wie folgt ausnutzen.

Zeigt das berechnete Vektorpotential *Translationssymmetrie* in z-Richtung, dann sind die Flussflächen in Zylinderkoordinaten $R(\varphi)$ gegeben durch die Bedingung

$$\psi = A_z(R, \varphi) = \text{const.} \tag{11.18}$$

Bei *Rotationssymmetrie* in φ-Richtung, wie sie bei einem toroidalen Magnetfeld vorliegt, definiert

$$\psi = 2\pi R A_\varphi(R, z) = \text{const.} \tag{11.19}$$

die Flussflächen, und im Fall einer *helikalen Symmetrie* um die z-Achse lassen sie sich mit dem Parameter α schreiben als

$$\psi \sim A_z(R, \varphi - \alpha z) + \alpha r A_\varphi(R, \varphi - \alpha z) = \text{const.} \tag{11.20}$$

Wie wir sehen werden, können die jeweils anderen Komponenten des Vektorpotentials, bis auf die Symmetrieeigenschaften, eine beliebige Form haben.

Wir wollen für den besonders wichtigen Fall der Rotationssymmetrie zeigen, dass (11.19) wirklich die Bedingung für Flussflächen erfüllt. Dazu setzen wir (11.19) in (11.17) ein und verwenden (11.11). Es folgt:

$$(\nabla \psi) \cdot \mathbf{B} = 2\pi \nabla(RA_\varphi) \cdot \nabla \times \mathbf{A}.$$

In Zylinderkoordinaten (R, φ, z) folgt daraus:

$$\begin{pmatrix} \frac{\partial(RA_\varphi)}{\partial R} \\ \frac{1}{R}\frac{\partial(RA_\varphi)}{\partial \varphi} \\ \frac{\partial(RA_\varphi)}{\partial z} \end{pmatrix} \begin{pmatrix} \frac{1}{R}\frac{\partial A_z}{\partial \varphi} - \frac{\partial A_\varphi}{\partial z} \\ \frac{\partial A_R}{\partial z} - \frac{\partial A_z}{\partial R} \\ \frac{1}{R}\frac{\partial(RA_\varphi)}{\partial R} - \frac{1}{R}\frac{\partial A_R}{\partial \varphi} \end{pmatrix} = -\frac{\partial(RA_\varphi)}{\partial R}\frac{\partial A_\varphi}{\partial z} + \frac{\partial A_\varphi}{\partial z}\frac{\partial(RA_\varphi)}{\partial R} = 0. \tag{11.21}$$

Damit ist gezeigt, dass (11.19) zur Berechnung von Flussflächen verwendet werden kann. Aus Gründen der Symmetrie verschwinden alle Ableitungen nach φ. Dadurch werden die Komponenten A_R und A_z eliminiert und können beliebige Werte annehmen, solange sie die Symmetrie erfüllen. Weiterhin sehen wir, dass B_φ, das der zweiten Zeile von $\nabla \times \mathbf{A}$ entspricht, beliebig sein kann, denn die zweite Zeile der linken Klammer verschwindet wegen der Ableitung nach φ.

Hat man also für gegebene Magnetfeldspulen ein toroidalsymmetrisches Vektorpotential berechnet, so lassen sich aus der Bedingung $RA_\varphi = \text{const.}$ Flussflächen berechnen. Bei komplizierteren Konfigurationen, ohne einfache Symmetrie, ist dies nicht möglich. In diesem Fall werden die Magnetfeldlinien numerisch integriert und es wird ein *Poincaré-Plot* erstellt, indem man die Durchstoßpunkte der Feldlinien durch eine poloidale Fläche aufträgt. Die Punkte verbinden sich dann zu Schnitten durch eine Flussfläche. Ein Beispiel für einen Poincaré-Plot ist in Abb. 11.13 zu sehen.

11.1.4 Magnetische Inseln

Magnetische Flussflächen mit rationalen Werten des Sicherheitsfaktors q_s reagieren empfindlich auf Störungen, wenn die Symmetrie der Störung zum Verlauf der Feldlinien auf der Flussfläche passt. In diesem Fall entstehen *magnetische Inseln*. Abb. 11.5 stellt eine magnetische Insel in einer aufgeschnittenen Schicht von Flussflächen eines Torus dar,

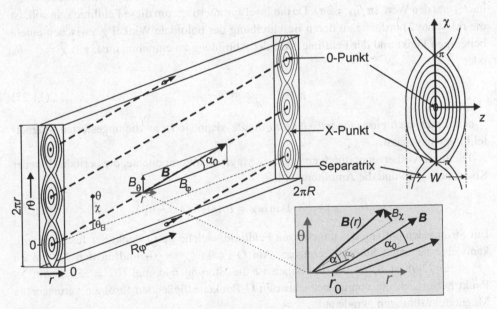

Abb. 11.5 Verlauf einer magnetischen Insel mit $m/n = 3/1$ in einer Schicht aufgeschnittener Flussflächen. Die mittlere Flussfläche hat einen Sicherheitsfaktor $q_s = 3$. Rechts ist das Koordinatensystem zur Berechnung der Inselbreite dargestellt

wobei der Sicherheitsfaktor der Flussfläche $q_s = 3$ ist. Magnetische Inseln sind also Bereiche mit verschachtelten magnetischen Flächen, die von den benachbarten magnetischen Flächen eingekapselt sind. Die Insel ist durch eine *Separatrix* von den umhüllenden Flussflächen getrennt. Die magnetische Achse der Insel definiert ihren *O-Punkt* und der *X-Punkt* trennt die Inseln in poloidaler Richtung voneinander. Die magnetische Insel verläuft entlang der Feldlinie der ungestörten Konfiguration, erzeugt also einen geschlossenen Flussschlauch, der helikal um den Torus umläuft. In der Abbildung ist die Symmetrie der Insel mit $m/n = 3/1$ zu charakterisieren. Dabei gibt m die Periodizität im poloidalen Winkel θ und n die Periodizität im toroidalen Winkel φ an. Auf der gegebenen Flussfläche mit $q_s = 3$ könnte aber auch eine Inselstruktur mit der Symmetrie $m/n = 6/2$ existieren. Dann würden zwei voneinander getrennte, jeweils geschlossene Flüssschläuche vorliegen. Allgemein muss für die *Symmetrie von magnetischen Inseln* immer gelten:

$$\frac{m}{n} = q_s = \frac{1}{\iota}. \tag{11.22}$$

Magnetische Inseln sind schädlich für den Plasmaeinschluss, denn über den *X-Punkt* sind Flussflächen direkt verbunden, die im ungestörten Zustand radial klar separiert wären. Damit können Teilchen und Energie über die hohe parallele Beweglichkeit in radialer Richtung transportiert werden. Die Insel selbst ist topologisch von der Konfiguration getrennt und bildet einen separaten Plasmaeinschlussbereich.

Zur Behandlung einer magnetischen Insel betrachten wir eine Magnetfeldlinie auf einer Fläche mit $q_s = m/n$. Für die Koordinaten der Feldlinie gilt $\theta_B = n\varphi/m$, denn bei $\varphi = 2\pi$ hat θ_B erst den Wert $2\pi/q_s = 2\pi\iota$. Da die Insel symmetrisch um diese Feldlinie sein soll, ist die relevante Koordinate zu deren Beschreibung der poloidale Winkel χ zwischen einem beliebigen Punkt und der Feldlinie. Wie der Abbildung zu entnehmen ist, gilt $\chi = \theta - \theta_B$ oder

$$\chi = \theta - \frac{n}{m}\varphi = \theta - \iota\varphi. \tag{11.23}$$

χ nennt man auch eine *magnetische Koordinate*, denn sie ist an die ungestörten Magnetfeldlinien angepasst.

Die Insel wird erzeugt durch eine radiale Magnetfeldkomponente, die periodisch in der Koordinate χ ist und die Amplitude b_r hat:

$$B_r(r, \chi) = b_r(r) \sin m\chi = b_r(r) \sin(m\theta - n\varphi). \tag{11.24}$$

Ein Stromfaden entlang der ungestörten Feldlinie, welche im O-Punkt der Insel verläuft, kann eine derartige Störung erzeugen. Am O-Punkt ($\chi = 0$) und an den X-Punkten ($\chi = \pm\pi/2m$) ist $B_r = 0$; dazwischen ist die Störung maximal ($B_r = \pm b_r$). Am X-Punkt heben sich die von an benachbarten O-Punkten fließenden Strömen verursachten Magnetfeldstörungen gerade auf.

Die radiale Ausdehnung der Insel wird durch die magnetische Verscherung begrenzt, denn durch sie sind radial benachbarte Feldlinien nicht mehr resonant mit der Störung.

Um die Inselbreite w zu berechnen, betrachten wir die poloidale Komponente des Magnetfeldes in einem radialen Bereich um die resonante Feldlinie bei r_0. Dazu nehmen wir ein Koordinatensystem, dessen eine Achse auf der ungestörten Feldlinie liegt und die anderen durch $\mathbf{e}_\chi$ und $\mathbf{e}_r$ gegeben sind, wobei wir jetzt χ mit der Richtung senkrecht zum Magnetfeld gleichsetzen, was wegen des dominanten Toroidalfeldes eine gute Näherung ist. Die von r abhängige χ-Komponente des ungestörten Magnetfeldes ist also gegeben durch (s. Abb. 11.5, rechts)

$$B_\chi(r) = B(r)\sin(\alpha(r) - \alpha_0) = B(r)\sin\alpha(r)\cos\alpha_0\left(1 - \frac{nr}{mR_0}\frac{B_\varphi}{B_\theta}\right). \tag{11.25}$$

Hierbei wurde ein Additionstheorem verwendet[1] und dass $\tan\alpha(r) = B_\theta(r)/B_\varphi(r)$ der Steigungswinkel der Feldlinien bei r und $\tan\alpha_0 = nr_0/mR_0 \approx nr/mR_0$ die der mit der Störung resonante Feldlinie bei r_0 sind (vgl. auch (11.5) und Abb. 11.2). Die Ersetzung von r durch r_0 ist zulässig, weil die Änderung der Steigung der Feldlinie hauptsächlich von der Änderung im Poloidalfeld herrührt.

Wir setzen noch den Sicherheitsfaktor (11.4) ein und entwickeln q_s um die resonante Fläche bei $r = r_0$. Dies ergibt:

$$B_\chi(r) = B_\theta(r)\cos\alpha_0\left(1 - \frac{q_s(r)}{q_s(r_0)}\right) \approx -B_\theta(r_0)\cos\alpha_0\frac{1}{q_s}\left.\frac{dq_s}{dr}\right|_{r_0}(r - r_0). \tag{11.26}$$

Der Ausdruck auf der rechten Seite enthält bis auf den Faktor r_0 die magnetische Verscherung $s(r_0)$ aus (11.8).

Nun können wir die Feldliniengleichung der Insel im gedrehten Koordinatensystem aufstellen:

$$\frac{B_r}{dr} = \frac{B_\chi}{r\,d\chi}. \tag{11.27}$$

Mit den Magnetfeldkomponenten aus (11.24) und (11.26) sowie $z = r - r_0$ folgt daraus

$$r_0^2 b_r \sin m\chi \, d\chi = -B_\theta \cos\alpha_0 s(r_0) z\,dz, \tag{11.28}$$

wobei ein r durch r_0 ersetzt wurde, also die Inselbreite klein gegen r_0 angenommen wird. Eine Integration der Gleichung vom X-Punkt ($\chi = -\pi/m$, $z = 0$) bis zum O-Punkt (χ, z) liefert eine Gleichung für die Separatrix der Insel:

$$z^2 = 2\frac{b_r r_0^2}{mB_\theta s(r_0)}(\cos m\chi + 1). \tag{11.29}$$

---

[1] $\sin(\alpha - \beta) = \sin\alpha\cos\beta - \cos\alpha\sin\beta = \sin\alpha\cos\beta(1 - \tan\beta/\tan\alpha)$

Wobei wir noch $\cos \alpha_0$ durch $B_\varphi/B \approx 1$ ersetzt haben. Die *Inselbreite* ist definiert als $w = 2z$, genommen an der Stelle $\chi = 0$, also durch

$$w \approx 4\sqrt{\frac{r_0^2 b_r}{m B_\theta s(r_0)}}. \tag{11.30}$$

Die Inselbreite steigt also mit der Amplitude der Störung, sie wird kleiner mit steigender poloidaler Modenzahl m und stärkerer magnetischer Verscherung s. Bei Tokamakplasmen entstehen solche Inseln durch Störungen im Plasmastromprofil. Eine geringe Absenkung des Stroms auf einer Feldlinie einer rationalen Flussfläche führt zu Inseln der gerade beschriebenen Art. Diese erzeugen dann erhöhten radialen Transport und führen damit zu einer Abflachung des Druck- und Temperaturgradienten. Dadurch kann die Stromstörung und damit die Insel vergrößert werden. Dieser Mechanismus führt zu sog. *Tearing-Moden*, die sogar zur Disruption des Plasmas führen können. Aber auch externe Störungen der Magnetfeldkonfiguration, wie z. B. durch magnetisierte Komponenten der Stützstruktur oder von Diagnostikaufbauten, können zur Ausbildung von Inseln führen. Besonders gefährlich ist eine lokale Störung mit $n = 1$. Inseln entstehen dann mit $m = q_s$.

Bei Stellaratoren, die schon vom Aufbau her periodische Strukturen haben, gibt es auch sog. *natürliche Inseln*, die schon in der Vakuumkonfiguration ausgebildet sind. Man kann diese verstehen als entstanden aus einer toroidalsymmetrischen Konfiguration, überlagert mit einer Störung der Periodizität des Stellarators (z. B. $n = 5$ in Abb. 10.5).

11.2 Konfigurationen für den Einschluss von Fusionsplasmen

Wir behandeln hier Magnetfelder für die wichtigsten Konzepte zum Einschluss von Hochtemperaturplasmen und untersuchen ihre Symmetrieeigenschaften. Wir beginnen mit dem Tokamak, den wir sukzessive aus einem Stromring, Toroidal- und Vertikalfeldspulen aufbauen. Danach folgen der magnetische Spiegel und Stellaratoren.

11.2.1 Der stromführende Ring

Als erstes Beispiel wollen wir das Magnetfeld und die Flussflächen eines stromführenden Rings berechnen. Den Ring können wir uns denken als ein einfaches Modell für den Strom in einem Tokamak. Die Geometrie dazu ist in Abb. 11.6 festgelegt. Der Stromfaden ist gegeben durch

$$\mathbf{j} = j_\varphi \mathbf{e}_\varphi, \tag{11.31}$$

wobei $\mathbf{e}_\varphi$ der Einheitsvektor in φ-Richtung ist. Die Stromdichte sei

$$j_\varphi = I_P \delta(r - R_0)\delta(z). \tag{11.32}$$

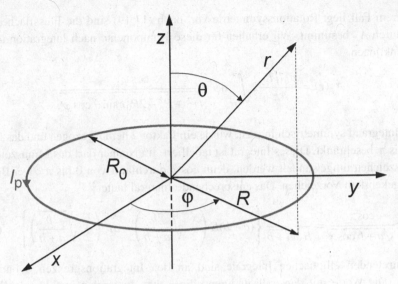

Abb. 11.6 Geometrie des stromführenden Rings

Das dazugehörige Vektorpotential berechnen wir mithilfe von (11.14). Dazu brauchen wir die Differenz zweier Vektoren in Kugelkoordinaten. Sie ist gegeben durch

$$(\mathbf{r} - \mathbf{r}')^2 = r^2 + r'^2 - 2rr' \left(\cos \theta \cos \theta' + \sin \theta \sin \theta' \cos(\varphi' - \varphi) \right). \tag{11.33}$$

Weiterhin formen wir (11.32) mit $z = r \cos \theta$ in Kugelkoordinaten um

$$\mathbf{j}(\mathbf{r}') = I_P \delta(r' - R_0) \frac{\delta(\cos \theta')}{R_0} \mathbf{e}_{\varphi'}, \tag{11.34}$$

wobei wir die Beziehung

$$\delta(ax) = \frac{1}{a} \delta(x)$$

verwendet haben. Für das Vektorpotential erhalten wir damit

$$\mathbf{A}(\mathbf{r}) = \frac{\mu_0 I_P}{4\pi R_0} \int_0^\infty r'^2 dr' \int_{-1}^1 d\cos \theta' \int_0^{2\pi} d\varphi' \frac{\delta(r' - R_0)\delta(\cos \theta')}{|\mathbf{r} - \mathbf{r}'|} \mathbf{e}_{\varphi'}. \tag{11.35}$$

Unter dem Integral steht somit der Einheitsvektor in Richtung der gestrichenen Koordinate φ'. Die Komponenten davon in Richtung der ungestrichenen Koordinaten des Beobachters sind, wenn wir das Koordinatensystem so legen, dass $\varphi = 0$ ist:

$$\mathbf{e}_{\varphi'} = \cos \varphi' \mathbf{e}_\varphi - \sin \varphi' \mathbf{e}_r. \tag{11.36}$$

In unserem Fall liegt Rotationssymmetrie vor, nach (11.19) sind die Flussflächen daher allein durch A_φ bestimmt. Wir erhalten für diese Komponente nach Integration über die Deltafunktionen

$$A_\varphi(\mathbf{r}) = \frac{\mu_0 I_P R_0}{4\pi} 2 \int_0^\pi d\varphi' \frac{\cos\varphi'}{\sqrt{r^2 + R_0^2 - 2R_0 r \sin\theta \cos\varphi'}}. \qquad (11.37)$$

Da der Integrand symmetrisch in φ ist, wurde ein Faktor 2 herausgezogen und das Integral von 0 bis π beschränkt. Dieses Integral ist tabelliert. Im Nenner darf das Minuszeichen in ein Pluszeichen umgewandelt werden, denn $\cos\varphi$ durchläuft von 0 bis π zwei Bereiche mit umgekehrtem Vorzeichen. Das entsprechende Integral lautet[2]

$$\int dx \frac{\cos x}{\sqrt{a + b\cos x}} = \frac{2}{b\sqrt{a+b}} \left\{ (a+b) E\left(\frac{x}{2}, \sqrt{\frac{2b}{a+b}}\right) - aF\left(\frac{x}{2}, \sqrt{\frac{2b}{a+b}}\right) \right\}. \quad (11.38)$$

Die auftretenden elliptischen Integrale sind an den Integrationsgrenzen 0 und π zu nehmen. Die Werte mit den vollständigen elliptischen Integralen in folgender Verbindung[3]:

$$\begin{aligned} E(\tfrac{\pi}{2}, k) &= E(k), \quad E(0, k) = 0, \\ F(\tfrac{\pi}{2}, k) &= K(k), \quad F(0, k) = 0. \end{aligned} \qquad (11.39)$$

Für den Grenzfall kleiner Argumente gilt die Entwicklung

$$k \to 0 \Rightarrow \begin{aligned} K(k) &\to \frac{\pi}{2}\left(1 + \frac{1}{4}k^2 + \frac{9}{64}k^4\right) \\ E(k) &\to \frac{\pi}{2}\left(1 - \frac{1}{4}k^2 - \frac{3}{64}k^4\right). \end{aligned} \qquad (11.40)$$

Zusammen führt dies zu dem Ergebnis

$$A_\varphi = \frac{\mu_0 I_P R_0}{\pi\sqrt{R_0^2 + r^2 + 2R_0 r \sin\theta}} \left[\frac{(2 - k^2)K(k) - 2E(k)}{k^2}\right], \qquad (11.41)$$

mit

$$k^2 = \frac{4R_0 r \sin\theta}{R_0^2 + r^2 + 2R_0 r \sin\theta}. \qquad (11.42)$$

Im Grenzfall kleiner k, also für $r \gg R_0$, $r \ll R_0$ oder $\theta \ll \pi$, reduziert sich die Klammer in (11.41) auf $\pi k^2/16$ und wir erhalten in diesem Grenzfall

$$A_\varphi = \mu_{I_R} \frac{r \sin\theta}{\left(R_0^2 + r^2 + 2R_0 r \sin\theta\right)^{3/2}}. \qquad (11.43)$$

---

[2]z. B. Gradshteyn, S. 154, #2.571.6
[3]z. B. Gradshteyn, S. 905, #8.113

Hier haben wir das magnetische Moment eines Stromrings eingeführt:

$$\mu_{I_R} = \frac{\mu_0 I_P R_0^2}{4} .$$ (11.44)

Mit (11.11) folgt daraus für das Magnetfeld in dieser Näherung

$$B_r = \frac{1}{r \sin\theta} \frac{\partial}{\partial \theta} (\sin\theta A_\varphi) \approx \mu_{I_R} \cos\theta \frac{2R_0^2 + 2r^2 + R_0 r \sin\theta}{\left(R_0^2 + r^2 + 2R_0 r \sin\theta\right)^{5/2}}$$ (11.45)

$$B_\theta = -\frac{1}{r} \frac{\partial}{\partial r} (r A_\varphi) \approx -\mu_{I_R} \sin\theta \frac{2R_0^2 - r^2 + R_0 r \sin\theta}{\left(R_0^2 + r^2 + 2R_0 r \sin\theta\right)^{5/2}} .$$ (11.46)

Für das Feld auf der Achse (r=0) ergibt sich

$$B_{\theta 0} = \frac{\mu_0 I_P}{2R_0} .$$ (11.47)

Für große r reduzieren sich (11.45) und (11.46) auf die Ausdrücke für ein Dipolfeld

$$B_r \approx 2\mu_{I_R} \frac{\cos\theta}{r^3}$$ (11.48)

$$B_\theta \approx \mu_{I_R} \frac{\sin\theta}{r^3} .$$ (11.49)

Uns interessiert aber die Lösung im Nahbereich des Stromrings. Dazu müssen wir den vollen Ausdruck für das Vektorpotential auswerten. In Abb. 11.7 sind die resultierenden

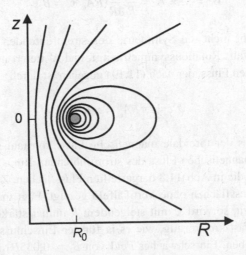

Abb. 11.7 Magnetische Flussflächen eines stromführenden Rings, berechnet aus (11.41) nach (11.19) aus der Bedingung ψ = const

Flussflächen dargestellt. Gezeichnet sind Linien bei konstantem magnetischem Fluss ψ, die aus (11.19) unter Verwendung des Vektorpotentials A_φ (11.41) berechnet wurden. In der Nähe des Leiters sind die Flussflächen fast kreisförmig. Die Feldlinien laufen allerdings nicht toroidal um, sondern folgen den gezeichneten Linien in der poloidalen Ebene. Entscheidend für die Definition der Flussfläche ist hier also der poloidale magnetische Fluss.

11.2.2 Vertikal- und Toroidalfeld: der Tokamak

Wir haben gesehen, dass ein stromführender Ring allein schon toroidal geschlossene Flussflächen erzeugt. Ihre Form ist allerdings noch zu ausladend, sodass ein umschließendes Vakuumgefäß eine ungünstige Form haben müsste. Weiterhin wird durch die Wechselwirkung des Stromes mit seinem eigenen Magnetfeld auf den Stromring eine nach außen gerichtete Lorentz-Kraft wirken, die ein Plasma an die äußere Wand drücken würde. Dieser Kraftbeitrag ist Teil der nach außen gerichteten Ring- oder sog. *Hoop-Kraft*. Beide Nachteile können durch ein homogenes Magnetfeld in z-Richtung, genannt Vertikalfeld, behoben werden.

In Zylinderkoordinaten ist das Vektorpotential eines Vertikalfeldes gegeben durch

$$\mathbf{A}^v = \frac{1}{2} B_z R \mathbf{e}_\varphi. \tag{11.50}$$

Es hat nur eine Komponente in φ-Richtung. Mit (11.11) lässt sich dies leicht zeigen:

$$\mathbf{B}^v = \nabla \times \mathbf{A}^v = \frac{1}{R} \frac{\partial}{\partial R} (R A_\varphi^v) \mathbf{e}_z = B_z \mathbf{e}_z.$$

Das Vertikalfeld bricht nicht die Symmetrie des stromführenden Rings. Das Gesamtfeld weist somit ebenfalls Rotationssymmetrie auf, und $\mathbf{A}^v$ liefert nun einen Beitrag zum toroidalen magnetischen Fluss, der nach (11.19) gegeben ist durch

$$\psi^v = 2\pi R A_\varphi^v = \pi R^2 B_z. \tag{11.51}$$

Auf Flussflächen muss der toroidale magnetische Fluss konstant sein. Überlagert man diesen Beitrag dem magnetischen Fluss des stromführenden Rings in Abb. 11.7, so entstehen mit ψ = const. die in Abb. 11.8 dargestellten Flussflächen. Zum Vergleich werden links nochmals die Flussflächen ohne Vertikalfeld gezeigt. Fügt man ein negatives Feld von $B_z = -0{,}4B_0$ hinzu, so wird ψ mit steigendem R immer stärker abgesenkt und die Flussflächen werden fast kreisförmig, wie es ja für den Einschluss gewünscht wird. B_0 ist durch (11.47) gegeben. Ein schwaches Feld von $B_z = 0{,}035B_0$ in positiver Richtung bewirkt, dass ein Sattelpunkt, genannt *X-Punkt*, auftritt. Am X-Punkt scheiden sich Feldlinien, die sich um den Ring schließen, von solchen, die sich nicht schließen und sich

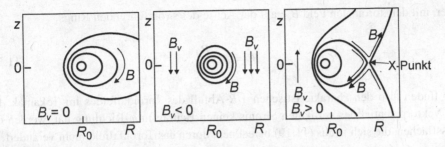

Abb. 11.8 Einfluss eines Vertikalfeldes auf die Flussflächen eines stromführenden Rings. Von links nach rechts: $B^v = 0$, $B^v = -0,4B^0$ und $B^v = 0,035B_0$, mit B_0 aus (11.47)

weit vom Ring entfernen. Solche X-Punkte treten in Magnetfeldkonfigurationen mit *Divertor* auf, wobei sich allerdings ein außen liegender Divertor im Experiment *JT-60* als nicht geeignet erwiesen hat. Das negative Vertikalfeld bewirkt zusammen mit dem Plasmastrom eine nach innen gerichtete Kraft, die der Expansionskraft des Rings, der *Hoop-Kraft*, entgegenwirkt.

Fließt der Ringstrom nicht in einem Plasma, sondern in einem ringförmigen Leiter, so kann man durch das Vertikalfeld wahlweise Flussflächen erzeugen, die nach außen oder innen deformiert sind, ohne dass die Stabilität verletzt werden würde. Das Plasma entsteht dann um den Leiter herum, was wegen der starken Wechselwirkung des Plasmas mit dem Leiter nachteilig ist. Solche Experimente haben aber eine hohe Flexibilität, um konfigurationsabhängige Plasmaeigenschaften zu untersuchen. Experimente dieser Art sind als *Levitron* oder *Spheratron* bekannt.

Nun haben wir schon fast die gesamte Magnetfeldkonfiguration des Tokamaks näherungsweise beschrieben. Es fehlt nur noch das starke toroidale Magnetfeld. Wir wollen es hier durch einen Strom in z-Richtung annähern, der in kartesischen Koordinaten gegeben sei durch

$$\mathbf{j}(\mathbf{r}') = I_z\delta(x)\delta(y)\mathbf{e}_z. \tag{11.52}$$

Nach (11.14) erzeugt dieser Strom ein Vektorpotential der Form

$$\mathbf{A} = \frac{\mu_0 I_z}{4\pi}2\int_0^\infty dz' \frac{1}{\sqrt{x^2+y^2+z'^2}}\mathbf{e}_z = -\frac{\mu_0 I_z}{2\pi}\ln R\,\mathbf{e}_z + \text{const}. \tag{11.53}$$

Dazu haben wir den Beobachter bei $z = 0$ platziert und $R^2 = x^2 + y^2$ gesetzt. Die Konstante nimmt den Wert ∞ an, wenn der Leiter unendlich lang ist. Das daraus berechnete Magnetfeld ist

$$\mathbf{B} = -\frac{\partial A_z}{\partial R}\mathbf{e}_\varphi = \frac{\mu_0 I_z}{2\pi R}\mathbf{e}_\varphi. \tag{11.54}$$

Oder, mit dem toroidalen Feld $B_{\varphi 0}$ auf der Achse des stromführenden Rings,

$$B_\varphi = B_{\varphi 0} \frac{R_0}{R}. \tag{11.55}$$

Wir finden also den charakteristischen $1/R$-Abfall des Toroidalfeldes im Tokamak. Da das Vektorpotential des vertikalen Stroms keinen Beitrag in φ-Richtung hat, werden die Flussflächen, die sich ja aus (11.19) berechnen, durch das Toroidalfeld nicht verändert.

11.2.3 Magnetfeld der Spiegelmaschine

Wir wollen am Beispiel einer Spiegelmaschine zeigen, wie man Feldlinien explizit berechnen kann und dass sie tatsächlich in den Flussflächen verlaufen. Zunächst sollen die Flussflächen berechnet werden. Wie in Abb. 11.9 zu sehen, sei die Spiegelmaschine in z-Richtung angeordnet und sie sei rotationssymmetrisch im Winkel θ. Zur Berechnung der Flussflächen interessiert uns also nur die θ-Komponente des Vektorpotentials. Die Magnetfeldkonfiguration einer Spiegelmaschine der Länge L ($k = 2\pi/L$) wird angenähert durch ein Vektorpotential der Art

$$A_\theta = B_0 \left(\frac{r}{2} - \frac{b}{k} I_1(kr) \cos(kz) \right). \tag{11.56}$$

I_1 ist die modifizierte Bessel-Funktion, die als Reihe geschrieben werden kann in der Form[4]

$$I_1(x) = \frac{x}{2} \sum_{n=0}^{\infty} \frac{\left(\frac{x^2}{4} \right)^n}{n!\,\Gamma(n+2)} \approx \frac{x}{2} + \frac{x^3}{16} + \dots. \tag{11.57}$$

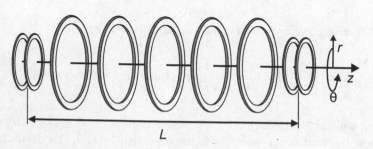

Abb. 11.9 Geometrie der Spiegelmaschine mit Magnetfeldspulen

---

[4]Abramoviz, S. 375, #9.6.19

Die Bedeutung der anderen Größen wird deutlich, wenn wir das Magnetfeld aus (11.11) berechnen. Dazu beschränken wir uns auf den Nahbereich der Achse, also auf $r \ll L$, und finden, wenn wir Terme bis r^2 berücksichtigen:

$$\frac{B_z}{B_0} = 1 - b\left(1 + \frac{k^2 r^2}{4}\right)\cos(kz), \tag{11.58}$$

$$\frac{B_r}{B_0} = -b\frac{kr}{2}\sin(kz). \tag{11.59}$$

Wie zu erwarten, ist das Feld auf der Achse ($r = 0$) durch B_z gegeben. Es hat ein Minimum bei $z = 0$ und Maxima an den Orten der abschließenden Spulen bei $z = \pm L/2$

$$\begin{aligned} B_z^{min} &= B_0(1 - b), \\ B_z^{max} &= B_0(1 + b). \end{aligned} \tag{11.60}$$

Das *Spiegelverhältnis* ist gerade durch das Verhältnis dieser Werte definiert:

$$R_{Sp} = \frac{B_z^{max}}{B_z^{min}} = \frac{1 + b}{1 - b}. \tag{11.61}$$

R_{Sp} bestimmt nach (2.62), wie groß der Anteil der im Spiegel eingeschlossenen Teilchen ist.

In Abb. 11.10 sind die Flussflächen und der Betrag des Magnetfeldes dargestellt. Berechnet wurden sie nach (11.19) als Höhenlinien der Größe rA_θ, wobei für das Vektorpotential (11.56) eingesetzt wurde. Der Anstieg der Feldstärke entlang der Feldlinien ist

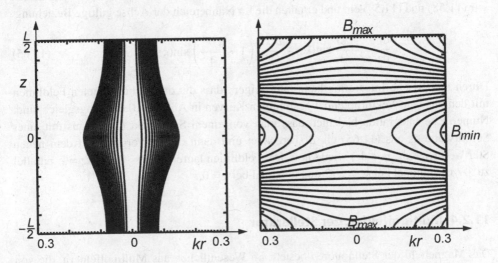

Abb. 11.10 Flussflächen (*links*) und axiale Magnetfeldstärke (*rechts*) einer Spiegelmaschine mit $R_{Sp} = 3$

erkennbar. Bei $r = z = 0$ hat die Feldstärke einen Sattelpunkt. Dieser Verlauf offenbart eine Schwäche der Spiegelkonfiguration beim Einschluss heißer Plasmen. Denn eine radiale Expansion des Plasmas führt in Bereiche kleinerer Feldstärke und damit zu einer Absenkung der Magnetfeldenergie. In Abschn. 4.1.1 haben wir schon darauf hingewiesen, dass Spiegel ungünstig gekrümmte Feldlinien aufweisen und zur Ausbildung von Instabilitäten neigen. Diese Aussage entspricht genau der gerade gemachten Beobachtung.

Nun soll gezeigt werden, dass eine direkte Berechnung der Magnetfeldlinien zu einem konsistenten Ergebnis führt. Für den zweidimensionalen Fall ist klar, dass die Steigung einer Feldlinie dy/dx in einem Punkt gegeben ist durch B_y/B_x an diesem Punkt. Ganz allgemein schreiben wir die Feldliniengleichung als

$$\frac{dx}{B_x} = \frac{dy}{B_y} = \frac{dz}{B_z}.$$ (11.62)

In der Nähe der Achse lässt sich das Feld der Spiegelmaschine durch ein axiales Feld $B_z = B_0$ ausdrücken, das von einem schwächeren Feld $\mathbf{b}(r, z)$ überlagert ist. Die Gl. (11.62) der Feldlinien können wir dann näherungsweise schreiben als

$$\frac{dr}{dz} = \frac{b_r}{B_0 + b_z} \approx \frac{b_r}{B_0} - \frac{b_r b_z}{B_0^2},$$ (11.63)

$$\frac{r d\theta}{dz} = \frac{b_\theta}{B_0 + b_z} \approx \frac{b_\theta}{B_0} - \frac{b_\theta b_z}{B_0^2}.$$ (11.64)

Bei einer Spiegelmaschine verschwindet B_θ. Die zweite Gleichung ist daher trivial. Aus der ersten Gleichung können wir die Beziehung für die Feldlinien ableiten. Dazu setzen wir (11.58) und (11.59) ein und erhalten die im Nahbereich der Achse gültige Beziehung

$$\frac{dr}{dz} = -\frac{bkr}{2}\sin(kz) - \frac{b^2 kr}{2}\left(1 + \frac{k^2 r^2}{4}\right)\sin(kz)\cos(kz).$$ (11.65)

Durch numerische Integration kann man zeigen, dass die daraus berechneten Feldlinien mit den aus dem Vektorpotential bestimmten Kurven in Abb. 11.10 deckungsgleich sind. Numerische Integration bedeutet, dass man von einem Startpunkt (z_0, r_0) aus mit einer Schrittweite dz aus (11.65) ein dr berechnet und dann diesen Vorgang mit dem neuen Startwert $(z_0 + dz, r_0 + dr)$ wiederholt. Die Feldlinien laufen bei $z = 0$ und $kz = \frac{\pi}{2}$ parallel zu z. r ist minimal bei $kz = \pi/2$ und maximal bei $z = 0$.

11.2.4 Multipolfelder: der Stellarator

Das Magnetfeld der Stellaratoren besteht im Wesentlichen aus Multipolfeldern, die von Strömen in helikal verschraubten Leitern erzeugt werden. Wie in Abschn. 10.1.2 eingeführt, kennzeichnet l die Periodizität der Felder in poloidaler Richtung und m die in toroidaler Richtung. In einem klassischen Stellarator, wo der Strom antiparallel durch die Leiterpaare fließt, braucht man also $2l$ helikale Spulen um eine l-fache Symmetrie zu erzeugen. Im Heliotron/Torsatron fließen die Ströme in paralleler Richtung, und l ist gleich der Zahl der Spulen.

Um die Feldtopologie einzuführen, vernachlässigen wir zunächst die helikale Verwindung der Leiter. Wir nehmen also in z-Richtung gerade verlaufende Stromleiter und können somit von linearer Symmetrie ausgehen. Da solche Anordnungen translationssymmetrisch sind, brauchen wir nach (11.18) zur Berechnung der Flussflächen nur die z-Komponente des Vektorpotentials. Für den Fall eines klassischen Stellarators ist der relevante Anteil des Vektorpotentials dann gegeben durch

$$A_z = -\frac{\mu_0 I}{4\pi} \ln \left\{ \frac{r^{2l} + a^{2l} - 2r^l a^l \cos(l\theta)}{r^{2l} + a^{2l} + 2r^l a^l \cos(l\theta)} \right\}. \tag{11.66}$$

Aus dem Vektorpotential kann man nach den nun bekannten Methoden die Flussflächen und aus $\nabla \times \mathbf{A}$ das Magnetfeld berechnen. Die Ergebnisse für eine l=3-Anordnung (Hexapol) sind in Abb. 11.11 dargestellt.

Man findet, dass die Feldstärke mit der Anzahl der Leiter steigt und ein Minimum auf der Achse hat. Sie nimmt zu, wenn man sich den einzelnen Leitern nähert. Eine solche Multipolanordnung weist im Innern keine geschlossenen Flussflächen auf. Ein Plasma wird aber dennoch teilweise durch Magnetfeldspiegel in radialer Richtung eingeschlossen. Denn die Feldlinien kommen vom Zentrum zum Rand hin in Gebiete höherer Feldstärke. Der Einschluss basiert also auf dem gleichen Mechanismus, wie bei der Spiegelmaschine, und wird demnach durch Verluste schneller Teilchen begrenzt. Da die Feldstärke von der Achse zum Rand hin trichterförmig (engl. *cusp*) anwächst, spricht man von *Cusp-Anordnungen* oder auch *Minimum-B-Anordnungen*. Ein im Mittel nach außen hin ansteigendes Magnetfeld bezeichnet man als eine *magnetische Mulde*. Sie wirkt, im Gegensatz zu einem *magnetischen Hügel*, stabilisierend auf das Plasma.

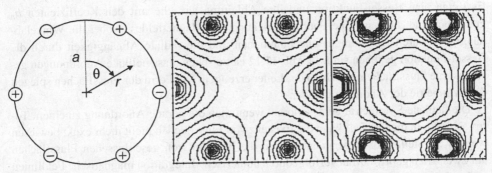

Abb. 11.11 Flussflächen (*Mitte*) und Betrag des Magnetfeldes (*rechts*) einer Hexapol-Anordnung mit geraden Leitern (*links*). Die Richtung einiger Feldlinien ist durch Pfeile gekennzeichnet, + zeigt an, dass der Strom in die Ebene hineinfließt

11 Magnetfeldkonfigurationen

Durch Verschraubung der Spulen wird die Translationssymmetrie zu einer helikalen Symmetrie. Die Spulen winden sich um eine gerade Mittelachse. Dieses Modell wird als *linearer Stellarator* bezeichnet. Wegen der Symmetrie kann man den linearen Stellarator für analytische Rechnungen heranziehen, die dann eine Näherung für den echten Stellarator ergeben. Einschluss kann mit linearen Stellaratoren natürlich nicht erreicht werden. Poloidal geschlossene Flussflächen erfordern auch hier ein zusätzliches Feld in z-Richtung.

Es sei L die Strecke in z-Richtung, nach der die Spulen einmal poloidal umgelaufen sind. Die Symmetriekoordinate ist dann

$$\theta_{mag} = l\,(\theta - kz),\tag{11.67}$$

mit $k = 2\pi/L$. Man nennt θ_{mag} eine *magnetische Koordinate*, denn für $\theta_{mag} = \text{const.}$ hat man konstante Bedingungen auf der Flussfläche. Bei $z = 0$ durchläuft θ_{mag} l-mal 2π, wenn θ einmal umgelaufen ist. Dies spiegelt die durch die Zahl der Spulen aufgeprägte Symmetrie wider. In z-Richtung windet sich der Nullpunkt des Koordinatensystems mit den Leitern mit. Bei toroidal geschlossenen Anordnungen müssen sich die Leiter schließen. Wenn sie bei einem toroidalen Umlauf M-mal poloidal umlaufen und L weiterhin die toroidale Strecke für einen poloidalen Umlauf ist, dann muss $ML = 2\pi R$ gelten.

In linearen Experimenten mit helikaler Symmetrie kann man die Existenz von Flussflächen exakt beweisen. Dazu benötigt man die Komponenten des Vektorpotentials in z- und θ-Richtung (vgl. (11.20)). Diese sind

$$A_z = -\frac{n}{k^2 r} \sum_{n=1}^{\infty} b_n I_n(nkr)\sin(n\theta_{mag}),\tag{11.68}$$

$$A_\theta = \frac{B_0 r}{2} - \frac{1}{k} \sum_{n=1}^{\infty} b_n I_1'(nkr)\cos(n\theta_{mag}).\tag{11.69}$$

Es treten eine Bessel-Funktion und ihre Ableitung auf, die mit den Koeffizienten b_n gewichtet sind. Dies ist eine Fourier-Zerlegung des Magnetfeldes, wobei die Winkelabhängigkeit durch trigonometrische Funktionen und die radiale Abhängigkeit durch die Bessel-Funktion gegeben sind. In Abb. 11.12 ist zu sehen, dass helikale Anordnungen geschlossene Flussflächen innerhalb der Leiter erzeugen. Die Form der Flussflächen spiegelt die Symmetrie der Anordnung wider.

Die helikale Symmetrie geht verloren, wenn man die gerade Anordnung zu einem Torus schließt. In diesem Fall kann die Existenz von Flussflächen nicht mehr exakt bewiesen werden. In Stellarator-Experimenten wird die Existenz von geschlossenen Flussflächen auf zwei Arten geprüft. Man verfolgt durch numerische Integration magnetische Feldlinien und sammelt Durchstoßpunkte mit einer Ebene auf. Man erstellt also einen *Poincaré-Plot*. Gibt es geschlossene Flächen, so verdichten sich die Punkte zu geschlossenen Kurven. Experimentell benutzt man Elektronen, die entlang Feldlinien starten und dann durch

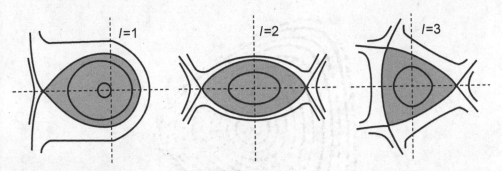

Abb. 11.12 Poloidale Querschnitte von Flussflächen in helikalen Anordnungen verschiedener Symmetrie *l*. Geschlossene magnetische Flächen sind grau unterlegt

einen fluoreszierenden Stab sichtbar gemacht werden. Schwenkt man den Stab durch einen Querschnitt, so zeigen sich auf einer langzeitbelichteten Aufnahme die Flussflächen als geschlossene Linien. Dieses Experiment wird ohne Plasma durchgeführt, und ist, im Gegensatz zum Tokamak, im Stellarator möglich, weil dort das gesamte Magnetfeld durch Spulen erzeugt wird. In Abb. 11.13 sind die Flussflächen des Stellarators W7-AS dargestellt, wie sie mit einem Elektronenstrahl gemessen wurden.

Ein wesentliches Element der Stellaratorforschung ist die Optimierung der magnetischen Konfiguration in Bezug auf Eigenschaften des eingeschlossenen Plasmas, wie Teilcheneinschluss und Stabilität. Diese Optimierungen wurden erst möglich, nachdem mit W7-AS die Verwendbarkeit von modularen Spulen gezeigt wurde. Prinzipiell kann man zwischen drei Entwicklungslinien zur Optimierung der Stellaratoreigenschaften unterscheiden, die wir im Folgenden kurz diskutieren wollen.

Symmetrien spielen, außer für die Existenz von Flussflächen, auch für den Teilcheneinschluss eine wichtige Rolle. Sobald eine Symmetriekoordinate vorliegt, sind *Teilchenbahnen* bei Vernachlässigung von Stößen perfekt eingeschlossen. Dies folgt aus der Drehimpulserhaltung und wird in Kap. 13 eine Rolle spielen. Außerdem sind Symmetrien wichtig bei der Berechnung der Viskosität des Plasmas, die das Plasma am Rotieren behindert. *Plasmarotation* beeinflusst aber den turbulenten Transport ganz wesentlich. Daher spielt auch dieser Aspekt in Zusammenhang mit der Symmetrie der Magnetfeldkonfiguration eine Rolle. Die Wiederherstellung von Symmetrie ist also für Stellaratoren ein mögliches Optimierungskriterium. Dazu gibt es verschiedene Konzepte. Der *quasi-axisymmetrische Stellarator* weist entlang der toroidalen Koordinate eine annähernd („quasi") konstante Magnetfeldstärke auf. Das beendete Stellaratorprojekt *NCSX* in Princeton verfolgte dieses Konzept. Es führt zu einem ähnlich guten Teilcheneinschluss, wie bei einem Tokamak. Beim Experiment *HSX* in Madison wurde eine quasi-helikale Symmetrie realisiert, und es konnte gezeigt werden, dass das Plasma bevorzugt in Richtung der Symmetrielinie strömt.

Alle Aspekte des Plasmaeinschlusses und der Stabilität wurden bei der Entwicklung der *Helias-Konfiguration* von *W7-X* in Greifswald berücksichtigt. Dieses Experiment erreicht einen für die Stabilität wichtigen, hohen Wert von $\iota \approx 1$ durch Verwendung von 5 Perioden

Abb. 11.13 Ploidalschnitt durch Flussflächen im Stellarator W7-AS, gemessen mit einem Elektronenstrahl. Gezeigt ist eine langzeitbelichtete Aufnahme einer CCD-Kamera von Fluoreszenzlicht, das von den Elektronen auf einem bewegten Stab ausgelöst wird

bei einem Aspektverhältnis von $A = 20$. Optimierungskriterien waren Teilcheneinschluss und Stabilität des Plasmas und der Magnetfeldkonfiguration bei hohem Plasmadruck β.

Dagegen wäre aus ökonomischen Gründen ein niedriges Aspektverhältnis von Vorteil. Da die Baukosten mit dem umbauten Magnetfeldvolumen steigen, würden kompaktere Stellaratoren bei festen Kosten größere Plasmaquerschnitte ermöglichen. Nachteilig ist, dass bei geringerem Aspektverhältnis eine geringere Rotationstransformation realisiert werden kann. Ein Ausweg dazu ist es, die Konfigurationen auf einen möglichst hohen internen Strom hin, den sog. *Bootstrap-Strom*, zu optimieren. Der Bootstrap-Strom wurde bei *W7-X* minimiert, denn das Experiment arbeitet bei geringer magnetischer Verscherung in der Nähe von $\iota = 1$, und ein ungewollter Strom könnte $\iota = 1$ in das Plasma wandern lassen, was Instabilitäten nach sich ziehen würde. Stellaratoren, die mit einem toroidalen Strom arbeiten, nennt man *Hybrid-Stellaratoren*. *NCSX* ist ein Beispiel für ein solches Experiment.

11.2.5 Die Rotationstransformation im Stellarator

C. Mercier hat in den Jahren 1963 – 1964 theoretisch gezeigt, dass prinzipiell drei Elemente zur Verfügung stehen, um eine Verdrillung der Magnetfeldlinien in einem Torus zu erreichen: ein toroidaler Plasmastrom, eine helikale Rotation der magnetischen Achse um die Mittellinie des Torus sowie eine Verdrehung des Flussflächenquerschnitts als Funktion der toroidalen Koordinate. Die wirkungsvollste Methode, Rotationstransformation zu erzeugen, ist, wie im Tokamak, ein toroidaler Plasmastrom I_p. Die damit verbundene, mittlere poloidale Magnetfeldkomponente kann mit dem Ampère'schen Gesetz abgeschätzt werden zu $B_\theta = \mu_0 I_P / 2\pi a$. Für einen Stellarator, der ohne toroidalen Strom betrieben wird, folgt daraus, dass das Poloidalfeld im Mittel verschwinden muss. Wir wenden uns nun der Frage zu, wie in Stellaratoren helikal verdrehte Feldlinien erzeugt werden.

Die Erzeugung einer Rotationstransformation durch geometrische Effekte wollen wir am Beispiel des *Figure-8-Stellarators* erläutern. Wie in Abb. 11.14 angedeutet, besteht er aus zwei Halbtori, die um den Winkel α aus der Ebene herausgedreht sind. Sie sind verbunden durch horizontal liegende Segmente. Um zu illustrieren, wie die Verdrehung einer Feldlinie nach Durchlaufen der Acht entsteht, sind im rechten Teil der Abbildung die Durchstoßpunkte einer Feldlinie in den vier Querschnitten $S_I - S_{IV}$ dargestellt. Wir verfolgen die Feldlinie von S_I, ausgehend zum zweiten Durchstoßpunkt in S_{II}. Die Fläche liegt auf gleicher Höhe z, sodass die Feldlinie S_{II} an der gleichen Stelle wie in S_I schneidet. Dann durchläuft die Feldlinie den ersten Halbtorus, der um den Winkel α verkippt ist. Um die Feldlinie zu projizieren, muss man den Querschnitt an der Mittelsenkrechten der Verbindungslinie spiegeln. Der Schnittpunkt in S_{III} liegt damit um α unterhalb der Verbindungslinie und also um 2α von der Verbindungslinie zum nächsten Querschnitt S_{IV} entfernt. Von S_{III} nach S_{IV} behält die Feldlinie wieder ihre Position in der Ebene bei, und der Winkel zur Verbindungslinie bleibt bei 2α. Letztlich durchläuft die Feldlinie den zweiten Halbtorus, was wieder einer Spiegelung an der Mittelsenkrechten der Verbindungslinie zwischen S_{IV} und S_I entspricht, zu der die Feldlinie den Winkel 3α bildet. Dies führt nach einem ganzen Umlauf zu einem Rotationswinkel von $\iota = 4\alpha$. Die Feldlinie benötigt also für einen poloidalen Umlauf $q_s = 2\pi / 4\alpha = 1/\iota$ toroidale Umläufe.

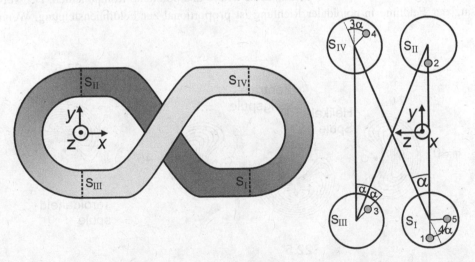

Abb. 11.14 Entstehung der Rotationstransformation durch Verwindung eines Torus am Beispiel des Figure-8-Stellarators. *Links*: Form des Stellarators, wobei helle Partien oben und dunkle unten liegen sollen. *Rechts* sind die vier links angedeuteten Querschnitte mit den Durchstoßpunkten einer Feldlinie gezeigt. Die Darstellung entspricht der Sicht von rechts auf den Stellarator

Ein Beispiel für eine Magnetfeldkonfiguration, bei der die Rotationstransformation im Wesentlichen auf der geometrischen Verformung der Flussflächen beruht, ist der *Heliac*. Er besteht aus einem ringförmigen zentralen Stromleiter, um den eine helikale Spule gewickelt ist. Das bohnenförmige Plasma windet sich so um den zentralen Leiter, dass es in Phase mit dem helikalen Leiter ist. Zusätzlich ist ein toroidales Feld überlagert, das von planaren Spulen erzeugt wird, deren Zentrum sich ebenfalls helikal um den zentralen Leiter windet. In Abb. 11.15 sind Plasmaquerschnitte von einer Periode des 4-periodischen Heliac TJ-II mit angedeuteten Toroidalfeldspulen dargestellt. In einer Periode, das sind 90°, windet sich das Plasma einmal um den zentralen Ringleiter. Die Rotationstransformation von TJ-II ist etwa 1,5. Eine Feldlinie dreht sich also innerhalb des Plasmaquerschnitts in einer Periode poloidal um 135°.

Die Technik, eine Rotationstransformation durch helikale Spulen zu erzeugen, wird anhand von Abb. 11.16 erläutert. Dargestellt ist ein linearer l=1-Stellarator. Durch die beiden Spulen fließt der Strom I_h in entgegengesetzter Richtung. Dem dadurch erzeugten helikalen Feld $\mathbf{b}_h$ ist ein axiales Magnetfeld B_{z0} überlagert. Erst durch diese Überlagerung entsteht ein Nettoversatz der Feldlinie in poloidaler Richtung. Denn ohne das axiale Feld wäre der Einfluss der beiden Spulen gleichwertig, und die Versetzungen der Feldlinie würden sich ausgleichen.

Wir schätzen den poloidalen Versatz der Feldlinie nach einer Periode aus der Feldliniengleichung (11.62) in Zylinderkoordinaten ab:

$$\frac{B_\theta}{r\mathrm{d}\theta} = \frac{B_z}{\mathrm{d}z}. \tag{11.70}$$

Nun zerlegen wir das helikale Feld in seine axiale und poloidale Komponenten. Der Versatz der Feldlinie in poloidaler Richtung ist proportional zur Feldliniensteigung. Wenn

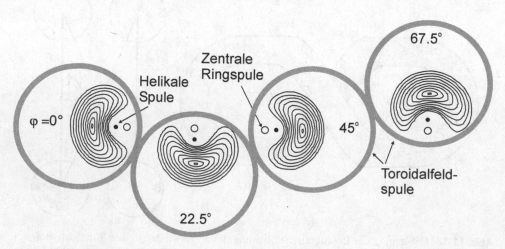

Abb. 11.15 Poloidale Querschnitte der Flussflächen und der Spulen des Heliac TJ-II an vier toroidalen Positionen einer Periode

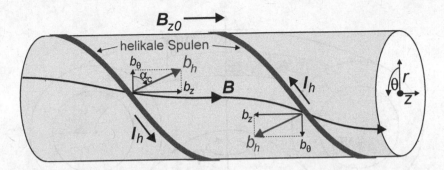

Abb. 11.16 Entstehung der Rotationstransformation am Beispiel eines linearen $l=1$-Stellarators. Die Ströme in den beiden helikalen Spulen fließen entgegengesetzt und erzeugen im Volumen innerhalb der Spulen das eingezeichnete helikale Magnetfeld $\mathbf{b}_h$. Überlagert ist ein axiales Magnetfeld B_{z0}. Der Spulensteigungswinkel ist α_c

man den Effekt der beiden Spulen aus Abb. 11.16 zusammenfasst, kann man die partielle Versetzung der Feldlinie pro Periode abschätzen durch[5]

$$\frac{r\mathrm{d}\theta}{\mathrm{d}z} \approx -\frac{b_\theta}{B_{z0}+b_z} + \frac{b_\theta}{B_{z0}-b_z} = \frac{2b_\theta b_z}{B_{z0}^2-b_z^2} \approx \frac{b_h^2}{B_{z0}^2}\sin 2\alpha_c. \tag{11.71}$$

Die Magnetfeldlinie dreht sich in die positive θ-Richtung und damit in die gleiche Richtung wie die Spulen. Bei der Rechnung ist zu beachten, dass das Feld der ersten Spule in die negative θ-Richtung zeigt und das der zweiten in die positive. Der stärkste Effekt kann erzielt werden, wenn der *Spulensteigungswinkel* $\alpha_c = \pi/2$ beträgt. Diese Betrachtung zeigt auch, dass Stellaratoren pro Periode nur einen begrenzten Beitrag zur Rotationstransformation erzeugen können. Um dennoch ausreichend hohe Werte für die Rotationstransformation zu erzielen, müssen Stellaratoren mit mehreren Perioden gebaut werden. Das führt zu einem, verglichen mit Tokamaks, schlanken Plasmatorus, also zu einem großen Aspektverhältnis. Bei optimierten Stellaratoren werden beide Beiträge kombiniert. Ein Teil der Feldlinienverdrehung kommt von einer helikal verlaufenden magnetischen Achse, also aus geometrischen Effekten, und ein Teil wird, wie beim klassischen Stellarator, durch die Form der Spulen erzeugt.

Zum Abschluss dieser Überlegungen geben wir noch eine weitere Beziehung zur Berechnung der Rotationstransformation an, die über die in Abb. 11.17 definierten poloidalen (ψ_θ) und toroidalen magnetischen Flüsse (ψ_φ) geht (vgl. Abb.11.4):

$$\iota = \frac{\mathrm{d}\psi_\theta/\mathrm{d}r}{\mathrm{d}\psi_\varphi/\mathrm{d}r} = \frac{\mathrm{d}\psi_\theta}{\mathrm{d}\psi_\varphi}. \tag{11.72}$$

---

[5]$2\sin\alpha\cos\alpha = \sin 2\alpha$

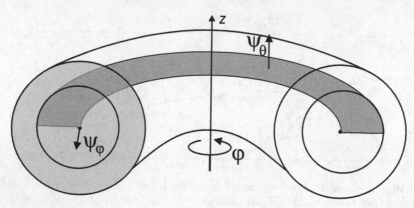

Abb. 11.17 Definition der Rotationstransformation als poloidaler Winkel und der magnetischen Flüsse zu ihrer Berechnung

Für einen linearen Tokamak (oder bei großem Aspektverhältnis) können wir zeigen, dass diese Definition das bekannte Ergebnis (11.4) reproduziert. Das von einer homogenen Stromdichte erzeugte Poloidalfeld ist nach (3.78) $B_\theta(r) = B_\theta(a)r/a$. Daraus folgt für die Steigung der Feldlinie an der Separatrix

$$\frac{d\theta}{d\varphi} = \frac{RB_\theta(a)}{aB_\varphi}.\qquad(11.73)$$

Wir integrieren diese Gleichung bis $\varphi = 2\pi$. Daraus folgt, dass die Feldlinie nach der Länge, die einem toroidalen Umlauf entspricht, poloidal versetzt ist um den poloidalen Winkel

$$\iota = \frac{2\pi R_0 B_\theta(a)}{aB_\varphi}.\qquad(11.74)$$

Dieser Ausdruck ist äquivalent zu (11.4), und wir sehen nochmals, dass ι dem poloidalen Versetzungswinkel der Feldlinie nach einem toroidalen Umlauf entspricht.

Nun betrachten wir die Definition (11.72) in toroidaler Geometrie nach Abb. 11.17, mit dem poloidalen Fluss

$$\psi_\theta = 2\pi R_0 \int_0^r dr' B_\theta(a)\frac{r'}{a} = \pi R_0 B_\theta(a)\frac{r^2}{a}\qquad(11.75)$$

und dem toroidalen Fluss $\phi = \pi r^2 B_{z0}$. Damit folgt aus (11.72) ebenfalls das Ergebnis (11.74). Beide Definitionen für die Rotationstransformation, die über den poloidalen Winkel und die über den magnetische Fluss, ergeben für den Tokamak das das gleiche Resultat.

Weitere Literaturhinweise

Konfigurationen früher Experimente werden beschrieben in T. J. Dolan, *Fusion Research* (Pergamon Press, New York, 1982), Tokamaks in J. Wesson, *Tokamaks* (Clarendon Press, Oxford, 1987) und Stellaratoren in M. Wakatani, *Stellarator and Heliotron Devices* (Oxford Univ. Press, London, England, 1998). Arbeiten zur Stellaratoroptimierung sind J. Nührenberg und R. Zille, *Quasi-Helically Symmetric Toroidal Stellarators* (Phys. Lett. A **129**, 113 (1988)), G. Grieger *et al.*, *Physics Optimization of Stellarators* (Phys. Fluids, B **4**, 2081 (1992)) und A. H. Boozer, *What is a stellarator?* (Phys. Plasmas **5**, 1646 (1998)).

Parametergrenzen für Fusionsplasmen 12

Für ein sich ohne äußere Heizung selbständig erhaltendes Fusionsplasma muss das *Tripelprodukt* $\bar{n}\bar{T}\tau_E$ einen Wert von etwa $0{,}5\,\mathrm{MJs/m^3}$ überschreiten. Da der Wert des Magnetfeldes technisch nach oben begrenzt ist, bedeutet das nach (10.22), dass hohe Werte für den normierten Plasmadruck β und die Energieeinschlusszeit τ_E erreicht werden müssen. Aber auch β und τ_E sind physikalische Grenzen gesetzt, die wir in den folgenden Kapiteln behandeln wollen. Der maximal erreichbare Wert für $\beta = 4\mu_0\bar{n}\bar{T}/B^2$ ist durch eine Gleichgewichtsbedingung und, noch stärker, durch die Plasmastabilität begrenzt. Zusätzlich unterliegt die maximal erreichbare Dichte einer unabhängigen Limitierung. Dies bedeutet, dass β, sobald die Dichtegrenze erreicht ist, nur über die Temperatur weiter erhöht werden kann. Bei gegebener Heizleistung wird die Temperatur über Transportverluste bestimmt, die durch die Energieeinschlusszeit in Rechnung gestellt sind. Daher entscheidet der Energieeinschluss letztlich auch darüber, ob die maximal erlaubten β-Werte überhaupt erreicht werden können. Dieses Kapitel ist den unterschiedlichen Instabilitäten, welche die β-*Grenze* bestimmen, sowie einer Beschreibung der *Dichtegrenze* gewidmet. In den weiteren Kapiteln werden Transportprozesse behandelt, die zu Teilchen- und Energieverlust führen und somit die Einschlusszeiten festlegen.

12.1 Grenzen für das erreichbare β

Der maximal erreichbare β-Wert, oder die β-*Grenze*, wird durch Eigenschaften des Gleichgewichts sowie durch Stabilitätsüberlegungen bestimmt. Zunächst werden wir das *Gleichgewichts-*β bestimmen, das mit den *Pirsch-Schlüter-Strömen* im Plasma in Zusammenhang steht. Es folgen Begrenzungen, die auf stromgetriebene und druckgetriebene Instabilitäten zurückzuführen sind.

© Springer-Verlag GmbH Deutschland 2018
U. Stroth, *Plasmaphysik*,
https://doi.org/10.1007/978-3-662-55236-0_12

12.1.1 Grad-Shafranov-Gleichung

Ein rein toroidales Magnetfeld wird als *einfach magnetisierter Torus* bezeichnet. In Abschn. 4.2 haben wir gezeigt, dass das Plasma darin, aufgrund der nicht verschwinden-den Divergenz des diamagnetischen Stroms, ein vertikales elektrisches Feld aufbaut und wegen der resultierenden $E \times B$-Drift verloren geht. Durch eine Verdrillung der Feldlinien wird die Ladungstrennung über *Pfirsch-Schlüter-Ströme* abgebaut. Wie in Abb. 12.1 zu sehen ist, erzeugen diese Ströme am Ort des Plasmas ein vertikales Magnetfeld. Um die genaue Form des erzeugten Magnetfeldes zu berechnen, muss man berücksichtigen, dass die Pfirsch-Schlüter-Ströme die Divergenz des diamagnetischen Stroms bilanzieren und somit hauptsächlich an Radien fließen, an denen der Druckgradient steil ist.

Wie auf der rechten Seite der Abbildung dargestellt, überlagert das Vertikalfeld der Pfirsch-Schlüter-Ströme die poloidale Komponente des ursprünglichen Feldes derart, dass die magnetische Achse nach außen verschoben wird. Dieser Effekt wird *Shafranov-Verschiebung* genannt und mit Δ_s bezeichnet. Da die diamagnetische Drift vom Plasma-druck abhängt (vgl. (4.17)), steigt auch der Strom und damit die Shafranov-Verschiebung mit dem Druck an.

Ein quantitative Analyse der Shafranov-Verschiebung basiert auf der radialen Kompo-nente der Gleichgewichtsbedingung $\nabla p = \mathbf{j} \times \mathbf{B}$. Da der Druck auf Flussflächen konstant ist und diese durch konstanten magnetischen Fluss bestimmt sind, können wir die radiale Gleichgewichtsbedingung in Zylinderkoordinaten (R, φ, z) schreiben als

$$\frac{\partial p}{\partial R} = \frac{dp}{d\psi_\theta} \frac{\partial \psi_\theta}{\partial R} = j_\varphi B_z - j_z B_\varphi. \tag{12.1}$$

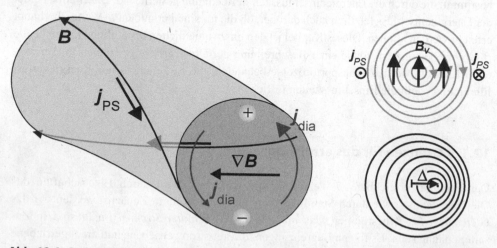

Abb. 12.1 *Links*: diamagnetische und Pfirsch-Schlüter-Ströme bilden ein divergenzfreies Strom-system. *Rechts*: der Einfluss der Pfirsch-Schlüter-Ströme auf die poloidale Komponente des Magnetfeldes. Oben sind die einzelnen Beiträge der Pfirsch-Schlüter-Ströme und des Hintergrund-feldes (grau) getrennt gezeichnet und darunter die aus der Überlagerung resultierenden verschobenen Flussflächen

Wir schreiben jetzt diese Beziehung in eine Gleichung zur Berechnung des poloidalen Flusses ψ_θ um, aus dem dann die Gleichgewichtsflächen bestimmt werden können. Die zur Berechnung von ψ_θ zu verwendende Fläche wurde bereits durch Abb. 11.4 festgelegt. Wir berechnen ihn aus

$$\psi_\theta = 2\pi \int_0^R dR' R' B_z(R', z). \tag{12.2}$$

Unter Verwendung der toroidalen Symmetrie folgen aus dem Ampère'schen Gesetz für die Stromkomponenten die Beziehungen

$$j_\varphi = \frac{1}{\mu_0} \left(\frac{\partial B_R}{\partial z} - \frac{\partial B_z}{\partial R} \right) \tag{12.3}$$

$$j_z = \frac{1}{\mu_0} \frac{1}{R} \frac{\partial}{\partial R}(RB_\varphi). \tag{12.4}$$

Jetzt drücken wir das Magnetfeld durch ψ_θ aus. Für die vertikale Komponente des Magnetfeldes folgt aus (12.2) mit dem Hauptsatz der Integralrechnung die Beziehung

$$B_z(R, z) = \frac{1}{2\pi R} \frac{\partial \psi_\theta}{\partial R}, \tag{12.5}$$

und die radiale Komponente folgt aus $\nabla \cdot \mathbf{B} = 0$:

$$B_R(R, z) = -\frac{1}{2\pi R} \frac{\partial \psi_\theta}{\partial z}. \tag{12.6}$$

Die toroidale Komponente B_φ ist divergenzfrei. Sie ist gegeben durch (vgl. (11.54))

$$B_\varphi = \frac{\mu_0 I_z}{2\pi R}, \tag{12.7}$$

wobei der vertikale Strom über die Fläche innerhalb von R integriert wird. Dabei enthält I_z Beiträge aus den Strömen in den Hauptfeldspulen und im Plasma.

Wir setzen die Ausdrücke für die Komponenten des Stroms und des Magnetfeldes in die Kraftbilanz (12.1) ein und erhalten nach Umformung die *Grad-Shafranov-Gleichung*

$$R \frac{\partial}{\partial R} \left(\frac{1}{R} \frac{\partial \psi_\theta}{\partial R} \right) + \frac{\partial^2 \psi_\theta}{\partial z^2} = -\mu_0 (2\pi R)^2 p' - \mu_0^2 I_z' I_z. \tag{12.8}$$

Dabei wird ein gemeinsamer Faktor $\partial \psi_\theta / \partial R$ gekürzt und der Strich steht für Ableitungen nach ψ_θ. Die Gleichung beschreibt das Plasmagleichgewicht einer toroidalen axisymmetrischen Anordnung. Sowohl I_z als auch p hängen vom poloidalen Fluss ψ_θ ab. Daher ist diese Gleichung stark nichtlinear und kann im Allgemeinen nur numerisch gelöst werden. Es resultiert die Verteilung $\psi_\theta(R, z)$, wobei Flussflächen durch die Bedingung

ψ_θ = const ermittelt werden können. Die beiden Terme auf der rechten Seite von (12.8) repräsentieren die *Hoop-Kraft*. Sie hat zwei nach außen wirkende Beiträge: die Druckkraft und die auf einen stromführenden Ring wirkende Kraft. Die Hoop-Kraft ist für die Shafranov-Verschiebung verantwortlich.

12.1.2 Gleichgewichts-β-Grenze

Wegen fehlender Symmetrie gibt es für Stellaratoren keine einfache Differentialgleichung zur Berechnung des Gleichgewichts. Die entsprechende Rechnung muss nach analogen Überlegungen numerisch durchgeführt werden. Wegen der toroidalen Geometrie treten auch in Stellaratoren Pfirsch-Schlüter-Ströme und somit eine Shafranov-Verschiebung auf. In Abb. 12.2 ist eine experimentelle Bestätigung der Verschiebung der Flussflächen durch steigendes β zu sehen. Die Intensität vom Plasma emittierter weicher Röntgen-Strahlung ist eine Funktion von Dichte und Temperatur und sollte daher auf Flussflächen konstant sein. Durch Messung dieser Strahlung entlang vieler Sehstrahlen kann das zweidimensionale Strahlungsprofil rekonstruiert werden. In Abb. 12.2 ist dieses Profil farbcodiert aufgetragen und den aus Gleichgewichtsberechnungen stammenden Flussflächen überlagert. Deutlich ist die Verschiebung des Plasmazentrums bei einem Anstieg von β = 1,35 auf 4,41 % zu sehen. Die berechneten Flussflächen fallen sehr gut mit den Konturen konstanter Strahlungsintensität zusammen. Die Rechnungen wurden mit dem Programm *VMEC*[1] [17] durchgeführt, das häufig zur Berechnung von Gleichgewichten in dreidimensionalen Geometrien eingesetzt wird.

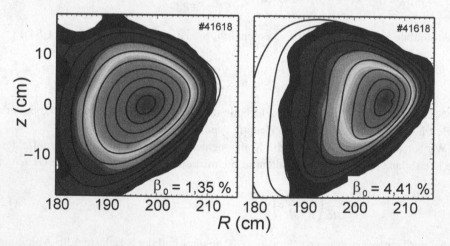

Abb. 12.2 Aus Messungen weicher Röntgen-Strahlung gewonnenes Profil im poloidalen Plasmaquerschnitt des Stellarators Wendelstein 7-AS für hohes und niedriges β. Berechnete Flussflächen sind als Kontur überlagert (aus Ref. [18])

---

[1] *Variational Moments Equilibrium Code*

In Abb. 12.2 ist deutlich zu erkennen, wie das Plasmazentrum auf der magnetischen Achse zur äußeren Separatrix verschoben wird. Dadurch entstehen auf der Niederfeldseite steile Druckgradienten, die lokal zu erhöhtem Transport führen. Die *Gleichgewichts-β-Grenze* ist dann erreicht, wenn die Shafranov-Verschiebung die Größe des kleinen Plasmaradius annimmt. Für ein axisymmetrisches toroidales Plasma kann man diese β-Grenze grob abschätzen durch die einfache Beziehung

$$\beta_{eq} \approx \frac{a}{2R_0 q_s^2} = \frac{a}{2R_0}\, t^2. \tag{12.9}$$

Um bei hohen Werten für β eine weitgehend ungestörte Magnetfeldkonfiguration zu haben, ist demnach ein kleines Aspektverhältnis sowie ein hoher Wert der Rotationstransformation notwendig. Diese Abhängigkeiten können wir aus einer Betrachtung von Abb. 12.1 heraus anschaulich begreifen: Je größer der Steigungswinkel einer Feldlinie ι wird, umso kleiner wird die horizontale Komponente des Pfirsch-Schlüter-Stromes. Dadurch sinkt der Einfluss des Stromes auf die Flussflächen und ein höheres β wird möglich. Das gleiche Argument zieht auch bei der Abhängigkeit vom inversen Aspektverhältnis: je größer a und je kleiner R_0, umso steiler müssen die Feldlinien verlaufen, um nach einem toroidalen Umlauf den Winkel ι in poloidaler Richtung zurückgelegt zu haben.

Für Stellaratoren spielt die Gleichgewichts-β-Grenze eine wichtigere Rolle als bei Tokamaks, denn sie arbeiten generell bei höheren Aspektverhältnissen. Daher ist es wichtig, dass die Stellaratoren einen hohen Wert für ι realisieren. Für den Stellarator W7-X mit einem konstanten Wert von $\iota \approx 1$ würde aus der Abschätzung (12.9) ein Wert von $\beta_{eq} = 5\,\%$ folgen. Durch Optimierung der Magnetfeldkonfiguration konnte der Wert aber weiter erhöht werden.

12.1.3 Stabilitätsgrenzen

Bei existierendem Gleichgewicht wird die Stabilität des Plasmas nach dem in Abschn. 4.3.2 eingeführten Energieprinzip untersucht. Dazu verschiebt man eine Gleichgewichtsfläche im Plasma um eine infinitesimale Strecke ξ und berechnet daraus die Änderung der potentiellen Energie. In einem toroidalen Einschlussexperiment liegt es auf der Hand, dass man die Gleichgewichtsflächen mit den Flussflächen identifiziert und die Deformation dieser Fläche in sog. *Moden* entwickelt. Für den einfachsten Fall eines linearen Tokamaks (*Screw Pinch*) der Länge $2\pi R_0$ und den poloidalen und toroidalen Modenzahlen m und n schreiben wir also für die Komponente der Verschiebung senkrecht zur Flussfläche

$$\xi(r, \theta, z) = \sum_{m,n} \xi_{mn}(r) \exp\left\{i(m\theta + nz/R_0)\right\}. \tag{12.10}$$

Die Amplitude der Verschiebung hängt nur vom Radius der Flussfläche oder alternativ vom magnetischen Fluss ab. In Abb. 12.3 sind die für ideale $m = 1$-, 2- und 3-Moden

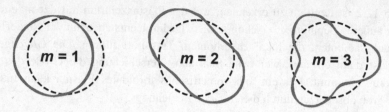

Abb. 12.3 Ungestörte und durch Moden der poloidalen Modenzahl $m = 1, 2$ und 3 gestörte Flussflächen

auftretenden Deformationen illustriert. Die Änderung der potentiellen Energie δU muss nach (4.41) berechnet werden, sodass aus dem Vorzeichen von δU für jede Mode auf Stabilität oder Instabilität geschlossen werden kann.

Instabilität liegt für $\delta U < 0$ vor. Die Energieanalyse zeigt, dass Moden besonders dann instabil werden, wenn die Modenzahlen *resonant* mit der Flussfläche sind, d. h. wenn gilt:

$$\frac{m}{n} = q_s \quad \text{oder} \quad \frac{n}{m} = \iota. \tag{12.11}$$

12.1.4 Charakterisierung instabiler Moden

Ergibt die Energiebilanz, dass eine Deformation der Flussfläche gegen bestimmte Modenzahlen instabil ist, so spricht man von einer instabilen Mode. Die Mode wird zunächst nach den Modenzahlen (m, n) charakterisiert. So spricht man z. B. von einer (2,1)-Mode. Weiterhin wird der dominante Antriebsmechanismus der Mode in der Bezeichnung berücksichtigt. Insbesondere sind dies der radiale Druck- oder der Stromgradient. Entsprechend unterscheidet man zwischen *druckgetriebenen* und *stromgetriebenen Moden*.

Für die Auswirkung auf die magnetischen Flächen ist die Rolle der Resistivität sehr wichtig. Wenn man das Plasma als idealen Leiter ansehen kann, so können die Flussflächen nur deformiert, nicht aber aufgebrochen werden. Dies sind dann *ideale Moden*, da sie im Rahmen der idealen MHD beschrieben werden können. Wie in Abschn. 3.2.1 besprochen, sind Magnetfelder in dieser Näherung in das Plasma eingefroren und folgen der Deformation des Druckprofils. *Resistive Moden* treten auf, wenn die endliche Leitfähigkeit des Plasmas mit in Rechnung gestellt werden muss. Dann kann Rekonnektion auftreten und Flussflächen können magnetische Inseln formen. In Abb. 12.4 ist der Unterschied zwischen einer idealen und einer resistiven $m{=}1$-Mode dargestellt.

Am Plasmarand haben die elektrischen Eigenschaften des Vakuumgefäßes einen Einfluss auf die Entwicklung von Moden. Im Falle einer ideal leitenden Wand wirken induzierte Spiegelströme den Magnetfeldstörungen durch anwachsende Moden entgegen und stabilisieren diese. Bei einer endlichen Leitfähigkeit der Wand wird dieser Effekt reduziert, und Moden können so schnell anwachsen, wie die Spiegelströme in der Wand zerfallen. Die Resistivität der Wand bestimmt dann die Anwachsrate von Moden am Plasmarand. Wenn dieser Effekt eine Rolle spielt, spricht man von *resistiven Wandmoden*.

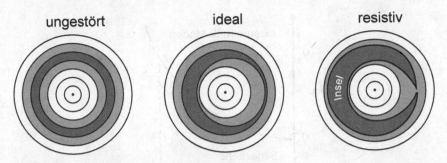

Abb. 12.4 Unterschied zwischen einer idealen und einer resistiven $m=1$-Mode. Von links nach rechts: ungestörte Flussflächen, durch Verschiebung ($m = 1$) einer Flussfläche entstandene ideale Mode und eine resistive Mode, bei der sich durch Rekonnektion eine magnetische Insel ausgebildet hat

12.2 Stromgetriebene Instabilitäten

Bei stromgetriebenen Instabilitäten kann der Plasmadruck vernachlässigt werden. Getrieben werden diese Instabilitäten durch Gradienten im Stromprofil. In der Energiebetrachtung zählt allein die Änderung der Magnetfeldenergie, die durch eine Umverteilung des Plasmastroms hervorgerufen werden kann. Stromgetriebene Instabilitäten spielen natürlich hauptsächlich bei Tokamakplasmen eine Rolle, die auf einen starken toroidalen Strom angewiesen ist.

12.2.1 Externe Kink-Instabilitäten

Wir vernachlässigen die Resistivität des Plasmas und haben es daher mit idealen MHD-Moden zu tun. Das Magnetfeld ist somit in das Plasma eingefroren, und die magnetischen Flächen können nur deformiert, nicht aber durch Inselbildung aufgebrochen werden. Stromgetriebene Instabilitäten dieser Art werden als *Kink-Moden* bezeichnet. In Abb. 4.8 haben wir bereits *Kink-Moden* am Beispiel des Pinches behandelt.

Tritt die Deformation der Flussfläche am Plasmarand auf, $\xi(a) \neq 0$, so spricht man von einer externen Kink-Mode. Als notwendige Bedingung für das Auftreten dieser Instabilität lässt sich in einfacher Geometrie herleiten, dass der resonante q_s-Wert außerhalb des Plasmas liegen muss. Da q_s im Tokamak mit dem Radius ansteigt, gilt die *Instabilitätsbedingung für externer Kink-Moden*

$$\frac{m}{n} > q_s(a) = \frac{2\pi a^2 B_\varphi}{\mu_0 R_0 I_p}, \tag{12.12}$$

wobei I_p für den gesamten toroidalen Plasmastrom steht. In Abb. 12.5 ist ein typisches Profil des Sicherheitsfaktors in einem Tokamak dargestellt. Der Bereich, in dem externe

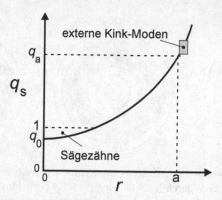

Abb. 12.5 Typisches radiales Profil des Sicherheitsfaktors in einem Tokamak. Die Bereiche, in denen externe und interne Kink-Moden (als Sägezähne) auftreten können, sind markiert

Kink-Moden auftreten können, ist markiert. Er liegt knapp außerhalb der Separatrix bei $r > a$, wo $q_s > q_s(a)$ ist. Man kann sich den Vorgang so vorstellen, dass das Plasma von der Separatrix in eine mit dem weiter außen liegenden q_s resonante Form expandiert. Aus (12.12) folgt umgekehrt, dass all Moden innerhalb der Separatrix mit

$$\frac{m}{n} < q_s(a) \tag{12.13}$$

stabil sein müssen.

Eine genaue Betrachtung zeigt, dass externe Kink-Moden besonders dann instabil werden, wenn am Plasmarand ein steiler Gradient im Stromprofil auftritt. Diese Situation kann in der Anfangsphase von Tokamakentladungen auftreten, wenn der Plasmastrom noch hochgefahren wird. Wegen der hohen Leitfähigkeit benötigt das Eindringen des Stroms in das Plasma Zeit, und der Strom fließt zunächst hauptsächlich am Plasmarand (Skin-Effekt), wo ein steiler Gradient Instabilitäten treiben kann. Es werden in dieser Phase häufig Kink-Moden mit $n = 1$ beobachtet, sodass $m = q_s$ ist.

12.2.2 Kruskal-Shafranov-Grenze

Ein Sonderfall sind die externen Kink-Moden mit $m = 1$, gegen die das Tokamakplasma besonders instabil ist. Für diese ist die Bedingung

$$\frac{1}{n} > q_s(a) \tag{12.14}$$

sogar hinreichend für Instabilität. Für Tokamaks ist diese Bedingung von Wichtigkeit, weil sie dem Plasmastrom nach oben eine Grenze setzt und hohe Ströme auch für lange Energieeinschlusszeiten gebraucht werden (vgl. (10.24)). Die engste Begrenzung entsteht für

$n = 1$, woraus die *Kruskal-Shafranov-Grenze* $q_s(a) > 1$ für stabile Entladungen folgt. Mit (11.7) lässt sich daraus eine Obergrenze für den Plasmastrom formulieren. Für ein gegen *externe Kink-Moden* stabiles Plasma muss gelten:

$$I_p < \frac{2\pi a^2 B_\varphi}{\mu_0 R_0} \left(\frac{1}{2} \right). \tag{12.15}$$

Experimentell hat man gefunden, dass das Plasma auch gegen die (2,1)-Mode instabil ist, was wir durch den Faktor 1/2 in der Klammer zum Ausdruck gebracht haben, sodass stabile Plasmen auf $q_s(a) > 2$ begrenzt sind. Erhöht man in sonst stabilen Entladungen den Plasmastrom über den kritischen Wert, so führen sehr schnell anwachsende Instabilitäten zu *Disruptionen*. Das sind Ereignisse, bei denen das Plasma aufgrund von Instabilitäten in kürzester Zeit den gesamten Strom verliert, was zu starken Spiegelströmen in den Wänden und, wegen $\mathbf{I} \times \mathbf{B}$-Kräften, zu enormen Kräften auf die Stützstruktur der Fusionsanlage führt. Für einen Tokamak wie ASDEX Upgrade (s. Tab. 10.2) folgt aus (12.15) ein maximal erlaubter Strom von 1 MA. Da der Plasmaquerschnitt aber von der Kreisform abweicht, sind im realen Experiment höhere Stromwerte möglich.

12.2.3 Interne Kink-Instabilität

Bei internen Kink-Moden bleibt die letzte geschlossene Flussfläche undeformiert, $\xi(a) = 0$. Für poloidale Modenzahlen $m > 1$ sind diese Moden generell stabil. Nur wenn zusätzlich zu einem Stromgradienten noch ein steiler Druckgradient auftritt, können diese Moden destabilisiert werden.

Für $m{=}1$-Moden gibt es im Tokamak nur dann resonante Flächen, wenn der Sicherheitsfaktor im Plasmazentrum den Wert 1 unterschreitet. $(1,n)$-Moden sind instabil, wenn gilt:

$$q_s(0) < \frac{1}{n} \leq 1.$$

In Abb. 12.5 ist der Bereich für das Auftreten interner Kink-Moden eingezeichnet. Da der Wert von $q_s(0)$ in Tokamakentladungen in der Regel nur wenig unter 1 liegt – $q_s(0) = 0{,}7$ ist ein typischer Wert – findet man im Plasmazentrum (1,1)-Moden. Diese treten in den meisten Entladungen auf und werden als *Sägezähne* bezeichnet. Der Name rührt von der Form von Zeitspuren der Elektronentemperatur her. Wie in Abb. 12.6 zu sehen, findet man ein periodisches Verhalten, bei dem die zentrale Temperatur (hier sichtbar in der weichen Röntgen-Strahlung) langsam ansteigt, um bei Erreichen der Instabilität plötzlich wieder zu kollabieren. Der langsame Anstieg steht mit der Diffusionszeit des Plasmastroms in Zusammenhang. Nach einem Sägezahn wird heißes Plasma mit dem eingefrorenen Plasmastrom vom Zentrum ausgestoßen. Durch Heizung steigt dann die Temperatur wieder an und der Strom diffundiert in den Bereich höherer Leitfähigkeit, bis

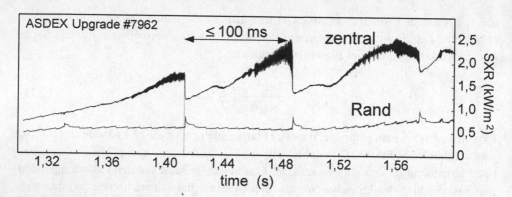

Abb. 12.6 Sägezahninstabilität, beobachtet in der weichen Röntgen-Strahlung an ASDEX Upgrade. Entlang einem Sehstrahl durch das Plasmazentrum beobachtet man den Abbruch, der in einem Randkanal mit einer Verzögerung einen abrupten Anstieg der Strahlung bewirkt (aus Ref. [19])

die Instabilität erneut auftritt. Das ausgeworfene heiße Plasma diffundiert nach außen und ruft dort mit kurzer Verspätung einen Dichte- und Temperaturanstieg hervor. In einem Fusionsplasma sind Sägezähne von Vorteil, denn sie transportieren aus Fusionsprozessen entstandene Heliumkerne nach außen.

Um die Sägezahninstabilität genau beschreiben zu können, muss die endliche Resistivität des Plasmas berücksichtigt werden. So kann vor dem Abbruch eine rotierende magnetische (1,1)-Insel beobachtet werden. Eine solche Insel führt zu den in Abb. 12.6 zu sehenden Fluktuationen im Signal, bevor der Sägezahn einsetzt.

12.2.4 Tearing-Moden

Durch Resistivität können auch für $m > 1$ interne Kink-Moden auftreten. Man spricht dann von *Tearing-Moden*. Tearing-Moden werden häufig beobachtet und sind gefährlich für das Plasma, weil sie zu *Disruptionen* führen können. Eine für ein Fusionsplasma sehr wichtige Besonderheit stellt die *neoklassische Tearing-Mode* dar. Sie tritt in Bereichen steiler Druckgradienten auf und kann die Plasmaparameter erheblich begrenzen. Es handelt sich dabei auch um stromgetriebene Moden, wobei die Störung im Stromprofil durch eine Änderung im Druckgradienten hervorgerufen wird. Die neoklassische Theorie werden wir in Abschn. 14.3 behandeln. Aus dieser Theorie resultiert ein vom Plasma selbst generierter Beitrag zum Plasmastrom, der sog. *Bootstrap-Strom* (s. Abschn. 13.2.4), dessen Betrag mit dem Druckgradienten ansteigt. Eine lokale Änderung im Druckgradienten hat somit eine Störung des Stromprofils zur Folge, was wiederum zur Inselbildung führen kann. Ein in ASDEX Upgrade gemessenes Beispiel dazu ist in Abb. 12.7 zu sehen. In diesem Fall konnte aus Daten von magnetischen Induktionsspulen eine (3,2)-Insel auf der Flussfläche mit $q_s = 1{,}5$ rekonstruiert werden. Diese ist in der linken Abbildung dargestellt. Rechts kann man den Einfluss der Mode auf das Elektronentemperaturprofil ablesen, das an der Stelle der Mode abgeflacht wird. Durch die einhergehende Abflachung

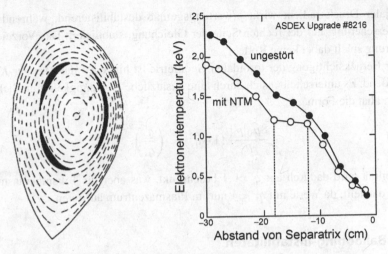

Abb. 12.7 Neoklassische Tearing-Mode (NTM) gemessen im Tokamak ASDEX Upgrade. *Links*: die Rekonstruktion der (3,2)-Mode und *rechts*, der Einfluss der Mode auf das Elektronentemperatur-profil, wo am Ort der Mode eine Abflachung zu beobachten ist (*gestrichelte Linien*). Verglichen sind gemessene Profile bevor und nachdem die Mode angewachsen ist (aus *MHD* von H. Zohm)

des Druckgradienten wird der Bootstrap-Strom im Bereich der Insel weiter reduziert, was die Insel anwachsen lässt. Der Effekt ist also selbstverstärkend.

12.3 Druckgetriebene Instabilitäten

Druckgetriebenen Instabilitäten liegt der Mechanismus der *Austauschmoden* zugrunde, wie wir sie in Abb. 4.5 behandelt haben. Eine Mode, die sich ja entlang einer Feldlinie ausrichten muss, erfährt in einem Torus gleichzeitig die Einflüsse von *günstiger* und *un-günstiger Krümmung*. Bei der Auswertung des Energieprinzips wird über die gesamte Flussfläche gemittelt, sodass es darauf ankommt, welcher Einfluss bei der jeweiligen Mode überwiegt. Zusätzlich beeinflusst magnetische Verscherung die Stabilität positiv, denn sie bewirkt, wie es bei der Betrachtung von magnetischen Inseln durch (11.30) zum Ausdruck kam, die Verscherung der an resonante Flächen gebundenen Instabilitäten.

12.3.1 Das Mercier-Kriterium

Für einen *Screw-Pinch* kann analytisch gezeigt werden, dass das Plasma für alle Moden (m, n) stabil ist, wenn das *Suydam-Kriterium* erfüllt ist:

$$\frac{8\mu_0|p'|}{rB_\varphi^2} < \left(\frac{q_s'}{q_s}\right)^2 . \tag{12.16}$$

Ein radialer Druckgradient wirkt erwartungsgemäß destabilisierend, während magnetische Verscherung, auf der rechten Seite der Gleichung, stabilisiert. Das Vorzeichen der Verscherung spielt dabei keine Rolle.

Unter Berücksichtigung der toroidalen Geometrie ist hingegen das *Mercier-Kriterium* entscheidend. Es unterscheidet sich durch eine zusätzliche Abhängigkeit vom Sicherheitsfaktor und hat die Form

$$\frac{8\mu_0|p'|}{rB_\varphi^2}\left(1-q_s^2\right) < \left(\frac{q_s'}{q_s}\right)^2.$$
(12.17)

Die Stabilität wird dadurch auf $q_s > 1$ beschränkt, was aber für Tokamakplasmen kein Problem darstellt, da Werte mit $q_s < 1$ nur im Plasmazentrum auftreten.

12.3.2 Ballooning-Instabilitäten

In der einfachen Parametrisierung von (12.10) ergibt sich demnach aus druckgetriebenen Moden keine ernste Beschränkung für das β eines Fusionsplasmas. Das ändert sich, wenn man eine Amplitudenvariation der Moden als Funktion des poloidalen Winkels zulässt $\xi_{mn}(r) \rightarrow \xi_{mn}(r,\theta)$. Durch poloidal asymmetrische Moden entstehen neue druckgetriebene Instabilitäten, die als *Ballooning-Moden* bekannt sind, vom Englischen *to balloon* (sich aufblähen). In Abb. 12.8 ist die Deformation einer Flussfläche aufgrund einer Ballooning-Mode dargestellt. Das Plasma wird dabei dort am meisten verschoben, wo die Krümmung ungünstig ist; im Bereich günstiger Krümmung werden die Amplituden klein gehalten. So kann das Plasma die potentielle Energie reduzieren und wird instabil.

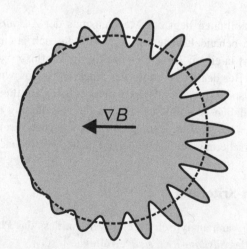

Abb. 12.8 Darstellung einer Ballooning-Mode im poloidalen Querschnitt des Plasmas. Die Deformation der Flussfläche ist auf den Bereich ungünstiger Krümmung (rechte Seite) konzentriert. Die ungestörte Flussfläche ist gestrichelt angedeutet

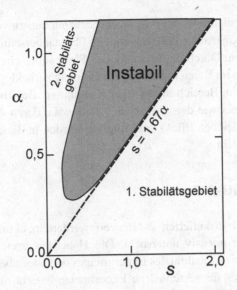

Abb. 12.9 Charakteristischer Verlauf eines s-α-Diagramms, das den Bereich der Instabilität gegen Ballooning-Moden angibt. Die gestrichelte Linie repräsentiert die Grenze des 1. Stabilitätsgebiets für kreisförmige Plasmaquerschnitte

Zur Beschreibung der Stabilitätsgrenzen von Ballooning-Moden führen wir den normalisierten Druck

$$\alpha = -\frac{2\mu_0 R_0}{B_\varphi^2} q_s^2 \frac{dp}{dr} \qquad (12.18)$$

ein. Trägt man diesen gegen die magnetische Verscherung (11.8) auf, so entsteht ein sog. s-α-Diagramm, welches die Grenze zur Ballooning-Instabilität angibt. Bei kreisförmigen Plasmen liegt die Grenze zwischen stabilen und instabilen Plasmen näherungsweise bei

$$s = 1{,}67\alpha. \qquad (12.19)$$

Den Bereich mit kleineren α-Werten, d. h. schwächeren Druckgradienten, nennt man das *1. Stabilitätsgebiet* (s. Abb. 12.9).

Bei hohem Druck und schwacher Verscherung tritt ein interessanter Effekt auf, der erneut zu stabilen Plasmen führt. Dieses *2. Stabilitätsgebiet* ist auch in Abb. 12.9 zu sehen, wo ein s-α-Diagramm dargestellt ist, wie man es typischerweise in einem elongierten Tokamakplasma findet. Die Begründung für das erneute Auftreten von stabilen Plasmen bei sehr hohem Druck ist in der *Shafranov-Verschiebung* zu suchen. Wie in Abb. 12.1 illustriert, verdichtet die Shafranov-Verschiebung die Flussflächen auf der Niederfeldseite, was einem höheren poloidalen Magnetfeld entspricht. Eine Konsequenz daraus ist, dass die Feldlinien auf der Niederfeldseite steiler verlaufen als auf der Hochfeldseite. Dadurch ist der Abschnitt der Mode, der auf der Hochfeldseite verläuft, länger als der auf der Niederfeldseite. Das erhöht den Einfluss der günstigen Krümmung und die Stabilität.

Die gleiche Argumentation können wir auch benutzen, um zu verstehen, warum durch die Einführung dreieckiger oder bohnenförmiger Plasmaquerschnitte höhere Stabilitätsgrenzen erreicht werden. Durch die Formung des Plasmaquerschnitts wird erreicht, dass der Weg, den Feldlinien im Bereich günstiger Krümmung zurücklegen, verlängert wird, zu Ungunsten des Weges im Bereich ungünstiger Krümmung. Bei Tokamaks mit besonders kleinem Aspektverhältnis wie den *sphärischen Tokamaks*, deren Aspektverhältnis fast 1 beträgt, hat man den gleichen Effekt, und folglich werden in diesen Experimenten auch sehr hohe β-Werte erreicht.

12.3.3 Die Stabilitäts-β-Grenze

Die in diesem Kapitel diskutierten β-Grenzen werden in aktuellen Stellarator- und Tokamak-Experimenten intensiv untersucht. Die Höhe des erreichten β-Wertes ist ein wichtiges Kriterium für die Qualität des Experimentes oder eines bestimmten Entladungstyps. Als Vergleichsbasis für verschiedene Experimente bezieht man sich auf den Wert, den man bei idealisierten Druck- und Stromprofilen erreichen würde.

Um das entsprechende β zu berechnen, drücken wir den mittleren Plasmadruck durch α und s aus. Nach partieller Integration und Verwendung von (12.18) finden wir:

$$\bar{p} = \frac{2}{a^2} \int_0^a p(r)r\,\mathrm{d}r = -\frac{1}{a^2} \int_0^a p'(r)r^2\,\mathrm{d}r = \frac{B_\varphi^2}{2\mu_0 a^2 R_0} \int_0^a \frac{\alpha r^2}{q_s^2}\,\mathrm{d}r. \tag{12.20}$$

Den maximalen Druck, der in einem Tokamak mit kreisförmigem Querschnitt stabil gegen Ballooning-Moden ist, erhalten wir durch Einsetzen von (12.19) für α. Gleichzeitig berechnen wir aus dem Druck das β und erhalten für die obere β-Grenze gegen Ballooning-Instabilitäten:

$$\beta_{max} \approx \frac{2}{3a^2 R_0} \int_0^a \frac{r^3 q_s'}{q_s^3}\,\mathrm{d}r. \tag{12.21}$$

Das maximale β hängt somit nur von q_s-Profil ab, wodurch die zentralen Bedeutungen des Sicherheitsfaktors und der Verscherung für die Stabilität augenscheinlich werden. In Abb. 12.10 sind die Profile, die (12.21) maximieren, zu sehen. Wählt man einen Randwert von $q_s(a) = 3$ und berechnet das Integral, so findet man

$$\beta_{max} \approx 5{,}6 \frac{I_p}{aB_\varphi}. \tag{12.22}$$

Aus dieser Gleichung resultiert β in Prozent, wenn man den Strom in Megaampere, den kleinen Radius in Meter und das Magnetfeld in Tesla einsetzt.

Der Vorfaktor verringert sich, wenn man die idealisierten Stromprofile in Abb. 12.10 durch realistische ersetzt. Dies resultiert in der sog. *Troyon-Grenze* für den maximal erreichbaren Wert für β:

$$\beta_{max} = 2{,}8 \frac{I_p}{aB_\varphi}. \tag{12.23}$$

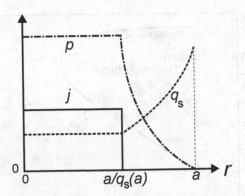

Abb. 12.10 Profil des Sicherheitsfaktors, das zu maximalen β-Werten führt, die noch gegen Ballooning-Moden stabil sind. Aus q_s folgen die aufgetragenen Strom- und Druckprofile

Die Troyon-Grenze gilt für ideale Instabilitäten. Resistivität führt zu einer weiteren Reduktion.

Man nutzt die gefundene Parameterabhängigkeit, um experimentelle β-Werte zu normieren. In Darstellungen der Entladungsparameter findet man demnach häufig Werte für das *normierte β*, das definiert ist als

$$\beta_N = \frac{\beta}{I_P/aB_\varphi}. \tag{12.24}$$

12.4 Die Dichtegrenze

Tokamakplasmen unterliegen zusätzlich zur β-Grenze einer Begrenzung der maximal erreichbaren Dichte. Experimentell wird beobachtet, dass bei Überschreiten der Dichtegrenze eine Disruption des Plasmas nicht zu vermeiden ist. Das in Abb. 12.11 dargestellte *Hugill-Diagramm* fast die Begrenzung der in Tokamaks erreichbaren Parameter zusammen, wobei das Inverse des Sicherheitsfaktors gegen den *Murakami-Parameter*

$$\bar{M} = \frac{\bar{n}R}{B_\varphi} \tag{12.25}$$

aufgetragen wird. Die Grenze bei $q_s(a) \geq 2$ ist durch die Stabilität gegen Kink-Moden (12.15) bedingt und hat nichts mit der Dichtegrenze zu tun. Im sonst stabilen Bereich tritt aber eine Begrenzung auf, die nur indirekt mit den bisher besprochenen Instabilitäten zusammenhängt.

Verschiedene experimentelle Beobachtungen machen die folgende Kausalkette für Disruptionen an der Dichtegrenze plausibel: Vor Erreichen der Dichtegrenze wird intensive Strahlung aus dem Bereich der Separatrix beobachtet. Dabei handelt es sich oft um

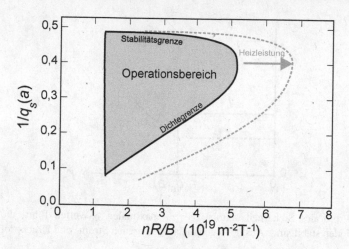

Abb. 12.11 Qualitativer Verlauf eines Hugill-Diagramms, das den Bereich für stabile Tokamak-plasmen beschreibt. Nach oben hin ist der Operationsbereich durch Kink-Instabilitäten auf $q_s(a) > 2$ beschränkt. Zu hohen Dichten hin tritt die Dichtegrenze auf. Erhöhte Heizleistung verschiebt die Dichtegrenze nach rechts (*gestrichelte Linie*)

einen *Marfe*[2], wie man diese poloidal asymmetrischen Gebiete intensiver Strahlung nennt. Durch erhöhte Strahlungsverluste wird die Elektronentemperatur im Bereich des Marfes stark abgesenkt und folglich die elektrische Leitfähigkeit des Plasmas wesentlich reduziert. Dies führt wiederum zu einem Einschnüren des Stromprofils, wodurch *Tearing-Moden* instabil werden und zur Disruption führen.

Der Marfe ist das Resultat einer *Strahlungsinstabilität*, die wir mithilfe von Abb. 12.12 erläutern wollen. Dort ist die Strahlungsrate $L_C(T_e)$ von Kohlenstoff aufgetragen, welche den mittleren Strahlungsverlust angibt, den ein Kohlenstoffatom pro Elektron im Plasma und pro Volumenelement erzeugt. Die gesamte von Kohlenstoff der Dichte n_C verursachte Strahlungsleistung aus einem Volumenelement dV folgt dann aus

$$P_{rad}^C = n_e n_C L_C(T_e) dV. \tag{12.26}$$

Dabei wird davon ausgegangen, dass sich die Ionisationsstufen des Kohlenstoffes sowie die Anregungszustände im *Korona-Gleichgewicht* befinden. D. h., dass die verschiedenen Ratenkoeffizienten zur Anregung, Abregung, Ionisation und Rekombination, die aus der Wechselwirkung der verschiedenen Kohlenstoffionen mit den Plasmaelektronen resultieren, lokal zu stationären Besetzungsdichten führen.

Die Strahlungsrate für Kohlenstoffs in Abb. 12.12 zeigt einen typischen Verlauf, der auch für andere Elemente so ähnlich gefunden wird. Da Kohlenstoff in Fusionsexperimenten zur Wandverkleidung verwendet wird, ist Kohlenstoff aber besonders wichtig. Die

---

[2]*Multifaceted asymmetric radiation from the edge*

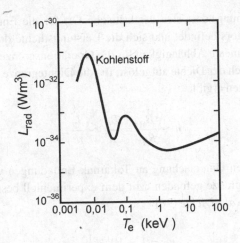

Abb. 12.12 Strahlungsrate von Kohlenstoff im Korona-Gleichgewicht als Funktion der Elektronentemperatur

Funktion hat ein ausgeprägtes Maximum bei einer Elektronentemperatur von etwa 10 eV. Hier tragen besonders die 4 Elektronen in der L-Schale des Kohlenstoff zur Strahlung bei. Mit steigender Temperatur wird die L-Schale durch Ionisation zunehmend entleert und die Strahlungsleistung nimmt um den Faktor 1000 ab. Das zweite niedrigere Maximum ist auf die Elektronen der K-Schale zurückzuführen.

Für die Entstehung des Marfes ist das erste Maximum von Bedeutung. Mit steigender Dichte steigt der Strahlungsverlust aus dem Plasma an, was zu einer Reduktion der Elektronentemperatur führt. Besonders am Plasmarand kann die Temperatur so weit abfallen, dass sie in den Bereich kommt, in dem die Strahlungsrate steil ansteigt. Der starke Anstieg der Strahlung führt zu einer weiteren Reduktion der Temperatur und kann schließlich in einem Strahlungskollaps münden.

Den linearen Zusammenhang zwischen $1/q_s(a)$ und der Dichte im *Hugill-Diagramm* in Abb. 12.11 können wir durch eine einfache Energiebilanz reproduzieren. Dazu vergleichen wir in einem *Ohm'schen Plasma*, das nur über seine Resistivität durch den Plasmastrom geheizt wird, die eingekoppelte Leistung mit der am Plasmarand abgestrahlten Leistung. Die Heizleistung steigt wie $P_{OH} \sim I_p^2$, was nur dann stimmt, wenn die mit P_{OH} ansteigende Temperatur durch eine Erhöhung der Dichte abgefangen wird, und die Strahlungsverluste steigen wie $P_{rad} \sim n^2$. Ein Marfe entsteht dann, wenn an einer Stelle die gesamte eingekoppelte Leistung durch Strahlung verloren geht. Aus $P_{OH} \approx P_{rad}$ und dem Zusammenhang (11.7) zwischen dem Sicherheitsfaktor und dem Plasmastrom folgt

$$\frac{1}{q_s(a)} \sim \frac{I_P}{B_\varphi} \sim \frac{\sqrt{P_{OH}}}{B_\varphi} \sim \frac{n}{B_\varphi}.$$

Die Dichtegrenzen von unterschiedlichen Tokamaks können durch Hinzunahme einer zusätzlichen Abhängigkeit vom großen Plasmaradius zusammengefasst werden. Dies trägt der Überlegung Rechnung, dass sich der kritische Ort für die Entstehung eines Marfes in der Nähe des Divertors befindet und sich die Leistungsdichte dort mit $1/R$ verringert. Daraus folgt dann die lineare Abhängigkeit für die Operationsgrenze, wie sie in Abb. 12.11 aufgetragen ist, die, nach der Dichte aufgelöst, für die Dichtegrenze im Tokamak folgende Parameterabhängigkeiten ergibt:

$$n \sim \frac{B_\varphi}{R q_s} = \frac{B_\theta}{a} \sim \frac{I_p}{a^2}.$$

In einer experimentellen Untersuchung an Tokamak-Entladungen wurde eben diese Beziehung für die Dichtegrenze gefunden. Mit dem experimentell bestimmten numerischen Faktor wird die *Greenwald-Dichte* [20]

$$n_G = 1 \times 10^{14} \frac{I_p}{\pi a^2} \qquad (12.27)$$

heute noch als Orientierungswert für die Dichtegrenze in Tokamaks verwendet. Bei einem Plasmastrom von 1 MA und einem kleinen Radius von 0,5 m folgt eine maximale Dichte von $1{,}27 \times 10^{20}$ m^{-3}.

In Stellaratoren, die ja ohne einen starken Plasmastrom auskommen, wird keine scharfe Dichtegrenze beobachtet.

Referenzen

17. S. P. Hirshman, W. I. van Rij, und P. Merkel, Comput. Phys. Comm. **39**, 143 (1986).
18. A. Weller *et al.*, Phys. Plasmas **8**, 931 (2001).
19. M. Sokoll, *MHD-Instabilitäten in magnetisch eingeschlossenen Plasmen und ihre tomographische Rekonstruktion im Röntgenlicht*, Dissertation, TU München, 1996.
20. M. Greenwald, Plasma Phys. Controll. Fusion **44**, R27 (2002).

Weitere Literaturhinweise

MHD-Stabilität hauptsächlich von Tokamakplasmen wird behandelt in G. Bateman, *MHD Instabilities* (The MIT Press, Cambridge, USA, 1978), J. P. Freidberg, *Ideal Magnetohydrodynamics* (Plenum Press, New York, 1987) und J. Wesson, *Tokamaks* (Clarendon Press, Oxford, 1987). Ein aktuelles Textbuch mit Beispielen aus der Fusionsforschung stammt von H. Zohm, *Magnetohydrodynamic Stability of Tokamaks* (Wiley-VCH, 2014).

Teilchenbahnen in Fusionsplasmen 13

Ziel dieses Kapitels ist die Klassifizierung der verschiedenen Trajektorien, die Teilchen in magnetischen Spiegeln, Tokamaks und Stellaratoren durchlaufen können. Behandelt werden Führungszentrumsbahnen, die aus einer Überlagerung der Driften mit der Bewegung entlang der Feldlinien entstehen. Dabei spielt die Reflexion an magnetischen Spiegeln eine wesentliche Rolle. Deshalb wollen wir uns zunächst die Bahnen in einer Spiegelmaschine anschauen, bevor wir Trajektorien im Tokamak und im Stellarator behandeln. Die Bahnen in toroidalen Plasmen sind eine wichtige Grundlage für das Verständnis von Transportvorgängen senkrecht zu den magnetischen Flächen, für den toroidalen elektrischen Strom und das Entstehen radialer elektrischer Felder.

Generell kann man zeigen, dass in magnetischen Konfigurationen mit einer Symmetriekoordinate, wie der Tokamak, Teilchenbahnen im Mittel auf den magnetischen Flächen bleiben und nicht allein aufgrund von Driften verloren gehen können. Da Stellaratoren in der Regel keine perfekte Symmetriekoordinate aufweisen, können dort Teilchenbahnen auch ohne Stöße aus dem Plasmaeinschlussbereich herausführen. Daher ist der Teilcheneinschluss ein wichtiges Thema bei der Stellaratoroptimierung.

13.1 Teilchenbahnen in Spiegelmaschinen

Für den Plasmaeinschluss in magnetischen Spiegeln sind geschlossene Teilchentrajektorien eine Voraussetzung. Bahnen, die aus dem Spiegel herausführen, sind dagegen zu vermeiden. Die Reflexion von geladenen Teilchen im magnetischen Spiegel haben wir bereits untersucht. Die Einschlussbedingung ist durch (2.62) gegeben. Demnach ist ein Teilchen dann eingeschlossen, wenn der Neigungswinkel α zwischen Geschwindigkeitsvektor und Magnetfeld am Ort der geringsten Magnetfeldstärke ausreichend groß ist.

© Springer-Verlag GmbH Deutschland 2018
U. Stroth, *Plasmaphysik*,
https://doi.org/10.1007/978-3-662-55236-0_13

Bei einer bestimmten kinetischen Energie sind also die Teilchen mit der geringsten parallelen Geschwindigkeitskomponente eingeschlossen.

Eine andere Herleitung der Einschlussbedingung folgt aus der Erhaltung der kinetischen Energie,

$$\frac{m}{2}v_\parallel^2 + \frac{m}{2}v_\perp^2 = E, \tag{13.1}$$

und des magnetischen Momentes μ,

$$\frac{m}{2}v_\perp^2 = \mu B. \tag{13.2}$$

Aus der Differenz der beiden Gleichungen folgt die Parallelgeschwindigkeit als Funktion des Magnetfeldes:

$$\frac{m}{2}v_\parallel^2 = E - \mu B. \tag{13.3}$$

Die Parallelgeschwindigkeit sinkt mit steigender Feldstärke; parallele Energie wird in die Senkrechtbewegung übertragen. Die linke Seite von (13.3) kann nicht negativ werden, also kann ein Teilchen das Feldmaximum B_M nur dann überwinden, wenn μ ausreichend klein ist. Teilchen sind also eingeschlossen, wenn

$$E = \frac{1}{2}m(v_{0\parallel}^2 + v_{0\perp}^2) < \mu B_M \tag{13.4}$$

ist, wobei $v_{0\parallel}$ und $v_{0\perp}$ die Geschwindigkeitskomponenten parallel und senkrecht zum Magnetfeld am Ort des Feldminimums sind. Wir teilen dies durch (13.2), ausgewertet am Feldminimum B_0 und erhalten so die schon bekannte *Einfangsbedingung* (2.62):

$$\frac{v_{0\parallel}^2}{v_{0\perp}^2} + 1 = \frac{1}{\sin^2\alpha} < \frac{B_M}{B_0}. \tag{13.5}$$

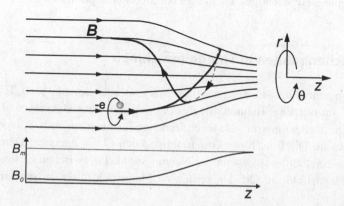

Abb. 13.1 Bahn eines im magnetischen Spiegel eingeschlossenen Elektrons

In Abb. 13.1 ist die Bahn eines im magnetischen Spiegel gefangenen Teilchens qualitativ dargestellt. Dabei ist die Parallelbewegung des Teilchen durch (13.3) gegeben, und in azimutaler Richtung kommen Krümmungs- und Gradientendrift zum Tragen. Im Reflexionspunkt ist die Bewegung rein azimutal. Die Teilchen bleiben jedoch immer auf Flächen mit konstantem r. Dies ändert sich in toroidal geschlossenen Anordnungen, wie wir sie als Nächstes behandeln werden.

13.2 Teilchenbahnen im Tokamakfeld

Teilchenbahnen in toroidal geschlossenen Magnetfeldern sind wichtige Grundlage zur Behandlung von Transportprozessen im Tokamak. Ausgangspunkt ist die Konfiguration eines idealisierten Tokamaks, wie sie in Abb. 11.1 zu sehen ist. Die Teilchen folgen im Wesentlichen den Magnetfeldlinien. Abweichungen davon treten nur durch Driften auf. Ein weiteres wichtiges Element ist, dass die Magnetfeldstärke ansteigt, wenn die Teilchen auf ihrer Bahn von der Außenseite auf die Innenseite des Torus gelangen. Der Feldverlauf entlang der Feldlinie hat damit Ähnlichkeit mit der in einem Spiegel. Folglich können Reflexionen der Teilchen auftreten. Generell kann man aber zeigen, dass in magnetischen Konfigurationen mit einer Symmetriekoordinate, wie im Tokamak, Teilchenbahnen im Mittel auf den magnetischen Flächen bleiben und nicht allein aufgrund von Driften verloren gehen können. Diese Situation ändert sich, wenn wir den Stellarator betrachten werden. Zur Untersuchung der Bahnen greifen wir auf die Bewegungsgleichung für den speziellen Fall eines toroidalen Plasmas zurück.

13.2.1 Die Bewegungsgleichung

Für die Bewegungsgleichung der Teilchen verwenden wir, wie in Abb. 13.2 und auch 11.1 zu sehen, wahlweise ein kartesisches (x, y, φ) und ein zylindrisches Koordinatensystem (r, θ, φ). In beiden Fällen steht φ als toroidale Koordinate für z.

Das Magnetfeld hat Komponenten in toroidaler und poloidaler Richtung:

$$B_\varphi = B_0 \frac{R_0}{R} \approx B_0(1 - \epsilon \cos\theta) \tag{13.6}$$

$$B_\theta = B_{\theta 0}(r)\frac{R_0}{R} \approx B_{\theta 0}(r)(1 - \epsilon \cos\theta), \tag{13.7}$$

mit $B_\varphi \gg B_\theta$. B_0 ist die toroidale Feldkomponente auf der magnetischen Achse bei R_0 und $x = 0$. Es ist $R = R_0 + y$. Die Feldlinie dreht sich im Uhrzeigersinn in die Ebene hinein. Die Näherungsformeln gelten für große Aspektverhältnisse.

Neben der Unterscheidung zwischen poloidal (θ) und toroidal (φ) sind für die Geschwindigkeit noch die Komponenten parallel und senkrecht zum Magnetfeld von Bedeutung, die wegen der Verdrillung der Feldlinien nicht mit den poloidalen und toroidalen Komponenten zusammenfallen. Nach Abb. 13.2 ist

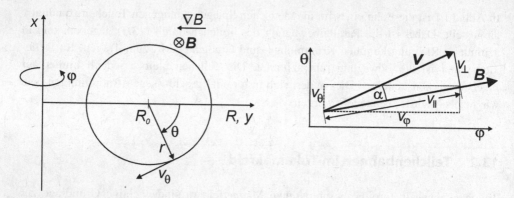

Abb. 13.2 Geometrie zur Berechnung der Teilchenbahnen. *Links*: ein poloidaler Querschnitt eines Tokamaks. Das Magnetfeld windet sich im Uhrzeigersinn in die Ebene hinein. Es ist $R = R_0 + y$. *Rechts*: die Komponenten des Geschwindigkeitsvektors, bezogen auf das Magnetfeld **B**. Die Größen v_θ und v_φ beziehen sich auf die Führungszentrumsbewegung und sind daher die Projektionen von $v_\parallel$ auf die Achsen

$$\mathbf{v} = v_\perp \mathbf{e}_\perp + v_\parallel \mathbf{e}_\parallel = v \sin\alpha \; \mathbf{e}_\perp + v \cos\alpha \; \mathbf{e}_\parallel. \tag{13.8}$$

Wegen der Änderung der Feldstärke ändert sich der *Neigungswinkel* α zwischen **v** und **B** beim Umlauf des Teilchens. Der Wert als Funktion des Feldes folgt aus der Erhaltung des magnetischen Momentes:

$$\mu = \frac{m v_\perp^2}{2B} = \frac{m v^2}{2B} \sin^2\alpha = \text{const.} \tag{13.9}$$

Wenn das Teilchen auf seiner helikalen Bahn $\alpha = \frac{\pi}{2}$ erreicht, wird es, wie in Abschn. 13.1 behandelt, reflektiert. Es bewegt sich dann wieder in Bereiche kleinerer Feldstärke. Die Reflexionsbedingung ist die gleiche wie beim magnetischen Spiegel, nur dass hier für die minimale und maximale Feldstärke die Werte auf der Hochfeld- und Niederfeldseite des Torus einzusetzen sind.

Vernachlässigen wir zunächst die Inhomogenität im Magnetfeld, was äquivalent zur Annahme ist, dass das Teilchen nur eine parallele Geschwindigkeitskomponente besitzt. Dann ist die Winkelfrequenz oder die sog. *poloidale Umlauffrequenz*, mit der ein Teilchen poloidal die Flussfläche mit dem kleinen Radius r umläuft, gegeben durch

$$\omega_\theta = 2\pi \frac{v_\theta}{2\pi r} = \frac{v_\parallel B_\theta}{rB}. \tag{13.10}$$

Dabei ging die geometrische Eigenschaft ein, dass

$$\frac{v_\parallel}{B} = \frac{v_\theta}{B_\theta} = \frac{v_\varphi}{B_\varphi} \tag{13.11}$$

ist. Natürlich ändert sich $v_\parallel$ aufgrund des Spiegeleffektes während des Umlaufs. Die Definition ist daher nur als charakteristische Größe zu nehmen, bei der für $v_\parallel$ z. B. die thermische Geschwindigkeit einzusetzen ist.

Die *poloidale Umlaufzeit* oder *Transitzeit* entspricht der Zeit, die ein Teilchen für einen poloidalen Umlauf benötigt. Mit der Definition für die Rotationstransformation (11.4) folgt

$$\tau_{tr} = \frac{2\pi}{\omega_\theta} = \frac{2\pi R}{\iota v_\parallel}. \tag{13.12}$$

Dabei ist $2\pi R/\iota$ etwa die Länge der Feldlinie bis zu einem vollen poloidalen Umlauf. Für z. B. $\iota = 1/3$ läuft die Feldlinie dreimal toroidal um, bis sie sich schließt. In einem typischen Fusionsplasma bei Temperaturen von 1 keV sind die Werte für Elektronen $\tau_{tr} \approx 0.5\,\mu s$ und für Ionen $50\,\mu s$.

Wir lösen hier nicht die vollständige Bewegungsgleichung, sondern verwenden die Führungszentrumsnäherung, bei der die Gyrationsbewegung absepariert ist und sich nur in den Driften niederschlägt. Sie beinhaltet damit alle Geometrieeffekte, die bei einer Transformation auf krummlinige Koordinaten auftreten würden. Die Führungszentrumsnäherung ist gerechtfertigt, wenn der Larmor-Radius klein bezüglich der Feldänderung ist, $\rho_L/(B/|\nabla_\perp B|) \ll 1$. Dies ist in Tokamakplasmen in der Regel deutlich erfüllt. Elektrische Felder werden hier vernachlässigt.

Die Bewegung der Teilchen setzt sich also zusammen aus der thermischen Geschwindigkeit parallel zu den Feldlinien und einer annähernd vertikalen Driftgeschwindigkeit, die bestimmt ist durch Gradienten- und Krümmungsdrift. Für das Tokamakfeld (13.6) folgt aus (2.41) eine Drift in vertikaler Richtung der Form

$$\mathbf{v}_D = \mathbf{v}_D^{\nabla B} + \mathbf{v}_D^k = \frac{m}{2qRB}\left(v_\perp^2 + 2v_\parallel^2\right)\mathbf{e}_x = \frac{mv^2}{2qRB}\left(2 - \sin^2\alpha\right)\mathbf{e}_x. \tag{13.13}$$

Die Bewegungsgleichungen in der poloidalen Fläche lauten:

$$\frac{dx}{dt} = -v_\theta\cos\theta + v_D = -\frac{v_\parallel B_\theta}{B}\frac{y}{r} + v_D = -\omega_\theta y + v_D, \tag{13.14}$$

$$\frac{dy}{dt} = v_\theta\sin\theta = \frac{v_\parallel B_\theta}{B}\frac{x}{r} = \omega_\theta x. \tag{13.15}$$

Die poloidale Umlauffrequenz ist hier eine lokale Größe, die auch dann definiert ist, wenn die Teilchen nicht poloidal umlaufen können.

Wir multiplizieren die Gleichungen mit x bzw. y, summieren sie auf und ersetzen x durch (13.15). Dies ergibt

$$\frac{dx}{dt}x + \frac{dy}{dt}y = v_D x = \frac{v_D}{\omega_\theta}\frac{dy}{dt}. \tag{13.16}$$

Mit $r^2 = x^2 + y^2$ und

$$r\mathrm{d}r = r\frac{\mathrm{d}r}{\mathrm{d}x}\mathrm{d}x + r\frac{\mathrm{d}r}{\mathrm{d}y}\mathrm{d}y = x\mathrm{d}x + y\mathrm{d}y \tag{13.17}$$

ist die Bahnkurve gegeben durch

$$\mathrm{d}r = \frac{v_D}{r\omega_\theta}\mathrm{d}y = \frac{mv\left(2 - \sin^2\alpha\right)}{2qB_{\theta 0}(r)R_0\cos\alpha}\mathrm{d}y. \tag{13.18}$$

Im letzten Schritt wurden (13.7), (13.10) und (13.13) verwendet.

Betrachten wir nun das Vorzeichen für die Bahn eines Ions. Es sei $\alpha < \frac{\pi}{2}$, sodass das Ion in die positive φ-Richtung läuft. Weiterhin sei B_θ positiv, was wie in Abb. 13.2 im Uhrzeigersinn verschraubten Feldlinien entspricht. Das Ion startet bei $\theta = 0$, also an der Außenseite des Torus, und bewegt sich zunächst zwangsläufig in die negative y-Richtung ($\mathrm{d}y < 0$), also nach innen. In der gegebenen Geometrie läuft das Ion also in die untere Torushälfte. Da die Gradientendrift nach oben gerichtet ist, driftet das Ion dann also hin zu kleineren Radien r. Diese anschauliche Überlegung wird bestätigt durch (13.18), denn daraus folgt für diese Konstellation $\mathrm{d}r < 0$. Erreicht das Ion die obere Torushälfte, so läuft es wieder nach außen ($\mathrm{d}y > 0$) und die vertikale Drift deutet zu größeren r.

Startet ein Ion also am äußeren Scheitel einer Flussfläche, dann wird seine Bahn durch die Gradientendrift innerhalb dieser Flussfläche, d. h. bei kleineren Radien r verlaufen. Für diesen Fall kehrt sich das Vorzeichen von $\mathrm{d}r$ um, wenn man Elektronen betrachtet, das Ion gegen Feldrichtung startet oder das Poloidalfeld umkehrt. Dann verlaufen die Bahnen auf größeren Radien als der Radius der Startfläche. Die Flächen, die von den versetzten Bahnen der Teilchen aufgespannt werden, nennt man *Driftflächen*. Allgemein kann man sich merken, dass bei Ionen, die auf der Außenseite des Torus starten, die Driftfläche immer dann kleiner als die Flussfläche des Startpunktes ist, wenn das Ion parallel zu dem Plasmastrom läuft, der das poloidale Magnetfeld erzeugt. Man spricht dann von *gleichsinnigen Ionen*. *Gegensinnige Ionen* laufen gegen die Stromrichtung und haben Driftflächen, die größer als die entsprechende Flussfläche sind. Bei Elektronen drehen sich die Verhältnisse um. In Abb. 13.3 sind die Driftflächen eines gleichsinnigen und eines gegensinnigen Ions eingezeichnet.

Die Driftflächen haben eine praktische Bedeutung für die Energiedeposition bei Neutralteilcheninjektion (siehe Abschn. 8.2.1). Die hochenergetischen Neutralteilchen werden meist in der äußeren Torushälfte durch das Plasma ionisiert. Die dadurch generierten Ionen folgen dann den gerade behandelten Bahnen und geben dabei ihre Energie an das Plasma ab. Bei sog. *Co-Injektion* laufen die schnellen Ionen gleichsinnig und die Energie wird an kleineren Radien deponiert als bei *Counter-Injektion*, bei der gegensinnige Ionen generiert werden. Dies führt zu einer weniger zentralen Leistungsdeposition bei Counter-Injektion und bei den äußersten Bahnen zur Deposition der Energie auf der Wand des Vakuumgefäßes.

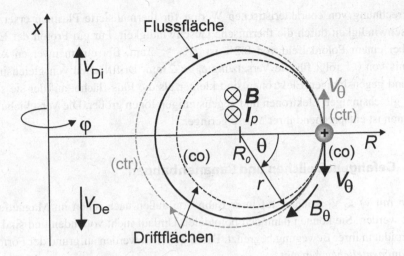

Abb. 13.3 Eine magnetische Flussfläche und Driftflächen (*gestrichelt*) eines gleichsinnigen (co, *dunkel*) und eines gegensinnigen (ctr.,*grau*) Ions

Der Spiegeleffekt kommt hier erst zum Tragen, wenn die Teilchen mit einem steileren Neigungswinkel starten. Auf ihrer Bahn von außen nach innen steigt die Magnetfeldstärke an, und die Teilchen können reflektiert werden. Entsprechend wollen wir nun zwei Typen von Bahnen unterscheiden, solche von passierenden Teilchen, für die die Variation im Magnetfeld vernachlässigbar ist, und solche von gefangenen Teilchen, bei denen Reflexion am magnetischen Spiegel auftritt.

13.2.2 Passierende Teilchen

Passierende Teilchen erhält man, wenn am Ort niedrigster Feldstärke, also an der Außenseite des Torus, der Neigungswinkel $\alpha \approx 0$ oder $\approx \pi$ ist. Für solche Teilchen folgt aus (13.16)

$$\frac{dx}{dt}x + \frac{dy}{dt}\left(y - \frac{v_D}{\omega_\theta}\right) = \frac{1}{2}\frac{d}{dt}\left(x^2 + \left(y - \frac{v_D}{\omega_\theta}\right)^2\right) = 0. \tag{13.19}$$

Die poloidale Projektion der Teilchenbahn verläuft also auf einer Kreisbahn, die von der Flussfläche versetzt ist um

$$\delta_P = \left|\frac{v_D}{\omega_\theta}\right| = \frac{mv}{|q|B_{\theta 0}(r)}\frac{r}{R_0} = \rho_{L\theta}\epsilon. \tag{13.20}$$

ϵ ist das inverse Aspektverhältnis der Flussfläche, und der *poloidale Larmor-Radius* ist definiert als

$$\rho_{L\theta} = \frac{mv}{|q|B_\theta} \approx \frac{\sqrt{2mT}}{qB_\theta}. \tag{13.21}$$

Zur Berechnung von charakteristischen Werten für thermalisierte Plasmen ersetzt man die Geschwindigkeit durch die thermische Geschwindigkeit. Für ein Proton der Energie 1 keV bei einem Poloidalfeld von 0,2 T ist $\rho_{L\theta} \approx 2$ cm. Bei einem inversen Aspektverhältnis von 0,1 folgt für die Versetzung $\delta_p \approx 2$ mm. Driftflächen von gleichsinnigen Ionen und gegensinnigen Elektronen sind kleiner als die Flussfläche, auf der sie starten, die von gleichsinnigen Elektronen und gegensinnigen Ionen größer. Die Verschiebung der Elektronen ist entsprechend ihrer Masse geringer.

13.2.3 Gefangene Teilchen und Bananenbahnen

Teilchen mit $v_\parallel \lesssim v_\perp$ können auf ihrer Bahn von außen nach innen im Magnetfeld reflektiert werden. Sie können dann den poloidalen Umlauf nicht vollenden und sind somit auch toroidal in ihrer Bewegung begrenzt. Diese Teilchen werden aufgrund der Form ihrer Bahn *Bananenteilchen* genannt.

Für das Magnetfeld am Spiegelungspunkt $y_{sp} = y(\alpha = \pi/2)$ gilt nach (13.9):

$$B_{sp} = B(y_{sp}) = \frac{mv^2}{2\mu}. \tag{13.22}$$

Mit (13.6) kann man (13.9) daher auch schreiben als

$$\sin^2 \alpha = \frac{B(y)}{B_{sp}} = \frac{R_0 + y_{sp}}{R_0 + y}. \tag{13.23}$$

Wir setzen dies in die Bewegungsgleichung (13.18) ein und erhalten nach elementarer Umformung für die Bahnkurve den Ausdruck

$$dr = \frac{mv\sqrt{R_0}}{2qB_{\theta 0}(r)} \frac{1 + \frac{2y - y_{sp}}{R_0}}{\sqrt{(y - y_{sp})}\sqrt{1 + \frac{y}{R_0}}} dy. \tag{13.24}$$

Bei der Ersetzung von $\cos \alpha = \pm\sqrt{1 - \sin^2 \alpha}$ haben wir die positive Wurzel verwendet, was gleichsinnigen Teilchen entspricht. Für gegensinnige Teilchen wechselt das Vorzeichen. Wir können diese Unterscheidung also vornehmen, indem wir das Vorzeichen von v ändern. Wir entwickeln die Wurzel im Nenner und erhalten in 1. Ordnung in y/R_0

$$dr \approx -\frac{mv\sqrt{R_0}}{2qB_{\theta 0}(r)} \frac{\left(1 + \frac{3y}{2R_0} - \frac{y_{sp}}{R_0}\right)}{\sqrt{y - y_{sp}}} dy. \tag{13.25}$$

r_{sp} sei der Wert von r am Spiegelungspunkt. Dann folgt nach Integration von (y_{sp}, r_{sp}) bis (y, r)

$$\delta r = r - r_{sp} \approx \frac{mv\sqrt{y - y_{sp}}}{qB_{\theta 0}(r)\sqrt{R_0}}\left(1 + \frac{y}{2R_0}\right). \tag{13.26}$$

Am Spiegelungspunkt verschwindet der Ausdruck. Starten wir dort ein Ion auf einer Flussfläche in φ-Richtung (in unserer Konstellation ist dies oberhalb der Mittelebene), so bewegt sich das Ion zunächst zu größeren y-Werten und damit nach (13.26) zu größeren Radien ($\delta r > 0$). Der Vorgang kehrt sich um, wenn das Ion die horizontale Mittelebene durchtritt und sich dann wieder zu kleineren y und kleineren Radien hinbewegt, bis es am Wendepunkt wieder auf der Flussfläche ist, auf der es startete. Auf dem Rückweg wechselt wegen v das Vorzeichen und damit die Driftrichtung. Das Ion bewegt sich jetzt nach außen und gleichzeitig zu kleineren Radien. Elektronen durchlaufen diese Sequenz mit umgekehrtem Vorzeichen.

In Abb. 13.4 ist die Projektion der Teilchenbahn eines gefangenen Ions zu sehen, das parallel zur Stromrichtung startet. Wegen der Form der gefangenen Teilchenbahnen in poloidaler Projektion spricht man bei gefangenen Teilchen auch von *Bananenbahnen*. Die Bananenteilchen halten sich die meiste Zeit im Bereich der Wendepunkte auf, wo ja die parallele Geschwindigkeit klein ist. Daher findet dort die stärkste Deplatzierung durch Driften statt. Für die Richtung der Verschiebung der Bahn zur Flussfläche gilt das Gleiche wie für passierende Teilchen.

Abschließend wollen wir noch einige für Transportprozesse wichtige Eigenschaften der Bananenbahnen ableiten. Da es sich hier nur um Abschätzungen und Richtwerte handelt, können sich die Ergebnisse in der Literatur in den Zahlenwerten etwas unterscheiden.

Für Transportprozesse ist die Breite der Bahn von Bedeutung. Man berechnet sie repräsentativ für Teilchen, die bei $y_{sp} = 0$ reflektiert werden, und vergleicht den Fluss-flächenradius am Reflexionspunkt mit dem bei $x = 0$ und $y = r$. Der *Bananenradius* folgt dann aus (13.26) gemäß

$$\delta_{\text{Ba}} = \frac{mv}{qB_{\theta 0}(r)} \sqrt{\frac{r}{R_0}} \left(1 + \frac{r}{2R_0}\right) \approx \frac{mv}{qB_{\theta 0}(r)} \sqrt{\epsilon} = \rho_{L\theta} \sqrt{\epsilon}. \qquad (13.27)$$

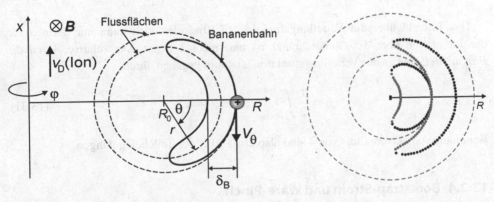

Abb. 13.4 Magnetische Flussflächen und Projektion der Bahn eines gefangenen Ions, das in co-Richtung startet (Bananenteilchen). *Rechts*: numerisch berechnete Bahnen von Ionen, die in co- und ctr-Richtung starten

$\rho_{L\theta}$ ist wieder der poloidale Larmor-Radius (13.21). Die Breite der Bananenbahn ist also um $1/\sqrt{\epsilon}$-mal größer als die Versetzung der Driftfläche gegen die Flussfläche.

Eine weitere wichtige Größe ist die Zeit, die ein Teilchen braucht, um seine Bananen-bahn zu durchlaufen. Die radiale Verschiebung der Teilchenbahn wird durch die vertikale Drift verursacht. Also können wir die Umlaufzeit aus Bananenradius und Driftgeschwin-digkeit abschätzen. Dazu verwenden wir für die Driftgeschwindigkeit (13.13) für einen mittleren Neigungswinkel und definieren die *Reflexionszeit* als

$$\tau_{Ba} = 2\pi \frac{\delta_{Ba}}{v_D} \approx \frac{2\pi R}{v} \frac{Br}{B_{\theta 0}(r)R} \frac{R}{r} \sqrt{\epsilon} = \frac{\tau_{tr}}{\sqrt{\epsilon}}, \tag{13.28}$$

wobei wir im letzten Schritt die Transitzeit (13.12) eingesetzt haben. Bananenteilchen brauchen also $1/\sqrt{\epsilon}$-mal länger für die Vollendung einer Bahn als passierende Teilchen.

Zuletzt wollen wir uns noch überlegen, wie groß der Anteil gefangener Teilchen in einer Maxwell-Verteilung ist. Ein Teilchen, das bei $\theta = 0$ und $R = R_0 + r$ startet, sieht auf seiner Bahn das stärkste Feld etwa bei $R_0 - r$. Die *Einfangsbedingung* für dieses Teilchen folgt aus (2.62), unter Verwendung der Magnetfeldstärke nach (13.6):

$$\frac{v_\perp^2}{v^2} = \sin^2\alpha > \sin^2\alpha_0 = \frac{R_0 - r}{R_0 + r} = \frac{1 - \epsilon}{1 + \epsilon} \approx 1 - 2\epsilon. \tag{13.29}$$

Teilchen bei $R_0 + r$ sind also gefangen, wenn ihr Geschwindigkeitsvektor einen Neigungs-winkel $\alpha > \alpha_0$ zum Magnetfeld hat. Daraus leiten sich die Grenzen der Integration über die Maxwell-Verteilung ab Für die Integration in Kugelkoordinaten wählen wir den Azimut so, dass er mit dem Neigungswinkel α zusammenfällt. Dazu schreiben wir die *Einfangsbedingung* auf den Kosinus um,

$$\frac{v_\parallel^2}{v^2} = \cos^2\alpha < \cos^2\alpha_0 = 1 - \sin^2\alpha_0 = 1 - \frac{1 - \epsilon}{1 + \epsilon} \approx 2\epsilon. \tag{13.30}$$

Das Integral über die Verteilungsfunktion (7.10) ändert sich dann nur darin, dass die Integration über $d\cos\theta$ beschränkt ist und nicht 2 ergibt. Der relative *Anteil an Bananenteilchen* an der Verteilungsfunktion ist somit gegeben durch

$$f_T = \frac{1}{2} \int_{-\cos\alpha_0}^{+\cos\alpha_0} d\cos\alpha \approx \sqrt{2\epsilon}. \tag{13.31}$$

Bei einem Aspektverhältnis von 4 sind also etwa 60 % der Teilchen gefangen.

13.2.4 Bootstrap-Strom und Ware-Pinch

Wir haben gesehen, dass die Teilchenbahnen durch Driften verändert werden. Die vertikale $\nabla B \times B_\varphi$-Drift ist für die Form der Bananenbahnen verantwortlich. Die $\nabla B \times B_\theta$-Drift führt

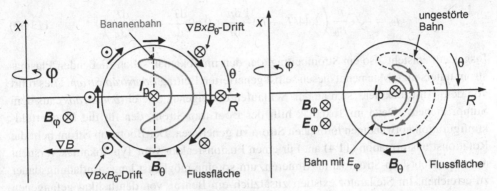

Abb. 13.5 Anschauliche Interpretation des Bootstrap-Stromes (*links*) und des Ware-Pinches (*rechts*). Gezeigt sind Bahnen und Driften eines Ions

hingegen zu einer *toroidalen Präzession* der Teilchen. Wegen der toroidalen Symmetrie des Tokamaks hat das für die poloidale Projektion der Bahnen keine Bedeutung. Da aber Elektronen und Ionen in entgegengesetzte Richtungen driften, folgt daraus ein toroidaler elektrischer Strom.

Der Mechanismus ist in Abb. 13.5 am Beispiel eines Ions anschaulich erläutert. Die toroidal gerichtete $\nabla B \times B_\theta$-Drift wechselt das Vorzeichen, wenn die Teilchen R_0 zur Hochfeldseite hin überschreiten. Ionen, die große Bananen durchlaufen, erfahren an den Wendepunkten bei $R < R_0$ eine Drift in die negative φ-Richtung. Der Anteil der Bahn mit $R > R_0$ und Ionen, die dort ihre Wendepunkte haben, zeigen hingegen eine Netto-drift in die positive φ-Richtung, in die Richtung also, in die der Plasmastrom fließen würde, der im Tokamak ein positives Poloidalfeld erzeugt. Insgesamt überwiegt der Bei-trag dieser Ionen, und es resultiert eine Nettodrift parallel zum Plasmastrom. Elektronen driften mit umgekehrtem Vorzeichen und tragen wegen ihrer negativen Ladung gleichfalls zum Plasmastrom bei.

Für eine anschauliche Herleitung eines quantitativen Ausdrucks erinnern wir uns an die Erklärung der *diamagnetischen Drift* durch Abb. 3.18. Dort haben die Gyrationsbah-nen der Teilchen in einem Dichtegradienten durch Mittelung zu einer Drift geführt. Hier führt die Mittelung über die Bananenbahnen zu einer toroidalen Drift und damit zu einem Strom. Der Radius der Bananenbahnen ist nach (13.27) durch B_θ bestimmt; außerdem verlaufen sie hauptsächlich parallel zum Magnetfeld, sodass wir uns die Teilchen wie um das poloidale Feld gyrierend vorstellen können. Analog zur diamagnetischen Drift (3.93) folgt demnach eine toroidale Drift $-\nabla p \times \mathbf{B}_\theta / q n B_\theta^2$ und folglich, wie man sich aus der Geometrie von Abb. 13.5 überzeugen kann, ein Strom, parallel zum Plasmastrom

$$ j_{bs} = -\sqrt{\epsilon}\, \frac{1}{B_\theta}\, \frac{\mathrm{d}p}{\mathrm{d}r}. $$

Der Anteil der Bananenteilchen wird durch $\sqrt{\epsilon}$ berücksichtigt. Die gefangenen Teil-chen übertragen einen Impuls auf passierende Teilchen, die dann den Strom tragen. Eine genauere Rechnung für den *Bootstrap-Strom* liefert der Ausdruck [21]

$$j_{bs} = -\sqrt{\epsilon}\,\frac{n}{B_\theta}\left(2{,}44(T_e + T_i)\frac{1}{n}\frac{dn}{dr} + 0{,}69\frac{dT_e}{dr} - 0{,}42\frac{dT_i}{dr}\right). \tag{13.32}$$

Insgesamt entsteht also ein Strombeitrag, der den im Tokamak schon fließenden Plasmastrom unterstützt. Man nennt diesen selbst generierten Beitrag *Bootstrap-Strom*. Dies rührt von dem Ausdruck her, „sich an den Schlaufen der eigenen Stiefel (*bootstraps*) aus dem Sumpf ziehen". Denn im Tokamak hilft der Bootstrap-Strom, den für die Magnetfeldkonfiguration notwendigen toroidalen Strom zu generieren. Der Bootstrap-Strom hebt die Rotationstransformation (11.4) an. Für einen Fusionsreaktor vom Typ Tokamak versucht man den Bootstrap-Strom zu maximieren, um so eine möglichst lange Entladungsdauer zu erreichen. Im Stellarator existiert zusätzlich ein Beitrag von den helikal gefangenen Teilchen, der allerdings in die entgegengesetzte Richtung fließt. Da man in Stellaratoren meist einen möglichst geringen Plasmastrom haben will, kann man durch Optimierung der Konfiguration erreichen, dass sich die beiden Beiträge zum Bootstrap-Strom weitgehend aufheben. Dies ist eines der Optimierungskriterien für den Stellarator *Wendelstein 7-X*.

Weiterhin wirkt sich im Tokamak das zur Erzeugung des Plasmastroms benötigte toroidale elektrische Feld auf die Teilchenbahnen aus. Dieses Feld beschleunigt Teilchen parallel zu den Feldlinien und führt dazu, dass Bananenteilchen eine unterschiedliche kinetische Energie zur Verfügung haben, wenn sie sich parallel bzw. antiparallel zum elektrischen Feld auf ihre Reflexionspunkte zu bewegen. Dies führt zu einer Verkippung der Bananenbahnen (siehe Abb. 13.5 rechts) und damit zu einer Nettodrift der Teilchen zum Toruszentrum hin, also einwärts. Diese Drift wir nach dem Physiker Ware auch *Ware-Pinch* genannt.

In Abb. 13.5 rechts ist die poloidale Projektion einer Bananenbahn ohne und mit elektrischem Feld zu sehen. Wenn sich das Ion in die Ebene hineinbewegt (also nach unten), wird es durch das elektrische Feld beschleunigt und wegen der erhöhten parallelen Energie bei größeren Magnetfeldwerten reflektiert, als das ohne elektrischem Feld der Fall wäre. Es dringt also zu kleineren Radien R vor. Entsprechend verliert es auf dem Rückweg Energie und wird schon bei größeren Radien reflektiert. Auch für die Elektronen resultiert aus diesen Überlegungen eine Versetzung der Bahn nach innen.

Die Größe des Ware-Pinches kann man wie folgt abschätzen: Wir berechnen den Energiegewinn ΔW eines Teilchens auf dem Weg von einem Reflexionspunkt zum anderen. Die Länge des Weges ist etwa $2\pi R_0/\iota$. Auf diesem Weg ändert sich die Teilchenenergie um

$$\Delta W = 2\pi q E_\varphi R_0/\iota \tag{13.33}$$

und die Geschwindigkeit um

$$\Delta v \approx \frac{\Delta W}{mv} = \frac{2\pi q E_\varphi R_0}{mv\iota} = \tau_{tr}\frac{q E_\varphi}{m}, \tag{13.34}$$

wobei die Transitzeit (13.12) verwendet wurde. Den Ausdruck können wir nun verwenden, um die Änderung des Bananenradius zwischen zwei Reflexionen nach (13.27) zu berechnen. Es folgt

$$\Delta \delta_B = -\frac{m \Delta v}{q B_\theta} \sqrt{\epsilon} = -\frac{E_\varphi}{B_\theta} \tau_{tr} \sqrt{\epsilon}. \qquad (13.35)$$

Das Vorzeichen folgt aus Abb. 13.5 und zwar für beide Spezies gleich. Aus der Versetzung der Teilchen pro Transitzeit konstruieren wir jetzt eine einwärtsgerichtete Geschwindigkeit wie folgt:

$$v_{ware} \approx \frac{\Delta \delta_B}{\tau_{tr}} = -\frac{E_\varphi}{B_\theta} \sqrt{\epsilon}. \qquad (13.36)$$

Da die Teilchenmasse herausfällt, driften Elektronen und Ionen mit der gleichen Geschwindigkeit zum Plasmazentrum.

Auch passierende Teilchen erfahren eine $E_\varphi \times B_\theta$-Drift. Der Effekt ist aber wesentlich kleiner als bei Bananenteilchen. Die Driftgeschwindigkeit folgt direkt aus (2.18) und ist

$$v = -\frac{E_\varphi B_\theta}{B^2}. \qquad (13.37)$$

Das Verhältnis der Einwärtsdrift von gefangenen zu freien Teilchen ist also von der Größenordnung $(B/B_\theta)^2 \approx 100$.

13.3 Trajektorien im Stellaratorfeld

Die komplexere Struktur des Stellaratorfeldes führt zu weiteren Klassen von Teilchentrajektorien. Entscheidend für die Vielfalt an möglichen Bahnen ist die Struktur der Magnetfeldstärke auf einer Flussfläche. Während das idealisierte Tokamakfeld in toroidaler Richtung homogen ist und in poloidaler Richtung nur über den $1/R$-Abfall variiert, hat man beim Stellarator in beide Richtungen Konturen. Da nicht von einer Symmetriekoordinate in der Magnetfeldkonfiguration ausgegangen werden kann, können im Stellarator Teilchen allein aufgrund von Driften aus dem Plasma verloren gehen. Wir wollen uns zunächst das Magnetfeld auf einer Torsatronflussfläche genauer anschauen, bevor wir besondere Stellaratorbahnen behandeln.

13.3.1 Magnetfeldkonturen eines Torsatrons

Für den einfachen Fall eines Torsatrons mit nur einer helikalen Spule, die 6-mal poloidal umläuft ($l = 1$, $m = 6$), sind die Magnetfeldkonturen oder auch *mod-B-Konturen* in Abb. 13.6 dargestellt.

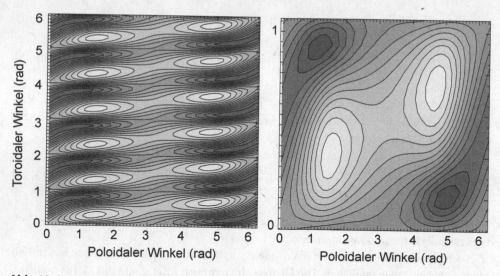

Abb. 13.6 Magnetfeldstärke auf einer gesamten Flussfläche (*links*) und dem Ausschnitt einer Periode (*rechts*) eines *l*=1-*m*=6-Torsatrons. Helle Fläche bedeutet hohe Feldstärke

Auf der linken Seite der Abbildung erkennt man die 6-zählige Symmetrie in toroidaler Richtung, die durch die poloidal umlaufende Spule erzeugt wird. Da das Feld in Spulennähe stärker ist, spiegelt das helikal umlaufende Maximum den Spulenverlauf wider. In einem linearen Stellarator wäre das Maximum ein helikal verlaufendes Gebirge konstanter Höhe. Die toroidale Geometrie erzeugt aber Flussflächen, deren poloidaler Querschnitt sich als Funktion der toroidalen Koordinate ändert. Dadurch variiert auch der Abstand der Flussfläche von der Spule und damit die Feldstärke entlang der helikalen Struktur.

Der poloidale Winkel in Abb. 13.6 hat seinen Nullpunkt auf der Außenseite des Torus. Die absoluten Maxima erscheinen also symmetrisch auf Ober- und Unterseite. In der rechten Abbildung, die nur eine Periode darstellt, ist die Variation der Feldstärke zwischen Außenseite ($\theta = 0$) und Innenseite ($\theta = \pi$) erkennbar. Der Ursprung dieser Variation folgt, wie beim Tokamak, direkt aus dem Ampère'schen Gesetz.

Charakterisiert werden die Feldkonturen durch ihre *Welligkeit* (engl. *ripple*). Die Welligkeit ist definiert als die Differenz zwischen Maximum und Minimum der Feldstärke. Die *Welligkeit des Tokamakfeldes* ist gegeben durch

$$\epsilon_t(r) = \frac{1}{2} \left(\frac{R_0}{R_0 - r} - \frac{R_0}{R_0 + r} \right) \approx \frac{r}{R_0} = \epsilon. \tag{13.38}$$

Sie ist also etwa gleich dem inversen Aspektverhältnis ϵ.

Im Stellarator erzeugen die helikalen Spulen auch eine *helikale Welligkeit* ϵ_h, für die man keine einfache Beziehung angeben kann. Sie hängt stark von der Anzahl *l* der Spulen, der Periodenzahl *m* und dem betrachteten Radius *r* ab. Für einen *klassischen Stellarator* kann man das Magnetfeld in der einfachsten Näherung als Funktion dieser Welligkeiten schreiben als:

$$B = B_0(1 - \epsilon_t \cos\theta - \epsilon_h \cos(l\theta - m\varphi)). \tag{13.39}$$

Ein poloidaler Umlauf z. B. bei $\varphi = 0$ durchläuft einmal den toroidalen und m-mal den helikalen Rippel. Auf einem toroidalen Umlauf sieht man nur den helikalen Rippel. In der Regel ist $\epsilon_t \ll \epsilon_h \ll 1$.

Die radiale Abhängigkeit der helikalen Welligkeit ist gegeben durch

$$\epsilon_h = \epsilon_h^0 \left(\frac{r}{a}\right)^l. \tag{13.40}$$

Sie steigt also an, wenn man sich radial den Spulen nähert.

13.3.2 Klassifizierung der Bahnen

Wenn der Impuls eines Teilchens parallel zur Magnetfeldlinie ausgerichtet ist, wird das Teilchen, wie im Tokamak, nichts von der Feldvariation spüren und ungehindert umlaufen können. *Passierende Teilchen* treten also auch im Stellarator auf. Für Teilchen mit einer Geschwindigkeitskomponente senkrecht zum Magnetfeld gibt es hier aber vielfältige Möglichkeiten reflektiert zu werden.

Wegen der Erhaltung des magnetischen Momentes folgt aus (13.4), dass die Größe μB für die Teilchen wie ein Potential wirkt. Bei gegebener Senkrecht- und Parallelenergie eines Teilchens an einem bestimmten Ort auf der Flussfläche kann man daraus für das Teilchen verbotene Aufenthaltsbereiche berechnen, in denen die Potentialdifferenz zum Startpunkt größer als die kinetische Energie am Startpunkt ist. Die Teilchen bewegen sich wie ein Flugzeug in den Alpen, das nur auf einer festen Höhe fliegen kann und jedes Mal umkehren muss, wenn es an einen Berggipfel kommt. Dabei weht ein Seitenwind (Drift), der das Flugzeug (Teilchen) senkrecht zu seiner Bewegungsrichtung verschiebt. Daher kommt es nicht zu einem Hin-und-her-Fliegen zwischen immer den gleichen Gipfeln, sondern zu sehr komplizierten Bahnen.

Übertragen wir dieses Bild auf Abb. 13.7, in der die Mod-B-Konturen eines Stellarators mit $m = 5$ und $l = 1$ stark vereinfacht dargestellt sind. Teilchen, die zwischen benachbarten helikalen Maxima gefangen sind, nennt man *helikal gefangen* (Bahn *3* in Abb. 13.7). Teilchen dieser Population können nicht toroidal umlaufen. Im Vergleich zu anderen Teilchen, die bei einem toroidalen Umlauf Teile ihrer Bahn oberhalb und unterhalb der horizontalen Mittelebene durchlaufen, halten sich helikal gefangene Teilchen vorwiegend auf nur einer Seite des Torus auf. Da sich dann die vertikale Drift nicht mehr ausgleichen kann, führt dies zu Bahnen, die aus dem Einschlussgebiet herausführen. Bahnen helikal gefangener Teilchen sind nicht geschlossen. Die charakteristische Zeit, in der diese Teilchen verloren gehen, folgt aus der vertikalen Driftgeschwindigkeit (13.13) und dem kleinen Plasmaradius:

$$\tau_{loss} = \frac{a}{v_d} = \frac{qaRB}{mv^2}. \tag{13.41}$$

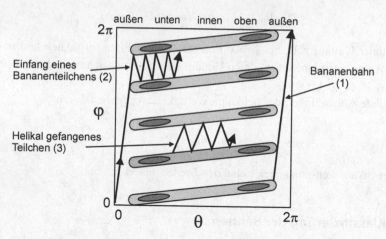

Abb. 13.7 Teilchenbahnen im Feld eines Torsatrons der Symmetrie $l = 1$, $m = 5$. Die Konturen zeigen die Magnetfeldstärke auf einer aufgerollten Flussfläche. Zu erkennen sind die helikalen und toroidalen Rippel. Niedrigstes Feld finden wir auf der Außenseite

In Stellaratorplasmen mit Elektronentemperaturen von 5 keV liegt diese Zeit im Bereich von einigen 100 µs.

Bei geeigneten Startwerten gibt es auch im Stellarator Teilchenbahnen, die zwischen Reflexionen im Wesentlichen einen ganzen toroidalen Umlauf zurücklegen. Solche Bahnen haben die Charakteristika von *Bananenbahnen* (Bahn *1*). Die Reflexion wird aber kaum an immer äquivalenten Stellen stattfinden. Durch die toroidale Präzession der Teilchen, die es wie beim Tokamak auch hier gibt, wird der Reflexionspunkt nach einiger Zeit von einem lokalen Maximum zum nächsten springen. Es kann sogar zu einem Übergang von einer Bananenbahn in eine helikal gefangene Bahn kommen (Bahn *2*). In Abb. 13.8 sind numerisch berechnete Führungszentrumsbahnen in einem $l=2$-$m=5$-Stellarator zu sehen. Die Teilchen starten mit unterschiedlichem Neigungswinkel am gleichen Ort. Bei großem Neigungswinkel geht das Teilchen nach wenigen Reflexionen verloren.

Helikal gefangene Teilchen bewegen sich über ihre Drift auch poloidal, sodass sie zusätzlich im toroidalen Rippel gefangen sein können. Der Reflexion am helikalen Rippel ist dann eine Bewegung überlagert, die der von Bananenteilchen ähnelt und daher *Super-bananenbahn* genannt wird. Da sich diese Teilchen lange an den Wendepunkten aufhalten, erfahren sie sehr starke radiale Versetzungen und erhalten so einen stark vergrößerten Bananenradius.

13.3.3 Der Einfluss eines radialen elektrischen Feldes

Ein radiales elektrisches Feld induziert auf den Flussflächen verlaufende Driften. Die toroidale Komponente dieser Drift ist bei toroidaler Symmetrie ohne Interesse. Die poloidale Drift beeinflusst die Trajektorien jedoch wesentlich. Sie hat die Größe

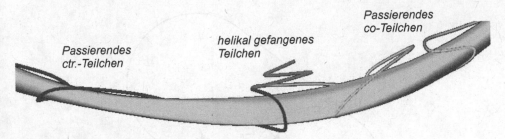

Abb. 13.8 Numerisch berechnete Teilchenbahnen in einem $l=2$-$m=5$-Stellarator

$$u_{D\theta} = \frac{E_r}{B_\varphi}.$$ (13.42)

Wie in Abb. 13.9 zu sehen, ist die Drift der Projektion der Parallelbewegung überlagert. Eine kritische Situation tritt dann ein, wenn die poloidale Driftbewegung gerade die poloidale Komponente der thermischen Teilchenbewegung ausgleicht. Dann ist

$$v_\theta = v_\parallel \frac{B_\theta}{B} \approx \frac{E_r}{B}.$$ (13.43)

Diese Gleichung definiert die *toroidale Resonanz*, wobei das Vorzeichen von der Richtung von $v_\parallel$ abhängt. Das resonante elektrische Feld ist somit gegeben durch

$$E_{res} = v_\parallel B_\theta \approx \epsilon B_\varphi t v_\parallel.$$ (13.44)

Diese Bedingung ist kritisch für den Teilcheneinschluss in Tokamaks und Stellaratoren. Denn resonante Teilchen laufen nicht mehr poloidal um, sodass die Gradientendrift sich nicht mehr herausmittelt. Ähnlich wie bei helikal gefangene Teilchen in Stellaratoren, entstehen so nicht geschlossene Bahnen und, in stoßfreien Plasmen, direkte Teilchenverluste.

Die poloidale Drift hat hingegen einen vorteilhaften Einfluss auf helikal gefangene Teilchen. Diese Teilchen können durch die $E_r \times B$-Drift poloidal von ihrer poloidalen Einfangsbedingung befreit werden. Man kann abschätzen, wie groß das radiale elektrische Feld sein muss, um helikal gefangenen Teilchen am Verlassen des Plasmas zu hindern. Die Zeit τ_{loss}, in der ein Teilchen durch die Gradientendrift verloren geht, muss dazu lang sein gegen die Umlaufzeit aufgrund der poloidalen $E_r \times B$-Drift. Dies bedeutet:

$$\tau_{loss} = \frac{a}{v_D} \gtrsim \frac{\pi a B}{E_r}.$$ (13.45)

Mit $v_D \approx T/qR_0B$ kann man das für die Umlenkung der helikal gefangenen Teilchen notwendige Feld abschätzen durch

$$|E_r| > \left| \frac{T}{qR_0} \right|.$$ (13.46)

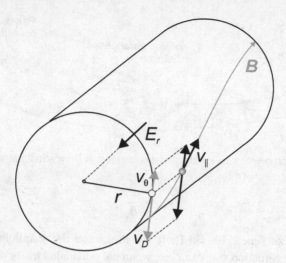

Abb. 13.9 Überlagerung der $E \times B$-Drift und der Komponente der Parallelbewegung in der poloidalen Ebene

Wenn diese Bedingung erfüllt ist, tragen helikal gefangene Teilchen nicht mehr zum Teilchenverlust bei.

Referenzen

21. A. G. Peeters, Plasma Phys. Controll. Fusion **42**, B231 (2000).

Weitere Literaturhinweise

Trajektorien toroidal eingeschlossener Teilchen werden behandelt in B. B. Kadomtsev und O. P. Pogutse *Trapped particles in toroidal magnetic fields* (Nucl. Fusion **11**, 67 (1971)) oder in K. Miyamoto, *Plasma Physics for Nuclear Fusion* (The MIT Press, Cambridge, USA, 1980).

Stoßbehafteter Transport in Fusionsplasmen 14

In Kap. 8 haben wir Transportkoeffizienten für die Diffusion parallel und senkrecht zum Magnetfeld behandelt. Nach Tab. 8.3 liegen die Werte der Diffusionskoeffizienten für Ionen bei 10^7 bzw. $10^{-2}\,m^2/s$. Man redet von *klassischem Transport*, wenn man sich auf diese Koeffizienten bezieht. Wir werden sehen, dass die toroidale Geometrie von Fusionsexperimenten zu einer wesentlichen Erhöhung des Transports senkrecht zum Magnetfeld führt. Verantwortlich dafür sind Teilchendriften und Spiegeleffekte, wie sie in durch Toroidizität und, besonders beim Stellarator, diskrete Spulen erzeugten inhomogenen Magnetfeldern auftreten. Die Theorie des *neoklassischen Transports* berücksichtigt diese Effekte. Der unglücklich gewählte Ausdruck *Neoklassik* umfasst also alle Einflüsse der toroidalen Magnetfeldkonfiguration auf den stoßbehafteten Transport sowie auf die Stabilität des Plasmas.

Bei der Behandlung des klassischen wie auch des neoklassischen Transports geht man von zeitlich konstanten Plasmaparametern aus. Verantwortlich für die Diffusion sind Gradienten in Dichte, Temperatur und elektrostatischem Potential sowie Zweiteilchenstöße. Der resultierende Teilchen- oder Energietransport ist ein kontinuierlicher Prozess, der vor dem Hintergrund dieser Gradienten abläuft. Es ist jedoch bekannt, dass magnetisch eingeschlossene Plasmen keineswegs stationär sind. Auftretende Druckgradienten treiben Plasmaturbulenz, die als Störung der Gleichgewichtsparameter aufgefasst werden kann. Diese Prozesse sind für den *turbulenten* oder auch *anomalen Transport* verantwortlich, der in den meisten Fällen der dominante Transportmechanismus ist.

Elektronen und Ionen im Plasma können durch unabhängige Flüssigkeitsgleichungen beschrieben werden, die nur über das elektrische Feld und Elektron-Ion-Stöße gekoppelt sind. Weiterhin ist das Plasma quasineutral und toleriert keine hohen Ladungsüberschüsse. Tritt nun ein Unterschied zwischen Elektronen- und Ionentransport aus einem geschlossenen Volumen heraus auf, so wird dadurch ein Ladungsüberschuss und damit ein elektrisches Feld erzeugt. Wegen der Quasineutralitätsbedingung kann der Unterschied

© Springer-Verlag GmbH Deutschland 2018
U. Stroth, *Plasmaphysik*,
https://doi.org/10.1007/978-3-662-55236-0_14

im Teilchenfluss aber nicht auf Dauer bestehen bleiben. Also muss das entstehende elektrische Feld auf die Teilchenflüsse rückwirken und sie letztlich ambipolar machen. Der Wert, bei dem dies erreicht ist, nennt man das *ambipolare elektrische Feld*. Das elektrische Feld ist damit ein wesentliches Element des Transports und der Zusammenhang damit muss hier behandelt werden.

In diesem Kapitel wollen wir, nach einer Rekapitulation des klassischen Transports, den neoklassischen Transport und Ansätze zum turbulenten Transport behandeln. Dabei konzentrieren wir uns auf den Transport senkrecht zu den magnetischen Flussflächen. Ziel ist nicht die genaue Herleitung der Diffusionskoeffizienten mit allen Vorfaktoren, sondern ein anschauliches Verständnis der Vorgänge und der wichtigen Parameterabhängigkeiten.

14.1 Klassischer Transport

Die klassischen Transportkoeffizienten lassen sich auf verschiedenen Wegen herleiten. In Abschn. 8.3.7 ist die mathematisch genaueste Herleitung zu finden. Dabei stellt sich ein Gleichgewicht ein zwischen der Störung der Verteilungsfunktion durch gradienteninduzierten Transport und der Thermalisierung dieser Störung durch Stöße. Wir wollen hier zwei weitere mehr intuitive Herleitungen angeben, die zum selben Ergebnis führen und einmal auf dem Teilchenbild und dann auf dem Flüssigkeitsbild basieren.

14.1.1 Klassischer Transport im Teilchenbild

Im Teilchenbild gelangt man zu einer anschaulichen Herleitung der Diffusionskoeffizienten über den Random-Walk-Ansatz (7.63):

$$D = \frac{l^2}{2\tau}.$$

(14.1)

Dazu müssen geeignete Größen für die Schrittweite l senkrecht zu den Flussflächen und die Schrittfrequenz $1/\tau$ gefunden werden. Abweichungen der Bahn des Führungszentrums von den magnetischen Flächen treten durch Stöße oder durch Driften auf. Beide Prozesse können für die Berechnung von Transportkoeffizienten wichtig sein. Da klassischer Transport definiert ist für den Fall nicht gekrümmter Feldlinien und ohne elektrische Felder in der Flussfläche, sind Teilchendriften in diesem Fall vernachlässigbar. Als einziger Prozess kommen also Stöße infrage.

Wir wissen, dass Teilchen ganz überwiegend unter kleinen Winkeln stoßen. Es dauert eine Impulsrelaxationszeit τ (siehe Abschn. 8.2.3), bis sich der Impulsvektor im Mittel um $90°$ gedreht hat. Zur Berechnung der Diffusionskoeffizienten nimmt man an, dass Teilchen innerhalb der Zeit τ genau einen $90°$-Stoß erfahren und zwischenzeitlich ungestört

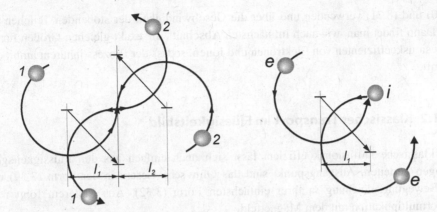

Abb. 14.1 Teilchenbahnen von gleichen (*links*) und unterschiedlichen Teilchen (*rechts*) bei einem 90°-Stoß senkrecht zur Magnetfeldlinie. Links hebt sich der Versatz der Schwerpunkte der beiden Teilchenbahnen gerade auf, rechts sieht man den Nettoversatz des Elektrons, das an dem schweren Ion gestreut wird

sind. Der Stoßprozess sieht also so wie in Abb. 14.1 dargestellt aus. Damit ist τ als Impulsrelaxationszeit festgelegt. Die Schrittweite l ist nach der Abbildung gerade gleich dem Larmor-Radius. Es ist aber sofort ersichtlich, dass ein Stoß gleichartiger Teilchen nicht zu einer Verschiebung des Schwerpunktes des Zweiteilchensystems und somit nicht zu Transport führen kann. Dies folgt aus der Impulserhaltung.

Ein Nettoversatz des Bahnschwerpunktes einer Teilchensorte kann nur über Stöße mit einer anderen Teilchensorte erfolgen. Auf der rechten Seite von Abb. 14.1 ist als Beispiel der Stoß eines Elektrons mit einem Ion dargestellt. Die relevante Zeitkonstante ist also die Elektron-Ion-Stoßzeit. Der *klassische Teilchendiffusionskoeffizient* ist also gegeben durch

$$D_{\mathrm{kl}} = \frac{\rho_{Le}^2}{2\tau_{ei}} \approx \left(\frac{mv}{qB}\right)^2 \frac{1}{2\tau_{ei}}. \tag{14.2}$$

Er steigt linear mit der Stoßfrequenz an, $\nu \sim 1/\tau$ (siehe Abb. 14.5).

Setzen wir (8.77) für die Stoßzeit und (2.14) für den Larmor-Radius ein, so folgt die einfache Beziehung

$$D_{\mathrm{kl}} = \frac{e^2 n_e \ln \Lambda \sqrt{m_e}}{8\sqrt{2}\pi \epsilon_0^2 B^2 \sqrt{T_e}} \approx 2{,}2 \times 10^{-23} \frac{n_e \ln \Lambda}{B^2 \sqrt{T_e}}. \tag{14.3}$$

Denselben Ausdruck hatten wir mit (8.142) auch aus kinetischen Überlegungen erhalten. Um den Diffusionskoeffizienten für die Ionen zu berechnen, müssen wir für die Stoßzeit (8.79) verwenden und den Larmor-Radius für die Werte der Ionen berechnen. Der so gewonnene Wert unterscheidet sich von (14.3) nur durch den Faktor $\sqrt{6/\pi}$. Der Unterschied rührt daher, dass die Stoßzeiten unter Näherungen hergeleitet wurden. Für eine genauere Rechnung muss man für die Elektron-Ion- und Ion-Elektron-Stoßzeit die Beziehungen

(8.70) und (8.71) verwenden und über die Geschwindigkeit der stoßenden Teilchen falten. Dann findet man, wie auch im nächsten Abschnitt, die exakt gleichen Größen für die Diffusionskoeffizienten von Elektronen und Ionen, sodass der Prozess inhärent ambipolar abläuft.

14.1.2 Klassischer Transport im Flüssigkeitsbild

Der klassische Diffusionskoeffizient lässt sich auch einfach aus den Flüssigkeitsgleichungen herleiten. Ausgangspunkt sind das Ohm'sche Gesetz in der Form (3.39) und die Bewegungsgleichung in ihrer einfachsten Form (3.32). Aus Ersterem folgt nach Vektormultiplikation mit dem Magnetfeld

$$\frac{\mathbf{j} \times \mathbf{B}}{\sigma} = \mathbf{E} \times \mathbf{B} + (\mathbf{u} \times \mathbf{B}) \times \mathbf{B}.$$

Nun kombinieren wir diese Gleichungen mit (3.32) und verwenden (B.2) mit dem Resultat

$$\frac{1}{\sigma} \nabla p = \mathbf{E} \times \mathbf{B} - B^2 \mathbf{u} + (\mathbf{B}\mathbf{u})\mathbf{B}. \tag{14.4}$$

Das Vorgehen gleicht dem bei der Herleitung des diamagnetischen Stroms in Abschn. 3.4.1, nur dass wir hier von den Einflüssigkeitsgleichungen ausgegangen sind und, ganz wesentlich, die Wechselwirkung zwischen Elektronen und Ionen über die Leitfähigkeit σ mitnehmen. Wie in Abb. 14.2 zu sehen, ist es letztlich die damit zusammenhängende Reibungskraft $\mathbf{F}_r$, die als Drift

$$\mathbf{u}_D = \frac{\mathbf{F}_r \times \mathbf{B}}{qnB^2}$$

radialen Transport erzeugt.

Wir betrachten die Komponenten senkrecht zum Magnetfeld und lösen (14.4) nach der Senkrechtgeschwindigkeit auf:

$$\mathbf{u}_\perp = -\frac{\nabla_\perp p}{\sigma B^2} + \frac{\mathbf{E} \times \mathbf{B}}{B^2}. \tag{14.5}$$

Wie in (3.90) können wir auch hier Beiträge aus der diamagnetischen und der $E \times B$-Drift erkennen. Nur tritt jetzt die Leitfähigkeit auf und der Druckterm liefert einen Beitrag zur Strömung parallel zu seinem Gradienten, also in radialer Richtung, und nicht senkrecht dazu.

Wenn wir uns auf den Fall eines rein radialen elektrischen Feldes beschränken, dann trägt nur der erste Term in (14.5) zum radialen Transport bei. Unter der Voraussetzung einer konstanten Temperatur folgt für den *radialen Teilchenfluss*:

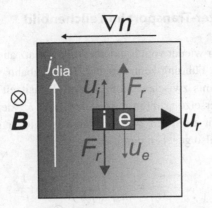

Abb. 14.2 Klassischer Transport im Flüssigkeitsbild. Durch die diamagnetischen Driften von Elektronen und Ionen u_e und u_i entsteht die Reibungskraft $\mathbf{F}_r$, die zu einer radialen Drift $u_r \sim \mathbf{F_r} \times \mathbf{B}/q$ führt

$$\Gamma_r = n u_r = -\frac{nT}{\sigma B^2}\nabla_r n = D_{\mathrm{kl}}\nabla_r n. \tag{14.6}$$

Aus dem Flüssigkeitsbild folgt der gleiche Ausdruck für den klassischen Diffusionskoeffizienten wie aus dem Teilchenbild. Zur Überprüfung setze man für die Leitfähigkeit den Ausdruck (8.108) ein.

Der klassische Transport hängt also über die Leitfähigkeit mit den diamagnetischen Strömen zusammen. Man kann die radiale Plasmaströmung also auch verstehen als eine Drift als Reaktion auf die Reibungskraft, die durch den diamagnetischen Strom zwischen Elektronen- und Ionenflüssigkeit entsteht. Da diese Kraft für beide Flüssigkeiten entgegengesetzt gerichtet ist, sind nach (2.17) die radialen Driften gleichgerichtet und auch von gleicher Größe. Der erzeugte klassische Transport ist also inhärent *ambipolar* und ist unabhängig vom radialen elektrischen Feld.

14.2 Pfirsch-Schlüter-Transport

In diesem Abschnitt wird der Einfluss der toroidalen Geometrie auf die Transportkoeffizienten behandelt. Thematisch gehört dieser Abschnitt also schon zum neoklassischen Transport. Wir beschränken uns hier aber auf passierende Teilchenbahnen, sodass die für den neoklassischen Transport wichtigen Bananenbahnen und helikal gefangene Bahnen nicht auftreten. Wir werden sehen, dass der Transportkoeffizient dennoch um mehr als eine Größenordnung gegenüber dem klassischen Transport erhöht ist. Die Geometrie zur Behandlung in diesem und den folgenden Abschnitten wurde schon in Abb. 11.1 festgelegt, das Magnetfeld ist durch (13.6–13.7) gegeben.

14.2.1 Pfirsch-Schlüter-Transport im Teilchenbild

Im Teilchenbild gehen wir wieder vom Random-Walk-Ansatz aus. Als Schrittweite setzen wir die Abweichung des Führungszentrums der Teilchenbahn von der Flussfläche ein. Diese hängt vom Verhältnis zwischen Stoßzeit und Transitzeit ab. Bei langer Stoßzeit $\tau_{ei} > \tau_{tr}$, erreicht die Versetzung ihren maximalen Wert δ_p, den wir mit (13.20) schon berechnet haben. Die Zeit zwischen zwei Schritten ist wieder gleich der Stoßzeit. Der Diffusionskoeffizient ist also gegeben durch

$$D_{ps} = \frac{\delta_p^2}{2\tau_{ei}} = \frac{1}{2\tau_{ei}} \left(\frac{mv}{q\iota B} \right)^2 = D_{kl} \frac{1}{\iota^2}. \tag{14.7}$$

Zusammen mit dem klassischen Anteil (14.2) ist der gesamte *Teilchendiffusionskoeffizient im Pfirsch-Schlüter-Gebiet* gegeben durch

$$D_{neo} = D_{kl} \left(1 + 2/\iota^2 \right). \tag{14.8}$$

Um diese aus einer einfachen Herleitung resultierende Beziehung mit der Literatur konform zu machen, wurde der Faktor 2 hinzugefügt. Bei einem typischen Wert von $\iota = 1/3$ erhöhen die toroidalen Effekte, das ist hier die Versetzung der Driftflächen von den Flussflächen, den klassischen Transport um etwa den Faktor 20.

Für $\tau_{ei} < \tau_{tr}$ reduziert sich die Abweichung des Führungszentrums von den magnetischen Flächen und damit der Diffusionskoeffizient. Die Teilchen driften immer nur zwischen zwei Stößen, sodass nun gilt

$$D_{ps} = \frac{(v_D \tau_{ei})^2}{2\tau_{ei}} = \left(\frac{mv^2}{qBR} \right) \frac{\tau_{ei}}{2}. \tag{14.9}$$

In einem stoßbehafteten Plasma sinkt also der Diffusionskoeffizient wieder mit der Stoßfrequenz ab.

14.2.2 Pfirsch-Schlüter-Transport im Flüssigkeitsbild

Wesentliche Unterschiede bei dieser Herleitung zu der des klassischen Koeffizienten sind, dass in einem Torus ein vertikales elektrisches Feld auftritt und dass der radiale Teilchenfluss von der poloidalen Koordinate abhängt. Der Teilchenfluss muss also über die magnetische Flussfläche gemittelt werden. Der mittlere radiale Teilchenfluss ist damit gegeben durch

$$\Gamma_r = \frac{n}{4\pi^2 R_0 r} \int_S dS u_r, \tag{14.10}$$

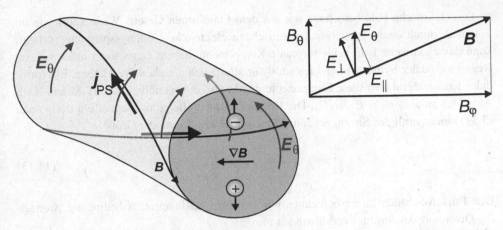

Abb. 14.3 Pfirsch-Schlüter-Ströme im toroidalen Plasma und das damit verbundene poloidale elektrische Feld. Rechts die Zerlegung des Feldes in die relevanten Koordinaten

wobei für das Flächenelement in Toruskoordinaten einzusetzen ist:

$$dS = Rr d\theta d\varphi = R_0 (1 + \epsilon \cos\theta) r d\theta d\varphi. \qquad (14.11)$$

In Abschn. 4.2 wurde gezeigt, dass in einem toroidalen Plasma Ladungstrennung zwischen Ober- und Unterseite auftritt, die entlang der Feldlinie über den Pfirsch-Schlüter-Strom entladen wird. Da das Plasma einen endlichen elektrischen Widerstand hat, muss der Strom aber durch ein, wenn auch kleines, elektrisches Feld getrieben werden (s. Abb. 14.3). Dieses Feld hat eine Komponente $E_\perp$, die in der Flussfläche liegt und senkrecht auf **B** steht. Folglich tritt eine $E \times B$-Drift in radialer Richtung auf. Aus (14.5) folgt für den Teilchenfluss:

$$\Gamma_r = \frac{n}{2\pi} \int_0^{2\pi} d\theta \, (1 + \epsilon \cos\theta) \left(\frac{E_\perp}{B} - \frac{1}{\sigma_\perp B^2} \frac{\partial p}{\partial r} \right). \qquad (14.12)$$

Wobei wir hier zwischen senkrechter und paralleler Leitfähigkeit unterscheiden. Neben dem mit dem diamagnetischen Strom verbundenen Beitrag zum radialen Transport tritt hier, im Unterschied zum klassischen Transport, ein Beitrag durch die $E \times B$-Drift auf. Beide Größen hängen vom poloidalen Winkel ab. Da sowohl der Druckgradient als auch des Magnetfeld (13.6) gegeben sind, fehlt zur Berechnung noch das elektrische Feld. Das Feld wird umso größer sein, je kleiner die parallele Leitfähigkeit ist. Kleine Werte der Leitfähigkeit implizieren eine große Potentialdifferenz und damit einen entsprechend großen Beitrag der Drift zum radialen Transport. Anders als beim diamagnetischen Term, ist es hier nicht die durch die Resistivität erzeugte Reibungskraft, die zum Transport führt, sondern das elektrische Feld, das entsteht, weil Resistivität den Abbau der Potentialdifferenz verhindert.

Das elektrische Feld berechnen wir aus dem Ohm'schen Gesetz. Wenn keine wie im Tokamak durch einen Transformator getriebene elektrische Umfangsspannung vorliegt, kann das elektrische Feld keine toroidale Komponente haben. Denn sonst müsste diese, wegen toroidaler Symmetrie, bei festem θ für alle φ den gleichen Wert haben. Ein toroidales Kreisintegral über diese Komponente würde also einen endlichen Wert liefern. Nach Abb. 14.3 ist also $E_\parallel = E_\perp B_\theta / B_\varphi$. Die Komponente parallel zum Magnetfeld treibt nach (3.39) einen parallelen Strom, genannt *Pfirsch-Schlüter-Strom*, der Größe

$$j_\parallel = \sigma_\parallel E_\parallel = \sigma_\parallel E_\perp \frac{B_\theta}{B_\varphi}. \tag{14.13}$$

Den Pfirsch-Schlüter-Strom berechnen wir aus der Quasineutralitätsbedingung, wonach die Divergenz des Stromes verschwinden muss:

$$\nabla \cdot \mathbf{j} = \nabla \cdot \left(j_\parallel \frac{\mathbf{B}}{B} + \mathbf{j}_\perp \right) = \nabla \cdot \left(j_\parallel \frac{\mathbf{B}}{B} - \frac{\nabla p \times \mathbf{B}}{B^2} \right) = 0, \tag{14.14}$$

wobei die senkrechte Stromkomponente nach (3.32) durch den diamagnetischen Strom gegeben ist.

Unter Verwendung der toroidalen Symmetrie und der Abhängigkeit der Magnetfeldkomponenten von θ nach (13.6–13.7) folgt für den ersten Term

$$\nabla \cdot \left(j_\parallel \frac{\mathbf{B}}{B} \right) = \frac{1}{rR} \frac{B_{\theta 0}}{B_0} \frac{\partial}{\partial \theta} \left(R j_\parallel \right).$$

Der Ausdruck wurde in Toruskoordinaten nach (B.38) ausgewertet, wobei nur die poloidale Komponente der Divergenz einen Beitrag liefert.

Aus dem zweiten Term folgt mit den gleichen Argumenten:

$$\nabla \cdot \left(\nabla p \times \frac{\mathbf{B}}{B^2} \right) = -\frac{p'}{rR} \frac{\partial}{\partial \theta} \left(R \frac{B_\varphi}{B^2} \right) = 2 \frac{p'}{rR} \frac{R_0}{B_0} (1 + \epsilon \cos \theta) \epsilon \sin \theta.$$

Wir setzen die beiden Terme gleich und erhalten eine Gleichung für den Pfirsch-Schlüter-Strom:

$$\frac{\partial}{\partial \theta} \left(R j_\parallel \right) = 2 \frac{p' R_0}{B_{\theta 0}} (1 + \epsilon \cos \theta) \epsilon \sin \theta.$$

Für ein großes Aspektverhältnis kann man den Term mit ϵ^2 auf der rechten Seite vernachlässigen. Nach Integration und einer weiteren Vernachlässigung eines Terms in ϵ^2 folgt für den *Pfirsch-Schlüter-Strom* die einfache Beziehung

$$j_\parallel = -\frac{2p'}{B_{\theta 0}} \epsilon \cos \theta. \tag{14.15}$$

Dies in (14.13) eingesetzt, ergibt die gesuchte elektrische Feldkomponente

$$\frac{E_\perp}{B} = -\frac{2p'B_{\varphi 0}}{\sigma_\| B_{\theta 0}^2}\epsilon\cos\theta(1+\epsilon\cos\theta).$$

Damit kann das Integral (14.12) gelöst werden. Wir verwenden wieder die Näherung für große Aspektverhältnisse und finden mit

$$\int_0^{2\pi} d\theta(1+\epsilon\cos\theta)^3 \approx \int_0^{2\pi} d\theta(1+\epsilon\cos\theta)^2\cos\theta \approx 2\pi + \mathcal{O}(\epsilon^2)$$

für den Pfirsch-Schlüter-Transport den fast gleichen Ausdruck wie im Teilchenbild:

$$\Gamma_r = \frac{n}{\sigma_\perp B_\varphi^2}\frac{\partial p}{\partial r}\left(1 + \frac{2\sigma_\perp}{\sigma_\|}\frac{1}{\iota^2}\right). \tag{14.16}$$

Für $\sigma_\| = \sigma_\perp$ ist dieser Ausdruck gleich dem aus (14.8) mit (14.6), der aus dem Teilchenbild gewonnen wurde.

14.2.3 Die toroidale Resonanz

Wie in Abschn. 13.3.3 behandelt, beeinflussen radiale elektrische Felder die Trajektorien der passierenden Teilchen. Die Abweichung der Bahn von der Flussfläche ändert sich und folglich sind modifizierte Schrittweiten im Random-Walk-Ansatz für den Diffusionskoeffizienten zu verwenden. Die Schrittweite ist das Produkt aus Krümmungsdrift und poloidaler Transitzeit, die wiederum durch die poloidale Geschwindigkeitskomponente bestimmt ist, die jetzt gegeben ist durch

$$v_\theta^* \approx v_\|\frac{B_\theta}{B} - \frac{E_r}{B} = v_\|\epsilon\iota\left(1 - \frac{E_r}{v_\|\epsilon\iota B}\right). \tag{14.17}$$

Der Ausdruck für die *modifizierte Transitzeit* (13.12) erhält jetzt einen Korrekturterm und lautet:

$$\tau_{tr}^* = \frac{2\pi}{\omega_\theta^*} = \frac{2\pi r}{v_\theta^*} = \tau_{tr}\left(1 - \frac{E_r}{E_{res}}\right)^{-1}, \tag{14.18}$$

mit dem resonanten elektrischen Feld (13.44). Die Versetzung der Bahn und damit die Schrittweite ist jetzt entsprechend (13.20) gegeben durch

$$\delta_p^* = \left|\frac{v_D}{\omega_\theta^*}\right| = \delta_p\left(1 - \frac{E_r}{E_{res}}\right)^{-1}. \tag{14.19}$$

Für den durch ein radiales elektrisches Feld *modifizierten Diffusionskoeffizienten im Pfirsch-Schlüter-Gebiet* folgt daraus die

$$D_{\mathrm{ps}}^{*} = \frac{\delta_p^{*2}}{2\tau_{ei}} = \frac{D_{\mathrm{ps}}}{\left(1 \pm \frac{E_r}{E_{res}}\right)^2}. \tag{14.20}$$

Sind die poloidalen Komponenten der thermischen Bewegung und der $E \times B$-Drift entgegengerichtet und vom Betrag her gleich, so verschwindet der Nenner und der Diffusionskoeffizient wird entsprechend sehr groß. Diese *toroidale Resonanz* rührt daher, dass Teilchen mit verschwindender poloidaler Geschwindigkeit durch die Krümmungsdrift direkt verloren gehen.

14.3 Neoklassischer Transport

Als letztes Element fehlt noch der Einfluss von gefangenen Teilchen auf die Transportkoeffizienten. Dies ist Gegenstand dieses Abschnitts. Auch dabei werden wir uns auf einfache Ableitungen beschränken, die zu den wesentlichen physikalischen Aussagen führen. Wieder folgen aus Teilchen- und Flüssigkeitsbild im Wesentlichen gleiche Resultate.

14.3.1 Neoklassischer Transport im Teilchenbild

Im Teilchenbild sorgen die Bananenbahnen der gefangenen Teilchen für eine Erhöhung des Transports. Ein Teilchen, das eine Bananenbahn durchläuft, kann, wie in Abb. 14.4 illustriert, durch einen Stoß wieder auf eine passierende Bahn gebracht werden. Da der Stoß jederzeit erfolgen kann, entspricht der Bahnwechsel einer radialen Zufallsbewegung mit der Schrittweite einer Bananenbreite δ_{Ba}.

Die Schrittzeit ist aber von der Stoßzeit, die ja für 90°-Stöße definiert ist, verschieden. Der Streuwinkel, der ein gefangenes Teilchen in ein passierendes verwandelt, ist deutlich geringer. Aus (13.30) wissen wir, dass Teilchen mit kleiner paralleler Geschwindigkeitskomponente gefangen sind. Wenn sich durch Stöße der Neigungswinkels eines gefangenen Teilchens um etwa den Grenzwinkels α_0 ändert, dann wird das Bananenteilchen zu einem passierenden Teilchen. Die senkrechte Impulsrelaxationszeit (8.69) ist über das Quadrat der Impulsänderung definiert. Sie ist also zu korrigieren durch den Quotienten aus Quadraten der partiellen Geschwindigkeitsänderung um $\Delta v_\perp$ und einer 90°-Änderung, die von der Größenordnung v ist. Aus diesen Überlegungen heraus definieren wir eine *effektive Stoßzeit*, die wir zur Normierung der physikalischen Größen verwenden wollen:

$$\tau_{eff} = \tau_{ei} \frac{(\Delta v_\perp)^2}{v^2} = \tau_{ei} \frac{v^2(1 - \sin^2 \alpha_0)}{2v^2} \approx \tau_{ei}\epsilon. \tag{14.21}$$

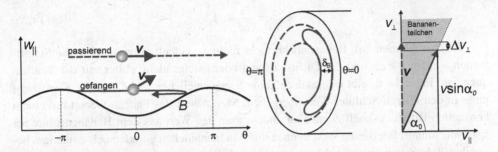

Abb. 14.4 Der Übergang eines Bananenteilchen auf eine passierende Bahn geschieht dann, wenn der Geschwindigkeitsvektor durch Stöße um $\Delta v_\perp$ gedreht wird. *Links* zwei Bahnen im Magnetfeld, *Mitte* die Projektionen der Bahnen und *rechts* die Geschwindigkeitsänderung im Phasenraum beim Übergang in eine passierende Bahn

Die Berechnung folgt nach Abb. 14.4 (links) mit (13.30); den Faktor 1/2 haben wir hinzugefügt, um zur übliche Notation zu gelangen.

Betrachten wir zuerst weitgehend stoßfreie Teilchen, bei denen die effektive Stoßzeit länger als die Reflexionszeit (13.28) der Bananen ist:

$$\tau_{eff} \geq \tau_{Ba} = \frac{\tau_{tr}}{\sqrt{\epsilon}} \tag{14.22}$$

oder

$$\frac{\tau_{tr}}{\tau_{ei}} \leq \epsilon^{3/2}. \tag{14.23}$$

Das Gleichheitszeichen trifft dann zu, wenn das Teilchen pro Bahnumlauf genau einen Stoß macht.

Zusammen mit der Schrittweite δ_{Ba} folgt daraus der Diffusionskoeffizient

$$D_{Ba} \approx \sqrt{\epsilon} \frac{\delta_{Ba}^2}{2\tau_{eff}}, \tag{14.24}$$

wobei wir noch beachten müssen, dass nach (13.31) nur ein Anteil der Größenordnung $\sqrt{\epsilon}$ der Teilchen gefangen ist. Wir setzen nun (13.27) für die Bananenbreite ein und erhalten so den *Diffusionskoeffizienten der Elektronen im Bananengebiet*:

$$D_{Ba} = \sqrt{\epsilon} \left(\frac{mv}{eB_\theta}\sqrt{\epsilon}\right)^2 \frac{1}{2\tau_{ei}\epsilon} \approx \frac{1}{\epsilon^{3/2}t^2}\frac{\rho_L^2}{2\tau_{ei}} = \frac{1}{t^2\epsilon^{3/2}}D_{kl} = \frac{1}{\epsilon^{3/2}}D_{ps}. \tag{14.25}$$

In einem typischen Tokamak ist der Wert des klassischen Diffusionskoeffizienten ρ_L^2/τ_{ei} also um etwa einen Faktor 50 erhöht. Die Bananenteilchen dominieren den Pfirsch-Schlüter-Beitrag von den ja auch vorhandenen passierenden Teilchen um den Faktor $(R/a)^{3/2}$.

Den Übergangsbereich zwischen Bananen- und Pfirsch-Schlüter-Gebiet nennt man *Plateau-Gebiet*. Hier gilt

$$\epsilon^{3/2} < \frac{\tau_{\text{tr}}}{\tau_{ei}} < 1. \tag{14.26}$$

Die Teilchen können ihre Bananenbahn nicht mehr vollständig durchlaufen, die Schritt-weiten werden kürzer und der Diffusionskoeffizient steigt nicht weiter mit der Stoßfre-quenz an. Für $\tau_{ei} = \tau_{\text{tr}}$ gibt es praktisch keine Bananenteilchen mehr, und der Koeffizient muss in den Pfirsch-Schlüter-Wert übergehen. Man nähert das Plateau-Gebiet mit einem konstanten Diffusionskoeffizienten an, indem man den Wert aus dem Bananengebiet bei $\tau_{\text{eff}} = \tau_{\text{Ba}}$ nimmt. Für diesen Wert können die Bananenteilchen gerade noch umlaufen, be-vor ihre Bahn durch einen Stoß beendet wird. Der *Diffusionskoeffizient im Plateau-Gebiet* ist damit gegeben durch

$$D_{\text{Pl}} \approx \sqrt{\epsilon} \frac{\delta_{\text{Ba}}^2}{2\tau_{\text{Ba}}} = \frac{1}{\iota^2} \frac{\rho_L^2}{2\tau_{\text{tr}}}. \tag{14.27}$$

Oder, nach Einsetzen von (13.12):

$$D_{\text{Pl}} \approx \frac{1}{4\pi \iota R_0 v} \left(\frac{mv^2}{qB} \right)^2. \tag{14.28}$$

In Abb. 14.5 ist die Abhängigkeit des Diffusionskoeffizienten von der Stoßfrequenz $\nu \sim 1/\tau_{ei}$ dargestellt. Im Bananen- und Pfirsch-Schlüter-Gebiet steigt der Diffusions-koeffizient linear mit der Stoßfrequenz an. Beim Übergang von Pfirsch-Schlüter- zu Plateau-Gebiet tragen Bananenteilchen immer stärker zum Transport bei, denn sie ha-ben zunehmend Zeit, ihre Bananenbahn zu vollenden und sich von der Flussfläche zu entfernen. In diesem Übergangsbereich ist der Diffusionskoeffizient von der Stoßfrequenz unabhängig. Wenn die effektive Stoßzeit gleich der Reflexionszeit der Bananenteilchen ist, ist die maximale Abweichung von der Flussfläche erreicht und der Diffusionskoeffizient nimmt mit sinkender Stoßfrequenz wieder ab.

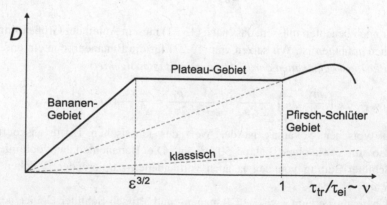

Abb. 14.5 Neoklassischer Diffusionskoeffizient im Tokamak in Abhängigkeit der Stoßfrequenz. Die Temperatur ist konstant, es ist also $\tau_{tr}/\tau_{ei} \sim n$

14.3.2 Stellaratorspezifische Elemente

Durch helikal gefangene Teilchen treten neue Effekte bei langen Stoßzeiten auf. In Abschn. 13.3.2 haben wir gezeigt, dass helikal gefangenen Teilchen in stoßfreien Plasmen durch die vertikale Drift direkt verloren gehen können. Dies ist dann kein diffusiver Prozess. Ist aber die effektive Stoßzeit τ_{eff} kürzer als die Verlustzeit τ_{loss} (13.41) der Teilchen, so werden helikal gefangene Teilchen auf passierende Bahnen gestreut und bleiben eingeschlossen. Aus diesem Prozess entsteht mit $\delta r = v_D \tau_{eff}$ eine radiale Schrittlänge für den Random-Walk-Ansatz. Die effektive Stoßzeit ist in Analogie zu (14.21) gegeben durch $\tau_{eff} = \tau_{ei} \epsilon_h$, wobei ϵ_h die helikale Welligkeit (13.40) ist, und v_D entnehmen wir aus (13.13) für $\alpha = \pi/2$. Wenn man das radiale elektrische Feld vernachlässigen kann, lässt sich der *Diffusionskoeffizient im $1/\nu$-Gebiet* also abschätzen durch

$$D_{1/\nu} = \sqrt{\epsilon_h} \frac{(v_D \tau_{eff})^2}{2\tau_{eff}} \approx \frac{1}{2}\epsilon_h^{3/2} \left(\frac{mv^2}{2qR_0B}\right)^2 \tau_{ei}. \tag{14.29}$$

Wie der Name sagt, steigt der Koeffizient bei kleiner werdender Stoßfrequenz mit $1/\nu$ an. Setzt man die Stoßzeit (8.76) ein und wandelt die Geschwindigkeit in die entsprechende Temperatur um, so folgt für den Diffusionskoeffizienten der Elektronen die charakteristische Temperaturabhängigkeit von $T_e^{7/2}$:

$$D_{1/\nu} \approx \frac{3\pi\sqrt{3m_e}\epsilon_0^2\epsilon_h^{3/2}T_e^{7/2}}{e^6 n_e \ln\Lambda R_0^2 B^2}. \tag{14.30}$$

Der starke Anstieg mit der Temperatur steht ganz im Gegensatz zu den Transportkoeffizienten im Tokamak. Da für Fusionsplasmen hohe Temperaturen angestrebt werden, wäre dieser Teilchenverlust ein ernstes Problem für einen Stellaratorreaktor. Das Plasma schützt sich jedoch selbst vor zu großen Teilchenverlusten und baut ein radiales elektrisches Feld auf, das den Transportkoeffizienten wieder reduziert. Ohne elektrisches Feld nimmt der Koeffizient erst dann wieder ab, wenn die durch Verluste entstandene Lücke in der Maxwell-Verteilung nicht mehr schnell genug über Ion-Ion- bzw. Elektron-Elektron-Stöße aufgefüllt werden kann. Dies erklärt den in Abb. 14.6 dargestellten Verlauf des Diffusionskoeffizienten im Stellarator.

Wie dort auch zu sehen ist, ändern starke radiale elektrische Felder die Temperaturabhängigkeit dramatisch. Das Feld wird vom Plasma selbst generiert, denn der Transport durch helikal gefangene Teilchen ist nicht ambipolar. Sind z. B. die Elektronen im $1/\nu$-Gebiet und die Ionen im Plateau-Gebiet, so führen starke Verluste an Elektronen zu einer positiven Aufladung des Plasmas. Diesen Zustand nennt man die *Elektronenwurzel*. Das Gegenteil, die *Ionenwurzel*, ist normalerweise realisiert (siehe dazu Abschn. 14.3.5). Wie in Abb. 14.7 zu sehen, wird das elektrische Feld dann wichtig, wenn es stark genug ist, gefangenen Teilchen poloidal umzulenken. Der Diffusionskoeffizient hängt dann wieder von der Abweichung der Bahn von der Flussfläche ab. Diese Versetzung berechnen wir

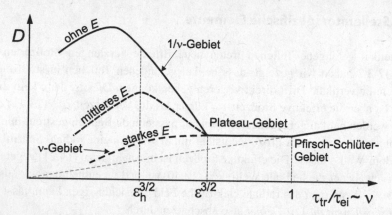

Abb. 14.6 Qualitativer Verlauf des neoklassischen Diffusionskoeffizienten im Stellarator für verschiedene radiale elektrische Feldstärken in Abhängigkeit der Stoßfrequenz. Die Temperatur ist konstant, es ist also $\tau_{tr}/\tau_{ei} \sim n$

aus der vertikalen Driftgeschwindigkeit und der poloidalen Umlaufzeit, gegeben durch die $E_r \times B$-Drift

$$\omega_{E \times B} = \frac{2\pi}{\tau_{E \times B}} = \frac{E_r}{rB}, \tag{14.31}$$

aus $l = v_D/\omega_{E \times B}$. Aus dem Random-Walk-Ansatz und der Driftgeschwindigkeit (13.13) folgt damit für den *Diffusionskoeffizienten im ν-Gebiet*

$$D_\nu \approx \left(\frac{v_D}{\omega_{E \times B}}\right)^2 \frac{1}{2\tau_{ei}} \approx \epsilon^2 \left(\frac{mv^2}{qE_r}\right)^2 \frac{1}{8\tau_{ei}}. \tag{14.32}$$

Da nun der Transportkoeffizient mit sinkender Stoßfrequenz wieder abnimmt, nennt man diesen Bereich das *ν*-Gebiet. Durch Einsetzen der einzelnen Größen finden wir die schwächere Temperaturabhängigkeit von $\sqrt{T_e}$ für den Diffusionskoeffizienten der Elektronen:

$$D_\nu \approx \epsilon^2 \frac{e^2 \pi n_e \ln \Lambda \sqrt{T_e}}{12\sqrt{3m_e}\epsilon_0^2 E_r^2}. \tag{14.33}$$

Der qualitative Verlauf des Diffusionskoeffizienten ist in Abb. 14.6 zu sehen.

14.3.3 Neoklassischer Transport im Flüssigkeitsbild

Ausgangspunkt zur Herleitung des neoklassischen Transports sind die stationären Bewegungsgleichungen (7.89) im Zweiflüssigkeitsmodell:

$$\rho(\mathbf{E} + \mathbf{u} \times \mathbf{B}) - \nabla p - \nabla \cdot \bar{\bar{\Pi}}^{neo} = 0. \tag{14.34}$$

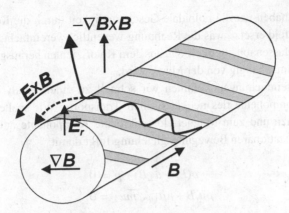

Abb. 14.7 Qualitative Bahn eines helikal gefangenen Teilchens in einem linearen Stellarator, bei dem Bereiche hohen Feldes grau gekennzeichnet wurden. Ohne radiales elektrisches Feld gehen in einem stoßfreien Plasma die Teilchen direkt verloren (*durchgezogene Bahn*), wogegen ein starkes elektrisches Feld die Bahnen poloidal umlenken kann (*gestrichelte Bahn*)

Wobei hier der neoklassische Beitrag zum Viskositätstensor $\bar{\bar{\Pi}}^{\mathrm{neo}}$ die entscheidende Rolle spielt. Die Reibung zwischen Elektronen- und Ionenflüssigkeit kann gegen den neoklassischen Beitrag zum Transport vernachlässigt werden.

Der neoklassische Viskositätstensor ist eine komplizierte Größe. Die Ableitungen der Diagonalelemente $\partial_x \Pi_{xx}^{\mathrm{neo}}$, $\partial_y \Pi_{yy}^{\mathrm{neo}}$ und $\partial_z \Pi_{zz}^{\mathrm{neb}}$ entsprechen Kräften, die von der parallelen Viskosität herrühren und der Geschwindigkeit entgegengerichtet sind. In einem toroidalen Plasma werden sie durch das sog. *magnetische Pumpen* erzeugt, hervorgerufen durch die Veränderung der Magnetfeldstärke auf einer Flussfläche. Die viskose Kraft ist bei Weitem größer als die vernachlässigte resistive Kraft. Die Außerdiagonalelemente repräsentieren die senkrechte Viskosität und hängen mit Gradienten in der Strömungsgeschwindigkeit zusammen, also mit *Scherströmungen*. Sie spielen grundsätzlich eine Rolle, nehmen aber keinen wesentlichen Einfluss auf die hier zu ziehenden Schlussfolgerungen. Wir werden diese Beiträge also vernachlässigen, sodass sich die Ableitung des Viskositätstensors auf die parallelen Komponenten reduziert. Von dem resultierenden Vektor bleibt letztlich nur eine Komponente übrig, denn der toroidale Anteil verschwindet im Tokamak aus Symmetriegründen und der radiale Anteil ist vernachlässigbar klein.

Der Beitrag der Viskosität reduziert sich dadurch auf den Ausdruck

$$\nabla \cdot \bar{\bar{\Pi}}^{\mathrm{neo}} \approx = (\nabla_{\parallel} \cdot \bar{\bar{\Pi}}^{\mathrm{neo}})_{\theta} \mathbf{e}_{\theta} + (\nabla_{\parallel} \cdot \bar{\bar{\Pi}}^{\mathrm{neo}})_{\varphi} \mathbf{e}_{\varphi} = (\nabla_{\parallel} \cdot \bar{\bar{\Pi}}^{\mathrm{neo}})_{\theta} \mathbf{e}_{\theta}.$$

Die poloidale Viskosität wird durch die unterschiedliche Magnetfeldstärke auf der Innen- und Außenseite des Plasmatorus erzeugt. Wir führen den *Viskositätskoeffizienten* $\mu_{\parallel}$ ein, sodass der Ausdruck die Form erhält:

$$\nabla \cdot \bar{\bar{\Pi}}^{\mathrm{neo}} \approx -n\mu_{\parallel\theta} u_{\theta} \mathbf{e}_{\theta} \approx -n\hat{\mu}_{\parallel\theta} \sqrt{m} u_{\perp} \mathbf{e}_{\perp}. \tag{14.35}$$

Im letzten Schritt haben wir die poloidale Geschwindigkeit durch die Komponente senkrecht zum Magnetfeld ersetzt, was die Rechnung wesentlich vereinfacht. Weiterhin haben wir die bekannte Massenabhängigkeit $\sqrt{m}$ aus dem Koeffizienten herausgezogen, wodurch der Koeffizient $\hat{\mu}$ unabhängig von der Masse wird.

Mit diesen Vereinfachungen kommen wir schnell zu einem analytischen Ausdruck für die radiale Komponente des neoklassischen Transports. Wir spalten (14.34) in die radiale und die dazu und zum Magnetfeld senkrechte Komponente auf. Für die beiden Komponenten der stationären Bewegungsgleichung folgt damit:

$$\rho(E_r + u_\perp B) - p' = 0 \qquad (14.36)$$

$$\rho u_r B + n\hat{\mu}_{\|\theta}\sqrt{m}u_\perp = 0. \qquad (14.37)$$

Aus (14.37) resultiert die radiale Strömungsgeschwindigkeit, aus der auch der neoklassische Transport berechnet werden kann:

$$u_r = -\frac{1}{qB}\hat{\mu}_{\|\theta}\sqrt{m}u_\perp. \qquad (14.38)$$

Die Gleichung gilt für Elektronen und Ionen. Wegen der Massenabhängigkeit sind, bei vergleichbaren Temperaturen, die Teilchenflüsse der beiden Spezies unterschiedlich groß. Im Gleichgewicht müssen die Flüsse aber ambipolar sein, was nur erreicht werden kann, wenn die senkrechte Strömungsgeschwindigkeit der Elektronen wesentlich höher als die der Ionen ist. Die senkrechte Strömungsgeschwindigkeit besteht aus der Summe aus diamagnetischer und $E \times B$-Drift, sodass aus der Forderung nach Ambipolarität das radiale elektrische Feld bestimmt werden kann. Um zu einer konsistenten Beschreibung zu gelangen, lösen wir (14.36) nach $u_\perp$ auf und setzen die erhaltene Beziehung, die sich aus der diamagnetischen und der $E \times B$-Drift zusammensetzt, in (14.38) ein. Es folgt:

$$u_r = -\frac{\hat{\mu}_{\|\theta}}{q^2 nB^2}\sqrt{m}\left(p' - \rho E_r\right). \qquad (14.39)$$

Die radialen Teilchenflüsse hängen also direkt vom elektrischen Feld ab. Diese Abhängigkeit kam aus dem einfacheren Teilchenbild nicht heraus. Verschwindet das elektrische Feld, dann ist der Ionenfluss um das Massenverhältnis größer als der Elektronenfluss. Als Konsequenz baut sich ein negatives radiales elektrisches Feld auf, welches den Ionenfluss reduziert ($p' < 0$) und den Elektronenfluss erhöht. Dies geschieht auf der schnellen Alfvén-Zeitskala. Das elektrische Feld, bei dem die beiden Flüsse gleich groß sind, nennt man *ambipolares elektrisches Feld*. Eine Beziehung für das ambipolare elektrische Feld erhalten wir in guter Näherung, indem wir den wegen der Massenabhängigkeit dominanten Ionenfluss zu null setzen, $u_{ri} = 0$. Aus (14.39) folgt dann

$$E_r^{\text{amb}} = \frac{p_i'}{\rho_i} = \frac{T_i}{e}\left(\frac{\nabla n_i}{n_i} + \frac{\nabla T_i}{T_i}\right). \qquad (14.40)$$

In diesem einfachsten Modell sind die Ionen also annähernd in Ruhe und die Elektronen strömen mit etwa dem doppelten Wert ihrer diamagnetischen Driftgeschwindigkeit in die poloidale Richtung. Für einfache Ionisation und $p_e = p_i = p$ folgt nämlich für den Wert des ambipolaren Feldes aus (14.36)

$$u_{e\perp} \approx -2\frac{p'}{enB}. \tag{14.41}$$

Wir setzen dies in (14.38) ein und erhalten für den *ambipolaren neoklassischen Teilchenfluss* den Ausdruck

$$\Gamma^{\text{neo}} \approx \Gamma_{er} = nu_{er} = -\frac{2\hat{\mu}_{\parallel\theta}\sqrt{m_e}}{e^2 B^2}p'. \tag{14.42}$$

Berechnet wir den Ionentransport auf gleiche Weise, so folgt $\Gamma_{ir} = 0$, denn wir haben ja $u_{i\perp} = 0$ gefordert. Wegen der größeren Masse erzeugt aber schon eine kleine Abweichung des radialen elektrischen Felds von 14.40 einen Ionentransport von der Größe des Elektronentransports, wogegen sich der Elektronentransport dann nur wenig ändert. Damit ist dieser Ausdruck eine sehr gute Näherung für den ambipolaren Teilchenfluss. In Abschn. 14.3.5 werden wir zeigen, dass die einfache Näherung für das ambipolare Feld das experimentelle Ergebnis gut beschreibt.

Im Flüssigkeitsbild wird der neoklassische Transport also durch die auf poloidale Strömungen wirkende parallele Viskosität erzeugt. Wie in Abb. 14.8 dargestellt, kann man den neoklassischen Transport als Drift verstehen, die von der viskosen Kraft herrührt. Ist das elektrischen Feld null, so ist nur die diamagnetische Drift für die poloidale Strömung verantwortlich. Da die Viskosität von der Masse abhängt, ist die $F \times B$-Drift der Ionen größer als die der Elektronen, und es fließt ein radialer elektrischer Strom, der zu einer negativen Aufladung des Plasmas führt. Nun überlagert sich die gleich gerichtete $E \times B$-Drift den diamagnetischen Driften. Erst wenn die poloidale Strömung der Ionen

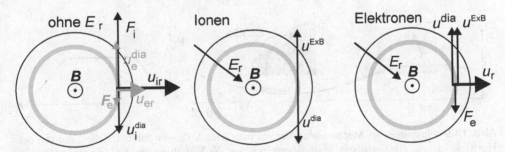

Abb. 14.8 Die viskosen Kräfte $F_{e,i}$ führen nach (3.92) zu Transport (*links*). Das Plasma lädt sich negativ auf, bis durch das radiale elektrische Feld die Ionen praktisch zur Ruhe kommen und die Elektronen das Doppelte der poloidalen Geschwindigkeit haben. Der Transport an Elektronen entspricht dem neoklassischen ambipolaren Wert

annähernd zum Erliegen gekommen ist, wird der Transport ambipolar. Die poloidale Drift-geschwindigkeit der Elektronen ist dann etwa doppelt so hoch wie ihre diamagnetische Driftgeschwindigkeit.

Der Mechanismus, der zur parallelen Viskosität führt, wird in Abb. 14.9 erläutert. Wenn Teilchen durch poloidale Rotation von der Hochfeldseite des Torus auf die Niederfeldseite gelangen, wird, wegen der Erhaltung des magnetischen Momentes, senkrechte kinetische Energie in parallele umgewandelt. Nehmen wir wie in der Abbildung an, dass die Ge-schwindigkeitsverteilung auf der Hochfeldseite isotrop war, so führt dieser Prozess auf der Niederfeldseite zu einer deformierten Verteilung im Phasenraum. Man muss sich die Rotation so vorstellen, dass das Plasma, wie einzelne Teilchen auch, im Wesentlichen entlang der Feldlinien strömt. In der deformierten Verteilung steckt somit der parallele Impuls, den das Plasma benötigt, um den magnetischen Spiegel zur Hochfeldseite wieder hinaufströmen zu können. Wird nun die Verteilungsfunktion auf der Niederfeldseite durch Stöße thermalisiert, so fehlt dem Plasma ein Teil des Impulses, um seine Bewegung fortset-zen zu können. Bewegungsenergie wurde also in thermische Energie umgewandelt. Dieser Prozess wird auch als *magnetisches Pumpen* bezeichnet.

Im einem stoßfreien Plasma wird nach dieser Überlegung die Viskosität verschwinden. Das Gleiche trifft zu, wenn Stöße so häufig sind, dass die Geschwindigkeitsverteilung zu jedem Zeitpunkt thermalisiert ist, sodass das magnetische Pumpen wieder nicht grei-fen kann. Aus diesen Erläuterungen sieht man, dass der Viskositätskoeffizient und damit der neoklassische Transport stark von der Stoßfrequenz abhängt. Wie in Abb. 14.9 rechts zu sehen ist, steigt die Viskosität mit der Stoßrate an. Bei hohen Stoßraten befindet sich die Geschwindigkeitsverteilung immer im lokalen Gleichgewicht, wodurch der Verlust an Impuls und damit die Viskosität wieder abnimmt. Den größten Beitrag liefert das magnetische Pumpen, wenn die Stoßfrequenz etwa gleich der Umlaufzeit der Teilchen ist, also im Plateau-Gebiet. Der Verlauf der Viskosität in Abhängigkeit von der Stoßrate ent-spricht dem des Diffusionskoeffizienten im Bananen- und Plateau-Gebiet (vgl. Abb. 14.5). Folglich liefern Flüssigkeits- und Teilchenmodell wieder vergleichbare Resultate.

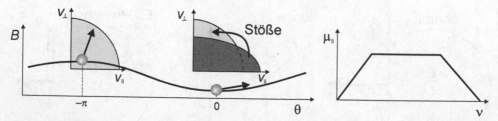

Abb. 14.9 Illustration des Mechanismus, der zur parallelen Viskosität führt. Teilchen, die von der Hochfeldseite zur Niederfeldseite laufen, verzerren dort die Verteilungsfunktion mit einem Beitrag hoher paralleler Geschwindigkeit. Thermalisiert dort die Verteilungsfunktion durch Stöße, so redu-ziert sich der Anteil der Teilchen, die wieder bis zur Hochfeldseite laufen können. In der poloidalen Projektion ist dieser Impulsverlust die viskose Kraft, die der Bewegung entgegenwirkt. *Rechts*: der qualitative Verlauf des Viskositätskoeffizienten

14.3.4 Kinetische Beschreibung des neoklassischen Transports

Eine mathematisch korrekte Beschreibung des neoklassischen Transports geht von der *Driftkinetischen Gleichung* (7.44) aus. Der Weg soll hier kurz skizziert werden. Dazu wird die Driftkinetische Gleichung linearisiert und die Verteilungsfunktion in eine Maxwell-Verteilung f_M mit auf Flussflächen konstanten Parametern und einer kleinen Störung f_1 zerlegt:

$$f = f_0(r, W) + f_1(\mathbf{r}, v_\parallel, v_\perp) \tag{14.43}$$

Mit dem Crook-Stoßterm (7.38) folgt für die stationäre linearisierte Driftkinetische Gleichung

$$\frac{\iota v_\parallel}{R} \frac{\partial f_1}{\partial \theta} + v_D \sin\theta \frac{\partial f_M}{\partial r} = -\frac{1}{\tau_{ei}} f_1. \tag{14.44}$$

Der Term $v_D f_1$, der durch Einsetzen der Verteilungsfunktion in (7.44) auftritt, ist auch 1. Ordnung. Aus dieser Gleichung kann man die Störung $f_1(r, \theta, v_\parallel, v_\perp)$ berechnen [22]:

$$f_1 = f_1(r, \theta, v_\parallel, v_\perp) \frac{df_M}{dr}, \tag{14.45}$$

wobei die Ableitung der Maxwell-Verteilung für eine konstante Gesamtenergie der Teilchen $W + q\phi = $ const. zu nehmen ist:

$$\frac{df_M}{dr} = \left(\frac{1}{n} \frac{\partial n}{\partial r} - \left(\frac{3}{2} - \frac{W}{T} \right) \frac{1}{T} \frac{\partial T}{\partial r} + \frac{qE_r}{T} \right) f_M. \tag{14.46}$$

W ist die kinetische Energie des Teilchens. Aus f_1 folgt der radialen Teilchenfluss gemäß

$$\Gamma_r = \int v_D \sin\theta f_1 d\theta \, v_\perp dv_\perp dv_\parallel. \tag{14.47}$$

Nach Mittelung über θ und unter Verwendung von $v_\perp^2 = 2W/m - v_\parallel^2$ ist der Teilchenfluss gegeben durch

$$\Gamma_r = -4\pi \frac{1}{\sqrt{2m^3}} \int_0^\infty dW \sqrt{W} D(\nu, W) \frac{df_M}{dr}. \tag{14.48}$$

Nach Abb. 14.10 steht $v_r = v_D \sin\theta$ für die radiale Komponente der vertikalen Driftgeschwindigkeit. D ist der monoenergetische Diffusionskoeffizient, der nur noch von der Stoßfrequenz und der Teilchenenergie abhängt und sich aus den in diesem Kapitel hergeleiteten Anteilen zusammensetzt.

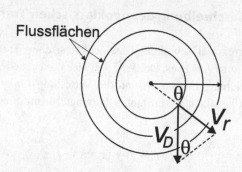

Abb. 14.10 Der radiale Teilchenfluss entspricht der Projektion der Krümmungsdrift auf die radiale Koordinate

Die Integration führt zu Außerdiagonalelementen in der Transportmatrix. Für den Fluss an Elektronen und Ionen kann man die Terme zusammenfassen z. B. in der Form

$$\Gamma_{re,i} = -n \left(D_{11e,i} \left(\frac{n'}{n} - \frac{q_{e,i}}{e} \frac{E_r}{T_{e,i}} \right) + D_{12e,i} \frac{T'_{e,i}}{T_{e,i}} + D_{13e,i} E_\varphi \right), \qquad (14.49)$$

wobei D_{11} dem Diffusionskoeffizienten entspricht, D_{12} steht für Thermodiffusion und D_{13} ist der Ware-Pinch aus Abschn. 13.2.4.

14.3.5 Das ambipolare elektrische Feld

Wie wir schon bei der Herleitung des Pfirsch-Schlüter- und des neoklassischen Transports aus dem Flüssigkeitsbild gesehen haben, sind radiale Teilchenflüsse nicht immer intrinsisch ambipolar. In Abhängigkeit der Stoßfrequenz kann die eine oder andere Teilchensorte dominanten Transport aufweisen. Erst durch das ambipolare elektrische Feld wird die Ambipolarität hergestellt. Rechnerisch findet man das ambipolare Feld durch Gleichsetzen der mittels (14.49) für beide Spezies berechneten Flüsse, wobei die Berechnung der Diffusionskoeffizienten aufwendig ist und meist aus an Rechnungen angepassten Tabellen oder analytischen Funktionen genommen wird.

Für einen Tokamak haben wir bereits mit (14.40) einen einfachen Ausdruck für das ambipolare elektrische Feld hergeleitet. Dabei haben wir unterschlagen, dass in einem Tokamak auch toroidale Strömungen auftreten können, wie sie z. B. durch Neutralteilcheninjektion getrieben werden. Wie in Abb. 14.11 zu sehen, müssen wir zur deren Berücksichtigung zwischen dem Plasmasystem und einem toroidalen Koordinatensystem unterscheiden. Für die Plasmadynamik sind die Richtungen parallel und senkrecht zum Magnetfeld entscheidend, während die Symmetrieeigenschaften in dem toroidalen System besser behandelt werden können. Aus Symmetriegründen ist die toroidale Rotation in einem idealen Tokamak ungedämpft, während die poloidale Strömung durch Viskosität behindert wird (vgl. Abschn. 14.3.3). Eine rein toroidale Strömung im Plasma kann durch

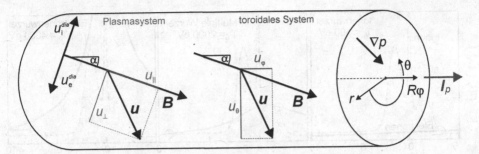

Abb. 14.11 Geometrie zur Berechnung der Plasmaströmung in einem Tokamak

eine parallele Strömung und eine überlagerte angepasste $E \times B$-Drift beschrieben werden. Da solch ein Zustand für beliebige toroidale Geschwindigkeiten eingestellt werden kann, gibt es im idealen Fall keine eindeutige Lösung für das elektrische Feld. In der Realität ist aber auch eine rein *toroidale Rotation* durch kleine, von den Toroidalfeldspulen hervorgerufene, magnetische Inhomogenitäten und durch Neutralgasstöße am Rand gedämpft. Gleichzeitig können alle Geschwindigkeitskomponenten auch spektroskopisch gemessen werden, sodass es sich bei der toroidalen Rotationsgeschwindigkeit nicht um einen freien Parameter handelt. Bei bekannter toroidaler Geschwindigkeit ist das neoklassische radiale elektrische Feld wieder eindeutig bestimmt. Wir wollen jetzt das einfache Modell (14.40) um eine ebenfalls messbare parallele Geschwindigkeitskomponente ergänzen.

Aus Abb. 14.11 leiten wir für die poloidale Geschwindigkeitskomponente der Ionen ab:

$$u_{i\theta} = u_{i\perp} \cos \alpha + u_{i\parallel} \sin \alpha = u_i^{\text{dia}} + u^{E \times B} + u_{\parallel} \tan \alpha,$$

wobei am Plasmarand $u_i^{\text{dia}} < 0$ und $u^{E \times B} > 0$ sind. Wir folgen auch hier der Argumentation aus Abschn. 14.3.3, wo wir zur Berechnung des elektrischen Feldes die poloidale Geschwindigkeit der Ionen wegen ihrer hohen parallelen Viskosität zu null gesetzt haben. Allerdings verwenden wir hier nicht die Näherung $u_{i\theta} \approx u_{i\perp}$, sondern beziehen den Steigungswinkel der Feldlinie α in die Berechnung ein. Indem wir $\tan \alpha$ nach (11.5) durch die Rotationstransformation ausdrücken, erhalten wir für das ambipolare radiale elektrische Feld im Tokamak die Beziehung

$$E_r^{\text{amb}} \approx \frac{p_i'}{en} + \epsilon \iota u_{\parallel}. \tag{14.50}$$

Der linke Teil von Abb. 14.13 zeigt einen Vergleich dieser einfachen Näherung für das ambipolare elektrische Feld mit Messungen aus dem Tokamak ASDEX Upgrade. Im Randbereich, wo die parallele Geschwindigkeit des Plasmas vernachlässigbar ist, beschreibt sogar (14.40) die experimentellen Daten sehr gut. Weiter zum Zentrum hin spielt die toroidale Rotation des Plasmas und damit auch die Geschwindigkeitskomponente parallel zum Magnetfeld eine Rolle. Der Vergleich in diesem Bereich wurde nicht mit (14.50)

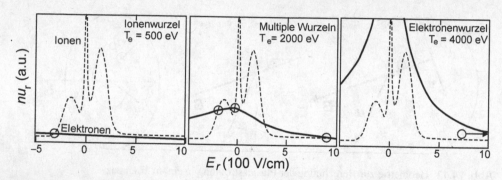

Abb. 14.12 Neoklassischer Elektronen- und Ionenfluss im Stellarator Wendelstein 7-AS für unterschiedliche Elektronentemperaturen bei fester Ionentemperatur von $T_i = 500\,\text{eV}$, berechnet bei $r = 13\,\text{cm}$ mit dem DKES-Programm (aus Ref. [25]). Die Schnittstellen markieren stabile Lösungen für das ambipolare elektrische Feld

angestellt, sondern mit Ergebnissen von dem Programm NEOART [23], welches den neoklassischen Transport im Tokamak mit einem kinetischen Modell berechnet, das auch die toroidale Rotation berücksichtigt. Der Vergleich zeigt, dass das radiale elektrische Feld im Tokamak gut mit der neoklassischen Theorie übereinstimmt.

Das Beispiel in Abb. 14.12 soll zeigen, wie komplex die Bestimmung des ambipolaren elektrischen Feldes in einem Stellarator sein kann. Für die Geometrie des Stellarators Wendelstein 7-AS (W7-AS) wurden die radialen Teilchenflüsse in Abhängigkeit des elektrischen Feldes mithilfe des DKES[1]-Programms berechnet. Dabei wurden Dichte und Ionentemperatur konstant gehalten und die Elektronentemperatur in drei Stufen verändert. Die Rechnung gilt für einen festen kleinen Radius (13 cm) und muss für jede Flussfläche extra durchgeführt werden, um radiale Profile des elektrischen Feldes zu erhalten.

Zunächst sei die Struktur des Ionentransports diskutiert. Auffällig sind drei lokale Maxima, die sich alle durch die in diesem Kapitel behandelten Effekte erklären lassen. Das zentrale Maximum entspricht Verlusten von helikal gefangenen Ionen. Im Schwanz der Maxwell-Verteilung gibt es immer stoßfreie Teilchen, die, wenn im helikalen Rippel gefangen, entsprechend dem $1/\nu$-*Gebiet* verloren gehen. Schon ein geringes elektrisches Feld genügt allerdings, um diese Teilchen wieder einzuschließen. Die beiden anderen Maxima erklären sich aus der *toroidalen Resonanz*, die entsprechend der beiden Vorzeichen von $v_\parallel$ in (13.44) sowohl für positive als auch für negative Felder erfüllt sein kann. Die Breite der Peaks rührt aus der Faltung über die Maxwell-Verteilung in (14.48) her.

Die gleiche Struktur findet man auch für Elektronen, allerdings müsste man sich dazu, wegen der höheren thermischen Geschwindigkeit, einen größeren Feld-Bereich anschauen. Die toroidale Resonanz spielt für die Elektronen keine praktische Rolle. Wichtig ist allerdings der Verlust helikal gefangener Teilchen, der in der Abbildung bei höheren

---

[1]Drift Kinetic Equation Solver [24]

Temperaturen deutlich wird. Der breite Peak bei den Elektronen entspricht dem schmalen Peak der Ionen bei $E_r \approx 0$.

Die Schnittstellen der beiden Kurven markieren Lösungen für das ambipolare elektrische Feld, wobei nur die stabilen Lösungen markiert sind. Bei instabilen Lösungen führt eine Abweichung vom ambipolaren Feld zu bipolarem Transport, der das Feld weiter von der Schnittstelle wegtreibt. In der linken Abbildung haben Elektronen und Ionen die gleiche Temperatur. Es gibt nur einen Schnittpunkt der beiden Kurven bei negativem Feld. Dies entspricht dem Normalfall in einem Fusionsplasma und die Lösung wird als *Ionenwurzel* bezeichnet. Experimentelle Werte in diesem Zustand werden meist recht gut durch die einfache Abschätzung (14.40) reproduziert.

Bei niedriger Dichte und starker Elektronenheizung können Zustände wie in Abb. 14.12 Mitte oder rechts erreicht werden. Stoßfreie helikal gefangene Elektronen führen dazu, dass der Elektronentransport den der Ionen übersteigt. Bei sehr hohen Elektronentemperaturen (rechts) gibt es nur noch eine positive Lösung bei hohen Werten. Dies ist die *Elektronenwurzel*, durch die das $1/\nu$-Gebiet in das ν-Gebiet überführt wird (vgl. (14.32)). Im mittleren Zustand sind multiple Lösungen möglich, wobei sich das Plasma für das negative elektrische Feld entscheidet. Durch die komplexe Struktur der Flüsse können extrem schnelle Übergänge zwischen Zuständen mit stark unterschiedlichen Feldern auftreten. Man stelle sich vor, dass die Elektronen eines Plasmas, das sich in der Ionenwurzel befindet, kontinuierlich stärker geheizt werden. Das ambipolare Feld wird zunächst durch den Peak im Ionenfluss bei $E_r \approx 0$ bestimmt. Wenn aber der Elektronenfluss diesen Peak übersteigt, springt der Wert des ambipolaren Feldes auf hohe positive Werte. Dies führt zu Bifurkationen im Plasma, die, da der Rückübergang erst bei kleinen Elektronentemperaturen wieder möglich ist, eine Hysterese aufweisen. Solche Übergänge wurden in Stellaratoren auch tatsächlich beobachtet [26, 27].

Abb. 14.12 beschreibt die Situation auf einer bestimmten Flussfläche. Um ein Profil des Feldes zu erhalten, sind entsprechende Rechnungen für alle Radien durchzuführen. Das Ergebnis einer solchen Rechnung für den W7-AS-Stellarator ist auf der rechten Seite von Abb. 14.13 zu sehen. Das neoklassische ambipolare Feld stammt aus dem DKES-Programm, wogegen die experimentelle Punkte wieder spektroskopisch gemessen wurden. Im Zentrum dieses Plasmas liegt die Elektronenwurzel vor, in dem Bereich multipler Lösungen wird diejenige mit dem kleinsten Wert realisiert, wogegen am Plasmarand die kleinen negativen Felder der Ionenwurzel vorherrschen.

Die experimentellen Werte in Abb. 14.13 wurden mit der *Ladungsaustauschspektroskopie* (engl. *charge exchange spectroscopy* (CXRS)) gemessen. Dabei werden alle relevanten Größen zur Auswertung des stationären radialen Kräftegleichgewichts (3.11)

$$\rho(E_r + u_\perp B) - p' = 0$$

aus der Linienstrahlung von Verunreinigungen gewonnen. Aus den Messungen der Flüssigkeitsgrößen einer Ionensorte ı folgt das radiale elektrische Feld gemäß

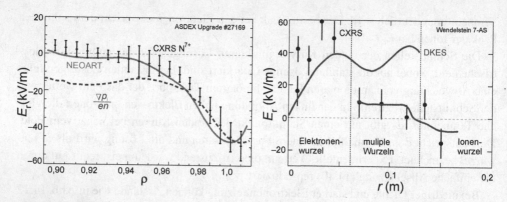

Abb. 14.13 Vergleich von neoklassisch berechneten und mit Ladungsaustauschspektroskopie (CXRS) gemessenen radialen elektrischen Feldern für den Tokamak ASDEX Upgrade (*links* aus Ref. [28]) und den Stellarator W7-AS (*rechts* aus Ref. [29]). Die verwendeten Modelle sind angemerkt

$$E_r = -u_{I\perp}B + \frac{p_I'}{eZ_In_I} = -u_{I\theta}B_\varphi + u_{I\varphi}B_\theta + \frac{p_I'}{eZ_In_I}. \tag{14.51}$$

Zur Berechnung des Druckgradienten p_I' der Flüssigkeit, die aus Verunreinigungsionen einer bestimmten Ladungszahl Z_I besteht, müssen Temperatur und Dichte gemessen werden. Die poloidale und toroidale Geschwindigkeitskomponenten werden aus der Doppler-Verschiebung einer Linie, die Temperatur aus ihrer Verbreiterung gewonnen. Die Ionendichte erhält man aus der Intensität der Linie, wobei zur Auswertung eine genaue Modellierung des Strahls der Neutralteilcheninjektion erforderlich ist, aus dem das Wasserstoffatom für den Ladungsaustausch $Z_{I-1} \rightarrow Z_I$ stammt. Die räumliche Lokalisierung der Messung gelingt, indem Sehstrahlen des Spektrometers mit dem Heizstrahl geeignet gekreuzt werden.

Referenzen

22. B. B. Kadomtsev, O. P. Pogutse, Nucl. Fusion **11**, 67 (1971).
23. A. G. Peeters, Phys. Plasmas **7**, 268 (2000).
24. W. I. van Rij, S. P. Hirshman, Phys. Fluids, B **1**, 563 (1989).
25. U. Stroth, in *Plasma Physics: Confinement, Transport and Collective Effects*, *Lect. Notes Phys.*, edited by A. Dinklage, T. Klinger, G. Marx, L. Schweikard (Springer, Berlin, Heidelberg, 2005), Chap. 9, p. 213.
26. A. Fujisawa *et al.*, Phys. Rev. Lett. **79**, 1054 (1997).
27. U. Stroth *et al.*, Phys. Rev. Lett. **86**, 5910 (2001).
28. E. Viezzer *et al.*, Nucl. Fusion **54**, 12003 (2014).
29. H. Maassberg *et al.*, Phys. Plasmas **7**, 295 (2000).

Weitere Literaturhinweise

Geschlossene Darstellungen der neoklassischen Transporttheorie findet man in F. L. Hinton und R. D. Hazeltine (Rev. Mod. Phys. **48**, 239 (1976)), R. Balescu, *Neoclassical Transport* (North-Holland, Amsterdam, Netherlands, 1988) und P. Helander und D. Sigmar, *Collisional Transport in Magnetized Plasmas* (Cambridge Univ. Press, Cambridge, 2002).

Turbulenter Transport   15

Trotz der Erhöhung der Diffusion durch neoklassische Effekte sind Teilchenstöße alleine nicht in der Lage, die in Fusionsplasmen gemessenen hohen Werte von Transport-koeffizienten zu erklären. Inzwischen ist es unbestritten, dass *Fluktuationen* in den Plasmaparametern die Ursache für die beobachteten Transportverluste sind. Die Fluktu-ationen werden durch Plasmaturbulenz hervorgerufen. Daher spricht man von *turbulentem* oder auch *anomalem Transport*. Man beobachtet Fluktuationen in Dichte, Temperatur und Plasmapotential. Fluktuationen im elektrischen Feld führen zu Driften und dadurch zu Transport. Man spricht von *elektrostatischer Turbulenz*, wenn der Transport nur durch die $E \times B$-Drift im fluktuierenden elektrischen Feld erzeugt wird. Zeitlich veränderli-che elektrische Felder werden aber immer auch Magnetfeldstörungen hervorrufen. Wenn magnetische Fluktuationen zu einer wesentlichen Veränderung der magnetischen Flussflä-chen führen und damit zum Transport beitragen, so spricht man von *elektromagnetischer Turbulenz*.

Als Antrieb für die Turbulenz werden eine Reihe von Instabilitäten diskutiert, die sich im Wesentlichen in zwei Kategorien unterteilen lassen. Man spricht von MHD-artiger Turbulenz, wenn die Struktur der Fluktuationen entlang der Magnetfeldlinie konstant ist, und von Driftwellenturbulenz, wenn auch eine parallele Variation der Struktur auf-tritt. Typisch für *MHD-Turbulenz* sind kleinskalige Austauschmoden, die in Bereichen ungünstiger Magnetfeldkrümmung entstehen können. *Driftwellenturbulenz* entsteht un-abhängig von einer speziellen magnetischen Konfiguration und unterscheidet sich von MHD-Turbulenz durch die Dynamik parallel zum Magnetfeld, wobei hier der Druckdiffu-sionsterm, der in der MHD vernachlässigt wird (vgl. (3.37)), eine wichtige Rolle spielt. In beiden Fällen wird die Turbulenz durch den Druckgradienten senkrecht zum Magnetfeld gespeist.

© Springer-Verlag GmbH Deutschland 2018
U. Stroth, *Plasmaphysik*,
https://doi.org/10.1007/978-3-662-55236-0_15

Wenn beim Druckgradienten der Beitrag durch den Temperaturgradienten den des Dichtegradienten überwiegt spricht man von *elektronen-* (*ETG*[1]) oder *ionentemperatur-gradientgetriebener Turbulenz* (*ITG*[2]), oder auch von η_e- bzw. η_i-Moden.

Wir werden in diesem Kapitel zunächst die Grundbegriffe der Turbulenz anhand von neutralen Flüssigkeiten klären, bevor wir Modelle für die Plasmaturbulenz in magnetisierten Plasmen behandeln werden. Als wichtiges Beispiel führen wir eine theoretische Beschreibung der Driftwellenturbulenz vor, um abschließend einige experimentelle Untersuchungen zum turbulenten Transport vorzustellen.

15.1 Turbulenz in Flüssigkeiten

Turbulenz wird in Flüssigkeiten, Gasen und natürlich auch in Plasmen beobachtet. Anschaulich manifestiert Turbulenz sich durch Strömungswirbel unterschiedlicher Größe und mit stochastischer Bewegung. Die Gesetzmäßigkeiten dieser Wirbel beschäftigen Wissenschaftler schon seit Jahrhunderten: Unter welchen Bedingungen geht laminare Strömung in eine turbulente über, welches ist die Lebensdauer der Wirbel und wie verteilt sich die Energie auf die unterschiedlichen Größen der Wirbel; wie wird Energie zwischen den Wirbeln ausgetauscht, wie wird sie eingespeist und wie dissipiert? Dies sind alles Fragen, mit der sich auch die moderne Physik noch beschäftigt.

Als Einleitung werden hier die allgemeinen Eigenschaften von Turbulenz und turbulentem Transport vorgestellt. Wir gehen dazu von Turbulenz in Flüssigkeiten aus und übertragen dann die Eigenschaften auf das Plasma.

15.1.1 Die Navier-Stokes-Gleichung

In inkompressiblen Flüssigkeiten,

$$\nabla \cdot \mathbf{u} = 0, \tag{15.1}$$

wird Turbulenz durch die *Navier-Stokes-Gleichung* beschrieben:

$$\rho_m \left(\frac{\partial}{\partial t} + \mathbf{u} \cdot \nabla \right) \mathbf{u} = -\nabla p + \rho_m \mathbf{g} + \eta \triangle \mathbf{u} \tag{15.2}$$

Es handelt sich dabei um die Bewegungsgleichung, die eine ähnliche Struktur hat, wie die entsprechende Gl. (7.102) für das Plasma. Links steht die hydrodynamische Ableitung,

---

[1] *Electron Temperature Gradient*

[2] *Ion Temperature Gradient*

also die Beschleunigung der Massendichte im mitbewegten System, rechts Druckkraft, Schwerkraft und innere Reibung mit der Viskosität η. Für eine *ideale Flüssigkeit* (ohne Viskosität), die außerdem kraftfrei sein soll, reduziert sich (15.2) auf die *Euler-Gleichung*

$$\rho_m \left(\frac{\partial}{\partial t} + \mathbf{u} \cdot \nabla \right) \mathbf{u} = -\nabla p. \tag{15.3}$$

Bezeichnet man entsprechend Abb. 15.1 die charakteristische Abmessung des Systems mit L, die Strömungsgeschwindigkeit mit U_0 und die charakteristische Zeit mit $T = L/U_0$, so kann man die Navier-Stokes-Gleichung in eine dimensionslose Gleichung überführen, die im kraftfreien Fall die Form hat:

$$\frac{d\mathbf{u}'}{dt'} = -\nabla' p' + \frac{1}{R_e} \Delta' \mathbf{u}', \tag{15.4}$$

wobei jetzt gilt: $t' = t/T$, $\mathbf{u}' = \mathbf{u}T/L$ und $p' = p(T/L)^2/\rho_m$. Die Schwerkraft wird hier und im Folgenden vernachlässigt. Der neue dimensionslose Parameter ist die *Reynolds-Zahl*

$$R_e = \frac{\rho_m L^2}{\eta T} = \frac{\rho_m}{\eta} U_0 L = \frac{U_0 L}{\mu}, \tag{15.5}$$

die bei festgelegter Geometrie den Zustand der Flüssigkeit eindeutig bestimmt. $\mu = \eta/\rho_m$ ist der Viskositätskoeffizient. Abb. 15.1 illustriert, wie sich eine Strömung mit R_e verändert. Mit steigender Reynolds-Zahl bildet eine laminare Strömung zunächst regelmäßige Wirbel aus. Es entstehen hinter den Körpern, an denen die Flüssigkeit vorbeifließt, sog. *Kármán-Wirbelstraßen*. Diese Wirbelstraßen bestehen aus je zwei Reihen von Wirbeln mit entgegengesetztem Drehsinn, die sich abwechselnd an den beiden Seiten des Körpers ablösen. Bei höherer Reynolds-Zahl wird das Auftreten der Wirbel unregelmäßig, bis man in den Zustand voll entwickelter Turbulenz gelangt.

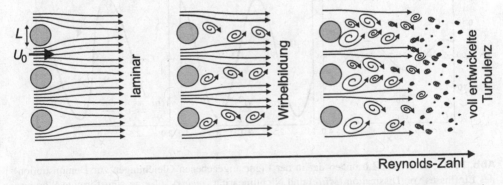

Abb. 15.1 Eine neutrale Flüssigkeit fließt mit der Geschwindigkeit U_0 durch Hindernisse der Größe L. Gezeigt ist die qualitative Abhängigkeit der Strömungsmuster von der Reynolds-Zahl. Die Struktur geht von laminar über in Wirbelstraßen und Turbulenz

Man kann die Reynolds-Zahl auch auffassen als das Verhältnis aus der *Nichtlinea-rität* der Navier-Stokes-Gleichung, die für die Turbulenz verantwortlich ist, und dem dissipativen Term, der für die Turbulenz als Energiesenke fungiert:

$$R_e = \frac{u\nabla u}{\mu\triangle u} = \frac{U_0^2}{L} \Big/ \frac{\mu U_0}{L^2} = \frac{U_0 L}{\mu}. \tag{15.6}$$

Dass der dissipative Term für die Dämpfung und der nichtlineare für die Bildung der Turbulenz verantwortlich ist, können wir uns anhand der *Burgers-Gleichung* klarmachen. Sie ähnelt der eindimensionalen Navier-Stokes-Gleichung, bei der die Gravitation und der Antrieb durch den Druckgradienten vernachlässigt wurden. Die Gleichung für ein Strömungsfeld in y-Richtung $u_y(x, t)$ lautet

$$\frac{\partial u_y}{\partial t} = -(u_y)\frac{\partial u_y}{\partial x} + \mu\frac{\partial^2 u_y}{\partial x^2}. \tag{15.7}$$

In Abb. 15.2 sind numerische Lösungen dieser Gleichung nach Ablauf eines charakte-ristischen Zeitintervalls dargestellt, wobei als Startwerte die Geschwindigkeit $u_y(x) = u_0 \sin kx$ und die Lage einer Linie in der Flüssigkeit bei $y(x) = 0$ gewählt wurden. Den

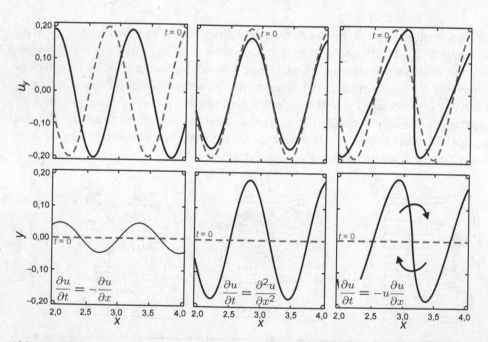

Abb. 15.2 Numerische Lösungen der in der Figur angegebenen Gleichungen zur Demonstration des Einflusses von Dissipation (*Mitte*) und Nichtlinearität (*rechts*) auf eine sinusförmige Störung. Gestrichelt: die Startwerte der Geschwindigkeit (*oben*) und der Lage einer Flüssigkeitslinie (*unten*). Die Pfeile deuten an, dass aus diesen Strukturen leicht Wirbel entstehen können

Viskositätskoeffizienten haben wir auf $\mu = 1$ gesetzt. Links ist das Ergebnis der Simulation ohne Viskosität und ohne das u_y im nichtlinearen Term zu sehen. Wir finden eine in die positive x-Richtung propagierende Störung, denn nach (15.7) bewirken positive Gradienten $\partial_x u_y$ eine zeitliche Reduktion von u_y und umgekehrt. Die Viskosität für sich genommen (letzter Term) bewirkt eine Dämpfung der Störung (mittlere Abbildung); die Amplituden sacken in sich zusammen. Der nichtlineare Term unter Vernachlässigung der Viskosität erzeugt höhere Harmonische und steilt den Gradienten auf (rechte Abbildung), wodurch die Welle sich in Wirbel überschlagen kann. Das Aufsteilen der Wellenfronten können wir so verstehen: Der Term, der zu einer einfachen Propagation geführt hat, wird jetzt noch mit u_y gewichtet. Gebiete mit großen Werten von u_y propagieren daher schneller als solche mit kleinen Werten. Dies führt zu einer *Wellenaufsteilung* und schließlich zur *Wellenbrechung*. Das u_y vor der Ableitung im nichtlinearen Term kann als Phasengeschwindigkeit verstanden werden, die aber von der Auslenkung selbst abhängt. Höhere Harmonische stehen für kleinere Skalen, sodass hier auch ein Transfer von Energie von großen zu kleinen Skalen sichtbar wird.

15.1.2 Wirbel und Erhaltungssätze

Das „Elementarteilchen" der Turbulenz ist der Wirbel. Die Beschreibung von Wirbeln ist, wegen ihrer Unregelmäßigkeit in Größe, Lebensdauer und Propagation, eine statistische. Abb. 15.3 zeigt das Strömungsmuster eines Wirbels. Wirbel werden durch die *Zirkulation* Z charakterisiert, die einen endlich Wert haben muss:

$$Z = \oint \mathbf{u} \cdot d\mathbf{l} = \int \nabla \times \mathbf{u} \cdot d\mathbf{S} \neq 0. \tag{15.8}$$

Dabei ist l der Weg entlang einer geschlossenen Strömungslinie bzw. S die umschlossene Fläche. In einer idealen Flüssigkeit ist die Zirkulation eine Erhaltungsgröße, was auf

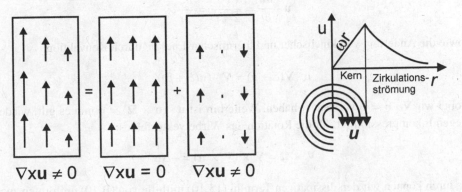

Abb. 15.3 Strömungsmuster eines Wirbels im Laborsystem (*links*) und im mitbewegten System (*rechts*)

Drehimpulserhaltung zurückzuführen ist. Durch den Stokes-Satz, der im zweiten Teil der Gleichung verwendet wurde, folgt die Definition des *Wirbelvektors* oder der *Wirbelstärke* bzw. der *Vortizität*:

$$\boldsymbol{\Omega} = \nabla \times \mathbf{u}. \tag{15.9}$$

Für ideale Flüssigkeiten gelten die *Helmholtz-Wirbelsätze*, die aus der Drehimpuls-erhaltung abgeleitet werden können. Sie besagen: (i) Ein Wirbelfaden (oder eine Strömungslinie) hat kein freies Ende innerhalb der Flüssigkeit. Er ist entweder geschlossen oder endet an einer Begrenzung. (ii) In einer idealen Flüssigkeit kann ein Wirbel weder erzeugt noch vernichtet werden. (iii) Die Zirkulation ist für jeden beliebig geschlossenen Integrationspfad, der den Wirbel einmal umläuft, konstant.

Für die Turbulenzforschung ist von besonderem Interesse, wie sich Energie auf verschiedene Wirbelgrößen bzw. auf verschiedene Skalen aufteilt und wie sie zwischen den Skalen übertragen wird. Um dazu einige Grundgedanken besser verstehen zu können, formen wir den nichtlinearen Term der Navier-Stokes-Gleichung (15.2) mittels (B.5) um:

$$(\mathbf{u} \cdot \nabla)\mathbf{u} = \nabla u^2/2 - \mathbf{u} \times (\nabla \times \mathbf{u}) = \nabla u^2/2 - \mathbf{u} \times \boldsymbol{\Omega}.$$

Wir definieren die *kinetische Energiedichte* $\mathcal{E} = u^2/2$ und die *thermische Energiedichte* $\hat{p} = p/\rho_m$, die beide die Einheit $(\text{m/s})^2$ haben. Dadurch erhält die Navier-Stokes-Gleichung die Form

$$\frac{\partial \mathbf{u}}{\partial t} = -\nabla(\mathcal{E} + \hat{p}) + \mathbf{u} \times \boldsymbol{\Omega} + \mu \triangle \mathbf{u}. \tag{15.10}$$

Zur Energiegleichung gelangen wir durch skalare Multiplikation von (15.10) mit **u**. Es treten dabei die folgenden Terme auf: die zeitliche Änderung der kinetischen Energiedichte,

$$\mathbf{u} \cdot \frac{\partial \mathbf{u}}{\partial t} = \frac{1}{2} \frac{\partial u^2}{\partial t} = \frac{\partial \mathcal{E}}{\partial t},$$

sowie die Änderung von kinetischer und thermischer Energie durch Konvektion,

$$\mathbf{u} \cdot \nabla(\mathcal{E} + \hat{p}) = \nabla \cdot (\mathbf{u}(\mathcal{E} + \hat{p})),$$

wobei wir $\nabla \cdot \mathbf{u} = 0$ verwendet haben. Weiterhin ist $\mathbf{u} \cdot (\mathbf{u} \times \boldsymbol{\Omega}) = 0$ und es gilt, wieder wegen Inkompressibilität, für die Rotation des Wirbelvektorfeldes:

$$\nabla \times \boldsymbol{\Omega} = \nabla \times (\nabla \times \mathbf{u}) = -\triangle \mathbf{u}.$$

Dadurch können wir den dissipativen Term in (15.10) mithilfe von (B.10) umformen zu:

$$\mathbf{u} \cdot \mu(\triangle \mathbf{u}) = -\mu \mathbf{u} \cdot (\nabla \times \boldsymbol{\Omega}) = -\mu \Omega^2 - \mu \nabla \cdot (\boldsymbol{\Omega} \times \mathbf{u}).$$

Indem wir alle Terme zusammenfassen, erhalten wir für die *Energiegleichung* die Beziehung

$$\frac{\partial \mathcal{E}}{\partial t} = -\nabla \cdot \left\{ \mathbf{u}(\mathcal{E} + \hat{p}) + \mu \boldsymbol{\Omega} \times \mathbf{u} \right\} - \mu \Omega^2 .$$ (15.11)

Der letzte Term steht für Verluste, die durch Viskosität entstehen und nur die, in der Vortizität gespeicherte, Energie betreffen. Dies ist der einzige Verlustterm der Gleichung, und eine Energiequelle tritt nicht auf. Da in dem Ausdruck keine Zeitableitung von $\hat{p}$ steht, findet auch kein Austausch zwischen thermischer und kinetischer Energie statt. Energie wird aber zwischen verschiedenen Bereichen transferiert. So wird die Divergenz von einem *Energietransfer-Term*

$$\mathcal{T} = \mathbf{u}(\mathcal{E} + \hat{p}) + \mu \boldsymbol{\Omega} \times \mathbf{u}$$ (15.12)

gebildet. Wir werden sehen, dass dieser Term den Austausch von Energie zwischen unterschiedlichen Skalen der Turbulenz bewirkt. Dabei geht keine Energie verloren. Dies sieht man durch Betrachten der *mittleren Energiedichte*, die die gesamte kinetische Energie des Systems repräsentiert,

$$E = \langle \mathcal{E} \rangle = \frac{1}{V} \int \mathcal{E} d^3 r ,$$ (15.13)

und aus dem Integral über das Flüssigkeitsvolumen V gebildet wird. Mit dem Gauß-Satz folgt nach Einsetzen von (15.11):

$$\frac{\partial E}{\partial t} = -\oint \mathcal{T} dS - 2\mu \Omega^* \approx -2\mu \Omega^* ,$$ (15.14)

mit der *Enstrophie*

$$\Omega^* = \frac{1}{2} \langle \Omega^2 \rangle = \frac{1}{2V} \int \Omega^2 d^3 r .$$ (15.15)

Der Energietransferterm, über den ein Oberflächenintegral zu nehmen ist, trägt nur an den Begrenzungen der Flüssigkeit zur Änderung der Gesamtenergie bei. Die relative Bedeutung des Randes kann durch die Wahl eines großen Volumens beliebig klein gemacht werden, sodass die Bedeutung des Terms für die Gesamtenergie vernachlässigbar ist. Die Energie im System nimmt durch viskose Verluste ab, der Energieeintrag durch Instabilitäten ist in der Gleichung nicht berücksichtigt.

Um die Verteilung der Energie über die unterschiedlichen Skalen zu beschreiben, müssen alle Größen in den Fourier-Raum transformieren. Das Geschwindigkeitsfeld zerlegen wir dazu in seine Fourier-Komponenten

$$\mathbf{u}_k(\mathbf{r}) = \mathbf{u}_k \exp{(i\mathbf{k} \cdot \mathbf{r})} .$$ (15.16)

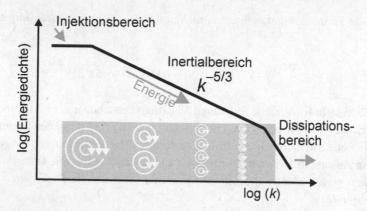

Abb. 15.4 Charakteristische Form eines Leistungsspektrums in dreidimensionaler Turbulenz einer neutralen Flüssigkeit nach der K41-Theorie

Die spektrale Energiedichte ist demnach gegeben durch

$$E_k = \langle \mathcal{E}_k \rangle = \frac{1}{2} \langle u_k^2 \rangle. \tag{15.17}$$

Kolmogorov hat in seiner berühmten *K41-Theorie* den Energietransfer zwischen den Skalen untersucht. Sein Ergebnis ist in Abb. 15.4 zusammengefasst. Ausgangspunkt ist ein System der dreidimensionalen isotropen Turbulenz, bei dem die Skalen, auf denen Energie durch Instabilitäten eingefüttert wird (*Injektionsbereich*), von solchen, bei denen der Turbulenz Energie durch Dissipation entzogen und in Wärme umgewandelt wird (*Dissipationsbereich*), klar getrennt sind. Die Theorie beschreibt den dazwischenliegenden *Inertialbereich*, in dem keine Energie verloren geht noch hinzugefügt wird. Kolmogorov nimmt an, dass selbstähnliche Wirbel die Energie auf einer *direkten Kaskade* von großen zu kleinen Skalen durch Teilung weitergeben. Er konnte zeigen, dass diese Bedingungen zu einer Skalierung der Energiedichte mit der Wellenzahl wie $E_k \sim k^{-5/3}$ führen (s. Abb. 15.4). Spektren dieser Art werden in Gas- und Flüssigkeitsströmungen experimentell beobachtet.

15.1.3 Zweidimensionale Flüssigkeiten

Bei einem magnetisierten Plasma kann man nicht davon ausgehen, dass die Turbulenz in allen drei Raumrichtungen isotrop ist. Da die Dynamik parallel zum Magnetfeld (thermische Bewegung) getrennt ist von der senkrecht dazu (Driften), ist die Untersuchung von zweidimensionaler Turbulenz zum Verständnis der Vorgänge in einem Plasma wichtig. Um auf die entsprechenden Gleichungen zu kommen, wandeln wir die Navier-Stokes-Gleichung in eine Gleichung für die *Vortizität* um. Dazu bilden wir die Rotation von (15.10) und finden wegen $\nabla \times (\nabla f) = 0$:

$$\frac{\partial \mathbf{\Omega}}{\partial t} = \nabla \times (\mathbf{u} \times \mathbf{\Omega}) + \mu \nabla \times \Delta^2 u.$$

Die beiden Terme rechts werden wie folgt umgeformt: Wegen $\nabla \cdot (\nabla \times \mathbf{u}) = 0$ und der Inkompressibilität der Flüssigkeit ist

$$\nabla \times (\mathbf{u} \times \mathbf{\Omega}) = (\mathbf{\Omega} \cdot \nabla)\mathbf{u} - (\mathbf{u} \cdot \nabla)\mathbf{\Omega}$$

und wegen (B.4) gilt

$$\nabla \times \Delta \mathbf{u} = \nabla \times (\nabla(\nabla \cdot \mathbf{u})) - \nabla \times (\nabla \times (\nabla \times \mathbf{u})) = -\nabla \times \nabla \times \mathbf{\Omega} = \Delta \mathbf{\Omega}.$$

Daraus folgt die Navier-Stokes-Gleichung in der Form einer *Vortizitätsgleichung*:

$$\left(\frac{\partial}{\partial t} + \mathbf{u} \cdot \nabla \right) \mathbf{\Omega} = (\mathbf{\Omega} \cdot \nabla)\mathbf{u} + \mu \Delta \mathbf{\Omega}. \tag{15.18}$$

Der erste Term der rechten Seite ist über den Prozess der sog. *Wirbelstreckung* (engl. *vortex stretching*) für die Produktion von Vortizität verantwortlich, wogegen der zweite Term für die Dämpfung sorgt. Die Erzeugung von Vortizität kann man sich anschaulich vorstellen, denn der Term trägt dann bei, wenn die Strömung eine Divergenz parallel zum Vortizitätsvektor aufweist. Dies entspricht, wie in Abb. 15.5 zu sehen, der Streckung eines Wirbels und, wegen $\nabla \cdot \mathbf{u} = 0$, auch einer Verschlankung. Wegen der Drehimpulserhaltung nimmt, wie bei einem Eiskunstläufer, die Rotationsgeschwindigkeit und damit die Vortizität zu, wogegen die Zirkulation erhalten bleibt. Dies kann man sich

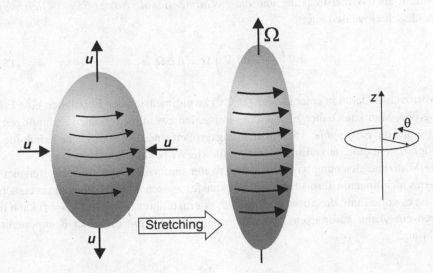

Abb. 15.5 Wirbelstreckung erhöht die Vortizität eines Wirbels

an einer ringförmigen Masse m verdeutlichen, deren Radius mit konstanter Geschwindigkeit $u_r = \dot{r} =$ const. kleiner wird. Da der Drehimpuls $L = mu_\theta r$ erhalten bleibt, gelten für die Änderung der Zirkulation (15.8)

$$\dot{Z} = \partial_t(2\pi\, ru_\theta) = \frac{2\pi}{m}\,\partial_t\,(L) = 0$$

und der Vortizität (15.9)

$$\dot{\boldsymbol{\Omega}} = \boldsymbol{\nabla} \times \dot{\mathbf{u}} = \frac{1}{r}\partial_r\,(r\dot{u}_\theta)\,\mathbf{e}_z = \frac{L}{mr}\partial_r\left(\frac{\dot{r}}{r}\right)\mathbf{e}_z = -\frac{Lu_r}{mr}\frac{1}{r^2}\mathbf{e}_z.$$

Für $u_r < 0$ steigt die Vortizität also an.

Ein Beispiel, bei dem Wirbelstreckung eine Rolle spielt, ist das Abfließen aus einer Badewanne. Der Wirbel wird mit der Zeit immer schmaler und rotiert immer schneller. Durch diesen Prozess können intensive Wirbelfilamente entstehen, wie z. B. der Aufwindschlot in einem *Tornado*.

Besonders einfach wird die Vortizitätsgleichung, wenn wir uns auf *zweidimensionale Flüssigkeiten* beschränken. Für die Strömungsgeschwindigkeit sind dann nur zwei Koordinaten relevant, $u_x(x, y)$ und $u_y(x, y)$, mit $u_z = 0$. Folglich hat die Vortizität nur noch eine Komponente senkrecht zur betrachteten Fläche. Denn es ist

$$\boldsymbol{\Omega} = \boldsymbol{\nabla} \times \mathbf{u} = (\partial_x u_y - \partial_y u_x)\mathbf{e}_z = \Omega\mathbf{e}_z, \tag{15.19}$$

und es wird der Term $(\boldsymbol{\Omega} \cdot \boldsymbol{\nabla})\mathbf{u} = 0$. Bei inkompressiblen zweidimensionalen Flüssigkeiten entfällt also Wirbelstreckung und die *zweidimensionale Navier-Stokes-Gleichung* in Vortizitätsschreibweise lautet:

$$\left(\frac{\partial}{\partial t} + \mathbf{u} \cdot \boldsymbol{\nabla}\right)\boldsymbol{\Omega} = \mu\triangle\boldsymbol{\Omega}. \tag{15.20}$$

Die Vortizität ist damit in einer idealen ($\mu = 0$) zweidimensionalen Flüssigkeit eine Erhaltungsgröße. Man kann daher zeigen, dass in idealen zweidimensionalen Strömungen die *Energie* und die *Enstrophie* (15.15) Erhaltungsgrößen sind. Die zusätzliche Erhaltung der Enstrophie stellt eine starke Einschränkung für die Wirbeldynamik dar.

Die Vortizitätsgleichung wollen wir nun weiter umformen, um an einem Beispiel die Rolle des nichtlinearen Terms beim Energietransfer zwischen den Skalen zu untersuchen. Dazu ist es vorteilhaft, die *Strömungsfunktion* ψ einzuführen. Wegen $\boldsymbol{\nabla} \cdot \mathbf{u} = 0$ kann man $\mathbf{u}$ durch ein Skalar ausdrücken, bzw. durch einen Vektor mit nur einer Komponente in z-Richtung:

$$\mathbf{u} = \boldsymbol{\nabla} \times (\psi\mathbf{e}_z) = \frac{\partial\psi}{\partial y}\mathbf{e}_x - \frac{\partial\psi}{\partial x}\mathbf{e}_y. \tag{15.21}$$

Man kann zeigen, dass **u** tangential zu Kurven mit $\psi = $ const. liegt, was heißt, dass $\psi = $ const. den Strömungslinien entspricht. Der Zusammenhang der Strömungsfunktion mit der Vortizität ist dann gegeben durch

$$\mathbf{\Omega} = \nabla \times \mathbf{u} = -(\partial_x^2 + \partial_y^2)\psi\mathbf{e}_z. \tag{15.22}$$

Nun gehen wir in den Fourier-Raum und schreiben für die Strömungsfunktion

$$\psi(\mathbf{r}) = \sum_k \psi_k \exp(i\mathbf{k} \cdot \mathbf{r}), \tag{15.23}$$

woraus für die Fourier-Komponenten von Vortizität (15.22), Energie (15.17) und Enstrophie (15.15) folgt:

$$\begin{aligned} \Omega_k &= (k_x^2 + k_y^2)\psi_k = k^2\psi_k, \\ \mathcal{E}_k &= u_k^2/2 = (k_y^2 + k_x^2)\psi_k^2/2 = k^2\psi_k^2/2, \\ \Omega_k^* &= \omega_k^2/2 = k^4\psi_k^2/2 = k^2\mathcal{E}_k. \end{aligned} \tag{15.24}$$

Wir setzen die Fourier-Zerlegung von ψ zusammen mit (15.21) in die Euler-Gleichung ein, die aus (15.20) unter Vernachlässigung der Viskosität folgt, und finden

$$\partial_t \sum_k k^2\psi_k e^{i\mathbf{k}\cdot\mathbf{r}} = -\sum_k \sum_{k'} \psi_k\psi_{k'} e^{i(\mathbf{k}+\mathbf{k'})\cdot\mathbf{r}} k'^2 \left(k_y k_x' - k_x k_y'\right).$$

Durch Multiplikation mit $\exp(-i\mathbf{k}_0 \cdot \mathbf{r})$ und Integration über d^3r folgt ein Ausdruck für die zeitliche Änderung der Vortizität, die mit Wirbeln der charakteristischen Wellenlänge $\lambda_0 = 2\pi/k_0$ zusammenhängt:

$$\partial_t(k_0^2\psi_{k_0}) = \sum_k \sum_{k'>k} \psi_k\psi_{k'} \left(k'^2 - k^2\right)\left(k_y k_x' - k_x k_y'\right)\delta(\mathbf{k}_0 - \mathbf{k} - \mathbf{k'}). \tag{15.25}$$

Durch den zusätzlichen Summand mit k^2 wird (15.25) symmetrisch in den beiden Summationsindizes; zum Ausgleich ist jetzt aber eine der beiden Summen beschränkt. Multipliziert man die Gleichung noch mit ψ_{k0}, so folgt daraus die *Energiegleichung*

$$\frac{1}{2}\partial_t(k_0^2\psi_{k0}^2) = \sum_k \sum_{k'>k} \psi_{k0}\psi_k\psi_{k'} \left(k'^2 - k^2\right)\left(k_y k_x' - k_x k_y'\right)\delta(\mathbf{k}_0 - \mathbf{k} - \mathbf{k'}). \tag{15.26}$$

Anhand eines einfachen Zahlenbeispiels können wir sehen, wie der nichtlineare Term Energie zwischen den Skalen transferiert. Dazu betrachten wir ein System, bei dem nur drei Fourier-Moden wechselwirken. Diese sind gegeben durch $\mathbf{k}_3 = \mathbf{k}_1 + \mathbf{k}_2$ mit

$$\mathbf{k}_1 = \begin{pmatrix} 1 \\ 1 \end{pmatrix}k; \quad \mathbf{k}_2 = \begin{pmatrix} 2 \\ 1 \end{pmatrix}k; \quad \mathbf{k}_3 = \begin{pmatrix} 3 \\ 2 \end{pmatrix}k.$$

Um den Energietransfer in die einzelnen Moden zu berechnen, werten wir damit (15.26) aus. Von den Summanden trägt jeweils nur der Term bei, für den das Argument in der δ-Funktion verschwindet. So ist z. B. die Änderung der Energie in der Mode k_1 und in

Einheiten von $\psi_{k_1}\psi_{k_2}\psi_{k_3}$ gegeben durch $\dot{\mathcal{E}}_{k_1} = (5 - 13)(2 \times (-2) - 3 \times (-1)) = 8$. Dabei gelten wegen der δ-Funktion die Ersetzungen $\mathbf{k}_0 \rightarrow \mathbf{k}_1$, $\mathbf{k} \rightarrow \mathbf{k}_3$ und $\mathbf{k}' \rightarrow -\mathbf{k}_2$. Für die Rate der Änderung der Energie in den anderen Moden ergibt sich nach dem gleichen Schema $\dot{\mathcal{E}}_{k_2} = -11$ und $\dot{\mathcal{E}}_{k_3} = 3$. Das Ergebnis ist in Abb. 15.6 grafisch zusammengefasst. Im Gegensatz zu der Situation bei dreidimensionaler Turbulenz, wird demnach im zweidimensionalen Fall Energie vorwiegend von kleinen Skalen zu großen Skalen hin transferiert. Durch Summation der einzelnen Terme lässt sich überprüfen, dass Energieerhaltung gewährleistet ist.

Wegen (15.24) folgt durch Multiplikation mit k^2 die Änderung der Enstrophie. Wir finden, wieder in Einheiten von $\psi_{k_1}\psi_{k_2}\psi_{k_3}$, die Werte $\dot{\Omega}^*_{k_1} = 16$, $\dot{\Omega}^*_{k_2} = -55$ und $\dot{\Omega}^*_{k_3} = 39$. Die Enstrophie, die ebenfalls erhalten ist, wird also vorwiegend von den größeren Skalen zu den kleineren Skalen transportiert.

Die Beschreibung von zweidimensionaler Turbulenz gehen auf eine Arbeit von R. Kraichnan aus dem Jahr 1967 zurück [30]. In Abb. 15.7 sind die Ergebnisse aus dem einfachen Beispiel verallgemeinert. Im Vergleich mit dem Spektrum für dreidimensionale Turbulenz aus Abb. 15.4 findet man im zweidimensionalen Fall eine *duale Kaskade*. Geht man von einem lokalisierten Injektionsbereich aus, so ist im Energie-Leistungs-Spektrum die *inverse Energiekaskade* mit einer Steigung $\sim k^{-5/3}$ von der *direkten Enstrophiekaskade* $\sim k^{-3}$ klar getrennt. Wie wir im Beispiel gesehen haben, wird auch ein Anteil der Energie in die kleinen Skalen transferiert, die großen Skalen werden aber mit dem Gros der Energie versorgt. Da es dort keine Dissipation gibt, würde die stetige Energiezufuhr in den großen Skalen zu einem unbegrenzten Anstieg der Energiedichte führen, was in einer sog. *Infrarotkatastrophe* enden würde. In realen Systemen tritt bei den größten Skalen aber immer eine Wechselwirkung mit Begrenzungen auf, die dann dem System Energie entzieht und die Infrarotkatastrophe verhindert.

15.2   Turbulenter Transport in magnetisierten Plasmen

In diesem Abschnitt wird ein Zusammenhang zwischen Plasmaturbulenz und Flüssigkeitsturbulenz hergestellt. Dazu überlegen wir uns, wie im Plasma Wirbel entstehen können und

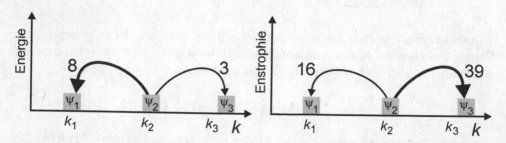

Abb. 15.6 Transfer von Energie und Enstrophie durch nichtlineare Wechselwirkung von drei Fourier-Moden

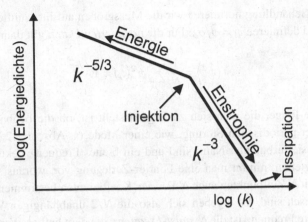

Abb. 15.7 Charakteristische Form eines Leistungsspektrums in zweidimensionaler Turbulenz einer neutralen Flüssigkeit

wann diese zum Transport senkrecht zum Magnetfeld beitragen. Es werden anschauliche Modelle für die linearen Instabilitäten vorgestellt, die Energie in die Turbulenz einspeisen, und einfache Ausdrücke zur Berechnung von Diffusionskoeffizienten hergeleitet.

15.2.1 Statistische Analyseverfahren

Zum Studium der Turbulenz zerlegen wir gemessene Zeitreihen von Plasmaparameter in einen konstanten Anteil, der dem Hintergrund entspricht, und die Fluktuationen mit in der Regel kleineren Amplituden. In Plasmen sind die wichtigsten Messgrößen das Plasmapotential ϕ und die Dichte n. Die entsprechenden Messungen spalten wir also auf in

$$\phi(\mathbf{r}, t) = \phi_0(\mathbf{r}) + \tilde{\phi}(\mathbf{r}, t); \qquad n(\mathbf{r}, t) = n_0(\mathbf{r}) + \tilde{n}(\mathbf{r}, t). \tag{15.27}$$

Experimentelle Daten liegen als diskrete Zeitreihen an N Zeitpunkten t_i ($i = 1\ldots N$) und N' Orten $\mathbf{r}_j$ vor. In den meisten Fällen ist die Zahl der Zeitpunkte wesentlich höher als die der Orte. Da die statistische Behandlung von Raum und Zeit aber identisch ist, beschränken wir uns hier auf die Zeitabhängigkeit und können so von einfacheren Ausdrücken profitieren. Wir betrachten also diskrete Zeitreihen $\tilde{\phi}(t_i)$ und $\tilde{n}(t_i)$ von Potential- und Dichtefluktuationen, die auf einem äquidistanten Zeitraster mit dem Abstand $\mathrm{d}t_i$ gemessen wurden. Im Folgenden behandeln wir exemplarisch die Potentialfluktuationen.

Definitionsgemäß verschwindet der zeitliche *Mittelwert* der fluktuierenden Größe. Die mittlere Fluktuationsamplitude wird daher über die *mittleren quadratischen Abweichungen* definiert. Beide Größen sind gegeben durch die Beziehungen

$$\left\langle \tilde{\phi} \right\rangle_t = \frac{1}{N} \sum_{i=1}^{N} \tilde{\phi}(t_i) = 0 \quad ; \quad \sigma_\phi^2 = \left\langle \tilde{\phi}^2 \right\rangle_t = \frac{1}{N} \sum_{i=1}^{N} \tilde{\phi}^2(t_i). \tag{15.28}$$

Für die weitere Behandlung normieren wir die Messgrößen auf ihre mittlere quadratische Abweichung und definieren $\hat{\phi} = \tilde{\phi}/\sigma_\phi$. Für die *normierten Daten* gilt dann:

$$\left\langle \hat{\phi}^2 \right\rangle = \frac{1}{N} \sum_i \hat{\phi}^2(t_i) = 1. \tag{15.29}$$

Eine wichtige Frage, die man sich zu Beginn stellt ist, ob die beobachteten Fluktuationen von einer periodischen Störung, wie einer Mode (s. Abschn. 12.1.3), verursacht werden oder ob sie turbulenter Natur sind und ein breites Frequenzspektrum aufweisen. Um dies zu beurteilen, nimmt man eine Fourier-Zerlegung vor, woraus sich bei diskreten Zeitreihen mit N Zeitpunkten auch N Fourier-Koeffizienten bestimmen lassen, die um $\omega = 0$ symmetrisch sind. Es ergeben sich also die $N/2$ unabhängigen Werte $\pm\omega_j$. Die höchste auflösbare Frequenz ist die *Nyquist-Frequenz*, die dem halben Wert der Abtastrate entspricht: $\omega_{Ny} = \pi/dt$. Fourier-Transformation und Rücktransformation der Zeitreihen sind demnach gegeben durch

$$\hat{\phi}(\omega_j) = \frac{1}{N} \sum_{i=1}^{N} \hat{\phi}(t_i) \exp\left\{-i\omega_j t_i\right\} \;\; ; \;\; \hat{\phi}(t_i) = \sum_{j=-N/2}^{N/2} \hat{\phi}(\omega_j) \exp\left\{i\omega_j t_i\right\}. \tag{15.30}$$

Die Summationsgrenzen werden wir im Folgenden weglassen. Durch gegenseitiges Einsetzen der Transformationen finden wir die wichtige Beziehung

$$\frac{1}{N} \sum_{i=1}^{N} \exp\left\{-i(\omega_j - \omega_k)t_i\right\} = \delta_{jk}, \tag{15.31}$$

wobei das *Kronecker-Delta* $\delta_{jk} = 0$ für $i \neq k$ und $\delta_{jk} = 1$ für $i = k$ ist.

Die Fourier-Koeffizienten werden als *Leistungsspektrum*

$$P(\omega_j) = |\hat{\phi}(\omega_j)|^2 \tag{15.32}$$

normalerweise in einer Log-log-Darstellung aufgetragen, aus der man ablesen kann, wie die Fluktuationsleistung über die Frequenzen verteilt ist. Abb. 15.8 zeigt als Beispiel ein turbulentes Frequenzspektrum. Das Leistungsspektrum endet bei der Nyquist-Frequenz, wogegen die vom Betrag her niedrigste Frequenz durch das Messinterwall $T = Ndt$ bestimmt ist, mit $\omega_{min} = 2\pi/T = 2\pi/Ndt$. Ist man an den niedrigen Frequenzen nicht interessiert, so bietet sich eine Mittelung von Spektren an, die aus Unterzeitreihen gewonnen werden. So entsteht das *stichprobengemittelte Leistungsspektrum* $\langle P(\omega_j)\rangle_t$. Diese Mittelung ist in der Regel auch notwendig, um glatte Spektren zu erhalten. Zur Berechnung des Spektrums in Abb. 15.8 wurden 10^6 mit 1 MHz aufgenommene Datenpunkte in 1000 Unterzeitreihen zerlegt, und die daraus gewonnenen Spektren wurden gemittelt. Entsprechend liegt die Nyquist-Frequenz bei $\omega_{Ny}/2\pi = 500$ kHz und das Spektrum beginnt bei $\omega_{min}/2\pi = 1$ kHz.

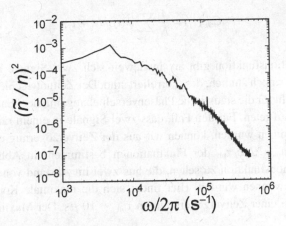

Abb. 15.8 Turbulentes Leistungsspektrum von Dichtefluktuationen, dem 10^6 Datenpunkte zugrunde liegen, die mit einer Rate von 1 MHz aufgenommen wurden. Die Zeitreihe wurde in 1000 Unterzeitreihen zerlegt und die Spektren wurden gemittelt

Während harmonische Oszillationen durch Amplitude, Phase und Frequenz vollständig bestimmt sind, müssen wir zur Charakterisierung turbulenter Fluktuationen weiter Größen heranziehen. So wird eine charakteristische Frequenz durch eine Zeitkonstante angenähert, die wir aus der *Autokorrelationsfunktion*

$$C_{\phi\phi}(\tau_j) = \frac{1}{N} \sum_i \hat{\phi}(t_i)\hat{\phi}(t_i + \tau_j) \qquad (15.33)$$

gewinnen können. Dabei wird die Zeitreihe dupliziert und gegen die ursprünglich Zeitreihe um das Zeitintervall τ verschoben, bevor beide Zeitreihen multipliziert und integriert werden. Bei den Summationsgrenzen ist zu beachten, dass der Überlapp der beiden Zeitreihen weniger als N Punkte umfasst. Durch die Normierung (15.29) ist die Autokorrelationsfunktion auf das Intervall $[-1, 1]$ beschränkt. Die Form der Autokorrelationsfunktion entspricht der statistisch gemittelten Form der dominanten Fluktuationen. Bei periodischen Funktionen ist die Autokorrelationsfunktion ebenfalls periodisch, und natürlich ist immer $C_{\phi\phi}(0) = 1$. Aus der Autokorrelationsfunktion kann die *Korrelationszeit* τ_{corr} oder, im Raum, die *Korrelationslänge* L_{corr} abgelesen werden kann. In Abb. 15.9 (links) ist eine Autokorrelationsfunktion zu sehen, die aus Dichtemessungen in einem turbulenten Plasma berechnet wurde. Die Funktion hat ihr Maximum von 1 bei $\tau = 0$ und fällt dann nach beiden Seiten hin ab. Die Korrelationszeit entspricht dem Zeitintervall, in dem die Funktion einen Wert oberhalb eines Schwellwerts wie z. B. $1/e$ aufweist.

Zur Untersuchung physikalischer Zusammenhänge oder von Kausalitäten müssen unterschiedliche Signale, wie Dichte und Potential, oder zwei an unterschiedlichen Orten aufgenommene Zeitreihen auf Ähnlichkeit und relative Phasenverschiebung verglichen werden. Diese Informationen liefert die *Kreuzkorrelationsfunktion*, wie hier zwischen Dichte und Potential:

$$C_{\phi n}(\tau_j) = \frac{1}{N} \sum_i \hat{\phi}(t_i)\hat{n}(t_i + \tau_j). \qquad\qquad (15.34)$$

Die Kreuzkorrelationsfunktion gibt an, inwieweit sich zwei Signale bei einer relativen Zeitverschiebung τ noch ähnlich, d. h. korreliert sind. Der Zeitunterschied τ_{ph}, bei dem $C_{\phi n}$ maximal wird, steht für die statistische Phasenverschiebung, mit der ähnliche Ereignisse in beiden Signalen auftreten. Für den Fall, dass zwei Signale in einem räumlichen Abstand von ΔL aufgenommen wurden, können wir aus der Zeitverzögerung eine Propagationsgeschwindigkeit $u = \Delta L/\tau_{ph}$ der Fluktuationen bestimmen. In Abb. 15.9 (rechts) ist die Kreuzkorrelationsfunktion zu sehen, die aus zwei im Abstand von 2 cm gemessenen Dichtesignalen gewonnen wurden. Hier findet sich die maximale Korrelation nicht bei $\tau = 0$, sondern bei einer Zeitverzögerung von $\tau_{ph} \approx 10\ \mu$s. Der Maximalwert liegt auch nur bei 50 %.

Auch bei der Korrelation zwischen zwei Signalen kann man nach einer spektralen Zerlegung der Beiträge fragen. Zu einer Größe, die diese Frage beantwortet, gelangen wir durch Ersetzen der Signale in (15.34) durch ihre Fourier-Zerlegungen nach (15.30). Wir finden:

$$C_{\phi n}(\tau_j) = \frac{1}{N} \sum_{i,k,l} \hat{\phi}(\omega_k)\hat{n}(\omega_l)e^{-i(\omega_k t_i + \omega_l(t_i+\tau_j))} = \sum_{k,l} \hat{\phi}(\omega_k)\hat{n}(\omega_l)e^{-i\omega_l \tau_j}\delta(\omega_k + \omega_l).$$

Dabei haben wir die Summe über i nach (15.31) ausgeführt, und die Summen über k und l laufen von $-N/2$ bis $+N/2$. Nachdem wir nun auch noch über l summieren und $\hat{n}(-\omega_k) = \hat{n}^*(\omega_k)$ ist, wobei der Stern die konjugiert-komplexe Größe kennzeichnet, finden wir

$$C_{\phi n}(\tau_j) = \sum_{k=-N/2}^{N/2} \hat{\phi}(\omega_k)\hat{n}^*(\omega_k)e^{i\omega_k \tau_j} = \sum_{k=-N/2}^{N/2} P_{\phi n}(\omega_k)e^{i\omega_k \tau_j}. \qquad (15.35)$$

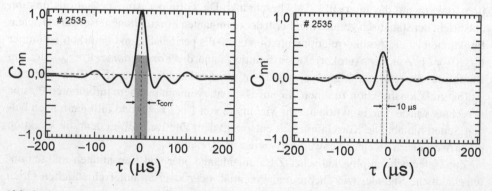

Abb. 15.9 Auto- (*links*) und Kreuzkorrelationsfunktion (*rechts*) eines turbulenten Dichtesignals, bzw. zweier Signale, gemessen in einem Abstand von 2 cm. Aus Langmuir-Sondenmessungen am Torsatron TJ-K

Hiermit haben wir das *Kreuzleistungsspektrum*

$$P_{\phi n}(\omega_k) = \hat{\phi}(\omega_k)\hat{n}^*(\omega_k) = |\hat{\phi}(\omega_k)||\hat{n}(\omega_k)| \exp\{i\varphi(\omega_k)\} \tag{15.36}$$

eingeführt. Davon sind der Betrag, der den Beitrag der Komponenten zur Kreuzkorrelationsfunktion angibt und *Kreuzamplitude* genannt wird, und die *Kreuzphase* $\varphi_k(\omega)$ von Bedeutung.

Wie man aus (15.35) ablesen kann, sind die Kreuzkorrelationsfunktion und das Kreuzleistungsspektrum über eine inverse Fourier-Transformation miteinander verknüpft. Dieser Zusammenhang ist als *Wiener-Khintchine-Theorem* bekannt. Für den Spezialfall der Autokorrelationsfunktion (15.33) und des Autoleistungsspektrums hat das Wiener-Khintchine-Theorem die Form

$$C_{\phi\phi}(\tau_j) = \sum_{k=-N/2}^{N/2} P_{\phi\phi}(\omega_k) \exp\{i\omega_k \tau_j\}. \tag{15.37}$$

Nehmen wir Messreihen, die von wenigen durchgehend auftretenden Frequenzen dominiert sind. Das Kreuzleistungsspektrum gibt an, in welchem Maß in beiden Signalen die gleiche Frequenz eine Rolle spielt sowie die Phase, in der diese spektralen Anteile in beiden Signalen zueinander stehen. Die Frage nach der Kausalität, d. h. ob die Störung in einem Signal die im anderen bedingt, kann aus dem Kreuzleistungsspektrum nicht eindeutig beantwortet werden, denn schließlich müssen die beiden Signale ja in irgendeiner Phasenbeziehung stehen.

Bei einem turbulenten System gewinnt das Kreuzleistungsspektrum aber an Bedeutung, denn es besteht die Möglichkeit, Kreuzleistung und Phasenbeziehung der beiden Signale in statistisch unabhängigen Stichproben zu untersuchen. Damit bekommen die Informationen ein statistisches Gewicht, sodass man z. B. sagen kann, dass in Signal A immer dann eine Struktur auftritt, wenn zuvor in Signal B eine solche detektiert wurde. Um zu einem entsprechenden Ausdruck zu gelangen, zerlegen wir eine Zeitreihe in Unterzeitreihen, die länger als die Korrelationszeit sind ($\Delta T > \tau_{corr}$). Wir berechnen dann für alle Unterzeitreihen entsprechend (15.36) das Kreuzleistungsspektrum und bilden das Mittel daraus. Wir erhalten so das *gemittelte Kreuzleistungsspektrum*

$$\langle P_{\phi n}(\omega_k)\rangle_t = \left\langle |\hat{\phi}(\omega_k)||\hat{n}(\omega_k)| \exp\{i\varphi(\omega_k)\}\right\rangle_t = h_{\phi n}(\omega_k) \exp\{i\theta(\omega_k)\}. \tag{15.38}$$

Die Klammer $\langle\cdot\rangle_t$ steht hier wieder für die Mittelung über die Unterzeitreihen, also für das *Stichprobenmittel* und $\theta(\omega_k)$ ist das *mittlere Kreuzphasenspektrum*.

Durch eine geeignete Normierung liefert der Betrag dieser komplexen Größe das wichtige *Kohärenzspektrum*

$$\gamma(\omega_k) = \frac{h_{\phi n}(\omega_k)}{\left\langle|\hat{\phi}(\omega_k)|\right\rangle_t \left\langle|\hat{n}(\omega_k)|\right\rangle_t}. \tag{15.39}$$

Die Kohärenz ist auf das Intervall [0, 1] beschränkt. Der Maximalwert wird erreicht, wenn beide Signale, bis auf eine konstante Phase, identisch sind. Den dann konstanten Phasenfaktor $\varphi(\omega_k)$ können wir aus der Mittelung der Stichproben in (15.38) herausziehen und damit wird der Bruch in (15.39) zu eins. Die Kohärenz wird nur dann wesentlich von null verschiedene Werte annehmen, wenn in vielen der Unterzeitreihen der beiden Signale die gleichen spektralen Komponenten mit einer ähnlichen Phasenbeziehung auftreten. Sind die spektralen Komponenten der Signale voneinander unabhängig, so sorgt die statistisch variierende Phase dafür, dass das Mittel über die Stichproben verschwindet oder zumindest klein wird.

Die Phasen des gemittelten Kreuzleistungsspektrum ergeben das *Kreuzphasenspektrum* $\theta(\omega_i)$. Der Wert der Kreuzphase hat nur dann eine Bedeutung, wenn gleichzeitig die Kohärenz einen deutlich von 0 verschiedenen Wert hat. Dann kann die Phase etwas über die Kausalität von Ereignissen in den beiden Signalen aussagen. Wie bei allen statistischen Überlegungen, ist es essenziell, über möglichst lange Zeitreihen zu verfügen.

15.2.2 Elektrostatische Turbulenz

Bei elektrostatischer Turbulenz entsteht Transport allein durch die vom fluktuierenden elektrischen Feld erzeugte $E \times B$-Drift. Abb. 15.10 zeigt, wie im magnetisierten Plasma Wirbel und Transport durch Potentialfluktuationen und den damit verbundenen elektrischen Feldern entstehen. Eine lokale Störung im Plasmapotential $\tilde{\phi}$ erzeugt radial nach außen zeigende Feldfluktuationen $\tilde{E}$ und somit eine zirkulare $E \times B$-Drift im Plasma (linke Abbildung). Der resultierende Wirbel wirkt vor dem Hintergrund eines ungestörten Dichtegradienten und advektiert auf den gegenüberliegenden Seiten (oben und unten) die gleiche Dichte nach innen wie nach außen. Netto entsteht daraus zunächst kein radialer Transport. Nur wenn der Wirbel weiter am gleichen Ort bestehen bleibt, baut sich

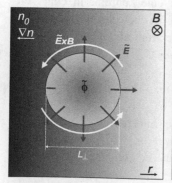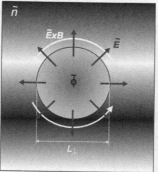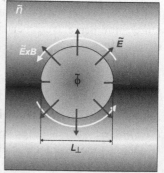

Abb. 15.10 Der Mechanismus, durch den radialer Transport durch elektrostatische Turbulenz entsteht (s. Text). *Links*: ein Wirbel bei ungestörter Dichte. *Mitte*: bei einer Dichtestörung außer Phase und *rechts* in Phase

eine Störung $\tilde{n}$ in der Dichte auf (mittlere Abbildung), sodass jetzt auf der Unterseite höhere Dichte nach außen als oben nach innen advektiert wird. Wir sehen also, dass sowohl Potential- als auch Dichtefluktuationen notwendig sind, um radialen Transport zu erzeugen, und dass die Phase zwischen beiden Störungen eine wichtige Rolle spielt. Nur wenn beide Störungen außer Phase sind (Mitte), entsteht Nettotransport; sind sie in Phase (rechts), so hat man die gleiche Situation wie ohne Dichtestörung (links).

Aus an verschiedenen Orten aufgenommenen Zeitreihen können wir, wie in Abschn. 15.2.1 beschrieben, die *Korrelationszeit* τ_{corr} und die *Korrelationslänge* L_{corr} der Strukturen berechnen. Aus diesen Größen leiten sich charakteristische Wellenzahlen k und Frequenzen ω ab:

$$L_{\text{corr}} = 2\pi/\bar{k}; \quad \tau_{\text{corr}} = 2\pi/\bar{\omega}. \tag{15.40}$$

Im Folgenden wird erläutert, wie wir daraus Werte für einen turbulenten Diffusionskoeffizienten abschätzen können. Für Potential- und Dichtefluktuationen $\tilde{\phi}$ und $\tilde{n}$ setzen wir periodische Störungen mit der charakteristischen Wellenzahl und Frequenz $\bar{k}$ und $\bar{\omega}$ an.

Ursache für radialen Transport ist die Komponente der $E \times B$-Drift in radialer Richtung. Der Beitrag durch die Fourier-Komponente bei $\bar{k}$ ist gegeben durch

$$\tilde{u}_r = \left. \frac{\mathbf{B} \times \nabla \tilde{\phi}}{B^2} \right|_r = i\frac{\bar{k}}{B}\tilde{\phi}. \tag{15.41}$$

Da es hier nur um charakteristische Größen geht, unterscheiden wir die Komponenten von $\mathbf{k}$ nicht weiter. Hält die Störung diese Drift für die Zeit τ_{corr} aufrecht, so wird ein Flüssigkeitselement in dieser Zeit um die charakteristische Länge $L_{\text{corr}} = |\tilde{u}_r| \tau_{\text{corr}}$ versetzt. Nach dem Random-Walk-Ansatz (14.1) folgt daraus ein *turbulenter Diffusionskoeffizient* der Form

$$D_{\text{turb}} \approx \frac{L_{\text{corr}}^2}{\tau_{\text{corr}}} = |\tilde{u}_r|^2 \tau_{\text{corr}} = \left(\frac{k}{B}\right)^2 |\tilde{\phi}|^2 \tau_{\text{corr}}. \tag{15.42}$$

Demnach steigt der turbulente Diffusionskoeffizient quadratisch mit der Fluktuationsamplitude an, wobei man die Potentialfluktuation nach der *Boltzmann-Relation* (3.124) in eine Dichtefluktuation übersetzen kann.

Zum gleichen Ergebnis gelangen wir über das *Mischungslängen-Modell*, das, wie in Abb. 15.11 zu sehen ist, eine Abschätzung für die Amplitude der Dichtefluktuationen ergibt. Nach diesem Modell bewirkt ein Wirbel der Ausdehnung L_{corr} eine Abflachung des Dichtegradienten auf der gleichen Länge. Dies resultiert in einer Fluktuationsamplitude von

$$\tilde{n} = L_{\text{corr}} |\nabla n|. \tag{15.43}$$

Der *turbulente Transport* ist der durch Advektion erzeugte Anteil der Teilchenflussdichte (7.78). Da nur der über eine Fluktuationsperiode gemittelte Transport von Interesse ist

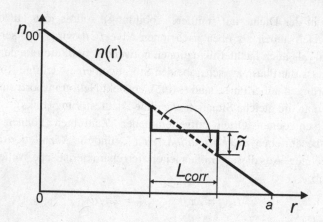

Abb. 15.11 Mischungslängen-Modell, nach dem ein Wirbel der Größe L_{corr} den Dichtegradienten abflacht und so Dichtefluktuationen $\tilde{n}$ erzeugt

und dieses Mittel, genommen über eine einzelne fluktuierende Größe, verschwindet, ist der turbulente Transport gegeben durch $\tilde{\Gamma} = \tilde{n}\tilde{u}$. Schätzen wir nun $\tilde{n}$ durch (15.43) ab, so gelangen wir mit $L_{corr} = |\tilde{u}_r| \, \tau_{corr}$ zum gleichen Ausdruck für den Diffusionskoeffizienten, wie bei (15.42):

$$\tilde{\Gamma} = \tilde{n}\tilde{u}_r^* = L_{corr} \, |\nabla n| \, |\tilde{u}_r| = -|\tilde{u}_r|^2 \, \tau_{corr} \nabla n = -D_{turb} \nabla n. \tag{15.44}$$

Das Minuszeichen entsteht durch den negativen Dichtegradienten.

In diesen sehr einfachen Überlegungen war von der Phase zwischen Dichte- und Potentialfluktuationen noch nicht die Rede. Sie kommt ins Spiel, wenn beide Größen gleichzeitig gemessen werden können. Mit $\tilde{n} = |\tilde{n}| \exp(i\delta_n)$, $\tilde{\phi} = |\tilde{\phi}| \exp(i\delta_\phi)$ und (15.41) für u_r folgt aus dem Realteil von (15.44) für den Beitrag der charakteristischen Wellenzahl $\bar{k}$ zum turbulenten Transport:

$$\tilde{\Gamma} = i\frac{\bar{k}}{B}\tilde{n}\tilde{\phi}^* - i\frac{\bar{k}}{B}\tilde{n}^*\tilde{\phi} = \frac{2\bar{k}}{B} \, |\tilde{n}| \, \left|\tilde{\phi}\right| \sin\delta_{n\phi}, \tag{15.45}$$

mit der *Kreuzphase* $\delta_{n\phi} = \delta_n - \delta_\phi$. Der Transport hängt also von der Korrelation zwischen Dichte- und Potentialstörung ab. Maximalen Transport findet man bei einer Phasenverschiebung zwischen $\tilde{n}$ und $\tilde{\phi}$ von $\delta_{n\phi} = \pi/2$. Diese Situation ist in der Mitte von Abb. 15.10 zu finden. Sind beide Größen in Phase, so ist die rechte Situation der Abbildung gültig, und der Transport verschwindet.

15.2.3 Lineare Instabilitäten

Es gibt zwei fundamentale lineare Instabilitäten, deren unterschiedliche Eigenschaften sich auf den turbulenten Zustand übertragen: die Driftwellen- und die Austauschinstabilität.

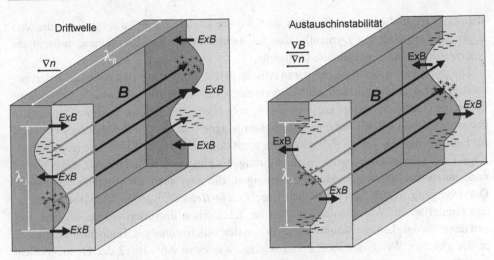

Abb. 15.12 Antriebsmechanismen und Eigenschaften der linearen Driftwellen- (*links*) und Austauschinstabilität (*rechts*). Dunkle und helle Flächen zeigen Bereiche mit hoher und niedriger Dichte. Als Störung des Gleichgewichts ist eine Isobare periodisch deformiert

Hier wollen wir die Entstehung dieser Instabilitäten und ihrer Eigenschaften mithilfe von Abb. 15.12 gegenüberstellen.

Wir beginnen mit der *Driftwelle*, die in beliebiger Magnetfeldgeometrie auftreten kann. Das Magnetfeld kann, wie in Abb. 15.12, homogen sein; senkrecht dazu liegt der Dichtegradient. Wichtig ist, dass bei der Driftwelle durch eine Störung auch parallel zur Magnetfeldlinie ein Dichtegradient erzeugt wird. Für die Wellenzahlen der Störung parallel und senkrecht zum Magnetfeld gilt $k_\parallel \neq 0$ und $k_\perp \gg k_\parallel$, d. h. die Störung ist stark entlang des Feldes gestreckt. Die Driftwelle wird im nächsten Abschnitt noch genauer behandelt. Für die Dynamik ist entscheidend, dass die Elektronen mit der thermischen Geschwindigkeit auf den parallelen Druckgradienten reagieren und so die angedeuteten Ladungsdichten erzeugen. Daraus resultieren elektrische Felder und die eingetragenen $E \times B$-Driften. Bei *adiabatischen Elektronen*, d. h. wenn die Elektronen unmittelbar auf den parallelen Druckgradienten reagieren und über das parallele elektrische Feld ein Gleichgewicht einstellen, sind Dichte- und Potentialstörung in Phase. Aus den radialen Driften resultiert dann lediglich eine Versetzung der Störung nach unten, wie man sich in Abb. 15.12 vergewissern kann. Die Folge davon ist, dass die gesamte Störung nach unten driftet, daher auch der Name der Instabilität. Die Driftgeschwindigkeit ist gerade gleich der diamagnetischen Drift der Elektronen. Radialer Nettotransport tritt bei adiabatischen Elektronen nicht auf, und folglich ist die Störung stabil.

Die Driftwelle wird instabil, wenn die parallele Antwort der Elektronen verzögert ist, und die Potentialstörung der Dichtestörung hinterherhinkt. Für diese Verzögerung gibt es eine Reihe von Ursachen, wie Resistivität, Induktion oder Landau-Dämpfung. Die Kreuzphase zwischen Potential- und Dichtestörung verschiebt die $E \times B$-Vektoren in Abb. 15.12 (links) etwas nach oben, sodass eine radiale Einwärtsdrift dort auftritt, wo die Dichte abgesenkt ist, und eine Auswärtsdrift dort, wo die Dichte erhöht ist. Erst durch die Verzögerung der parallelen Dynamik, also bei nichtadiabatischen Elektronen, entsteht ein Nettotransport und eine instabile Driftwelle.

Die *Austauschinstabilität*, die wir in Abschn. 4.1.2 schon behandelt haben, existiert nur im Bereich ungünstig gekrümmter Magnetfelder. Charakteristisch ist, dass die Störung entlang einer Feldlinie konstant ist; es ist also $k_\parallel = 0$. Hier spielt sich die gesamte Dynamik in der zweidimensionalen Fläche senkrecht zum Magnetfeld ab. Die Krümmungsdrift sorgt für Ladungsdichten, die um $\pi/2$ außer Phase mit der Dichtestörung sind. Die resultierende $E \times B$-Drift verstärkt die ursprüngliche Störung. Es entstehen Schichten mit abwechselnd nach innen und außen gerichteten Strömungen, die man auch als *Streamer* bezeichnet. Der Übergang in die Turbulenz geht über *Kelvin-Helmholtz*-artige Verwirbelungen an den Grenzflächen. Wie ebenfalls in Abschn. 4.1.2 schon diskutiert wurde, können, wegen der Abhängigkeit der Krümmungsdrift von der Teilchenenergie, Temperaturgradienten in der gleichen Weise destabilisierend wirken, wie es in Abb. 15.12 der Dichtegradient tut. Man spricht dann, je nachdem, ob der Ionen- oder der Elektronentemperaturgradient verantwortlich ist, von *ITG*- oder *ETG-Moden*.

Sind die Magnetfelder toroidal geformt, so beeinflusst die *magnetische Verscherung* (11.8) die Austauschinstabilität. Der Mechanismus ist in Abb. 15.13 illustriert. Ist die Verscherung, wie im linken Teil der Abbildung, negativ ($s < 0$), so nimmt der Sicherheitsfaktor q_s nach außen hin ab, und die Feldlinien auf den äußeren Flussflächen sind stärker helikal verwunden als die auf inneren Flächen. Dies führt zu einer Verkippung der Störung, die ja den Feldlinien folgen muss, mit dem Resultat, dass die durch die Störung verursachte $E \times B$-Drift schon früher ihre Richtung im Sinne einer günstigen Krümmung ändert, als es für $s = 0$ der Fall wäre (s. Abb. 15.13 links). Dieser Effekt hat eine stabilisierende Wirkung auf die Störung. Bei positiver Verscherung (rechts), was der Normalfall im

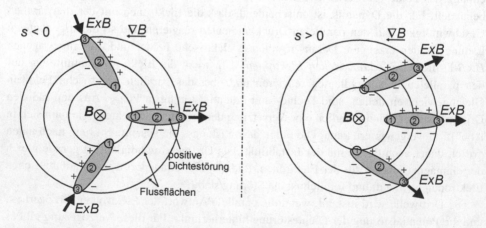

Abb. 15.13 Einfluss von magnetischer Verscherung auf die Austauschinstabilität. *Links*: negative Verscherung, *rechts*: positive Verscherung. Die Zahlen deuten Feldlinien an, von denen je drei toroidale Positionen in dieser Projektion zu sehen sind

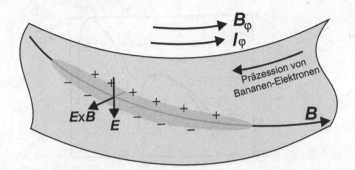

Abb. 15.14 Mechanismus, mit dem gefangene Teilchen zu austauschartigen Instabilitäten beitragen können. Zu sehen ist ein Ausschnitt eines Plasmas auf der Niederfeldseite eines Tokamaks. Die Präzession von Bananenteilchen erzeugt an den Flanken einer Dichtestörung Ladungsdichten. Daraus resultieren elektrische Felder und Driften, die zur Verstärkung der Störung führen

Tokamak ist, ist die $E \times B$-Drift in einem größeren poloidalen Bereich radial nach außen gerichtet als bei unverscherten Magnetfeldern, was eine destabilisierende Wirkung hat.

Gefangene Teilchen können ebenfalls zur Entstehung von Instabilitäten beitragen. So behindern *Bananenteilchen* zum einen die parallele Antwort von Elektronen auf einen parallelen Druckgradienten, wodurch Driftwellen destabilisiert werden können. Der wichtigere Effekt ist aber auf die in Abschn. 13.2.4 schon diskutierte toroidale Präzessionsbewegung der Bananenteilchen zurückzuführen. Wie in Abb. 15.14 illustriert, ist diese Bewegung so gerichtet, dass bei einer in Feldrichtung elongierten Dichtestörung die gleiche Ladungsverteilung, wie bei der Austauschinstabilität entsteht. Da gefangene Teilchen sich im Gebiet schlechter Krümmung (der Dichtegradient ist parallel zum Feldgradienten) aufhalten, führt die resultierende $E \times B$-Drift zur Verstärkung der Störung. Ionen präzedieren in die Gegenrichtung und tragen so ebenfalls zur Instabilität bei. Der Antrieb verschwindet im stoßbehafteten Plasma, wenn die Bananenbahnen nicht mehr geschlossen sind und die Drift reduziert ist. Diese Instabilität ist unter dem englischen Begriff *trapped electron mode* oder kurz *TEM* bekannt.

Die verschiedenen Instabilitäten treten bei unterschiedlichen räumlichen Skalen auf. In Abb. 15.15 sind die Bereiche für elektronen- und ionentemperaturgradientgetriebene Moden sowie für die TEM in dimensionslosen Parametern aufgetragen (siehe dazu (15.50)). Dabei ist der Driftparameter $\rho_s = (m_i T_e / eB)^{1/2}$ für $T_e = T_i$ gerade gleich dem Ionen-Larmor-Radius ρ_{Li}. Das heißt, dass ITG-Turbulenz bei Skalen oberhalb von ρ_{Li} auftritt, wogegen ETG-Turbulenz viel kleinskaliger ist und im Bericht von ρ_{Le} erwartet werden kann.

15.2.4 Elektromagnetische Turbulenz

Man bezeichnet die Turbulenz als elektromagnetisch, wenn Magnetfeldfluktuationen eine wesentliche Rolle bei der Dynamik derStörung spielen und zum Transport beitragen.

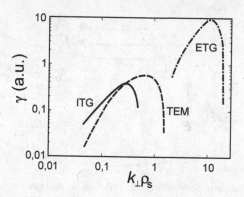

Abb. 15.15 Charakteristische Anwachsraten verschiedener Instabilitäten als Funktion der normierten Wellenzahl

Dies ist meistens erst bei hohem Plasma-β der Fall. Aber auch bei elektrostatischer Turbulenz können, wie bei den Driftwellen, Magnetfeldfluktuationen auftreten und die Transporteigenschaften beeinflussen.

Wie in Abschn. 15.3 beschrieben, generieren Driftwellen elektrische Ströme parallel zu den Feldlinien, womit radiale Magnetfeldfluktuationen $\tilde{B}_r$ einhergehen. In Plasmen, die von magnetischen Flussflächen eingeschlossen sind, können diese Fluktuationen, wie in Abb. 15.16 zu sehen, mikroskopische magnetische Inseln erzeugen (vgl. Abschn. 11.1.4) und den idealen Einschluss beeinträchtigen. Die in paralleler Richtung mobilen Elektronen legen dann auch Strecken in radialer Richtung zurück. Ist die mittlere freie Weglänge der Elektronen parallel zum Magnetfeld kürzer als der toroidale Umfang, $L \lesssim Rq_s$, so ist die radiale Versetzung, die mit diesem Weg zusammenhängt, gegeben durch

$$\delta r \approx L\tilde{B}_r/B_0. \tag{15.46}$$

Nach dem Random-Walk-Ansatz (14.1) leitet sich daraus ein Diffusionskoeffizient der Form ab:

$$D_{em} = \left(L\frac{\tilde{B}_r}{B_0}\right)^2 \frac{1}{2\tau} = D_\parallel \left(\frac{\tilde{B}_r}{B_0}\right)^2, \tag{15.47}$$

mit der Stoßzeit τ. Obwohl die Fluktuationen im Magnetfeld um einige Dekaden schwächer sind als das Hintergrundfeld, kann der senkrechte Diffusionskoeffizient durch den großen Wert des parallelen Koeffizienten $D_\parallel$ für den Transport relevante Werte annehmen. In stoßfreien Plasmen ist L durch Rq_s zu ersetzen, und man findet für den *elektromagnetischen Diffusionskoeffizienten* die Beziehung

$$D_{em} \approx \frac{(Rq_s)^2}{\tau} \left(\frac{\tilde{B}_r}{B_0}\right)^2. \tag{15.48}$$

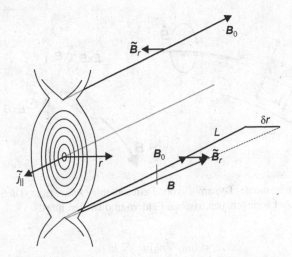

Abb. 15.16 Die durch Turbulenz erzeugten parallelen Ströme erzeugen Magnetfeldstörungen, die zu magnetischen Inseln und radialem Transport führen können

15.3 Die Driftwelle

In diesem Abschnitt wollen wir Driftwellen in einem einfachen, aber realistischen Modell behandeln. Als Leitfaden dient Abb. 15.17, in der die wesentlichen Eigenschaften der Driftwelle zusammengefasst sind. Ausgangspunkt der Betrachtung ist eine in Richtung des Magnetfeldes in die Länge gestreckte, positive Dichtestörung mit den Maßen $L_\perp \ll L_\parallel$. Die Elektronen reagieren auf den parallelen Druckgradienten, wodurch ein positives Potential im Bereich positiver Dichtestörung aufgebaut wird. Die Zeitkonstante dieses Prozesses wird durch die Polarisationsdrift der Ionen gesetzt, die der Änderung im Potential entgegenwirkt, indem sie Ionen aus der Dichtestörung treibt. Das Hintergrundplasma reagiert auf das Potential mit einer zirkularen $E \times B$-Bewegung, wodurch, im Querschnitt betrachtet, ein Wirbel der Art von Abb. 15.10 entsteht. Wichtig für das Verständnis von Driftwellen sind drei Punkte: (i) Die Störungen sind dreidimensional, also mit einer endlichen parallelen Wellenlänge, (ii) die Elektronen bestimmen die parallele Dynamik, wogegen (iii) die senkrechte Dynamik durch Driften der Ionen dominiert wird.

15.3.1 Wichtige Größen und Gleichungen

Driftwellen können unabhängig von der magnetischen Konfiguration existieren. Für ein einfaches Modell gehen wir daher von einem homogenen Magnetfeld aus, wodurch der diamagnetische Strom divergenzfrei wird. Driftwellen werden durch einen Hintergrund-Druckgradienten getrieben, der, da wir die Temperatur als konstant annehmen, über die *Dichteabfalllänge*

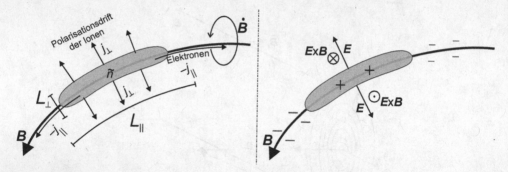

Abb. 15.17 Dreidimensionale Dynamik von Driftwellen. *Links*: Eine Dichtestörung erzeugt Ströme, die (*rechts*) zu Ladungen, elektrischen Feldern und Driften führt

$$L_n = |n_0/\nabla n_0| = |\nabla \ln n_0|^{-1} \tag{15.49}$$

angegeben wird.

Die charakteristische Skala der Störungen senkrecht zum Magnetfeld ist durch den *Driftparameter* gegeben, der dem Ionen-Larmor-Radius bei der Elektronentemperatur bzw. dem Quotienten aus Ionenschallgeschwindigkeit und Ionengyrationsfrequenz entspricht:

$$\rho_s = \frac{\sqrt{m_i T_e}}{eB} = \frac{c_s}{\omega_{ci}}; \quad c_s = \sqrt{\frac{T_e}{m_i}}. \tag{15.50}$$

Später werden wir ρ_s bzw. ρ_s/c_s dazu benutzen, Längen bzw. Zeiten dimensionslos zu machen. Kombinieren wir diese charakteristische Länge und Zeit zu den Einheiten m²/s, so folgt daraus, bis auf einen Vorfaktor, der *Bohm-Diffusionskoeffizient*

$$D_B = \frac{1}{16} \frac{\rho_s^2}{\rho_s/c_s} = \frac{1}{16} \rho_s c_s = \frac{1}{16} \frac{T_e}{eB}. \tag{15.51}$$

David Bohm hatte diesen Diffusionskoeffizienten für magnetisierte Bogenentladungen gefunden [31].

Damit sich homogene Turbulenz entwickeln kann, muss der Driftparameter klein gegen die Systemgröße a bzw. die Dichteabfalllänge L_n sein. Wir setzen weiter voraus, dass die Fluktuationsfrequenz ω klein gegen die Ionengyrationsfrequenz ω_{ci} und alle Fluktuationsamplituden klein gegen ihre Gleichgewichtswerte sind. Sind die entsprechend normierten Größen von der Größenordnung δ, so gilt die sog. *Driftnäherung*:

$$\frac{\omega}{\omega_{ci}} \approx \frac{\tilde{n}}{n_0} \approx \frac{e\tilde{\phi}}{T_e} \approx \frac{\rho_s}{a} \approx \delta \ll 1. \tag{15.52}$$

Die Abschätzung für den dritten Term folgt aus dem zweiten über die Boltzmann-Relation (3.124) und der vorletzte aus dem Mischungslängen-Modell (15.43) mit ρ_s als Korrelationslänge. Weiterhin folgt aus dem Mischungslängen-Modell, dass die senkrechten Gradienten in Hintergrunddichte und Fluktuationen von der gleichen Größenordnung sind:

$$\nabla\tilde{n} \approx \frac{\tilde{n}}{\rho_s} \approx \frac{\rho_s \nabla n_0}{\rho_s} = \nabla n_0. \tag{15.53}$$

Bei der Entwicklung des Druckgradienten in 1. Ordnung muss dieses Verhältnis berücksichtigt werden. Damit ist der Druckgradient in 1. Ordnung gegeben durch

$$\nabla(nT) \approx \tilde{T}\nabla n_0 + \tilde{n}\nabla T_0, \tag{15.54}$$

wogegen der Term $n_0\nabla\tilde{T} + T_0\nabla\tilde{n}$ schon zur 2. Ordnung zu rechnen ist.

Ausgangspunkt der nun folgenden Herleitung der Dispersionsrelation für Driftwellen sind die *Bewegungsgleichungen* (3.11) für Elektronen und Ionen,

$$mn\mathrm{d}_t^{E\times B}\mathbf{u} = -\nabla p + qn(\mathbf{E} + \mathbf{u}\times\mathbf{B}) \pm \mathbf{R}_{ei}, \tag{15.55}$$

mit der Reibungskraft (3.13), sowie die *Kontinuitätsgleichung* (3.10)

$$\mathrm{d}_t^{E\times B}n = -n\nabla\cdot\mathbf{u}. \tag{15.56}$$

Im nichtlinearen Term der hydrodynamischen Ableitung wird die Strömungsgeschwindigkeit durch die $E\times B$-Drift ersetzt. Die parallele Komponente der Geschwindigkeit sowie alle weiteren Driften werden im nichtlinearen Term vernachlässigt. Dadurch wird die hydrodynamische Ableitung zur sog. *advektiven Ableitung*

$$\mathrm{d}_t^{E\times B} = \frac{\partial}{\partial t} + \mathbf{u}^{E\times B}\cdot\nabla. \tag{15.57}$$

Diese Näherung ist insbesondere dann gültig, wenn die Ionen als kalt betrachtet werden können, denn die Plasmadynamik senkrecht zum Magnetfeld folgt aus der Bewegungsgleichung der Ionen.

15.3.2 Dynamik senkrecht zum Magnetfeld

Die Bewegungsgleichung (15.55), welche die Dynamik senkrecht zum Magnetfeld in der Nichtlinearität in nullter Ordnung bereits beinhaltet, dient nun zur Berechnung der Dynamik in nächst höherer Ordnung. Die entsprechende Rechnung haben wir in Abschn. 3.4.3

bei der Herleitung der Polarisationsdrift schon durchgeführt, wo die Reibungskraft vernachlässigt wurde. Wir übernehmen das Ergebnis (3.109) von dort und erhalten für die Senkrechtbewegung der Ionen:

$$\mathbf{u}_{i\perp} = \frac{\mathbf{E} \times \mathbf{B}}{B^2} + \frac{m_i}{eB^2} \mathrm{d}_t^{E\times B} \mathbf{E}_\perp. \tag{15.58}$$

Die diamagnetische Drift der Ionen vernachlässigen wir wegen $T_i = 0$. Bei den Ionen spielen also die $E\times B$- und die Polarisationsdrift die Hauptrollen, wobei die in der advektiven Ableitung auftretende Nichtlinearität der Polarisationsdrift mitgenommen werden muss.

Bei den Elektronen können wir, wegen der geringen Masse, die linke Seite der Bewegungsgleichung (15.55) vernachlässigen. Weiterhin vernachlässigen wir die Resistivität und finden nach Vektormultiplikation mit $\mathbf{B}$ für die senkrechte Dynamik der Elektronen die Summe aus $E\times B$- und diamagnetischer Drift:

$$\mathbf{u}_{e\perp} = \frac{\mathbf{E} \times \mathbf{B}}{B^2} + \frac{\nabla p_e \times \mathbf{B}}{enB}, \tag{15.59}$$

wobei die diamagnetische Drift der Elektronen keine Rolle spielen wird, da im homogenen Magnetfeld ihre Divergenz verschwindet. Da auch die $E\times B$-Drift keinen Strom erzeugt, trägt bei der Berechnung der aus den Driften entstehenden Ladungen und Potentiale nur die Polarisationsdrift der Ionen bei. Aus der Quasineutralitätsbedingung folgt somit:

$$\nabla \cdot \mathbf{j} = \nabla_\perp \cdot \mathbf{j}_\perp + \nabla_\| j_\| = \nabla_\perp \cdot \left\{ \frac{m_i n}{B^2} \mathrm{d}_t^{E\times B} \mathbf{E}_\perp \right\} + \nabla_\| j_\| = 0. \tag{15.60}$$

Diese Gleichung stellt die Verbindung zwischen den Bewegungsrichtungen senkrecht und parallel zum Magnetfeld her. Bei der Behandlung von Turbulenz in inkompressiblen Flüssigkeiten wird an dieser Stelle oft die *Boussinesque-Näherung* verwendet, in der Ableitungen der Dichte und des Magnetfeldes vernachlässigt werden und die äußere Ableitung in die Klammer hineingezogen wird:

$$\nabla_\perp \cdot \left\{ \frac{m_i n}{B^2} \mathrm{d}_t^{E\times B} \mathbf{E}_\perp \right\} \approx \frac{m_i n}{B^2} \mathrm{d}_t^{E\times B} \nabla_\perp \cdot \mathbf{E}_\perp. \tag{15.61}$$

Um die senkrechte Ableitung $\nabla_\perp$ durch die advektive Ableitung ziehen zu können, müssen Terme vernachlässigt werden, die von $\nabla_\perp \cdot \mathbf{u}^{E\times B}$ herrühren. Man kann aber zeigen, dass diese Terme im allgemeinen Fall tatsächlich klein sind gegen entsprechende Terme mit $\mathbf{u}^{E\times B} \cdot \nabla_\perp$. Insbesondere ist die $E\times B$-Drift für ein in Raum und Zeit konstantes Magnetfeld inkompressibel, denn dann gilt:

$$\nabla_\perp \cdot \mathbf{u}^{E\times B} = \nabla \cdot \left(\mathbf{E} \times \mathbf{B}/B^2 \right) = -\mathbf{E} \cdot (\nabla \times \mathbf{B}/B^2) + \mathbf{B} \cdot (\nabla \times \mathbf{E}) = 0. \tag{15.62}$$

Mit $\mathbf{E}_\perp = -\nabla_\perp \phi$ folgt nun aus (15.60) die *Vortizitätsgleichung*

$$\frac{m_i n}{B^2} \mathrm{d}_t^{E\times B} \nabla_\perp^2 \phi = \frac{m_i n}{B} \mathrm{d}_t^{E\times B} \Omega = \nabla_\| j_\|, \tag{15.63}$$

wobei Ω die parallele Komponente des Vortizitätsvektors darstellt. Der senkrechte Polarisationsstrom der Ionen wird also durch einen parallelen Elektronenstrom kurzgeschlossen. Diesen Teil der Dynamik kennen wir schon von der *transversalen Alfvén-Welle*.

Ihrer Definition (15.9) folgend, ist es leicht nachzuvollziehen, dass die Vortizität im Plasma durch Ableitungen des elektrischen Potentials gegeben ist. Denn eine lokale Potentialstörung führt zu einer zirkularen Plasmaströmung, sodass für die *Vortizität* gilt:

$$\Omega = -\nabla \times \mathbf{u}^{E \times B} = -\nabla \times \left(\mathbf{E} \times \frac{\mathbf{B}}{B^2} \right) = -(\nabla_\perp \cdot \mathbf{E}_\perp)\frac{\mathbf{B}}{B^2} = (\nabla_\perp^2 \phi)\frac{\mathbf{B}}{B^2}. \tag{15.64}$$

Die Vortizität ist in der Plasmaturbulenz mit umgekehrtem Vorzeichen definiert im Vergleich zu dem, was bei der Turbulenz neutraler Flüssigkeiten üblich ist!

15.3.3 Das Grundmodell für Driftwellen

Für das einfachste Driftwellenmodell spielt die parallele Dynamik keine Rolle und die Polarisationsdrift wird vernachlässigt, sodass die Dynamik der Ionen allein durch die $E \times B$-Drift gegeben ist. Das elektrische Feld wird unter der Annahme von adiabatischen Elektronen über die Boltzmann-Relation (3.124) aus den Dichtefluktuationen bestimmt. Ausgangspunkt ist die Kontinuitätsgleichung (15.56), bei der der Term auf der rechten Seite für die Ionen wegen der Inkompressibilität der $E \times B$-Drift (15.62) und der Annahme, dass die parallele Ionengeschwindigkeit klein ist, entfällt. Die parallele Geschwindigkeit werden wir am Ende des Abschnitts noch diskutieren. Wie in Abb. 15.18 zu sehen, legen wir das konstante Magnetfeld in die z-Richtung und den Dichtegradienten in die negative x-Richtung. Da $\mathbf{u}_i^{E \times B}$ bereits ein Term 1. Ordnung in den Fluktuationen ist, folgt aus der Kontinuitätsgleichung in 1. Ordnung in δ die Beziehung

$$d_t^{E \times B} n \approx \frac{\partial}{\partial t}\tilde{n} + \frac{\tilde{E}_y}{B}\frac{\partial}{\partial x}n_0 = 0. \tag{15.65}$$

Mit der Dichteabfalllänge (15.49) und $\mathbf{E} = -\nabla\phi$ folgt daraus die dimensionslose Gleichung

$$\frac{\partial}{\partial t}\frac{\tilde{n}}{n_0} + \frac{T_e}{eL_nB}\frac{\partial}{\partial y}\frac{e\tilde{\phi}}{T_e} = 0. \tag{15.66}$$

Beim Vorzeichen ist zu bedenken, dass $\partial_x n$ negativ aber L_n positiv sind. Durch Advektion im fluktuierenden elektrischen Feld wird also aus dem Dichtegradienten $(1/L_n)$ die Dichtestörung $\tilde{n}$ erzeugt.

Im einfachsten Fall sind die Elektronen adiabatisch und damit sind Dichte- und Potentialstörung durch die Boltzmann-Relation fest verkoppelt. Wir setzen also $\tilde{n}/n_0 = e\tilde{\phi}/T_e$ und erhalten nach Transformation in den Fourier-Raum für die Kontinuitätsgleichung:

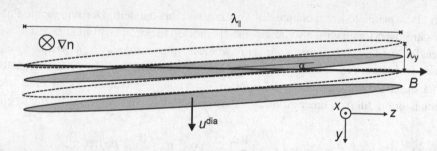

Abb. 15.18 Zwei Wellenzüge einer Driftwelle, die mit dem Winkel α zum Magnetfeld verkippt sind und mit der elektronendiamagnetischen Drift nach unten propagieren. *Grau* entspricht positiven und *gestrichelt* negativen Dichtestörungen

$$\left\{ \omega - \frac{T_e}{eL_nB} k_y \right\} \frac{e\tilde{\phi}}{T_e} = 0. \tag{15.67}$$

Daraus folgt die einfachste Form der *Dispersionsrelation für Driftwellen*:

$$\omega = \omega^{\text{dia}} = \frac{T_e}{eL_nB} k_y = \frac{\rho_s c_s}{L_n} k_y. \tag{15.68}$$

Abb. 15.19 zeigt den Verlauf der Dispersionsrelation in dimensionslosen Parametern. Da ω reell ist, ist die Driftwelle in dieser Form stabil, und sie zeigt außerdem keine Dispersion. Die *diamagnetische Frequenz* ω^{dia} repräsentiert die charakteristische Zeitkonstante, mit der sich die Driftwelle um die charakteristische Länge $2\pi/k_y$ fortbewegt. Aus der Dispersionsrelation folgt, dass die Phasengeschwindigkeit der Driftwelle gerade gleich der diamagnetischen Geschwindigkeit der Elektronen ist:

$$u^{\text{dia}} = \frac{\omega^{\text{dia}}}{k_y} = \frac{\rho_s c_s}{L_n} = \frac{T_e}{eL_nB} = \frac{|\partial_x p_0|}{en_0 B}. \tag{15.69}$$

Durch die Kenntnis der diamagnetischen Frequenz können wir eine Bedingung formulieren, unter der man die parallele Ionengeschwindigkeit, die ja gerade gleich der Schallgeschwindigkeit c_s sein muss, in der Kontinuitätsgleichung vernachlässigen kann. Wie in Abb. 15.18 dargestellt, tragen zwei Prozesse zur parallelen Propagation der Driftwelle bei: die – hier vernachlässigte – Ausbreitung der Schallwelle mit c_s, die zu einer Abflachung der Amplituden führen würde, und eine durch die senkrechte Drift der schräg liegenden Störung verursachte Verschiebung der Störung. Denn in der Zeit $T = \lambda_y/u^{\text{dia}}$, in der die Welle eine Periode nach unten läuft, verschiebt sich der Wellenbauch auch um $\lambda_\parallel$ nach rechts. Daraus resultiert eine Geschwindigkeit $u_\parallel = \lambda_\parallel/T = u^{\text{dia}}\lambda_\parallel/\lambda_y$. Die *Vernachlässigung der Schallwelle* ist also gerechtfertigt, wenn $u_\parallel \gg c_s$ ist, oder für

$$\omega^{\text{dia}} = u^{\text{dia}} k_y \gg c_s k_\parallel. \tag{15.70}$$

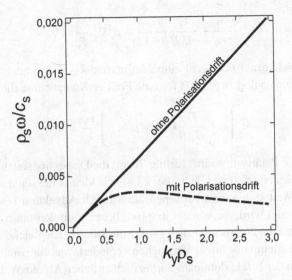

Abb. 15.19 Dispersionsrelationen für Driftwellen mit und ohne Berücksichtigung der Polarisationsdrift. Die Parameter sind: $T_e = 10\,\mathrm{eV}$, $B = 0{,}3\,\mathrm{T}$, Wasserstoffionen, $L_n = 5\,\mathrm{cm}$. Daraus ergeben sich die Größen $\rho_s = 0{,}3\,\mathrm{mm}$ und $c_s = 3\,\mathrm{km/s}$

Diese Bedingung ist meist sehr gut erfüllt, da die parallele Wellenlänge leicht das 100-Fache der senkrechten sein kann.

15.3.4 Die Einfluss der Polarisationsdrift

Insbesondere für kleine Strukturen $k_\perp \rho_s \gtrsim 1$ muss die Polarisationsdrift bei der Ionengeschwindigkeit berücksichtigt werden. Dadurch verschwindet der Term $\nabla \cdot \mathbf{u}$ auf der rechten Seite der Kontinuitätsgleichung (15.56) nicht mehr, woraus sich eine wichtige Erweiterung der Dispersionsrelation ergibt. Der Beitrag zur Ionengeschwindigkeit durch die Schallwelle wird weiter vernachlässigt, für die senkrechte Geschwindigkeitskomponente muss jetzt aber (15.58) verwendet werden. Da $\nabla \cdot \mathbf{u}^{E \times B} = 0$ ist, bleibt jetzt in 1. Ordnung in δ auf der rechten Seite der Kontinuitätsgleichung der Beitrag durch die Polarisationsdrift zu berücksichtigen:

$$n\nabla \cdot \mathbf{u} = \frac{m_i}{eB^2}\nabla \cdot \left(\mathrm{d}_t^{E \times B}\tilde{\mathbf{E}}_\perp\right) \approx \frac{m_i}{eB^2}\nabla \cdot \left(\frac{\partial}{\partial t}\tilde{\mathbf{E}}_\perp\right) = -\rho_s^2 \frac{\partial}{\partial t}\left(\nabla_\perp^2 \frac{e\tilde{\phi}}{T_e}\right). \tag{15.71}$$

Dieser Term ersetzt die Null auf der rechten Seite der Kontinuitätsgleichung aus dem einfachsten Modell (15.65), sodass die *Kontinuitätsgleichung* unter Berücksichtigung der Polarisationsdrift die Form erhält:

$$\frac{\partial}{\partial t}\frac{\tilde{n}}{n_0} + \frac{T_e}{eL_nB}\frac{\partial}{\partial y}\frac{e\tilde{\phi}}{T_e} + \rho_s^2\nabla_\perp^2\frac{e\dot{\tilde{\phi}}}{T_e} = 0.$$

Wir setzen die Wellenzahl senkrecht zum Magnetfeld $k_\perp = k_y$ und erhalten so mit der Boltzmann-Relation analog zu (15.67) für eine Fourier-Komponente die Gleichung

$$\left\{\omega - \frac{T_e}{eL_nB}k_y + \omega(\rho_sk_y)^2\right\}\frac{e\tilde{\phi}}{T_e} = 0. \tag{15.72}$$

Wir sehen, dass die Polarisationsdrift (dritter Term) die Dispersionsrelation der Driftwelle beeinflusst, und dies umso stärker, je größer k_y, also je kleiner die senkrechte Ausdehnung der Struktur ist. Weiterhin kann man sehen, dass durch Advektion (zweiter Term) eine Dichtestörung erzeugt wird, die von der ursprünglichen räumlich um $\pi/2$ versetzt ist (linear in k_y), wogegen die Polarisationsdrift ($\sim k_y^2$) die Störung am gleichen Ort, bzw. auf der gleichen Feldlinie mit umgekehrtem Vorzeichen verändert, was zur parallelen Propagation beiträgt und, wenn der Effekt dominant wird, zu einer Scher-Alfvén-Welle führt.

Für die *Dispersionsrelation* für Driftwellen unter Berücksichtigung der Polarisationsdrift folgt aus (15.72) somit

$$\omega = \frac{\rho_sc_s/L_n}{1+(\rho_sk_y)^2}k_y = \frac{\omega^{\mathrm{dia}}}{1+(\rho_sk_y)^2}. \tag{15.73}$$

Hier zeigt sich auch, dass der Übergang zu dimensionslosen Größen sinnvollerweise durch die Parameter (15.50) vollzogen wird:

$$\frac{\rho_s}{c_s}\omega = \frac{\rho_s/L_n}{1+\rho_s^2k_y^2}\rho_sk_y. \tag{15.74}$$

In Abb. 15.19 sind die Dispersionsrelationen (15.68) und (15.73) dargestellt. Ab $k_y\rho_s \gtrsim 1$ nimmt die Polarisationsdrift Einfluss auf die Driftwelle, die jetzt Dispersion zeigt, aber weiterhin stabil ist. Sobald die Polarisationsdrift dominant wird, gehen Gruppen- und Phasengeschwindigkeit gegen null, die Welle propagiert also nicht mehr in Richtung senkrecht zum Magnetfeld. Das liegt daran, dass die Polarisationsdrift die Dynamik der Dichtestörung auf der gleichen Feldlinie treibt, auf der auch die ursprüngliche Störung war, und über die Advektion dominiert, die räumlich versetzte Dichtestörungen erzeugen würde.

15.3.5 Instabilität und Dissipation

Lösungen für instabile Driftwellen erhalten wir unter Berücksichtigung der Elektronendynamik parallel zum Magnetfeld. Entscheidend ist eine Verzögerung der parallelen Elektronenbewegung durch Resistivität, Landau-Dämpfung oder magnetische Induktion, woraus die Kreuzphase zwischen Dichte- und Potentialfluktuationen von null verschieden wird. Im $i\delta$-*Modell* werden diese physikalischen Einflüsse durch eine Phase δ^* angenähert, die einen kleinen Wert haben soll und als Imaginärteil der Boltzmann-Relation hinzugefügt wird:

$$\frac{\tilde{n}}{n_0} = \frac{e\tilde{\phi}}{T_e} e^{-i\delta^*} \approx \frac{e\tilde{\phi}}{T_e}(1 - i\delta^*). \tag{15.75}$$

Die Konsequenz für die Herleitung der Dispersionsrelation liegt darin, dass in (15.72) das links stehende ω durch $\omega(1 - i\delta^*)$ ersetzt werden muss. Anstelle von (15.73) erhalten wir jetzt für die *Dispersionsrelation der Driftwelle*

$$\omega = \frac{\omega^{\text{dia}}}{1 + (\rho_s k_y)^2 - i\delta^*} \approx \frac{\omega^{\text{dia}}}{1 + (\rho_s k_y)^2} + i\frac{\omega^{\text{dia}}}{\left(1 + (\rho_s k_y)^2\right)^2}\delta^*. \tag{15.76}$$

Der Imaginärteil der Dispersionsrelation stellt die *Anwachsrate der Driftwelle* dar,

$$\gamma = \frac{\omega^{\text{dia}}}{\left(1 + (\rho_s k_y)^2\right)^2}\delta^*. \tag{15.77}$$

Für positive Werte von δ^* hinkt die Potentialstörung der Dichtestörung aufgrund der verzögerten Elektronendynamik hinterher, und wegen $\tilde{n} \sim \exp\{i(k_y y - \omega t)\}$ steigt die Störung mit der Zeit exponentiell an, was einer Instabilität entspricht. Bei einer negativen Kreuzphase $\delta^* < 0$ ist die Lösung gedämpft und die Störung damit stabil.

15.3.6 Dynamik parallel zum Magnetfeld

Die Dynamik parallel zum Magnetfeld haben wir bisher entweder durch die Annahme adiabatischer Elektronen abgehandelt, was zur Verwendung der Boltzmann-Relation zwischen Dichte- und Potentialstörung führte, oder wir haben durch das $i\delta$-Modell *ad hoc* eine Verzögerung eingeführt. Hier wollen wir nun ein realistischeres Modell der parallelen Dynamik entwickeln. Während die Dynamik senkrecht zum Magnetfeld weiterhin durch die Ionen getragen wird, dominieren die Elektronen, aufgrund ihrer geringeren Masse, die in paralleler Richtung.

Die parallele Komponente der Bewegungsgleichung (15.55) in 1. Ordnung der Störung und genommen für die Elektronen entspricht dem *verallgemeinerten Ohm'schen Gesetz* (3.33), das wir hier als Ausgangspunkt nehmen.

$$\frac{m_e}{e}\frac{\partial \tilde{j}_\parallel}{\partial t} = en_0\tilde{E}_\parallel + \nabla_\parallel \tilde{p}_e - en_0\frac{\tilde{j}_\parallel}{\sigma}. \tag{15.78}$$

Das elektrische Feld folgt aus dem parallelen Gradienten des Potentials und der elektromagnetischen Selbstinduktion, die hier durch das Vektorpotential (B.27) berücksichtigt wird,

$$\tilde{E}_{\parallel} = -\nabla_{\parallel}\tilde{\phi} - \frac{\partial \tilde{A}_{\parallel}}{\partial t}. \tag{15.79}$$

Aus dem Ampère'schen Gesetz folgt weiterhin (vgl. (11.11) mit (B.4)):

$$\nabla \times \mathbf{B} = \nabla \times (\nabla \times \mathbf{A}) = -\nabla_{\perp}^2 A_{\parallel} = \mu_0 j_{\parallel}. \tag{15.80}$$

Wenn wir die Leitfähigkeit σ nach (8.109) in die charakteristische Elektron-Ion-Stoßfrequenz ν umschreiben, folgt für die *Bewegungsgleichung der Elektronen* parallel zum Magnetfeld:

$$en_0 \frac{\partial \tilde{A}_{\parallel}}{\partial t} + \frac{m_e}{e} \frac{\partial \tilde{j}_{\parallel}}{\partial t} = -en_0 \nabla_{\parallel}\tilde{\phi} + \nabla_{\parallel}\tilde{p}_e - \frac{m_e \nu}{e} \tilde{j}_{\parallel}. \tag{15.81}$$

Die für den elektrischen Strom und damit die durch die Elektronen bestimmte parallele Dynamik der Driftwelle verantwortlichen Terme sind der Reihe nach: das parallele elektrische Feld, der parallele Druckgradient und die Resistivität. Auf der linken Seite stehen die Selbstinduktion sowie die Trägheit der Elektronen. Für stationäre oder langsame Vorgänge folgt aus den beiden ersten Termen der rechten Seite die *Boltzmann-Relation*.

15.3.7 Dispersionsrelation parallel zum Magnetfeld

Bevor wir zu den nichtlinearen Eigenschaften und damit zur Turbulenz von Driftwellen kommen, wollen wir uns hier noch die Dispersionsrelation für die Ausbreitung der Driftwelle parallel zum Magnetfeld anschauen. Wir stellen dazu die benötigten Gleichungen zusammen, bei denen wir den nichtlinearen Term vernachlässigen und die wir gleichzeitig geeignet normieren. Das sind die Kontinuitätsgleichung (15.56) der Elektronen, bei denen zusätzlich die Polarisationsdrift auf der rechten Seite vernachlässigt werden kann und im homogenen Magnetfeld die Divergenz der diamagnetischen Drift entfällt, die parallele Komponente der Bewegungsgleichung (15.55) für kalte Ionen ($p_i = 0$), die Vortizitätsgleichung (15.63) und das Ohm'sche Gesetz (15.81) ohne Stöße, das wir mit $\nabla_{\perp}^2$ ableiten, um dann das Vektorpotential mittels (15.80) zu ersetzen. Die Grundgleichungen sind dann gegeben durch:

$$\partial_t \left(\frac{\tilde{n}}{n_0} \right) = -\nabla_{\parallel}\tilde{u}_{e\parallel}, \tag{15.82}$$

$$\partial_t \tilde{u}_{i\parallel} = -c_s^2 \nabla_{\parallel} \left(\frac{e\tilde{\phi}}{T_e} \right), \tag{15.83}$$

$$\rho_s^2 \partial_t \nabla_{\perp}^2 \left(\frac{e\tilde{\phi}}{T_e} \right) = \frac{1}{en_0} \nabla_{\parallel}\tilde{j}_{\parallel}, \tag{15.84}$$

$$\left(1 - \delta_0^2 \nabla_{\perp}^2 \right) \partial_t \tilde{j}_{\parallel} = \frac{T}{e\mu_0} \nabla_{\parallel}\nabla_{\perp}^2 \left(\frac{\tilde{p}_e}{p_e} - \frac{e\tilde{\phi}}{T_e} \right). \tag{15.85}$$

Im letzten Ausdruck haben wir die *stoßfreie Eindringtiefe*

$$\delta_0 = \sqrt{\frac{m_e}{e^2 \mu_0 n_0}} \qquad (15.86)$$

eingesetzt, die wir aus (5.52) kennen. Diese linearen Gleichungen werden wir zu zwei quadratischen Gleichungen umformen, mit jeweiliger Gültigkeit bei niedriger bzw. hoher Frequenz und die je zwei Lösungen haben werden.

Wir beginnen bei niedrigen Frequenzen, bei denen die Elektronen adiabatisch sind und wir die Boltzmann-Relation $\tilde{n}/n_0 = e\tilde{\phi}/T_e$ verwenden können. Wir setzen zunächst in (15.82) $\tilde{u}_{e\parallel} = -\tilde{j}_{\parallel}/en_0 + \tilde{u}_{i\parallel}$ ein und ersetzen dann den Strom mithilfe von (15.84). Den resultierenden Ausdruck differenzieren wir nach der Zeit und fassen ihn wie folgt zusammen:

$$\partial_t^2 \left(1 - \rho_s^2 \nabla_\perp^2\right) \frac{\tilde{p}_e}{p_e} = -\partial_t \nabla_\parallel u_{i\parallel},$$

wobei wir die Dichten mit dem konstanten Wert T_e multipliziert haben, um deutlich zu machen, dass der Gradient im Elektronendruck $p_e = nT_e$ die Welle antreibt. Indem wir noch die zeitliche Ableitung der Ionengeschwindigkeit rechts durch (15.83) ersetzen, $\nabla_\perp^2 = -k_\perp^2$ verwenden und weiterhin die Adiabatizität berücksichtigen, folgt eine *Wellengleichung* für kleine Frequenzen der Form

$$\left(1 + \rho_s^2 k_\perp^2\right) \partial_t^2 \frac{\tilde{p}_e}{p_e} = c_s^2 \nabla_\parallel^2 \frac{\tilde{p}_e}{p_e}.$$

Die *parallele Phasengeschwindigkeit der Driftwelle bei niedrigen Frequenzen* ist somit

$$v_\parallel^{\text{DWs}} = \frac{\omega}{k_\parallel} = \frac{1}{\sqrt{1 + \rho_s^2 k_\perp^2}} c_s. \qquad (15.87)$$

Für große Strukturen $k_\perp \to 0$ geht die Phasengeschwindigkeit, mit der sich Druckstörungen parallel ausbreiten, in die Ionenschallgeschwindigkeit c_s über. Bei kleinen Strukturen mit $k_\perp \rho_s > 1$ fällt die Geschwindigkeit ab und verschwindet schließlich. Die senkrechte Ausdehnung der Driftwelle beeinflusst also die parallele Propagationsgeschwindigkeit.

Wir wenden uns nun den schellen Vorgängen zu, bei denen die *Elektronenträgheit* sowie die *elektromagnetische Induktion* eine Rolle spielen. Dazu setzen wir in (15.82) $u_{e\parallel} = -j_\parallel/en_0$ und leiten das Ganze mit $\rho_s^2 \nabla_\perp^2$ ab, um anschließend das Resultat von (15.84) zu subtrahieren. Es folgt daraus

$$\rho_s^2 \partial_t \nabla_\perp^2 \left(\frac{\tilde{p}_e}{p_e} - \frac{e\tilde{\phi}}{T_e}\right) = \frac{1}{en_0} \left(1 - \rho_s^2 \nabla_\perp^2\right) \nabla_\parallel \tilde{j}_\parallel.$$

Zum Abschluss leiten wir diesen Ausdruck nochmals nach der Zeit ab, sodass wir anschließend den Term $\partial_t \tilde{j}_\parallel$ durch (15.85) ersetzen können. Weiterhin ersetzen wir wieder $\nabla_\perp^2$ durch $-k_\perp^2$, das wir dann kürzen. Für die *Strömungsfunktion* (vgl. (15.22))

$$\psi = \frac{\tilde{p}_e}{p_e} - \frac{e\tilde{\phi}}{T_e}$$

erhalten wir die *Wellengleichung* für die parallele Propagation der Driftwelle bei hohen Frequenzen

$$\rho_s^2 \partial_t^2 \psi = \frac{T_e}{e^2 \mu_0 n_0} \frac{1 + \rho_s^2 k_\perp^2}{1 + \delta_0^2 k_\perp^2} \nabla_\parallel^2 \psi.$$

Durch Einsetzen von ρ_s können wir die restlichen Konstanten zur *Alfvén-Geschwindigkeit* (4.57) kombinieren und erhalten so die *parallele Phasengeschwindigkeit der Driftwelle bei hohen Frequenzen*

$$v_\parallel^{\text{DWf}} = \frac{\omega}{k_\parallel} = \sqrt{\frac{1 + \rho_s^2 k_\perp^2}{1 + \delta_0^2 k_\perp^2}}\, v_A. \tag{15.88}$$

Interessanterweise wird die parallele Phasengeschwindigkeit der Welle durch die senkrechte Ausdehnung der Störung beeinflusst. Für $k_\perp \rightarrow 0$, also für große Strukturen, propagiert die Störung mit der Alfvén-Geschwindigkeit. Für kleine Strukturen $k_\perp \rightarrow \infty$ geht die Welle in die *Elektronenschallgeschwindigkeit* über. Es ist nämlich

$$\frac{\rho_s^2}{\delta_0^2} v_A^2 = \frac{T_e}{m_e} = c_{se}^2.$$

In diesem Lösungsast propagiert nicht die Dichtestörung, sondern die Abweichung von der Boltzmann-Relation, was sich in einer Potentialstörung äußert und nicht in einer Dichtestörung.

15.4   Driftwellenturbulenz

Nachdem wir im letzten Abschnitt die Dynamik der Driftwelle senkrecht und parallel zum Magnetfeld getrennt analysiert haben, wollen wir jetzt ein selbstkonsistentes Gleichungssystem herleiten, mit dem Driftwellenturbulenz numerisch simuliert werden kann. Dazu können wir nicht mehr, wie zuvor in (15.65) geschehen, den nichtlinearen Term der Kontinuitätsgleichung nur in 1. Ordnung der Störungen betrachten. Wir hatten ja die Dichte darin durch den Hintergrundwert n_0 ersetzt. Im Allgemeinen sind aber wegen (15.53) die räumlichen Ableitungen der Dichtefluktuationen von der gleichen Größenordnung wie der Gradient der Hintergrunddichte selbst.

15.4.1 Die Modellgleichungen

Im letzten Abschnitt haben wir die Bewegungsgleichungen für Elektronen und Ionen ausgewertet und so das Ohm'sche Gesetz (15.81) für die Elektronendynamik hergeleitet, das den parallelen elektrischen Strom bestimmt, der wiederum die Quelle für das Potential oder, nach (15.63), der Vortizität ist. Für ein vollständiges Modell zur numerischen Simulation von Driftwellenturbulenz fehlt als dritte Gleichung noch die Kontinuitätsgleichung zur Beschreibung der Entwicklung der Dichtestörung. Wir nehmen dazu die Elektronen-Version von (15.56). Für Elektronen können wir die Polarisationsdrift vernachlässigen, sodass wir auf der rechten Seite nur die $E \times B$-Drift und die parallele Geschwindigkeitskomponente berücksichtigen müssen. Wegen (15.62) ist $\nabla_\perp \cdot \mathbf{u}^{E \times B} = 0$, sodass die Kontinuitätsgleichung die Form erhält:

$$d_t^{E \times B} (\bar{n} + \tilde{n}) = -n_0 \nabla \cdot \mathbf{u} \approx -n_0 \nabla_\parallel \tilde{u}_{e\parallel} \approx \nabla_\parallel \tilde{j}_\parallel / e. \tag{15.89}$$

Wir unterscheiden hier das mittlere Dichteprofil $\bar{n}(x)$ von $n_0 = \bar{n}(x_0)$, dem Wert der Dichte am betrachteten Ort x_0. Es ist $n = \bar{n} + \tilde{n}$. Links müssen Gradienten von $\bar{n}$ und $\tilde{n}$ mitgenommen werden, wogegen rechts $\tilde{n}$ gegen n_0 vernachlässigt werden kann. Dies unterscheidet den nichtlinearen Fall von den linearen Dispersionsrelationen aus dem letzten Kapitel. Weiterhin haben wir im letzten Schritt den Beitrag der trägeren Ionen zum parallelen Strom vernachlässigt. Die Dichteentwicklung wird demnach durch zwei Beträge bestimmt. Die $E \times B$-Drift in der advektiven Ableitung $d_t^{E \times B}$ (vgl. (15.57)) bewirkt die *Advektion* der Dichte, wogegen auf der rechten Seite die Dichteänderungen durch die parallele Dynamik der Elektronen steht. Da Quasineutralität gefordert ist, muss eine ähnliche Gleichung für Ionen eine identische Dichteentwicklung ergeben. Im Fall der Ionen ergibt sich die gleiche linke Seite, wogegen rechts die Polarisationsdrift mit $\nabla \cdot \mathbf{u}^{pol}$ einen Beitrag liefert.

Besonders einfache Gleichungen erhalten wir im *elektrostatischen Grenzfall*. Das bedeutet, dass wir turbulente Zeitskalen betrachten, die langsam sind gegen die Antwortzeit der Elektronen. Wir können dann die Selbstinduktion und die Elektronenträgheit auf der linken Seite des Ohm'schen Gesetzes (15.81) vernachlässigen und erhalten so für den parallelen Strom den Ausdruck

$$\tilde{j}_\parallel = \frac{e}{m_e \nu} \nabla_\parallel \left(\tilde{p}_e - e n_0 \tilde{\phi} \right), \tag{15.90}$$

den wir nun in die Kontinuitäts- (15.89) und die Vortizitätsgleichung (15.63) einsetzen. Das Turbulenzmodell reduziert sich so auf die beiden Gleichungen

$$\left(\frac{\partial}{\partial t} + \mathbf{u}^{E \times B} \cdot \nabla \right) (\bar{n} + \tilde{n}) = \frac{1}{m_e \nu} \nabla_\parallel^2 (\tilde{p}_e - e n_0 \tilde{\phi}), \tag{15.91}$$

$$\frac{m_i n_0}{B^2} \left(\frac{\partial}{\partial t} + \mathbf{u}^{E \times B} \cdot \nabla \right) \nabla_\perp^2 \tilde{\phi} = \frac{e}{m_e \nu} \nabla_\parallel^2 (\tilde{p}_e - e n_0 \tilde{\phi}). \tag{15.92}$$

15.4.2 Dimensionslose Gleichungen

Der nächste Schritt besteht darin, die Gleichungen mittels der Größen (15.50) in eine dimensionslose Form zu überführen. Dazu transformieren wir die Parameter wie folgt:

$$\hat{\phi} = \frac{e\tilde{\phi}}{T_e}; \quad \hat{n} = \frac{\tilde{n}}{n_0}; \quad \hat{p} = \frac{\tilde{p}}{n_0 T_e}; \quad \hat{\nabla} = \rho_s \nabla; \quad \kappa_n = \frac{\rho_s}{L_n}; \quad \hat{t} = t\frac{c_s}{\rho_s}. \tag{15.93}$$

Entsprechend Abb. 15.18 weist die Dichte einen Gradienten in x-Richtung auf, $n = \bar{n}(x) + \tilde{n}$, die Elektronentemperatur T_e und das Magnetfeld $\mathbf{B} = B\mathbf{e}_z$ sind dagegen konstant. κ_n ist die dimensionslose inverse Dichteabfalllänge mit L_n aus (15.49).

Zunächst führen wir die Normierung der advektiven Ableitung (15.57) durch:

$$\frac{\rho_s}{c_s} d_t^{E \times B} = \hat{\partial}_t + \left(\frac{\rho_s}{c_s} \frac{T_e}{B\rho_s^2 e} \right) (\mathbf{e}_z \times \hat{\nabla}_\perp \hat{\phi}) \cdot \hat{\nabla}_\perp = \hat{\partial}_t + (\mathbf{e}_z \times \hat{\nabla}_\perp \hat{\phi}) \cdot \hat{\nabla}_\perp \equiv \hat{d}_t^{E \times B}.$$

Wir verfahren ähnlich mit den anderen Komponenten, multiplizieren (15.91) mit $\rho_s/c_s n_0$ und (15.92) mit $\rho_s^3 eB^2/c_s m_i n_0 T_e$ und erhalten so das gekoppelte Gleichungssystem

$$\hat{d}_t^{E \times B} \left(\frac{\bar{n}}{n_0} + \hat{n} \right) = \hat{\nabla}_\parallel^2 (\hat{n} - \hat{\phi})/\hat{\nu}, \tag{15.94}$$

$$\hat{d}_t^{E \times B} \hat{\Omega} = \hat{\nabla}_\parallel^2 (\hat{n} - \hat{\phi})/\hat{\nu}. \tag{15.95}$$

Hier steht $\hat{\Omega}$ für die normierte Form der Vortizität (15.64) und die dimensionslose Stoßfrequenz, auch *Kollisionalität* genannt, ist gegeben durch

$$\hat{\nu} = \nu/\omega_{ce}. \tag{15.96}$$

Nun entwickeln wir den nichtlinearen Term der advektiven Ableitung aus (15.94) und finden:

$$\hat{d}_t^{E \times B} \left(\frac{\bar{n}}{n_0} + \hat{n} \right) = \hat{\partial}_t \hat{n} + \hat{\partial}_x \hat{\phi} \hat{\partial}_y \hat{n} - \hat{\partial}_y \hat{\phi} \hat{\partial}_x \hat{n} + \kappa_n \hat{\partial}_y \hat{\phi}. \tag{15.97}$$

Der Vorzeichenwechsel beim letzten Term kommt daher, dass κ_n positiv ist, wogegen der Dichtegradient in der gegebenen Geometrie negativ ist. Die gemischten Ableitungen schreibt man mithilfe von *Poisson-Klammern*

$$\left\{ \hat{\phi}, \hat{n} \right\} := \hat{\partial}_x \hat{\phi} \hat{\partial}_y \hat{n} - \hat{\partial}_y \hat{\phi} \hat{\partial}_x \hat{n}. \tag{15.98}$$

Analog verfahren wir mit der Nichtlinearität in der Vortizitätsgleichung (15.95), bei der die Vortizität im Hintergrundplasma vernachlässigt wird, und bringen so unsere Modellgleichungen (15.94, 15.95) in die Form der bekannten *Hasegawa-Wakatani-Gleichungen*:

$$\partial_t \hat{n} + \left\{\hat{\phi}, \hat{n}\right\} + \kappa_n \hat{\partial}_y \hat{\phi} = \hat{\nabla}_\parallel^2 \left(\hat{n} - \hat{\phi}\right)/\hat{\nu}, \tag{15.99}$$

$$\partial_t \hat{\Omega} + \left\{\hat{\phi}, \hat{\Omega}\right\} = \hat{\nabla}_\parallel^2 \left(\hat{n} - \hat{\phi}\right)/\hat{\nu}. \tag{15.100}$$

Die beiden Gleichungen werden häufig zur Simulation von Plasmaturbulenz als einfaches Modellsystem herangezogen. Die Turbulenz entsteht durch die beiden Nichtlinearitäten in den Poisson-Klammern. Dabei ist $\{\phi, n\}$ auf die $E \times B$-Drift und $\{\phi, \Omega\}$ auf die Polarisationsdrift zurückzuführen. Der Antrieb durch die lineare Instabilität steckt in dem Term mit κ_n. Die Terme auf der rechten Seite bewirken die Kopplung von Dichte und Vortizität oder Potential. Im Fall hoher Kollisionalität ν ist die Kopplung schwach, sodass die beiden Gleichungen getrennt gelöst werden können. Dies entspricht dem *hydrodynamischen Grenzfall*. In stoßfreien Plasmen mit $\nu \to 0$ wird die Kopplung stark und man spricht vom *adiabatischen Grenzfall*, bei dem sich Dichte und Potential gleich verhalten.

15.4.3 Zweidimensionale Beschreibung der Driftwellen

Durch die Ableitungen auf der rechten Seite von (15.99) und (15.100) sind die Hasegawa-Wakatani-Gleichungen dreidimensional. Den Übergang zu einem zweidimensionalen System erreichen wir durch Approximation der parallelen Gradienten durch

$$\hat{\nabla}_\parallel^2 \approx (k_\parallel \rho_s)^2 = \hat{k}_\parallel^2. \tag{15.101}$$

Mit $C = \hat{k}_\parallel^2/\hat{\nu}$ werden daraus die *zweidimensionalen Hasegawa-Wakatani-Gleichungen*.

$$\partial_t \hat{n} + \left\{\hat{\phi}, \hat{n}\right\} + \kappa_n \hat{\partial}_y \hat{\phi} = C \left(\hat{n} - \hat{\phi}\right), \tag{15.102}$$

$$\partial_t \hat{\Omega} + \left\{\hat{\phi}, \hat{\Omega}\right\} = C \left(\hat{n} - \hat{\phi}\right). \tag{15.103}$$

Um Dispersionsrelation und Anwachsrate zu berechnen, müssen wir davon nun den linearen Grenzfall bilden, bei dem die Poisson-Klammern wegfallen. Im Fourier-Raum mit $k_y = k_\perp$ haben die Gleichungen dann die Form

$$-i\hat{\omega}\hat{n} + i\kappa_n \hat{k}_\perp \hat{\phi} = C \left(\hat{\phi} - \hat{n}\right),$$

$$i\hat{\omega}\hat{k}_\perp^2 \hat{\phi} = C \left(\hat{\phi} - \hat{n}\right).$$

Die zweite Gleichung lösen wir nach $\hat{n}$ auf und setzen sie dann in die erste ein. Dies führt zur quadratischen Dispersionsrelation

$$\hat{\omega}^2 \hat{k}_\perp^2 + iC\kappa_n \hat{k}_\perp - iC\hat{\omega}\left(1 + \hat{k}_\perp^2\right) = 0. \tag{15.104}$$

Im Grenzfall niedriger Frequenzen ($\omega \to 0$) oder eines stoßfreien Plasmas, d. h. adiabatischer Elektronen ($C \to \infty$), folgt daraus die bekannte *Dispersionsrelation für Driftwellen* (vgl. (15.73)):

$$\hat{\omega} = \frac{\kappa_n \hat{k}_\perp}{1 + \hat{k}_\perp^2}. \tag{15.105}$$

Einen genäherten Ausdruck für den Imaginärteil von ω erhalten wir, indem wir die Dispersionsrelation in den – in der Regel kleinen – Term mit ω^2 in (15.104) einsetzen. Es folgt daraus für die *Anwachsrate der Driftwelle*

$$\hat{\gamma} = \Im(\omega) = \frac{1}{C} \frac{\kappa_n \hat{k}_\perp^4}{(1 + \hat{k}_\perp^2)^3}. \tag{15.106}$$

Der Ausdruck unterscheidet sich vom einfachen *iδ-Modell* (15.73) und zeigt, dass die Driftwelle durch Stöße ($1/C \sim \nu$) und den Dichtegradienten destabilisiert wird. In Abb. 15.20 ist der Verlauf der Anwachsrate in normierten Größen aufgetragen.

Im Fall adiabatischer Elektronen ist $\hat{n} = \hat{\phi}$ und $\{n, \phi\} = 0$. Unter dieser Bedingung folgt aus der Differenz von (15.102) und (15.103) ein vereinfachtes Modell der zweidimensionalen Hasegawa-Wakatani-Gleichungen der Form

$$\partial_t \left(\hat{\phi} - \hat{\Omega} \right) + \kappa_n \partial_y \hat{\phi} = \left\{ \hat{\phi}, \hat{\Omega} \right\}.$$

Indem wir die Definition der Vortizität (15.64) einsetzten, folgt daraus die *Hasegawa-Mima-Gleichung*

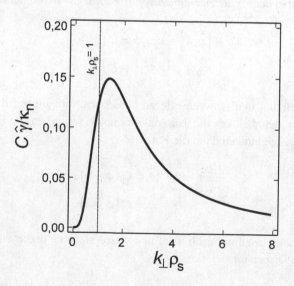

Abb. 15.20 Anwachsrate einer Driftwelle in normierten Einheiten

$$\hat{\partial}_t \left(1 - \hat{\nabla}_\perp^2 \right) \hat{\phi} + \kappa_n \hat{\partial}_y \hat{\phi} = \left\{ \hat{\phi}, \hat{\nabla}_\perp^2 \hat{\phi} \right\}. \tag{15.107}$$

Sie hat die gleiche Struktur wie das *Charney-Modell*, welches Instabilitäten in rotierenden geophysikalischen Flüssigkeiten beschreibt. Die dort beobachteten *Rossby-Wellen* haben die gleiche Dispersionsrelation wie unsere Driftwellen.

15.4.4 Zonalströmung und Reynolds-Stress

Zum Abschluss dieser eher theoretischen Betrachtungen sollen hier noch einige Grundgedanken zur Wechselwirkung von Turbulenz mit großskaligen Strömungen diskutiert werden. Insbesondere interessieren uns dabei *Zonalströmungen*, wie sie in rotierenden astrophysikalischen Objekten und in Fusionsplasmen beobachtet werden. Dazu sind zu rechnen: der *Jet-Stream* in der Stratosphäre, die Streifenmuster auf Gasplaneten, wie dem *Jupiter*, oder die *Tachokline*, die in der Sonne eine Barriere zwischen dem durch Strahlungstransport bestimmten Kern und der äußeren Konvektionszone bildet. In der Fusionsforschung werden Zonalströmungen als mögliche Auslöser für das Entstehen von *Transportbarrieren* untersucht.

Wir wollen uns hier auf die Zonalströmungen in Fusionsplasmen konzentrieren. Sie sind definiert als auf Flussflächen homogene, radial lokalisierte poloidale Strömungen, die durch Turbulenz angetrieben werden. Zu ihrer Beschreibung gehen wir von der Bewegungsgleichung (15.55) aus und betrachten davon die linke Seite mit der advektiven Ableitung (15.57). Uns interessiert dabei die Impulsbilanz für die über eine Flussfläche gemittelte Strömung senkrecht zum Magnetfeld. Den Strömungsvektor zerlegen wir, ähnlich wie wir es mit (7.80) in der kinetischen Theorie für Geschwindigkeiten einzelner Teilchen getan haben, in einen gemittelten und einen fluktuierenden Anteil $\mathbf{u} = \bar{\mathbf{u}} + \tilde{\mathbf{u}}$, mit

$$\langle \bar{\mathbf{u}} \rangle = \langle \mathbf{u} \rangle = \bar{\mathbf{u}}, \quad \langle \tilde{\mathbf{u}} \rangle = 0.$$

Dabei steht $\langle \cdot \rangle$ für das Flussflächenmittel. Diese Zerlegung setzen wir nun in die Bewegungsgleichung ein, von der wir nur die linke Seite betrachten. Diese schreiben wir also als

$$\frac{\partial}{\partial t} (\bar{\mathbf{u}} + \tilde{\mathbf{u}}) + ((\bar{\mathbf{u}} + \tilde{\mathbf{u}}) \cdot \nabla)(\bar{\mathbf{u}} + \tilde{\mathbf{u}}) = 0.$$

Nun vereinfachen wir den Ausdruck, indem wir das Flussflächenmittel bilden, und erhalten wegen $\bar{\mathbf{u}} \cdot \nabla \langle \tilde{\mathbf{u}} \rangle = \langle \tilde{\mathbf{u}} \rangle \cdot \nabla \bar{\mathbf{u}} = 0$:

$$\frac{\partial}{\partial t} \bar{\mathbf{u}} + (\bar{\mathbf{u}} \cdot \nabla) \bar{\mathbf{u}} = - \langle (\tilde{\mathbf{u}} \cdot \nabla) \tilde{\mathbf{u}} \rangle.$$

Den in den Fluktuationen nichtlinearen Term schreiben wir, ähnlich wie bei (7.79), in seine Komponenten um. Exemplarisch betrachten wir nur die poloidale Komponente und verwenden dabei

$$\sum_i \tilde{u}_i \partial_{r_i} \tilde{u}_\theta = \sum_i \partial_{r_i}(\tilde{u}_i \tilde{u}_\theta) - \tilde{u}_\theta \sum_i \partial_{r_i} \tilde{u}_i .$$

Der letzte Term enthält $\nabla \cdot \tilde{\mathbf{u}}$ und verschwindet daher für inkompressible Flüssigkeiten, sodass wir für die gemittelte poloidale Impulsbilanz folgende Beziehung finden:

$$\frac{\partial}{\partial t} \bar{u}_\theta + (\bar{\mathbf{u}} \cdot \nabla) \bar{u}_\theta = -\nabla \langle \tilde{\mathbf{u}} \tilde{u}_\theta \rangle . \tag{15.108}$$

Diese Schreibweise wurde unter anderen 1894 von Osborne Reynolds eingeführt, sodass sich für den Tensor $\tilde{u}_i \tilde{u}_j$ der Begriff *Reynolds-Stress* eingebürgert hat.

Gl. (15.108) beschreibt, wie mittlere Strömungen durch einen turbulenten Antrieb, dem *Reynolds-Stress-Antrieb*, anwachsen können. Turbulente Zustände können also aus sich selbst heraus geordnete Strukturen erzeugen. Eine Voraussetzung dafür ist, dass der gemittelte Reynolds-Stress $\langle \tilde{u}_i \tilde{u}_j \rangle$ nicht verschwindet. Dazu dürfen die Wirbel keine isotrop verteilten Strukturen haben. Wie in Abb. 15.21 angedeutet, verschwindet der turbulente Antrieb im Fall symmetrischer Wirbel (links), wogegen bei systematisch verkippten Wirbeln (rechts) ein endlicher Wert den Mittelungsprozess überlebt. Die Argumentation dazu ist die gleiche wie beim Drucktensor in Abschn. 7.4.6. Eine systematische Verkippung kann durch verscherte Hintergrundströmungen erzeugt werden, wodurch ein Selbstverstärkungsmechanismus in Gang gesetzt werden kann, der zur Ausbildung von *Transportbarrieren* führen kann.

Durch Transformation von (15.108) in den Fourier-Raum kann gezeigt werden, dass der Mechanismus des turbulenten Antriebs von Zonalströmungen mit der *inversen turbulenten Kaskade* in Verbindung steht, die in diesem Zusammenhang wie ein Prozess der *Dreiwellenkopplung* betrachtet werden kann.

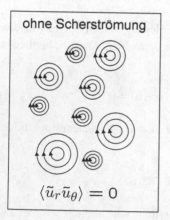
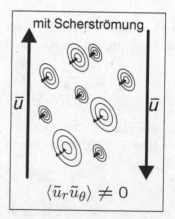

Abb. 15.21 Reynolds-Stress entsteht bei anisotroper Wirbelausrichtung (*rechts*), die durch verscherte Hintergrundströmung erzeugt werden kann

15.5 Experimentelle Transportstudien

Experimentelle Untersuchungen zum Transport basieren auf den Erhaltungssätzen für Teilchen und Energie. Man unterscheidet globale, d. h. über das Plasmavolumen gemittelte, und lokale, also radial aufgelöste, Studien. Globale Größen sind die Einschlusszeiten, wogegen Diffusionskoeffizienten meist lokal angegeben werden. Die dazu gehörigen Definitionen und experimentellen Ergebnisse werden in diesem Abschnitt behandelt.

15.5.1 Globale Einschlusszeiten

Die am weitesten verbreiteten und auch einfachsten Größen zur Quantifizierung des Transports sind die globalen Einschlusszeiten. So ist die *Energieeinschlusszeit* τ_E eine Schlüsselgröße der Fusionsforschung. Sie ist definiert als die Zeit, in der nach Abschalten der Heizleistung P der Energieinhalt W des Plasmas durch Transportprozesse auf seinen e-ten Teil abgefallen ist (s. Abb. 15.22). Im stationären Zustand muss dieser Energieverlust gerade durch die Heizleistung ausgeglichen werden. Die allgemeine Definition der Energieeinschlusszeit folgt aus der globalen Energieerhaltung der Form

$$\dot{W} = P_{net} - \frac{W}{\tau_E}. \tag{15.109}$$

Die zeitliche Änderung der im Plasma gespeicherten Energie wird beeinflusst durch die netto zur Verfügung stehende Heizleistung P_{net} und einen Term, der Verluste durch Transportprozesse berücksichtigt. Der *Energieinhalt* des Plasmas besteht aus den Beiträgen der Elektronen und Ionen. Zur Berechnung müssen die radialen Dichte- und Temperaturprofile $n(r)$ und $T(r)$ nach (10.10) über das Plasmavolumen V integriert werden. Für einfache Abschätzungen verwenden wir wieder gemittelte Werte der Temperatur $\bar{T}$ und Dichte $\bar{n}$, sodass wir mit der Annahme eines reinen Wasserstoffplasmas ($n_e = n_i$) und von $T = T_e = T_i$ für den Energieinhalt $W = \bar{n} = 3\bar{n}\bar{T}$ schreiben können (vgl. (10.11)).

Genau genommen berücksichtigt die Netto-Heizleistung P_{net} alle Energiequellen und -senken. Energiequellen sind die Ohm'sche Heizung durch den Plasmastrom, Neutralteilcheninjektion (Neutral Beam Injection, NBI), Ion- (ICRH) und Elektronzyklotronresonanzheizung (ECRH). Verluste ergeben sich aus atomarer Linienstrahlung, Bremsstrahlung und zu einem geringen Anteil aus der Ionisation von Neutralteilchen und aus Ladungsaustauschreaktionen von Ionen mit Neutralteilchen.

Die Definition der *Teilcheneinschlusszeit* τ_p ist analog. Die Quellen beruhen auf Neutralteilcheninjektion, injizierte gefrorene Wasserstoff-Kügelchen (*Pellets*), Zuführung von Gas sowie Recycling der Plasmaionen an der Wand. *Teilchen-Recycling* bedeutet, dass Ionen, die auf die Wand treffen, dort neutralisiert werden und als Neutralteilchen wieder in das Plasma gelangen. Recycling stellt mehr als 90 % der gesamten Teilchenquelle. Verluste aufgrund von Rekombination von Elektronen mit Ionen sind in der Regel vernachlässigbar.

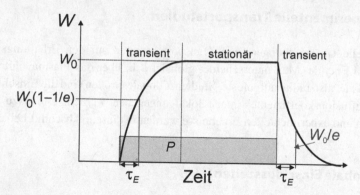

Abb. 15.22 Qualitativer Verlauf des Plasmaenergieinhaltes während eines Heizpulses zur Definition der Energieeinschlusszeit τ_E

In Abb. 15.22 sind die beiden Methoden dargestellt, mit denen die Energieeinschlusszeit experimentell bestimmt werden kann. Für die stationäre bzw. transiente Phase gilt jeweils:

$$\tau_E = W/P_{net}, \qquad\qquad \tau_E = -W/\dot{W}. \qquad (15.110)$$

In der Regel werden die Daten in einer stationären Phase der Entladung aufgenommen, während eine Bestimmung von τ_E aus dem Plasmazerfall nach Abschalten der Heizung zweifelhaft ist, da sich die Plasmaeigenschaften und damit die Einschlusszeit bei veränderlichen Parametern schnell ändern können. Oft werden die Verlustterme in P_{net} vernachlässigt und die berechnete absorbierte Heizleistung wird anstelle eingesetzt. In den meisten Fällen sind die Verluste geringer als 20 %, und man hat so eine brauchbare und robuste Methode zur Bestimmung von τ_E.

Ein theoretisches Verständnis der Transportprozesse zielt auf die Vorhersage von lokalen Diffusionskoeffizienten. Für einen Vergleich der Größenordnung von Teilchendiffusions- und *Wärmeleitkoeffizienten* D und χ mit gemessenen Einschlusszeiten sind folgende Abschätzungen nützlich: Das Fick'sche Gesetz gibt nach (8.91) und (8.92) eine Beziehung zwischen Teilchenflussdichte und Dichtegradienten sowie Wärmeflussdichte und Temperaturgradienten an. In einem stationären Plasma gleicht die Heizleistung P Verluste durch die Energieflussdichte q über die Separatrix der Fläche S gerade aus. Es gilt also

$$P = 2Sq = 2Sn\chi \, \nabla T|_a \approx 2S\bar{n}\bar{\chi}\,\frac{\bar{T}}{a}. \qquad (15.111)$$

Der Faktor 2 berücksichtigt, dass Elektronen und Ionen beitragen, für die identische Profile und Koeffizienten angenommen werden, und a ist der kleine Plasmaradius. Im letzten Schritt haben wir den Temperaturgradienten am Plasmarand durch die mittlere Temperatur, geteilt durch den kleinen Plasmaradius a, abgeschätzt. Mit dem Energieinhalt (10.11) und in Torusgeometrie ($V/S = a/2$) finden wir den Zusammenhang

$$\tau_E = \frac{W}{P} \approx \frac{3a^2}{4\bar{\chi}}, \tag{15.112}$$

mit dessen Hilfe Transportkoeffizienten mit der Einschlusszeit verglichen werden können.

Zur Zeit gibt es noch keine grundlegende Theorie für die Berechnung von Einschlusszeiten, daher werden für Vorhersagen empirische *Skalierungsgesetze* für τ_E verwendet, wie zuvor in Abschn. 10.2.2 schon beschrieben.

15.5.2 Bestimmung von Diffusionskoeffizienten

Um die physikalischen Prozesse zu untersuchen, die Teilchen- und Energieeinschlusszeit bestimmen, wird ein experimenteller Zugang zu den Diffusionskoeffizienten benötigt. Dafür werden lokale Teilchen bzw. Energiebilanzen herangezogen. Die *lokale Teilchenbilanz* lautet (vgl. (7.77))

$$\frac{\partial}{\partial t} n + \nabla \cdot \mathbf{\Gamma} = G - L. \tag{15.113}$$

Eine lokale Dichteänderung kann durch eine Änderung im Teilchenfluss $\mathbf{\Gamma}$ oder in den Quellen (G) und Senken (L) hervorgerufen werden. Da nur der mittlere Fluss über die Flussfläche $S(r)$ von Interesse ist, erhalten wir die relevanten Gleichungen nach Integration über das Volumen innerhalb der Flussfläche. Die radiale Teilchenflussdichte Γ folgt damit aus

$$S(r)\Gamma(r) = \int_0^r \left(G(r') - L(r') \right) d^3 r' - \frac{\partial}{\partial t} \int_0^r n(r') d^3 r'. \tag{15.114}$$

Zu ihrer Bestimmung werden folglich radiale Profile aller Quellen und Senken benötigt, denen die gleichen Prozesse zugrunde liegen, die bei der Bestimmung der Teilcheneinschlusszeit berücksichtigt werden. Zur Berechnung dieser Beiträge müssen insbesondere die Temperatur- und Dichteprofile bekannt sein. Mithilfe von Computerprogrammen wird dann z. B. das Profil der Neutralgasdichte rekonstruiert, wobei atomare Ratenkoeffizienten eingehen. Ein typischer Wert für den Teilchendiffusionskoeffizienten ist $D = 0,1 \, \text{m}^2/\text{s}$ [32].

Eine getrennt für Elektronen und Ionen durchgeführte *Energiebilanz* mündet in je eine Gleichung der Form (vgl. (7.104))

$$\frac{\partial}{\partial t} \left(\frac{3}{2} nT \right) + \nabla \cdot \left(\frac{3}{2} T\mathbf{\Gamma} + \mathbf{q} \right) = G_E - L_E - p\nabla \cdot \mathbf{u}. \tag{15.115}$$

Zu den Transportverlusten tragen Wärmeleitung $\mathbf{q}$ und Konvektion $\mathbf{\Gamma}$ bei, wobei jedes Teilchen seine thermische Energie mitnimmt. Neben den gleichen Quellen und Senken, wie sie für die Berechnung der Energieeinschlusszeit benötigt werden, muss hier noch der Energieaustausch zwischen Elektronen und Ionen berücksichtigt werden, der zwischen den Spezies das Vorzeichen wechselt (vgl. (8.62)). Der letzte Term trägt der adiabatischen Kompression Rechnung, und kann vernachlässigt werden.

Die Integration über das Volumen der Flussfläche ergibt einen Ausdruck zur Bestimmung des lokalen Energieflusses der Form

$$S(r)q(r) = \int_0^r (G_E - L_E) d^3r' - S(r)\frac{3}{2}T\Gamma(r) - \frac{3}{2}\frac{\partial}{\partial t}\int_0^r nT d^3r'. \tag{15.116}$$

Die Wärmeleitfähigkeit folgt aus $q(r)$ mithilfe des Fick'schen Gesetzes (8.92). Wieder ist eine vollständige Kenntnis der Profile gefordert, um den Transportkoeffizienten zu bestimmen. Als Beispiel einer Energiebilanz einer Tokamak-Entladung, die mit Neutralteilcheninjektion geheizt wurde, sind in Abb. 15.23 die integrierten Beiträge aufgeschlüsselt.

Abb. 15.24 zeigt als weiteres Beispiel das Ergebnis einer Energiebilanz, die in der stationären Phase einer Stellaratorentladung durchgeführt wurde. Die Leistung wurde durch ECRH in der Nähe der magnetischen Achse eingekoppelt. Elektronentemperatur und -dichte wurden durch Thomson-Streuung gemessen und die Ionentemperatur resultierte

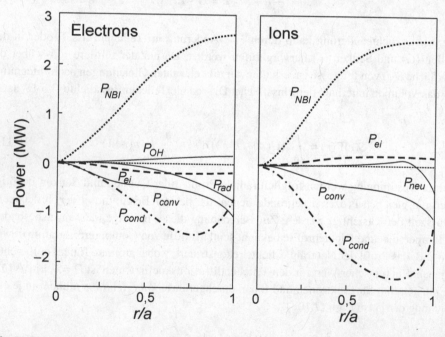

Abb. 15.23 Integrierte Quellen und Senken einer Energiebilanz, durchgeführt am Tokamak DIII-D (aus Ref. [33]). Die Kurven zeigen die Terme getrennt für Elektronen (*links*) und Ionen (*rechts*). Dominant ist der Leistungseintrag durch die Neutralteilcheninjektion P_{NBI}. Ein geringerer Beitrag kommt von der Ohm'schen Heizung P_{OH} durch den Plasmastrom. Verlustterme bei den Elektronen rühren von Elektron-Ion-Stößen P_{ei} und von Strahlung P_{rad} her. Bei den Ionen ist die Ionisation von Neutralen ein Quellterm. Bei beiden Spezies ist Wärmeleitung der dominante Verlustkanal; Konvektion $P_{\mathrm{conv}} = \frac{3}{2}T\Gamma$ spielt nur am Plasmarand eine Rolle

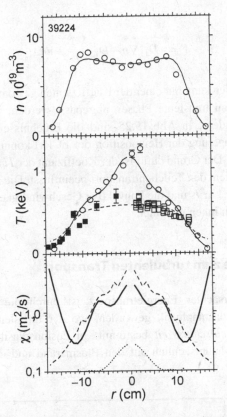

Abb. 15.24 Energiebilanz einer stationären Plasmaentladung im Stellarator W7-AS, die zentral durch ECRH geheizt wurde (aus Ref. [34]). Die Elektronentemperatur und (-dichte) aus Thomson-Streuung mit Fits (*durchgezogene Linien*), die aus der Energiebilanz bestimmte Ionentemperatur (*gestrichelte Linie*), verglichen mit spektroskopischen Messungen und solchen aus Neutralteilchen-spektren aus Ladungsaustauschreaktionen (*leere Rechtecke*). Untere Abbildung: Wärmeleitfähigkeit aus der Energiebilanz, verglichen mit neoklassischen Vorhersagen für die Elektronen (*gepunktet*) und Ionen (*gestrichelt*)

aus spektroskopischen Untersuchungen. Aufgrund der hohen Dichte sind Elektronen- und Ionen energetisch eng gekoppelt. Daher können die Koeffizienten der beiden Spezies nicht getrennt ausgewertet werden, und in der Analyse wurde $\chi_e = \chi_i$ gesetzt, wobei der Wert die Größenordnung von $1\,\mathrm{m^2/s}$ hat. Am Plasmarand und für die Ionen über den gesamten Radius ist der Wärmeleitkoeffizient deutlich höher als der neoklassische Wert, der für die Elektronen durch die gepunktete und die Ionen durch die gestrichelte Linie dargestellt ist.

Die experimentelle Untersuchung des Teilchendiffusionskoeffizienten ist aufwendiger, da beim Teilchentransport Außerdiagonalelemente der Transportmatrix eine wichtige Rolle spielen. Insbesondere trägt eine radial einwärtsgerichtete Konvektion $u < 0$, genannt *Teilchen-Pinch*, zum Transport bei, wodurch Dichtegradienten auch dort entstehen können, wo die Quellen vernachlässigbar sind [35, 36]. Die Teilchenflussdichte müssen wir hier schreiben als

$$\Gamma = -D_{11}\nabla n - D_{12}\frac{\nabla T}{T} + un. \tag{15.117}$$

Aus stationären Phasen kann nur einer der Koeffizienten gewonnen werden. Die Koeffizienten müssen daher an transiente Phasen angepasst werden, während derer sich die Plasmaparameter verändern. In Abb. 15.25 sind die Ergebnisse einer solchen Analyse dargestellt. Durch Verlagerung der Heizposition der ECRH konnte hier auch das Dichteprofil verändert werden. Der Grund dafür ist der Koeffizient der *Thermodiffusion* D_{12}, über die der Temperaturgradient den Teilchentransport beeinflusst. Die Diffusionskoeffizienten sind von der Ordnung $0{,}1\ \mathrm{m^2/s}$ und die konvektive Geschwindigkeit ist $-2\ \mathrm{m/s}$, steigt zum Rand hin an und ist nach innen gerichtet.

15.5.3 Experimente zum turbulenten Transport

Durch Turbulenz verursachter Energietransport ist durch die Fusionsforschung ein wichtiges Thema der Plasmaphysik geworden, wo der turbulente Transport z. B. die Schlüsselgröße *Energieeinschlusszeit* bestimmt. In Fusionsplasmen konzentrieren sich Fluktuationsmessungen hauptsächlich auf den Plasmarand und die Abschälschicht, wo

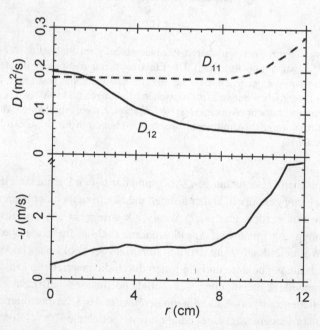

Abb. 15.25 Transportkoeffizienten nach (15.117) für eine ECRH-Entladung im Stellarator W7-AS. Ausgewertet wurden transiente Phasen im Dichteprofil, die durch Verlagerung der Heizposition von zentral auf dezentral entstehen (aus [36])

die Temperatur noch Messungen mit *Langmuir-Sonden* erlaubt. Erste Turbulenzunter-suchungen wurden in den 1980er-Jahren an kleineren Tokamaks durchgeführt [37, 38]. Man fand breitbandige Turbulenzspektren, was auf voll entwickelte Turbulenz schlie-ßen ließ, und sah schnell, dass diese Fluktuationen für den Transport in Fusionsplasmen verantwortlich sind. Es wurden Fluktuationsamplituden $\tilde{n}/n_0$ von einigen 10 % gemes-sen und es wurde nachgewiesen, dass die *Boltzmann-Relation* annähernd erfüllt ist: $\tilde{n}/n \approx e\tilde{\phi}/T_{e0}$ (vgl. (3.124)). Als genereller Trend wurde beobachtet, dass die Fluktu-ationsamplituden mit fallender Dichte ansteigen. Die Kreuzphase zwischen Dichte- und Potentialfluktuationen lag zwischen $0{,}2\pi$ und $0{,}5\pi$.

Abb. 15.26 gibt ein Ergebnis dieser frühen Experimente wieder. Dazu stellte man das *Mischungslängen-Modell* (15.43) mit der Korrelationslänge $L_{corr} \sim 1/k$ auf eine Wellen-länge um und schrieb es, mit der Dichteabfalllänge L_n aus (15.49), als $\tilde{n}/n_0 \sim (kL_n)^{-1}$. Trotz erheblicher Abweichungen können wir diesen Trend in Abb. 15.26 ablesen, bei der die entsprechenden Größen aus verschiedenen Experimenten zusammengestellt wurden.

Indem man den Plasmarand mit Gas anblies und die H_α-Strahlung mit Videokame-ras aufzeichnete, sah man, dass die turbulenten Strukturen parallel zum Magnetfeld stark elongiert waren. Während die Strukturgröße in Richtung senkrecht zum Magnetfeld einige Zentimeter betrug, ist deren Ausdehnung parallel dazu einige Meter.

Die statistischen Eigenschaften der gemessenen Zeitreihen wurden genau untersucht. Eine robuste Eigenschaft der Fluktuationen im turbulenten Transport $\tilde{\Gamma}$ ist, dass große Amplituden mit höherer Wahrscheinlichkeit auftreten, als eine Gauß-Verteilung erwar-ten ließe. Abb. 15.27 zeigt als Beispiel eine Zeitreihe von Transportfluktuationen und die *Wahrscheinlichkeitsdichteverteilung* (engl. Probability Density Distribution Function, *PDF*), die darstellt, mit welcher Häufigkeit bestimmte Amplituden in einem Signal auf-treten. Die großen Amplituden in der Zeitreihe sind gut zu sehen, sie tragen zu den Flügeln in der PDF bei.

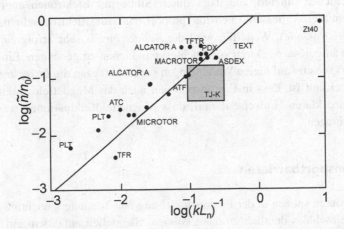

Abb. 15.26 Relative Fluktuationsamplitude, verglichen mit der Vorhersage aus dem Mischungslängen-Modell für verschiedene toroidale Einschlussexperimente (aus Ref. [37] mit neueren Daten aus Refn. [39] und [40])

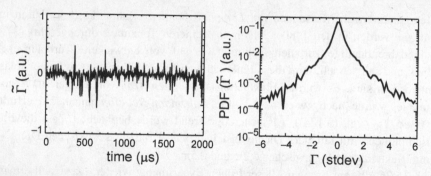

Abb. 15.27 Zeitreihe von Fluktuationen im turbulenten Transport und dazugehörige PDF, aufgenommen am Stellarator TJ-K

Insbesondere in kleineren Experimenten, die in den relevanten Parametern der Turbulenz dennoch ähnlich zum Plasmarand in großen Fusionsexperimenten sind, kann man mit Sondenarrays turbulente Wellenzahlspektren messen. Ein Beispiel ist in Abb. 15.28 zu sehen. Man sieht, dass sowohl das Frequenzspektrum als auch das Wellenzahlspektrum aus einem flachen Bereich bestehen, der dann, wie von einer turbulenten Kaskade erwartet, exponentiell abfällt. Da hier Potential- und Dichtefluktuationen gleichzeitig gemessen wurde, konnte auch das Kreuzphasenspektrum ausgewertet werden (rechts). Dabei handelt es sich um die nach der Wellenzahl aufgelöste Verteilungsfunktion der *Kreuzphase* zwischen Dichte- und Potentialfluktuationen (vgl. (15.45)).

Aufgrund der hohen Temperaturen im Plasmazentrum von Fusionsplasmen können Langmuir-Sonden dort nicht eingesetzt werden. Daher sind Messungen in diesem Bereich meist lückenhaft, d. h. Potential- und Dichtefluktuationen können nur sehr schwer am gleichen Ort zur gleichen Zeit gemessen werden. Räumlich aufgelöste Messungen von Dichtefluktuationen gewinnt man z. B., indem man Diagnostikstrahlen mit schnellen Neutralteilchen injiziert, die dann durch Stöße mit Elektronen angeregt werden und Licht emittieren, dessen Intensität proportional zur Elektronendichte ist (*Beam-Emissionsspektroskopie*). Weiterhin wird die *Reflektometrie* sehr erfolgreich eingesetzt, um räumlich aufgelöste Spektren von Dichtefluktuationen zu gewinnen. Ein Experiment, das besonders sensitiv auf kleine Wellenlängen ist, ist hingegen die *Laserstreuung*.

Obwohl bekannt ist, dass in Fusionsplasmen auch das Magnetfeld fluktuiert, gibt es bis heute keine klaren Hinweise darauf, dass Magnetfeldfluktuationen wesentlich zum Transport beitragen.

15.5.4 Transportbarrieren

Transportbarrieren spielen in der Fusionsforschung eine besonders wichtige Rolle, da sie den Energieeinschluss deutlich erhöhen können. Sie stellen außerdem ein physikalisch hochinteressantes Phänomen dar. Transportbarrieren zeichnen sich durch einen schmalen radialen Bereich aus, in dem der turbulente Transport stark reduziert ist. Dies manifestiert sich durch eine Aufsteilung der Gradienten im Dichte- oder in den Temperaturprofilen.

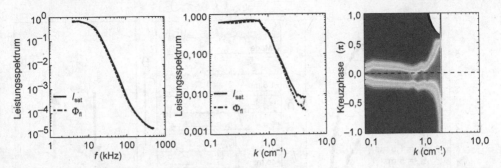

Abb. 15.28 Frequenz- und Wellenzahlspektren von Dichte- und Potentialfluktuationen sowie das Kreuzphasenspektrum, aufgenommen mit einem poloidalen Kranz aus 64 Langmuir-Sonden im Stellarator-Experiment TJ-K. *Hell* (*dunkel*) bedeutet, dass die entsprechende Kreuzphase häufig (selten) auftritt (aus Ref. [41])

Die erste Transportbarriere wurde 1982 am Plasmarand des Tokamaks ASDEX beobachtet [42] und führte zu einer Erhöhung der Energieeinschlusszeit um den Faktor 2. Der neue Plasmazustand wurde *H-Mode* genannt, wobei das *H* für *high confinement* steht, im Gegensatz zur *L-Mode*, wie der Zustand ohne Barriere (*low confinement*) genannt wird. Die H-Mode ist für die Fusionsforschung die wichtigste der bekannten Transportbarrieren.

Wie Abb. 15.29 zeigt, ist das Charakteristische an der H-Mode die Aufsteilung des Dichtegradienten am Plasmarand. Links sind mit der *Reflektometrie* gemessene Dichteprofile zu verschiedenen Zeitpunkten nach Übergang in die H-Mode zu sehen. Der steile Bereich im Gradienten dehnt sich innerhalb von 50 ms von der Separatrix nach innen hin aus. Wie aus den Messungen mit dem Reflektometer ebenso hervorgeht (mittlere Abbildung), fällt in Bereichen des steilen Gradienten gleichzeitig die Amplitude der Dichtefluktuationen ab, was ein schöner Nachweis dafür ist, dass Turbulenz für den Transport verantwortlich ist. Später wurde die H-Mode in vielen Stellaratoren und Tokamaks beobachtet, und auch im Plasmazentrum gelingt es mittlerweile, Transportbarrieren hervorzurufen.

Wenn auch der genaue Mechanismus zur Entstehung von Transportbarrieren noch nicht bekannt ist, so ist inzwischen gesichert, dass verscherte Plasmaströmungen, wie sie ein Gradient im *radialen elektrischen Feld* aufgrund der $E \times B$-Drift hervorruft, die zentrale Rolle spielen. Es wird vermutet, dass Scherströmungen, wie in Abb. 15.29 illustriert, turbulente Strukturen *dekorrelieren*, d. h. in kleinere Einheiten zerreißen. Scherströmungen treten auf, wenn das radiale elektrische Feld einen Gradienten besitzt. Als Anhaltswert dafür, ob die Verscherung einer Strömung ausreicht, um Turbulenz einer bestimmten Art zu stabilisieren, dient die Scherrate

$$S_v = r \frac{R B_\theta}{B} \frac{\mathrm{d}}{\mathrm{d}r} \left(\frac{E_r}{B_\theta R_0} \right), \tag{15.118}$$

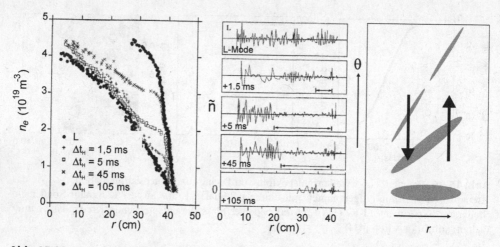

Abb. 15.29 *Links*: zeitliche Entwicklung des radialen Dichteprofils nach einem Übergang von der L-Mode in die H-Mode und (*Mitte*) der gleichzeitige Rückgang der Dichtefluktuationen (aus Ref. [43]). Die Daten wurden mit einem Reflektometer gemessen; die Zeiten sind relativ zum Übergang in die H-Mode angegeben. *Rechts*: Illustration des Mechanismus, der zur Dekorrelation von turbulenten Strukturen (in *Grau*) durch verscherte $E \times B$-Strömungen (*Pfeile*) führen soll

die größer sein muss als die lineare Anwachsrate der Turbulenz [44]. Eine einfache Abschätzung der Anwachsrate von Driftwellenturbulenz ist c_s/R_0, wobei c_s die Ionen-schallgeschwindigkeit und R_0 der große Plasmaradius sind.

Weiterhin ungeklärt ist hingegen, wie das elektrische Feld entsteht, das zum Auslösen einer Barriere ausreicht. Der Mechanismus muss sich letztlich in den *Zweiflüssigkeitsglei-chungen* manifestieren. Für Elektronen und Ionen gilt je eine Bewegungsgleichung (7.102) mit der radialen, poloidalen und toroidalen Komponente (s. auch (14.36) und (14.37)):

$$nm\frac{du_r}{dt} = qn(E_r + u_\theta B_\varphi - u_\varphi B_\theta) - \nabla p, \tag{15.119}$$

$$nm\frac{du_\theta}{dt} = -qnu_r B_\varphi - n\sqrt{m}\hat{\mu}_\theta u_\theta, \tag{15.120}$$

$$nm\frac{du_\varphi}{dt} = qnu_r B_\theta - n\sqrt{m}\hat{\mu}_\varphi u_\varphi + F_\varphi. \tag{15.121}$$

Ein elektrisches Feld kann nur durch einen radialen elektrischen Strom entstehen, der aus einer Differenz der radialen Strömungen (15.119) von Ionen und Elektronen berech-net werden muss. Die Größe einer radialen Strömung wird durch die elektrostatische Kraft, die Lorentz-Kraft sowie die Druckkraft bestimmt. Poloidale und toroidale Strö-mungen hängen mit Drehmomenten zusammen, die aus einer radialen Strömung durch die Lorentz-Kraft oder aus der Viskosität $\hat{\mu}$ resultieren. In toroidaler Richtung führt auch *Neutralteilcheninjektion* zu einem Drehmoment, hier durch die Kraft F_φ repräsentiert.

Diese Gleichungen beschreiben auch den *neoklassischen Transport*. So folgt daraus das neoklassische ambipolare elektrische Feld unter der Bedingung, dass die radiale Komponente des elektrischen Stroms $J_r^{neo} \sim nq(u_{i,r} - u_{e,r})$ verschwinden muss. Turbulenz tritt in diesen Gleichungen nicht explizit auf. Im Allgemeinen gibt es aber weitere Mechanismen, die zu einem radialen Strom führen können. Wir kürzen diese Beiträge wie folgt ab:

$$J_r = J_r^{neo} + J_r^{NBI} + J_r^{rand} + J_r^{v\nabla v} + J_r^{bias}. \tag{15.122}$$

Jeder dieser Beiträge kann eine Rolle bei der Entstehung von radialen elektrischen Feldern und damit von Transportbarrieren spielen: (i) Die durch Neutralteilcheninjektion eingebrachte Kraft F_φ führt zu einer ladungsabhängigen $F\times B$-Drift und dem Strom J_r^{NBI}. (ii) Am Plasmarand können Ionen durch die große radiale Exkursion ihrer Bahn verloren gehen und damit zu einem Strombeitrag J_r^{Rand} führen. (iii) *Reynolds-Stress* steht für die turbulente Viskosität, die für die poloidale Bewegung des Plasmas eine Kraft darstellt, die sowohl ein positives als auch ein negatives Vorzeichen haben kann. Dieser Impulseintrag erzeugt den Strombeitrag $J_r^{v\nabla v}$. (iv) Schließlich kann man auch über Elektroden einen Strom J_r^{bias} extern treiben (genannt *Biasing*), was für experimentelle Studien zum Übergang in Transportbarrieren eingesetzt wird.

Nur über einen radialen elektrischen Strom kann das radiale elektrische Feld verändert werden. Als Reaktion auf eine Feldänderung muss sich über die Bewegungsgleichungen (15.119–15.121) wieder ein neues Gleichgewicht einstellen. Dies geschieht auf der schnellen *Alfvén-Zeitskala*, die durch die Zeit definiert ist, die eine longitudinale Alfvén-Welle (4.64) braucht, um durch das Plasma zu laufen:

$$t_A = a/\sqrt{c_s^2 + v_A^2}. \tag{15.123}$$

Wenn durch das elektrische Feld ausreichend stark verscherte $E\times B$-Strömungen entstehen, dann kann der turbulente Transport reduziert werden, was zu einer weiteren Aufsteilung des Druckgradienten führt. Änderungen in den Profilen geschehen auf der langsameren Zeitskala der Energieeinschlusszeit und bewirken wiederum eine Störung der Impulsbilanz, usw. Dieser Vorgang ist in Abb. 15.30 (links) illustriert.

Die komplexe Wechselwirkung zwischen elektrischem Feld und Transport bildet eine faszinierende Verbindung zwischen dem neoklassischen und dem turbulenten Transport. Der radiale elektrische Strom wird letztlich über die parallele Viskosität erzeugt, die auch für den neoklassischen Transport verantwortlich ist. Daraus entstehen elektrische Felder, die die Turbulenz beeinflussen, was wieder über den Druckgradienten und den Reynolds-Stress auf die Impulsbilanz und damit auf die poloidale Strömung rückwirkt.

Die rechte Seite von Abb. 15.30 erläutert die Bifurkation zwischen zwei Zuständen wie L- und H-Mode. Ein Zeichen der Bifurkation ist die *Hysterese* im Fluss-Gradienten-Diagramm. Erhöht man in einer Entladung kontinuierlich die Heizleistung und damit den Energiefluss durch eine magnetische Fläche, so steigt der Temperaturgradient an. Sobald

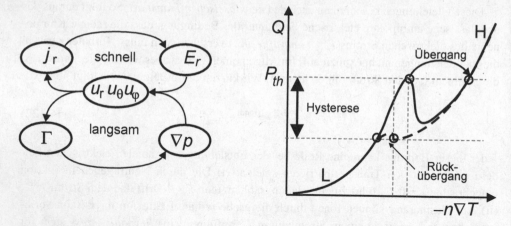

Abb. 15.30 *Links*: Illustration der Wechselwirkung zwischen der schnellen Änderung im radialen elektrischen Feld durch Ströme und der langsamen Änderung des Druckgradienten durch Reduktion des turbulenten Transports. *Rechts*: Hysterese im Energiefluss Q als Funktion des Temperaturgradienten beim Übergang von der L- in die H-Mode. Bei ansteigender Heizleistung und damit erhöhtem Energiefluss steilt sich der Temperaturgradient auf. Beim Erreichen der Schwelle P_{th} geht das Plasma in einen Zustand verbesserten Einschlusses über, d. h. bei gleicher Heizleistung wird ein steilerer Gradient realisiert. Der Rückübergang ist durch die *gestrichelte Linie* angedeutet

ein Schwellenwert erreicht ist, greift der gerade beschriebene Mechanismus, die Turbulenz wird unterdrückt und ein neuer Zustand mit verbessertem Einschluss wird erreicht. Die Folge ist ein steileres Temperaturprofil bei gleichem Leistungsfluss. Die anschließende Reduktion der Heizleistung führt zu einem Rückübergang, der durch einen anderen Prozess bestimmt ist. Jetzt muss die Scherrate nur dazu ausreichen, die linearen Instabilitäten zu unterdrücken und nicht dazu, bereits entwickelte Turbulenz zu reduzieren. Für diese Aufgabe ist geringere Verscherung notwendig, und daher geschieht der Rückübergang bei einem geringeren Temperatur- bzw. Druckgradienten. Dieses Fluss-Gradienten-Diagramm ist auch als *S-Kurve* bekannt.

Referenzen

30. R. H. Kraichnan, Phys. Fluids **10**, 1417 (1967).
31. D. Bohm, in *The characteristics of electrical discharges in magnetic fields*, edited by A. Guthrie und R. K. Wakerling (McGraw-Hill, New York, 1949).
32. F. Wagner und U. Stroth, Plasma Phys. Controll. Fusion **35**, 1321 (1993).
33. R. J. Groebner *et al.*, Nucl. Fusion **26**, 543 (1986).
34. U. Stroth *et al.*, Plasma Phys. Controll. Fusion **40**, 1551 (1998).
35. K. W. Gentle, O. Gehre, K. Krieger, Nucl. Fusion **32**, 217 (1992).
36. U. Stroth *et al.*, Phys. Rev. Lett. **82**, 928 (1999).
37. C. Liewer, Phys. Fluids **25**, 543 (1985).

38. A. J. Wooton *et al.*, Phys. Fluids, B **2**, 2879 (1990).
39. C. Lechte, S. Niedner, U. Stroth, New J. Phys. **4**, 34 (2002).
40. M. Endler *et al.*, Nucl. Fusion **35**, 1307 (1995).
41. U. Stroth *et al.*, Phys. Plasmas **11**, 2558 (2004).
42. F. Wagner *et al.*, Phys. Rev. Lett. **49**, 1408 (1982).
43. ASDEX team, Nucl. Fusion **29**, 1959 (1989).
44. T. S. Hahm, K. H. Burrell, Phys. Fluids **2**, 1648 (1995).

Weitere Literaturhinweise

Turbulenz in neutralen Flüssigkeiten findet man in U. Frisch, *Turbulence* (Cambridge University Press, New York, 1995). Erste Untersuchungen zu Driftwellen sind veröffentlicht in H. W. Hendel, T. K. Chu, und P. A. Politzer, *Collisional Drift Waves-Identification Stabilization and Enhanced Plasma Transport* (Phys. Fluids **11**, 2426 (1968)) und F. F. Chen, *Resistive Overstabilities and Anomalous Diffusion* (Phys. Fluids **8**, 912 (1965)). Eine detaillierte theoretische Abhandlung der Driftwellen wird gegeben in B. Scott, *Low Frequency Fluid Drift Turbulence in Magnetised Plasmas* (IPP Report 5/92, Max-Planck-Institut für Plasmaphysik, Garching (2002)). Über Strukturformation in der Turbulenz geht K. Itoh, S.-I. Itoh, und A. Fukuyama, *Transport and Structural Formation in Plasmas* (IOP, England, London, England, 1999) und Übersichtsartikel zur H-Mode sind K. H. Burrell, *Tests of causality: Experimental evidence that sheared E×B flow alters turbulence and transport in tokamaks* (Phys. Plasmas **6**, 4418 (1999)) und P. W. Terry, *Suppression of turbulence and transport by sheared flow* (Rev. Mod. Phys. **72**, 109 (2000)).

Prozesse am Plasmarand

16

Der Rand von Fusionsplasmen reicht vom äußeren Bereich des eingeschlossenen Plasmas über die Separatrix und die Abschälschicht bis zur inneren Wand des Vakuumgefäßes. In diesem Bereich muss die im Plasma deponierte Fusionsleistung abgeführt werden, ohne dabei die materiellen Wände zu schädigen. In diesem Kapitel wollen wir zunächst die wichtigsten Prozesse bei der Wechselwirkung des Plasmas mit der Wand einführen. Weiter behandeln wir Transportprozesse, durch die Leistung und Teilchen in der Abschälschicht parallel und senkrecht zum Magnetfeld zur Wand geleitet werden. Wir lernen den *Divertor* kennen und leiten das einfache *Zweipunktmodell* zur Beschreibung der Plasmaprofile in der Abschälschicht her. An der Separatrix übernimmt der parallele Transport die dominante Rolle vom senkrechten Transport im Einschlussbereich. Daraus entsteht dort eine natürliche Scherströmung, für die wir ein Modell einführen.

16.1 Plasmawandwechselwirkung

Einige Eigenschaften des Plasma-Wand-Übergangs haben wir bereits in Kap. 9 bei der Behandlung von Niedertemperaturplasmen kennengelernt. Auch in diesem Kapitel werden der Potentialverlauf in der Debye-Schicht und die Bohm-Geschwindigkeit des Plasmas an der Schichtgrenze wichtig werden. Allerdings werden wir hier Plasmen betrachten, die hohe Leistungsflüsse auf die Wand transportieren. Die damit verbundenen Prozesse spielen insbesondere bei Fusionsanlagen eine wichtige Rolle, wie überhaupt die Materialfragen einen hohen Stellenwert in der Fusionsforschung haben. Wir werden hier einige Begriffe der Plasmawandwechselwirkung einführen.

Im *Divertor* eines Fusionsexperimentes treffen offene Magnetfeldlinien auf Prallplatten. Dabei darf der parallel zu den Feldlinien fließende extreme Leistungsfluss die materiellen Oberflächen nicht zerstören. Daher muss das Plasma, bevor es mit der Wand

in Kontakt tritt, den größten Teil seiner Energie und seines Impulses durch Linienstrahlung und Wechselwirkung mit dem Neutralgas verloren haben. Um die entsprechenden
Prozesse zu optimieren, wird die Geometrie das Divertors so ausgelegt, dass ein möglichst hoher Neutralgasdruck aufgebaut werden kann. Die Reduktion des Impulses in dem
die Feldlinien herabströmenden Plasma wird durch Reibung mit dem Neutralgas erreicht.
Dieser Prozess wird aber erst bei niedrigen Plasmatemperaturen von unter 5 eV effizient
nutzbar. Erst bei Temperaturen von unter 1 eV spielt auch die Rekombination von Ionen
mit Elektronen eine Rolle. Der Zustand, bei dem dieser Prozess greift und das Plasma von
den Divertorplatten abkoppelt, wird als *Detachment* bezeichnet.

Die *Separatrix* ist die letzte geschlossene Flussfläche der magnetischen Konfiguration
eines Fusionsexperimentes. Außerhalb schließt sich die *Abschälschicht* an. Dies ist das
Gebiet, in dem die Feldlinien auf den Prallplatten oder der ersten Wand enden. Als Material für die Oberflächen wird meist Kohlenstoff, Wolfram, Stahl oder teilweise auch
Berilium eingesetzt. Diese Materialien müssen den Leistungsflüssen standhalten, dürfen also nicht schmelzen oder, wie Kohlenstoff, sublimieren, und sie müssen möglichst
geringe Zerstäubungsraten aufweisen. Weiterhin dürfen die Materialien keine großen
Mengen an Wasserstoff binden, was sonst im nuklearen Betrieb eines Fusionsreaktor
zu einem inakzeptabel hohen Tritiumhaushalt führen würde. Die hohe Zerstäubungsrate
und die Fähigkeit, große Mengen an Wasserstoffisotopen zu binden oder in redeponier-
ten Schichten zu begraben, haben Kohlenstoff als Wandmaterial eines Fusionsreaktors
disqualifiziert. Für die am stärksten belasteten Bereiche wird in modernen Experimenten
Wolfram eingesetzt, für geringer belastete Flächen sollen Stähle verwendet werden.

Die Wechselwirkung des Plasmas mit der Wand ist das Thema eines eigenständi-
gen Forschungsgebiets. Dabei spielen auch Prozesse im Material eine Rolle, wie sie in
Abb. 16.1 zusammengefasst sind: *Recycling* nennt man den Prozess, bei dem Ionen, die

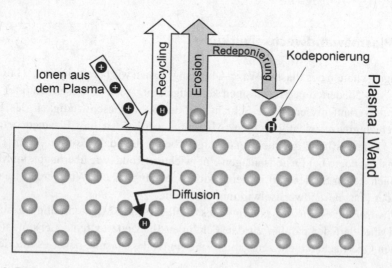

Abb. 16.1 Prozesse, die zur Plasmawandwechselwirkung beitragen

über die Debye-Schicht auf die Oberfläche beschleunigt werden, dort rekombinieren und als Neutralteilchen reflektiert werden. Der *Recyclingskoeffizient*, der den Anteil der Ionen angibt, der an diesem Prozess teilnimmt, liegt nahe bei eins. Ionen können aber auch im Material absorbiert werden und in dieses hineindiffundieren. Dieser Prozess trägt zu einer Erhöhung des Tritiumhaushalts in Fusionsreaktoren bei. Ionen höherer Energie können Atome aus dem Material herausschlagen und es so *erodieren*. So entstehen Verunreinigungen, die über das Randplasma bis zum Hauptplasma gelangen können. Durch *Erosion* wird die Lebensdauer der Komponenten beschränkt. Die Migration von Verunreinigungen im Experiment wird ebenfalls studiert. Ein Großteil der Atome wird redeponiert, wobei ebenfalls Wasserstoff und damit auch Tritium *kodeponiert* werden kann und damit im Material gebunden bleibt.

Wie eingangs beschrieben, bezeichnet Recycling den Prozess, bei dem auf die Wand auftreffende Ionen neutralisiert und wieder in das Plasma reflektiert werden, wo sie wieder mit dem Plasma wechselwirken können. Die Verluste in der Recyclingszone werden später noch genauer angegeben.

16.2 Plasmaparameter der Randschicht

Um die Belastung der verschiedenen Komponenten beschreiben zu können, muss insbesondere der Plasmatransport in der *Randschicht* oder auch *Abschälschicht* (engl. *Scrape-off Layer, SOL*) behandelt werden. In Abb. 16.2 ist dieser Bereich für die Konfiguration eines Tokamaks (hier *ASDEX Upgrade*) grau eingezeichnet. Im Folgenden beschränken

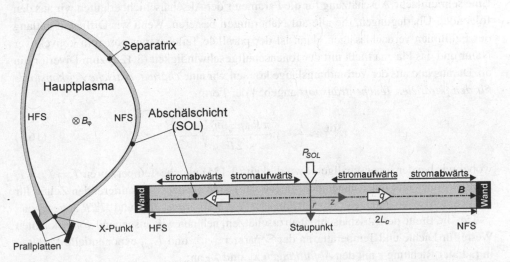

Abb. 16.2 Abschälschicht im Tokamak ASDEX Upgrade (*links*) und Geometrie zur Behandlung in einfachen Modellen (*rechts*)

wir uns auf Feldlinien, die auf Prallplatten im Divertor enden, und entwickeln einfache Modelle im Rahmen der vereinfachten Geometrie, wie sie rechts in der Abbildung dargestellt ist. Die in diesem Abschnitt verwendeten geometrischen Größen wurden schon in Abschn. 11.1.1 eingeführt.

16.2.1 Abfalllängen

Teilchen und Energie werden durch turbulente Prozesse oder magnetohydrodynamische Instabilitäten vom Hauptplasma in die Abschälschicht transportiert. Dies geschieht in einer unbekannten poloidalen Verteilung, wobei bekannt ist, dass der Hauptanteil des Transports auf der instabileren Niederfeldseite stattfindet. Der Staupunkt bezeichnet die poloidale Position, von der aus das Plasma, wie Flüsse an einer Wasserscheide, in beide Richtungen abströmt. Das Plasma strömt von dort aus *stromabwärts* in die beiden Divertorkammern. Die Länge der Feldlinien von einer Platte zur anderen beträgt das Doppelte der *Verbindungslänge* L_c, die wir für ein elliptisch geformtes Plasma abschätzen durch

$$2L_c \approx 2\pi R_0 \sqrt{\frac{1 + \kappa_\epsilon^2}{2}} q_s. \tag{16.1}$$

Hier ist κ_ϵ die Elliptizität (11.2) des Plasmaquerschnitts und q_s der Sicherheitsfaktor (11.4). Für das Verhältnis aus Oberfläche (11.2) und Verbindungslänge gilt

$$\frac{S}{L_c} = \frac{4\pi a}{q_s}. \tag{16.2}$$

Eine sehr einfache Abschätzung für die Parameter der Abschälschicht erhalten wir aus den folgenden Überlegungen, die alle auf Näherungen basieren. Wenn wir Diffusion entlang der Feldlinien vernachlässigen, dann ist der parallele Teilchentransport rein konvektiver Natur und das Plasma fließt mit der Ionenschallgeschwindigkeit (3.125) zum Divertor hin ab. Daraus und aus der Verbindungslänge können wir eine *charakteristische Zeitkonstante für den parallelen Teilchentransport* angeben der Form

$$\tau_\parallel^{\text{SOL}} \approx \frac{L_c}{c_s} \approx \frac{\pi R_0 q_s \sqrt{m_i}}{\sqrt{2T}} \sqrt{\frac{1 + \kappa_\epsilon^2}{2}}, \tag{16.3}$$

wobei wir bei der Ionenschallgeschwindigkeit (3.125) gleiche Temperaturen $T = T_e = T_i$ für Elektronen und Ionen annehmen. In Tab. 16.1 sind die daraus resultierenden Zeiten für die geometrischen Parameter der Tokamaks *ASDEX Upgrade*, *JET* und *ITER* angegeben.

Um die Breite der Abschälschicht abzuschätzen, nehmen wir, ausgehend von bekannten Werte für Dichte und Temperatur an der Separatrix, n_{sep} und T_{sep}, exponentielle Verläufe in radialer Richtung r mit den *Abfalllängen* λ_n und λ_T an:

$$n(r) = n_{sep} e^{-\frac{r}{\lambda_n}}; \quad T(r) = T_{sep} e^{-\frac{r}{\lambda_T}}. \tag{16.4}$$

Tab. 16.1 Charakteristische Parameter in der Abschälschicht einiger wichtiger Tokamaks. Die Werte gelten für die geometrischen Größen aus Tab. 10.2, für $D_r = \chi_r = 1\,\mathrm{m^2/s}$, $q_s = 4$, und $\kappa_\epsilon = 1{,}6$

	S_w (m^2)	n (m^{-3})	P (MW)	T (eV)	$\tau_\parallel^{SOL}$ (μs)	λ_n (mm)	λ_q (mm)
AUG	0,09	3×10^{19}	20	100	200	20	4,5
JET	0,31	3×10^{19}	20	100	364	27	8,2
ITER	1,75	5×10^{19}	100	150	802	40	17,2

Dabei misst r hier den Abstand zur Separatrix in der Höhe des Staupunkts. Die Abfalllängen bestimmen wir nun aus einfachen Teilchen- und Energiebilanzen.

Gehen wir von einem konstanten Diffusionskoeffizienten D_r senkrecht zum Magnetfeld aus, der auch den Transport über die Separatrix regeln soll, dann können wir den gesamten Zufluss an Teilchen aus dem Hauptplasma in eine Feldlinie der Abschälschicht berechnen aus

$$\mathcal{G}_\perp = -D_r \left.\frac{dn}{dr}\right|_0 L_c = \frac{L_c D_r n_{sep}}{\lambda_n} \quad [1/\mathrm{sm}],$$

wobei wir nur vom Staupunkt bis zu einer der Prallplatten rechnen, was der Verbindungslänge L_c entspricht.

Im stationären Zustand müssen die Teilchen durch parallelen Transport auf die Prallplatte verloren gehen. Radiale Verluste auf die Wand des Vakuumgefäßes oder auf Limiter werden vernachlässigt. Der Ionenfluss auf die Prallplatte ist durch den Ionensättigungsstrom (9.45) vorgegeben, der hier statt einer Sondenfläche S, nur die radiale Abfalllänge als Ausdehnung enthält, sodass gilt:

$$\mathcal{G}_\parallel = \int_0^\infty 0{,}5n(r)c_s\,dr \approx 0{,}5\bar{c}_s n_{sep}\lambda_n \quad [1/\mathrm{sm}]. \tag{16.5}$$

Für die Schallgeschwindigkeit haben wir einen konstanten mittleren Wert $\bar{c}_s$ angenommen, um die Größe aus dem Integral herausziehen zu können, und die Plasmadichte an der Schichtgrenze haben wir nach Tab. 9.4 mit $n_s = 0{,}5n$ abgeschätzt. Aus der Gleichheit der beiden Beiträge $\mathcal{G}_\perp = \mathcal{G}_\parallel$ erhalten wir als Abschätzung für die *Dichteabfalllänge in der Abschälschicht*

$$\lambda_n \approx \sqrt{\frac{L_c D_r}{0{,}5\bar{c}_s}}. \tag{16.6}$$

Einige Zahlenwerte sind wieder in Tab. 16.1 zu finden.

Eine genauere Abschätzung des parallelen Transports als durch (16.5) erhalten wir durch Berücksichtigung einer getrennten Abfalllänge für die Temperatur, woraus mit $T = T_e = T_i$ für die Schallgeschwindigkeit folgt:

$$c_s(r) = \sqrt{\frac{2T_{sep}}{m_i}}\, e^{-\frac{r}{2\lambda_T}}.$$

Dies führt im Integranden von (16.5) zu einem Exponenten mit einer kombinierten Abfalllänge der Form

$$\frac{1}{\lambda_{nT}} = \frac{1}{\lambda_n^*} + \frac{1}{2\lambda_T} \quad \rightarrow \quad \lambda_{nT} = \frac{2\lambda_n^*\lambda_T}{\lambda_n^* + 2\lambda_T}. \tag{16.7}$$

Der Stern soll andeuten, dass die Dichteabfalllänge jetzt von der Form (16.6) abweichen kann. Wir berechnen (16.5) mit dem Ausdruck λ_{nT} statt λ_n, wobei nun c_s mit der Temperatur an der Separatrix zu nehmen ist. Setzen wir dann wieder $\mathcal{G}_\parallel = \mathcal{G}_\perp$, so entsteht eine quadratische Gleichung zur Berechnung von λ_n^*, die eine Korrektur der einfachen Abschätzung (16.6) entspricht:

$$\lambda_n^{*2} - \frac{\lambda_n^2}{2\lambda_T}\lambda_n^* - \lambda_n^2 = 0.$$

Die Auflösung ist eine *kombinierte Dichteabfalllänge in der Abschälschicht* der Form

$$\lambda_n^* = \frac{\lambda_n^2}{4\lambda_T}\left(1 + \sqrt{1 + \frac{16\lambda_T^2}{\lambda_n^2}}\right) \approx \frac{\lambda_n^2}{4\lambda_T}. \tag{16.8}$$

Es ist zu beachten, dass hier λ_n, im Gegensatz zu (16.6), mit der Schallgeschwindigkeit an der Separatrix zu berechnen ist. Die Näherung gilt für besonders kurze Temperaturabfalllängen, was zu einer starken Aufweitung der Dichteabfalllänge führt. Für große Temperaturabfalllängen geht der Ausdruck in λ_n über.

Die Temperaturabfalllänge gewinnen wir analog aus einer Leistungsbilanz, in der wir den Verlust aus dem Plasma mit dem Wärmetransport entlang der Feldlinien gleichsetzen. Letzteren berechnen wir aus der bekannten Beziehung (8.122) für die Wärmeleitung und finden

$$q_\parallel = -\hat{\kappa}_e T^{5/2}\frac{dT}{dz}, \tag{16.9}$$

wobei der *Wärmeleitkoeffizient* durch (8.124) gegeben ist, was für $Z_i = 1$ zu der Konstanten[1]

$$\hat{\kappa}_e = \frac{60\sqrt{2\pi}\,\epsilon_0^2}{e^4\sqrt{m_e}Z_i\ln\Lambda} \approx 1{,}1 \times 10^{22}\,\frac{1}{(eV)^{5/2}\text{ms}} \tag{16.10}$$

führt. Wegen der Massenabhängigkeit können wir uns auf die Elektronenwärmeleitung beschränken und den Beitrag der Ionen vernachlässigen.

---

[1] In der Literatur ist oft der Wert $\hat{\kappa}_e = 1820 \approx 2000$ (W/(eV)$^{7/2}$m) zu finden, der sich aus unserem Wert nach einer Umrechnung von Watt in Elektronenvolt ergibt.

Da Verluste zwischen Staupunkt und einem Bereich nahe der Prallplatten, der für das Absinken der Temperatur verantwortlich sein soll, ausgeschlossen werden, muss der Wärmefluss $q_\parallel$ zu einer Feldlinie konstant sein. Durch Integration von (16.9) entlang einer Feldlinie, also über z, erhalten wir eine Verknüpfung der Temperaturen stromaufwärts (*upstream*) $T_u = T(0)$ und stromabwärts (*downstream*) vor der Prallplatte, die klein sein soll, $T_u \gg T_d$. Es ist also

$$q_\parallel L_c = \frac{2}{7}\hat{\kappa}_e \left(T_u^{7/2} - T_d^{7/2} \right) \approx \frac{2}{7}\hat{\kappa}_e T_u^{7/2}. \qquad (16.11)$$

Mit dem angenommenen exponentiellen Temperaturverlauf (16.4) ist der integrale Leistungsfluss auf eine Prallplatte gegeben durch

$$Q_\parallel = \int_0^\infty q_\parallel \mathrm{d}r \approx \left(\frac{2}{7}\right)^2 \frac{\hat{\kappa}_e}{L_c} T_{sep}^{7/2} \lambda_{T_e} \quad \text{[W/m]}. \qquad (16.12)$$

Einen unabhängigen Ausdruck für diese Größe erhalten wir aus der Heizleistung des Hauptplasmas, die letztlich durch die Randschicht abgeführt werden muss. Die um Strahlungsverluste korrigierte Heizleistung P_{SOL} muss durch senkrechte Wärmeleitung aus dem Hauptplasma in die Abschälschicht transportiert werden. Mit der Oberfläche (11.2) eines elliptisch geformten Plasmas und einem auf der Oberfläche konstanten radialen Wärmeleitkoeffizienten $\chi_r = \chi_{e,r} + \chi_{i,r}$, der die Beiträge von Elektronen und Ionen zusammenfasst, erhalten wir

$$P_{SOL} = - Sn_{sep}\chi_r \nabla_r T_e \big|_{r=0} = Sn_{sep}\chi_r \frac{T_{sep}}{\lambda_{T_e}} \quad \text{[W]}. \qquad (16.13)$$

Daraus konstruieren wir eine zu (16.12) analoge Größe, indem wir die in eine Feldlinie der Länge L_c durch senkrechten Transport eingespeiste Leistung berechnen:

$$Q_\perp = \frac{P_{SOL}}{S}L_c = n_{sep}\chi_r L_c \frac{T_{sep}}{\lambda_{T_e}} \quad \text{[W/m]}. \qquad (16.14)$$

Wir setzen (16.14) mit (16.12) gleich, $Q_\parallel = Q_\perp$, und erhalten so eine Abschätzung für die *Temperaturabfalllänge* in der Abschälschicht der Form

$$\lambda_{T_e} = \sqrt{\frac{\chi_r}{\hat{\kappa}_e}\frac{n_{sep}}{T_{sep}^{5/2}}\frac{7L_c}{2}}. \qquad (16.15)$$

Entscheidend für das Material im Divertor ist allerdings die auftreffende Leistungsdichte und damit die *Leistungsabfalllänge* λ_q, die den exponentiellen Abfall des parallelen Leistungsflusses angibt,

$$q_\parallel = q_{\parallel,sep}e^{-\frac{r}{\lambda_q}} \quad \rightarrow \quad Q_\parallel = \int_0^\infty q_\parallel \mathrm{d}r = \lambda_q q_{\parallel,sep}. \qquad (16.16)$$

Wir setzen den integralen Leistungsfluss mit (16.12) gleich, ersetzen $q_{\parallel,sep}$ durch (16.11), genommen an der Separatrix, und erhalten so für das Verhältnis der Abfalllängen

$$\frac{\lambda_q}{\lambda_{T_e}} = \frac{2}{7}. \tag{16.17}$$

Daraus folgt für die *Leistungsabfalllänge in der Abschälschicht* der Ausdruck

$$\lambda_q = \sqrt{\frac{\chi_r}{\hat{\kappa}_e} \frac{n_{sep}}{T_{sep}^{5/2}}} \, L_c \,. \tag{16.18}$$

Durch die starke Temperaturabhängigkeit der parallelen Leitfähigkeit nimmt der Leistungsfluss mit dem Abstand zur Separatrix schneller ab als die Elektronentemperatur selbst. Die Abfalllänge der Leistungsdichte ist damit kürzer, als die der Temperatur. Einige Werte sind wieder in Tab. 16.1 zu finden.

Die hohen Leistungen aus einem Fusionsplasma werden demnach in einem schmalen Bereich von wenigen Millimeter radialer Ausdehnung deponiert. Dies führt auf den toroidalen Umfang und für zwei Prallplatten gerechnet zu einer mit Leistung *benetzter Fläche* (engl. *wetted area*) von

$$S_w = 4\pi R_0 \lambda_q, \tag{16.19}$$

die selbst bei einem großen Experiment wie ITER, welches einmal 100 MW an Leistung aufnehmen soll, nur etwa wenige Quadratmeter beträgt. Es ist somit klar, dass ein Großteil der Leistung abgestrahlt werden muss, wenn die Belastungsgrenze des Materials der Prallplatten von etwa 5 MW/m^2 eingehalten werden soll. Eine Zugabe von Verunreinigungen zur Erhöhung der Strahlungsverluste ist daher unumgänglich.

Für spätere Abschätzungen wird eine Beziehung zwischen der parallelen Leistungsflussdichte und der Heizleistung P_{SOL} nützlich sein. Um diese zu erstellen, verwenden wir (16.14) und setzen (16.18) für die Leistungsabfalllänge ein. Wir erhalten

$$q_{\parallel,sep} = \frac{Q_{\parallel}}{\lambda_q} = \frac{Q_{\perp}}{\lambda_q} = \frac{P_{SOL}L_c}{S\lambda_q} = \frac{P_{SOL}}{S} \sqrt{\frac{\hat{\kappa}_e}{\chi_r n_{sep}}} T_{sep}^{5/4}. \tag{16.20}$$

Wegen der funktionalen Abhängigkeit der thermischen Leitfähigkeit erhöht sich die maximale Leistungsdichte mit der Temperatur an der Separatrix. Wir lösen (16.11) nach der Temperatur T_u auf und ersetzen damit T_{sep}. Dann lösen wir den Ausdruck nach $q_{\parallel,sep}$ auf und finden so den für später nützlichen Zusammenhang

$$q_{\parallel,sep} = \left(\frac{7}{2}\right)^{5/9} \left(\frac{P_{SOL}}{S}\right)^{14/9} \frac{L_c^{5/9} \hat{\kappa}_e^{2/9}}{(\chi_r n_{sep})^{7/9}} \,.$$

Um die Parameterabhängigkeiten besser diskutieren zu können, schreiben wir den Ausdruck unter Verwendung von (16.2) um und erhalten so

$$q_{\parallel,sep} = \left(\frac{5}{9}\right)^{4/3} \left(\frac{q_s P_{SOL}}{4\pi a}\right)^{14/9} \frac{1}{L_c} \frac{\hat{\kappa}_e^{2/9}}{(\chi_r n_{sep})^{7/9}} \,. \tag{16.21}$$

Die parallele Leistungsflussdichte steigt stärker als linear mit der Heizleistung, denn mit steigender Temperatur verkürzt sich die Leistungsabfalllänge, sodass die erhöhte Leistung auf einer schrumpfenden Fläche deponiert werden muss. Eine steigende Verbindungslänge reduziert hingegen die parallele Leistungsflussdichte, da die senkrechte Wärmeleitung an Bedeutung gewinnt und die Abfalllänge vergrößert. Die starke Abhängigkeit vom Sicherheitsfaktor täuscht. Sie rührt daher, dass mit steigendem q_s mehr Leistung in eine Feldlinie eingespeist werden kann, sodass q_s und die Heizleistung mit demselben Exponenten eingehen. Wie wir aber gleich sehen werden, reduziert sich die Flussdichte an der Prallplatte aus geometrischen Gründen mit $1/q_s$. Weiterhin steigt die Verbindungslänge linear mit dem Sicherheitsfaktor, sodass die Belastung der Prallplatte letztlich sogar nach $q_s^{-4/9}$ moderat abnimmt.

16.2.2 Geometrieeffekte

Aus geometrischen Gründen unterscheidet sich die parallel zu den Feldlinien geführte Leistungsdichte $q_\parallel$ von der auf der Prallplatte deponierten Leistungsdichte q_P. Dabei können wir drei elementare Fälle unterscheiden:

1. Die Aufweitung einer Flussröhre durch die Absenkung der poloidalen magnetischen Flussdichte, die im Bereich des lokales X-Punktes ein Minimum annimmt. Diese *poloidale Flussaufweitung* ist in Abb. 16.2 zu erkennen, wenn wir den Abstand der Feldlinien an der Mittelebende und vor der Prallplatte vergleichen.
2. Durch eine Neigung der Prallplatte gegen die Horizontale kann die benetzte Fläche vergrößert werden (Abb. 16.4).
3. Durch zusätzliche Poloidalfeldspulen können die Feldlinien zu größeren Radien R geführt werden, sodass sich die Leistung auf eine größere Fläche verteilt (Abb. 16.5). Diese Methode entspricht einer *toroidalen Flussaufweitung* und kann mit einer poloidalen Flussaufweitung kombiniert werden.

Die Geometrie der Feldlinien an der Prallplatte sowie den Einfluss einer Neigung der Prallplatte wollen wir zuerst anschauen. Dabei sind zwei Winkel zu beachten, der Steigungswinkel α der Feldlinie, bezogen auf eine horizontal angebrachte Prallplatte, sowie eine Neigung der Prallplatte um den Winkel β, bezogen auf die Horizontale. Die Geometrie für einem Tokamak ist in Abb. 16.3 dargestellt. Durch den schrägen Einfall der Feldlinien auf eine horizontale Prallplatte verteilt sich die Leistung scheinbar auf eine größere Fläche. Der Steigungswinkel der Feldlinien ist nach (11.5) gegeben durch $\tan\alpha = B_\theta/B_\varphi = a/q_s R_0$, sodass das Verhältnis der Flächen senkrecht zu den Feldlinien und entlang der Prallplatte gerade durch $\Delta_\varphi/\Delta'_\varphi = \tan\alpha$ bestimmt ist. Die Leistungsflussdichte auf der Prallplatte ist somit geringer als die parallele Leistungsdichte:

$$q_P = q_\parallel \frac{\Delta_\varphi}{\Delta'_\varphi} = q_\parallel \tan\alpha = \frac{a}{R_0 q_s} q_\parallel. \tag{16.22}$$

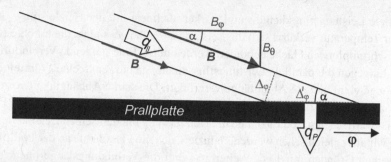

Abb. 16.3 Unterscheidung von paralleler und auf die Prallplatte senkrecht einfallender Leistungsdichte

Dies führt allerdings nicht zu einer echten Entlastung der Prallplatten, sondern kompensiert nur die Tatsache, dass auch L_c mit dem Sicherheitsfaktor q_s steigt und damit eine Feldlinie bei steigendem q_s mehr Leistung aufsammelt (s. die Diskussion zu (16.21)).

Indem wir $q_\|$ nach (16.20) durch $P_{SOL}L_c/S\lambda_q$ und λ_q mittels der Definition (16.19) für die benetzte Fläche ersetzen, können wir leicht nachweisen, dass die gesamte Heizleistung gerade gleich der Leistungsflussdichte auf der Prallplatte mal der benetzten Fläche ist,

$$P_{SOL} = q_P S_w. \tag{16.23}$$

Dies zeigt, dass sich q_P nicht direkt mit dem Steigungswinkel α reduziert.

Wie in Abb. 16.2 zu sehen ist, sind in realen Experimenten die Prallplatten gegen die Horizontale verkippt. Abb. 16.4 zeigt, wie sich dadurch die Fläche vergrößert auf $\Delta'_r = \Delta_r/\cos\beta$, sodass für die Reduktion des Leistungsflusses insgesamt gilt:

$$q'_P = q_P \frac{\Delta_r}{\Delta'_r} = q_\| \frac{\tan\alpha}{\cos\beta} = \frac{a}{R_0 q_s \cos\beta} q_\|. \tag{16.24}$$

Man kann sich überlegen, dass der Winkel, unter dem die Feldlinien auf die Oberfläche treffen, mit steigender Neigung der Prallplatte immer kleiner wird. Da bei extrem flach einfallenden Feldlinien und einer nicht ideal glatten Oberfläche lokale Maxima im Leistungseintrag entstehen, können die Prallplatten nicht um einen beliebig großen Winkel β verkippt werden.

Schließlich wollen wir noch Möglichkeiten diskutieren, wie durch zusätzliche Magnetfeldspulen im Divertorbereich eine für die Leistungsabfuhr günstige Magnetfeldkonfiguration geschaffen werden kann. In Abb. 16.5 sind drei verschiedene Konzepte für einen Tokamak-Divertor skizziert. Links ist ein *X-Punkt-Divertor* zu sehen. Er entspricht der aktuell favorisierten und am weitesten untersuchten Lösung, die in allen wichtigen Tokamaks sowie auch in *ITER* realisiert ist. Die Konfiguration wird im Wesentlichen durch eine Spule unterhalb des Divertors erzeugt, die einen Strom parallel zum Plasmastrom führt. So entsteht der charakteristische X-Punkt, an dem das poloidale Magnetfeld verschwindet.

In der Mitte ist eine verwandte Version des X-Punkt-Divertors zu sehen, bei der Zusatzspulen das äußere Divertorbein zu großen Radien führen. Bei dieser *Super-X-Divertor*

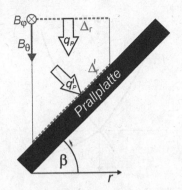

Abb. 16.4 Geometrie einer gegen die Horizontale verkippten Prallplatte und die dadurch erzielte Reduktion der Leistungsflussdichte

[45] genannten Lösung wird eine toroidale Flussaufweitung erreicht, und weitab vom Hauptplasma können weitere Spulen für eine zusätzliche Aufweitung der leistungsführenden Flussröhre sorgen. Auf der rechten Seite von Abb. 16.5 erzeugen zwei Zusatzspulen einen doppelten magnetischen Nullpunkt, sodass die Flussflächen im poloidalen Schnitt die Form einer Schneeflocke haben. Die Idee dieses *Snowflake-Divertors* [46] ist, das von stromabwärts fließende Plasma auf mehrere Beine aufzuteilen. Allerdings ist die notwendige Stabilität dieser Konfiguration schwer aufrechtzuerhalten, sodass es günstiger scheint, den doppelten magnetischen Nullpunkt durch Variation der Spulenströme in zwei getrennte Punkte mit verschwindendem Poloidalfeld aufzuteilen. Diese Nullpunkte können übereinander oder nebeneinander angeordnet sein. Beide Konfigurationen sind Variationen des Snowflake-Divertors; sie werden mit SF^- und SF^+ bezeichnet.

16.2.3 Transport durch die Debye-Schicht

Für Betrachtungen zur Energiebilanz in der Abschälschicht spielt der Transport von Energie und Impuls durch die Debye-Schicht vor den Prallplatten eine wichtige Rolle. Wir konzentrieren uns in diesem Abschnitt auf den Leistungs- und Impulstransport durch die Debye-Schicht für Elektronen und Ionen unter der Bedingung, dass dort keine Verluste auftreten und die Wärmeleitung vernachlässigt werden kann. Der Energietransport durch die Schicht ist somit rein konvektiver Natur. Im nächsten Abschnitt werden wir den parallelen Energietransport entlang der gesamten SOL behandeln, wo dann auch die Wärmeleitung eine wichtige Rolle spielen wird. Hier aber bleiben die Temperaturen entlang der Feldlinien konstant.

Eine wichtige Rolle spielt dabei der Potentialverlauf vor der Wand, den wir schon bei der Behandlung der Langmuir-Sonden in Abschn. 9.3.2 kennengelernt haben. Wie in Abb. 16.6 nochmals zu sehen, fällt das Potential vom Wert des Plasmapotentials, den wir auf null setzen, $\phi_p = 0$, auf $\phi_s = T_e/2$ an der Grenze zur Vorschicht und dann weiter auf

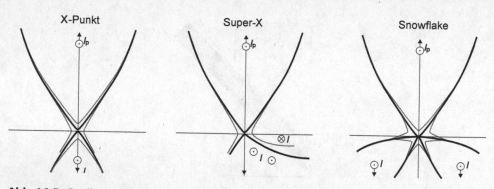

Abb. 16.5 Qualitative Verläufe der Separatrizen sowie einer benachbarten Flussfläche für verschiedene Divertorkonzepte: X-Punkt-, Super-X- und Snowflake-Divertor. Die Richtungen des Plasmastroms und der Spulenströme zur Erzeugung der Konfigurationen sind angedeutet

den Wert des Floating-Potentials ab, der nach (9.48) für $T_e = T_i$ in einem Deuteriumplasma ($A_i = 2$) gegeben ist durch

$$e\phi_{fl} = -\left(6{,}7 + \ln A_i - \ln\left(1 + \frac{T_i}{T_e}\right)\right)\frac{T_e}{2} = -3{,}35 T_e. \tag{16.25}$$

Für Wasserstoff ist der Faktor 3,0; für die Dichte an der Grenze zur Schicht nehmen wir den Wert $n_s = 0{,}5n$ an (vgl. Abschn. 9.3.1).

Betrachten wir zuerst den durch Verluste auf die Wand entstehenden konvektiven Energieverlust im Elektronenkanal. Wie in Abschn. 9.4.2 diskutiert, tragen maxwell-verteilte Elektronen, die in nur eine Raumrichtung durch eine Fläche treten, nach (7.18) im Mittel die Energie $2T_e$. Dies gilt auch für den Teil der Maxwell-Verteilung, der den Potentialwall vor der Wand überwindet. Hinzu kommt, dass jedes Elektron, das zur Wand gelangt, aus dem Plasma zusätzlich die potentielle Energie $-e\phi_{fl}$ mitbringt. Dieser Beitrag berücksichtigt, dass nur energetische Elektronen aus der Maxwell-Verteilung den Potentialwall überqueren können.

Den ambipolaren Teilchenfluss Γ_n auf die Wand können wir sowohl aus den Elektronen- als auch aus den Ionengleichungen berechnen. Wir nehmen daher den für die Ionen bekannten Ausdruck für den Sättigungsstrom (9.45) $\Gamma_n = 0{,}5c_s n$ und erhalten so für die Leistungsdichte, die der Elektronenflüssigkeit durch den Kontakt mir der Wand entzogen (vgl. (9.94))

$$q_{t,e} = \left(2T_e - e\phi_{fl}\right)\Gamma_n \equiv \gamma_{t,e}T_e\Gamma_n. \tag{16.26}$$

Mit dem Floating-Potential aus (16.25) erhalten wir daraus für den in obiger Gleichung eingeführten *Energietransmissionskoeffizienten der Elektronen* den Wert

$$\gamma_{t,e} = 2 + \frac{1}{2}\left(6{,}7 + \ln A_i - \ln\left(1 + \frac{T_i}{T_e}\right)\right) = 2 + 3{,}35 = 5{,}35. \tag{16.27}$$

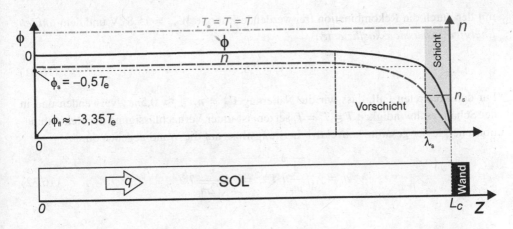

Abb. 16.6 Verläufe von Dichte, Temperatur und Potential parallel zum Magnetfeld in der Abschälschicht für den Fall, dass das Plasma über die Schicht mit der Wand verbunden ist (engl. *sheath-connected regime*)

Es ist interessant zu bemerken, dass der Elektronenflüssigkeit zwar die dem Floating-Potential entsprechende Energie entzogen wird, von der Wand aus betrachtet es aber die Ionen sind, die diese Energie eintragen. Denn die Ionen werden durch das Schichtpotential zur Wand hin um den gleichen Betrag beschleunigt. In der Schicht findet also ein Energietransfer von den Elektronen auf die Ionen statt. Obwohl die Ionen die zusätzliche Energie auf die Wand bringen, darf das Floating-Potential beim Energieverlust im Ionenkanal nicht gerechnet werden, denn die Ionen erhalten die Energie durch die Beschleunigung in der Schicht. Den Energieverlust der Ionenflüssigkeit berechnen wir aus der Energiegleichung (7.103), genommen vor dem Eintritt in die Vorschicht, wo das Potential noch dem Plasmapotential entspricht und der parallele Druckgradient vernachlässigbar ist. Die Wärmeflussdichte entspricht dem Ausdruck in der Klammer, von dem in (7.103) die Divergenz gebildet wird. Wie eingangs betont, vernachlässigen wir hier die Wärmeleitung und damit die Wärmeflussdichte q_i, sodass wir für die durch die Ionen transmittierte Leistungsdichte schreiben können:

$$q_{t,i} = \frac{5}{2} T_i \Gamma_n \equiv \gamma_{t,i} T_i \Gamma_n. \tag{16.28}$$

Der *Energietransmissionskoeffizient der Ionen* ist damit gegeben durch

$$\gamma_{t,i} = 2{,}5. \tag{16.29}$$

Bedenkt man weiter, dass jedes Elektron-Ion-Paar, das durch die Schicht dringt und auf der Prallplatte neutralisiert wird, dort auch noch die Ionisationsenergie ($W_{ion} = 13{,}6\,\text{eV}$) und die Hälfte der Dissoziationsenergie von H_2 ($W_{diss} = 2{,}2\,\text{eV} \approx 4{,}5/2\,\text{eV}$) deponiert, dann ist die gesamte transmittierte Leistungsdichte für $T_e = T_i = T$ gegeben durch

$$q_t = q_{t,e} + q_{t,i} + (W_{ion} + W_{diss})\Gamma_n \equiv \gamma_t T \Gamma_n + W_{rec}\Gamma_n = (\gamma_t T + W_{rec})\Gamma_n, \tag{16.30}$$

mit der durch die Rekombination frei werdende Energie $W_{rec} = 15,8\,\text{eV}$ und dem *totalen Energietransmissionskoeffizienten*

$$\gamma_t = 7,85. \tag{16.31}$$

Für den konkreten Fall, dass wir die Näherung $\Gamma_n = n_s c_{si} \approx 0{,}5 n c_{si}$ verwenden und in der Schallgeschwindigkeit $T = T_e = T_i$ setzen, ist unter Vernachlässigung der Rekombinationsenergie der gesamte konvektive Leistungsfluss auf die Wand gegeben durch

$$q_t = \gamma_t \sqrt{\frac{2}{m_i}} n_s T^{3/2} = \gamma_t \frac{n}{\sqrt{2m_i}} T^{3/2}. \tag{16.32}$$

16.2.4 Das Zweipunktmodell

Im letzten Abschnitt sind wir von konstanten Temperaturen entlang der Feldlinien ausgegangen, was eine gute Näherung für den Fall ist, dass das Plasma auf kurzen Verbindungslängen mit Limitern wechselwirkt. Doch auch in Tokamakentladungen bei niedriger Dichte kann das Divertorplasma direkt über die Schicht mit den Prallplatten verbunden sein. Um aber Materialien vor zu hohen Leistungsflüssen zu schützen, muss die Elektronentemperatur und der Ionendruck direkt vor den Prallplatten durch Verluste wie Reibung an Neutralteilchen, Ionisation, Linienstrahlung oder Ladungsaustausch stark reduziert werden. Diese soll dazu führen, dass, wie in Abb. 16.7 zu sehen ist, eine schmale *Recyclingzone* vor der Prallplatte entsteht, in der die Plasmatemperatur einen niedrigen Wert von $\leq 5\,\text{eV}$ annimmt. Dieser Zustand, bei dem das Plasma über die Feldlinie noch mit der Prallplatte elektrisch verbunden bleibt, wird als *Hochrecycling* bezeichnet. Mit dieser Randbedingung und mit einer einfachen analytischen Beschreibung des Plasmatransports wollen wir hier Verbindungen zwischen den Plasmaparametern vor der Prallplatte und stromaufwärts am Staupunkt herstellen. Dies wird uns zum *Zweipunktmodell der Plasmarandschicht* führen.

Abb. 16.7 zeigt die eindimensionale Geometrie, in der wir das Modell behandeln werden. Ähnlich wie in Abb. 16.6 ist im unteren Teil der Abbildung die *Abschälschicht* zu sehen, in die von links die Leistungsdichte q_h eingespeist wird. Im einfachsten Fall nehmen wir an, dass entlang des behandelten Ausschnitts der Abschälschicht weder Leistung hinzukommt, noch verloren geht und dass sich der Energietransport vom Staupunkt bis zur Recyclingzone auf parallele Elektronenwärmeleitung beschränkt. Verluste sollen nur in dem kleinen Bereich der Recyclingzone $L_d < z < L_c$ ganz nahe der Wand auftreten können. Weiterhin gehen wir von gleichen Temperaturen von Elektronen und Ionen aus, $T_e = T_i = T$.

Für diese Bedingungen haben wir mit (16.11) schon einen Zusammenhang zwischen dem Leistungszufluss in die Abschälschicht q_h und der Temperatur am Staupunkt hergestellt, nämlich

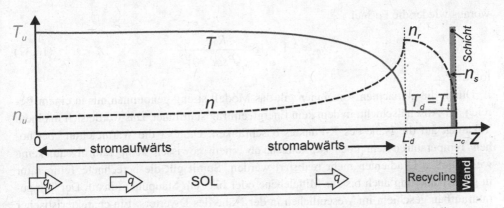

Abb. 16.7 Geometrie und qualitative Verläufe der Plasmaparameter im Zweipunktmodell

$$T_u \approx \left(\frac{7 q_h L_c}{2 \hat{\kappa}_e}\right)^{2/7}. \tag{16.33}$$

Indem wir den Leistungsfluss durch (16.20) ersetzen, wobei wir die Parameter stromaufwärts mit den Werten an der Separatrix gleichsetzen, erhalten wir für die *Temperatur am Staupunkt* die Beziehung

$$T_u = \left(\frac{1}{\chi_r n_u \hat{\kappa}_e}\right)^{2/9} \left(\frac{7 L_c P_{SOL}}{2S}\right)^{4/9}. \tag{16.34}$$

Indem wir die Konstanten auswerten und (16.2) nutzen, folgt daraus die handliche Formel[2]

$$T_u \approx 83 \left(\frac{P_{SOL}}{a\sqrt{n_u}}\right)^{4/9}. \tag{16.35}$$

Die Temperatur stromaufwärts ist demnach unabhängig von den Divertoreigenschaften und von der Elliptizität des Plasmas; sie lässt sich durch die Heizleistung und die Dichte beeinflussen, wobei beide Abhängigkeiten schwach sind. Für die Parameter $a = 0,5\,\mathrm{m}$, einer Dichte von $5 \times 10^{19}\,\mathrm{m}^3$ und einer Heizleistung von $P_{SOL} = 1\,\mathrm{MW}$ erwarten wir demnach eine Temperatur von $T_u \approx 72\,\mathrm{eV}$. Dies entspricht in etwa den in Experimenten an der Separatrix gemessenen Werten.

Indem wir den obigen Ausdruck für die Temperatur in (16.18) einsetzen, erhalten wir die *Leistungsabfalllänge im Hochrecyclingsregime*

$$\lambda_q = \left(\frac{2}{7}\right)^{5/9} \frac{\chi_r^{7/9} n_u^{7/9} L_c^{4/9} S^{5/9}}{\hat{\kappa}_e^{2/9} P_{SOL}^{5/9}}, \tag{16.36}$$

---

[2] Bei den als *Formel* bezeichneten Beziehungen sind die Heizleistung in Megawatt und die Dichten in $10^{19}\,\mathrm{m}^{-3}$ zu verstehen, im Gegensatz zu allen anderen Gleichungen, bei denen, wie im Anhang A.3 nachzuschlagen ist, Leistungen in eV/s und Dichten in m^{-3} zu verwenden sind. Die numerischen Faktoren gelten für $\chi_r = \chi_e + \chi_i = 1\,\mathrm{m}^2/\mathrm{s}$ und $q_s = 4$.

woraus wieder die Formel

$$\lambda_q \approx 1,1 \times 10^{-3} \frac{R_0 q_s^{4/9}}{(P_{SOL}/a)^{5/9}} \qquad (16.37)$$

folgt.

Durch die gemachten Annahmen gilt das Modell streng genommen nur in einem Bereich der Abschälschicht, in dem kein Energieeintrag stattfindet. Das würde sich in einem Tokamak auf die Nähe des X-Punktes beschränken. Da aber die Wärmeleitung bei hohen Temperaturen sehr hoch ist, können, ab einem gewissen Temperaturniveau, keine wesentlichen Gradienten mehr realisiert werden. Somit gilt die berechnete Temperatur in guter Näherung auch bis zur Mittelebene oder bis zum Staupunkt hinauf. Der Temperaturaufbau geschieht im Wesentlichen in der Nähe des Divertors. Ein charakteristischer Temperaturverlauf ist ebenfalls in Abb. 16.7 zu sehen.

Als Nächstes wollen wir die Plasmaparameter im Divertor abschätzen. Aus der Bewegungsgleichung der Ionen (3.12) erhalten wir eine Beziehung für den Druckverlauf entlang einer Feldlinie. Für die gegebenen Bedingungen hat die stationäre, eindimensionale Bewegungsgleichung der Ionen die Form

$$\rho_{mi} u_i \partial_z u_i + \partial_z p_i - \rho_i \partial_z \phi = \frac{1}{2} \rho_{mi} \partial_z u_i^2 + \partial_z p_i + \partial_z p_e = 0,$$

wobei wir im ersten Schritt die entsprechende Bewegungsgleichung der Elektronen unter Vernachlässigung der kleinen Masse verwendet haben, um die potentielle Energie $e\phi$ durch den Elektronendruck zu ersetzen. Um das Integral dieser Gleichung entlang der Feldlinie zu berechnen, formen wir den ersten Term auf der rechten Seite unter Verwendung der stationären Kontinuitätsgleichung ($u_i \partial_z \rho_{mi} + \rho_{mi} \partial_z u_i = 0$) um:

$$\partial_z \left(\rho_{mi} u_i^2 \right) = \rho_m \partial_z u_i^2 + u_i^2 \partial_z \rho_{mi} = \rho_m \partial_z u_i^2 - \rho_{mi} u_i \partial_z u_i = \frac{1}{2} \rho_{mi} \partial_z u_i^2.$$

Wir ersetzen den Term und integrieren vom Divertor bis zum Staupunkt, wo die Strömungsgeschwindigkeit der Ionen verschwinden muss. Es folgt daraus für den Gesamtdruck $p = p_e + p_i$ die Beziehung

$$p_u = \rho_{mi} u_{i,d}^2 + p_d = 2p_d. \qquad (16.38)$$

Unter der Annahme, dass die Ionengeschwindigkeit stromabwärts der Schallgeschwindigkeit entspricht, $u_{i,d}^2 = c_s^2 = 2T_d/m_i$, teilt sich der Druck auf dem Weg zum Divertor je zur Hälfte in *dynamischen* und *kinetischen Druck* auf, sodass der kinetische Druck im Divertor nur halb so groß wie der am Staupunkt ist.

Eine weitere Bedingung erhalten wir aus dem konstanten parallelen Leistungsfluss in der Abschälschicht. Im letzten Abschnitt haben wir den Leistungsabfluss q_t aus einem Plasma durch die Debye-Schicht auf eine Wand berechnet. Die relevanten Parameter in (16.32) sind jetzt die des Plasmas im Divertor. Da die vom Staupunkt kommende Leistung q_h durch die Debye-Schicht auf die Prallplatten abgeführt werden muss, ist $q_t = q_h$. Wenn wir weiter T_d mithilfe der Druckbilanz (16.38) ersetzen, dann erhalten wir folgende Bestimmungsgleichung für die Plasmadichte im Divertor:

$$q_h = \frac{\gamma_t n_d}{\sqrt{2m_i}} T_d^{3/2} = \frac{\gamma_t n_d}{\sqrt{2m_i}} \left\{ \frac{n_u T_u}{2n_d} \right\}^{3/2}.$$

Letztlich ersetzen wir die Temperatur am Staupunkt noch durch (16.33) und erhalten dadurch für die *Dichte im Divertor*:

$$n_d = \left(\frac{7L_c}{2\hat{\kappa}_e} \right)^{6/7} \frac{\gamma_t^2 n_u^3}{16m_i q_h^{8/7}}. \tag{16.39}$$

Da der parallele Wärmefluss q_h experimentell nicht leicht zugänglich ist, drücken wir diese Größe mithilfe von (16.21) durch die bekannte Heizleistung P_{SOL} aus. Dies führt uns zu folgendem Ausdruck:

$$n_d = \frac{(7/2)^{2/9} L_c^{2/9} \chi_r^{8/9} n_u^{35/9} \gamma_t^2}{16m_i (P_{SOL}/S)^{16/9} \kappa_e^{10/9}}. \tag{16.40}$$

Durch einsetzen der Konstanten erhalten wir die Formel[3]

$$n_d \approx 2{,}1 \times 10^{-2} \frac{R_0^2 n_u^{35/9}}{A_i} \left(\frac{a}{P_{SOL}} \right)^{16/9}. \tag{16.41}$$

Umgekehrt können wir die Druckbilanz (16.38) auch nach der Temperatur auflösen und dann n_d durch (16.39) und T_u wieder durch (16.33) ersetzen. So erhalten wir für die *Temperatur stromabwärts* die Beziehung

$$T_d = \left(\frac{2\hat{\kappa}_e}{7L_c} \right)^{4/7} \frac{8m_i q_h^{10/7}}{\gamma_t^2 n_u^2}. \tag{16.42}$$

Analog wie bei der Dichte bestimmen wir auch hier die Abhängigkeiten von den wichtigen experimentellen Kontrollparametern und finden

$$T_d = \frac{(7/2)^{2/9} 8m_i L_c^{2/9} \kappa_e^{8/9} (P_{SOL}/S)^{20/9}}{\chi_r^{8/9} \gamma_t^2 n_u^{28/9}} \tag{16.43}$$

sowie die handliche Formel[4]

$$T_d \approx 2 \times 10^3 \frac{A_i}{R_0^2 n_u^{28/9}} \left(\frac{P_{SOL}}{a} \right)^{20/9}. \tag{16.44}$$

In Abb. 16.8 sind die Plasmaparameter am Staupunkt und im Divertor als Funktion der Dichte am Staupunkt für zwei Heizleistungen aufgetragen. Erst dann, wenn die Dichte einen bestimmten Wert überschreitet, der mit der Heizleistung steigt, fällt die Temperatur im Divertor deutlich unter ihren Wert stromaufwärts ab. Entsprechend steigt auch dann erst die Dichte im Divertor über den Wert am Staupunkt an. Dies ist der Bereich, der für

---

[3] Siehe Fußnote auf Seite 525.

[4] Siehe Fußnote auf Seite 525.

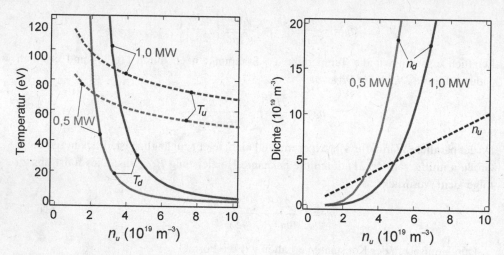

Abb. 16.8 Plasmaparameter im Divertor berechnet aus dem Zweipunktmodell nach (16.41) und (16.44) sowie am Staupunkt nach (16.35) als Funktion der Dichte am Staupunkt für zwei Heizleistungen. Die Konstanten in den verwendeten Formeln gelten für $\kappa_\epsilon = 1{,}6$, $q_s = 4$ und $A_i = 1$. Auch die geometrischen Größen mit $R_0 = 1{,}65$ m und $a = 0{,}5$ m sind die vom Tokamak *ASDEX Upgrade*

den Betrieb eines Divertors interessant ist. Nur in diesem Bereich gibt es Lösungen, die mit dem Ansatz $T_d \ll T_u$ kompatibel sind und gleichzeitig erlauben, dass die Leistung über die Schicht abgeführt werden kann. Denn die abzuführende Leistung haben wir über die parallele Elektronenwärmeleitung mit $T_d \ll T_u$ berechnet, wogegen die Parameter im Divertor aus dem Energietransport durch die Schicht und der Bewegungsgleichung der Ionen folgten.

Die Abschätzungen für die Parameter im Divertor verlieren also ihre Gültigkeit, wenn die Annahme $T_d \ll T_u$ aus (16.11) nicht mehr erfüllt ist. Aus dem Quotienten der Temperaturen (16.34) und (16.44) können wir eine *Gültigkeitsgrenze für das Zweipunktmodell* herleiten. Indem wir nach der Heizleistung auflösen, erhalten wir dafür bei gegebener Dichte die Bedingung

$$P_{SOL} \ll 0{,}17 \times a R_0^{9/8} n_u^{13/8}. \qquad (16.45)$$

Wenn wir nach der Dichte auflösen, folgt bei gegebener Heizleistung die Beziehung

$$n_u \gg 3{,}0 \times R_0^{-9/13} \left(\frac{P_{SOL}}{a} \right)^{8/13}. \qquad (16.46)$$

Der durch diese Beschränkungen entstehende Gültigkeitsbereich ist in Abb. 16.9 eingezeichnet.

Als Diagnostik im Divertor werden oft *Langmuir-Sonden* eingesetzt, die den Ionensättigungsstrom an der Prallplatte messen. Um mit solchen Messungen vergleichen zu können, berechnen wir aus den nun bekannten Plasmaparametern im Divertor die Teilchenflussdichte auf die Prallplatte. Aus (16.41) und (16.44) folgt

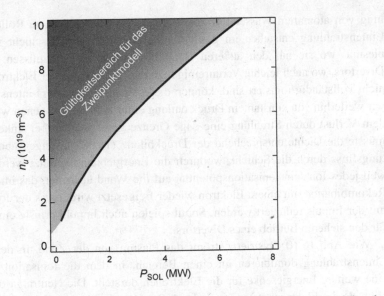

Abb. 16.9 Gültigkeitsbereich für das Zweipunktmodell nach (16.45) und (16.46) als Funktion der Kontrollparameter Heizleistung und Dichte am Staupunkt für die in den Formeln verwendeten Parameter

$$\Gamma_n \approx 0{,}5 c_s n_d = 0{,}5 \sqrt{\frac{2T_d}{m_i}} n_d = \left(\frac{7}{2}\right)^{1/3} \frac{L_c^{1/3} \chi_r^{4/9} n_u^{7/3} \gamma_t}{\sqrt{2} m_i \hat{\kappa}^{2/3}} \left(\frac{P_{SOL}}{S}\right)^{-2/3}$$

oder wieder als einfache Formel:[5]

$$\Gamma_n \approx 4{,}9 \times 10^5 \frac{R_0 n_u^{21/9}}{(P_{SOL}/a)^{2/3}} \quad [10^{19}/sm^2]. \tag{16.47}$$

16.2.5 Detachment

Wir haben gesehen, dass in einem Fusionsreaktor mit einer zu hohen Belastung der Prallplatten zu rechnen ist, falls entlang der Feldlinien der Abschälschicht keine starken Energie- und Impulsverluste auftreten. Bei Experimenten unter hoher Heizleistungen sind solche Verluste auch für heutige Fusionsanlagen für den Schutz des Divertors von großer Bedeutung.

Als Energiesenke wirkt hauptsächlich atomare Linienstrahlung, die durch Elektronstoßionisation von Verunreinigungsatomen entsteht. Dieser Beitrag kann durch das Einblasen von Verunreinigungen wie Stickstoff oder Neon angehoben werden. Die Linienstrah-

---

[5]Siehe Fußnote auf Seite 525.

lung von atomarem Wasserstoff spielt dabei eine untergeordnete Rolle. Verluste durch Linienstrahlung entstehen im gesamten Bereich der Abschälschicht sowie im Hauptplasma, wo sie auf den äußeren Rand beschränkt bleiben müssen. Im Bereich des Divertors, wo auch leichte Verunreinigungen aufgrund fallender Elektronentemperaturen nicht vollständig ionisiert sind, können diese Verluste besonders intensiv werden. Wenn wir weiterhin von konstantem Druck entlang einer Feldlinie ausgehen würden, dann wäre dem Verlust durch Strahlung eine enge Grenze gesetzt. Denn bei sinkender Temperatur müsste die Dichte entsprechend der Druckbilanz (16.38) ansteigen und damit der Leistungsfluss durch die Schicht, wodurch die Energiebilanz verletzt werden würde. Auch weil jedes Ion sein Ionisationspotential auf die Wand überträgt, das im Material bei der Rekombination mit einem Elektron wieder freigesetzt wird, muss der Ionenfluss und damit der Impuls reduziert werden. Somit spielen auch Impulsverluste eine wichtige Rolle für den sicheren Betrieb eines Divertors.

Wie Abb. 16.10 illustriert, strömt das Plasma von der Zone, in der Verluste durch Linienstrahlung dominieren, in einen Bereich, in dem die Ionisation von Wasserstoff eine weitere Energiesenke für die Elektronen darstellt. Die Neutralgasdichte ist hier erhöht, da die Elektronentemperatur durch Strahlungsverluste gefallen ist und gleichzeitig von den Wänden her ein erhöhter Fluss von rezykliertem Wasserstoff kommt. Durch Ionisationsverluste kann die Elektronentemperatur bis unter 5 eV absinken, sodass weiter stromabwärts die Neutralgasdichte ansteigen kann und der Impulsverlust der Ionen durch Stöße mit Neutralteilchen an Bedeutung gewinnt. Dazu tragen sowohl elastische Stöße als auch Ladungsaustauschreaktionen bei. Energetische Ionen mit gerichtetem Impuls werden in diesem Prozess durch Ionen mit ungerichtetem Impuls und niedrigerer Energie ersetzt. Mit Einsetzen des Ladungsaustauschs beginnt das Plasma von der Prallplatte abzukoppeln. Dieser Prozess wird als *partielles Detachment* bezeichnet. Eine vollständige Abkopplung des Plasmas von den Prallplatten wird erreicht, wenn die Elektronentemperatur bis unter 1 eV abfällt, sodass Rekombinationsreaktionen zwischen Ionen und Elektronen möglich werden. Mit dieser Senke an Energie und Impuls kann das Plasma im Divertor vollständig von den Prallplatten abkoppeln, sodass ein Zustand des *vollständigen Detachments* erreicht wird. In Abb. 16.11 sind *Ratenkoeffizienten* für die gerade beschriebenen Prozesse

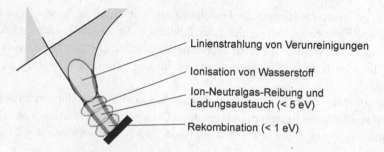

Abb. 16.10 Vergrößerte Darstellung des äußeren Divertorbereichs eines Tokamaks in dem qualitativ die Zonen eingezeichnet sind, in denen sich Impuls- und Energieverluste konzentrieren

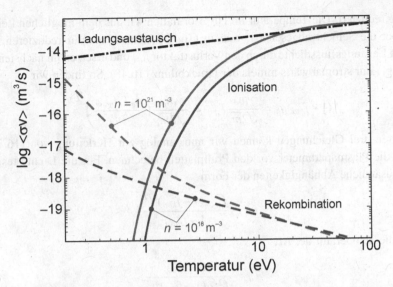

Abb. 16.11 Ratenkoeffizienten als Funktion der Elektronentemperatur für verschiedene Prozesse relevant für Wasserstoffplasmen bei Parametern, wie sie im Divertor vorliegen können (basierend auf Abb. 32 aus Ref. [50])

in einem Divertorplasma abgebildet. Der Anstieg in der Rekombination bei Temperaturen unterhalb von 1 – 2 eV, der insbesondere bei hoher Dichte sichtbar wird, ist auf Dreikörperstöße zurückzuführen.

Die besprochenen Verlustkanäle berücksichtigen wir in einem erweiterten Zweipunktmodell durch drei einfache Faktoren. Der Impulsverlust durch Stöße von Ionen mit Neutralteilchen und durch Ladungsaustauschreaktionen führt zur Reibung, die wir durch den Faktor $f_{mom} < 1$ in der Druckbilanz (16.38) in Rechnung stellen:

$$n_u T_u f_{mom} = 2 n_d T_d. \tag{16.48}$$

Die Temperatur stromaufwärts haben wir aus dem parallelen Wärmefluss und der Leitfähigkeit der Elektronen berechnet, indem wir Verluste vernachlässigt und ein rein konduktives Verhalten vorausgesetzt haben. Durch Ionisation des neutralen Hintergrundes entstehen aber zusätzliche Elektronen und Ionen, die abtransportiert werden müssen, was zu einem konvektiven Energietransport führt. Der Faktor $f_{kon} < 1$ soll diese Beträge berücksichtigen, indem er die Leistung, die durch Wärmeleitung parallel zu den Feldlinien in den Divertor transportiert wird, reduziert. Wir modifizieren (16.11), indem wir den konvektiven Anteil vom gesamten Energiefluss abziehen, um nur den konduktiven Anteil zur Berechnung der Temperatur am Staupunkt zu verwenden:

$$(1 - f_{kon}) q_\parallel L_c \approx \frac{2}{7} \hat{\kappa}_e T_u^{7/2}. \tag{16.49}$$

Letztlich berücksichtigen wir Verluste in der Recyclingszone durch Ionisation, atomare Anregung oder Ladungsaustausch durch den Faktor $f_{rad} < 1$, der die abzuführende

Leistung reduziert. Die Temperatur im Divertor hatten wir aus dem möglichen Leistungsfluss über die Schicht abgeschätzt, was zu (16.32) geführt hat. Wir reduzieren nun die
parallele Leistungsflussdichte durch den Verlustfaktor f_{rad} und ersetzen im nächsten Schritt
die Temperatur stromabwärts mittels der Druckbilanz (16.48). So finden wir

$$(1 - f_{rad})q_h = \frac{\gamma_t n_d}{\sqrt{2m_i}} T_d^{3/2} = \frac{\gamma_t n_d}{\sqrt{2m_i}} \left(\frac{n_u T_u f_{mom}}{2n_d} \right)^{3/2}. \tag{16.50}$$

Aus diesen drei Gleichungen können wir nun, analog zur Herleitung von (16.39) und
(16.42), die Plasmaparameter vor den Prallplatten berechnen. Für die Dichte resultieren
daraus zusätzliche Abhängigkeiten der Form

$$n_d \sim \frac{f_{mom}^3 (1 - f_{kon})^{6/7}}{(1 - f_{rad})^2} \tag{16.51}$$

und für die Temperatur der Art

$$T_d \sim \frac{(1 - f_{rad})^2}{f_{mom}^2 (1 - f_{kon})^{4/7}}. \tag{16.52}$$

Bei endlichen Verlusten hängen die Parameter im Divertor offenbar stark von den verschiedenen Faktoren ab. Wenn die Strahlungsverluste hoch werden, steigt die Dichte zur
Erfüllung der Druckbilanz stark an. Dieser Anstieg wird durch bei sinkender Temperatur
unweigerlich einsetzende Reibungsverluste begrenzt (f_{mom}^3).

Die verschiedenen Verluste modifizieren die Teilchenflussdichte auf die Prallplatte
(16.47) dann entsprechend

$$\Gamma_n \sim n_d \sqrt{T_d} \sim \frac{f_{mom}^2 (1 - f_{kon})^{4/7}}{1 - f_{rad}}. \tag{16.53}$$

16.3   Plasmatransport in der Randschicht

Im letzten Abschnitt haben wir den Transport in der Abschälschicht mit heuristisch Ansät-
zen behandelt. Hier wollen wir einige grundlegende Prozesse einführen, die im Plasmarand
für den Transport relevant sind und zu einem physikalischen Verständnis der Vorgänge
beitragen können. Zunächst betrachten wir die am Plasmarand auftretenden Driften und
Ströme, diskutieren den Einfluss des radialen Transports im Divertor auf die Leistungsdeposition und behandeln abschließend Modelle für den turbulenten radialen Transport in
der Abschälschicht.

16.3.1   Plasmaströmungen und Ströme

In diesem Abschnitt wollen wir die Strömungen und elektrischen Ströme in der Abschälschicht behandeln. Der Übergang an der Separatrix von geschlossenen zu offenen

Feldlinien hat die Besonderheit, dass Transport parallel zu den Feldlinien plötzlich zu den Verlusten beiträgt. Dies beeinflusst insbesondere die Ambipolarität der elektrischen Ströme und damit das *ambipolare elektrische Feld*.

Das ambipolare Feld im Einschlussbereich eines Tokamaks haben wir in Abschn. 14.3.5 diskutiert. In einer einfachen, aber die Wirklichkeit gut beschreibenden Näherung haben wir gefunden, dass dort das elektrische Feld im Wesentlichen durch den Druckgradienten der Ionen bestimmt ist. Nach (14.50) gilt am Plasmarand

$$E_r^{amb} \approx \frac{1}{en} \frac{\partial p_i}{\partial r}.$$

Am Plasmarand ist das elektrische Feld also negativ und die Strömungsgeschwindigkeit der Ionen klein, da sich diamagnetische und $E \times B$-Drift, wie in Abb. 16.12 angedeutet, praktisch aufheben.

In der benachbarten Abschälschicht tragen parallele Ströme, die über die Prallplatten abfließen können, zur Ambipolaritätsbedingung bei. Unter Vernachlässigung radialer bipolarer Ströme, die in einer gesamten Bilanz mit aufgenommen werden müssten, wird das Plasmapotential und damit auch das radiale elektrische Feld durch (16.25) bestimmt. Während wir dort das Floating-Potential angegeben und das Plasmapotential zu null gesetzt

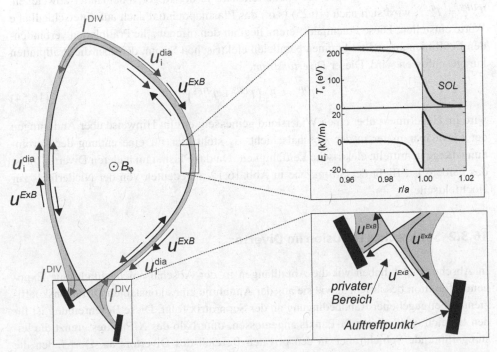

Abb. 16.12 Plasmaströmungen in der Randschicht eines Tokamak-Plasmas (*links*) und charakteristische Profile der Elektronentemperatur und des radialen elektrischen Feldes (*rechts*) in der Mittelebene (*oben*) und dem Divertorbereich (*unten*)

haben, ist es realistisch, das Potential der Prallplatte zu null zu setzen, sodass das Plasmapotential die entsprechend positiven Werte annimmt. Für das elektrische Feld in der
Abschälschicht gilt damit näherungsweise

$$E_r^{SOL} = -\frac{\partial \phi_p}{\partial r} \approx -3{,}35 \frac{\partial T_e}{e \partial r}.$$

Wie im rechten Teil der Abb. 16.12 zu sehen, erfährt das elektrische Feld an der Separatrix also einen abrupten Vorzeichenwechsel, woraus eine *Scherströmung* entsteht, die,
wie in Abschn. 15.5.4 behandelt, Einfluss auf den turbulenten Transport in der Nähe der
Separatrix nehmen und an der Entstehung von *Transportbarrieren* mitwirken kann.

Während die Ionen im eingeschlossenen Bereich fast ruhen und elektrostatisch eingeschlossen sind, addieren sich $E \times B$- und diamagnetische Drift in der Abschälschicht auf.
Daraus resultiert, zumindest im Bereich der Abfalllänge der Elektronentemperatur, eine
starke poloidale Strömung, die im Bereich des Divertors auch zu einem Leistungsübertrag zwischen den Divertoren führt, wie es in Abb. 16.12 (rechts unten) angedeutet ist. Bei
Simulationen der Leistungsabfuhr ist es wichtig, diese Driften zu berücksichtigen, wenn
man die Verteilung der Leistung auf die beiden Divertorkammern reproduzieren möchte.

Da die Plasmaparameter und insbesondere die Elektronentemperatur vor den Prallplatten auf der Hochfeld- und der Niederfeldseite in der Regel voneinander abweichen,
$T_e^{HFS} \neq T_e^{LFS}$, wird sich nach (16.25) (s.o.) das Plasmapotential auch auf unterschiedliche
Werte einstellen. Diese Potentialdifferenz liegt an den offenen, die Prallplatten verbinden-
den Feldlinien an und treibt einen parallelen elektrischen Strom, der über die Prallplatten
kurzgeschlossen wird. Dieser *Divertorstrom*,

$$I^{DIV} \sim \bar{\sigma}_\| \left(T_e^{LFS} - T_e^{HFS} \right), \tag{16.54}$$

wird im Experiment über einen Widerstand gemessen; er gibt Hinweise über Änderungen
der Plasmaparameter in der Abschälschicht. $\bar{\sigma}_\|$ steht hier für eine entlang der Verbin-
dungslänge gemittelte elektrische Leitfähigkeit. Da das Plasma im äußeren Divertor meist
das heißere ist, fließt der Strom, wie in Abb. 16.12 angedeutet, von der Niederfeld- zur
Hochfeldseite.

16.3.2 Senkrechte Diffusion im Divertor

In Abschn. 16.2.1 haben wir die Abfalllängen in der Abschälschicht durch eine Exponentialfunktion beschrieben, wie sie aus der Annahme eines konstanten Diffusionskoeffizienten bei gegebener Randbedingung an der Separatrix folgt. Diese Beschreibung ist für
den Bereich oberhalb des X-Punkts angemessen, unterhalb des X-Punktes grenzt die lei-
stungsführende Schicht aber an den privaten Bereich des Divertors an. Dort fallen die
Plasmaparameter vom Auftreffpunkt in beide Richtungen ab, sodass es auch zur Diffusion
von Plasma in den privaten Bereich des Divertors und einer Reduktion der maximalen
Leistungsdichte kommt. Die Divertorgeometrie ist in Abb. 16.12 zu sehen.

Eine Methode, diesen Effekt zu beschreiben, die auch gemessene Profile auf den Prallplatten gut reproduziert, geht von einem Diffusionsansatz aus, nach dem sich eine deltaförmige Verteilung entsprechend (7.62) mit der Zeit verbreitert wie

$$f(s,t) = \frac{1}{\sqrt{4\pi Dt}} \exp\left\{-\frac{s^2}{4Dt}\right\}.$$

Hier ist D ein konstanter Diffusionskoeffizient; radiale Driften werden vernachlässigt. Die Ortskoordinate s, die auch negative Werte annehmen kann, misst den Abstand vom Auftreffpunkt entlang der Prallplatte, wobei $s = 0$ mit $r = 0$ stromaufwärts korrespondiert.

Wir wenden die Diffusion direkt auf das Profil der Leistungsdichte an, wie es von stromaufwärts her vorgegeben ist, und falten den exponentiellen Verlauf mit obiger Funktion. Die Zeit, die zum Diffundieren zur Verfügung steht, wird oft mit der Dauer abgeschätzt, die das Plasma vom X-Punkt bis zur Prallplatte benötigt, $t \approx c_s/L_X$. Da dieser Ansatz keiner strengen physikalischen Begründung entspringt, definieren wir anstatt den konstanten *S-Parameter* $S = \sqrt{4Dt}$, der an experimentelle Daten angepasst werden kann. Aus dem Profil der von stromaufwärts kommenden Leistungsdichte (16.16) erhalten wir damit für der *Leistungsverteilung auf der Prallplatte*

$$q(s) = \frac{q_{\|,sep}}{\sqrt{\pi}S} \int_0^\infty e^{-r/\lambda_q} \exp\left\{-\frac{(r-s)^2}{S^2}\right\} dr. \qquad (16.55)$$

Das Integral können wir nachschlagen,[6] mit dem Resultat

$$q(s) = \frac{q_{\|,sep}}{2} \exp\left\{\left(\frac{S}{2\lambda_q}\right)^2 - \frac{s}{\lambda_q}\right\} \mathrm{erfc}\left\{\left(\frac{S}{2\lambda_q}\right)^2 - \frac{s}{S}\right\}. \qquad (16.56)$$

Dabei ist erfc $= 1 - \mathrm{erf}(x)$; die Fehlerfunktion ist im Anhang in Abb. B.1 zu finden.

In Abb. 16.13 ist der Einfluss des *S-Parameters* auf die Leistungsverteilung an der Prallplatte zu sehen. Die linke Abbildung zeigt Berechnungen basierend auf (16.56), wogegen rechts gemessene Leistungsdichten und eine Anpassung mit (16.56) dargestellt sind. Obwohl nicht genau bekannt ist, wie die Diffusion im Divertor abläuft, beschreibt der besprochene Ansatz die experimentellen Daten sehr gut. Zur Diffusion können Instabilitäten und Turbulenz beitragen, aber auch Ladungsaustauschreaktionen verbreitern das Leistungsprofil.

In einer experimentellen Studie, vorgenommen an H-Mode-Plasmen der Tokamaks *JET* und *ASDEX Upgrade*, wurden Leistungsprofile auf den Prallplatten mit Infrarot-Kameras für verschiedene Entladungsparameter gemessenen und mit (16.56) angepasst. Die so gewonnenen Abfalllängen wurden dann auf ihre Abhängigkeit von den Kontrollparametern

---

[6] $\int e^{-ax^2+bx+c} = \frac{\sqrt{\pi}}{2\sqrt{a}} e^{\frac{b^2}{4a}+c} \mathrm{erf}\{\sqrt{a}x - b/2\sqrt{a}\}$

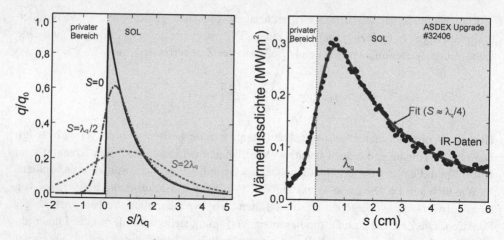

Abb. 16.13 Profile der parallelen Leistungsdichte auf der Prallplatte für verschiedene Werte des S-Parameters gemäß (16.56) (*links*) sowie an ASDEX Upgrade aus Infrarot-Messungen abgeleitete Profile mit einer Anpassung mittels derselben Funktion (16.56) und den Parametern $\lambda_q = 22{,}2$ mm und $S = 5{,}6$ mm (von T. Eich, M. Faitsch und B. Sieglin, s. auch Ref. [47])

der Experimente hin untersucht [47]. Das Resultat ist ein *Skalierungsgesetz für die Leistungsabfalllänge* der Form[7]

$$\lambda_q = 0{,}73 \times B_\varphi^{-0,78} q_s^{1,2} P_{SOL}^{0,1} R_0^{0,02}. \tag{16.57}$$

Die gefundenen Abfalllängen liegen im Millimeterbereich und sind von der Größenordnung her konsistent mit der Vorhersage des Zweipunktmodells (16.37); die Parameterabhängigkeiten sind aber deutlich unterschiedlich.

Die Überlegungen in diesem Abschnitt gelten nur dann, wenn das Plasma der Abschälschicht an die Prallplatten koppelt. Bei höheren Dichten, wenn Detachment erreicht wird, verliert diese Beschreibung ihre Gültigkeit.

16.3.3 Intermittenter Transport in der Abschälschicht

Auch der radiale Transport in der Abschälschicht von Fusionsplasmen wird durch turbulente Prozesse getrieben, wie wir sie in Kap. 15 beschrieben haben. Aufgrund der niedrigeren Plasmaparameter in diesem Bereich können zur Untersuchung der Turbulenz *Langmuir-Sonden* eingesetzt werden. Turbulente Dichtestrukturen können aber auch mit schnellen Kameras nachgewiesen werden, die Licht messen, das aus der Elektronenstoßanregung von Neutralgas durch das Plasma entsteht. Dazu muss die Neutralgasdichte durch lokale Zugabe von Gasen (*gas puff immaging*) oder durch injizierte schnelle

---

[7]Die Abfalllänge folgt daraus in Millimeter, wenn die Größen auf der rechten Seite in Tesla, Megawatt und Meter eingesetzt werden.

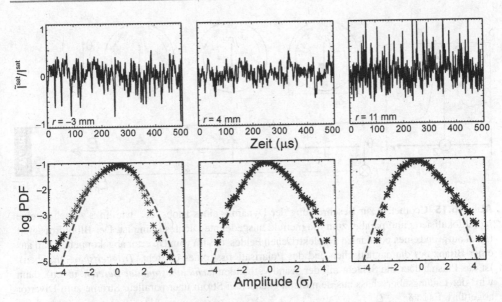

Abb. 16.14 Fluktuationen im Ionensättigungsstrom (*oben*), gemessen mit Langmuir-Sonden an drei Positionen am Plasmarand von ASDEX Upgrade, sowie die zugehörigen Wahrscheinlichkeits-dichteverteilungen (*unten*). r misst den Abstand zur Separatrix (von B. Nold, s. a. Ref. [48])

Neutralteilchen (*Beam-Emissionsspektroskopie*) erhöht werden. In Abschn. 15.5.3 haben wir diese Techniken bereits erwähnt.

In der Abschälschicht findet man hohe relative Fluktuationsamplituden $\tilde{n}/n$, die im Abstand von einigen Zentimetern von der Separatrix 100 % der Hintergrunddichte erreichen können. Auffällig sind dabei besonders hohe positive Amplituden, deren Werte mehrere σ_n (s. (15.28)) erreichen und zu Flügeln in der Wahrscheinlichkeitsdichteverteilung (PDF) führen. Abb. 16.14 zeigt Daten von Langmuir-Sonden, die an drei radialen Positionen im Rand des Tokamaks *ASDEX Upgrade* gemessen wurden. Zu sehen sind Fluktuationen im *Ionensättigungsstrom* sowie, darunter, die jeweilige PDF. Messungen in der fernen Abschälschicht (rechts) sind von positiven Ausschlägen geprägt, die wie Nadeln hervorstechen und zum rechten Flügel in der PDF führen. Das Phänomen wird schwächer, wenn wir uns der Separatrix annähern (Mitte) und kehrt sich sogar um, wenn der Messpunkt innerhalb davon liegt (links); hier spricht man dann von *Löchern*, die aber weniger ausgeprägt und daher schwieriger zu beobachten sind.

Das *intermittente* Verhalten der Fluktuationen wird auf *Plasmafilamente* zurückgeführt. Wie in Abb. 16.15 illustriert, sind das im poloidalen Querschnitt lokalisierte Bereiche stark erhöhter Plasmadichte, die sich entlang der Feldlinien über viele Meter erstrecken. Diese Strukturen werden auch als *Blobs* bezeichnet. In diesem Abschnitt wollen wir ein Modell entwickeln, das die senkrechte Dynamik der Blobs beschreibt.

Der physikalische Mechanismus, der zur radialen Propagation der Blobs führt, geht auf die *Austauschinstabilität* zurück, und die mathematische Beschreibung folgt dem Vorgehen, mit dem wir in Abschn. 4.2 die Instabilität eines einfach magnetisierten Torus nachgewiesen haben. Wir beziehen uns hier auf diese Herleitung und wenden sie auf die

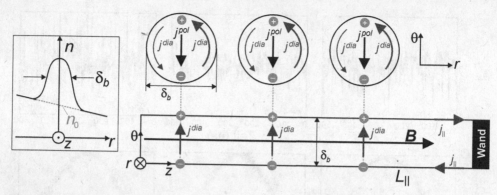

Abb. 16.15 Geometrie zur Beschreibung der Dynamik eines Blobs, der, wie links zu sehen, eine radial lokalisierte und parallel zum Magnetfeld ausgedehnte Dichtestörung ist. Der Blob propagiert radial aufgrund eines poloidalen (θ) elektrischen Feldes, das im vom Divertor abgekoppelten Fall aus einer Bilanz des diamagnetischen und des Polarisationsstromes entsteht (*Trägheitsbereich*, oben). Ist das Plasma über die Schicht mit der Wand verbunden (*schichtbestimmter Bereich*, unten), dann wird der Ladungsüberschuss aus dem diamagnetischen Strom über parallele Ströme zum Divertor abgeführt. Es ist $\delta_B \ll L_c$

Dynamik der Blobs an. Die Geometrie ist ganz analog zu der des einfach magnetisierten Torus, wie dort in Abb. 4.9 zu sehen oder hier in Abb. 16.15.

Blobs entwickeln sich hauptsächlich auf der Niederfeldseite des Torus, dort wo die Feldlinien *ungünstig gekrümmt* sind. Entsprechend steht die endliche Divergenz des diamagnetischen Stromes am Ursprung eines elektrischen Feldes, das den Blob radial nach außen driften lässt. Der Ausgangspunkt unserer Berechnung ist demnach die Divergenzfreiheit des Plasmastroms

$$\nabla \cdot \mathbf{j} = \nabla \cdot \mathbf{j}^{dia} + \nabla \cdot \mathbf{j}^{pol} + \nabla \cdot \mathbf{j}_\| = 0. \tag{16.58}$$

Wir beschreiben die Blobs durch ihre charakteristische Ausdehnung δ_b senkrecht zum Magnetfeld und Lebensdauer τ_b, deren Inverses oft mit einer Anwachsrate gleichgesetzt wird. Diese Annahme wird *Korrespondenzprinzip* genannt, ist aber nicht exakt richtig, da die charakteristische Geschwindigkeit eines Blobs mit $v_b = \delta_b/\tau_b$ gleichgesetzt wird. Daher ist τ_b eigentlich eine Transitzeit, wie man sie mit einer fixen Sonde messen würde, wenn die Hintergrundströmung des Plasmas gegen die Propagationsgeschwindigkeit des Blobs vernachlässigt werden kann.

Wie bei der Behandlung des einfach magnetisierten Torus gehen wir von kalten Ionen und einer im Blob zentral zugespitztem Druckstörung aus, wobei der Druckgradient p' nicht vom Winkel abhängen soll, sodass der diamagnetische Strom im Blob ringförmig fließt. Das Magnetfeld sei rein toroidal gerichtet und fällt nach (11.3) mit dem großen Plasmaradius ab. Für den Beitrag aus dem diamagnetischen Strom verwenden wir (4.9) und erhalten

$$\nabla \cdot \mathbf{j}^{dia} \approx \frac{2p'}{B_0 R_0} \approx \frac{2T_e n_b}{B_0 R_0 \delta_b}, \tag{16.59}$$

wobei wir die Temperatur als konstant angenommen haben. Der Term bewirkt die Entstehung elektrischer Ladung an der Ober- und Unterseite des Blobs.

Der zweite Term in (16.58) steht für den Beitrag des Polarisationsstromes, der dem Aufbau eines elektrischen Dipolfeldes entgegenwirkt. Wir verwenden hier (4.10) mit der Abschätzung $\nabla \cdot \mathbf{E}_\perp \approx E/\delta_b$, wobei das elektrische Feld vertikal gerichtet ist. Daraus folgt:

$$\nabla \cdot \mathbf{j}^{pol} = \frac{n_0 m_i}{B_0^2} \frac{\partial}{\partial t} \left(\frac{E}{\delta_b} \right). \tag{16.60}$$

Ist der Divertor entkoppelt, so kann kein Strom parallel zum Magnetfeld zum Divertor hin abfließen, und der letzte Term aus (16.58) entfällt, sodass sich die beiden anderen Terme aufheben müssen. Daraus folgt die Beschreibung der Blobs im *Trägheitsbereich* (engl. *inertial range*). Das zeitveränderliche vertikale elektrische Feld führt zu einer beschleunigten radialen $E \times B$-Drift

$$\frac{\dot{E}}{B_0} = \frac{2 T_e n_b}{m_i n_0 R_0} = 2 \frac{c_s^2 \tilde{n}_b}{R_0},$$

die von der Schallgeschwindigkeit (3.125) und der relativen Blob-Amplitude $\tilde{n}_b = n_b/n_0$ abhängt; ein kleinerer Krümmungsradius R_0 führt zu einer höheren Geschwindigkeit. Die rechte Seite der Gleichung steht also für eine Beschleunigung, sodass wir die Zeit τ_b berechnen können, in der der Blob seine eigene Ausdehnung δ_b als Strecke zurücklegt. Es ist dann nämlich

$$\delta_b = \frac{1}{2} \frac{2 c_s^2 \tilde{n}_b}{R_0} \tau_b^2.$$

Wenn wir eine Amplitude des Blobs von 100 % der Hintergrunddichte annehmen, $\tilde{n}_b = 1$, dann entspricht das Inverse der Zeit τ_b gerade der *Anwachsrate der idealen Austauschinstabilität*,

$$\gamma_A = \frac{1}{\tau_b} = c_s / \sqrt{R_0 \delta_b} \tag{16.61}$$

Aus dem Korrespondenzprinzip folgt daraus für die *charakteristische Geschwindigkeit des Blobs im Trägheitsbereich*:

$$v_b^{ir} = \frac{\delta_b}{\tau_b} = c_s \sqrt{\frac{\tilde{n}_b \delta_b}{R_0}} \tag{16.62}$$

Die obige Herleitung gilt, wenn die Filamente vom Divertor elektrisch entkoppelt sind. Es resultiert daraus ein anwachsendes elektrisches Feld im Blob, das ihn mit steigender Geschwindigkeit radial nach außen treibt. Der andere Extremfall entsteht, wenn der Blob direkt über die Schicht mit dem Divertor verbunden ist, denn dann kann die aus der Divergenz des diamagnetischen Stromes entstehende Ladung parallel über die Schicht abfließen. Um die parallele Stromdichte abzuschätzen, die aufgrund von Potentialschwankungen im Blob entstehen, gehen wir von der Kennlinie einer Langmuir-Sonde (9.62) aus. Für das Sondenpotential $U = \phi_{fl}$ fließt definitionsgemäß kein Strom. Tritt nun durch die Potentialfluktuationen im Blob ϕ_b eine Änderung des Plasma- und somit auch des Floating-Potentials auf, so können wir aus (9.62) die auftretende Stromdichte auf den Divertor abschätzen:

$$j_{\parallel} \approx \frac{1}{2} e n_0 c_s \left(1 - \exp\left(-\frac{e\phi_b}{T_e} \right) \right) \approx \frac{1}{2} e^2 n_0 c_s \frac{\phi_b}{T_e}.$$

Hier betrachten wir den stationären Fall, bei dem sich die Terme aus dem diamagnetischen und dem parallelen Strom aufheben und der Polarisationsstrom folglich verschwindet. Wir integrieren (16.58) entlang der Verbindungslänge $L_{\parallel}$ über die parallele Koordinate und erhalten so mit (16.59) für die Potentialstörung durch den Blob

$$\phi_b = \frac{4T_e^2 \tilde{n}_b L_{\parallel}}{B_0 R_0 e^2 c_s \delta}$$

und daraus für die radiale Geschwindigkeit eines Blobs im sog. *schichtbestimmten Bereich* (engl. *sheath connected*)

$$v_b^{sc} = \frac{\phi_b}{\delta_b B_0} = \frac{4T_e^2 \tilde{n}_b L_{\parallel}}{e^2 B_0^2 R_0 c_s \delta_b^2} = 4c_s \frac{L_{\parallel}}{R_0} \left(\frac{\rho_s}{\delta_b} \right)^2 \tilde{n}_b, \tag{16.63}$$

mit dem Driftparameter ρ_s aus (15.50). Mit ansteigender Plasmadichte und Resistivität wird ein Übergang vom schichtbestimmten in den Trägheitsbereich beobachtet. Die Skalierung der Propagationsgeschwindigkeit ändert sich dadurch von einer inversen Abhängigkeit von der Blob-Größe $\sim 1/\delta_b^2$ zu einem Anstieg mit $\sim \sqrt{\delta_b}$. Ein erhöhter Teilchentransport im Trägheitsbereich wird experimentell beobachtet und führt zu einer erhöhten Belastung der Wand auf der Niederfeldseite eines Tokamaks [49].

Referenzen

45. P. M. Valanju, M. Kotschenreuther, S. M. Mahajan, J. Canik, Phys. Plasmas **16**, 056110 (2009).
46. D. D. Ryutov, Phys. Plasmas **14**, 064502 (2007).
47. T. Eich *et al.*, Phys. Rev. Lett. **107**, 215001 (2011).
48. B. Nold *et al.*, Plasma Phys. Controll. Fusion **52**, 65005 (2010).
49. D. Carraleor *et al.*, Phys. Rev. Lett. **115**, 215002 (2014).
50. R. Schneider *et al.*, Contr. Plasma Physics **46**, 3 (2006).

Weitere Literaturhinweise

Das Buch *The Plasma Boundary of Magnetic Fusion Devices* (Plasma Physics Series, IoP, Bristol and Philadelphia, 2000) gibt einen detaillierten Überblick der Physik der Randschicht und der Leistungsabfuhr in Divertoren, ebenso wie der Übersichtsartikel von C. S.

Pitcher und P. C. Stangeby (Plasma Phys. Controll. Fusion 779 **39** (1997)). Grundlegende Arbeiten zur Propagation von Blobs stammen von R. H. Kracheninnikov *et al.* (Phys. Plasmas **15**, 55909 (2008)), O. Garcia *et al.* (Phys. Plasmas **13**, 82309 (2006)) und P. Manz *et al.* (Phys. Plasmas **20**, 102307 (2013)).

Anhang A Definitionen und Einheiten

A.1 Lateinische Symbole

Symbol	Wert	Einheit	Gleichung	Name
a		m	(11.1)	Kleiner Plasmaradius im Torus
a_{eff}		m		Effektiver Plasmaradius
$\mathbf{A}$		Tm	(11.11)	Vektorpotential
A_i		-		Kernmassenzahl
$\mathbf{B}$		T		Magnetfeld
c	$2{,}9979 \times 10^8$	m/s		Lichtgeschwindigkeit
c_s		m/s	(3.125)	Schallgeschwindigkeit
c_{se}	$\sqrt{\gamma_e T_e / m_e}$	m/s	(3.123)	Elektronenschallgeschwindigkeit
c_{si}	$\sqrt{(T_e + \gamma_i T_i)/m_i}$	m/s	(3.125)	Ionenschallgeschwindigkeit
e	1	e		Elementarladung
	$1{,}602 \times 10^{-19}$	As		
$e^2/4\pi\epsilon_0$	$1{,}44 \times 10^{-9}$	eVm		
$\mathbf{E}$		V/m		Elektrisches Feld
f		-	(3.17)	Zahl der Freiheitsgrade
$f(\mathbf{r}, \mathbf{v})$		s^3/m^6	(7.2)	Boltzmann-Verteilungsfunktion
$\mathcal{F}$		kg/ms^2	(4.34)	Kraftoperator
$f_{\mathrm{M}}(v)$		s^3/m^3	(7.6)	Maxwell-Verteilung
$f_{\mathrm{MJ}}(v)$		s^3/m^3	(7.24)	Maxwell-Jüttner-Verteilung
$\mathbf{F}_{pon}$		eV/m^4	(6.20)	Ponderomotorische Kraft
g	9,81	m/s^2		Gravitationsbeschleunigung
$\mathcal{H}$	$\int \mathrm{d}^3v\, f \ln f$	-	(7.39)	H-Funktion

© Springer-Verlag GmbH Deutschland 2018
U. Stroth, *Plasmaphysik*,
https://doi.org/10.1007/978-3-662-55236-0

Symbol	Wert	Einheit	Gleichung	Name
h	$6{,}5821 \times 10^{-16}$	eVs		Planck-Wirkungsquantum
$\hbar c$	$1{,}9733 \times 10^{-7}$	eVm		
$\mathbf{j}$	$en(\mathbf{u}_i - \mathbf{u}_e)$	A/m^2	(3.19)	Elektrische Stromdichte
j_{bs}		A/m^2	(13.32)	Bootstrap-Strom
$\mathcal{J}$			(2.78)	Adiabatische Invariante
k	$2\pi/\lambda$	1/m	(5.3)	Wellenzahl
$\mathbf{k}$		1/m	(5.3)	Wellenvektor
k_B	$1{,}3807 \times 10^{-23}$	J/K		Boltzmann-Konstante
	$8{,}6173 \times 10^{-5}$	eV/K		
L_c		m	(16.1)	Verbindungslänge
m_e	$5{,}1100 \times 10^5$	eV/c^2		Ruhemasse des Elektrons
m_i	$9{,}3827 \times 10^8$	eV/c^2		Ruhemasse des Protons
M	$\sqrt{\sigma B_0^2 d^2/\eta}$	-	(3.140)	Hartmann-Zahl
$\mathcal{M}$	u_i/c_{si}	-	(6.6)	Mach-Zahl
$\mathcal{M}_A$	u_i/v_A	-	(3.66)	Alfvén-Mach-Zahl
n		m^{-3}		Teilchenzahldichte
n_c		m^{-3}	(5.40)	Cutoff-Dichte
n_n		m^{-3}		Neutralgasdichte
N	ck/ω	-	(5.9)	Brechungsindex
N_A	$6{,}0221367 \times 10^{23}$	1/mol		Avogadro-Zahl
N_D	$\sim T_e^{3/2}/\sqrt{n_e}$	-	(1.15)	Plasmaparameter
p	nT	eV/m^3	(3.5)	Kinetischer Druck
$\hat{p}$	p/ρ_m	(m/s)^2	(15.10)	Thermische Energiedichte
P_{ij}	$\langle v_{si} v_{sj} \rangle$	eV/sm^{2}c^2	(7.82)	Drucktensor
p_m	$B^2/2\mu_0$	TA/m^3	(3.69)	Magnetischer Druck
P_M	$\eta/\rho_m \eta_m$	-	(3.57)	Prandl-Zahl
q		e		Elektrische Ladung
$\mathbf{q}$		eV/m^2	(7.95)	Wärmeflussdichte
q_s	rB_φ/RB_θ	-	(11.4)	Sicherheitsfaktor
R_0		m	(11.3)	Großer Plasmaradius im Torus
R_E	6371	km	(2.99)	Erdradius
R_M	$\mu_0 \sigma u L$	-	(3.56)	Magnetische Reynolds-Zahl
R_{Sp}	B_M/B_0	-	(2.63)	Spiegelverhältnis
s	$(r/q_s)/(\mathrm{d}q_s/\mathrm{d}r)$	-	(11.8)	Magnetische Verscherung
S	$\mu_0 \sigma v_A L$	-	(3.58)	Lundquist-Zahl

Symbol	Wert	Einheit	Gleichung	Name
$\mathbf{S}$	$\mathbf{E} \times \mathbf{B}/\mu_0$	eV/m^{2}s	(5.27)	Poynting-Vektor
T		eV	(3.4)	Temperatur
$\mathbf{u}$		m/s	(7.76)	Strömungsgeschwindigkeit
U		eV		Potentielle Energie
$\mathbf{v}$		m/s		Einzelteilchengeschwindigkeit
$\bar{v}$	$2v_{th}/\sqrt{\pi}$	m/s	(7.15)	Mittlere Geschwindigkeit
$\langle v^2 \rangle$	$3v_{th}^2/2$	m/s	(7.12)	Mittlere quadratische Geschw.
v_A	$B/\sqrt{\mu_0 m_i n}$	m/s	(4.57)	Alfvén-Geschwindigkeit
$\mathbf{v}_{ph}$	ω/k	m/s	(5.2)	Phasengeschwindigkeit
$\mathbf{v}_g$	$\partial\omega/\partial k$	m/s	(5.8)	Gruppengeschwindigkeit
v_{th}	$\sqrt{2T/m}$	m/s	(7.11)	Thermische Geschwindigkeit
V_{pr}		m^6/s^3		Phasenraumvolumen
W		eV		Kinetische Energie
W_A		eV		Austrittsarbeit
W_{ion}		eV	(9.94)	Ionisationsenergie
Z_{eff}	$(n_H + n_I Z_I^2)/n_e$	-	(10.13)	Effektive Ladungszahl
Z_i		-		Ionenladungszahl

A.2   Griechische Symbole

Symbol	Wert	Einheit	Gleichung	Name
α		rad	(2.59)	Neigungswinkel
β	$\sqrt{m/2T}$	s/m	(7.8)	Konstante in der Maxwell-Verteilung
β	$p/(B^2/2\mu_0)$	-	(3.87)	Plasma-β
β_p	$p/(B_\theta^2/2\mu_0)$	-	(3.82)	Poloidales Plasma-β
$\gamma_{e,i}$	$(f+2)/f$	-	(3.17)	Adiabatenkoeffizient
γ		-	-	Anwachsrate
γ_{se}		-	(9.18)	Sekundärelektronenemissionskoeffizient
$\gamma_{t,e}$		5,35	(16.27)	Elektronenenergietransmissionskoeffizient
$\gamma_{t,i}$		2,5	(16.29)	Ionenenergietransmissionskoeffizient
γ_g	$6,67408 \times 10^{-11}$	m^3/kgs^2	(2.19)	Gravitationskonstante
	$3,57627 \times 10^{-38}$	$m^3 c^2/eVs^2$		
γ_L		-	(7.21)	Lorentz-Faktor
Γ_c	$\sim n^{1/3}/T$	-	(1.4)	Kopplungsparameter
$\boldsymbol{\Gamma_n}$	$n\mathbf{u}$	$1/m^2 s$	(7.78)	Teilchenflussdichte
δ_b		m	A. 16.15	Charakteristische Blob-Breite
δ_{Ba}	$\rho_{L\theta}\sqrt{\epsilon}$	m	(13.27)	Breite einer Bananenbahn
δ_0	c/ω_{pe}	m	(5.52)	Stoßfreie Eindringtiefe
δ_c		m	(5.61)	Stoßbehaftete Eindringtiefe
Δ_s		m	(12.1.1)	Shafranov-Verschiebung
ϵ	a/R	-	(11.1)	Inverses Aspektverhältnis
$\bar{\bar{\epsilon}}$		A/Tmc^2	(5.19)	Dielektrischer Tensor
$\mathcal{E}$	$u^2/2$	$(m/s)^2$	(15.10)	Kinetische Energiedichte
ϵ_0	$8,8542 \times 10^{-12}$	As/Vm		Dielektrizitätskonstante
	$5,5263 \times 10^7$	e/Vm		
$\epsilon_0 \mu_0$	1	$1/c^2$		
η		kg/ms	(3.127)	Kinematische Viskosität
$\eta_{e,i}$	$(\nabla T_{e,i}/T_{e,i})/(\nabla n/n)$	-	(4.2)	
η_m	$1/\mu_0\sigma$	m^2/s	(3.50)	Magnetische Viskosität
θ		rad	Abb. 11.1	Poloidale oder azimutale Koordinate
ι	RB_θ/rB_φ	-	(11.4)	Rotationstransformation
κ	$5n_e T_e \tau_e/2m_e$	1/ms	(8.123)	Thermische Leitfähigkeit
κ_ϵ	a/b	-	(11.2)	Elliptizität des Plasmaquerschnitts
λ		m		Wellenlänge

Symbol	Wert	Einheit	Gleichung	Name
λ_e	$\sim T_e^2/n_e$	m	(8.86)	Mittl. freie Weglänge d. Elektronen
λ_D	$\sim \sqrt{T_e/n_e}$	m	(1.14)	Debye-Länge
λ_i	$\sim T_i^2/Z_i^4 n_i$	m	(8.87)	Mittlere freie Weglänge von Ionen
λ_n	$\sqrt{L_c D_r / 0.5 \bar{c}_s} s$	m	(16.6)	Dichteabfalllänge
λ_q	$2\lambda_{T_e}/7$	m	(16.18)	Leistungsabfalllänge
λ_{T_e}	$\sim \sqrt{n_{sep}/T_{sep}^{5/2}}$	m	(16.15)	Temperaturabfalllänge
$\ln \Lambda$		-	(8.23)	Coulomb-Logarithmus
μ	$m v_\perp^2 / 2B$	eV/T	(2.49)	Magnetisches Moment
μ_0	$4\pi \times 10^{-7}$	Tm/A		Permeabilitätskonstante
	$2{,}0134 \times 10^{-25}$	Vs^2/em		
$\mu_\parallel$	σ/en	m^2/V	(8.114)	Beweglichkeit parallel z. Magnetfeld
μ_r	$m_1 m_2/(m_1 + m_2)$	eV/c^2	(8.4)	Reduzierte Masse
ν	$1/\tau$	1/s	(8.82)	Stoßfrequenz
Π_{ij}	$P_{ij} - p_i \delta_{ij}$	eV/sm^{2}c^2	(7.88)	Asymmetrischer Drucktensor
ξ	$v_{the,i} n_n \sigma_0$	1/s	Abb. 4.11	Verschiebungsfeld
ρ	$q_e n_e + q_i n_i$	e/m^3	(3.2)	Ladungsdichte
ρ_L	$\sqrt{2mT}/|q|B$	m	(2.14)	Larmor-Radius
ρ_m	mn	eV/m^{3}c^2	(3.1)	Massendichte
ρ_s	$\sqrt{m_i T_e}/eB$	m	(15.50)	Driftparameter
σ		A/Vm		Elektrische Leitfähigkeit
σ_L	$\sim T_e^{3/2}$	A/Vm	(8.108)	Leitfähigkeit (Lorentz-Modell)
σ_{Sp}	$0{,}51\sigma_L$	A/Vm	(8.111)	Spitzer-Leitfähigkeit
σ_0	5×10^{-19}	m^2	(3.157)	Neutralteilchen-WQ
σ_C		A/Vm	(3.167)	Cowling-Leitfähigkeit
σ_H		A/Vm	(3.153)	Hall-Leitfähigkeit
σ_P		A/Vm	(3.152)	Pedersen-Leitfähigkeit
σ_{fus}		m^2	(10.5)	Fusionswirkungsquerschnitt
τ		s		Stoßzeit
τ_A	L/V_A	s	(3.59)	Alfvén-Zeit
τ_{ab}		s	(8.59)	Abbremszeit
τ_B	$\mu_0 \sigma L^2$	s	(3.52)	Magnetische Diffusionszeit
τ_e	$\sim T_e^{3/2}/n_e$	s	(8.76)	Elektronen-Impulsrelaxationszeit
τ_E	W/P	s	(10.9)	Energieeinschlusszeit
τ_E^{ei}	$\sim T_e^{3/2}/Z_i n$	s	(8.64)	Elektron-Ion-Energierelaxationszeit
τ_i	$\sim T_i^{3/2}/Z_i^4 n_i$	s	(8.78)	Ionen-Impulsrelaxationszeit
τ_{tr}	R/tv	s	(13.12)	Transitzeit

Symbol	Wert	Einheit	Gleichung	Name
ϕ		V		Elektrostatisches Potential
φ		rad	Abb. 11.1	Toroidale Koordinate
χ		m^2/s	(8.125)	Wärmeleitkoeffizient
ψ		Tm^2	(11.15)	Magnetischer Fluss
ω_c	qB/m	$1/s$	(2.8)	Gyrationsfrequenz ($\pm$ möglich)
ω_{ce}	eB/m_e	$1/s$		Gyrationsfrequenz der Elektronen
ω_{ce}^*	$eB/(m_e\gamma_L)$	$1/s$	(7.22)	Relativistische Gyrationsfrequenz
ω_{ci}	eB/m_i	$1/s$		Gyrationsfrequenz der Ionen
$\omega_p = \omega_{pe}$	$\sqrt{e^2 n_e/\epsilon_0 m_e}$	$1/s$	(1.23)	Plasmafrequenz
ω_{pi}	$\sqrt{e^2 n_i/\epsilon_0 m_i}$	$1/s$	(1.24)	Plasmafrequenz der Ionen
Ω	$\nabla \times \mathbf{u}$	$1/s$	(15.9)	Vortizität
Ω^*	$\langle\Omega^2\rangle/2$	$1/s$	(15.15)	Enstrophie

A.3   Umrechnungen

Temperaturen werden hier meistens in Elektronenvolt angegeben. Daher ist es oft einfacher, Energien ebenfalls in Elektronenvolt statt in Joule zu verwenden. Die Tabelle gibt dafür nützliche Umrechnungen an.

Größe	Symbol	SI	hier
Elementarladung	e	$1{,}602 \times 10^{-19}$ As	e
Elektronenmasse	m_e	$9{,}109 \times 10^{-31}$ kg	$0{,}511 \times 10^{6}$ eV/c^2
Protonenmasse	m_p	$1{,}672 \times 10^{-27}$ kg	$9{,}38 \times 10^{8}$ eV/c^2
Magnetfeld	B	T	T = Vs/m^2
Energie	W	J = kgm^2/s^2	$6{,}275 \times 10^{18}$ eV
Leistung	P	W = kgm^2/s^3	$6{,}275 \times 10^{18}$ eV/s
Druck	p	Pa = kg/ms^2	$6{,}275 \times 10^{18}$ eV/m^3

Obwohl *Pascal* schon seit Langem als SI-Einheit für den Druck festgelegt worden ist, werden in wissenschaftlichen Publikationen weiterhin auch andere Einheiten verwendet. Hier also eine Umrechnungstabelle für Druckeinheiten. Z. B. ist 1 mbar = 100 Pa = 1 hPa = 100 Nm^{-2}.

	Pa	Torr	mbar	atm	n_0 (m^{-3})
1 Pa =	1	0,0075	0,01	$9{,}87 \times 10^{-6}$	$2{,}65 \times 10^{20}$
1 Torr =	133	1	1,33	$1{,}32 \times 10^{-3}$	$3{,}55 \times 10^{22}$
1 mbar =	100	0,75	1	$9{,}87 \times 10^{-4}$	$2{,}65 \times 10^{22}$
1 atm =	$1{,}013 \times 10^{5}$	760	1013	1	$2{,}69 \times 10^{25}$

Dichten gelten bei Normaltemperatur T_{norm}. Zur Umrechnung von Druck in Teilchendichten muss man wissen, dass bei *Normalbedingung* (p_{norm} = 1013,25 hPa; T_{norm} = 273,15 K) die Teilchendichte aus der Avogadro-Zahl N_A = $6{,}0221367 \times 10^{23}$ 1/mol und dem Molvolumen V_m = 22,414 dm^3/mol folgt zu n_{norm} = N_A/V_M = $2{,}68677 \times 10^{25}$ m^{-3}.

Anhang B Formelsammlung

B.1   Vektoralgebra

$$\mathbf{a} \cdot (\mathbf{b} \times \mathbf{c}) = \mathbf{c} \cdot (\mathbf{a} \times \mathbf{b}) = \mathbf{b} \cdot (\mathbf{c} \times \mathbf{a}) \tag{B.1}$$

$$\mathbf{a} \times (\mathbf{b} \times \mathbf{c}) = \mathbf{b}(\mathbf{a} \cdot \mathbf{c}) - \mathbf{c}(\mathbf{a} \cdot \mathbf{b}) \tag{B.2}$$

$$\mathbf{a} \times (\mathbf{a} \times \mathbf{c}) = (\mathbf{a} \cdot \mathbf{c})\mathbf{a} - a^2\mathbf{c} = -a^2\mathbf{c}_\perp \tag{B.3}$$

$$\nabla \times (\nabla \times \mathbf{a}) = \nabla(\nabla \cdot \mathbf{a}) - \Delta\mathbf{a} \tag{B.4}$$

$$\nabla(\mathbf{a} \cdot \mathbf{b}) = (\mathbf{a} \cdot \nabla)\mathbf{b} + (\mathbf{b} \cdot \nabla)\mathbf{a} +$$
$$\mathbf{a} \times (\nabla \times \mathbf{b}) + \mathbf{b} \times (\nabla \times \mathbf{a}) \tag{B.5}$$

$$\mathbf{a} \times (\nabla \times \mathbf{a}) = \frac{1}{2}\nabla a^2 - (\mathbf{a} \cdot \nabla)\mathbf{a} \tag{B.6}$$

$$\nabla \cdot (\phi\mathbf{b}) = \phi\nabla \cdot \mathbf{b} + (\mathbf{b} \cdot \nabla)\phi \tag{B.7}$$

$$\nabla \times (\phi\mathbf{b}) = \phi\nabla \times \mathbf{b} + (\nabla\phi) \times \mathbf{b} \tag{B.8}$$

$$\nabla \times (\mathbf{a} \times \mathbf{b}) = \mathbf{a}(\nabla \cdot \mathbf{b}) - \mathbf{b}(\nabla \cdot \mathbf{a}) + (\mathbf{b} \cdot \nabla)\mathbf{a} - (\mathbf{a} \cdot \nabla)\mathbf{b} \tag{B.9}$$

$$\nabla \cdot (\mathbf{a} \times \mathbf{b}) = -\mathbf{a} \cdot (\nabla \times \mathbf{b}) + \mathbf{b} \cdot (\nabla \times \mathbf{a}) \tag{B.10}$$

$$\nabla \cdot (\nabla \times \mathbf{b}) = 0 \tag{B.11}$$

$$\nabla \times (\nabla\phi) = 0 \tag{B.12}$$

Spezielle Formen für das Magnetfeld

$$(\nabla \times \mathbf{B}) \times \mathbf{B} = (\mathbf{B} \cdot \nabla)\mathbf{B} - 1/2\nabla B^2 \tag{B.13}$$

$$\nabla \times (\nabla \times \mathbf{B}) = -\Delta\mathbf{B} \tag{B.14}$$

© Springer-Verlag GmbH Deutschland 2018
U. Stroth, *Plasmaphysik*,
https://doi.org/10.1007/978-3-662-55236-0

B.2   Integralsätze

$$\text{Stokes-Satz}: \qquad \int_S (\nabla \times \mathbf{A}) \cdot d\mathbf{S} = \int_c \mathbf{A} \cdot d\mathbf{l}. \qquad (B.15)$$

$$\text{Gauß-Satz}: \qquad \int_V (\nabla \cdot \mathbf{A}) d^3 r = \int_S \mathbf{A} \cdot d\mathbf{S}. \qquad (B.16)$$

B.3   Die Maxwell-Gleichungen

$$\nabla \cdot \mathbf{B} = 0 \qquad (B.17)$$

$$\text{Poisson-Gleichung}: \nabla \cdot \mathbf{E} = -\Delta \phi = \rho/\epsilon_0 \qquad (B.18)$$

$$\text{Faraday-Gesetz}: \nabla \times \mathbf{E} = -\frac{\partial \mathbf{B}}{\partial t} \qquad (B.19)$$

$$\text{Ampère'sches Gesetz}: \nabla \times \mathbf{B} = \mu_0 \mathbf{j} + \mu_0 \epsilon_0 \frac{\partial \mathbf{E}}{\partial t} \qquad (B.20)$$

Integralformen:

$$\text{Faraday-Gesetz}: \oint_c \mathbf{E} \cdot d\mathbf{l} = -\frac{d}{dt} \int_S \mathbf{B} \cdot d\mathbf{S} \qquad (B.21)$$

$$\text{Ampère'sches Gesetz}: \oint_c \mathbf{B} \cdot d\mathbf{l} = \mu_0 \int_S \mathbf{j} \cdot d\mathbf{S} \qquad (B.22)$$

Galilei-invariante Form der Felder

$$\mathbf{E}' = \mathbf{E} + \mathbf{v} \times \mathbf{B} \qquad (B.23)$$

$$\mathbf{B}' = \mathbf{B} + \frac{1}{c^2} \mathbf{v} \times \mathbf{E} \qquad (B.24)$$

Vektorpotential in Coulomb-Eichung

$$\nabla \cdot \mathbf{A} = 0 \qquad (B.25)$$

$$\mathbf{B} = \nabla \times \mathbf{A} \qquad (B.26)$$

$$\mathbf{E} = -\nabla \phi - \frac{\partial \mathbf{A}}{\partial t} \qquad (B.27)$$

B.4   Vektoroperatoren und Koordinaten

Kartesische Koordinaten x, y, z:

$$\nabla\phi = \frac{\partial\phi}{\partial x}\mathbf{e}_x + \frac{\partial\phi}{\partial y}\mathbf{e}_y + \frac{\partial\phi}{\partial z}\mathbf{e}_z \tag{B.28}$$

$$\nabla\cdot\mathbf{a} = \frac{\partial a_x}{\partial x} + \frac{\partial a_y}{\partial y} + \frac{\partial a_z}{\partial z} \tag{B.29}$$

$$\nabla\times\mathbf{a} = \left(\frac{\partial a_z}{\partial y} - \frac{\partial a_y}{\partial z}\right)\mathbf{e}_x + \tag{B.30}$$

$$\left(\frac{\partial a_x}{\partial z} - \frac{\partial a_z}{\partial x}\right)\mathbf{e}_y + \left(\frac{\partial a_y}{\partial x} - \frac{\partial a_x}{\partial y}\right)\mathbf{e}_z$$

Zylinderkoordinaten r, θ, z

$$\nabla\phi = \frac{\partial\phi}{\partial r}\mathbf{e}_r + \frac{1}{r}\frac{\partial\phi}{\partial\theta}\mathbf{e}_\theta + \frac{\partial\phi}{\partial z}\mathbf{e}_z \tag{B.31}$$

$$\nabla\cdot\mathbf{a} = \frac{1}{r}\frac{\partial}{\partial r}(ra_r) + \frac{1}{r}\frac{\partial a_\theta}{\partial\theta} + \frac{\partial a_z}{\partial z} \tag{B.32}$$

$$\nabla\times\mathbf{a} = \left(\frac{1}{r}\frac{\partial a_z}{\partial\theta} - \frac{\partial a_\theta}{\partial z}\right)\mathbf{e}_r + \tag{B.33}$$

$$\left(\frac{\partial a_r}{\partial z} - \frac{\partial a_z}{\partial r}\right)\mathbf{e}_\theta + \frac{1}{r}\left(\frac{\partial}{\partial r}(ra_\theta) - \frac{\partial a_r}{\partial\theta}\right)\mathbf{e}_z$$

Kugelkoordinaten r, θ, φ. Oberfläche: $S = 4\pi r^2$; Volumen: $V = 4\pi r^3/3$.

$$\nabla\phi = \frac{\partial\phi}{\partial r}\mathbf{e}_r + \frac{1}{r}\frac{\partial\phi}{\partial\theta}\mathbf{e}_\theta + \frac{1}{r\sin\theta}\frac{\partial\phi}{\partial\varphi}\mathbf{e}_\varphi \tag{B.34}$$

$$\nabla\cdot\mathbf{a} = \frac{1}{r^2}\frac{\partial}{\partial r}(r^2 a_r) + \frac{1}{r\sin\theta}\frac{\partial}{\partial\theta}(\sin\theta a_\theta) + \frac{1}{r\sin\theta}\frac{\partial a_\varphi}{\partial\varphi} \tag{B.35}$$

$$\nabla\times\mathbf{a} = \frac{1}{r\sin\theta}\left(\frac{\partial}{\partial\theta}(\sin\theta a_\varphi) - \frac{\partial a_\theta}{\partial\varphi}\right)\mathbf{e}_r + \tag{B.36}$$

$$\left(\frac{1}{r\sin\theta}\frac{\partial a_r}{\partial\varphi} - \frac{1}{r}\frac{\partial}{\partial r}(ra_\varphi)\right)\mathbf{e}_\theta + \frac{1}{r}\left(\frac{\partial}{\partial r}(ra_\theta) - \frac{\partial a_r}{\partial\theta}\right)\mathbf{e}_\varphi$$

Toruskoordinaten r, θ, φ und $R = R_0 + r\cos\theta$ (siehe Abb. 11.1). Oberfläche: $S = 4\pi^2 Rr$; Volumen: $V = 2\pi^2 Rr^2$.

$$\nabla\phi = \frac{\partial\phi}{\partial r}\mathbf{e}_r + \frac{1}{r}\frac{\partial\phi}{\partial\theta}\mathbf{e}_\theta + \frac{1}{R}\frac{\partial\phi}{\partial\varphi}\mathbf{e}_\varphi \qquad (B.37)$$

$$\nabla\cdot\mathbf{a} = \frac{1}{rR}\left\{\frac{\partial}{\partial r}(rRa_r) + \right. \qquad (B.38)$$

$$\left. \frac{\partial}{\partial\theta}(Ra_\theta) + \frac{\partial}{\partial\varphi}(ra_\varphi)\right\}$$

$$\nabla\times\mathbf{a} = \frac{1}{R}\left\{\frac{\partial}{\partial\theta}(Ra_\varphi) - \frac{\partial}{\partial\varphi}(ra_\theta)\right\}\mathbf{e}_r +$$

$$\frac{1}{R}\left\{\frac{\partial a_r}{\partial\varphi} - \frac{\partial}{\partial r}(Ra_\varphi)\right\}\mathbf{e}_\theta +$$

$$\frac{1}{r}\left\{\frac{\partial}{\partial r}(ra_\theta) - \frac{\partial}{\partial\theta}a_r\right\}\mathbf{e}_\varphi \qquad (B.39)$$

B.5   Die Fehlerfunktion

Die Fehlerfunktion tritt bei der Berechnung von Streuprozessen auf. Sie ist definiert über ein Integral der Form

$$\mathrm{erf}(x) = \frac{2}{\sqrt{\pi}}\int_0^x \mathrm{d}\xi\, e^{-\xi^2} \qquad (B.40)$$

und kann in eine Reihe entwickelt werden:

$$\mathrm{erf}(x) = \frac{2}{\sqrt{\pi}}\sum_{i=0}^\infty \frac{(-1)^i x^{2i+1}}{i!(2i+1)}. \qquad (B.41)$$

Sie ist in Abb. B.1 grafisch dargestellt und kann in bestimmten Bereichen durch einfache Funktionen angenähert werden:

$$\begin{aligned} \mathrm{erf}(x > 2) &\approx 1, \\ \mathrm{erf}(x < 0.3) &\approx \frac{2}{\sqrt{\pi}}\left(x - \frac{x^3}{3}\right). \end{aligned} \qquad (B.42)$$

B.6   Die Gamma-Funktion

Bei Rechnungen mit Maxwell- oder Gauß-Verteilungen treten häufig Integrale der Form auf:

$$\int_0^\infty \mathrm{d}x\, x^\alpha e^{-\beta^2 x^2} = \frac{1}{2}\beta^{-(\alpha+1)}\Gamma\left(\frac{\alpha+1}{2}\right). \qquad (B.43)$$

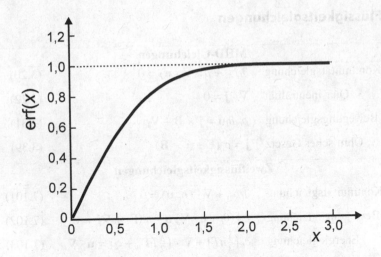

Abb. B.1 Die Fehlerfunktion

Die *Gamma-Funktion* berechnet sich aus der rekursiven Formel $\Gamma(\alpha + 1) = \alpha\,\Gamma(\alpha)$ mit den Startwerten $\Gamma(1) = \Gamma(2) = 1$ und $\Gamma(1.5) = \sqrt{\pi}/2$. In Tab. B.1 sind einige Werte für Γ angegeben.

Tab. B.1 Einige Werte der Gamma-Funktion $\Gamma(x)$

x	1	2	3	4	5	6	7
Γ	1	1	2	6	24	120	720
x	0,5	1,5	2,5	3,5	4,5	5,5	6,5
Γ	$\sqrt{\pi}$	$\frac{1}{2}\sqrt{\pi}$	$\frac{3}{4}\sqrt{\pi}$	$\frac{15}{8}\sqrt{\pi}$	$\frac{105}{16}\sqrt{\pi}$	$\frac{945}{32}\sqrt{\pi}$	$\frac{10395}{64}\sqrt{\pi}$

B.7   Teilchen- und Flüssigkeitsdriften

Driften		
$E \times B$-Drift	$\mathbf{v}_D^{E\times B} = \frac{\mathbf{E}\times\mathbf{B}}{B^2}$	(2.18)
Gravitationsdrift	$\mathbf{v}_D^g = \frac{m\mathbf{g}\times\mathbf{B}}{qB^2}$	(2.20)
Polarisationsdrift	$\mathbf{v}_D^{pol} = \frac{m}{qB^2}\dot{\mathbf{E}}$	(2.74)
Nur im Teilchenbild		
Krümmungsdrift	$\mathbf{v}_D^k = \frac{2W_\parallel}{qR_k^2}\frac{\mathbf{R_k}\times\mathbf{B}}{B^2}$	(2.32)
Gradientendrift	$\mathbf{v}_D^{\nabla B} = -\frac{W_\perp}{q}\frac{\nabla_\perp B\times\mathbf{B}}{B^3}$	(2.20)
Nur im Flüssigkeitsbild		
Diamagnetische Drift	$\mathbf{u}^{dia} = -\frac{\nabla p\times\mathbf{B}}{\rho B^2}$	(3.93)

B.8   Flüssigkeitsgleichungen

<table>
<tr><td colspan="3" align="center">MHD-Gleichungen</td></tr>
<tr><td>Kontinuitätsgleichung</td><td>$\partial_t \rho_m + \rho_m (\nabla \cdot \mathbf{u}) = 0$</td><td>(3.20)</td></tr>
<tr><td>Quasineutralität</td><td>$\nabla \cdot \mathbf{j} = 0$</td><td>(3.22)</td></tr>
<tr><td>Bewegungsgleichung</td><td>$\rho_m \partial_t \mathbf{u} = \mathbf{j} \times \mathbf{B} - \nabla p$</td><td>(3.31)</td></tr>
<tr><td>Ohm'sches Gesetz</td><td>$\mathbf{j} = \sigma \, (\mathbf{E} + \mathbf{u} \times \mathbf{B})$</td><td>(3.39)</td></tr>
<tr><td colspan="3" align="center">Zweiflüssigkeitsgleichungen</td></tr>
<tr><td>Kontinuitätsgleichung</td><td>$\partial_t \rho_m + \nabla \cdot (\rho_m \mathbf{u}) = 0$</td><td>(7.101)</td></tr>
<tr><td>Bewegungsgleichung</td><td>$\rho_m \, (\partial_t + \mathbf{u} \cdot \nabla) \, \mathbf{u} - n \, \langle \mathbf{F} \rangle + \nabla p = 0$</td><td>(7.102)</td></tr>
<tr><td>Energiegleichung</td><td>$\partial_t \left(\frac{3}{2} n T \right) + \nabla \cdot \left(\frac{5}{2} T \mathbf{\Gamma}_n + \mathbf{q} \right) = \mathbf{u} \cdot \nabla p$</td><td>(7.103)</td></tr>
</table>

Stichwortverzeichnis

© Springer-Verlag GmbH Deutschland 2018
U. Stroth, *Plasmaphysik*,
https://doi.org/10.1007/978-3-662-55236-0

nted in the United States
Bookmasters